수학적 능력의 심리학

The Psychology of Mathematical Abilities in Schoolchildren

V. A. 크루테츠키 원저
제러미 킬패트릭 · 아이작 위르즙 편저
송상헌 · 임재훈 · 권석일 · 남진영
정영옥 · 서동엽 · 김성준 · 김지원 편역

2015년도
대한민국학술원 선정
우수학술도서
이 도서는 교육부의 지원으로
대한민국학술원에서 선정한
"2015년도 우수학술도서"임.

KM 경문사

한글판 편집자 서문

이 책은 수학영재교육 분야의 전문 서적 중에서 최고의 고전이자 기본서임에 틀림없다. 그 동안 국내에서 수학영재교육을 연구하는 학자와 대학원생들에게 가장 많이 인용되고 있던 Krutetskii, V. A. (1976). *The Psychology of Mathematical Abilities in Schoolchildren*. (Trans, J. Teller; Eds., J. Kilpatrick & I. Wirzup: Chicago: University of Chicago.)를 수학영재교육에 관심 있는 교수들이 편역한 것이다. 이 책은 러시아의 심리학자인 Krutetskii가 책임을 맡아 학령기 아동의 수학적 능력의 구조를 밝혀내기 위해 무려 12년간에 걸쳐 펴낸 보고서로, 심리학적 이론을 바탕으로 수행한 방대한 양의 연구결과(명확한 연구문제와 실험 설계, 구체적인 실험 및 조사 연구의 결과와 질적 사례 연구 등)를 담고 있다. 그러면서 학위논문의 구조를 갖추고 있어 수학영재에 대해 이해하고 연구하려는 사람들에게는 가장 기본적인 도서로 활용될 수도 있을 것이다. 특히 대학원 수업에서 수학적 능력의 심리학이라는 강좌가 아니라도 수학영재교육론 또는 수학(영재)교육 심리학, 연구방법론 등의 강좌를 운영하고자 할 때, 주 교재로도 활용할 수 있을 것이다.

Krutetskii에 관한 연구는 현재 서울교육대학교의 강완 교수가 서울대학교의 교육학 석사학위논문으로 국내에 처음 소개한 후 서울대학교 출판부에서 나온 《수학교육학개론》(김응태, 박한식, 우정호 공저)에 한 장(8. 수학적 능력)으로 일부 핵심 내용이 실렸고, 그 내용은 30년 가까이 세 차례의 증보를 거치는 동안 지속적으로 소개되어 왔다. 하지만 그것은 단지 이 책의 일부분을 요약한 것일 뿐이다. 그 동안 수학영재교육에 관심을 가지고 있지만 러시아판 원문을 접할 수 없는 연구자들과 대다수의 대학원생들은 주로 러시아판 원문보다는 영문도서(Krutetskii, 1976)를 번역하며 공부해왔다. 본 편역자들을 포함한 많은 강사들도 사범대학이나 교육대학원에서 나름대로 이 영문도서의 일부 또는 전부를 번역하는 시도를 해왔다. 여러 대학원의 강좌를 거치는 동안 번역의 완성도는 조금씩 나아지기는 했지만 여전히 일부 번역상 오해의 소지가 있고 이해하기도 어려워 한글로 된 책으로 편하게 읽을 수 있으면 좋겠다는 소망을 담아 관심 있는 교수급 연구자들이 책임감을 가지고 직접 번역하기로 하였다.

많은 연구자들은 크루테츠키에 관한 연구의 대가이신 강완 교수님이나 러시아 유학을 다녀오신 분들이 직접 번역해 주시길 기대하며 기다려 왔다. 그러나 번역을 위한 저작권이나 판권의 문제, 검토의 애로 등으로 인해 출간이 지연되고 있다고 하여, 더 이상 기다리기 힘들다며 조급한 사람들이 편역의 형태로나마 국내에서 빛을 볼 수 있도록 내어 놓자고 초안을 잡은 지도 6년이 넘었다. 그만큼 번역이나 편역의 기본인 원저자의 의도나 내용에 충실을 기하는 작업은 힘든 일이었다. 편역판을 내어 놓으면서 러시아 원문이 영문을 거쳐 한글로 옮겨지는 동안 가급적 한국의 독자를 위해 가독성을 높이는 최종 작업을 거쳤지만 원래의 맥락과 저자의 의도가 훼손되었을까봐 많은 아쉬움이 남는다. 그래서 앞으로 대가들의 더 나은 번역본이 나오기를 기대하며, 당분간만 「Krutetskii, V. A. (1976). *The Psychology of Mathematical Abilities in Schoolchildren*. Kilpatrik, J. I. & Wirszup, I. (Eds). Chicago: University of Chicago. 송상헌 외 7인 편역 (2014). 수학적 능력의 심리학. 서울: 경문사.」처럼 기록될 것이다. 그리고 이 책을 바탕으로 우리나라의 실정에 맞는 좀 더 현장감 있고 심도 있는 실질적인 연구가 이루어지길 기대해 본다.

이 책이 나오기 까지 수고해 주신 경문사의 편집부와 내용 검토 과정에 참여해 준 여러 대학의 모든 대학원생들에게도 깊은 감사를 드린다.

공동 편역자 씀

영문판 편집자 서문

Krutetskii의 연구는 1963년 워싱턴에서 열린 제17차 국제 심리학회(The 17th International Congress of Psychology in Washington)에서 Krutetskii가 수학적 능력에 관한 간단한 논문[1])을 제출하면서 처음으로 서방의 심리학자들과 수학교육학자들에게 알려졌다. 같은 해에 교육심리학에 관한 소비에트 연구모음집이 영문판[2])으로 출판되었는데, 여기에 Krutetskii의 논문 〈수학적 능력이 부족한 학생들의 사고에 나타나는 몇 가지 특징(*Some Characteristics of the Thinking of Pupols with Little Capacity for Mathematics*)〉이 수록되어 있다.

Krutetskii의 연구는 수학적 능력의 개인차를 연구한 소비에트의 심리학자들 가운데 독보적일 뿐만 아니라, 그의 연구에서 사용하고 있는 수학문제들이 매우 다양하고 독창적이었기 때문에 이목을 끌었다. 1960년대 후반 수학교육연구회(the School Mathematics Study Group)와 최신동유럽수학문헌연구회(the Survey of Recent East European Mathematical Literature)가 수학교육에 관한 소비에트의 문헌들을 번역한 총서 《수학 교수학습의 심리학에 관한 소비에트 연구(*Soviet Studies in the Psychology of Learning and Teaching Mathematics*)》를 출간하기 위해 공동연구를 진행하게 되었을 때 편집자들은 시리즈 제2권 전체를 Krutetskii의 논문 4편에 할애하였다. Krutetskii의 짧은 논문과 보고서의 번역물들은 유용했지만, 이것들은 단지 그의 연구의 단편만을 보여주는 것에 불과하였다.

이 책의 러시아 초판은 1968년에 출판되었는데, 이는 Krutetskii가 12년간에 걸쳐 수

1) Krutetskii, V. A. (1964). A study if structure, ways of development and diagnosis of mathematical abilities, *Acta Psychologica,* 23, 314~15.

2) Simon. B. & Simon. J. Eds. (1963). *Educational Psychology in the USSR*. Stanford, Calif.; Stanford University Press.

행한 이론적 연구와 실험연구 전체의 기록을 담고 있으며, 이것은 학생들의 수학적 능력에 관한 첫 번째 소비에트 심리학 단행본이다. 그 책은 소비에트 연방의 교육과학부 소속 심리학연구소 과학협회의 출판승인을 받아 모스크바에서 출판되었다. 모스크바 주립대학 수학교수이며 교육과학국의 부총장인 A. I. Markushevich, 물리학과 수리과학 박사인 V. I. Levin, 교육과학 박사인 E. N. Konanova-Meller의 감수를 받았다. 그 책은 431페이지의 분량으로 25,000부가 간행되었다.

이 책의 현재 편집판은 시카고 대학교의 학교수학 및 대학 수학에 관한 최신동유럽문헌연구회가 작성하였다. Joan Teller의 세심한 번역과 편집 작업의 도움에 특별한 감사를 표한다. 참고문헌을 점검하는 데 도움을 준 케임브리지 대학교, 대영 박물관, 시카고 대학교, 콜롬비아 대학교 교육대학의 사서들에게 감사를 드린다. 원고에 대한 제안을 해 준 시카고 대학교의 Zalman Usiskin에게도 감사를 드린다. 원고를 타이핑하고 읽어준 Carlene Kilpatrick과, 행정과 편집에 도움을 준 Harvey Edelberg에게 감사를 표한다. 마지막으로 이 프로젝트가 나오도록 초기에 공동노력을 해 준 수학교육연구회의 전 회장인 스탠퍼드 대학교의 E. G. Begle에게 감사를 전한다.

Jeremy Kilpatrick
Izaak Wirszup

러시아판 편집자 서문

이 책은 1955년에 시작한 학생들의 수학적 능력에 관한 우리의 이론적, 심리적 연구의 주요 결과들을 담고 있다. 우리는 우리의 연구가 매우 심리학적인 것임을 강조하고자 한다. 따라서 현재의 수학교수방법을 분석한다거나 새로운 방법을 만들어내려는 시늉은 하지 않을 것이다. 그것은 심리학자들의 문제가 아니라, 각자의 분야에서 역량을 갖춘 수학자, 교육자, 그리고 방법론자들의 연구문제라는 것이 우리의 확고한 생각이다. 심리학자들은 필요한 자료를 제시해주고 특별한 문제에 대해 심리학적 연구를 수행함으로써 그들과 공동 작업을 할 수 있고 또 해야 한다.

앞으로 다음과 같은 방향으로 우리의 연구를 계속할 것이다.

1. 수학자들과 긴밀히 협력하여 가장 고도로 발달한 수학적 창의성의 구조(즉, 수학자들의 능력)를 연구하기.
2. 심리학자들과 협력하여 수학적 능력의 심리학적 본질을 밝히기.
3. 교사 및 방법론자들과 함께 학령기에 수학적 능력을 형성하고 개발하는 최선의 방법을 연구하기. 이는 학생들의 수학적 사고와 능력을 도야한다고 어느 정도 밝혀진 수학적인 교수체계를 명확히 하는 것을 말한다.

이 책을 준비하면서 가장 어려웠던 점은 소비에트에는 능력에 관한 심리학과 교육에 관한 과학적 연구가 매우 부족했다는 것이다. 그러나 불과 몇 년 사이에(1959년경 이후) 이 문제에 대한 관심이 눈에 띄게 증가했으며, 몇 가지 의미 있는 이론적, 실험적 연구 결과가 출판되었다. 그러나 학습과 성숙의 과정에 있는 청소년기 학생들의 능력을 다방면으로 발달시키는 것이 얼마나 중요한 문제인지를 생각한다면 이 몇 가지 연구들만으로는 아직도 상당히 미약한 편이다.

우리는 이 책이 심리학자와 수학교사, 수학 방법론자, 대학원생, 그리고 관련된 학과에 소속된 학생들에게 도움이 되길 바란다. 우리는 결코 이 책이 완벽하다고 생각하지 않는다. 독자들의 모든 비평과 제안, 조언을 감사히 받아들일 것이며 충분히 검토해 볼 것이다.

수고해 주신 심리학자 A. A. Smirnov, B. M. Teplove, P. A. Shevarev 교수와 교육심리학 박사 E. N. Konanova-Meller, 수학자 A. I. Markushevich와 V. I. Levin 교수, 그리고 I. K. Andronov와 E. B. Dynkin 교수의 이 작업에 대한 관심과 소중한 제안들에 깊은 감사를 드린다.

들어가며

미국이나 다른 서방 국가의 교육심리학자들은 지난 수십 년 동안 연구에서 상당한 진보를 이루었다. 이러한 진보는 심리학을 비롯한 다른 과학 분야에서도 어느 정도 유용하다고 판명된 기법들의 도입 덕분이다. 현재 서방 국가들의 연구와 보고서의 규준은 그 가치를 훼손할 수 없는 위대한 업적이다. 하지만 연구기법의 발달은 부인할 수 없이 매우 가치가 있음에도 불구하고 몇몇 교육 연구자들은 이제 이러한 연구기법이 연구실에서의 실험을 너무 신성시하여 실제로 더 중요한 교육적 문제의 측면은 상실하고 있는 것은 아닌지에 대한 질문을 던지기 시작했다.

수학적 능력에 대한 연구를 생각해 보자. 이 주제에 대한 최근의 연구들은 거의 대부분 똑같은 형식을 취하고 있다. 연구자는 수학적 능력과 관련된다고 가정한 일련의 검사도구를 모은다. 연구자는 학령기 학생들을 표집하여 검사도구를 투입하고, 각각의 검사에 대한 점수를 얻는다. 그리고 이 점수들 사이의 상관관계로부터 각 검사도구가 어떻게 관련이 있는지를 알아내기 위해 요인분석(factor analysis)과 같은 통계적 기법을 사용한다. 점수의 상관관계가 높은 검사들은 기본적으로 같은 능력을 측정하는 것으로 간주되고, 점수의 상관관계가 낮은 검사들은 다른 능력을 평가하는 것으로 간주된다. 요인분석의 목표는 각각이 서로 다른 능력을 나타내는 더 적은 요인만으로도 검사 점수에 대한 이유를 설명하는 것이다. 각 요인분석 기법은 능력의 다른 특징을 산출해낸다. 그러나 연구자들이 각각의 요인을 산출하기 위해 같은 것으로 묶어두었던 검사들에 대해 공통적인 것을 추론함으로써 각 능력의 연관성을 판단해야 하는 과제에 직면하게 된다.

능력에 관한 서방의 연구에서는 요인분석이라는 방법을 채택하였다. 이것을 어떻게 수행해야 하는가에 대한 논쟁에도 불구하고, 어느 누구도 검사 점수로부터 가치 있는 정보를 뽑아내는 그 힘을 부정하지 않는다. 하지만 바로 이것이 주목할 점이다. 왜 하필 검사 점수인가? 사람들은 왜 수학적 능력에 대한 정보의 근거로 검사 점수가 유일한 것(또는 가장 최선의 것)이라고 가정했는가? 요인분석의 유용성(필요한 계산을 빠른 시간에 수행하는 컴퓨터를 의미하는 것이 아님)이 연구자들을 다른 형태의 연구로부터 눈이 멀게 할 수 있지도 않는가? 어쩌면 그들은 같은 전통을 공유하지 않은 학자들의 연구를 조사함으로써, 연구에 있어서 그들과 다른 몇몇 관점들을 점검했어야 한다.

소비에트에서는 공산당 중앙위원회가 지능검사를 금지시킨 1936년에 능력의 개인차에 대한 연구가 중단되었다. 학교에서 학업의 진보 정도를 측정하기 위해 성취도검사는 계속 사용하였지만, 다른 종류의 지능검사는 교육자나 연구자들에게 금지되었다. 소비에트의 관점은, 검사는 오직 현재 상태에 대한 지표만을 제공한다는 것이다. 검사는 수행 정도에 따른 학생들의 잠재능력 또는 학생들이 검사 문항을 해결하기 위해 사용했던 문제해결 과정 등에 대한 정보를 제공하지 못한다는 것이다. 검사는 학생들을 서열화하는 것을 부추기며, 학교에서 학생들에게 제공해야 할 것과 학생들에게 기대해야 할 것에 대한 규준을 만드는 일만 부추길 뿐이다. 검사는 효과적인 수업 과정을 찾는 데는 방해가 된다.

지능검사의 금지로 인해 소비에트의 교육심리학자들은 연구에 다른 기법을 적용했다. 학생들의 머릿속에서 이루어지는 과정에 대해 더 정확한 아이디어를 얻기 위해, 학생들에게 문제를 제시하고 학생이 생각한 것을 소리 내어 말하면서 문제를 풀도록 했다. 학생이 문제를 풀지 못하는 경우에는 힌트를 주거나 문제를 바꾸기도 하였다. 면담을 하는 동안 학생의 긴장감을 완화시키기 위해 학생이 이 상황에 익숙해질 때까지 몇 달 동안에 걸쳐 반복적으로 면담을 실시했다. 때때로 학생의 담임교사가 면담을 하기도 했다. 개념학습을 연구하기 위해, 연구자들은 학생들이 개별적으로 실시한 학습과정을 추적하는 면담을 통하여 얻은 성취도검사결과를 이용해서 학기 중에 교사들과 함께 일련의 수업을 고안하는 작업을 하였다. 이 연구기법은 학생들의 학습에 대한 연구의 상당부분을 차지하면서 몇 년에 걸쳐 개발되고 수정되었다. 그러나 개개인의 학생들이 어떻게 생각하고 어떻게 학습하는지를 나타내는 개인차 연구에는 그 기법이 거의 사용되지 않았다.

능력에 대한 개인차 연구는 지난 20년 동안 소비에트에서 점차적으로 다시 나타나기 시작했다. 이러한 동향과 관련하여 몇 명의 연구자들을 언급할 수 있지만, 가장 주목할 만한 사람은 바로 소비에트 교육과학아카데미 심리학연구소(Department of Educational Psychology of the USSR Academy of Pedagogical Sciences' Institute of Psychology)의 능력에 관한 연구책임자였던 Krutetskii이다. Krutetskii 연구의 주요 관심분야는 수학적 능력의 구조와 그것의 형성이었다. 그리고 그는 영재들에 대한 사례연구 분야의 선구자였다. 그는 특히 아이들이 수행한 다양한 수학문제를 고안하는 데 탁월하였다. 이 책은 1955년부터 시작하여 1966년에 완료된(12년간의) Krutetskii의 연구보고서이다. 이 연구의 목적은 수학적 능력의 특징과 구조를 탐구하는 것이었다. 교육을 통해서 수학적 능력이 어떻게 성장하고 발달하는지에 대한 문제는 이후의 연구를 위해 남겨두었다.

수학적 능력을 조사한다는 것이 어떤 학생들이 다른 학생들보다 뛰어난 능력이 있다는 것을 가정하는 것(이는 소비에트의 규범을 위배하는 것이다)이라는 비판을 누그러뜨리기 위하여 Krutetskii는 모든 학생들은 어떤 분야에서 잠재적 능력을 갖고 있으나 이 잠재적 능력이 모든 분야에 걸쳐 동일하다거나 교육이 학생들의 능력을 변화시킬 수 없다고 가정할 아무런 근거가 없음을 강력하게 주장하면서 그의 보고서를 시작하고 있다. 그는 능력이 유전에 의한 것이며 상대적으로 고정된 것이고 검사에 의해 측정 가능한 것이라고 가정하는 비공산주의(부르주아) 심리학자들을 비난하였다. 그는 특히 객관적인 검사에 의존하는 미국과 영국의 교육자들에게 반대하면서 검사는 학생들의 잠재성에 대한 정확한 지표가 아니며, 학생들이 받게 될 교육에 대한 의사결정을 하는데 사용해서는 안 된다고 주장하였다. Krutetskii는 검사에 의존하는 연구자들을 향해 과정 그 자체를 연구하는 것에는 전혀 관심 없고 검사결과에 대한 미신적인 수학적 처방을 한다고 비난하였다. 그는 하나의 수학 문제에 대해 같은 해답이 어떻게 여러 가지 방법으로 얻어지는지를 보여주면서, 검사결과에 대한 분석을 통해서 사고에 대한 많은 것을 밝혀낼 수는 없다고 결론을 내린다. 더 나아가 Krutetskii는 수업에서 과정 대신에 검사결과를 강조하는 것은 학생들에게 수학에 대한 잘못된 인식을 심어줄 것이라고 말한다.

Krutetskii의 문헌연구는 몇 개를 제외하고는 자신이 시도하려는 것에 매우 편중되어 있는데, 능력에 대한 결정적인 관점이나 검사의 의존성에 대해 외국 심리학자들을 비난하면서 비록 불완전할지라도 이 주제에 대한 민감한 처방에 대해 소비에트 심리학자들을 추켜세우고 있다. 2장과 3장에서 수학적 능력에 대한 소비에트와 유럽, 그리고 미국 문헌에 대한 고찰은 지금까지 시도한 것 중에 가장 포괄적인 것으로서, 그 자체만으로도 수학교육에 상당한 공헌을 하고 있다.

4장에서 Krutetskii는 능력의 본성에 관한 그의 견해를 피력하고 있다. 그는 능력의 발달을 위해서는 타고난 생물학적 성향도 필요하지만 그것만으로는 차후의 능력 발달에 충분하지 않으며, 능력은 오직 활동을 통해서 생성되고 발달하는 것이라고 강하게 주장하고 있다. 그는 능력이란 습관이나 기능과는 대비되는, 주어진 과제를 빠르게 잘 수행하도록 하는 개인적 활동의 특성이라고 정의하였다.

5장에서 Krutetskii는 그의 연구에서 사용한 다양한 방법들을 설명하고 있다. 대부분의 자료는 Krutetskii와 그의 동료들이 약 200명의 학생들에게 26개 시리즈 문제를 제공해서 풀도록 한 다음 개별 면담을 통해서 얻은 것들이다. 학생들에게는 그들이 푸는 문제를 소리를 내어 생각하면서 해결하도록 요구했는데 필요한 경우에는 문제의 힌트를 주기도 했다. 학생들의 나이는 6세에서 17세까지 다양했다. 학생들은 교사에 의해 사전에 수학분야에서 '매우 우수, 우수, 평균, 부진'으로 분류된 기준에 따라 선택되었다. 능력의 발달은 주로 다른 나이의 학생들과의 능력 비교를 통하여 조사되었지만, 일부 그룹에게는 몇 년에 걸쳐 종단적으로 연구를 실시하였다. 이 후자의 연구는 특별한 지도, 교실 관찰, 가정 방문 등을 포함하고 있다.

Krutetskii는 수학적 능력의 본질에 관한 설문조사를 수학교사와 수학자들을 대상으로 실시했다. 그는 저명한 수학자와 물리학자들의 수학적 재능에서 나타나는 특징에 대한 실제적 증거를 확보하기 위해 그들의 일대기를 분석했다. 그는 학교교육과정이 추정하고 있는 능력을 알아보기 위해 학교수학 교육과정을 분석하였다. 그는 학교에서 수학 이외의 과목에서 나타나는 학생들의 발달 정도와 수학에서 나타나는 발달의 정도를 비교하기 위해 모스크바 중등학교에서 1천 명 이상의 학생들에 관한 자료를 수집하였다. 그리고 수학에서 특별히 뛰어난 9명의 학생에 대한 사례 연구를 실시하였지만 이것이 주된 연구는 아니다. 그는 이 학생들의 수학적 발달 특성을 연구하기 위해 수년 동안 관찰하고 인터뷰하였다. 그는 또 문헌에서 보고하고 있는 수학영재들의 사례도 조사하였다.

Krutetskii의 연구는 사용한 방법이 다양할 뿐만 아니라 면담을 위해 고안한 문제들의 다양성과 질적 우수성으로도 잘 알려져 있다. 8장에 Krutetskii가 사용한 26개의 시리즈 문제들을 소개하고 있다. 각 문제 시리즈들은 동일한 유형의 문제들을 모은 것이지만 6장에서 Krutetskii가 가정한 수학적 능력을 하나 또는 그 이상 측정하기 위해 난이도 면에서는 다르게 고안하였다. 이 유형들은 증명문제, 비현실적인 문제, 불완전한 정보만 주어진 문제, 수학적인 패러독스, 시각화에 관한 문제들을 포함하고 있다. 이 시리즈의 문제들은 교사와 연구자들에게 인상적인 자원으로 구성하였다. 이 문제들은 바로 적용을 하거나, 동일한 유형의 문제를 추가하여 사용할 수 있다.

Krutetskii에 의하면 수학 문제를 해결하기 위해서는 정신활동이 필요한 다음 세 가지의 단계 – (1) 문제를 해결하는 데 필요한 정보를 모으는 것(정보수집 단계), (2) 해를 얻기까지 정보를 다루는 것(정보처리 단계), (3) 해결 방법에 대한 정보를 얻는 것(정보파지 단계) – 가 있어야 한다. 이 단계들 각각은 하나 또는 그 이상의 능력과 관계가 있다. 수학에 특별한 능력이 있는 학생들은 그렇지 못한 학생들보다 문제의 본질을 빨리 파악하는 능력이 뛰어나다. 그리고 수학에 능력이 있는 학생들은 수학적 현상들을 빠르고 쉽게 일반화한다. 그들은 논리적 추론에 있어 중간 단계를 뛰어넘는 경향이 있고, 다른 해결 방법으로 쉽게 사고의 전환이 가능하고, 가능한 한 우아한 해를 찾으려고 한다. 그리고 그들은 필요할 때는 그들의 사고 절차를 쉽게 뒤바꿀 수 있다. 마지막으로 수학에서 능력이 없는 학생들은 단지 문제에 관한 구체적인 사항만을 기억하는 경향이 있는 반면, 수학에 능력이 있는 학생들은 문제와 해결 방법의 원리 사이에서 나타나는 관계를 잘 기억하는 경향이 있다.

Krutetskii는 특히 수학에서 영재성을 보이는 학생들은 '수학적 기질(mathematical cast of mind)' 즉 세계를 수학적으로 해석하려는 경향과 같은 어떤 것이 있다고 강력하게 주장했다. 그리고 그는 이런 종류의 성향은 태어나면서 나타날 수도 있다고 주장했다. 그는 수학적 기질의 기본적인 세 가지 유형을 (1) 분석형(언어적-논리적 표현으로 사고하려는 경향이 있는 학생), (2) 기하형(시각적-그림 표현으로 사고하려는 경향이 있는 학생), (3) 조화형(분석형과 기하형의 특성을 모두 가진 학생)으로 구분하였다.

Krutetskii는 앞에서 언급한 모든 자료들로부터 얻은 결과를 분석한 후, 특별한 능력은 6장에서 가정한 능력들과 크게 다르지 않다는 결론에 도달했다. 주요한 결론들은 면담자료로부터 얻었는데, 학생들이 수학문제를 해결하는 과정에서 얻은 질적, 양적 점수로 이루어졌다. 소비에트의 교육연구들은 자료 분석의 원시적인 기법을 선호했기 때문에, Krutetskii가 요인분석을 사용한 것은 예상 밖의 일이다. 그러나 그는 그것을 필요할 때만 선별적으로 사용하였다. 동일한 능력을 측정한다고 가정한 문제들의 내적 상관도를 분석했으며, 단일한 공통요인의 존재는 한 능력이 독자적인 것이라고 주장할 때 사용했다. Krutetskii는 다른 그룹의 검사를 실시하면서 이것을 반복적으로 사용하였다. 문제는 Krutetskii가 다른 그룹의 검사에서 일반적인 공통요인을 다른 방법으로 특징지었다는 것이다. 그는 모든 검사를 단 한 번의 분석으로 처리해서 그가 분류한 그룹들이 다른 요인들과도 관계가 있다는 것을 보이지는 않았다. 예를 들면 검사들이 내적관계가 상당히 높아서 하나의 요인(일반적인 지적 능력)이 모든 검사의 기초가 되었을 수도 있다. 이럴 가능성은 거의 없어 보이지만 Krutetskii의 분석은 이것을 배제하지 않는다.

독자들은 소비에트의 연구 보고서가 서방의 완벽성과 객관성을 만족시키지 못한다고 생각할 수도 있다. Krutetskii가 사용한 요인분석은 문헌고찰과 그의 연구결과에 대한 단편적인 보고로 간주되어야 한다. 그는 자신의 가정을 경험적인 검사의 애매한 빛에 종속시키지는 않았다. 오히려 그가 조사하고 분석한 결과들은 그가 만들고 있던 사례, 즉 그의 전 개념과 그의 직관에 바탕을 둔 사례를 지원하기 위해 경험적인 데이터로 어느 정도 사용되었다.

그렇다면 Krutetskii 연구의 가치는 무엇인가? 그의 연구는 Piaget의 연구가 수학교육에 미쳤던 영향과 동일한 영향을 미쳤다고 해도 과언이 아니다. Piaget가 사용한 과제들이 교사와 연구자들에 의해 적용되고 사용된 것처럼 Krutetskii가 사용한 과제들(이는 학교의 수학교육과정과 더 밀접한 관련이 있다)도 같은 방법으로 적용되고 사용되었을 것이다. Piaget의 지적발달개념이 수학교육자들에게 연령에 따른 학생의 사고가 다르다는 것을 일깨워준 것처럼 Krutetskii의 수학적 능력에 대한 구조 개념도 능력에는 다른 몇 가지 요소들이 있으며 그것들이 어떻게 함께 기능하는지에 대해 수학교육자들을 일깨워 줄 수 있을 것이다. 그리고 Piaget가 적절한 연구방법이 무엇인지 우리의 개념을 넓혀준 것처럼 Krutetskii도 이 개념을 더 넓혀 줄 것이다.

지난 20년 동안 미국에서 학교의 수학교육과정에 개혁이 있었으나 수학시험에서는 그에 상응할 만한 개혁이 없었다. 오늘날 사용되고 있는 대부분의 표준화된 수학 검사가 그나마 최신의 버전이며, 새로운 교육과정이 개발되기를 원하는 교사들은 '고등인지능력'을 측정하기 위한 방법을 찾기 위해 헛된 노력을 하고 있다. 검사도구 개발의 노력, 지속적인 연구 프로그램, 토대가 되는 이론의 진술도 없이 수학교육자들은 고등능력이 무엇인지 이해해야 하고 또 도구를 개발해야만 하도록 내몰리고 있다. 이 책에서 다루고 있는 연구는 교육자와 연구자들이 능력의 지표를 검사점수에만 의존하지 않도록 하며 수학적 사고과정을 평가하는 생산적인 방법을 탐색하는 데 도움을 줄 것이다.

Jeremy Kilpatrick
Izaak Wirszup

차례

제III부 학생들의 수학적 능력의 구조에 대한 분석

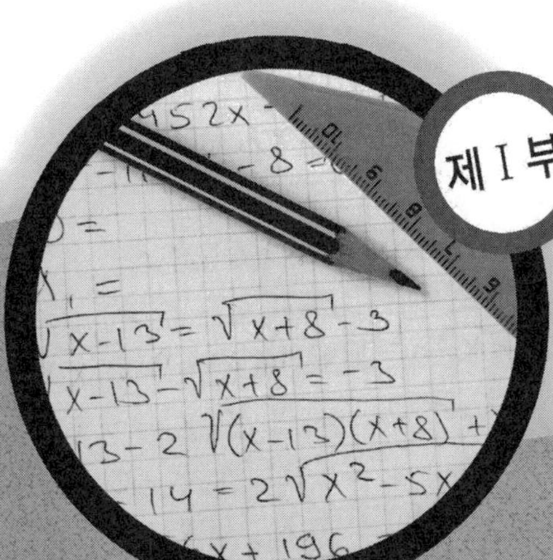

제 I 부

연구의 문제와 목표

제1장 현대 소련의 과학과 교육에서 수학적 능력의 문제가 가지는 **이론적, 실질적 중요성**

제2장 수학적 능력에 **대한 외국 심리학 문헌** 고찰

제3장 수학적 능력에 관한 러시아 혁명 이전 및 **소련의 심리학 문헌 연구**

제4장 연구의 **문제와 목적**에 대한 진술

제1장

현대 소비에트의 과학과 교육에서 수학적 능력의 문제가 가지는 **이론적, 실질적 중요성**

개인의 능력 차이를 인정하지 않는 공산주의 사회에서는, 성격의 조화로운 발달에 대해 특정한 유형의 활동을 하기 위한 개인 능력의 문제에 관해 확실한 과학적 뒷받침을 요구한다. 이론적인 측면에서나 실제적인 측면 모두에서 이 문제를 정교화 하는 것은 흥미로운 일이다. 특정한 유형의 활동을 하는데 필요한 능력을 형성하고 발전시키기 위한 구조와 조건을 분석하는 소비에트의 심리학에서, 능력에 관한 이론은 매우 부족하다. 비록 지난 10년간 소비에트 심리학에서 이 문제에 대한 관심이 현저하게 증가하였음에도 불구하고 그 상황이 본질적으로 변하지는 않았다. 자본주의 심리학에서는 대부분의 학자들이 능력의 본질에 대해 잘못된 견해를 가지고 있었기 때문에, 이 문제를 옳지 않게 해결하였다. 인간 능력과 관련된 문제를 해결해 나가는 것은 소비에트 사회에도 여전히 상당한 실용적 가치를 지닌다. 구성원을 적절하게 배치하는 것은 개개인이 가진 잠재력을 최대한 실현하는 것을 가정하기 때문에, 이것을 이루기 위해서 우리는 이러한 잠재력들을 어떻게 발견하고 계발시킬 수 있는지 알아야 한다.

능력의 문제는 곧 개인차의 문제이다. 만약 모든 사람들이 모든 방면에서의 발달이나 어떤 활동 추구에 동일한 잠재력을 가지고 있다면 능력에 대한 논의는 의미가 없을 것이다. 능력에 대해 논할 때, 우리는 사람들 간에 개인차가 확실하게 존재한다는 것을 전제로 한다. 모든 것에 부진한 사람은 없다. 사람들은 각자 어떤 일을 하는데 최선을 다 할 수 있다. 이것은 소비에트 심리학의 기본 이념 중 하나이다. 그렇지만 사람들은 같은 일에서도 다른 능력을 보인다. 누구나 활동의 종류에 따라 더 잘할 수도 있고 부족할 수도 있다. 누군가 특정 분야에서(음악, 무용, 또는 미술뿐만 아니라 수학에서도) 능력이 부족하다고 해서 그가 전반적으로 열등하다거나 재능이 없다는 것을 의미하는 것은 아니다.

그것은 단지 그의 능력이 다른 분야에 있음을 의미할 뿐이다. 능력은 타고나는 것이 아니라 살아가면서 학습에 의해 계발되는 것이다. 그렇지만 이런 사실이 그들의 재능을 밝혀내거나 고려할 필요가 없다는 것은 아니다.

이상의 모든 논의들은 학교 교육의 실제적인 영역에서도 적용된다. 소비에트 심리학자들은 모든 어린이들은 학습할 능력이 있고, 정신적으로 건강한 보통의 모든 학생들은 중등교육을 받을 수 있는 능력이 있으며 학교의 교육과정 범위 안의 교육적 요소들을 숙달할 수 있는 능력이 있으므로 교사들은 학생들이 그렇게 할 수 있도록 지켜보아야 한다는 의견에 일치를 보이고 있다.

모스크바의 방법론자인 A. A. Budarnyi는 관찰을 통해, "학교에서 배우는 여러 과목 중에서 (낮은 능력의 발달 단계에 있는 – V. K.) 학생들이 이해하기 어려운 단원은 거의 발견할 수 없다. 또한 우리는 수준이 너무 낮아서 보통의 학교 교육을 이수하지 못하는 학생도 만난 적이 없다(참고문헌 63, pp. 6~7)."라고 말했다. 유명한 수학자이자 아카데미 회원인 A. N. Kolmogorov는 "수학을 공부하거나 이해하는 데 필요한 특별한 소질에 대한 논의는 과장된 경우가 많다. 일반적으로 좋은 가르침과 좋은 책, 평균적인 인간 능력 정도면 중등학교 수학 학습에 부족함이 없다."고 말한다(참고문헌 180, pp. 8~9).

그러나 모든 학생들이 똑같이 쉽게 배울 수 있도록 하는 방법은 없다. "노력의 투자" 정도는 모두 다르다. 교수법이 고도로 조직되어 있을 때, 어떤 학생은 다른 분야에서 더 빠른 진보를 이룰 수 있고, 또 다른 학생들은 주어진 영역 안에서 다른 학생들보다 더 많은 성취를 보일 수도 있다. 그리고 이러한 성취는 의심할 여지없이 학생들의 흥미와 기질뿐만 아니라 그들의 능력에도 크게 영향을 받는다. 어떤 학생은 특별한 노력 없이도 비교적 짧은 기간 안에 높은 성취와 위대한 성과를 보이기도 한다. 그러나 다른 학생은 최고의 의지와 노력을 가지고도 그 수준에 도달하지 못하거나 아주 어렵게 도달한다. 이러한 관점에서 우리는 학생의 능력이 더 많다거나 더 적다라고 말할 수 있다. 그리고 이것은 결과적으로 학생이 학교생활에서 개인차가 있다는 것을 설명하는 것이 가능하다. 두 학생들이 모두 잠재력을 가지고 있고 중등 교육과정을 이수할 수 있지만 이 '잠재성'은 서로 다르다.

물론 이 '잠재성'이라는 것은 변하지 않거나 바꿀 수 없는 것이 아니다. 교사는 수학에서 어린이들이 보여주는 다양한 성취가 그들의 능력 수준을 반영한다는 견해에 스스로 안주해서는 안 된다. 분명하게 말하면, 능력은 미리 정해져 있는 것이 아니며, 교육, 실행, 활동의 숙달을 통해 형성되고 발달하는 것이다. 따라서 우리는 발달이 어느 정도로 이루어질 수 있는지 정확히 예측할 수 없지만, 이 아이들의 능력을 형성하고, 개발하고, 장려

하고, 향상시키는 것이 필요함을 주장하는 것이다. 그러나 이러한 상황이 잠재성의 본성을 이해하고, 그것의 발달 방법을 고안하기 위해 이루어지고 있는 이 "잠재성"에 대한 고려와 연구의 필요성을 배제하지는 않는다. Budarnyi는 최근에 널리 알려지고 있는 "부진한 학생들에 대한 교사의 완벽하고 거리낌 없는 암시가 보여주는 이상한 경향"에 대해 썼다(참고문헌 63, p. 3). 몇몇 심리학자와 교육자들은 오늘날까지도 부진한 학생은 없고 오직 무능한 교사만 있을 뿐이라고 주장하며 어린이들의 개개인의 심리적 특성이 교육의 성공에 영향을 미친다는 것을 부정한다. 사실상 이러한 교육자들과 심리학자들은 능력에는 문제가 없다고 한다. 그들은 만약 우리가 교육에서 능력의 역할을 인정한다면 우리가 일정 수의 학생이 실패할 운명에 처해있다고 인정하는 것이라고 믿는다. 그들의 견해에 따르면, 교육의 성공과 상위 수준의 지식, 능력 그리고 기능은 오직 교사의 기능에 의한 교수법의 완전성에 전적으로 좌우된다. 물론 이러한 요인들이 중요한 부분으로 작용하지만 모든 것이 그것에 의해 좌우된다고 믿는 것은 불가능하다. D. N. Bogoyavlenskii와 N. A. Menchinskaya가 동일한 수업환경에서 정보 숙달에 차이를 보이는 학생에 대해 논의하면서, 이런 경우에는 학생의 내부 특징에서 원인을 찾아야 한다고 지적한 것은 전적으로 옳다(참고문헌 44, p. 250). 대다수의 현직 교사(특히 수학교사)들은 교육의 성공에 영향을 미치는 것이 학생 개개인의 심리적 개인차라는 점을 상당히 우호적인 근거를 가지고 제시해 주었다.

물론 정보나 기능, 습관을 습득함에 있어서 한사람의 성공이 개인의 능력에 의해서만 전적으로 결정되지는 않는다. 많은 소비에트 심리학자와 교육자들의 연구는, 학교 교과목에 대한 학생들의 관련성뿐만 아니라, 교육의 방법이나 내용도 중요하다고 설명하고 있다. 그러므로 추상적으로 평가되는 교육에서의 성공 또는 실패만을 학생의 능력의 본질에 대한 판단의 기초로 삼아서는 안 된다. 특히, 부진한 진보가 반드시 적은 능력의 지표를 의미하는 것은 아니다. S. L. Rubinstein은 "다른 학생들이 보이는 동일한 성취도는 서로 다른 능력의 지표가 될 수 있고 동일한 능력을 가진 학생들이 다른 발달과정을 보일 수도 있다(참고문헌 354, p. 544)."고 했다. 하지만 다른 조건들이 동일한 상태에서 동일한 교수법을 적용했을 때, 본질적으로 다른 결과를 초래한다면 이런 결과는 바로 학생의 능력에 차이가 있는 것으로 설명될 수 있다.

그러나 일부의 학생들이 어떤 분야에서 능력의 부족함을 보인다고 해서 교사들이 그 학생들의 능력을 개발시킬 필요가 없다는 것은 아니다. 각각의 학생에게 서로 다른 문제가 있다면 가능한 모든 방법으로 그 분야에서 학생들이 가장 잘 할 수 있고 그들의 능력을 개발할 수 있는 길을 찾아야 한다. 이것은 가장 유능한, 특정한 분야에 재능이 있는 학생들, 영재아들의 발달에 있어서도 마찬가지이다.

영재아의 발달에 특별한 관심을 갖는 것이 모든 어린이의 능력의 전반적인 발달이라는 목표와 상충된다고 생각하는 것은 가장 큰 오해 중 하나이다. 우리가 노력하고 있는 이상적인 교육은 모든 학생이 매우 높은 같은 수준의 지식을 가지고, 그들의 능력이 고도로 발달하여, 서로 다른 사람들의 잠재력이 실질적으로 같아지는 것이다.

그러나 아무리 완전한 교수법으로도, 능력의 다른 수준이라는 의미에서의 개인차를 없앨 수는 없다. 이러한 관점에서 모두가 유능해질 수는 있어도, 모두가 같아질 수는 없다. 어느 분야에서건 어떤 사람은 상대적으로 더 능력이 있을 것이고, 다른 누군가는 상대적으로 부족할 것이다.

학생 능력의 전반적인 발달의 목표는 각 학생의 기본적 또는 주요한(즉, 가장 탁월한) 능력을 이끌어내고 개발한다는 목표와 모순되지 않을 뿐만 아니라 오히려 그것을 전제 조건으로 여긴다. 사람들은 각 학생들이 할 수 있는 최대한의 범위까지 그들의 모든 능력을 개발하도록 노력해야 하며, 그들 자신의 주요한 능력 계발이 장래 직업 선택의 기초로서 중요하게 고려되도록 해야 한다. 결과적으로 능력을 계발시킬 것인가, 능력 있는 개인을 선발할 것인가는 딜레마가 될 수 없다. 둘 다 중요하다.

많은 나라에서 최근 수학 교육의 문제에 대한 관심이 증가하고 있다. 이와 같은 관심의 증가는 인류 사회에서 수학의 중요성이 꾸준히 증가하는 것과 관련이 있다. 소비에트 연방 공산당 정강에는 당이 특별한 관심을 기울이는 주도적인 과학 분야 중에 수학이 첫 번째로 거명되고 있다(참고문헌 13, p. 126). 수학의 발전은 지식의 주요 분야가 진보하고 효율성을 갖는 데 필수적이다. 다양한 분야의 전문가들이 강조하는바(참고문헌 385, 68, 93)와 같이, 최근 과학의 발달이 점점 수학적으로 되어가는 경향이 있다. 이것은 물리학, 천문학, 화학뿐 아니라 현대 생태학, 고고학, 약학, 기상학, 경제학, 계획수립, 언어학 그리고 그 밖의 것에도 적용된다. 수학적 방법과 수학적 사고 태도는 모든 곳에 침투해 들어가고 있다. 수학이 관련되지 않은 지식 분야를 찾아보기는 어렵다. 수학은 Kolmogorov가 지적한 것과 같이 해마다 더욱 폭넓게 응용될 것이다(참고문헌 178).

이 같은 맥락에서 수학자의 수요는 해마다 증가하고 있다. 그러나 최근에 이러한 수요는 제대로 충족되지 못하고 있다. "수학자는 점점 줄어들고 있다(Kolmogorov, 1962, 1963: 4~5, Gnedenko, 1965: 3)." 특정한 과학 분야에서 능력을 보이고 있는 사람들은 그 분야의 발전에 중요한 공헌을 하고 있다는 것이 잘 알려져 있다. 이런 이유로 소비에트의 모든 학교들은, 학생의 수학적 문화 수준을 향상시킨다는 목표 하에, 학생들의 수학적 능력, 성향, 흥미 계발을 극대화해야 한다는 과제에 직면해 있다. 동시에 우리 학교들은 수학에서 높은 능력을 보이는 학생에게 특별한 관심을 보여주어야만 하며 수학 공부에 특별한 기질을 보이는 학생들의 수학적 발달을 촉진시켜주어야 한다. S. L. Sobolev가 주장한 바대로 "수학자가 연구하기에 가장 좋은 황금나이"는 22세와 24세 사이에서 이루어지므로 수학적 영재성은 학교에서, 학생들 가운데에서 찾아야 한다(참고문헌 385).

어떤 사람들은 수학적으로 능력 있는 학생을 선발하는 대신에, 모든 학생들이 수학적으로 최대한 발달할 수 있는 가능성을 조사하는 일에 착수해야 한다고 믿고 있다. 그러나 한 가지는 항상 다른 한 가지의 보완점이 될 것이며, 아무리 완벽한 교수법이라 할지라도, 수학적 능력에서 개인차는 항상 발생할 것이므로 누군가는 다른 사람을 항상 능가할 것이다. 이런 면에서 동등성은 결코 이루어질 수 없다. 결과적으로 수학 교사들은 모든 학생의 수학적 능력을 계발하는 것과 수학에 대한 그들의 흥미와 성향을 육성하는 일을 체계적으로 수행해야 하며, 동시에 수학에서 보통 이상의 능력을 보이는 학생에게는 그들의 능력을 더 발달시키기 위해 그들과 함께 특별한 일을 조직함으로써 특별한 관심을 가져야만 한다.

제2장

수학적 능력에 대한 **외국 심리학 문헌 고찰**

능력심리학에 대한 외국 연구의 변천

외국의 여러 연구들이 능력에 대한 문제, 영재성에 대한 문제를 다루어왔다. 그러나 그 연구들의 대부분은 진정한 과학의 정신을 따르고 있다고 보기 어렵다. 이 연구들은 변증법적 유물론자의 생각에는 근본적인 부분에서 생경한 경향에 깊게 물들어 있다. 심리학의 많은 연구들이 자본주의 사회에 존재하는 계급, 국가적 그리고 민족적 불평등, 인종차별 등을 정당화하는 방향에 초점이 맞추어져 있다.

능력에 대한 많은 반동적인 외국 이론이 표명하고 있는 가장 근본적인 질문은 능력의 형성과 발달에 있어 생득적인 것과 획득되는 것 사이의 관계에 대한 것이다.

대부분의 자본주의 심리학자들은 능력의 본질이 생물학적, 즉 유전되거나 타고난 것임을 인정한다. 능력을 발달시키는 과정은 유기체의 유전된 생물학적 특징을 발달시키는 과정이고 그것은 사회적 조건 안에서 현실화 된다. 그리고 각 개인 능력의 발달 수준은 '유전자 빈도[1]의 수준'과 유전적인 특징에 의해 선천적으로 이미 결정된다는 것이다. 외국 심리학자의 아주 뛰어난 대표자이며 산술과 대수를 가르치는 것에 대한 심리학 전문가인 미국의 Edward L. Thorndike는 학생들의 본능, 그들의 타고난 성향에 대해 연구했는데, 그는 활동적 사고, 추론, 호기심이 타고난 성향에 기인한다고 생각했다. 그는 환경과 양육의 영향에 대해 이야기하면서, 그것들이 부차적이라고 말했다. "신은 각자에게 특정한 능력을 주었다. 교육으로 그 능력이 무엇인지 배우고, 그것에서 최대한의 것을 이끌어내야 한다(참고문헌 502, p. 33)." 물론 "타고난 능력"을 발달시키는 일은 한계가 있

---

1) (역자 주) **유전자빈도** [gene frequency, 遺傳子頻度] 하나의 특정한 집단 안에 특정한 유전자를 가진 생물이 얼마나 존재하는지를 나타내는 정도. [출처] 네이버 백과사전

다. “어떤 학생들은 수없이 오랜 시간 동안 노력을 하더라도 특정한 수준 이상 올라갈 수 없다. 5피트의 높은 담장을 뛰어넘을 수 없고, 500파운드의 무게를 들어 올릴 수 없는 것처럼 그들은 특정 수준 이상으로 복잡하거나 추상적인 문제를 해결할 수 없다(참고문헌 501, p. 142).” “어떤 학생들은 아무리 형편없는 교육을 받더라도 성공할 것이고, 어떤 학생들은 아무리 훌륭한 교육을 받더라도 실패할 것이다(참고문헌 502, p. 33).” Thorndike의 견해는 1936년 초에 Smirnov에 의해 심한 비평을 받았다(참고문헌 383). 그렇지만 이런 종류의 생각들이 과거의 기록으로서만 의미를 갖는 것은 아니다. 2차 세계대전 이후에 미국에서 출판된 심리학 대백과사전들 중 하나에 “개인차”라는 제목이 붙은 논문에는 “사람들은 동등하게 태어나지 않으며, 그들이 동등해지도록 하는 교육이나 환경이 주어질 수도 없다.”고 나온다. 이것은 결과적으로 정신적(mental) 불평등뿐만 아니라 사회적 불평등을 의미하는 것이다(참고문헌 563a, p. 251). 1963년 독일에서 출판된 연구는 다음과 같이 진술하고 있다. “재능은 선천적이고 자연적인 요인들에 의해 결정된다. 그리고 재능은 다양한 분야에서 심리학적 또는 정신운동적(psychomotor)으로 나타나는 잠재적으로 창의적인 경향이다.”(Baumgarten, 참고문헌 524).

최근 몇 명의 자본주의 심리학자들은 그 견해가 과학적으로 근거가 빈약하며 본질에 역행하는 것이 자명하다는 것을 솔직하게 고백했다. 대부분의 사람들은 환경의 역할에 있어서 서로 다른 제한점을 소개하는 것, 그 중에서도 양육과 교육의 중요한 역할을 인정하는 것으로 시작한다. 그러나 그것은 기껏해야 타고난 생물학적 형질과 사회문화적 환경 또는 타고난 특성이 우세하게 나타날 때 환경의 사회적 영향과 같이 독립적으로 영향을 주는 두 개의 요인이 동시다발적으로 그리고 평행하게 영향을 주는 문제이다. 형질은 어떠한 조건에서도 극복할 수 없는 발달의 한계를 결정한다.

물론 자본주의 심리학자들 전체에게 초점을 맞춘 이러한 비난을 모든 연구자들에게 적용할 수는 없다. 예를 들어 Carpenter는 창의성의 본질과 구성요소에 관한 연구에서 모든 학생들은 어떤 분야에서 창의적 능력을 갖고 있으나, 교사들의 관심부족이 그들의 발전을 방해할 뿐이라고 주장하였다(참고문헌 547). 학생 개개인은 이 능력들을 (비록 무한하게는 아닐지라도) 개발할 수 있다. 교사의 책임은 학생이 그의 능력을 가장 효과적으로 펼칠 수 있는 분야를 발견하는 것이다. 그러나 우리는 이런 견해가 자본주의 심리학자들의 전형적인 견해가 아니라는 것을 서둡 이야기하는 바이다.

독일의 마르크스주의 심리학자인 Rosenfeld는 그의 논문에서 다음과 같이 분명하게 지적했다(참고문헌 682). “자본주의 심리학에서는 누군가의 우월성과 다른 이의 종속성의 원인을 사회역사적인 것으로 설명하지 않고 그 잠재력이 고정 불변이면서 생득적인 영재성 때문이라고 설명한다. 사회에서 특권층에 속했기 때문에 최고 수준의 지식을 갖추게 되는 것이 아니라고 생각한다." Rosenfeld는 1만 명의 사람들을 조사한 후 최상위 계급에 속해 있는 아이들의 94.6%가 영재 그룹에 속해있다는 것을 발견한 자본주의 심리학자 Walter의 말을 인용했다(참고문헌 682).[2)]

최근의 주요한 외국 논문들이 동일하게 유사한 주제들에 대해 언급하고 있다. 〈개인차 심리학〉이라고 하는 중량감 있는 연구의 저자이자 미국의 심리학자인 Anastasi는 "지적으로 수준이 높은 부모들은 지적으로 우수한 자녀를 얻는 경향이 있다. 사회적으로 상위 계급에 속한 아이들이 좀 더 지적으로 우수할 수 있다."(참고문헌 514, p. 521)고 강조했다. 그녀는 또한 인종 사이의 생물학적 불평등에 대해서도 언급하였다. 인간의 인종끼리 '유전자빈도'가 다르다(참고문헌 514, p. 569).

'인간 자원의 최대 이용'을 목적으로 하는 지적(mental) 영재성 검사방법은 자본주의 국가(특히 미국과 영국에서)에서 특히 넓게 퍼져있었다. *The Search for Ability*의 저자 Goslin에 따르면 "지난 50년 동안 검사는 미국 문화의 한 부분으로 확고한 위치를 차지했다."(참고문헌 585, p. 20) 그는 "세계의 주도권을 잡기 위한 소비에트와 미국의 경쟁에서 미국의 검사와 검사를 활용하는 기술은 미국이 소비에트를 능가할 수 있게 해 줄 비밀무기가 될 것이다."라고 평가했다(참고문헌 585, p. 191).

40년보다 더 이전에 W. Stern은 그 시대에 "상당한 수의 다양한 검사가 힘겹게 행해지고 있다"고 지적했다(참고문헌 506, p. 67). 이것은 검사의 수가 그 당시에 현저하게 증가했기 때문이다. 수많은 논문과 수없이 많은 다양한 검사들이 최근 몇 년 동안 계속 나오고 있다. 좀 더 진보적인 입장의 몇몇 자본주의 학자들로부터 검사에 대한 날카로운 비판이 있었음에도 불구하고 국외, 특히 미국과 영국의 심리학 저널과 교육학 저널들은 지능검사, 특수한 능력에 대한 검사, 성취도검사, 검사결과들에 대한 비교, 미래의 성취도를 예측할 수 있는 방법을 찾기 위한 시도로서의 분석, 능력을 진단하고 예상할 수 있는 방법의 모색 등에 대한 논문들로 가득 차 있다. Goslin이 지적한 바와 같이, 검사범위에 대한 정보는 희박하더라도 최적의 지원자를 평가하고 선발하기 위해서 미국의 학교, 대학, 회사, 공장, 정부기관, 군대 등에서 매년 1억 5천~2억 5천 정도의 인구가 다양한 종류의 표준화 검사 도구를 이용하여 검사를 실시한다(참고문헌 585, p. 13, 176).

검사하기(testing, "test"에 완벽하게 대응하는 러시아어는 없다)는 인간의 지적 영재성에 따라 인간을 등급화하고 인간의 지적 발달을 측정하고 수치화할 수 있는 Alfred

---

2) Krutetskii의 인용은 잘못됐다. 1만이라는 수치는 Rosenfeld의 다른 연구에서 비롯된 것이며, 인용한 백분율은 영재에 대한 것이 아니라 고등학교에서 능력이 있는 학생에 대한 것이다.

Binet(참고문헌 479)의 아이디어에 의해 1905년경에 처음으로 시작되었다. 검사는 "인간 개개인의 가치를 빠르게 결정할 수 있는 간단한 수단"으로, 예측을 목적으로 하는 진단의 수단으로 여기게 되었다(Stern, 참고문헌 506, p. 66).

검사에 대한 노골적인 지지자들조차도 처음부터 검사의 심각한 단점을 알고 있었음에 틀림이 없다. "검사가 지적인 것에 대한 완벽하고 조작적인 측정일지라도 심리학적 검사가 과대평가되어서는 안 된다. 검사는 아무것도 알려지지 않은 자에 대한 첫 번째 지침을 제공하는 최소한의 사이코 그래픽에 불과하며, 비교 가능하고 객관적으로 등급화 가능한 다른 관찰, 즉 심리학적, 교육학적, 의학적 관찰 사항으로 보완되고 다듬어져야 한다."(Stern, 참고문헌 507, p. 12) 지적 영재성의 지표로 간주되는 검사 결과에 영향을 미치는 여러 요인들, 즉 피검사자의 질병과 신경과민, 이전 훈련과 연습에 의한 영향, 피검사자의 검사에 대한 흥미 부족, 피로에 대한 언급도 찾을 수 있다(W. Moede and H. Piorkowski, 참고문헌 491, pp. 8~19).

그러나 이런 우려는 "능력에 대한 지표"의 일종으로서 "쉽고 저렴하게" 영재성의 수준을 평가하기 위한 도구로서 검사를 무제한적으로 사용하게 되면서 아주 빠르게 사라지고 있다(J. L. Holland and A. W. Astin, 참고문헌 610). Stern은 검사는 교사가 몇 개월 동안 학생을 관찰한 후에 하는 것보다 더 정확하게 학생들을 등급화 할 수 있다고 독자들을 설득하려고 노력했다. Burt는 의식 있고 관찰력 있는 교사가 몇 년 동안 공들여 관찰하는 것보다 더 정확하게 할 수 있다고 믿었다(참고문헌 506, p. 232).

검사는 미국의 학교에서 폭넓게 행해진다. Goslin의 자료에 의하면, 75~90%의 학교에서 유치원생과 12세 사이에 적어도 한 번 표준화 검사지를 사용하여 검사를 실시한다(참고문헌 585, p. 57). Goslin은 "표준화 검사는 학생들에 대한 필요한 정보를 제공하기 위하여 … 상대적으로 제한점을 가지고 있는 다른 척도들과 검사결과를 비교하기 위하여 고안되었다."고 설명했다(참고문헌 585, p. 56). 어떠한 목적을 위한 것인가?라는 질문에, 학급 내지는 특정한 집단 안의 학생들을 몇 무리로 나누면서 능력 있는 학생들을 골라내기 위해서라고 답했다. 그리고 부분적으로 그가 다른 목적을 말하기는 했지만 그것이 바로 새로운 주제를 학습하기 위한 학생들의 준비도를 평가하고 객관적으로 교육과정의 내용이나 다른 방안의 교수 기술의 상대적 효과성을 평가하는 것 등을 말하였다. 능력검사의 기본은 바로 미국 학교에서 학생들을 선발하기 위한 것이었다. 지능검사의 점수를 바탕으로 해서 학생들은 다양한 종류의 교육을 받는다.

미국에서 폭넓게 검사결과를 사용함에도 불구하고 Goslin이 지적한 가장 흥미 있는 것은 어느 누구도 IQ검사가 무엇을 측정하는지 몰랐다는 사실이다. 엄격하게 말해서 검사는 검사지에서 요구하는 과제를 수행하는 데 필요한 능력만을 측정하는 것이지 그 이상은 아니라는 것이다. 편협한 검사 상황에서 수행한 정도로 폭넓은 일상 상황에서 인간이 수행할 수 있는 것을 예측하는 데 이용된다. Goslin은 일반적으로 능력이 무엇인지에 대해 명확한 개념을 가지고 있는 사람은 없다는 것과 능력은 '가설적인 구성물(construct)' 이상의 것이 전혀 아니며 여러 연구자들이 지적 능력을 다양하게 해석하고 있다는 것을 지적하면서 그의 입장을 견고히 하고자 하였다.

능력을 연구하는 자본주의 연구자들이 모두 검사만을 고집한다고 가정하는 것은 잘못이다. 능력을 분석하는 방법으로 두 종류의 접근을 밝혀내었다. 검사를 실시하고 난 후 다양한 통계적, 수학적 결과처리를 사용하는 접근과 더불어, 비록 그 깊이는 서로 다를지라도, 영재성을 전체적인 사례로 보는 일대기 자료를 수집하여 참조하는 활동의 결과물을 분석하는 접근이 가능하다. Terman(참고문헌 709, 710), Hollingworth(참고문헌 611, 612), Witty(참고문헌 733, 735, 736, 737, 738, 739, 741, 742)에 의한 연구는 이러한 접근을 하고 있다고 말할 수 있다.

1963년 미국의 심리학자 T. E. Newland(참고문헌 661)는 아이들의 영재성에 대한 연구에 대해 중요한 조사를 실시했다. 그는 그동안의 많은 연구가 결과에 대한 의견의 불일치, 용어에 있어서의 엄격성과 통일성의 부족, 조사의 수용된 방법에 대한 수단의 의심 그리고 자료의 타당성에 대한 의문, 많은 사례에서 심리학적 기초의 제공에 대한 실패, 기술의 부정확성을 불러일으키는 조정의 부족을 상당히 정확하게 지적했다. 물론 그것들에 대한 적절한 해석이 필요하지만 그럼에도 불구하고, 미국에서 행해진 영재성에 대한 연구는 흥미 있는 자료들을 산출해 냈다.

검사와 검사에 대한 연구들로 되돌아가 보자. 소비에트는 사고와 능력에 대한 심리학적 특징을 밝히기 위해 실험 심리학적 과제로서 개인의 검사결과의 가치를 부정하지는 않았다. 검사 도구를 사용하여 개인을 연구한 연구물의 가치 또한 인정했다. 검사가 정확하고, 간단하고, 엄격하게 표준화되어 특정한 심리학적인 현상을 다루고, 수치적 표현이 가능해서 수학적으로 처리 가능하다면 검사의 간결성, 표준성, 검사결과에 대한 수치적 형태로의 표현 가능성, 자료의 통계적 처리의 가능성에 원칙적으로 대항할 수 있는 다른 기본이 될 만한 것은 없다(B. M. Teplov, 참고문헌 405, p. 4).

개인의 수학검사는 과학적으로 관심 있는 것이며 과학적 실험을 위한 기초가 될 수 있다. 예를 들면 수학적 능력에 대한 가장 중요한 연구에 사용된 검사 중에 스위스 학자 Werdelin의 연구는 주목받을 만한 역학적 공간의 개념에 대한 검사이다. 다음과 같이 다양한 방향에서 정육면체를 볼 수 있다(그림 1 참조).

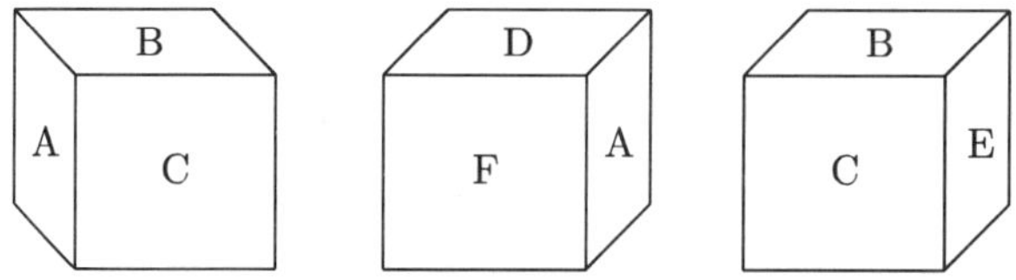

그림 1

각 면에는 알파벳이 쓰여 있다. 그림에 보이지 않는 면에는 어떤 알파벳 문자가 쓰여 있겠는가?

이 검사들 중에서 주목할 만한 또 다른 것이 있다. 한 남자가 풍선 기구를 타고 비행을 시작했다. 처음에 그는 200m를 올라갔다. 그리고 북서쪽으로 1,000m를 날아간 다음 100m를 내려왔다. 그리고 500m를 북동쪽으로 날아간 후 방향을 바꾸어 남서쪽으로 1,000m를 날아가고 100m를 내려왔다. 이 남자는 시작 지점에서 얼마나 떨어진 거리에 있겠는가?

비록 개인적 검사와 심지어 검사를 이용한 개인에 대한 연구에 대해 긍정적인 입장을 취하는 경우는 간혹 있었지만 소비에트의 심리학자들은 과학으로서의 계량심리학에 대해서는 무조건적 부정이라는 입장을 취한다. 이러한 부정적인 입장은 단지 검사가 자본주의 계급의 목적에 부합된다는 사실에 기인한 것은 아니다. Teplov가 관찰할 것처럼, 어떠한 방법이라도 계급의 목적을 위해 사용되는 것은 있을 수 있다. 검사를 비판하는 이유는 조금 다른 곳에 있다.

Teplov는 검사에 대한 그의 연설에서 분명하게 검사를 비난하였다(참고문헌 408, p. 513). 그것을 다음과 같이 요약할 수 있다. 대부분의 경우 검사에 의해 성립된 심리학적 본질은 모두 명확하지 않다. 자본주의 심리학에서 정확한 검사는 심리학적 지표로서 활용되지 않는다. 예를 들면 Stern은 지적 영재성의 측정은 그 본질이 알려지지 않은 채로도 성공적일 수 있다고 설명했다(참고문헌 507, pp. 5~6). Moede와 Piorkowski 또한 완전히 같은 점을 지적했다(참고문헌 491, p. 39). 검사에 관하여 권위 있는 영국의 연구자 Vernon은 단지 외적으로 표현되는 것이 실체성(reality)을 구성하는 것이며 더 깊이 있는 것을 연구하고 있다고 생각해서는 안 된다고 인정했다(참고문헌 723). 검사는 이것이 다른 검사들과 얼마나 상관관계가 있는지의 관점만으로도 자본주의 연구자들의 관심을 끌었다.

소비에트의 심리학자들이 종종 지적했던 것과 같이, 대부분의 검사들은 견실한 과학적 토대를 가지고 있지 못하고, 이것은 검사연구의 심리학적 의미를 불분명하게 한다(Teplov,

참고문헌 405, pp. 4~5). 검사하기가 의사-과학적 성질을 가지고 있음에도 불구하고 많은 자본주의 심리학자들이 받아들이고 있다. 이러한 비판은 연구와 진단평가 모두에 해당된다. 검사연구들의 이러한 근본적인 결점은 당연한 것이다. 왜냐하면 이것은 이어서 논의될 검사 연구의 전형적인 특징에 의해 결정되기 때문이다.

진정한 과학적, 심리학적 연구는 심리학적 의미가 명확한 기술을 사용해야 한다. 그리고 이러한 기술에 의해 얻어진 지표의 심리학적 의미 또한 명확해야 한다. 심리학적 현상 또는 속성의 지표가 아닌 "미지의 어떤 것" 그 자체로 연구자에게 관심이 될 수 없다. 그러나 연구자가 이 지표에 대해 연구하고 있다면 그는 그것이 상징하고 있는 것, 얻어진 지표가 나타내고 있는 것의 성질을 밝히는 일에도 관심을 두어야 한다. 계량심리학은 원래 검사 자체에 해당되는 특수한 표시 외에 다른 어떠한 것에 대한 지식을 거부함을 의미한다(프랑스의 진보적인 심리학자 Le Ny는 이러한 점에 대해서 자본주의 심리학을 날카롭게 비판했다. 참고문헌 637).

계량심리학의 본질은 연구의 대상을 다른 것으로 대치하는 것이다. 능력 수준에 대한 연구는 습득된 지식과 기술(skill)수준에 대한 연구가 된다. 대부분의 검사는 검사 도구를 택할 때 피검사자의 지식, 기술, 경험, 그리고 '교수가능성(teachability)'에 의해 결정된다. 검사연구의 근본적 결점은 능력을 연구하는 데 있어 평가에 대한 지나친 통계학적 접근ㅡ해결 과정 그 자체에 대한 연구의 중요성을 완전히 무시한 검사결과의 주물적인 수학적 처리ㅡ이다.

검사는 그 결과를 얻기 위한 실제적인 과정의 본질을 무시하면서 어떤 과제에 대한 피검사자의 실행에 대한 최종 결과만을 만들어 낸다. 그래서 검사는 질적인 특징을 밝혀내는 방법은 고려하지 않고 현상에 대한 양적인 표현에만 치중한다. 주어진 결과를 이끌어낸 지적 과정을 드러내는 데에 실패함으로 이러한 검사들은 정밀검사 중의 현상의 완벽한 특징을 제공하지는 못한다. 과정에 대한 분석이 이루어지지 않는다면 능력들 사이의 질적 차이를 설명하는 결과에 대한 심리학적인 본질에 대한 발견을 기대할 수 없다. 검사연구는 수치적이며 등급 점수에 기초한 형식적인 양적 평가 결과만을 산출하게 된다.

진보적인 미국의 심리학자 Haeussermann(597)은 검사는 학생이 검사에 포함된 과제를 해결할 수 있는지 없는지에 대한 결과만을 알려줄 뿐 어떻게 문제의 실제적 해결책에 이르게 되었는지는 알려주지 못한다고 지적했다. 검사는 왜 학생들이 문제를 해결하지 못했는지에 대해서는 아무것도 말해주지 못한다. 또한 Buswell과 John은 검사는 그 과정에 대한 이해를 제공해 주지는 못한다고 지적했다(참고문헌 543, pp. 86~87).

통계적 접근은 그룹 검사의 대규모 결과들을 처리하는 데 있어 컴퓨터의 사용이 가능하다는 측면과 관련해서 특히 중요한 형태로 여기고 있다. 피검사자는 "예" 또는 "아니오" 형태의 양자택일의 답만을 하도록 요구되거나 주어진 몇 개의 변수로부터 옳은 답에 밑줄을 긋거나 답을 선택하게 된다. 심지어 피검사자가 자신에게 수치적 값을 부여하기도 하고 연구자는 개인 하나하나에는 전혀 관심이 없다.

앞에서 말한 검사연구의 결함에 대한 설명으로 우리는 1949년에 출판된 기하학적 능력을 분석한 Murry의 연구를 들 수 있다(참고문헌 650). 그는 문제를 해결하는 과정을 철저히 무시한 검사 기법(testing technique)을 사용해서 기하를 학습하는 데 있어서의 성공과 특정한 능력(추론능력, 공간관계를 파악하는 능력 등) 사이의 상관관계를 발견했다. 이와 유사한 조사 연구가 최근에 Kennedy 외의 연구자들에 의해서 청소년 영재들을 대상으로 있었다. Locke의 연구 역시 과학영재들의 지적능력의 지표와 교실, 그리고 학교 밖 활동의 성취 등을 통하여 얻어진 개인적 특징 사이의 상관관계를 조사했다. 130명의 청소년 수학영재를 대상으로 몇 가지 다른 종류의 검사를 실시해서 점수를 얻고 그들 사이의 상관관계를 연구한 Kennedy의 연구는 어떤 사례에서는 의미 있는 것이었고 다른 경우에는 그렇지 못한 것도 있었다. 해결 과정은 연구자들에게 관심의 대상이 아니었다. 그러나 130명의 수학영재들의 연구에서 수학적 사고의 과정에 대한 연구를 통해 얼마나 풍부한 자료를 얻을 수 있었겠는가!

비판의 핵심을 가능한 분명하게 전달할 수 있는 몇 가지의 예를 생각해 보도록 하자. 동일한 검사 결과를 얻은 대부분의 경우에서, 결과에 도달하는 지적과정이 완전히 서로 다를 수 있다. 이 다양한 차이가 피검사자의 심리학적 특징 — 능력 — 을 판단하는 데 가장 의미 있는 자료일 수 있다. 이것을 염두에 두고 우리의 연구에서 있었던 몇 가지 예를 통하여 논의할 것이다. 같은 결과에 대한 다른 심리학적 의미의 예이다.

1. 문제. 세 명의 친구가 서로 다른 날 도서관에 방문을 한다. 첫 번째 친구는 3일에 한 번, 두 번째 친구는 4일에 한 번, 세 번째 친구는 5일에 한 번 방문을 한다. 그들이 마지막으로 도서관에 함께 방문한 요일은 화요일이었다. 며칠 후에 그들은 다시 함께 도서관에 방문을 하겠는가? 그리고 그날은 무슨 요일이겠는가?

해결방법

학생 G. S.(7학년 남학생)는 1부터 숫자를 빠르게 쓴 후 3의 배수는 줄로, 4의 배수는 점으로 5의 배수는 사선으로 표시를 해나가기 시작했다. 그는 정확한 답 60일을 기계적으로 구했다. 그는 1주일에 속하는 날들을 체크해 나가면서 토요일이라는 것을 구했다. 정확한 답을 구하는데 2분 2초가 걸렸다.

학생 Yu. A.(7학년 여학생)는 잠시 동안 생각을 했다. 그리고 말했다 "이것은 최소공배수 문제야" 서두르는 것 없이 그는 (3 · 4 · 5 = 60)을 계산했다. 그리고 60을 7로 나누어 8주와 나머지 4일을 얻었다. 그녀는 "수요일, 목요일, 금요일, 토요일, 2개월 후의 토요일"이라고 말했다. 정확한 답을 구하는 데 1분 22초가 걸렸다.

두 학생 모두 결과는 같다. 심리학자들은 두 학생을 동등하게 평가(주어진 시간에 정확한 답을 구한 최상의 학생)한다. 그러나 해결 과정은 전혀 다른 수준에 있다.

2. 문제. 100, 101, 102, …을 적는다. 세 개의 점은 무엇을 의미하는가? 당신이 적은 첫 번째 수는 무엇인가? 첫 번째 자리의 수는 무엇인가? 세 번째 자리의 수는 무엇인가? 13번째 자리에는 어떤 수가 오겠는가? 21번째 자리에는 어떤 수가 오겠는가?

해결방법

학생 A. K.(5학년 남학생)는 단순히 일련의 수를 계속 적고 초보적으로 원하는 자릿수까지 세어 갔다. 답은 정확했으며 시간은 29초 걸렸다.

학생 S. B.(6학년 남학생) (그의 손가락을 보이면서) 원하는 결과에 도달할 때까지 1부터 자리의 수들을 크게 소리 내어 읽는다. 정확한 답을 구했으며 시간은 21초 걸렸다.

학생 R. V.(6학년 여학생) 각 수가 3개의 자릿수로 되어있다는 것을 잠시 동안 생각한 후 전체의 수를 적는 것 없이 3개씩 그룹으로 소리 내어 읽는다. 정확하게 답을 구했으며 시간은 24초 걸렸다.

세 학생 모두 동일한 결과를 얻었다. 문제를 정확하게 해결했다. 게다가 문제해결에 걸린 시간 또한 거의 비슷했다. 심리학자는 세 학생이 모두 동일한 능력을 소유했다고 평가한다. 그러나 심리학에 대해 잘 모르는 사람들조차도 결과가 어떻게 나왔는지에 대한 심리학적 경로가 상당히 다르다는 것을 분명히 알 것이다.

학생의 독특한 문제해결 방법이 얼마나 중요한지, 그리고 과정에 대한 분석이 얼마나 많이 연구에 기여할 수 있는지를 보이기 위해 우리는 세 명의 학생에 대한 두 문제의 해결 과정의 예를 제시할 것이다(우리는 그 해결 방법들을 간략하게 기술할 것이다). 이 검사의 문제는 Werdelin(727)의 연구에서 가져온 것으로, 모스크바의 학교에 다니는 학생들이 해결한 것이다.

문제 1. 우리가 어떤 수에 360을 더하면, 어떤 수에 4배를 했을 때와 같은 결과를 얻는다. 이 어떤 수는 무엇인가?

문제 2. 현재 엄마의 나이는 딸의 나이의 3배이다. 지금부터 10년 후 엄마는 딸의 나이의 2배가 될 것이다. 엄마의 나이는 몇 살인가?

해결방법

Sasha R.(7학년)은 빠르게 그리고 멈춤 없이 방정식을 세우고 해결한다.

1. $360+x=x\cdot 4$ $\quad 360=3x \quad x=120$
2. $x;\quad x+10 \quad 3x+10=2(x+10) \quad x=10$
   $3x:\ 3x=10 \quad 3x+10=2x+20$

Raya Ts.(7학년)는 빠르게 주저함 없이 그림을 그린다.

1. 360 + □ = □□□□ □ = 120
2. □ + ○
   □□□ + ○
   □□□○ = □○□○ □ = 10년 (딸)

Robert N.(7학년)은 어떠한 것도 기록하지 않고 그림도 그리지 않는다. 그리고 빠르게 대답한다.

1. “어떤 수에 360을 더하고, 어떤 수에 4배를 한다. 이것이 같다. 그러면 360을 3으로 나누면 된다. 그래서 어떤 수는 120이다.”
2. “현재 엄마와 딸의 나이 차이는 딸의 나이의 2배이다. 그리고 10년 후에 이것은 딸의 나이와 같아진다. 즉 10년 후 딸의 나이는 지금의 2배이다. 딸의 나이는 10살이고 엄마는 30세이다.”

세 명의 학생 모두 두 문제를 해결하였다. 세 명 모두 유능한 학생들이었다. 세 명의 학생이 문제를 해결하는 데 소요한 시간은 거의 동일했다. 계량심리학자는 세 명의 학생을 완전히 같게 평가할 것이다. 그러나 해결 과정에 대한 대략적인 분석만 해도 우리는 이 학생들의 지적 과정이 본질적으로 다르다는 것을 알 수 있다.

결과에 대한 오류와 검사하기에서 놓치고 있을 다른 가능성을 구체적으로 보이는 것은 중요하기 때문에 우리는 이러한 점을 강조했다. 위의 각각의 사례에서 심리학자들은 수학적 능력에 대한 표현이 동일하다고 결론을 내려야 하지만 그 과정에 대한 분석은 첫 번째 문제에서 수학적 능력의 차이와 두 번째의 두 문제에서 수학적 능력의 다양성의 차이를 다룰 것을 제안한다.

검사연구의 가장 큰 결점은 하나 또는 여러 측면에서 과제 해결의 성공에 영향을 미치는 다양한 요소들, 특히 다양한 개인적 요소들(동기, 기질, 흥미 등)의 영향을 무시했다는 것이다. 과제가 피검사자에게 미치는 의미를 고려하는 데 실패했다. 자연스러운 흥분, 분노, 신경과민과 같은 요인은 학생의 운명에 영향을 미칠 수 있는 요인들처럼 친숙하지 않은 시험 상황에서 학생들에게 영향을 끼칠 수 있다(영국의 학생들은 그들이 11살이 되면 “11-plus”라는 시험이 그들의 미래의 교육을 결정하게 되기 때문이다). 이런 조건에서 아이들은 보통 조건의 아이들과는 상당히 다른 결과를 나타낼 수도 있다.

우리는 또한 검사연구에 대한 다른 결점을 지적해야 한다. 검사는 보통 일회성으로, 연구되고 있는 현상에 대한 발전의 역동성이나 특히 능력 발달의 본질을 반영하지 못한다. 인간의 지적 수준은 일생 동안 거의 변하지 않기 때문에(또는 약간 수정되기 때문에) 아이의 지적 능력은 아주 어린 나이에서조차도 예측될 수 있다는 것이 심리측정학자들의 가장 기본적인 생각이며, 심리학자들은 그들이 항구적인 요인을 연구한다고 생각한다(Simon, 참고문헌 499, p. 34).

우리가 자본주의 교육학과 심리학이 검사를 통하여 이끌어 낸 결론들의 용납 불가능성과 검사결과의 완전히 용납 불가능한 해석에 대하여 논의할 필요는 없다. 노동자 계급의 아이들이 검사에서 더 낮은 점수를 얻었다고 해서 그 아이들이 영재성을 덜 가졌다는 것을 의미하지는 않는다. 검사는 학생의 준비도를 측정한다. 그러나 생활 조건이 근로자 자녀들의 능력 발달의 전체적인 모습을 보여주지는 못한다. 미래에 대한 이러한 예측은 반대 의견을 불러일으킨다. 심리학자들이 예측된 결과를 이끌어내기 위한 권리를 가지고 있는가? 비록 위에서 언급한 모든 결점들이 검사하기에 나타나지 않는다고 하더라도, 그러한 결론을 이끌어 낸다는 것은 불가능하다. 주어진 순간에 어떤 사람의 조건이 그 사람의 미래 발전을 운명적으로 결정할 수는 없다. 만약에 그렇다 하더라도, 예측적 결론은 단지 대략적이고 불확실할 수밖에 없을 것이다.

자본주의 국가에서 검사하기는 노동자 계급의 자녀들이 낮은 수준의 지적 능력을 가지고 있으며 지배 계급의 자녀들은 특수한 영재성을 지니고 있다는 것을 증명함으로써 지배 계급의 관심을 만족시킨다.

앞에서 언급한 모든 결과처럼, 우리는 집단적인 검사가 개인의 심리학적 차이를 연구하는 방법으로 명확하지 않다는 Teplov의 연구에 동의해야 한다. "이것은 과학적 측면에서 도움이 되지 않으며 실제적 적용 면에서 때때로 지극히 해로울 수 있다는 것이다."(참고문헌 405, p. 5).

검사하기가 많은 자본주의 심리학자들의 눈에도 위태롭게 보였기 때문에, 최근에는 지능, 능력, 영재성과 같은 지적 발달의 연구에 대한 다른 방법들이 널리 퍼지고 있다. 이런 연구 중에서 흥미로운 것으로는 최근 미취학 아동의 발달 잠재성에 대한 책을 러시아어로 출판한 진보적인 미국 심리학자 Haeussermann(597)의 연구를 들 수 있다. Haeussermann은 아동의 마음에 대한 교육학적, 구조적 분석 — 즉 아이들의 내적 발달의 특징에 대한 질적 분석 — 의 원리를 제안했다. Holland와 Astin 역시 개성, 개성의 발달의 역사 그리고 적성의 특별한 표현에 대한 연구의 필요성을 논의했다(참고문헌 610). 그들의 의견에 따르면 가장 중요한 것은 창의성의 바탕이 되는 지적 능력과 개인적 능력에 대한 전문가의 진술을 모으고 분석해서 그것을 기초로 하는 것이다.

지난 몇 십 년 동안 요인분석이라고 불리는 것이 외국 심리학에 널리 퍼져 있었다. 이것은 특별히 지식과 능력의 구조를 연구하는 것과 그것에 기초를 두고 출간되었던 많은 작업들에 널리 사용되었다. 요인분석의 요소는 독립된 다양한 검사결과들의 상관관계에 있어서 일치하는 독립적인 요소들로 구성되어 있다. 상관계수를 조작할 때 즉각 나타나는 증거가 아니라 가려지고 숨겨진 형태로 존재하는 검사점수들 사이의 상호 의존성과 관계를 나타낸다. 많은 심리학자들의 의견에 따르면 이것은 어떤 심리학적 속성과 질을 적당한 활동의 실행에 있어서 결정할 기회를 제공한다. 그러나 요인분석의 토대가 되는 연구의 저자인 Harman(604)은 요인분석을 사용해서 기본이 되는 요인들에 대한 심리학적 카테고리를 발견할 수 없다고 경고한다.

요인분석이 이루어진 후에 중요한 일은 선택된 요인을 심리학적으로 해석하는 것이다. 그러나 모든 심리학자가 심리학적 개념에 대한 해석이 가능하거나 필요하다고 생각하지는 않는다. Thurstone은 발견된 요인이 어떠한 의미도 잃지 않는 것이 중요하다고 말한다. "발견된 요인을 해석하는 이러한 과제는 분명히 요인연구에서 가장 중요한 부분이다."(참고문헌 717, p. 337; 727, pp. 41~42)

영국의 연구자들(Burt, Vernon, Thomson 등)은 심리학적으로 요인을 해석하는 것은 불가능하다고 생각하여 엄격한 수학적 의미의 틀 안에서 신중하게 해석했다. 그들은 요인들이 단지 검사결과들 사이의 상관관계의 요인을 수학적으로 그리고 통계적으로 반영하는 추상적인 것임을 강조했으며 심리학적 개념과 일치하는 것은 아니라고 하였다(Vernon, 참고문헌 723, p. 9; Thomson, 참고문헌 712, p. 257). 이런 이유로 영국의 연구자들이 요인들을 상징적인 것으로 명시한 반면 Thurstone은 요인을 잘 알려진 개념이라고 명시하였다. 두 견해가 부분적으로는 각각 옳은 것 같다. 후자는 심리학적 해석을 필요로 할 때 옳다 – 만약 그렇지 않다면 요인을 발견하는 것이 심리학자들에게 어떠한 것을 가져다주었겠는가? 그러나 우리가 요인연구에만 제한되어 연구를 수행한다면 적절하고 이상적인 해석은 불가능하다는 전자의 의견 또한 옳다.

금세기 초, 영국의 심리학자 Spearman은 "지능의 보편적 단일성(universal unity of the intellectual function)"이라는 법칙을 발표했다. 그에 따르면 지능검사는 두 종류의 요인을 토대로 하는데, 하나의 요인은 (사고의 근본적인 성질과 같은) 일반적 요인으로 모든 검사에 공통으로 해당되는 것이며 다른 하나는 개별적인 검사에만 해당되는 특수한 요인이다. Spearman과 그의 추종자들이 일반적인 요인들을 부인하지는 않았지만 그러한 요인들의 역할을 중요하게 여기지는 않았다. Spearman의 요인모델은 유일한 일반요인(g)과 특수요인들(s)의 존재로부터 시작된다는 점에서 이원요인이라 부른다(참고문헌 690, 691, 693).

30년 후, 미국의 심리학자 Thurstone은 다중요인분석 이론을 발표했다. 그는 다양한 연구 결과들(참고문헌 716, 717, 718, 719, 720)을 발전시켰다. 그는 군-요인들(group factors)이 있음을 인정하고 일반요인의 존재성을 부인함으로 시작했다(좀 더 정확하게 말하자면, 일반요인을 거부한 것이 아니라 이것이 심리학자들의 관심의 대상이라는 것을 거부했다).

Spearman의 일반요인, 다양한 군-요인("언어적"과 "실행적" 능력에 해당되는 두 개의 군-요인들이 우선 추출되었으며 이것은 다시 2차의 군-요인들로 세분화된다)의 존재를 인정하는 소위 계층적 이론도 있다(Burt, Vernon).

Thurstone는 처음에 12개의 군-요인으로 구분하였다 — 일종의 "기본적인 지적 능력들"이며 그것들은 다음과 같다.

1. S — 공간 (기하학적 관계를 조작하는 것, 도형을 다루는 것)
2. P — 지각 (시각적 지각의 속도와 정확성)

3. N — 계산 또는 수 (단순한 산술적 조작)
4. V — 언어 (언어적 유추, 언어적 추론)
5. W — 언어적 "유창성" (풍부한 어휘력, 풍부한 단어 연상 능력)
6. M — 연상 기억력

귀납적요인과 연역적요인 역시 구분되었다. 일부 요인들은 확인되지 않았으며 명명되지 않았다. 이후에 R요인(추론능력)이 확인되었다.

이 시기에 도식이 상당히 복잡해졌다. 많은 요인들이 상당히 복잡하다는 것이 증명되고 다른 여러 요인들로 나뉘었다. 즉, 새로운 요인들이 밝혀지기 시작했다. 1951년까지 지능 영역에서 대략 20개의 요인들이 중요하게 생각되었다. 그리고 그것들이 50개 이상의 요인으로 나뉘었을 때(Guilford에 의해 고안된 도식에 따르면, 적어도 120개 이상의 요인이 있을 것이다) 지능을 무한개의 요인으로 나누려는 이러한 경향을 제지해야만 했다. 미국의 심리학자 L. G. Humphreys는 1962년 당시 부각되고 있던 의견, 즉 검사가 거의 무한히 서로 다르게 만들어질 수 있기 때문에 요인 역시 거의 무한히 쪼개지거나 구분될 것이라는 점에 대하여 지적하였다. 그렇기 때문에 심리학적 내용을 희생시키면서 해당 주제의 통계적으로 형식적인 측면에 너무 뻔한 만족감을 표시하는 것을 주의하고, 일종의 수학적 페티시즘이 나타나지 않도록 주의해야 한다고 했다.

과정에 대한 심리학적 분석을 무시하면서 요인분석을 심리학적 자료를 분석하는 유일한 방법으로 취급하려는 외국 심리학자들의 부분적 시도는 정당화될 수 없다. 우리는 지적 능력의 심리적 구조에 대한 명확한 개념을 가지고 있지 않다. 요인점수에 의해 부과된 가설적 구조는 순수한 심리학적 이론과 거리가 있는 것으로 실제에 아무런 기여를 하지 못하는 형식적 구조를 나타낸다.

요인분석을 기반으로 한 외국 심리학들의 연구를 평가하는 데 있어 우리는 두 질문을 구별해야 한다. 조사에 의해 얻은 수치적 결과를 다루는 수학적 방법으로서의 요인분석의 가치, 그리고 주어진 결과를 이끌어 낸 과정 사이의 질적 구분을 완전하게 무시하고 단지 요인분석에만 의존한 연구의 타당성이다.

물론 심리학에 있어서 요인분석의 놀라운 가치는 의심의 여지가 없다. 이것은 실험 자료에 숨겨진 관계들을 밝혀내는 상당히 정교한 수학적 도구이다. 그러나 요인분석을 기반으로 한 대부분의 외국 연구에 대하여 우리는 다소 다른 태도를 취하여야 한다. 우리의 견해로는, 이러한 연구들의 가장 큰 단점은 요인분석으로 연구를 제한하려 하고 실험 문제나 검사에 응하는 피험자들의 생각에 대한 어떤 분석 없이 심리학적으로 고립된 요소를 해석하려고 한다는 것이다. 다시 말해서, 과정의 심리학적인 내용을 무시하고 요인분석 그 자체에 국한해서 심리학적 문제에 대한 답을 찾으려고 한다는 것이다. 실제로 요인의 내용 해석을 위한 유일한 기초는 어떤 검사가 주어진 요인에 가장 영향을 미치는가에 대한 조사이다. Teplov는 요인에 대한 내용 해석이 수학적 방법으로서의 요인분석으로부터 도출되지 못한다고 하면서 이를 분명하게 강조했다(참고문헌 410). 요인분석 그 자체는 발견된 요인의 심리학적 본질에 대한 이해를 제공하지 못하며 제공할 수도 없다. 그럼에도 심리학자들이 이것에만 관심을 기울인다는 것이다. 우리는 우리의 과학이 객관적이도록, 그리고 임의로 해석하지 않도록 노력해야 한다. 그러나 외국 심리학자들에 의한 요인연구는 "상당 부분이 해석과 결론을 이끌어내는 데 있어서 주관적인 면이 여전히 남아있다."(Nebylitsyn, 참고문헌 309, p. 45).

요인분석은 다음과 같은 이유로 질적 심리학 분석과 병행되어야 한다. 요인분석은 예를 들면 신경계의 활자의 성질에 대한 조사 연구처럼(Teplov, Nebylitsyn) 자료의 질적 통일성을 보장할 수 있을 때 성공적으로 사용될 수 있다. 인간의 고도의 복잡한 능력을 분석하는데 있어 이런 질적 통일성을 항상 보장할 수 있는 것은 아니다. 모든 피검사자가 정말 질적으로 일관된 방법으로 문제를 해결하는가? (외국의 요인분석의 기초인) 검사연구에서 우리가 앞에서 언급한 것처럼, 비록 동일한 결과가 완전히 다른 심리학적 방법에 의해 나온 결과일지라도 다루는 자료의 질적 측면을 고려하지 않는다. 즉 그들은 완전히 다른 심리학적 특징을 지닐 수 있다. 따라서 과정에 대한 질적 분석이 반드시 필요하다는 것이다.

따라서 결론은 다음과 같다. 요인분석은 복잡한 심리학적 현상의 구조를 분석하는 데 사용되어야 하고 그렇게 사용될 수 있을 뿐 아니라 과정에 대한 심리학적 분석이 병행되어야 한다는 것이다. 우리의 의견 중에서 이러한 병행의 좋은 예가 되는 것이 바로 Smirnov의 지도로 이루어진 Samokhvalova의 연구이다. 그는 다른 종류의 자료를 기억하는데서 나타나는 개인차를 분석했다.

외국의 심리학에서 수학적 능력에 대한 연구

앞에서 지적했듯이 아주 많은 외국의 연구들이 능력심리학 문제를 해결하는 데 기여했다. 이 많은 연구들 중 일부만이 수학적 능력에 대한 문제를 적절히 다루고 있으나 이 일부의 연구들이 상당히 중요한 부분을 차지하고 있다.

비록 수학적 능력이 연구의 주된 목적은 아니지만 Binet, Thorndike, Révész와 같은 심리학의 특정한 학파의 뛰어난 대표자들과 Poincaré, Hadamard와 같은 위대한 수학자,

그리고 우리 시대의 주요한 심리학자들 중의 한 사람으로 수학적 능력의 이론에 큰 공헌을 하고 Dunker, Maier, Székely과 같은 실험심리학자들을 길러낸 Piaget와 같은 연구자들에 의해 수학적 능력에 대한 주목할 만한 성과가 있었다.

상당히 다양한 방향에서 수학적 능력을 조사하기 위한 접근 방법, 방법론적 기술, 이론적 일반화를 다양화 해주었다. 그래서 결과들이 서로 모순되는 것처럼 보이거나 실제로 그렇기도 했다. 때때로 동일한 결과에 대해 다른 (때로는 정반대의) 해석을 하기도 했다.

수학적 능력에 대한 정의

물론 수학적 능력에 대한 연구는 연구의 주제에 대한 정의(진행되고 있는 도식적인 것에 불과하더라도)로부터 시작해야 한다. 이런 종류의 시도는 여러 차례에 걸쳐 이루어졌다. 그러나 지금까지 모든 사람이 만족할 만한 수학적 능력에 대한 고정된 정의는 없다. 연구자들 모두가 공유하는 유일한 바는 아마도 일상적인, '학교(에서의)' 능력, 즉 수학정보를 습득하고 재생산하고 활용하는 능력과 창의적인 수학적 능력을 구분하여야 한다는 것 정도일 것이다. 우리는 이 문제에 대해 이후의 장에서 좀더 자세히 다룰 것이기 때문에 여기에서 더 이상 논의하지는 않겠다.

수학적 능력을 '학교(에서의)' 능력이라고 생각하고 있는 대부분의 외국 심리학자들은 수학적 과제나 문제를 해결하는 능력으로 이것을 이해하는 경향이 있다. 이런 정의는 물론 풍부한 내용을 담고 있지 못하기 때문에 좀 더 구체화될 필요가 있다. 일부 심리학자들은 그들이 보기에 수학에 대한 학업 관련 능력에 깔려 있는 마음의 특정한 기본 성질에 대하여 언급하였다.

1918년 초, Rogers(참고문헌 680)는 그의 연구에서 수학적 능력을 두 측면으로 구분했다. 그는 (기억의 역할과 관련된) 재생산적인 것과 (사고의 역할과 관련된) 생산적인 것으로 구분하였다. 그는 그리하여 수학적 검사에 대한 잘 알려진 시스템을 만들었다. Betz(참고문헌 478, p. 74)는 수학적 능력을 수학적 관계에서 내적 연결성을 명확하게 인식하는 능력과 수학적 개념을 정확하게 생각하는 능력으로 정의하였다. Wenzl(참고문헌 726)는 수학적 능력을 수학적 자료(material)에서 의미 있는 연결을 만드는 능력이라고 정의하였다. 1940년 수학적 능력에 대한 요인연구를 발표한 Blackwell은 수학적 능력을 양적 관계 영역에서 선택적 사고(양적 사고)와 연역적 추론능력, 그리고 수, 기호, 도형 영역에서 일반적 원리를 특정한 사례에 적용시키는 능력이라고 해석하였다. Lietzmann (참고문헌 638, pp. 4~9)은 수학적 언어로부터 기호를 사용하는 특수한 상황에서 추론하는 능력이라고 언급하였다. 심리학자 Meinander은 수학적 능력을 지능, 기억, 흥미, 욕구들을 포함하는 복잡한 질적인 것이라고 하였다(참고문헌 727, p. 11). 이것은 개인의 능력에 대한 폭넓은 이해와 관련된 새로운 문제에 대한 언급이다.

잘 알려진 심리학자 Révész는 1952년에 출판된 그의 저서 *Talent und Genie*(참고문헌 676)에서 수학적 능력의 두 가지 기본적인 형태, 즉 응용적(초보적인 실수 없이 빠르게 수학적 관계를 발견해 내고 적절한 정보를 유사한 예에 적용하는 능력), 그리고 생산적(이용 가능한 정보로부터 즉각적으로 이끌어낼 수 없는 관계를 밝혀내는 능력) 형태를 조사하였다.

1955년 Lee는 수학에서의 특수한 능력에 대한 요인분석 연구를 발표한다. 여기에서 그는 수학에서 성공하는 능력을 수학의 기본적인 개념을 이해하고(파악하고) 그것을 다루는 능력이라고 정의한다.

학교 수학적 능력(school mathematical ability)에 대한 가장 의미 있고 포괄적인 정의는 스위스의 학자 Werdelin(참고문헌 727)이 내린 정의인 것 같다. 우리는 이후에 그의 연구를 자세히 분석하고 그가 내린 정의를 살펴볼 것이다. 여기에서 그것이 학생들의 이해와 기억 그리고 수학적 기호와 방법 적용하기와 관련이 있다는 것을 간단하게 지적하고자 한다.

외국의 연구자들은 수학적 능력이 선천적이냐 또는 습득되는 것이냐에 대해 상당히 일관된 견해를 보인다. 비록 두 측면이 구분될지라도 ─ 학교 능력과 창의적 능력 ─ 후자에 대해서는 완전한 합의가 이루어진다. 수학자의 창의성은 타고하는 것이며 적절한 환경은 능력을 드러내고 발달시키는 데 있어 중요하다는 의견이다. 이것은 수학적 창의성에 관심 있는 수학자들(Poincaré(참고문헌 498)와 Hadamard(참고문헌 595))의 견해이다. Betz 역시 문제는 "모든 사람이 어떤 사람의 아이디어를 이해하도록 할 수 있다."는 스스로의 힘으로 수학적 참임을 밝히기 위한 능력과 관계가 있음을 강조하면서 수학적 재능의 선천성에 대해 기록하였다. 최근 Révész는 (단지 연습을 통하여 개발될 수 있는) 수학적 재능에 대한 선천적 특성과 유전적 특성에 대한 이론을 강하게 주장했다(참고문헌 676, 677). 그의 연구 중의 하나에서(참고문헌 677) Révész는 생물학적 방법을 옹호하면서 "부모의 기여는 자손의 특수한 수학적 재능에 크게 영향을 미친다."고 하였다.

그러나 '학교' 능력에 관하여 외국의 심리학자들은 일치된 의견을 보이지 않는다. 두 요인 ─ 생물학적 잠재성과 환경 ─ 의 대등한 관계를 강조하는 이론이 아마도 지배적일 것이다. '학교' 수학적 능력은 타고난 것이라는 생각이 지금까지 지배적이었다. 예를 들면 20세기에는 Thorndike의 견해가 지배적이었고, 그는 학생들이 지적 발달을 측정하는 검사에서 특정한 점수를 받는다면 초등 대수를 성공적으로 학습할 수 있다고 직접적으로 명확하게 진술했다(참고문헌 715). "학생들 사이에서 발견된 차이는 그들의 타고난 특성에 내재된 타고난 차이에 대한 측정의 결과이다. 만약 기적적으로 (특정한 검사에 의해 연구된) 아이들이 모두 태어날 때의 특성이 그대로 정확하게 측정되었다면 그들은 지금 그들이 다양한 만큼 여전히 산술 능력에서 상당히 다양할 것이다."(참고문헌 503, pp. 293~94) 심지어 Thorndike는 산술에 대해 타고난 성향(지적 성향과 호기심)이라고까지 논하기도 했다.

30년대 초반, 심리학자 Adler, Beke, Vogt(참고문헌 510, 525, 724)는 수학에 있어서 학생들의 능력은 타고나는 것이며 "수학적 추상에 대한 학생들의 준비도는 상대적으로 드물게 나타나고 학교 수학수업을 이해하는 능력을 가진 학생들의 수는 음악을 마스터할 수 있는 사람의 수와 같다" 같은 유형의 논문을 발표했다(Beke). 이 논문들 특히 Adler의 논문에서 환경의 영향, 교사와 교수방법의 역할, 학습에 대한 아동의 역량, 가족구성원의 수학적 능력과 같은 요인들이 논의되어졌으나, 이들은 모두 부수적인 것으로 여겨졌다.

Rogers(참고문헌 680), Mensenkamp(참고문헌 655), Brown & Johnson(참고문헌 535)은 "훈련에 의한 상대적 결과"이기도 한, 타고난 능력에 대하여 기술하였다. 그들은 모든 아이들에게 학교수학을 일정 수준 이상으로 공부하라고 요구할 수는 없다 — 타고난 능력이 없는 아이들은 수학을 학습하는 데 어려움을 겪는다 — 고 지적했다.

최근 몇 년 동안 외국의 심리학자들은 이 문제에 대해 극단적인 입장에서 서서히 벗어나고 있다. 심지어 상당히 진보적인 견해가 대두되기도 한다. 예를 들면 프랑스의 수학자이며 교육학자, 방법론자인 Fouché(참고문헌 568)은 그의 저서 *La pédagogie des mathématiques*에서 수학학습에 있어서 수학적 성향의 선천성에 대해 부정적인 입장을 취했다. 그는 타고난 수학영재는 존재하지 않는다고 하였다. 신비스럽고 맹신적인 것으로 여겨지는 이 능력은 단지 아이들이 그들의 능력을 믿지 못하게 함으로써 그들의 정신을 저하시키게 하는 편견에 불과할 뿐이라고 하였다.

(학문적 그리고 창의적 모두에 대한) 수학적 능력에 대한 연구에서 근본적인 문제는 이 복잡한 심리학적 형성물의 본질에 있다. 다음과 같은 세 가지 중요한 질문을 도출할 수 있다.

1. 수학적 능력의 특수성에 대한 질문

적절한 수학적 능력은 일반 지능의 범주 외에 다른 특수한 형성물로 존재하는가?

또는 수학적 능력은 일반 지적 과정과 질적으로 다른 특수한 것이며 개인의 특성인가? 즉, 수학적 능력은 수학적 활동에 따라 개발되는 일반 지적 능력인가? 다시 말해서 수학적 영재성은 일반 지능에 수학에 대한 흥미와 수학을 배우고자 하는 욕구가 더해진 그 이상의 것은 아니라고 주장할 수 있는가?

2. 수학적 능력의 구조성에 대한 질문

   수학적 재능은 단일한(하나의, 분해될 수 없는) 것인가 아니면 통합적(복합적) 성질인가? 만약에 후자라고 한다면 우리는 수학적 능력의 구조와 복잡한 지적 구조를 구성하고 있는 요소들을 탐구할 수 있게 될 것이다.

3. 수학적 능력의 유형적 차이에 대한 질문

   다른 유형의 수학적 재능이 존재하는가? 아니면 동일한 기본을 지니고 있으면서 수학의 특정한 분야에 대한 흥미와 욕구에 의해 개인차가 나타나는가?

이 질문들은 다양한 방법으로 조사되었다. 첫 번째 방법은 수학문제를 해결하고 있을 때 사고 과정에 대한 심리학적 관찰과 실험적인 내성적 분석 방법이다. 이 방법은 프랑스와 독일의 연구자들이 사용하는 가장 전형적인 방법이다. 이 연구 방법의 가치는 심리학에서 상관관계 분석과 요인분석의 발달로 인해 상당히 평가절하 되었다. 두 번째 방법은 요인분석에 따른 상관관계에 대한 방법이다. 이 사고는 20세기 초에 발달하기 시작했으며 지금까지 능력에 대한 심리학적 연구에서 가장 우위를 차지하는 방법이다. 이 방법은 미국과 영국의 심리학자들이 전형적으로 사용하는 방법이다.

이 두 방법을 각각 '내성(introspective)'학파와 '요인(factorial)'학파라고 명명할 것이다. 둘의 대표들은 서로에게 절제된 비판을 하였다. 요인학파를 지지하는 연구자들은 수학적 능력을 연구하는 데 있어서 양적 연구 방법을 평가절하하거나 심지어 공공연히 경시하는 내성적인 방법을 중시하는 상대 연구자들에 대해, 이들은 연구를 불완전하게 하고 따라서 가치 없게 만든다고 비난하였다(Werdelin, 참고문헌 727, p. 52). 내성학파는 수학적 능력과 같은 복잡한 심리학적 현상을 연구하는데 통계적 분석에만 심취해 있으며 진정한 심리학적 분석이 결여되어 있다고 하면서 요인학파와 각을 세웠다(Strunz, 참고문헌 702, pp. 181~83).

수학적 능력의 특수성에 대한 질문에 대하여 통일된 의견이 있다고 말할 수는 없지만 심리학에서 저명한 Binet과 Révész, 그리고 수학에서 저명한 Poincaré와 Hadamard와 같은 대부분의 전문가들은 수학적 재능의 특수성을 명확하게 인정하곤 한다. 요인학파 심리학자들의 견해는 특히 이 부분에 대해 충돌이 있어왔다. 적당하게 말하자면, 지능의 요인구조(factorial structure)에 대한 서로 다른 관점이 다양한 견해를 확고하게 하여 왔다.

Spearman과 그의 추종자들이 믿는 것처럼, 하나의 일반요인과 특수요인들이 각 유형의 검사문항을 해결하기 위해 필요하고 군-요인들이 부족하다면(또는 그들의 가치를 무시할 수 있다면) 전체로서의 수학적 능력의 특수성은 의심의 여지가 없다. 다시 말해서 특수한 수학적 군-요인이 존재하지 않고, 단지 수학에서 일반적인 요인에 대한 명시와 분리되고, 상당히 특수화된 산술적, 대수적, 기하학적 요인들(비록 위에서 언급한 것처럼 심리학의 두 학파가 내용적 측면으로부터 선택된 요인들을 다루는 것을 회피했지만 상대적으로 말해서 서로 분리되어 독립적으로 취해진 산술적, 대수적, 기하학적 능력)의 명시만을 말할 수 있다는 것이다. 수학적 능력의 구조에 대한 질문은 수학적 활동을 위해 본질적인 일반지능의 측면을 언급함으로써 다루어질 수 있다. Thurstone의 다중요인설의 옹호자들은 일반요인의 가치를 부정하면서 수학적 능력이라고 불리는 것의 토대가 되고 있는 군-요인 또는 "근본적인 지적 능력(primary mental ability)"을 밝히려고 노력하였다(그들의 견해에 따르면 앞에서 언급한 고유한 지적 능력은 다양한 조합에 의해 활동의 토대를 이루기 때문이다).

물론 능력이 의미하는 바 — 창의성 또는 수학을 학습하는 능력 — 에 따르면 수학적 능력의 특수성에 대한 질문은 해결된다. 다음에서 말하게 될 모든 것은 창의성과 관련된다.

Binet은 "수학적 마인드는 완전히 특수한 능력을 전제로 한다"(참고문헌 479, p. 156)고 직접적이면서 명확하게 설명했다. Poincaré와 그 후에 Hadamard는 수학자의 사고 특성, 수학자들에게 특별한 고유한 수학적 직관, 잠재적인 창의적 작업 등에 대해 언급했다. 비록 Hadamard가 (수학적 재능과 다른 분야에서의 재능의 연결을 언급하면서) 수학적 재능과 수학적 창의성이 다소 일반지능 및 일반창의성과 관련이 있다고 언급했지만 그는 수학적 마인드의 '제한성'에 대한 특수한 사례를 들었다. 그의 견해에 따르면 이것은 '학교' 수학 능력의 전형이다 — 어떤 학생이 수학에서는 최상위 수준인데 다른 과목에서는 최하위 수준일 때처럼(참고문헌 595, p. 5). 또한 Hadamard는 물론 수학자는 논리적으로 사고해야 하지만 수학적 대상의 영역에는 독특한 논리가 있다고 말했다. 모든 사고하는 사람은 논리적이어야 한다. 그러나 여전히 많은 사람들은 수와 기호에 대해 극복할 수 없는 반감을 느낀다. 논리적 사고를 위해서 잘 개발된 능력과 '강력한' 지능을 소유한 사람은 모두 수학자가 될 수 있는가?라고 Hadamard는 의문을 제기했으며, 이에 대해 부정적인 대답을 했다.

Betz 또한 인간을 '수학자'와 '비수학자'로 구분하면서 수학적 능력의 특수성을 지지

하였다(참고문헌 478, p. 73).

Révész는 1940년 그의 저서에서 수학자가 사고하는 방식의 특수한 성격, 수학적 재능의 특수성에 상당한 부분을 할애하고 있다. 그는 수학적 재능의 창의적 형태가 특수한 것인지 또는 우리가 이것을 다른 과학적 재능의 특별한 형태로 간주할 수 있는지에 대해 의문을 제기한다. 그는 수학적 재능은 다른 형태와 차별화되어야 하는 과학적 재능의 특수한 형태라고 확신하였다. 수학적 재능은 그 자체로 다른 재능들과 함께 명시되어야 하지만, 그들과 근본적으로 관련이 있는 것은 아니다. 다른 과학에서의 재능은 수학적 능력이 없이도 가능하다. 심지어는 수학적 능력이 아주 부족하더라도 가능하다. 게다가 Révész는 수학적 재능의 특수성이, 이를 확신하는 수학자들을 포함한 모두에게서 인정된다는 것을 강조했다.

물론 하나의 예외적인 연구가 있기는 하지만 분명히 최근 심리학연구에서 이런 수학적 능력의 특수성을 부인하는 연구결과는 발견되지 않는다. 독일의 심리학자 Strunz는 1962년 출판된 그의 저서 *Pädagogische Psychologie des mathematischen Denkens*(참고문헌 702)에서 수학적 영재성은 특수한 개념이 아니며 요인분석은 특수한 수학적 영재성을 논하기 위한 토대를 제공하지 못한다 — 단일 요소는 많은 분야에서 나타날 수 있다 — 고 설명했다. 그는 "다른 분야에서 다르게 나타나는 일반능력의 발달과의 연결을 통하여 특수한 영재성을 말할 수 있다"고 강조했다(참고문헌 702, p. 181). 그는 우리가 특수한 수학적 영재성을 인정한다면, 특수한 산술적 능력, 대수적 능력, 심지어 수론에서의 능력을 인식할 수 없는 이유가 있는가라고 문제를 제기했다. 이런 구별이 어디까지 나아갈 수 있는지는 불분명하다. 게다가 Strunz는 수학에서의 높은 성취가 다른 학문 분야에서의 낮은 성취와 유의미하게 연결될 때 특수한 수학적 영재성을 말할 수 있다고 주장했다. 그러나 그의 견해에 따르면 이런 경우는 상당히 드물다. Strunz의 마지막 주장은 당혹스럽다. 수학에서의 성공이 다른 학문 분야에서의 성공과 일치하지 않는 경우는 상당히 빈번하다. 그래서 결국 이런 상황은 Strunz의 의견을 두둔해주지는 못한다.

요인학파의 심리학자들에 의하면 학교 수학적 능력의 구조성에 대한 문제는 하나의 수학적 군-요인이 존재하는가 아니면 좀더 세분화된 개념들 — 산술적 군-요인, 대수적 군-요인, 기하학적 군-요인 — 을 고려할 수 있는가이다. 다시 말하면, 수학적 능력을 단일한 성질로 간주해야 하는가 아니면 산술적, 대수적, 기하학적 능력으로 생각하는 것이 더 옳은 것인가?

초기의 연구들은 수학적 군-요인의 부재를 주장하였다. 일반요인과 산술적, 대수적, 기하학적 검사를 위한 특수요인들이 존재한다고 언급하였다. 1909~10년 초기에 Stone

(참고문헌 700)과 Courtis(참고문헌 553)는 서로 독립적으로 산술에서의 성취도와 능력에 대한 연구를 통하여 수학적 능력을 거의 한 덩어리를 이루는 전체—심지어 산술에 관해서도—로 간주할 수 없다고 결론 내렸다. Stone은 계산에 능숙한 아이들은 종종 산술적 추론에서 뒤쳐지는 경우가 있다고 지적했다. Courtis 역시 산술에서의 성공이 수학의 다른 분야에서의 실패와 연결될 수 있다는 것을 보였다. 그래서 이들은 각각의 조작은 그것의 특수한, 그리고 상대적으로 독립적인 능력을 필요로 한다고 결론 내렸다.

그 이후에 Davies(참고문헌 554)는 산술을 위한 일반능력이 존재하는지 또는 산술 영역에 관한 독립된 부분으로의 특수한 능력이 있는지를 명확히 하기 위해 유사한 연구를 실시하였다. 연구 결과는 다른 부분에서의 성공이 산술 조작의 성공과 높은 상관관계(약 0.70)가 있는 것으로 나타나 저자의 첫 번째 가설을 뒷받침해 주었다.

Winch(참고문헌 732)와 Burt(참고문헌 541)는 같은 시기 또는 약간 이후(1910~17)에 행해진 연구에서 산술을 위한 특수한 형태의 능력이 존재하며 수학의 각각의 분야에서의 성공은 높은 상관관계가 있다고 결론 내렸다. 그러나 이들은 수학적 군-요인이 존재하는지 그렇지 않은지에 대한 질문은 다루지 않았다.

Collar(참고문헌 551)는 산술적 능력이 특수한 그리고 대수적 또는 기하학적 능력과는 어느 정도 독립적인 것으로 존재하는지를 확인하고자 하였다. 그는 산술의 세 가지 기본적인 측면—규칙에 대한 지식, 계산능력, 산술문제 해결능력—에 대한 조사를 목적으로 하는 검사 도구를 고안했다. 그는 상당히 높은 값을 가진 내적 상관관계를 발견했으며, 이것은 그가 하나의 지적 요인이 모든 유형의 산술 활동—즉, 산술능력—에서 부분적으로 기여할 수 있다는 것을 가정하도록 했다.

또 다른 유사한 연구(참고문헌 651)가 1951년 70명의 초등학생을 대상으로 McAllister에 의해 이루어졌다. 그는 산술에 포함된 모든 지적 연산을 종합해서 산술에서의 능력이 일반능력인지, 산술의 서로 다른 부분들에 관하여 상대적으로 독립적인 특수한 능력인지에 대해 조사하였다. 그는 산술능력의 기본이 되는 일반요인이 모든 사람에 의해 소홀히 다루어진다는 것 외에 명확한 결과를 얻지 못했다.

1910년 Brown의 논문 〈수학적 지능에 대한 객관적 연구〉에서 그는 수학의 서로 다른 영역에서의 성공 사이의 상관관계를 연구했다. 연구결과가 상당히 높은 상관관계(산술과 대수 사이에서는 0.79, 기하와 대수 사이에서는 0.66, 산술과 기하 사이에서는 0.58)를 나타냈음에도 불구하고 그는 수학적 군-요인은 존재하지 않으며 산술, 대수, 기하에서의 능력은 서로 독립적인 형태로 존재한다고 결론 내렸다. Brown의 견해에 따르면 이 자료들은 초등 산술 연산을 위한 능력으로서의 산술적 능력이 어느 정도 대수와 기하학적 능력의 토대가 되고 있다는 것만 보여준다. 비록 그의 연구는 비판의 대상이 되었지만(예를 들면 Wrigley는 그의 연구 기법의 결점을 지적했다), 다른 유사한 연구들의 시발점이 되었다.

Rogers의 연구(참고문헌 680)에서도 본질적으로 수학적 군-요인은 발견되지 않았다. 그는 특별히 수집된 114명을 대상(남자 61명, 여자 53명, 12~16세)으로 한 검사 자료에서 대체적으로 낮은 상관관계(0.01에서 0.59)를 얻은 후 이 결과가 Brown의 의견을 확인해 주었으며 대수와 기하에서의 성공은 질적으로 다른 성질에 의해 좌우되는 것으로서 일반적으로 수학적 능력의 토대가 되는 성질은 없다고 진술했다(참고문헌 680, p. 84).

약 10년 후에 Sperman(참고문헌 691)은 요인분석을 이용하여 Rogers의 연구 결과를 재분석하였다. Sperman은 Rogers가 산술과 기하검사에서 상당히 높은 상관관계를 얻었던 사례에서조차도 수학적 군-요인이 존재한다고 말하는 것은 불가능하다는 것을 밝히고자 하였다. Sperman은 이후 그의 연구에서 이러한 견해를 변호하였다(참고문헌 693).

Rogers의 연구가 발표되고 몇 년 후에 Mensenkamp의 연구(참고문헌 655)가 발표되었다. Mensenkamp는 대수와 기하는 서로 다른 유형의 능력과 관련이 있으며, 대수와 기하능력을 검사한 점수 사이의 상관관계는 언어능력과의 상관계수를 넘어서지 못한다는 것을 보였다(대수와 기하적 능력 사이의 상관관계는 0.54인 반면 대수와 언어능력 사이의 상관관계는 0.57, 기하와 언어능력 사이의 상관관계는 0.59였다). 그는 대수와 기하 사이의 관련성이 언어 능력과의 관련성을 넘지 못함을 보이는 다른 연구들을(참고문헌 655, pp. 159~60) 언급하였다. 그는 수학적 지능이라고 불리는 것은 수학적 관계를 언어로 표현하는 특별한 능력을 포함하는 복잡한 구조라고 결론 내렸다. 비록 Wrigley에 의해 연구의 토대가 되고 있는 검사의 타당성에 대한 문제가 제기되었으나, 1925년 Cameron의 연구는 이와 동일한 결론을 내렸다.

비판적 관점에서 인용된 모든 연구들의 약점은 그들이 일반요인의 영향력을 차별화하기 위해 설득력 있게 연구를 행하지 않았다는 것이다. 일반요인을 제거하기 위한 특별한 시도가 Fouracre(참고문헌 569)에 의해 1926년에 행해졌다. Fouracre는 특별히 선택된 11개의 검사도구로부터의 결과를 이용하여 상관계수를 구하고 다음과 같은 결론을 내렸다. "일반 지능에 기인한 요인이 제거되었을 때 산술에 대한 다양한 검사결과는 특수한 기하학적 능력을 나타내는 것임이 발견되었다."(참고문헌 569, p. 205) 그러나 그가 '기하'와 '공간 관계'의 개념을 동일시 한 후에야 이러한 결론을 내렸음을 고려해야 한다(그의 기하검사의 모든 문제는 압도적으로 공간관계 "파악하기"로 구성되어졌다).

수학적 군-요인이 존재하지 않는다는 결론은 1937~40년대에 이루어진 계속되는 요인

분석 연구를 통하여 좀더 확실하게 되었다. 1937~38년 Oldham의 연구 "수학적 능력에 대한 심리학적 연구"가 두 부분으로 발표되었다. 9~15세의 410명의 학생들(남학생 149명, 여학생 261명)을 대상으로 지능 검사, 산술, 대수, 기하학적 능력을 위한 검사를 실시한 후 상관관계를 알아보았다. 대수와 산술 사이 0.60, 산술과 기하 사이 0.47, 대수와 기하 사이 0.59. 지능과 산술, 대수, 기하학적 능력 검사와의 상관관계는 유의미하게 낮았다(각각 0.40, 0.27, 0.31). Oldham은 산술, 대수, 기하 검사를 단일화 하는 어떤 의미있는 군-요인은 존재하지 않으며, 각 검사(산술, 대수, 기하)에 대한 특수한 요인이 존재한다고 언급했다. 그러나 Vernon과 Barakat, 그리고 일부 스위스 심리학자들, 특히 Werdelin은 이 연구의 결과를 해석한 부분에 대해 심한 비판을 하였다. Vernon는 그 저자가 일반적인 요인의 부재를 추측적으로 보이면서 일반적 요인은 과소평가했다고 지적했다.

이 시기에 이르러 Mitchell이 1938년 〈수학적 사고의 특성〉(참고문헌 658)을 출판하였는데, 이 연구는 170명의 13~16세 학생을 대상으로 한 요인분석(Thurstone이 핵심적으로 사용한 방법을 사용) 연구이다. Mitchell은 계층 이론의 입장에서 수학적 능력은 일반요인, 군-요인, 특수요인을 포함하는 복잡한 속성을 지녔다고 결론 내렸다. 이 연구에 대해 Mitchell이 요인을 적절하게 해석했는지에 관한 날카로운 논쟁이 있었다. 특히 심한 비판은 Wrigley(참고문헌 747)로부터 있었다. Wrigley는 검사 도구의 적절하지 못한 선택, 요인분석 기법의 오류(특히 성공적이지 못한 회전), 일반요인을 Spearman의 g요인과 동일시한 오류 등을 지적했다.

1940년 Blackwell은 수학적 능력에 대한 그의 요인분석(Thurstone이 핵심적으로 사용한 방법을 이용)을 발표했다(참고문헌 529). 그는 200명(남학생 100명, 여학생 100명)의 학생을 대상으로 그의 연구를 실시했다. 그가 남학생과 여학생에 대해 서로 다른 요인(남학생의 경우 3가지 요인, 여학생의 경우 4가지 요인)을 발견했다는 것이 가장 흥미롭다. 우리는 이후에 이것에 대해 다시 살펴볼 것이다. 남학생과 여학생 모두에 대해 일반요인(Spearman의 g요인)과 여러 개의 특수요인들이 나타났다.

Blackwell의 연구 역시 비판의 대상이 되었다. 비판의 내용은 Mitchell의 것과 같은 것이다. 요인분석 연구에 대한 이런 비판은 전형적인 것으로 이것은 요인분석 연구의 약점을 명확하게 보여준다. 이런 비판은 대게 이런 종류의 연구에 대해 특히 빈약한 두 종류의 결점을 지적한다. 첫 번째는 검사도구의 선택이다. 검사도구가 적절하게 선택되어졌는가? 이런 연구의 결과는 직접적으로 검사도구의 선택에 달려있다. 물론 약점은 어떤 검사 도구에서도 항상 존재할 수 있다. 어떤 시스템이 최고라고 하는 보장은 있을 수 없고, 있지도 않다. 두 번째 약점은 얻은 요인에 대한 해석이다. 이것은 항상 논쟁점이 되어 왔다. 동시에 동일한 결과가 종종 반대 방법으로 또는 다른 연구자에 의해 완전히 다르게 해석되는 것이 발견되는 것에 놀란다.

얼마 후 수학적 군-요인의 존재에 대한 또 다른 견해가 나타났다. 첫 번째 힌트는 1921년 Buckingham의 연구에서 나타난다. Buckingham은 수학적 능력을 일반요인-일반지능(537)과 관련하여 연구하였다. 검사점수 사이의 상관관계에 대한 연구를 토대로 그는 수학에서의 능력은 일반지능과 전혀 관련되지 않는다는 결론을 내렸다. 평균적으로 이 관계는 약 0.40(다른 경우에 대해 0.21, 0.25, 0.38, 0.40, 0.41 등)의 상관계수 값으로 평가되어졌다. 그 저자는 상관관계 연구에 주로 사용된 표준검사는 다양한 수학적 주제에서의 성공을 개별적으로 측정하기 위해 고안되어졌지만, 일반적인 수학적 능력(분명히, 수학적 군-요인)이 존재한다고 주장했다. 대수와 기하학적 능력 검사의 점수는 비교적 독립적이지만 각각은 일반적인 수학적 능력이라고 불리는 것에 의해 영향을 받는다.

1926년 Flack은 수학적 능력을 조사한 그의 연구를 발표하였다. 그는 신중하게 검사도구를 고안하고 29명으로 구성된 한 학급의 학생을 연구하기 위해 이것을 사용했다. 그의 결과는 암묵적으로 수학적 군-요인의 존재를 지지한다. 그는 "그 과목의 한 분야에서의 어떤 개인의 능력은 일반적으로 다른 분야에서 그의 능력을 위한 좋은 지표가 되기 때문이다"(참고문헌 565, p. 49)라고 보았다. 그러나 이 연구는 동일한 학습 환경에 있는 비교적 작은 그룹의 학생들을 대상으로 수행되었기 때문에 특별한 영향력을 행사하지는 못했다.

1933년 Wilson은 그의 요인연구(참고문헌 731)를 발표했다. 그는 371명을 대상으로 여러 과목들—영어, 프랑스어, 역사, 지리, 산술, 대수, 기하—사이의 상관관계를 연구했다. 세 개의 수학 분야—산술, 대수, 기하—사이에서 명확한 상관관계가 발견되었을 뿐만 아니라 영어와 프랑스어 사이에서도 발견되었다.

그의 연구의 두 번째 부분에서 Wilson은 다른 110명의 학생을 대상으로 다른 과목—영어, 프랑스어, 대수, 기하, 식물학 등—의 상관관계를 조사하였다. 수학적 과목에 대해 다시 어떤 군-요인이 발견되었다. 이 결과를 토대로 Wilson은 수학적 군-요인은 존재하며 그것의 가치는 일반요인 g보다 훨씬 중요하다고 결론을 내렸다. 그리고 이것은 그가 언급한 것처럼 지극히 당연하다. 왜냐하면 대수와 기하의 내용은 산술이 공통으로 관련된다. 예를 들어 기하에는 대수적 기호가 사용된다.

1934~35년 Hamley는 수학에서의 함수적 사고에 관한 두 개의 연구를 발표했다(참고문헌 599, 600). 수학에서의 함수적 사고는 학교 수학을 지도하는 방법에 대한 특정한

태도를 살펴보는데 도움이 되었다(특히 함수성이 주요한 관심이어야 한다는 개념). 그는 수학적 사고에 대한 고유의 도식을 제안했다. 그는 수학적 사고의 주요 구성요소로서 세 개의 조작 유형 또는 과정을 분리했다. classes(공통의 성질을 지닌 그룹의 자료를 분류하고 나누는 것), order(이들 그룹 내에서 순서를 발견하고 부여하는 것, 즉 그들의 범주화를 설명하는 것), correspondence(다양한 그룹 사이에서 대응되는 관계를 발견하는 것). Hamley의 관점에서 이러한 과정들은 수학적 자료를 조작하는 데 있어서 전형적이나 반면에 수학적 사고를 위한 다른 제안된 비슷한 정도(닮음), 추측, 증명의 도식은 모든 수학적 자료에 대해 동일한 관계를 갖지 않는다(닮음을 판단하는 것은 기하와 관련된 과정이고 추측은 대수와 더 관련이 있는 등). 지적된 과정들은 산술적 수, 대수적 기호, 공간 도형과 같은 기본적인 수학적 자료를 이용한 조사가 이루어져야 한다. Hamley에 따르면 수학에서 성공하는 능력은 세 유형의 수학적 대상에 대해 앞에서 언급한 조작을 수행하는 능력과 대응된다. Jenkins(참고문헌 619)는 이후에 그룹의 형성을 능가하는 변화성의 개념을 포함할 것을 제안하면서 이 도식을 발전시켰고, 그의 발견은 군의 구성을 진전시킨다. 오랫동안 Hamley의 도식은 수학적 능력을 조사하는 검사 장치를 구성하는 데 있어 기초가 되었다.

1950년대 초 Barakat(참고문헌 519, 520)는 수학적 능력에 대한 그의 요인 연구를 발표했다. 그는 다양한 검사 도구를 이용하여 4개의 그래머스쿨에서 300명의 학생을 대상으로 연구를 실시했다. 그는 6개의 요인 — g(일반), V(언어), S(공간), N(수), M(기억력), 그리고 수학적 요인 — 을 발견하고 확인하는 데 성공했다. 그의 견해에 따르면 이들 각각은 수학적 사고에서 분명한 역할을 수행한다. 그는 수학적 요인이 수학적 도식과 관계를 조작하는 능력이라는 것을 보이고자 노력하였다.

같은 시기에 Hamza(참고문헌 601, 602)는 그의 요인 연구를 발표했다. 그는 특별히 고안된 검사 도구를 사용하여 수학의 발달 측면에서 많은 그룹의 보통인 학생과 부진한 학생들을 대상으로 연구하였다. Hamley의 아이디어(참고문헌 599)를 따라 다양한 자료(수치적, 기하학적, 기호적, 언어적)에 대한 다양한 조작(분류, 순서화 등)이 그의 검사 도구의 기초로 가정되었다. 이 연구자가 주장한 것처럼 수학적 군-요인이 존재함을 수학적으로 부진한 학생들의 그룹에서 명확하게 볼 수 있었다. 부진함은 세 종류의 수학적 분야 — 산술, 대수, 기하 — 모두에서 동시에 나타났다.

1955년 Lee의 요인 연구(참고문헌 634)도 수학적 군-요인이 존재함을 뒷받침했다. 연구자는 세 개의 수학적 분야에서 전형적인 활동(산술에서 백분율 구하기, 대수에서 이차방정식 해결하기, 기하에서 원에 대한 정리군 증명하기)으로 보이는 것을 선택하고 이것을 Hamley의 네 개의 과정과 조합했다. 결과적으로 테스트의 12가지 유형이 되었다. 다양한 연령의 100명의 초등학교 학생이 참여했다. Thurstone이 핵심적으로 사용한 방법을 사용해서 Lee는 일반적으로 앞에서 언급한 일반적인 수학적 특성을 갖는 수학적 사고의 구조에 대응하는 다양한 '능력'을 분리하려고 하였다.

우리가 논의하고 있는 문제를 고려하여, 외국 심리학자들의 견해에 따라, 수학적 능력에 특별한 관계를 가지고 있는 몇 가지 요인을 추출하고 검토해 보기로 하자.

1. **일반 요인 g**: 수학적 검사들은 보통 이 요인에 상당한 비중을 둔다. 상당히 높은 상관관계가 수학적 능력 검사와 일반 지능 검사 사이에서 발견되었다(Thorndike는 Rogers, Collar, 일부의 스칸디나비아 심리학자, 그리고 다른 연구자들에 의해 발견된 것과 거의 비슷하게 0.55~0.70의 상관관계를 발견했다.). 그러나 g의 역할은 수학 계산에서는 미약하다(일부 자료에 의하면, 지능 검사와 계산 능력 검사 사이의 상관관계는 거의 0에 가깝다). 이러한 사실을 통하여 수학적 능력은 일반 지능의 "핵심적인 부분"을 구성하고 있음을 알 수 있다.
2. **수치적 요인 N**: 산술 능력 검사는 이 요인에 가장 큰 비중을 둔다(Adkins, Holzinger, Kelly, Thorndike, Thurston 등). 이 요인은 계산의 속도와 산술 문제를 해결하는 데 모두 중요한 것으로 여겨진다.
3. **공간적 요인 S**(시각적 요인 Vi): 시각적 검사와 기하적 검사 사이의 상관관계에 대한 (충분히 증명되지 않은) 많은 가설들이 있다. Mitchell과 Blackwell은 수학적 검사에서 Vi 요인에 비중을 적게 두고 있다.
4. **언어 요인 V와 W**: 일부 연구자들(예를 들면 Rogers)은 수학적 검사가 언어 검사와 상당히 높은 상관관계가 있음을 발견했다. 특히 언어 능력 검사와 산술적 추론 능력 검사, 대수 능력 검사, 기하 능력 검사 사이에 높은 상관관계가 있다는 것을 발견했다. 다른 연구자들에 의해 얻어진 자료는 수학적 능력 검사에 있어서 언어 요인의 중요한 비중을 보여주지는 않는다. Mensenkamp는 이들의 상관관계를 발견했다. 대수와 언어 능력 사이에서 0.57; 기하와 언어 능력 사이에서 0.59(참고문헌 655, p. 159). Mensenkamp는 수학적 관계를 언어적으로 표현하는 것은 중요하다고 결론을 내렸다.
5. **추론 요인 R**: 많은 연구자들이 이 요인을 여러 구성 요소로 세분화하였다(특히 연역적 추론과 귀납적 추론). 대부분의 연구자는 수학 능력 검사에서 귀납적 추론과 연역적 추론에 높은 비중을 두었다. 본래의 R요인에 바 이것은 너무 일반적이고 광범

위한 의미를 갖는다(이것은 일반적으로 사고과정과 새롭고 특별한 상황에서 기호와 추상성을 조작하는 것과 관련된 문제 해결 과정으로서 다루어진다 — Adkins와 Lyerly를 보라, 참고문헌 509). 물론 모든 경우에 수학적 능력 자체의 구조 내에서 분명하게 결정적인 역할을 해야 한다.

1940년대쯤에 일반적 능력과 특히 수학적 능력에 대한 질문에 상당수의 요인분석 연구를 조직했던 스칸디나비아 심리학자들이 관심을 가지게 되었다. 최근 수학적 능력에 대한 가장 의미 있는 연구는 1958년 영어로 출판된 스위스의 심리학자 Werdelin의 연구 〈수학적 능력〉(참고문헌 727)이라는 것은 의심할 여지가 없다. 요인분석(Thurstone이 핵심적으로 사용한 방법)을 사용한 이 연구는 외국 심리학 근대 학파의 능력 연구에 대한 모든 것을 유형화한다. 따라서 우리는 이것을 좀 더 자세히 살펴볼 것이다.

저자의 기본 계획은 학생들의 수학적 능력의 구조를 — 지능에 대한 다중요인이론을 토대로 사용해서 — 분석하고, Thurstone 학파의 심리학자들에 의한 선행 연구에서 이루어낸 요인들의 그 구조(수학적 능력의 구조) 안에서 상대적 역할을 분명히 하며, 마지막으로 수학적 능력과 일반 지적 능력의 관계를 고찰하는 것이었다. Werdelin은 일반적으로 여러 조건으로 이루어진 다양한 종류의 문제를 해결하는 능력으로서의 "학교" 수학적 능력에 관한 수학적 능력에 대한 다음의 정의를 그의 출발점으로 삼았다. "수학적 능력은 수학적 (그리고 수학적으로 유사한) 문제, 기호, 방법, 증명 등의 성질을 이해하는 능력이다. 그것들을 배우고 그것들을 기억하고, 그것들을 상기하는 능력이다; 그것들을 다른 문제, 기호, 방법, 증명들과 종합하는 능력이다. 수학적 (그리고 유사한) 과제를 해결할 때 그것들을 이용하는 능력이다."(참고문헌 727, p. 13) Werdelin는 이 정의가 재생산적 측면과 생산적 측면, 이해와 활용을 모두 포함한다고 가정한다. 그는 하나의 연구에서 수학적 능력의 모든 측면을 다루는 것은 어렵다고 생각했기 때문에 그의 연구를 중요한 하나의 측면, 생산적인 측면(문제 해결)으로 한정할 것을 결정한다. 이후에 그는 교수 방법이 학생들의 수학적 능력에 영향을 미칠 수 있다는 것을 언급을 했다. "우리는 특정한 유형의 문제를 해결하는 능력의 구조가 실험에 참여한 학생이 새로운 방법을 배우고 새로운 규칙을 연습할 때 변하는지 그렇지 않은지에 대해 알지 못한다. 수학적 능력을 언급할 때 우리는 학생들의 학교(수학)교육을 고려해야 한다."(참고문헌 727, p. 15) 그는 그에게 상당히 익숙한 현대 스위스 학교들의 지도관례에서 출발할 것이라는 점을 지적하고 있다.

그 다음에 그는 학교에서 교사에 의한, 그리고 특별한 검사에 의한 수학적 능력의 측정에 대한 상대적 가치와 객관성 문제를 논한다. 그는 학교에서의 점수는 능력에 대해 신뢰할 만하지 못하고 주관적이며 비현실적인 측정이라는 점, 교사는 각각 다른 기준을 사용한다는 점, 그리고 점수를 부여하는 것은 "복잡한 현상"이라는 점을 언급했다. Werdelin은 검사 점수에 대한 편중을 지적했다. 또한 그는 검사 도구는 구조적이어야 하고, 그래서 그들에 대한 점수는 충분히 예측성이 있어야 한다고 언급했다.

Werdelin는 Thurstone 학파의 지지자답게, 비록 그것이 어렵다는 점을 지적하면서도, 요인들이 "실험의 조건의 기능"으로 규명될 수도 있고 주체의 경험을 반영할 수도 있고, 기타 여러 가지가 될 수 있다는 점에서, 발견된 요인에 대한 심리학적 해석이 필요하다고 말한다. 또 "이런 경우에 능력은 단지 가정된 현상이 될 것이고, 해석될 수 없는 실제 특성이 될 것이다"라고 말한다(참고문헌 727, p. 40). 그는 또한 "순수한" 형태의 요인 연구는 발견된 요인의 심리학적 본질을 드러낼 수 없다고 인정했다 — 이것은 단지 요인에 대한 다소 성공적인 심리학적 해석에 대한 문제일 수 있다. 그리고 이러한 해석으로부터 우리는 많은 정보를 얻지 못한다(참고문헌 727, p. 47). 그럼에도 불구하고 그는 요인분석이 수학적 도구, 특히 내성적 연구를 이용하지 않은 이전의 연구보다 더 만족스럽게 수학적 능력의 구조에 대한 질문에 답할 수 있다고 믿었다. 그러나 그는 "내성적 방법"은 요인분석이 해결하지 못한 문제를 해결하는 데 도움을 줄 수 있다고 언급했다. 이것은 요인분석의 결과를 해석하는 데 도움이 될 수 있다.

수학적 능력에 대한 그의 연구를 위해 그는 직접 고안한 것과 다른 연구자들에 의해 이미 사용된 것들을 포함해서 53개의 문제로 된 검사 도구를 구성한다. 일부 검사들은 일반요인 g에 높은 비중을 두고 있기 때문에 선택된다(예를 들면 주어진 수열의 규칙을 찾는 것과 이것을 계산하는 것, 또는 수열에 속하지 않는 수를 제거하는 것).

Werdelin는 수치적 요인 N에 비중을 두는 문제를 선택한다(4개의 연산을 사용해서 미지의 값을 계산하는 단순한 문제 등).

테스트의 세 번째 그룹은 언어 요인 V에 비중을 둔다(동의어와 반의어를 고르는 문제, 언어적 지시를 이해하는 문제, 주어진 단어가 나타내는 범주를 정의하는 문제 등).

테스트의 네 번째 그룹은 시각적-영상적 요인 Vi(또는 공간 요인 S)와 2차원 도형과 3차원 도형의 시각화를 성공적으로 하는 요인과 관련된 것에 비중을 둔다(예를 들면 주어진 도형을 어떻게 나누어야 오른쪽에 보이는 두 개의 다른 도형을 얻을 수 있겠는가? 또는 각 면에 글자가 쓰인, 다른 위치에서 보이는 같은 정육면체를 보여주고 보이지 않는 면에 어떤 글자가 쓰여 있겠는가?).

테스트의 다섯 번째 그룹은 추론 요인 R에 큰 비중을 둔다(예를 들면 4개의 도형이 왼쪽에 주어지고 5개의 도형이 오른쪽에 주어진다. 오른쪽 도형 중에서 왼쪽 열의 다섯 번째에 해당되는 것을 골라라. 다른 검사들은 주어진 삼단논법으로부터 나온 결론이 올바른지 아닌지를 결정하거나 수치적, 공간적, 언어적 관계를 발견하는 문제들을 포함한다.).

이런 관련성 안에서 적당한 수학적 문제 그룹을 준다. 그룹 내의 문제는 학교에서 수학을 습득하는 것과 관련된 것으로 수학적 능력의 본질을 이해(정의)에 의해 Werdelin이 선택한다. 학교 수학적 능력의 재생산적인 측면보다 생산적인 측면에 주된 관심을 두고 있다는 그의 주장에도 불구하고 이 그룹 내의 대부분의 문제들은 수학적 정보, 습관, 기술의 수준을 확인하는 방향으로 되어있다. (예를 들면, 다음 방정식을 풀어라.

$$x+\frac{3x-1}{5}=1-\frac{3+x}{15}$$

또는 이 문제를 해결하여라. 삼각형의 밑변이 6cm이고 높이가 8cm이다. 높이가 3cm 이면서 앞의 삼각형과 넓이가 같다면 밑변의 길이는 얼마인가?) 따라서 그가 우리에게 주장하고 있는, 그의 테스트들이 “진정으로 학교 수학에서 기본적인 중요성이 있는 능력을 측정한다는 것”에 동의하는 것은 어렵다(참고문헌 727, p. 110). 그는 분명히 학교 수학 수업에서 표준적인 문제를 해결하기 위한 능력으로서 수학적 사고의 생산적인 측면을 보고 있다.

Werdelin은 요인분석이 수학 능력 검사에서 유의미한 부분과 처음 다섯 개 문제 그룹의 특정한 검사에서 유의미한 부분이 하나의 일정한 요인과 관련이 있다는 것을 보인다면, 그 요인은 수학적 능력의 구조에서 중요한 위치를 차지한다고 가정하였다. 이 두 종류의 검사가 다른 요인에 의해 그룹화 된다면 적절한 결론을 이끌어내는 것은 불가능할 것이다.

그의 기초 연구를 위해 Werdelin은 36개의 테스트 문제들을 선택하고 13～17세(주로 14세 또는 15세였다)의 217명의 학생을 대상으로 검사를 실시했다. 이 검사는 개별적으로 또는 소그룹으로 이루어졌다. 다음과 같은 결과를 얻었다.

1. 수학적 능력 검사는 N에 대해 아주 작은 비중을 차지한다.
2. 수학적 능력 검사는 V에 대해 작은 비중을 차지한다.
3. 수학적 능력 검사는 Vi(또는 S)에 대해 유의미한 비중을 차지하지 않는다.

그러나 Werdelin은 이 질문에 대한 계속적인 조사가 필요하다고 믿는다. 왜냐하면 그의 검사에서 발견할 수 없는 다른 유형의 수학적 능력이 있을 수 있기 때문이다.

따라서 수학적 능력 검사는 세 요인(N, V, Vi-S) 모두에 대해 유의미한 영향을 받지 않으며 R에 대해서는 약간의 영향을 받는다. R에 대해서는 이후에 논의될 것이다 (Werdelin은 R을 두 개의 요인으로 세분화했다. D－연역적요인, R－수학적 추론 요인). 이것은 본래의 수학적 능력은 계산 능력, 언어 능력, 또는 시각-공간 능력과 관련이 없다는 것을 의미한다.

비록 D와 R 사이에 비교적 높은 상관관계(상관계수는 0.56이다)가 있지만 수학적 능력 검사를 위한 연역적 요인에 대한 비중의 중요성은 분명하지 않다. Werdelin은 연역적 능력이 학교 수학을 위해 상당히 중요한 것은 상당히 그럴 듯하지만 이 문제는 여전히 특별한 연구를 필요로 한다고 지적했다.

마지막으로 R요인(일반적인 수학적 추론)은 수학적 능력의 구조에서 결정적인 역할을 하는 요인임이 증명되었다. 이 요인으로 집약된 대부분의 검사는 수학적이며 모든 수학적 검사는 이것에 대해 상당한 비중을 가지고 있다. Werdelin은 다른 요인(6번째 요인)을 분리해 냈다고 언급했다. 그는 심리학적으로 이것을 해석하는 데 성공하지 못했으며 "남은 것"으로 생각했다.

이후에 Werdelin은 다른 요인들과는 다르게 R요인이 g와 상관관계(상관계수 0.86)가 있음을 보였다. 이것은 Werdelin이 수학적 능력을 이해하고 정의한 것처럼 수학적 능력은 일반 지능의 기초가 된다는 것을 의미한다.

그의 요인 연구의 타당성을 평가하기 위해 Werdelin은 R과 학교 수학 점수 사이의 상관관계를 조사하고자 하였다. 그의 주장에 따르면, 이 상관관계는 그가 선택한 수학적 능력 검사가 정말로 수학적 능력의 지표가 된다는 것을 보여주기에 충분히 높게(0.53에서 0.81, 그리고 평균적으로 0.60～0.70) 나타났다. 우리의 견해에서 이런 상관관계는 그 밖의 다른 것을 의미하기도 한다. 잘 알려진 것처럼 학교 수학 점수(등급 또는 점수)는 수학에서의 지식과 기술의 수준을 나타낸다. 따라서 Werdelin의 수학적 능력 검사는 수학적 능력이 아니라 수학의 지식과 기술에 대한 지표라는 주장의 토대가 된다.

이제 우리는 과정에 대한 심리학적 분석을 병행하지 않은 요인분석 그 자체가 제공해 줄 수 있는 것을 요약하고 평가할 수 있다. Werdelin은 상당히 힘든 연구(잘 알듯이 30개의 검사가 있다면 4벌짜리 82,250을 계산해야 했다)를 수행하고 상당히 두꺼운 책으로 발표하였다. 결과적으로 능력의 구조에 대한 우리의 지식은 수학적 추론을 위한 능력이 수학적 능력의 토대가 된다는 고찰에 의해 풍부해질 수 있다. 솔직히 말하자면 이러한 결론은 그렇게 놀랄 만한 것이 아니며 중요한 것이 아니다. 가장 명백하고 가장 보편적인(따라서 가장 막연한) 것은 "능력은 가장 복잡하고 불명확한 요인"이라는 것을 알아냈다는 것이다(Nebylitsyn, 참고문헌 309, p. 58). 이 "능력"은 여전히 특별한 연구를 필요로 한다. 간단히 말해서 Werdelin이 끝낸 곳이 우리가 시작해야 할 곳이다. 물론 여기에서 요인분석이 결점이라는 것은 아니다. 요인분석은 그것이 제공할 수 있는 모든 것을 제공한다. 수학적 능력은 확실히 문제 해결 과정의 분석을 병행하는 심리학적 분석을 수반해야 한다. Werdelin의 연구는 이런 부분이 완전히 결여되어 있다. 거기에는 과정에 대한 분석도, 설명도, 아이들에 대한 관찰도 없었다. 분명히 Werdelin 자신도 "요인분석 방법은 어떤 면에서 피상적이라고 느꼈다. 요인분석은 실험 분석과 내성적 분석을 수반해야 한다."(참고문헌 727, p. 148). Werdelin은 계산 요인 N이 추론을 자동적으로 만드는 능력의 토대가 되며, 따라서 이 요인은 상세화된 추론이 무엇인지에 상관없이 상당히 자동화된 과정을 반영한다는 그의 가설을 받아들여서 어떤 특별한 사례에서 이러한 분석을 시도했다. 그러나 그는 중요한 이 문제를 해결하기 위한 기초로서 그 자신의 내성법만을 이용하였다. 아이들 자신에 대해 다른 것들에 비해 하나의 문제를 얼마나 자동적으로 해결하는지를 평가했어야 했다(참고문헌 727, pp. 177~85).

이 학파의 다른 연구들도 근본적으로 Werdelin의 견고한 연구와 전혀 다르지 않았으며 아무것도 새로운 것을 이끌어내지 못했다. 매번 다양한 요인들이 분리되었고 수학적 능력의 구조에서 그들의 가치를 평가하고자 하였으며 과정 자체는 여전히 무시되었다. 미국의 심리학자 Coleman(참고문헌 550)은 Werdelin의 연구 이전에 간단하게 발표한 그의 연구에서 계산 능력(N)과 기억력(M)은 수학적 능력에 직접적인 기여를 하지 않으며 연역적 요인이 어느 정도 수학적 능력을 결정하는 데 영향을 미친다는 것을 발견했다. 영국의 심리학자 Wrigley(참고문헌 747)는 영국과 북아일랜드의 그래머 스쿨[3]과 공학학교에서 초등 수학에서의 학생들의 능력 구조를 연구하기 위해 요인분석을 사용하면서 수학적 능력과 일반 지능 사이의 관계를 조사했다. 즉 Wrigley의 견해에 의하면 g요인은 학교 수학에서 성공을 위해 상당히 중요하다. 수학의 다양한 분야(학교 교과목)는 g요인이 그들과 연관이 있는지를 예상했던 것보다 훨씬 밀접한 내적 관련성이 있음을 증명했다. 이것은 명확한 군-요인이 존재함을 확립할 수 있는 기회를 제공했다. Werdelin과 반대로 Wrigley는 기하학적 활동은 S요인과 관련이 있고 산술에서의 활동은 N요인과 관련이 있다는 것을 명확하게 성립시켰다. N요인은 고유한 수학적 능력과 아주 약간의 관련이 있었다. 이 요인분석의 결과는 다른 유형의 학파와 그리고 다른 나라(영국과

3) **그래머 스쿨**: 16세기에 창립되어 라틴어를 주요교과로 삼은 학교였으나 1944년부터는 11+(eleven plus) 시험에 합격한 학력이 상위인 학생에게 대학진학준비 교육을 시키는 중등학교이다.

북아일랜드)의 학파와 대체로 동일했다.

Gagné와 Paradise는 1961~62년 그들의 연구(참고문헌 572, 573)에서 "수학적 지식의 습득과 관련된 요인들"(즉 수학 학습의 성공에 영향을 미치는 요인들)과 새로운 학교 교육과정(특히, 컴퓨터 프로그래밍)을 구성하기 위한 원칙을 진술하려는 시도를 했다. 이 연구의 특징은 전형적인 개별 학교 과제에서 이러한 요인들을 표명하려는 저자의 의도로 구성했다는 것이다.

1962년 Canisia의 연구(참고문헌 546)는 150명의 학생을 대상으로 실시되었다. 36개의 테스트 도구가 사용되었다. 12개의 핵심적인 요인들로 분리되었다. 간단히 말해 결론은 다음과 같다. 수학적 능력을 이루고 있는 것은 기호를 사용해서 추론하는 능력이다. "수학적" 사고 과정은 결론을 이끌어내고 구조를 조직하고 관계를 조작하는 능력과 관련된다.

수학적 능력에 대한 요인분석 연구를 평가하면 과정에 대한 심리학적 분석의 통합 없이 요인분석에 의해 이루어지는 검사 결과에 의한 수학적 능력의 본질과 구조를 밝히고자하는 노력은 이것의 가치를 증명하지 못했다는 결론을 내리도록 한다. 이런 단편적인 분석은 우리에게 수학적 능력의 구조에 대한 정확하고 의미 있는 개념을 제공하지 못한다. 수학적 능력의 가설적인 '요인'의 구조는 무조형의, 도식적이고, 내용면에서 빈약한 것으로 증명되었다. 결과적으로 이것의 이론적, 실재적 가치는 어떤 면에서도 이것을 연구하기 위해 소비한 노력에 부합하지 못한다.

외국 심리학자들에 의한 비요인적 연구에서 수학적 능력의 구조는 어떻게 묘사되는가?

이 문제를 다룬 모든 연구는 결코 구조를 완전히 밝힌 것은 아니라고 확실히 말할 수 있다(각각의 저자 역시 이러한 바를 이해하고 있듯이). 일부 연구자들은 각각의 요소를 나타내는 것으로 그들의 연구를 한정하면서 그 목적을 달리했다. 몇몇 연구에서 선택된 요소들의 심리학적 (형식적 또는 의미 있는) 측면은 명확하다. 다른 연구에서는 요인들의 심리학적 해석이 명확하지 않으며 동시에 논쟁의 여지가 있다는 것이 문제이다.

수학적 능력의 구조에 대한 비교적 가장 흥미 있는 내성적 연구들 중의 하나는 약 50년 전에 행해진 Ruthe의 연구이다(참고문헌 683). 그는 이 연구에서 수학적 재능을 형성하고 있는 기능적 부분들을 분리했다. 사실 이 기능적 부분들은 수학적으로 유능한 사람을 특징짓는 지적 활동의 특징이다. 학생들이 많은 문제를 해결할 때 사용한 과정을 분석한 후 Ruthe는 다음 같은 요소들을 추출한다. (1) 추상화 능력, (2) 공간 개념에 대한 능력, (3) 사고의 기능적 특성, (4) 연역 능력, (5) 공간과 산술 관계에 대한 재능적 감각,

(6) 강한 집중력. 이런 요소들은 확실히 수학적 사고의 기본적인 측면들을 반영한다. 그러나 일부는 너무 일반적이거나(예를 들면 1, 3, 4) 너무 모호하다(5).

1920년대에 또한 수학적 영재성의 구조에 대한 몇몇 내성적 연구가 있었다. Cameron(참고문헌 545)은 다음의 요인(요소)들을 추출했다. (1) 수학적 구조를 분석하고 이것의 원소들을 재결합하는 능력, (2) 수치적 그리고 공간적 자료를 비교하고 분류하는 능력, (3) 일반적 원리를 적용하고 추상적 양을 조작하는 능력, (4) 상상력. Kommerell의 연구는 다음과 같은 요인들을 목록화했다. (1) 명확한 논리적 사고와 논리적 방법의 적절한 사용, (2) 추상화 능력, (3) 조합적 능력, (4) 공간 개념과 공간적 형태를 조작하는 능력, (5) 비판적 사고와 사고의 잘못된 훈련을 버리는 능력, (6) 기억력. Thomas는 그의 저서 〈Die Mathematische Begabung〉(참고문헌 711)에서 이런 요소들을 다음과 같이 구별하였다: (1) 추상화 능력, (2) 논리적 추론 능력, (3) 특수한 지각력(specific perception), (4) 직관력, (5) 공식을 사용하는 능력, (6) 수학적 상상력. 또한 Thomas는 두드러진 추론의 "자동화"와 수의 연산의 중요성을 언급했다.

우리가 언급한 연구들의 부족한 점은 너무 명백하다. 분리된 구성 요소들이 조화롭고, 정련된 체계를 이루지 못하고 있다. 이들의 일부는 지극히 일반적이고 일부는 모호하다. 그리고 일부는 여전히 의미가 명확하지 않다. 비록 이들 모두가 여러 면에서 불완전하지만 수학적 능력의 개개의 요인을 확인하고자 한 시도는 다소 흥미롭다.

1920년대에 잘 알려진 미국의 심리학자 Thorndike는 대수와 산술의 교수심리학에 대한 그의 일련의 연구를 출판함으로써 수학적 능력에 대한 연구에 엄청난 공헌을 한다. 이들 중 가장 중요한 일부는 러시아어로 출판되었다(참고문헌 500, 501, 502, 503, 713, 714). Thorndike의 교수의 개념은 상당히 기계론적이며 타고난 능력에 대해 결정론적인 개념이 만연해 있어서 소비에트의 심리학과 교육학에서 받아들여지지 않았으며 현재도 여전하다(Blonskii, 참고문헌 42, pp. 595~99; Smirnov, 참고문헌 383). 그러나 그의 특별한 연구와 방법론에 대한 권고는 여전히 흥미롭다(Maergoiz, 참고문헌 270). 그의 저서들 중 하나에서(참고문헌 714) Thorndike는 학생들이 문자 표현의 본질을 이해하고 형식적인 기계적 학습을 극복해야 할 필요성을 인식하는 데 실패하기 때문에 대수를 학습하는 것에 어려움이 있다고 말한다. 그는 산술을 학습하는 과정에서 완벽해지고 발전되는 그 상관적 요소들을 추출해 냈다. 어떠한 수가 의미하는 것에 대한 이해, 소수 체계를 이해하는 것, 산술에서의 4종류의 연산의 의미를 이해하는 것, 분수의 의미를 이해하는 것, 수(정수와 분수)를 조작하는 능력, 다이어그램, 주로 사용된 측정, 용어, 기호를 이해하는 것 등. 사실 이러한 목록은 아이들이 산술 교육과정을 학습하면서 길러야 할 지식, 습관, 기술의 목록이다. 물론 여기에는 Thorndike가 주장하는 것처럼 산술 능력의 합성(또는 구조)을 드러낸다고 주장하기 위한, 그들을 성질 또는 상관적인 요소라고 부를 만한 어떠한 기초도 존재하지 않는다.

Thorndike의 "대수심리학"(참고문헌 715)을 살펴보자. 여기에서 그는 능력을 결정하고 측정하기 위해 가능한 모든 종류의 대수 검사를 총체적으로 제공한다. 그는 몇몇 일반적인 대수 능력을 구분했다: (1) 기호를 조작하는 능력, (2) 관계를 선택하고 성립시키는 능력, (3) 일반화하고 체계화하는 능력, (4) 본질적 원소와 자료를 적절히 선택하는 능력, (5) 아이디어와 기술을 체계화하는 능력. 또한 명확하게 대수적 능력을 세분하였다. (1) 식을 이해하고 구성하는 능력, (2) 양적 관계를 식으로 표현하는 능력, (3) 식을 변형하는 능력, (4) 주어진 수치적 관계를 표현하는 방정식을 구성하는 능력, (5) 이런 방정식을 해결하는 능력, (6) 대수적 계산을 수행하는 능력, (7) 다른 것에 종속적인 하나의 양을 그래프적으로 표현하는 능력 등(참고문헌 500, p. 113). 두 번째 그룹의 모든 능력과 첫 번째 그룹의 일부가 능력이 아니라 전형적으로 학습되는 능력이라는 것이 너무나 명백하다. 비록 그가 "능력"이라는 용어를 사용했지만 분명히 연구자의 목적은 능력이라기보다는 지식과 기술에 대한 연구이다. 학생들은 각 학교급에서 대수의 학교 교육과정에서 필요한 많은 능력에 대한 정의를 마스터해야 한다. 그의 연구에서 비록 타고난 개인차를 언급하기는 했지만 대수의 성공적인 습득을 가능하게 하는 개인의 심리적 특징에 대한 문제는 언급하지 않았다.

Haecker과 Ziehen은 1931년에 출판한(참고문헌 596) 연구에서 수학적 사고의 구조에 대한 가장 흥미 있는 결과를 소개했다. 그들은 기본적으로 내성적 방법으로 연구하였다. 그러나 이후의 여러 연구자들이(특히 요인학파의 연구자들) 그들의 입장에 대한 많은 불확실한 사항들을 지적했다(Werdelin, 참고문헌 727, pp. 50~51). 이들은 우선 수학적 사고의 "핵심"을 이루는 4개의 기본 복합 요소들을 추출했다. 공간력, 논리력, 수리력, 기호화. 이후에 이들은 이 요소들의 각각을 더 단순한 구성요소로 세분화하고자 하였다. 이것은 그 도식이다.

A. 공간적 구성요소

1. 공간 도형, 형상, 그들의 복잡성(종합, 형태)을 이해하는 것
2. 공간적 형상(공간 개념)을 기억하는 것
3. 공간적 추상성(공간적 대상에서 일반적인 특징을 알아내는 능력)
4. 공간적 결합력(공간적 대상들 사이의 관계를 스스로 발견하고 이해하는 것)

B. 논리적 구성요소

1. (사인, 로그, 텐서와 같은 유형의) 개념의 형성과 개념적 추상물의 형성
2. 일반적인 개념적 연결성을 이해하고 기억하고 스스로 발견하기
3. 이해하기, 기억하기 그리고 형식적 논리의 규칙을 기반으로 증명하고 스스로 결론을 내리기

C. 수치적 구성요소

1. 수치적 개념의 형성
2. 수, 수치적 해결 방법의 기억

D. 기호적 구성요소

1. 기호를 이해하는 것
2. 기호를 기억하는 것
3. 기호를 조작하는 것

이 도식은 흥미로우나 빈약하다. 특히 다양한 구성 요소들의 성분들 사이의 관계가 불분명하다. 예를 들면 기호를 이해하는 능력과 로그(logarithm), 텐서(tensor)와 같은 개념을 형성하는 능력 사이에는 무슨 관계가 있는가? 전자는 후자로부터 발생하는가? 아니면 그 반대인가?

계속되는 일련의 연구는 30년대 후반으로 이어진다. Blackwell(참고문헌 529)은 소위 수학적 기능의 복잡한 성질을 언급한다. 이것은 한정된 요소 – 일반적, 원칙적인 구성요소(선택적 사고를 위한 능력과 특히 수치적 영역과 기호적 영역에서 연역적 추론을 위한 추상화와 일반화 능력), 공간적 대상을 표현하는 능력, 언어적 능력, 그리고 정확한 형태로 기억 속에 자료를 보유하는 능력을 나타내는 "정밀한 그리고 정확한 요인"이라고 불리는 특별한 요소를 포함한다.

Hamley는 기본적인 역할을 하는 일반 지능을 수반하는 시각적 이미지가 "수와 공간을 통합적으로 지각하고 이런 통합을 지적 패턴으로 보유하는 능력"을 가진 복잡한(합성적) 기능으로서 수학적 능력이라고 기술한다(참고문헌 600, p. 28). Mitchell은 수학적 사고의 특성에 대한 그의 저서(참고문헌 658)에서 특히 수학적 사고를 특징짓는다고 가정할 수 있는 몇 가지 과정을 열거한다. (1) 분류, (2) 기호를 이해하고 사용하는 능력, (3) 연역, (4) 구체물의 도움 없이 아이디어와 개념을 표현

1950년대의 몇몇 연구를 살펴보도록 하자. 1952년 "과학과 수학에서 잠재성을 가진 학생들을 확인하고 돕기 위한 방법"(참고문헌 535)이라는 주제로 미국에서 열린 학회에

서 Brown과 Johnson은 수학에서의 잠재성을 발견하기 위해 사용된 주요 도구였던 표준화 검사가 잠재성을 나타내는 요소인 일반 지능, 추상적 추론, 공간 개념에 대한 능력, 과학적 글을 읽고 이해하는 능력, 관계를 해석하는 능력을 측정하는 도구라고 기록하였다. 그들은 현장 교사들이 수학적으로 잠재성을 가진 학생들을 특징짓기 위한 특성을 분리해 냈다는 것을 지적했다. (1) 비범한 기억력, (2) 지적 호기심, (3) 추상적으로 사고하는 능력, (4) 지식을 새로운 상황에 적용하는 능력, (5) 문제를 해결하는 동안 빠르게 답을 "아는" 능력.

Keppers(참고문헌 624)는 Langer의 연구(참고문헌 632)를 언급하면서 대수 학습을 통하여 개발될 수 있는 지적 기능을 언급하였으며, 이것이 없이는 수학에 대한 진정한 이해는 있을 수 없다고 하였다. 그는 추상적 사고(일반적 성질과 관계를 인식하고 분리해 내는 것)와 문제 상황에서의 추론 능력 덕분에 이것이 가능하다고 하였다.

Duncan(참고문헌 560)은 많은 검사 연구들의 결과에 대한 연구를 토대로 다음과 같은 결론을 이끌어낼 수 있다고 언급했다. 수학적으로 유능한 아이들은 일반적 지능 외에도 양적 관계를 나타내는 영역에서 잘 발달된 사고, 강한 시각적 이미지, 뛰어난 기억력, 과학에 대한 창의적인 접근, 자원의 풍부함을 소유하고 있다.

수학적 능력의 구조를 구성하고 있는 요소에 대한 자료를 포함하는 외국의 심리학자들에 의한 연구에 대한 조사 결과에서, 우리는 그들이 구조에 대해 명확하고 정확한 개념을 제공하지 못했다는 사실에 주목해야 한다. 게다가 일부 연구는 객관적이지 않은 내성적 방법으로 자료를 얻었으며 또 일부 연구는 사고에 대한 질적 특성을 무시하면서 양적 접근만을 했다는 것을 명심해야 한다. 우리가 위에서 언급한 모든 연구 결과를 일반화한다면, 우리는 수학적 사고에 대한 추상화 능력, 논리적 추론 능력, 공간 개념에 대한 능력 등과 같이 상당히 일반적인 설명을 얻는다.

이 책에서 우리는 수학적 능력의 진단과 발달에 대한 외국의 연구를 논의하지는 않을 것이다. 이 문제는 출판을 준비하고 있는 우리의 다른 연구[4]에서 다룰 것이다. 여기에서 우리는 단지 질문을 하나 더 연구할 것이다 — 수학적 능력에 대한 유형의(typological) 차이.

외국 심리학에서 가장 널리 사용되는 수학적 재능의 분류의 핵심은 구체적인 요소로 구성된 세세한 사고의 흐름과 필요한 관계를 즉각적으로 "포착"하는 것과 관련된 직관적인 어떤 것을 대비시키는 것이다. Descartes 조차도 그의 저서 *Rules for the Direction*

4) Krutetskii는 분명히 수학적 능력의 형성과 발달에 대한 연구의 프로젝트를 언급하고 있다 — 이것은 서문에 언급된 앞으로의 세 가지 연구 방향의 하나이다.

of the Mind(참고문헌 486)에서 직관을 다른 현상들 사이의 연관성과 관계에 대한 즉각적인 인지로서 보고 일련의 연속적인 논리적 연역과 대비시켰다.

Poincaré는 처음으로 이런 입장에서 수학자들의 사고에서 어떤 과정이 두드러지는가에 따라 두 유형의 수학자를 구분하고자 하였다. 비록 Poincaré가 "직관적" 유형과 "기하학적" 유형의 개념을 기준으로 구분했지만 이를 통합하는 것은 거의 옳지 않다. 그에게 있어, 직관은 다음의 두 가지 다른 방식으로 나타난다. 첫째 거의 무의식적인, 본질적 연결성과 관계의 즉각적인 지각을 순식간에 이루어내는 방식으로, 둘째 시각적 요소나 공간개념과 밀접하게 관계된 하나의 과정으로서 나타난다.

Hadamard는 Poincaré의 구분을 수학의 다양한 분야(대수에 분석적 방법을, 기하에 직관을)가 아니라 사고의 방법에 적용하는 것이 보다 타당하다고 정확하게 지적했다. 사고의 직관적이고 분석적(논리적) 유형 모두는 분석적 대수주의자와 기하학자들 양자에 의해 모두 쓰이게 될 것이다. Hadamard는 분명히 Pavlove의 기호 체계에서의 의미와 유사한 의미를 "해석학자"와 "기하학자"라는 용어에 부여하려고 하는 것 같다. 두 번째 유형은 시각적으로 개념화하는 경향이 있다. 첫 번째 유형은 이것 없이 이루어진다. 한편 Hadamard는 논리적, 그리고 직관적인 수학적 사고(수학자와 대응되는 유형의 사고)를 언급한다. "논리적" 사고는 아주 작은 부분의 무의식, 상당히 한정된 직접적인 사고 과정, 일관성, 그리고 사고 과정의 엄격한 분리 등으로 특징지어진다. "직관적" 사고는 상당한 부분의 무의식, 좀 더 발산적인 사고, 신속성, 사고 과정의 축약("단축") 등에 의해 특징지어진다. Révész(참고문헌 677) 역시 거의 동일한 견해를 가지고 논리적 추론과 직관적 수학적 능력을 구분했다.

형태 심리학자들에 의해 몇몇 연구가 수학적 능력에 대한 심리학에 관심을 보였다. 형태주의 이론에 따르면, 문제해결 과정은 궁극적으로 해결방법을 이끌어내는 최초의 문제 상황에 의해 경험의 전이로 구성된다(우리는 서로 다른 방법으로 상황을 인지한다). 상황의 역동적인 부분이 사고과정이다. 예를 들면 수학적 증명의 복잡한 과정은 형태주의 심리학자들은 어떤 사고 과정이 이러한 일련의 것을 이끌어내는지에 대한 문제를 무시한 일련의 상황을 재해석하게 한다. 소비에트에서 우리는 형태주의 심리학자들이 문제 상황에 대한 개인적 구성으로 사고 과정을 경시하며 사고자에 의한 행동을 무시하고 과거 경험의 영향을 무시한나고 비판했다(Rubinstein, 참고문헌 353; Matyushkin, 참고문헌 281). 그러나 형태주의 심리학자에 의한 개인의 연구는 확실히 가치 있는 것이었다.

특히 Duncker에 의한 실험 연구와 Székely와 Maier에 의한 확장은 추상적인 수학문제를 해결하는 동안에 추론의 과정에 있어서 개인적인 요소를 분석하려고 시도하는 데에 생산적 사고의 메커니즘을 설명하려고 하였으며 문제해결 과정에서의 개인차와 이들의 토대가 되고 있는 사고의 개인적 특징에 대한 몇몇 아이디어를 표현했다는 데에 그 의의가 있다.

이와 관련된 Duncker의 중요한 연구 "생산적(창의적) 사고의 심리학"(참고문헌 487)에서 특히 수학 문제를 해결하는 과정에 대한 부분은 상당히 흥미롭다. 그는 어떻게 문제 상황에서 해결방법이 나오는지에 대해 질문했다. 그가 지적한 것처럼 이것은 필요한 관점에서 문제의 초기 자료를 검사하고 상황으로부터 벗어나서 갑작스런 이해가 일어났을 때 나타나는 일련의 상황에 대한 재조직에 의해 가능하다. Duncker는 문제에 대한 피실험자의 해결과정을 분석하면서 증명에 대한 수학 문제를 해결하는 과정을 조사하고자 노력하였다: "276, 276과 591, 591 그리고 112, 112 형태의 수는 모두 13으로 나누어지는가?". 가장 성공적인 해결방법에서 피실험자는 수에 대한 일반적인 식(abcabc = abc · 1001)을 발견하고 1001이 13으로 나누어지는지 여부를 점검하였다. 과정을 주어진 문제 상황의 연속적인 재구성으로 취급하면서 Duncker는 이런 재구성을 가능하게 하는 조건을 발견하고자 하였다. 피실험자가 이 문제를 해결하는 동안 그는 6종류의 지시 — 힌트 — 를 소개하고 이 지시들 중 어떤 것이 가장 효과적인지를 관찰한다.

Duncker는 수학적 능력에서 개인차에 대한 몇몇 의견을 제안한다. "지적 영재성"이라고 불리는 것에서 가장 극심한 차이가 이런 재구성을 위한 준비 정도에 있다는 것은 아마도 확실할 것이다."(참고문헌 487, p. 131). 많은 사람들이 증명에 필요한 변형을 하는데 상당한 어려움을 가지고 있는 이유를 논의함에 있어서 Duncker는 가능한 설명을 제시했다: "서투른 수학자는 그에게 인식될 만한 내용들이 비교적 고정되어있고 엄밀하기 때문에 쉽게 변형에 영향을 줄 수 없다. 이것이 바로 재구성을 어렵게 한다."참고문헌(487, p. 231).

Duncker는 능력이 있는 사람일수록 한눈에 상황을 파악할 수 있으며 "헐거워진 끝"을 찾기 위해 암중모색함이 없다는 것을 관찰했다. "비수학자"는 여러 측면에서 수학적 개념이 결여되어 있다(참고문헌 487, p. 146). Duncker는 특정한 지각적 속성들로부터 그 자신을 추상화하기 위한 능력에 있어서 개인차를 지적하고, 이 능력은 구체적인 요소에서 일반적인 것을 찾기 위해 필수적인 것이며 이러한 능력을 수학적 사고 요소의 하나라고 여겼다(참고문헌 487, pp. 223-24). Duncker는 수학 문제 해결의 성공에 영향을 미치는 사고의 특성으로 사고의 폭의 넓음과 융통성 그리고 구체적인 내용으로부터 자신을 추상화하는 능력이라고 간주했다.

Maier(참고문헌 489, 643, 644)는 문제 해결과정에서 과거의 경험의 역할을 밝히려고 시도하면서(문장제의 폭넓은 의미로 문제를 정의함) "사고 과정의 방향" 또는 "해결 방법의 방향"의 개념을 도입하였다. 이것은 문제의 자료가 재결합 됨에 따라 나타나는 피실험자의 해결방법에 대한 특별한 구체적인 접근을 의미한다(참고문헌 489, p. 262). Maier는 피실험자가 조작에 대한 습관적인 방법에 얽매여있지 않을 때 다양한 접근방법을 조사하면서 좀더 적극적으로 정확한 해결방법을 모색함을 지적한다. 그는 조작에 대한 습관적 방법은 옳은 해결방법을 찾는 데 방해가 된다고 지적했다(참고문헌 643). 따라서 그는 성공적인 문제 해결을 위한 전제 조건으로 사고의 두드러진 융통성을 들었다.

"학습과 사고에서의 생산적 과정"에서 Székely는 새로운 문제에 대한 해결방법은 주어진 문제 상황의 구조에 의존한다고 지적하면서 다음과 같이 언급했다. "생산적 사고에 대한 본질적 요소는 자료에 대한 각각의 구체적인 특징을 능가하는 조직의 원칙에 관한 구조적 관계를 피실험자가 파악하는 것이다. 이런 일반화된 이해를 좀더 쉽게 증명할 수 있는 피실험자는 또한 현재 실험에서 더 성공적이다."(참고문헌 706, 401) 일반화하는 놀라운 능력은 중요한 문제이다. 그리고 그것은 다양한 종류의 문제를 해결하는 과정에 상당한 의의가 있다.

비록 우리가 이 학파의 심리학자들이 옳지 못한 견해를 가지고 생산적 사고에 대한 메커니즘의 문제를 연구했음을 강조할지라도 그들의 실험 자료와 그에 따른 결론은 수학적 능력의 심리학에서 가치 있는 것이었다. 왜냐하면 그들은 수학 문제를 해결하는 데 있어 중요한 사고의 몇몇 특징을 언급했기 때문이다.

유명한 심리학자 Piaget의 연구는 수학적 능력의 심리학에서 중요하다. Piaget의 사고에 대한 가장 최근의 개념은 이 책에서 언급하지 않을 것이다. 우리의 관심 부분이 아니기 때문이다. 여기에서 우리는 Piaget가 약간은 관심을 기울였던 수학적 사고의 문제와 관련된 일부분만을 논의할 것이다(참고문헌 493a, 494).

Piaget는 사고를 인지적 활동으로 간주하고 사고하는 사람의 활동으로서 조작을 중요하게 생각했다. 정보는 사고(인지) 활동의 과정에서 구성되어진다. Johannot는 1947년 그의 저서 *Le raisonnement mathématique de l'adolescent*(참고문헌 620)에서 Piaget의 개념에 동의하면서 수학을 학습하는 데 있어서 개념을 형성하기 위해 활용했던 조작으로부터 개념을 분리할 수 없다(참고문헌 620, pp. 54~56)고 보았다. 예를 들면 숫자 2와 5를 이용해서(두 수를 나란히 놓거나 그래프식의 수를 더해서) 우리는 다음과 같은 표현을 할 수 있다. 25, 52, 2.5, $\sqrt{5}$, 2/5, 2^5 등. 각각은 조작에 의해 기호의 재생산된 기호이고 각 기호 표현의 의미를 이해하기 위해 각각 요소뿐 아니라 다른 배열이나 관습적인 기호의 도입으로 표현된 것처럼 이 원소들을 조작하는 의미 또한 이해해야 한다. 그러나 비록 그들이 모양에는 익숙할지라도 적절한 조작을 알지 못하는 아이는 $\sqrt{5}$나 3^7이 의미하는 것을 이해하지 못할 것이다. 그러나 우리가 그래프적 표현이 행해진 일련의 복잡한 조작을 숨기고 있다는 것을 설명해 준다면 아이는 이것을 이해할 것이다. 따라서 수학적 표현은 적절한 조작에 대한 관습적 표현이며 학생은 이를 이해해야 한다.

발생 과정 동안의 지능의 발달 단계를 연구하면서 Piaget는 (불충분하게 형식화되고 구체적 자료와 관련된) 구체적 조작기와 (전체 구조에서의 조작의 조직과 관련된) 일반화된 형식적 조작기를 구분하였다. 그는 조작의 내적 조직과 관련된 사고 조작의 가역성 — 전진과 반대 방향으로 마음의 놀라운 유동성 — 을 언급했다. 그는 각 사고 조작은 처음 조작의 결과에서 비롯된 처음의 자료를 보존할 수 있는 반대의 조작이 존재한다고 말했다. 특히 대수적 개념의 형성은 조작의 가역가능성에 대한 개념을 습득하는 것과 관련된다고 하였다. Piaget는 사고의 조작과 구조에 대한 그의 원칙을 수학의 지식이 존재하는 세 개의 기본적인 구조에 대해 Bourbaki 학파는 논문 〈수학의 구조물〉(참고문헌 481)에 대한 견해와 비교하였다. 이 구조는 Bourbaki 학파에 의해서 대수적 구조, 순서의 구조, 위상적 구조로 정확하게 드러나게 되었다(참고문헌 481, pp. 105~6). 그의 저서 《수학적 구조와 사고의 조작적 구조》(참고문헌 494)에서 Piaget는 수학적 구조와 사고 구조 사이의 연결성과 대응성에 대해 논의한다. 그는 "우리가 아이의 의식 속에 있는 산술 조작과 기하 조작의 발달과 논리적 조작의 특징을 잘 밟아갈 수 있다면, 수학적 구조에 정확하게 대응하는 모든 유형을 발견할 수 있을 것이다"라고 기록했다(494, p. 13). 결과적으로 그는 수학을 가르치는 데 있어서 수학자에 의해 밝혀진 수학적 구조와 심리학자에 의해 밝혀진 사고의 조작적 구조 사이에 특유한 종합이 일어나야 함을 느꼈다. Gattegno는 그의 저서 《수학의 교육학》(참고문헌 484)에서 Piaget의 주장이 수학 교수에서 어떻게 달성될 수 있는가에 대해 구체적으로 보였다. 그러나 이 문제에 대한 분석은 우리의 연구와는 무관하다.

이 장을 정리하면서 우리는 잘 알려진 수학자(Poincaré와 Hadamard)에 의해 자기 관찰로부터 얻어진 자료에서 발전시킨 그리고 몇몇 심리학자들(Révész 등)에 의해 지지를 얻었던 "수학적 사고의 과정"에 대한 독창적 관점에 좀더 관심을 기울일 것이다.

Poincaré는 1908년(참고문헌 498, 670) 수학적 창의성의 본질에 대한 그의 견해를 설명했다. Hadamard의 연구는 상당히 늦은 1945년 출판되었다. 이들은 모두 수학적 창의성의 무의식적 측면, 즉 그들의 견해에 따르면 이것은 수학적 문제에 대한 창의적인 해결을 위한 선수 조건으로 소위 영감의 근원이 되는 것에 대한 흥미 있는 반성을 보여준다. Poincaré는 자신의 경험을 언급하면서 수학적 창의성은 완결된 아이디어의 갑작스러운 자각과 이러한 아이디어의 정확성은 즉각적으로 지각된다고 말했다(참고문헌 498, pp. 11~13). 그는 이것은 이전의 집약적인 정신적 노력의 결과이며 그의 의식이 문제로부터 벗어나 완전히 다른 것으로 차있을 때 이어지는 오랜 무의식의 연구에 대한 갑작스런 결과라고 언급했다. "수학적 발견에서 이런 무의식적 노력에 의해 이루어진 부분은 나에게 의심의 여지가 없다."(참고문헌 498, p. 14) Poincaré는 이런 무의식적 노력에 대한 중요성을 부수적인 것으로 여기기보다 기본적인 것으로 여겼다. "잠재의식 속의 자아는 수학적 발견에서 상당히 중요한 부분을 차지한다. 이것은 의식적인 자아가 실패하는 곳에서 성공한다."(참고문헌 498, pp. 16~17)

"충분한 무의식적 노력" 이전에는 다소 늘어진 "기간의 사전의 의식적인 노력"이 앞선다(참고문헌 498, pp. 20~21)는 Poincaré의 중요한 언급은 '영감'의 본질에 대한 적절한 이해에 도움이 될 수 있다. Poincaré에 따르면 무의식적 자아는 많은 것을 말하지만 단지 부분(중요하고 유용한 부분)만 의식 속에 나타난다. 왜일까? Poincaré는 다음과 같이 대답한다. 수학자들은 특별하고 특이한 미적 감각(심지어 특유한 '미적 본능') 즉 수학적 아름다움, 우아함, 수와 형태의 조화에 대한 감각과 같은 것을 갖는다. 목표로 안내하지 못하는 무의식적인 '나'에 의해 이루어진 조합은 유용하지 못하며, 따라서 이런 미적 감각에 영향을 미치지 못한다. 반면에 유용하고 필요한 조합은 이런 감각에 영향을 미치며, 따라서 주의를 끌고 의식의 영역으로 들어온다. 결과적으로 이런 미적 감각은 섬세한 "체"의 역할을 한다(참고문헌 498, p. 20).

Hadamard 역시 수학적 창의성의 본질을 밝히고자 노력했다. Hadamard는 Poincaré에 의해 설명된 "무의식적 아이디어의 진화"에 대한 몇몇 사실들은 보편적이지 않으며 일부 수학자들의 사고의 개별적인 특징과 관련된다고 믿는다. 그럼에도 불구하고 Hadamard 역시 창의적 과정에서 무의식의 다양한 표명을 지적했다. 많은 아이디어의 조합은 무의식 속에서 일어난다. 단지 유용한 조합만 의식적으로 만들어진다. 이들(유용하지 않은 모든 것)의 대부분은 주체에게 알려지지 않은 채로 남는다. 이런 면에서 Hadamard는 "수학적 아름다움과 조화" 감각의 역할에 대하여 앞에서 설명한 Poincaré의 아이디어에 공감한다. 그러나 Hadamard는 Poincaré보다 좀더 현실적인 입장을 취한다. 첫째, 의식의 경계는 불분명하고 의식에서 무의식으로의 전이는 상당히 빠르고 계속적이어서 의식적 노력의 특징이 무엇인지, 무의식적 노력의 특징이 무엇인지를 아는 것은 불가능하다. 둘째, Hadamard는 "아이디어의 부화"처럼 보이는 것과 집중적인 의식적 노력 이후의 '영감'은 뇌의 '신선함' — 의식적인 노력 이후에 이어지는 휴식(이런 의미에서 그는 행운에 의한 아이디어는 결코 지친 뇌로부터 오지 않는다는 Helmholtz의 언급을 회상한다) —

에 의해 설명될 수 있다고 믿는다. 우리는 이 설명이 옳다고 생각한다. 과학적 심리학은 Poincaré가 제안한 사고 과정의 신비스런 해석의 우위에 설 수 없다. Kovalev와 Myasishchev는 유사한 사실에 대해 정확한 해석을 내놓는다(참고문헌 174). 그들은 과학자들의 모든 사고 과정에서 모든 단계가 의식적으로 이루어질 수는 없다고 지적한다. 과학자들은 '상세화된' 분석적인 사고뿐만 아니라 축약된, 그리고 '단축된' 형태를 초래하는 소위 직관적 사고에 의해 특징지어진다. 직관적 사고는 "분석적 사고가 활동에 의해 대응성을 증명하는 데 성공할 수 있는 것보다 더 빠르게 본질적인 연결성을 인지하거나 드러낸다."(참고문헌 174, pp. 132~33) 이것은 또한 종종 무의식적인 창의적 노력으로 인식되기도 한다. 창의적 활동에서 "무의식적인" 지적 과정의 개념은 심리학자들 사이에서 지지를 얻는다. Poincaré의 견해에 유사한 체계를 기반으로 하여 동조하는 Binet은 창의적 과정에 대한 명확한 단계를 제안한다. (1) 미숙한 의식적 고찰의 시기, (2) 그로부터의 추상화 시기, 휴식 또는 무의식적 사고가 활발히 작용하고 아이디어의 '부화'가 일어나는 동안의 다른 활동으로의 전환의 시기, (3) 갑작스런 '영감', 전혀 그 주제를 생각하고 있지 않는 순간에 발생하는 진실의 발견, (4) 이 아이디어에 대한 분석과 세련과정에 대한 새로운 의식적 노력. Révész는 또한 "아이디어에 대한 무의식적 직관"에 대해 언급한다. (1) 준비단계(자료를 습득하고 자신의 사고를 창의적인 과제에 집중한다), (2) 부화단계(여전히 구체화되지 않은 사고에 대한 깨달음이 없는 노력), (3) 창의적 직관(여전히 불명확한 형태로 해결방법의 원리를 찾는다), (4) 창의적 목표의 출현.

Cartwright는 《수학적 마음(*The Mathematical Mind*)》에서 수학자의 생산물이 이루어지기 위한 조건을 논의하면서 "아이디어의 무의식적 직관"(참고문헌 549, pp. 16~18)과 이와 관련한 개인차를 언급하였다. 미국의 심리학자 Taylor과 Barron은 1963년에 출판한 그들의 저서 《과학적 창의성》에서 무의식적 사고의 본질을 설명하기 위해 생리학적 자료를 사용하였다. 이 연구에서 말하기를, 사고의 과정은 "탐구"가 이루어지는 장소인 대뇌피질의 일정 부분이 새로운 정보로 방해받지 않도록 보호받을 때 최적화된다. 이는 정신의 과정이 의식과 무의식이라는 두 가지 층위에서 동시에 진행된다는 의미이다. 그러나 이러한 해석은 위에서 다루어진 생리학적 개념이 가설에 불과하다는 점에서 특히 납득하기 어렵다.

제3장

수학적 능력에 관한 러시아 혁명 이전 및 **소비에트의 심리학 문헌 연구**

러시아 혁명 이전의 심리학 및 교육학 문헌을 살펴보면 일반적 능력에 대한 심리학(psychology of abilities), 특히 수학적 능력에 대한 심리학(psychology of mathematical abilities)에 관한 연구는 단편적인 연구들만 발견된다. 러시아 학자들의 연구 중, 1908년에 발간된 D. Mordukhai-Boltovskii의 논문 〈수학적 사고의 심리학(The Psychology of Mathematical Thinking)〉(참고문헌 300)을 살펴볼 필요가 있다. 관련 분야의 권위자이며 수학자인 저자는 이상적인 입장에서 논문을 저술하였는데, "무의식적인 사고 과정"에 특별한 의미를 부여하면서 다음을 주장하였다. "수학자의 사고는 … 무의식적 영역에 깊이 뿌리내리고 있어서, 때로는 표면에 있지만, 때로는 깊은 영역까지 내려간다. … 수학자는 명연주가가 연주할 때 그러하듯이 자신의 사고의 단계를 매 단계마다 의식하지는 못한다(300, p. 507)." "오랫동안 풀 수 없던 어떤 문제의 해결 방법이 갑자기 떠오른다." "이것은 무의식적 사고로 설명할 수 있는데, 무의식이 … 문제를 계속 생각하면서, … 얻은 결과가 의식의 문지방을 넘어 떠오르게 되는 것이다."(참고문헌 300, p. 505)라고 하였다. Mordukhai- Boltovskii에 따르면, 우리의 정신에서 지루하고 복잡한 일은 모두 '개략적인' 일이 이루어지는 잠재의식에서 행해지는데, 무의식적 아이디어는 의식적인 것보다 오류를 덜 범하는 것이 특징이다(참고문헌 300, pp. 503~504). 이러한 생각 같은 해인 1908년에 출간된 프랑스의 수학자 Poincaré의 생각과 맥락을 같이 한다(참고문헌 670).

Mordukhai-Boltovskii는 수학적 재능과 수학적 사고의 전반적이고 구체적인 특성을 말하였다. 그는 수학 분야에서의 능력이 천재들의 전유물인 것만은 아니고, 수학적 사고와 비수학적인 사고 사이에는 본질적인 차이가 있다고 주장했다(참고문헌 300, p. 492).

수학적 능력의 요소를 추출하려고 했던 그의 시도는 매우 흥미롭다. 특히, 그는 다음 요소들을 나열하였다.

(1) **뛰어난 기억**: 단 '수학적인 기억', '수학과 관련된 대상에 대한 기억'이고, 사실보다는 사고와 아이디어에 대한 기억으로 특징지어진다. ('일상적' 기억이나 음악적 기억은 그다지 뛰어나지 않을 수 있다).

(2) **날카로운 기지**: 관련 없는 두 사고 영역에서 나온 개념을 '하나의 아이디어로 통합하는' 능력, 이미 알려진 것에서 유사한 것을 찾아내는 능력, 매우 떨어져 있는 영역에서 완전히 이질적인 것처럼 보이는 대상들의 유사성을 찾아내는 능력을 의미한다.

(3) **사고의 신속성**: 무의식적인 사고가 의식적인 사고를 돕는 작용으로 설명된다. 저자의 견해로는 무의식적 사고가 상당히 빠른 속도로 진행된다.

저자 스스로도 언급했듯이, 유감스럽게도 이러한 이론적 해석은 추론일 뿐, 사실적 데이터에 의해 검증되지 않은, 주로 자기 관찰법을 통해 나온 것이다(참고문헌 300, p. 493).

또한 Mordukhai-Boltovskii는 '기하학자'나 '대수학자'와 같이 서로 다른 분야의 수학자들을 자극하는 수학적 상상의 종류에 대해서도 의견을 피력했다. "이산적인 수치적 기호와 그것들의 상호관계에 대한 가장 추상적인 형식 안에서 발견이 이루어지는 분야인 산술가, 대수학자, 해석학자들은 일반적으로 기하학자들과 같은 방식으로 상상하지 않는다(참고문헌 300, p. 514)." 그의 글에는 '기하학자'와 '대수학자'의 기억 경로에 대해서도 의미 있는 아이디어가 있다. Mordukhai-Boltovskii의 논문은 개별 주제별로 다시 볼 기회가 있을 것이다. 여기서는 많은 그의 주장의 가치만을 짚고 넘어가는 정도로 하자.

A. F. Lazurskii의 저서 《인성의 분류(*Classification of Personalities*)》에는 능력에 대한 심리학의 일반적인 문제들이 다루어진다(236). 그러나 우리에게는 수학적 사고와 수학적 능력의 문제를 직접적으로 다루고 있는 그의 다른 논문 〈자연적 실험과 학교에의 적용(The Natural Experiment and Its School Application)〉(참고문헌 235, p. 168~69)이 더 흥미롭다. 이 논문에서 저자는 산술을 배울 때 필요한 독특한 능력을 추려내는 흥미로운 시도를 한다. 산술 학습 과정을 분석하면서 그와 그의 동료들은 "다른 교과목에서는 거의 훈련되지 않는 정신 기능"을 추려내었다. 그것은 (1) 사고의 체계적이고 연속적인 특성, (2) 명료성, (3) 일반화 능력, (4) 기지, (5) 이미 습득한 수학적 정보와 일상 현상들을 연합할 수 있는 능력, (6) 수에 대한 기억이다. 유감스럽게도 저자는 자신이 열거한 "정신 기능"의 심리적 본질에 대해 완전하게 드러내지 않았다. 오히려 간단하고 피상적으로만 다루었고, 이들 "기능" 중 일부('기지' 같은 것)는 언급만 하였다. 저자가 무엇을 근거로 정확히 이 기능들을 선택했는지는 논의되지 않았다. 열거한 정신 기능 일부의

발달을 진작시키는 산술 훈련들은 간단하지만 의미 있게 지적되었다. 그 정신 기능들을 발달시키기 위한 훈련을 논의하면서 Lazurskii는 해당되는 개념의 일부 내용을 밝혔다. 체계적이고 연속적인 사고를 통해 우리는 해결 과정, 풀이 계획, 알려진 법칙이나 비법을 사용하지 않는 예제(대조적으로, 평범한 문제들은 그 문제를 푸는 방법을 주의를 기울이며 찾지 않고 이미 학습한 방법의 도움을 받아 기계적으로 해결할 수 있다)들을 푸는 방법에 대한 명료하고 일관된 설명을 제시할 수 있다. 일반화하는 능력은 우리로 하여금 수많은 특수하고 구체적인 예들을 통하여 어떤 일반적인 규칙과 공식을 깨닫도록 한다. 추상적 사고와 구체적 현상을 연결시키는 능력은 특수한 사례를 통해 규칙을 묘사하거나 이런 규칙을 사용하는 문제를 고안할 때 나타난다. 수에 대한 기억은 말 그대로 수를 기억하는 것 뿐 아니라 수치적 관계와 산술 용어에 대한 기억도 의미한다.

소비에트 심리학의 태동기인 1920년대와 1930년대 초반, 능력의 문제에 대한 연구는 당시의 지배적 사조와 부르주아 심리학의 개념들에서 무비판적으로 빌려온 두 가지 관점과 풍조에 여전히 지배받고 있었다. 이 시기에 소비에트의 학문과 교육은 이른바 아동학(pedology)이라는 학문에 고취되어 있었는데, 이 학문은 아이들의 능력을 마치 유전적으로 고정된, 아이들의 발달뿐 아니라 장차 그들의 삶과 일까지 숙명적으로 지배하는 불변의 특성인 것처럼 다루었다. 이것은 부르주아적 학문 원리를 가진 소비에트의 토양 위에 키워진 것이지만 순수한 소비에트 심리학과 교육학에 심각하게 위배된다. 계급의 이익을 근본으로 하는 비과학적인 부르주아 아동학은 노동계급과 "열등한" 인종을 상징하는 이들의 정신적 빈곤이 미리 운명 지어졌을 뿐 아니라 착취계급과 "우월한" 인종을 상징하는 이들이 가진 특별한 영재성을 "증명"했다. 물론 모든 의구심과 "올바르게 함"에도 불구하고, 심리학과 교육학에 무비판적으로 받아들여지고 전이되는 부르주아 심리학은 일부 아이디어일지라도 소비에트의 학문과 교육에 많은 해를 끼치는 것이었다.

1936년 7월 4일 공산당 중앙위원회에서 채택한 유명한 결의문 "교육인민위원회 체제에서 아동학의 왜곡(On Pedological Distortions in the System of Narkomprosy[5])"은 아동학을 청산시키고 교육학(pedagogy)을 과학으로서 완전히 복원시켰다. 이 결의문 이후 소비에트 심리학자들은 교육학의 기본 원칙을 혁명적으로 재검토하고, 모든 비과학적 이론들을 제거해야 하는 과제를 떠안게 되었다. 이는 능력에 대한 연구에서 실험적 방법의 발전을 다소 저해하기도 하였다. 더욱이 일부 심리학자들은 극단적 반대 입장을 취하여 아이들의 능력에 대한 실험적 방법을 사용하는 연구의 필요성을 전면적으로 부정하고,

5) Narkomprosy(Наркомпрос): Narodnyi Komissariat Prosveshcheniya(Народный комиссариат просвещения) 교육인민위원회

소비에트 심리학의 정신에 반한다고 선언된, 능력 진단을 위한 객관적 심리학적 방법론에 대해 논의하는 것도 거부하기 시작하였다.

능력에 대한 소비에트 이론은 탁월한 몇몇 소비에트 심리학자들의 공동 연구의 결과로 나타났는데, 그들 중에는 B. M. Teplov(참고문헌 408, 409, 412, 413), L. S. Vygotskii(참고문헌 76, 77), A. N Leont'ev(참고문헌 257, 258, 259), L. S. Rubinstein (참고문헌 351, 352, 354, 355, 356, 357, 358), B. G. Anan'ev(참고문헌 19, 20, 21) 등이 있다. 최근에 이들은 개인의 다양한 특성과 결합하여 능력 발달을 조사한다는 중요한 아이디어를 발전시켰다. 최근 몇 년 동안 A. G. Kovalev, V. N. Myasishchev(참고문헌 170, 171, 172, 173, 301, 302, 303, 304, 305)는 능력 문제에 대한 성공적인 연구결과를 발표했다.

능력의 문제에 대한 일반적인 이론적 연구와 더불어 B. M. Teplov는 그의 논문 〈음악적 능력에 대한 심리학(The Psychology of Musical Abilities)〉(참고문헌 411)에서 특정 유형의 행동에 필요한 능력의 구조에 대한 실험 분석법을 도입하였다. Teplov의 연구는 음악적 능력의 본질과 구조라는 협소한 문제를 넘어 특정한 종류의 행동에 필요한 능력을 연구하는 원칙에 관한 기본 문제의 해결 방안을 제시했다는 데 그 가치가 있다. 그는 전통적인 접근과 달리 능력의 문제를 양적인 문제가 아닌 질적인 문제로 다룬다. 이 연구를 통해 원론적으로 능력을 연구하는 방법에서 새로운 접근인, 다양한 유형의 행동에 필요한 능력의 질적 특성과 특정 행동에 필요한 능력을 보이는 개인들 사이의 질적인 심리적 차이를 발견하는 데에 우선적인 관심을 두는 방법론이 등장하게 되었다.

이 연구에 뒤이어 예술적 능력(V. I. Kireenko, 168: E. I. Ignat'ev, 참고문헌 142), 문학적 능력(A. G. Kovalev, 참고문헌 172; V. P. Yagunkova, 참고문헌 468), 교육적(pedagogical) 능력(N. V. Kuz'mina, 참고문헌 228; F. N. Gonobolin), 기술공학적 능력(P. M. Yakobson, 참고문헌 472; N. D. Levitov; V. N. Kolbanovskii, 참고문헌 176a) 그리고 궁극적으로 수학적 능력(V. A. Krutetskii)에 관한 유사한 연구들이 수행되었다.

N. S. Leites의 논문 〈영재성의 요소로서 노력에 대한 성향(An Inclination for Effort as a Factor in Giftedness)〉(참고문헌 254)은 능력에 대한 연구의 또 다른 방향(아동기 영재성의 개별 사례에 대한 세심한 서술과 연구)을 제시하였다. 이 사례 연구를 통해 Leites는 영재성의 기본적 요소로서 열정적인 노력, 정신적 긴장 성향을 추출해 낼 수 있었다. 그가 연구한 모든 영재 학생들은 정신적 활동에 대한 열정적 욕구 측면에서 차별화되었다.

추론과정의 메커니즘을 밝히는 사고의 기본 원리에 대한 연구는 S. L. Rubinstein(참고문헌 352, 353)이 시작하였는데, (수학을 포함한) 정신 활동의 문제와 관련된다. Rubinstein의 이론적 연구 및 일반화 이전에 소비에트 심리학자들은 사고를 기본적으로 이미 형성된 일반화와 방법들의 조작으로 간주하였다. Rubinstein은 문제는 일반화 과정 자체를 조사하는 것 ― 탐구 과정 ― 이고, 새로운 일반화에 독립적으로 도달하는 능력(이것 역시 정신적 능력에 속함)을 조사하는 것임을 보여 주었다. Rubinstein의 목표는 사고활동의 결과를 연구하는 것이 아니라 그 결과에 도달하는 과정을 연구하는 것이었다.

Rubinstein의 지도에 따라 문제해결에서 사고의 과정을 밝히고 분석, 종합, 일반화 과정을 설명하기 위한 많은 연구가 이루어졌다. 상급 학생들과 성인들의 기하 문제 해결을 연구했던 K. A. Slavskaya(참고문헌 379, 380, 381)는 한 문제에서 다른 문제로 해결의 "전이"가 발생하는 것은 두 문제를 비교한 후 하나의 분석-종합 활동으로 통합하는 종합적 행동에 달려 있음을 보여 주었다. A. M. Matyushkin(참고문헌 280, 282, 283)은 (위치적 기수법을 사용하여) 관계를 일반화할 때의 분석의 역할에 대한 연구를 하였다.

Rubinstein과 그의 동료들의 연구(L. I. Antsiferova, A. V. Brushlinskii, E. P. Krinchik, N. A. Mansurov, A. M. Matyushkin, K. A. Slavskaya)를 통해 두 가지 질적으로 다른 형태의 분석(이른바 분석-여과와 종합을 통한 직접 분석)을 구분하고 면밀하게 연구하는 것이 가능해졌다.

사고에 대한 많은 실험 연구가 A. N. Leont'ev의 지도 아래 이루어졌다(참고문헌 256). 창의적 사고에 관련된 몇 가지 질문들, 특히 문제의 조건에서 해가 바로 나오지 않을 때, 어떻게 문제 해결을 위한 아이디어에 도달하는가에 대해 명료해졌다. '이끌어주는' 연습문제의 역할과 같은 "추측"과 "영감"이 발생하는 몇 가지 상황이 실험적으로 연구되었다. 한 가지 흥미로운 관계가 정립되었다. 그것은 올바른 해결로 이끄는 연습문제의 효과는 보조 연습문제들이 제시되는, 원래의 문제를 해결하는 각 단계에 따라 달라진다는 것이다.

우리가 열거한 모든 연구들은 "추측"과 "빠른 기지"와 같이 일반적으로 높은 수준의 정신적 능력을 가진 사람의 사고를 특징짓는다고 믿는 성향의 본질과 전제 조건들에 대한 실마리를 제공하였다.

사고에 대한 소비에트 심리학에서 능력의 문제와 관련되는 또 다른 중요한 흐름을 지적하고자 한다. 어떤 학파의 연구자들은 Pavlov의 주장에서 시작하여 이해, 지식, 사고는 일시적인 본드(bond, 연합)의 형태이며 모든 교육은 이러한 일시적 본드를 형성하는 것이라는 데까지 나아갔다. 이러한 해석에서 교육의 과정은 매우 다양한 연합 및 복합적인 방식으로 상호작용하는 연합 체계의 형성과 기능이며, "학문적" 능력(특히 수학)은 다양한 유형의 연합을 형성하는 능력이다. 연구의 목적은 이와 같은 다양한 연합과 그들의 합성을 연구하고, 연합들을 분류하며, 그것들이 형성되는 법칙을 연구하는 것이다.

대수 문제 해결의 추론 과정을 연합주의 이론의 관점에서 분석하면서 P. A. Shevarev (참고문헌 440, 441, 442, 443, 444, 445, 446)는 수학 문제를 해결하기 위한 기술과 수학적 추론과정에 대한 숙달 정도에 비례하여, 학생들이 비록 규칙을 따르기는 하지만 그 규칙을 의식하지는 않는다는 중요한 결론을 이끌어냈다. 수행되는 조작 하에서 추론 과정이 계속 이루어지기는 하지만, 그 과정은 점진적으로 짧아지거나 "단축"되며, 때에 따라 아예 없어지기도 한다. 연합주의 이론은 이런 현상은 일반화 회로가 마무리되는 "규칙-준수" 본드의 형성이고, 그것의 존재는 문제해결 과정을 단순화하고 빠르게 해 주는 것이라고 해석한다. 이러한 연합들을 일반화라고 하는데, 그 이유는 그것들이 상세한 특징은 다르지만 비슷한 모든 경우들에서도 작용하기 때문이다. 즉, 그들은 외적으로는 서로 다른 요소지만 공통된 성질을 가지는 요소들 사이의 본드이다. 각 연합들은 명확한 규칙에 대응되기 때문에 규칙-순응이라고 불린다. 규칙을 적용했을 때 그렇듯이 연합을 활성화하면 동일한 결과를 얻는다. 스스로 의식하지 못한다 할지라도 주체는 규칙에 따라 행동한다. 이런 연합들을 활성화하면 "단축된" 연역이 일어난다. 문제해결을 위한 추론 과정과 단계의 신속성 및 질은 "단축된" 연역의 존재 및 기능과 직접적으로 연결된다. 이들 모두는 N. A. Menchinskaya의 산술 문제 해결 과정 분석에서 복합적으로 나타난다(참고문헌 289, 290, 291).

기하학적 내용에 대한 N. F. Talyzina(참고문헌 401), A. V Stepanov(참고문헌 393)의 연구와, 방정식을 세우고 해결하는 내용에 대한 L. P. Doblaev(참고문헌 114)의 연구는 다양한 종류의 문제를 해결하는 과정의 아래에 있는 다양한 종류의 본드를 따로 분리하고 분석하는 것을 목표로 한다. Talyzina는 두 종류의 연합을 규명하였다. 첫째 유형의 연합은 활성화되면 주어진 기하 도형과 그것들의 요소의 특성을 설명한다. 둘째 유형의 연합은 활성화되면 문제 해결에 필요한 조작을 이끌어낸다. Doblaev는 주어진 문제를 풀기 위해 특정한 시점에서 만들어지고 활성화되는, 그가 "일시적인" 것이라고 한 본드들을 추출해내었다. Stepanov는 어느 연합이 학생들의 이른바 수학적 발전을 통제하는지 보이려고 하였다. 증명에 관한 문제를 해결하기 위해 학생들이 사용한 과정을 연구하면서, 그는 높은 수준의 수학적 발전에 있는 것은 학교 교육과정의 다양한 분야의 교육 내용을 통합하는, "서로 연결된" 연합을 활성화시키는 기회와 그 과정의 마감을 용이하게 한다는 결론을 내렸다.

단축 과정은 실제로 어떻게 이루어질까? 무엇이 추론 과정을 단축시키는가? 이런 질문들은 이미 언급한 Talyzina와 Doblaev의 연구뿐 아니라 N. K. Indik(참고문헌 145)와 A. N. Sokolov(참고문헌 387, 388)의 연구에서도 자세하게 설명되었다. 추론의 **구체적**

인 요소들은 "떨어져 나오는" 첫째 요소(**왜** 우리가 다른 방식이 아닌 특정한 방식으로 행동해야 하는지를 설명하는 추론의 요소)이며, 추론의 **조작적** 요소(주어진 문제의 조건에 관한 이론적 상황을 깨닫는 — 무엇을 할 것이고 어떻게 할 것인가에 대한 질문에 대답하는 — 조작과 직접적으로 연결된 요소)들은 의식 속에서 가장 길게 유지된다.

Yu. A. Samarin은 더 넓은 틀에서 정신적 활동의 연합적 속성을 조사하였다(참고문헌 362, 363, 365). 그는 연합들을 체계적 특성(다양한 수준의 체계에 연합들을 결합시키는 것)에 따라 분류하였다. 또, 개별 현상들 간의 "국소적" 또는 기본적 연합들을 추려내어 연구하였다. 학교 교과과정의 단원이나 개별 주제들의 한계 내에 있는 "한정된 체계"의 연합, 특정한 원칙에 따라 연합들을 체계화하는 "체계 내"의 연합, 다양한 학교 교과 공부에 기초하여 형성되는 "체계 간" 연합이 그것이다.

Shevarev의 지도하에 이루어진 B. B. Kossov의 연구(참고문헌 190)가 특히 중요하다. 그는 대수 문제를 풀 때, 첫째 신호 체계의 우세는 "첫째-기호" 피험자들의 조작의 일부를 방해하는 반면, 둘째 신호 체계가 우세한 피험자들은 그런 어려움을 겪지 않음을 발견하였다.

지난 몇 년 동안 N. A. Menchinskaya와 그의 동료들은 정신적 발달의 문제를 성공적으로 연구해 왔다. 이런 연구들은 Menchinskaya와 D. N. Bogoyavlenskii가 이룬 것에서 출발하여 정신적 발달이 첫째, 연합 체계의 축적(지식의 축적)과 관련이 있고 둘째, 지적 기술에 속하는 잘 습득되고 굳게 확립된 지적 행동 양식의 축적과 연관된다는 결론까지 나아갔다.

이런 부류의 교수 심리학에 대한 연구에서는 다양한 학교 문제를 해결하는 동안 발생하는 학생들의 정신적 조작이 다양한 관점에서 분석되었다. 사고의 기본 조작 — 분석과 종합, 추상화과 일반화 — 이 연구되었고, 그 수준들이 구분되었다. 이런 연구 중 가장 최근의 것은 G. P. Antonova의 논문(참고문헌 30, 30a)인데 이 연구에서는 산술 문제와 다른 문제들을 해결하기 위해 초등학생들이 사용한 과정들에 대한 연구를 기반으로 하여 (생산적 사고의 수준들과 연합된) 세 가지 수준의 분석-종합 활동을 규명하였다. Menchinskaya의 용어에서 이 세 가지 수준은 각각 분석의 "기초(elemental) 수준", "복합(complex) 수준", "예견(anticipatory) 수준"으로 분석하였다. 각 수준들은 (1) 분석과 종합 간의 연결성, (2) 이들 과정들의 수행 수단, (3) 분석과 종합의 완성을 기반으로 한다.

문제해결 과정에서의 분석과 종합의 수준들을 연구하면서 Menchinskaya의 동료들은 행동의 지적 양식을 특정 교과의 틀 안에 있는 어떤 유형의 문제를 해결하거나 또는 다양한 지식 분야에서 파생되는 광범위한 문제들을 해결하기 위해 특별히 형성되는 조작의 체계로 연구하였다. 조작, 방법, 그 체계들의 전이는 학생들의 정신 활동의 지표이다. E. N. Kavanova-Meller(참고문헌 148), D. N. Bogoyavlenskii(참고문헌 43, 44, 45), S. F. Zhuikov는 이런 관점의 목표를 가지고 연구를 진행하였다. 특히 Kavanova-Meller(참고문헌 148)는 정신 활동의 특정한 양식과 일반적인 양식을 모두 고안했는데, 이 과제는 정신 발달과 정신 능력의 문제에 직접적으로 연관되어 있다. 그녀는 학생들의 정신적 발달의 지표로 정신 활동 양식의 광범위하고 역동적인 전이를 제안하였고, "교과 상호간의 방법"에 의해 일반화된 양식의 형성을 정신 발달의 하나의 조건으로 간주하였다(참고문헌 147).

Menchinskaya 및 다른 많은 심리학자들이 진행한 일반화 과정에 대한 연구 역시 흥미로운데, 특히 산술 문제들을 분류, 유형화하는 연구가 그러하다. Menchinskaya(참고문헌 291)는 문제의 유형을 인식하는 것이 그 문제에 관련된 특징을 구분하고, 관련 없는 특징으로부터 그것들을 추상화하는 것과 관련이 있음을 보여 주었다. 양적 관계의 일반적 유형을 구별하고 개별 문제들을 명확한 유형으로 확정짓는 것은 문제 자체의 특징과 함께 주어진 문제 유형의 개념을 학생들이 얼마나 잘 다루느냐에 달려 있다. Z. I. Kalmykova(참고문헌 154, 155, 156)는 한 유형의 문제를 많이 풀어본 결과를 통해 문제 유형의 개념을 형성해 나가는 과정을, 관련된 특징 및 해로 이끄는 원리를 점차적으로 구별하고 일반화하는 것과 관련지어 연구하였다. 산술 문제들을 유형화하는 과정의 개인 특성을 연구하면서 V. L. Yaroshchuk(참고문헌 475, 476)은 문제의 성공적 해결에서 학생들 사이에 차이가 나는 이유는 대부분 유형에 따라 문제를 분류할 수 있는 능력 때문이라고 주장하였다.

L. N. Landa의 연구 시리즈는 능력의 문제와 직접적인 관련이 있다. 그 시리즈 중 처음 수행하였던 연구 중 하나인 〈학생들의 사고에 대한 연구의 결함에 대하여(On Some Deficiencies in the Study of Pupils' Thinking)〉(참고문헌 240)에서 Landa는 심리학적 성격인 "사고에서의 기법"의 내적 메커니즘을 밝힐 필요를 보았다. Landa가 볼 때, 능력을 함양한다는 것은 분석-종합 활동의 기법과 습관을 형성하기 위해 "사고의 테크닉을 가르치는 것"을 의미한다. 다른 연구인 〈정신적 능력의 발달에 대한 데이터(Some Data on the Development of Mental Abilities)〉(참고문헌 238)에서 Landa는 증명과 관련된 기하 문제를 풀 때, 새로운 추론 방법에 대한 학생들의 숙달에서의 중요한 개인차를 발견하였다. 해결 방법을 배우기 위해 필요한 연습문제 수의 차이, 작업 속도의 차이, 문제의 조건의 특성에 따른 조작을 구별하는 능력의 차이, 조작의 숙달 정도의 차이가 그것이다.

Landa의 또 다른 연구 시리즈는 교수 실험에 집중한 것으로, 기하 정리를 독립적으로 증명하기 위한 추론 방법과 기술, 그리고 합리적으로 생각하는 데 대한 7, 8학년 학생들의 발달을 연구하는 것이다(참고문헌 237, 239, 241, 242, 243, 244). 이 연구에서 흥미로운 점은 그와 같은 교육의 가능성에 대한 결론뿐 아니라 여기에서도, 전적으로가 아니라면 최소한 부분적으로라도 학생의 능력 차이에 기인하는, 중요한 개인차가 나타난다는 점이다.

D. B. El'konin과 V. V. Davydov(참고문헌 110, 460, 461), L. V. Zankov(참고문헌 129) 및 A. V. Skripchenko(참고문헌 375, 376)의 연구는 일반 정신 능력과 수학 능력에 대한 이론 면에서 큰 가치가 있다. 이 연구는 모두 수학교육을 포함한 전반적인 교육에 있어서 초등학생들이 생각했던 것보다 많은 정신적 자산을 갖고 있음을 보여준다. 일반적으로 7~10세의 아이들의 사고는 구체적이고 그림에 바탕을 두며 추상화 능력이 낮은 것으로 믿어 왔다. El'konin과 Davydov의 교수 실험은 특수한 교수법을 사용하면 학생들은 1학년이 될 때까지 양 사이의 관계와 의존성에 대한 정보 체계를 배울 수 있으며, 형식적 기호가 사용되는 — 문자 기호의 사용 — 조작의 영역 즉, 일반 형식을 도입할 수 있음을 보여주었다. Skripchenko는 비슷한 조건 하에서 3, 4학년 학생들이 일변수 방정식을 세우는 산술문제를 해결하는 데에 필요한 기술을 발달시킬 수 있음을 보여 주었다. 그러나 여기서 유념할 것은 (능력에 대한 심리학에서 근본적인 문제 중 하나인) 개인간의 차이에 대한 문제는 이 연구자들의 학문적 흥미의 범위 밖이었다는 것이다.

교육 심리학에서 사고에 대한 또 다른 학파 역시 흥미롭다. 이것은 P. Ya. Gal'perin의 정신 조작이론과 관련되는데, L. S. Vygotskii와 A. N. Leont'ev의 아이디어에 기반을 둔다. 이 아이디어에 의하면, 한 사람의 개체 발생적 발달 조작은 내면화된다. 외연적 조작은 점진적으로 내면적, 정신적 조작으로 변형된다. 아이들은 처음에 외연적 조작을 다룬다. "그 다음에 점진적인 변형-일반화, 단계들의 특정한 단축, 수행되는 수준의 변화-의 내면화, 다시 말하여 내적 조작으로의 전환이 일어나고, 그 때서야 아이들의 머릿속에서 완전해진다." (A. N. Leont'ev, 참고문헌 259, p. 304)

이에 근거하여 Gal'perin이 만든 이론과 Talyzina(참고문헌 399, 400, 402, 403)가 정교화한, 교육이 이루어지는 동안의 정신적 조작의 형성에 대한 방법론적 원리(참고문헌 78, 79, 80, 81, 82)는 교육적 통제의 조직, 즉 정보와 조작 모두의 발달 과정에 대한 통제를 조직하는 것에 연결된다. 정신적 조작의 형성에 관한 이 이론의 목적과 실제적인 적용에 대해 갈채를 보내기는 하지만, 이 이론이 개인차 문제를 고려하지 않음으로 능력 문제를 회피하고 있다는 부인할 수 없는 사실을 (우리 스스로에게도) 지적하고 싶다.

Gal'perin와 그의 동료들이 능력의 문제를 공식적으로 부인한 것은 아니다. 〈정신 조작의 가정에 대한 해석(Some Interpretations of the Hypothesis of Mental Operations)〉에서 Gal'perin은 다음과 같이 썼다. "정신적 활동의 그와 같은 체계화된 형성이 능력 및 능력의 차이의 존재를 부인할 수 있는가? 물론 그렇지 않다. 능력의 존재와 차를 부인하는 것이 아니라, 교육적(pedagogical) 결점들의 정당화를 위해 능력의 개념이 잘못 사용되는 것을 부인하는 것이다(참고문헌 78, p. 144)." 그러나 사실 이들의 연구에서 능력의 문제는 고려되지 않았다. 처음에는 연구자들이 교육의 성공은 거의 전적으로 교수 방법에 달려 있고, 이 방법을 매우 드문 예를 제외하고 "모든 사람"에게 사용하면 "실패하지 않는 결과"를 얻을 수 있음을 분명히 강조하였다. 즉, 개인차는 제거되었었다. 나중에 개인차가 언급되기는 하였지만 (Menchinskaya가 던진) 본질적인 질문이 제기되었다. 같은 학생에게 같은 교사가 동일한 정신적 조작 발달 방법을 사용하여 가르칠 때, 서로 다른 경우에 나타나는 교육의 서로 다른 결과를 어떻게 설명할 것인가? 다른 조건이 동일한 상황에서 왜 어떤 학생들은 "완전히 발달한" 정신적 조작을 형성하고 다른 학생들은 "결함이 있는" 것을 형성하는가?

Gal'perin은 다음과 같이 답한다. "그러한 다양한 요인들은 교육에 영향을 미치는 전체 속에서 보아야 한다. 어떤 요인이 직접적으로 학생의 능력 차를 유발한다는 것은 상당히 잘못된 조언이다(참고문헌 78, p. 144)." 나중에 그는 정신적 조작을 형성할 때 생기는 결함을 완전히 제거했을 때에야 비로소 능력에 대한 질문에 대한 답을 할 수 있다고 말하였다(참고문헌 78, p. 145). 여기서 Gal'perin은 학문 발달의 현 단계에서 이 문제에 대한 연구가 비합리적이라고 주장함으로 능력의 문제는 사실상 제외된다.

우리가 가장 관심을 기울이고 있는 것은, 물론, 수학적 능력 — 이 복합적 형성에 속하는 일개 요소 — 의 구조의 본질에 대한 이슈를 다루는 연구들에 제시되어 있다. 이 문제를 직접적으로 언급한 소비에트 심리학자들의 (우리의 연구를 배제하면) 거의 유일한 연구는 A. G. Kovalev와 V. N. Myasischev의 〈인간의 정신적 특성 2, 능력(Man's Mental Characteristics, volume 2, Abilities)〉(참고문헌 174)이다. 수학적 능력에 대한 부분은 모두 합해 단 20쪽(pp. 144-64)에 불과하지만, 이 내용이 매우 흥미롭다. Kovalev와 Myasischev는 "수학적 활동에서 정신적 과정의 특성을 결정하는 기초"를 다음 몇 가지로 구분하였다. "(1) 발달의 초등 단계에서 수를 이용한 조작 성향, 수학 문제를 풀고자 하는 차후의 성향, 훨씬 높은 수준에서 수학 문제를 향한, 또 그 문제에 흥미를 갖는 성향, (2) 계산과 산술 규칙의 빠른 습득, (3) 추상적 사고, 분석-종합 활동, 조합 활동의 발달로 특징지어지는, 특히 수와 기호를 사용한 조작으로 표현되는 사고의 독특한 특성, (4) 수학을 배우는 과정에서 끊임없이 나타나는, 수학 문제를 해결하는 데 있어서의 독립적 독창성과, 점점 후자가 커지는, 재생산적 측면과 창조적 측면 사이의 상관관계 (5) 수학적 노력을 위한 자발적 활동과 능력, (6) 성향과 흥미에서 열정으로까지 전이되어, 나중에는 수학적 연구가 소명이 되는 것, (7) 점점 동료들보다 앞서 나갈 수 있게 하는 수행을 허용하는, 양적으로 질적으로 생산적인 활동(참고문헌 174, p. 151).

사실 이 내용들은 수학적 활동의 성공적인 숙달에 필요한, Kovalev와 Myasischev가 여러 연구를 통해 개발한 개념인 "특성의 조화(ensemble)"이다. 이 특성 목록에서 우리의 흥미를 가장 돋우는 것은 (3)과 (4)로, 수학적 사고의 핵심을 가장 잘 표현하는 것 같다. 이 목록에 열거된 각 특성들의 다양성을 지적할 필요가 있다. 이 목록은 (2)와 같이 그 내용이 매우 국소적인 것과 (4)와 (7)처럼 매우 넓은 것, (2)처럼 매우 기초적인 것, (3)처럼 복합적인 것, (5)와 (6)처럼 더 명확한 것과 (4)와 (7)처럼 덜 명확한 것들을 포함하고 있다.

Menchinskaya와 그의 동료들의 연구가 상당히 흥미로운데, 그들은 산술 숙달에 있어서의 개인적 특성들을 연구한 자료들을 이용하여 (비록 저자들은 이 용어 사용을 꺼렸지만) 산술 능력의 요소들을 선별하였다. 《산술 교수의 심리학(Psychology of Teaching Arithmetic)》에서 Menchinskaya는 (이 주제에 관한 고찰을 훨씬 전에, 1940년대의 연구에서 그녀가 표현한 적이 있다. 예를 들어, 그녀의 논문 〈산술 문제 해결에서의 지적 활동(Intellectual Activity in Solving Arithmetic Problems)〉 (참고문헌 289)을 보라.) 많은 관찰과 실험을 토대로 "학생들 간의 차이의 근거로 가정할 수 있고 산술에서의 진보에 결정적인 역할을 하는 정신 활동의 성질과 특징(참고문헌 291, p. 375)"을 선별하였다. 그녀는 이 특성들을 다음과 같이 나열하였다. (1) 학교의 산술내용을 숙달하는 데 있어서의 신속성(또는 느림), (2) 사고 과정의 유연성 (문제의 조건이 변함에 맞추어 자신의 작업을 재조직하는 데 있어서의 용이성 또는 어려움), (3) 사고의 시각적(회화적) 요소와 추상적 요소 사이의 밀접한 연결 (또는 분리). Menchinskaya는 이런 특성들을 "산술에서 교수 가능성의 특성"(우리의 관점에서 이들은 산술 숙달 능력의 요소이다)으로 간주하려 하였다.

Menchinskaya는 M. I. Moro와 함께 집필하고 1965년에 발표한 최근의 연구(292)에서 산술 숙달의 과정을 설명하는 데에 "능력"이라는 용어를 폭넓게 사용한다. Menchinskaya와 Moro는 산술 학습에 높은 능력을 보이는 학생과 낮은 능력을 보이는 두 유형의 학생들을 묘사했다(참고문헌 292, pp. 188~222). 전자는 빠른 속도로 배우는 반면 후자의 학습 속도는 느리다. 빠른 학습 속도는 빠른 일반화, 높은 수준의 분석-종합 조작, 사고의 융통성(유동성)과 관련된다. 낮은 속도의 학습은 약한 일반화 능력, 사고의 비활성(부동성)의 결과이다. 산술을 배우는 능력의 상세한 속성에 대한 질문은 Menchinskaya의 지도하에 이루어진 G. P. Antonova의 연구(참고문헌 30, 30a)에서 어느 정도 답해졌다. 가르칠 수 있음의 지표로서 "사고의 생산성"(사실 이것은 일반적 정신 능력의 한 지표이다)을 연구하면서 Antonova는 3, 4학년 학생들의 사고의 생산성에서 상당한 개인차를 발견하였다. 어떤 학생이 다른 종류의 활동에서 다른 종류의 문제를 풀면서 같은 정도의 사고의 생산성을 보여줌을 근거로 Antonova는 자신이 인간 정신의 상당히 일반적인 특질을 다루고 있다고 결론 내린다.

Kalmykova는 어린 학생들의 산술과 물리의 숙달을 진보 속도 개념과 연결하여 본 데이터에 대한 중요한 연구를 했는데, 그것은 그녀가 고안한 것(참고문헌 150, 151, 152, 153, 158, 159, 160, 161)과 새로운 개념을 배우는 데에 필요한 연습문제의 수에 의존한다. Kalmykova가 볼 때, 진보는 정신적 발달의 수준에 의해 결정된다. 실험을 통해 그녀는 진보 속도에 개인 간의 큰 편차가 있으며, 이에 따라 정신 발달의 수준에도 결과적으로 차이가 있음 (이 연구들 중 하나에서는 일반화하기 위해 필요한 구체적인 사례의 수가 0부터 88까지 다양했다[참고문헌 159, p. 43])을 보였다. 진보 속도는 새로운 일반화 본드를 형성하는 속도와 한 일반화 본드 체계에서 다른 체계로 전환하는 속도, 일반화 본드들을 구분하는 속도와 정확성에 달려 있지만, 이 본드들의 안정성과는 큰 관련이 없다(참고문헌 160, pp. 181~82). Kalmykova의 가장 최근 연구의 새로운 측면은 진보 속도를 교육을 위한 학생들의 능력의 지표, 즉 진단 검사로서 간주하기 위한 지표로 다루려고 했다는 점이다(참고문헌 159, p. 49). 이것은 당연히 주목할 만하다.

많지는 않지만 매우 흥미로운, 수학적 능력의 문제의 특정 측면을 다룬 소비에트 수학자들의 연구물이 특별히 가치 있다. 심리학자들에게 이러한 연구물이 상당히 가치 있는 이유는 이 연구를 수학 전문가들이 수행하였기 때문에 수학적 능력의 요소와 발달의 조건보다 정당화에 대해 더 논할 수 있다는 것이다. 학문으로서 수학을 설명한 것에서 출발하여, 자기 자신의 경험 및 창의적인 젊은 수학자 집단을 훈련시킨 경험들을 기반으로 하여 그들은 이 분야에서 성공적이고 창의적으로 연구하기 위해 갖추어야 하는 자질에 대하여 논하였다.

저명한 수학자인 A. Ya. Khinchin은 자신의 논문 〈수학 수업의 교육적 영향에 대하여 (On the Educational Effect of Mathematics Lessons)〉(참고문헌 426)에서 수학적 사고의 유형에서 나타나는 고유한 특성들에 관해 썼다. 즉, (1) 추론의 논리적 절차의 우세, (2) 간결성 (언제나 목표에 도달하는 가장 지름길을 찾고자하는 것), (3) 추론 과정을 명쾌한 단계로 나누는 것, (4) 기호의 정확성 (각각의 수학적 기호는 엄밀하게 정의된 의미를 가지고 있는 것)이다. 이 논문에서 Khinchin는 또한, 특히 비합리적인 일반화나 근거가 빈약한 유추를 용납하지 않는, 수학적 사고에 어울리는 주장의 높은 가치를 말하였다.

학술위원인 Kolmogorov의 소논문인 〈수학자의 전문성에 관하여(On the Mathematician's Profession)〉(참고문헌 180)에는 (유감스럽게도 단 3쪽에 불과하지만) "수학적 능력에 관하여(On Mathematical Abilities)"라는 특별한 부분이 있다. 여기에서 Kolmogorov는 ("좋은 안내나 좋은 책이 제공된다면") 중등학교 과정 범위 내의 수학을 숙달하기 위해, 심지어는 좀 더 높은 과정의 수학의 핵심 요소를 습득하는 데에 보통의, 평균적인 능력만 있으면 됨을 지적하였다. 그러나 미래 전문가로서 더 높은 수준의 수학을 성공적으로 습득하기 위해서는, 잘 개발된 수학적 능력이 필요하다. 그 이유는 "다양한 속도, 용이성, 성공도 등에 따라 사람마다 다르게 수학적 논점을 인식하고, 수학 문제들을 풀고, … 새로운 수학적 발견을 이룬다(참고문헌 180, p. 9)"고 알려져 있고, 수학의 전문가들은 이 분야에서 최고의 연구를 할 사람들이기 때문에 그렇게 노력해야 한다. Kolmogorov는 뒤에서 수학적 능력의 구성 요소들을 말하며 다음을 추출해 내었다. (1) 복잡한 문장 표현을 능숙하게 변환하고, 표준적 법칙에 부합되지 않는 방정식을 성공적으로 풀어내기 위한 방법을 찾는 능력 또는 수학자들이 말하는 계산 능력 또는 "알고리즘" 능력, (2) 기하학적 상상력 또는 "기하학적 직관력", (3) 연속적이고, 적합하게 분절된 논리적 추론의 능숙함인데, 특히 수학자들에게 꼭 필요한 논리적 숙달성의 좋은 준거는 수학적 귀납법 원리를 이해하고, 적절하게 기술적으로 잘 사용하는 것이다.

Kolmogorov는 또한, 널리 잘 알려진 견해와는 반대인, 예컨대 많은 사실이나 공식을 기계적으로 암기하는 능력이나 높은 단위의 수의 긴 열을 암산으로 더하거나 곱하는 능력과 같은, 수학적 능력과 관계가 없는 정신 활동의 특성을 말하였다. 결론에서 Kolmogorov는 수학적 능력의 다양한 측면들은 다양한 조합에서 접할 수 있음을 강조하였다. 수학적 능력은 보통 조기에 나타나며 지속적인 훈련을 필요로 한다는 그의 지적 역시 중요하다.

소비에트 과학원의 학술위원인 B. V. Gnedenko는 많은 저서(참고문헌 92, 93, 94)에서 수학적 사고를 위해서 필요한 것들을 다음과 같이 말하였다. (1) 추론에서의 부주의함과 증명에서 필요한 단계의 부재를 찾아내는 능력, (2) 완전한 논리적 주장을 하는 습관, (3) 추론과정을 단계별로 명쾌하게 나눔, (4) 간결함, (5) 기호의 정확한 사용.

방법론자이자 수학자인 S. I. Shvartsburd는 그의 논문 〈학생의 수학적 흥미, 성향, 능력의 발달에 관하여(On the Development of Pupils' Interests, Inclinations, and Abilities in Mathematics)〉(참고문헌 439)에서 방법론 문헌을 요약하면서 수학적 발달의 여러 요소들을 조사하였다. 즉, (1) 공간개념의 발달, (2) 비본질적인 것으로부터 본질적인 내용을 구분해내는 기술, 추상화하고 추상적으로 사고하는 기술, (3) 문제의 구체적인 상황을 수학적 진술로, 문제의 본질을 간결하게 나타내는 절차로 전환하는 기술, (4) 연역적 사고의 기술, (5) 특별한 경우들을 분석하고 조사하는 기술, (6) 과학적 결론들을 구체적인 소재에 적용하는 기술, (7) 비판 및 새로운 문제를 제기하는 기술, (8) 충분히 성숙된 수학적 담론, (9) 수학적 문제를 해결하기 위한 충분한 인내심 등이 그것이다(참고문헌 439, p.33). 분명한 체계로 나타나지는 않았지만, 이 자질과 특성의 목록에는 진정한 의미의 능력, 기술, 습관, 개인적 특성들이 차례로 언급되고 있다. 어떤 자질은 수학적 능력에 특수한 것인 반면, 일부는 매우 일반적인 중요성을 가진다. 그러나 이 목록은 그 자체만으로도 학교 교과인 수학의 성공적 학습을 진작시키는 몇몇 특성들을 경험적으로 구분해 내는 시도로서 무척 흥미롭다.

결론적으로 우리는 N. I. Kovantsov의 논문 〈수학적 능력은 타고난 것인가?(Are Mathematical Abilities Innate?)〉(참고문헌 175)를 보려 한다. 이 논문에서 수학의 전문가이자 대학교수인 저자는 일반적으로 능력의 본질, 특히 수학적 능력의 본질, 그리고 사람의 정신에서 타고난 것과 획득된 것 사이의 관계에 대한 흥미로운 반성을 나타내고 있다. 이 논문 중에서 수학과 수학의 능력을 다루는 부분이 당연히 우리에게 가장 흥미롭다. 20년 동안 고등학교 수학을 가르친 경험을 기반으로 저자는 자신의 질문에 긍정적으로 답하고 있다. 그는 ('학교'에서의 적성과 구분되는) 수학적 창의성은 선천적인 것이라고 믿었다. 우리가 그의 용어에 대해 불평하거나 능력의 선천성에 관한 케케묵은 이상주의적 관념을 다시 끄집어냈다고 그를 비난하려는 것이 아니다. 그의 논문 내용으로 볼 때, 저자는 수학적 능력에 대한 선천적 성향에 관해 이야기하고 있다. 그의 논문에서 사람들이 모두 같은 것은 아니며, 수학적 능력에 대한 선천적 성향은 창조적 수학 활동을 위한 능력 개발의 필요조건이 된다. 이렇게 해석하면 그의 논문은 원칙적으로 우리에 대한 어떤 반대도 이끌어내지 않는다.

수학적 능력의 문제에 대한 소비에트의 심리학과 교육한 문헌에 대한 조사를 마감하며 언급해야 할 것은, 이 분야 또는 인접 분야에서 수많은 가치 있는 연구들이 있음에도 불구하고, 아직 수학적 능력의 심리학이 완전하게 설명되고 있는 것은 아니라는 점이다. 특히 수학적 능력의 본질과 구조, 이 구조의 발달에서 연령의 역학관계, 또는 다양한 유형의 구조에 대한 분명한 개념을 갖고 있지 못하다. 이 개념 없이 수학적 능력을 진단하는 객관적인 심리학적 방법을 고안하거나, 다양한 연령대에서 수학적 능력을 형성하고 개발하기 위한 최적의 조건들을 제시하는 것은 불가능하다. 다음 장들에서 우리는 이 틈을 메워보고자 한다.

제4장

연구의 **문제와** **목적**에 대한 진술

능력에 대한 일반적 이론과 관련된 몇 가지 쟁점들

우리는 비록 우리의 과제를 일반능력심리학과 관련한 이론적 쟁점에 대해 상세하게 설명하는 것으로 전환하고 싶지는 않지만, 이런 문제에 대한 우리의 입장을 밝히는 것은 꼭 필요하다. 왜냐하면 그것이 수학적 능력의 문제에 있어서 우리의 접근방법과 연구의 방향을 결정하기 때문이다.

마르크스와 엥겔스의 연구에서 인간 능력에 관한 학설의 과학적인 근거를 제시하였으며, 그들은 인간 능력의 사회역사적인 본질에 관한 의견을 밝히고 있다(참고문헌 1, 2, 3). 소비에트 심리학자들은 마르크스-레닌주의 창시자들의 이론에 근거하여 능력을 발달시키는 결정적인 부분은 인간의 전 정신(whole psyche)으로 그것은 사회역사적인 원리에 속한다는 입장을 가지고 있다.

소비에트의 심리학은 능력심리학에서 가장 복잡한 이슈의 하나인 천부적으로 타고나는 것과 후천적으로 습득되는 것 사이의 관련성을 마르크스주의자의 입장에서 해결하고 있다. 이 문제에 대한 소비에트 심리학의 기본 신조는 사회적 요인이 능력의 발달에 결정적인 영향을 준다는 것이다. 즉, 선도적인 역할을 하는 것은 개인의 사회적 경험인데 이는 그의 생활과 활동의 조건에 의해 결정된다. 정신적 특성은 타고난 것일 수 없으며 능력 또한 그러하다. 능력은 항상 발달의 결과이다. 능력은 활동과 교육과 훈련을 통해 평생에 걸쳐 형성되고 발달한다.

A. N. Leont'ev의 입장에 따르면, 정신 기능, 특히 인간의 능력은 개인이 이전 세대의 경험을 능동적으로 터득하면서 개체 발생적으로 형성되거나 발달해 간다(참고문헌 257, p. 28; 258, p. 11; 259, p. 305)[6]. 사람은 태어날 때 오로지 능력을 명확하게 형성시킬

수 있는 능력 하나만 부여받는다(참고문헌 257, p. 39). 분명히 음치로 판명된 사람들을 대상으로 음정에 대한 귀를 형성시키는 연구처럼, Leont'ev가 수행한 감각능력의 경험적 형성에 관한 연구(참고문헌 257, 259)는 매우 흥미롭다. "물론 논리적이거나 수학적인 관계를 식별하는 행동을 깨닫고, 말하는 뇌 기관의 형성과정은 다르다."고 Leont'ev는 강조한다(참고문헌 257, p. 38). 하지만 무엇보다 중요한 것은 인간 정신의 특성과 기능적인 기관의 형성이 평생 동안 이루어지는 과정이라는 주장의 실질적인 타당성이다.

따라서 사회적 경험, 사회적 영향, 그리고 훈련은 결정적인 역할을 한다. 그렇다면 타고난 특성의 역할은 무엇인가?

물론 각각의 구체적인 사례에서 천부적인 것과 후천적인 것의 상대적인 역할을 판단하는 것은 쉽지 않다. 왜냐하면 이 둘은 서로 혼재되어 있고 구별이 가능하지 않기 때문이다. 그러나 소비에트 심리학에서는 이 문제에 대해 원칙적으로 다음과 같은 결론을 내렸다; 능력은 타고날 수 없다. 출생 시에는 단지 능력의 성향 ― 뇌와 신경계의 어떤 해부학적이고 생리학적 특징 ― 만 주어진다.

그러나 능력의 발달에서 이러한 선천적이고 생물학적 요인들의 역할은 무엇인가? 타고난 자질은 능력을 형성하고 발달시키는 복잡한 과정에서 중요한 조건 중의 하나이다. 바로 그것이 우리가 이것을 "기질(inclination)"이라고 부르는 이유이다. S. L. Rubinstein이 지적했듯이, 능력은 미리 결정되는 것도 아니지만 또한 아무것도 없이 단순히 주입될 수 있는 것도 아니다. 선결조건, 즉 능력의 발달을 위한 내적인 조건들이 개인에게 존재한다고 가정하고 있다(참고문헌 356, p. 4). A. N. Leont'ev와 A. R. Luriya 역시 능력이 존재하기 위해 필요한 내적인 조건으로서 기질을 말하고 있다(참고문헌 259, p. 228; 262, p. 110).

그러나 타고난 기질의 진정한 가치를 인식하는 것은 능력의 발달이 운명적으로 타고난 특성들에 의해 결정된다는 것을 인정하는 게 아니다. 이것이 소비에트 심리학자들의 일반적인 견해이다. 즉 능력이 기질 속에 포함되어 있는 것은 아니라는 말이다. 능력은 명확해지지는 않지만 개체 발생적으로 형성된다. 기질은 잠재적 능력이 아니다(또한 능력은 발달된 기질도 아니다). 왜냐하면 어떠한 조건 하에서도 해부학적 또는 생리학적인 특징이 정신적인 특징으로 발달될 수는 없기 때문이다. 타고난 전제조건들은 그 자체로 역사적 발달의 산물이라는 점을 주지해야 한다. 신경계에 새겨져 있는 것과 명확한 기질

6) Leont'ev는 인간에게 나타나는 두 가지 능력(빠르게 조건적인 결합을 형성하는 능력과 같이 생물학에 기초한 타고난 또는 자연적인 능력과 사회역사적인 기원(참고문헌 258)을 갖는 인간적인 능력)을 구별할 필요가 있다고 말한다. 우리는 이후부터는 후자 즉 인간적인 능력에 대해서만 논의할 것이다.

의 형태로 세대를 거쳐 전해 내려온 것은 역시 오랜 기간 동안의 계통 발생론적 발달의 결과이다.

Kovalev와 Myasishchev(참고문헌 173, p. 192; 174, p. 6)의 연구에서는 기질에 대한 약간 다른 해석을 볼 수 있다. 그들은 기질을 정신 생리학적 성질로 간주하고 있는데, (예를 들면 색의 차이를 인지하는 것, 시각적 기억력을 나타내는 것처럼) 특히 활동을 습득하는 초기 단계에 드러난다. 다시 말해, 기질은 기본적인 타고난 능력이며 아직 발달되지는 않았으나 활동의 초기 시도로 알려진 것이다. 그러나 기질에 대한 이러한 해석에도 불구하고 기본적인 입장은 여전하다. 그 말의 본래의 뜻에 있어서 능력은 활동하는 동안 형성되며 또한 평생에 걸쳐 형성된다.

이러한 해석에 따르면 기질의 개념은 또한 능력에 대한 잘못된 반동적 개념의 이론적 토대가 될 수도 있다. Rubinstein이 보여준 것처럼(참고문헌 351, pp. 289~92; 355, pp. 127~28), 이러한 기질의 개념은 각 능력이 뇌의 형태학적 구조의 고정된 특징과 신경계 속에 이미 준비된 기질을 가지고 있다는 생각에 함의된다. 이러한 견해에 따르면 능력은 각 신체 기관의 형태학적 특징에 투영된 것인데, 이는 받아들일 수 없는 것이다.

"기질"이라는 개념의 구체적인 의미를 무엇이라 말할 수 있을까? 우리가 능력과 관련하여 기질을 거론할 때 보통 가장 먼저 신경계의 유형적인 성질을 뜻한다. 정신적 능력에 대한 이런 성질들의 구체적인 의미에 대한 질문은 여전히 명확하지 않다. 이 주제에 대한 가장 일반적인 고려사항들만 나타난 것이다.

우리가 알고 있듯이, 유형적 성질은 사람들 사이에서 나타나는 개인차의 본질적 기초이다. 이러한 기초 위에 외부적 영향을 반영하는 다양한 일시적인 결합들의 매우 복잡한 체계가 나타난다. 이 결합 생성의 특징들(즉 결합이 형성되는 속도, 그 강도, 결합의 차별화의 용이성)은 유형적인 성질에 달려있다. 그것들은 상당한 집중력과 정신 활동의 역량을 결정짓는다.

신경 과정에서 나타나는 유형적 개인차에 대한 정신적 능력의 징후는 Malkov의 연구에서 논의되고 있다. 이 연구는 풍부한 정신 활동을 위한 자연스런 기질에 대해 질문을 제기한다(참고문헌 272a, p. 39). Malkov는 유형적 성질이 정신 활동 과정의 역동적 특징을 만든다고 믿는다. 그는 자신의 생각을 다음과 같은 예를 들어 설명하고 있다. 곱셈표에 대한 우리 지식의 바탕에 깔려있는 것은 모든 사람들에게 구조적으로 동일한, 결합들의 어떤 체계이다. 그러나 그들의 기능(정확도, 속도, 강도)은 개인 신경계의 성질에 따라 사람마다 다르다. 많은 양에 대한 빠른 암기, 정확한 재생산, 분별력의 정도, 관계의 일반화 등이 신경계의 기능적 성질이라고 주장하면서 Malkov는 결합들의 체계로서 각 개별 지적 활동과정의 구조 또는 성질과 신경계 처리 과정의 기능적 성질로써 이들의 역동성을 구별할 것을 제안하고 있다. Malkov의 생각은 주목을 끈다. 그러나 어느 누구도 정신 활동의 역동적 특징과 이에 대응하는 신경계의 성질 사이의 직접적인 관계를 설명하지는 못했다는 점을 인식해야 한다. 물론 어떤 수학자의 작업 속도 역시 그의 신경 처리 과정의 속도에 달려 있을 것이다. 그러나 우리가 능력에 관하여 "진행률"이나 "진행의 빠르기"에 대해 논의할 때 문제가 되는 것은 그런 "속도"의 문제가 아니다. 느리게 공부하는 사람이 과제를 학습하는 데는 빠를 수 있으며 오히려 그 반대일 수도 있다. 우리는 다시 개인의 일 처리 속도와 진행의 빠르기, 작업율과 발달율 사이를 구별할 필요성에 대해 논의하게 될 것이다.

더욱이 유형적 성질이 일반 지적 능력에 대한 기질로 다루어질 수 있다면 특수한 능력(예를 들면 수학적 능력)에 관한 기질로서 그들의 중요성에 대하여 어떠한 것을 한정해서 말하기는 어려울 것이다. 수학자들은 신경계의 극히 다양한 유형적 성질을 지닌 사람들이라는 이 한 가지는 분명하다.

(Teplov와 그의 동료들을 포함하여) 많은 연구들이 전체로서의 신경계를 특징짓는 일반적인 유형적 성질들과 함께 특별한 성질들이 두뇌의 다양한 분해자(analyzer)와 체계에 관하여 나타나는 대뇌 피질의 각 개별적인 영역들의 활동을 특징짓는다는 것을 보였다. 기질을 결정하는 일반적인 유형적 성질들에 반하여, 특별한 성질은 특수한 능력을 연구하는 데 있어 상당한 가치를 지니고 있을 수 있다. 우리에게 Teplov의 이러한 생각(참고문헌 407, pp. 74~75)은 정확하며 선견지명이 있는 것으로 보인다.

비록 제2의 신호 체계에 대한 특수한 계통 발생적 메커니즘이 연구되지 않은 채로 남아 있지만 우리는 또한 신호 체계들의 상관관계를 일반적 능력과 특수한 능력에 대한 기질을 밝혀 주는 것으로 간주해야 한다. 분해자(analyzer)의 타고난 성질은 의심할 나위 없이 몇몇 특수한 능력에 대한 기질이다(하지만 당연히 이것이 수학적 능력에 적용되는 것은 아니다). 결국 우리는 뇌세포 구조에 대한 현대 과학이 제공해 주는 정보인 대뇌 반구의 대뇌 피질의 구조에서 개인차 기질을 찾아야 한다.

그러나 능력의 발달에 있어 기질의 구체적인 역할은 무엇인가? 이것이 능력 발달에 있어서의 "조건" 또는 "전제조건"이라고 말하는 것은 너무 빈약하다. 이 "조건"의 실제적인 가치는 무엇인가? 특정한 능력을 위한 기질의 존재 유무는 무엇을 의미하는가?

분명히 기질의 역할은 보통 수준의 능력에 대한 것인지, 재능 있는 사람의 뛰어난 능력에 대한 것인지에 따라 다르게 고려되어야 한다. 예를 들어 보통의 사람들은 학교 수학의 습득을 위한 능력을 발달시키는 데 필요한 기질을 충분히 소유하고 있다. 그러나 모든 사람이 과학적 창의성과 새로운 발견과 관련된 상당히 높은 수준의 수학적 능력을 발달시키는데 필요한 기질을 소유한 것은 아니다.

비록 소비에트의 심리학자들이 능력이란 일생 동안 형성되어지는 것이지 타고난 것이 아니라고 의견의 일치를 보였지만, 능력에 대한 이론에서 몇몇 기본적인 입장을 다루는 데 여전히 차이가 존재하고 있다고 말해야겠다.

Kovalev와 Myasishchev는 다른 심리학자들에 비해 발달의 기본적 전제조건의 선천적 측면에 더 많은 의미를 부여하는 경향이 있다. V. I. Kireenko(참고문헌 168, pp. 18~23)도 이에 동의하고 있다. 아울러 Teplov와 Rubinstein의 견해 역시 이 범주에 속한다.

Leont'ev와 그의 동료들은 능력의 형성에서 훈육의 역할을 강조하는 경향이 강했다. 물론 훈육의 결정적인 역할에 대한 생각은 상당히 진보적인 것이며 이에 대한 Leont'ev의 견해는 긍정적으로 고려되어져야 한다. 그러나 그의 견해에는 생활조건과 훈육조건의 역할이 절대적인 것이라는 인상이 많은 사례[7]에 남아 있다. 이런 입장은 분명히 Leont'ev에 의해 개발된 것으로, 능력이 형성되는 과정 동안의 몇몇 개별적 특성에 기인한 것이지만 그 성취의 수준이나 내용에는 전혀 영향을 미치지 못하는 선천적인 전제조건으로 간주하는 데서 비롯된 것이다(참고문헌 257, 258, 259). Leont'ev는 그런 것이 고차원적인 신경의 활동에 의한 선천적인 형식의 영향임을 지적했다. 이것은 옳은 지적이다. 하지만 기질의 개념은 고차원적인 수준의 신경 활동의 유형에 의해 규명될 수 있는 것이 아니다.

만일 우리가 인간의 능력이 다양한 이유를 그들의 생활과 훈육의 조건이 다르다는 것에서만 찾는다면 이상적인 교육과 훈육만으로 어떠한 보통 사람도 어떤 수준의 어떤 활동을 성취할 수 있다는 결론에 도달할 수밖에 없다. 즉 훈육에 의해서 모든 사람에게 어떠한 능력도 발달시킬 수 있다는 것이며 발달에 대한 그러한 가능성은 거의 무한하다. 만일 모든 것이 단지 훈육에만 달려 있다면 우리는 Lobachevskii가 수학자가 된 것이나 Tchaikovsky가 작곡가가 된 것 그리고 Pushkin이 시인이 된 것들이 단지 그들의 생활과 활동의 환경에만 달려 있는 것이라고 결론지을 수밖에 없다. 다른 환경에서라면 분명히 다른 결과를 낳았을 것이다. 어쩌면 우리는 수학 천재인 Pushkin이나 위대한 작곡자로서 Lobachevskii를 알고 있게 될 지도 모를 일이다. 하지만 모든 경험과 실제적인 생활 그리고 과학과 예술의 대표적인 인물들의 이야기는 그렇지 않다고 이야기하고 있다. 예를 들어 Kolmogorov는 "이른바 수학 연구를 위한 재능이나 물리학 실험을 위한 재능 또는 새로운 도구를 고안하는 능력은 선천적으로 모두에게 주어진 것이 아니다. 끊임없는 노력이 이러한 타고난 영재성을 대신할 수는 없다. 노력은 과학에 있어서 영재성과 결합되

7) 예를 들어 저널 *Zdorov'e*, 1964, 5권에서 Leont'ev와의 인터뷰를 보라.

었을 때만 가치 있는 열매를 맺을 수 있는데 물론 이러한 영재성 또한 지속적이고 집중적인 노력 없이는 좋은 열매를 맺을 수 없다."(참고문헌 179)[8)]

Lavrent'ev(참고문헌 233)와 Konstantinov(참고문헌 185)는 "타고난 자질"과 "타고난 재능"에 대해 썼다. Rubinstein은 능력과 그 발달은 전적으로 외적 환경과 외적 영향에 의해서 결정되지 않는다는 것을 타당한 근거를 들어 주장했다(참고문헌 356).

우리는 V. I. Kireenko의 주장에 동의한다. 즉 "교육학적 낙관론은 올바른 교육과 훈육을 통해서 모든 사람이 모든 능력을 무한히 발달할 수 있다고 주장하는 것이 아니라 뭔가를 할 수 있는 능력이 전혀 없는 그런 보통의 사람은 없다는 것을 의미한다. 사람들에게 균형 잡힌 발달을 위한 기회를 제공함으로써 우리는 모든 사람들에게 가장 탁월한 능력을 발휘할 수 있도록 도울 수 있다."(참고문헌 168, p. 19).

능력에 대한 변증법적 유물론자들의 해석은 인간 능력의 개인차를 부정하는 것이 아니다. 사람은 능력 면에서 동등하지는 않다. Marx는 공산주의 체제 하에서 개인의 능력을 균등하게 볼 수 있다는 생각에 분명히 반대했으며, Lenin은 매우 분명히 지적하기를 "사회주의 사회에서 인간의 힘과 능력의 동일성을 기대하는 것은 불합리한 것이다."고 하였다(참고문헌 6, p. 364).

마르크스-레닌주의의 창시자들은 모든 사람들이 이상적인 조건의 발달, 교육 및 훈육이 이루어지는 사회체제에서조차 그들의 능력이 동등하지는 않을 것이라고 지적했음을 떠올려 보자. 모든 사람들의 개성은 포괄적이고 조화롭게 발달될 것이지만 여기서 능력의 균일성은 존재하지 않는다. 그러나 이와 같은 외적 영향의 발달에 대한 이상적인 조건하에서 조차도 능력의 동일성은 존재하지 않게 되는데 이런 현상은 한 가지 방법으로 설명될 수 있다. 즉 능력 발달의 "조건"이 되는 선천적인 전제조건이 존재한다는 것이다. 왜냐하면 이것은 발달 과정의 독특함을 알려줄 뿐만 아니라, 어떤 제한점 내에서 내용을 결정할 수 있고 성취 수준에 영향을 미칠 수 있기 때문이다.

당시에 Marx는 "모든 사람에게 내재되어 있는 Raphael과 같은 재능은 방해받지 않고 맘껏 발달될 기회를 가져야 한다."(참고문헌 3, p. 392)라고 주장했다. 주지하는 바와 같이 Marx는 모든 사람이 모든 재능을 무한대로 발달할 수 있다고 주장한 것이 아니다. 기회를 가질 수 있는 모든 사람이 Raphael과 같이 재능을 발달시킬 수 있는 것도 아니다. "내면에 Raphael과 같은 재능을 갖고 있는 사람"만이 그렇게 할 수 있는데 즉, 적합한 선천적 기질을 갖고 있는 사람만이 그렇게 할 수 있다는 것이다. 물론 수학에서도 같은 현상이 벌어진다. 즉, Galois나 Lobachevskii가 되기 위해서는 어떤 의미에서는 "그 자신

8) 영재성에 대한 논의에서, Kolmogorov는 분명히 능력을 자연스런 기질의 집합체라고 생각하고 있다.

안에 씨앗을 갖고 있어야 한다." 동시에 Marx는 단지 화가나 음악가가 되기 위해서 "내면에 씨앗을 갖고 있어야 한다."고 언급한 것은 아니다. 이 경우는 선천적인 기질이 덜 중요해 보인다.

우리는 기질에 대한 이슈는 기질들이 다른 형태로 나타날 수 있다는 점을 고려함으로써 해결될 수 있을 것이라 믿는다. 사실 기질들 중 몇 가지는 능력의 내용이나 가능한 성취 수준을 결정하지는 않는다. 그들의 가치는 그들이 능력을 발달시키는 과정에 독창성을 부여한다거나 발달을 단순화하거나 복잡화한다는 사실에 국한된다. 예를 들어 신경계의 유형적 특성은 기질의 이러한 범주 안에 포함된다. 다른 기질들은, 그것들이 능력의 내용을 협소하게 또는 "엄밀하게" 규정하지는 않는다고 해도, 분명히 내용적 측면에 비교적 큰 영향을 미친다.

기질의 이런 범주 안에는 두뇌 속 부신피질의 개별적 부분들의 특성뿐만 아니라 분해자의 구조적 특징도 들어있을 것이다(이와 관련된 내용은 앞으로 더 논의될 것이다). 그러나 이와 같은 기질들과 관련해서도 역시 그들이 그 자체 내에 능력의 씨앗을 갖고 있지 않다는 이론 역시 타당하다.

우리는 기질의 이 같은 논의에 대해서만 설명할 수 있다.

1. 어린이들이 체계적인 교육과 훈련에 들어가기 전에, 그리고 체계적으로 활동을 학습하기 전에 그들에게 나타나는 능력의 초기 발현의 특별한 경우. (이것은 앞서 우리가 이야기한 능력들이 활동에 의해 형성되고 발달된다는 입장과 모순되는 것은 아니다. 활동은 언제나 일어나야 한다. 문제가 되는 것은 체계적이고 의도적이고 조직화된 활동이 없는 경우이다.) 이에 대해 앞으로 더 논의할 것이다.
2. 흥미는 있지만 특별한 능력을 보여주지 않은 활동에서 사람들이 체계적이고 조직화된 방식으로 그들의 일생을 보내는 특별한 경우.
3. 사회적, 가정적으로 좋지 않은 환경 속에서도 아이들이 특별한 능력을 보여주는 경우. 우리는 Mikhail V. Lomonosov, A. M. Gor'kii[Maxim Gor'kii], Feodor I. Chaliapin 및 다른 많은 영재성 있는 사람들이 극단적으로 불운한 외적 조건에도 불구하고 자신들의 영재성을 나타내는 경우를 볼 수 있다.

좋은 기질을 소유하고 있을 때만이 능력은 (1) 불운한 환경 속에서도 상당히 빠르게 발달할 수 있고 (2) 이를 통해 상당히 높은 수준까지 발달이 이루어질 수 있다.

물론 우수한 기질 자체가 "자동적으로" 뛰어난 성취를 보장하지는 않는다. 반면에 훌륭한 기질이 부족하지만 특정한 조건에서 활동을 통하여 의미 있는 진보를 이루기도 한다. 그러나 이를 위해서는 상당한 시간과 노력을 필요로 한다. 모든 조건이 동일한 상황에서 훌륭한 기질은 발달율과 사용한 에너지의 정도에서, 그리고 성취 수준에서 확실히 능력의 발달을 수월하게 해준다.

수학자 N. I. Kovantsov는 그의 논문 〈수학적 능력은 타고나는가?(Are Mathematical Abilities Innate?)〉(175)에서 비록 그가 "기질들"과 "능력"의 개념을 구분하지 않았고, 수학적 능력의 선천성에 대한 부정확한 결론에 도달했지만, 우리가 모든 사람이 수학에서 상당히 높은 수준의 발달을 이룰 수 있다는 그의 입장을 받아들인다면 이런 수준의 발달을 이루기 위해 각 개인이 사용하는 에너지의 양은 완전히 다를 것이라는 견해는 옳다고 하겠다.

따라서 수학자들의 언어를 사용하기 위해 기질의 존재는 필요하지만, 기질이 창의적 수학 능력의 발달에 있어 충분조건은 아니다. 학교 수학을 학습하기 위해 어떤 특별한 기질이 반드시 필요한 것은 아니지만 뛰어난 수학 연구자가 되기 위해 이러한 기질은 필수적인 것으로 보인다.

이 장을 정리하면서 우리의 연구의 토대가 될 일반적인 능력에서의 몇 가지 가정을 간단하게 진술하고자 한다.

1. 능력은 항상 한정된 활동의 종류에 대한 능력만 의미한다. 능력은 단지 인간의 구체적인 활동에서 존재한다. 따라서 능력은 구체적인 활동에 대한 분석을 통하여 나타날 수 있다. 이에 따라 수학적 능력은 수학적 활동 속에서만 존재하며 그 틀 안에서 밝혀져야 한다.
2. 능력은 역동적인 개념이다. 능력은 활동 속에서 나타나고 존재할 뿐만 아니라 그 안에서 만들어지고 심지어 개발된다. 이에 따라 수학적 능력은 역동적인 상태, 발달의 상태에서만 존재하며 수학적 활동 속에서 형성되고 발달한다.
3. 개인의 발달에서 특정 시기에 개별적 형태의 능력을 형성하고 발달시키는데 가장 적합한 조건이 나타나며 이 능력들 중 일부는 잠정적이거나 일시적인 것이다. 특정한 능력이 발달하는 이상적인 시기를 가리켜 민감한 시기(sensitive)라고 부른다(L. S. Vygotskii, A. N. Leont'ev). 결과적으로 수학적 능력의 발달에도 이상적인 시기가 존재한다.
4. 활동 속에서의 진보는 능력의 종합성에 영향을 받는다. 수학석 활동 속에서의 진보 역시 분리되어 일어난 능력이 아니라 능력의 종합성에 좌우된다.
5. 활동에서의 높은 성취는 능력들의 다른 조합에 의해 조건화될 수 있다. 그러므로 우리

는 원칙적으로 수학적 능력을 포함한 다양한 종류의 능력에 대해 이야기할 수 있다.

6. 넓은 범위에서, 일부 능력은 다른 능력에 의해 보완될 수 있기 때문에 하나의 능력이 상대적으로 미약할지라도 다른 것에 의해 보완될 수 있으며 이에 따라 활동의 성공적인 수행이 불가능한 것은 아니다(참고문헌 247). Kovalev와 Myasishchev(참고문헌 174, p. 45)는 보완의 문제를 좀더 광범위하게 해석하였다. 즉, 이들은 습득한 요령이나 성격(참을성, 인내심)에 의해 부족한 능력을 보완할 수 있는 가능성을 설명했다. 이 두 형태의 보완은 분명 수학적 능력에서도 발생할 수 있다.
7. 일반 영재성과 특수 영재성 사이의 상관관계에 대한 문제는 복잡하며 결과적으로는 소비에트 심리학에서 해결되지 않은 상태이다. Teplov(참고문헌 412, pp. 28~30)는 특정한 활동의 여부와 관계없는 일반적인 영재성의 개념을 부정하려고 하였는데, 이는 부르주아 심리학자들이 주장한 일반 지능의 개념과 유사하다고 가정했기 때문이다. Teplov에 따르면 "능력"과 "영재성"의 개념은 사회적 활동의 형태를 역사적으로 발달시키고 활동을 구체적인 것으로 관련지을 때에만 의미를 갖는다. 그의 견해에 따라 우리는 영재성의 좀더 일반적인 형태와 구체적인 형태와 같은, 무언가 다른 것에 대해 언급해야 한다. Rubinstein(참고문헌 354, pp. 537~38)은 일반적인 능력과 특수한 능력을 비교해서는 안 된다고 지적했는데 특수한 능력의 존재는 일반 영재성에 대해 제한된 인상을 남기고 일반적 능력의 존재는 특수한 능력의 본질에 영향을 미친다. Anan'ev(참고문헌 20)은 일반적 발달과 특수한 발달, 그리고 일반적 능력과 특수한 능력 사이를 각각 구별해야 한다고 지적한다. 이 모든 개념들은 타당하다고 할 수 있으며 이들 두 개의 범주는 상관관계가 있다. Anan'ev는 특수한 능력을 형성하는 데 있어 일반적 발달의 역할을 강조한다.

우리는 이 문제에 대한 자세한 조사는 하지 않으려고 한다. 단지 수학적 능력에 대해 이야기할 때 수학적 능력의 구조의 더 일반적인 모습과 특수한 모습에 대해 유념해야 한다는 것을 주목해야 한다.

기본적인 개념들

우리가 고려해야 할 기본적인 개념들을 정의하기 전에 우리는 수학적 능력은 상당히 다른 수준의 활동으로 표출될 수 있음을 지적해야 한다. 우리는 두 가지 측면에서 수학적 능력의 개념을 다룰 것이다.

1. 창의적(과학적) 능력으로써 – 사회적으로 의미 있는 결과물로서 인류를 위해 가치 있는 새로운 결과물이나 성과를 창출하는 과학적 수학적 활동에서의 능력.
2. 학교에서의 능력으로써 – 적절한 정보와 기능을 빨리 성공적으로 습득하면서 (학교 수학 과정) 수학을 학습(배우고 습득)하는 능력.

심리학자와 수학자들은 대체로 이 두 가지 수준을 구별한다. 예를 들면 프랑스의 수학자 Hadamard는 "수학 이론을 이해하는" 수준과 "새로운 이론을 발견하는" 수준에 대해 언급했고(참고문헌 595, p. 104), R. M. Gagné와 N. E. Paradise는 "재생산적", "생산적" 수학 능력이라는 용어를 사용했다. 소비에트의 심리학 문헌에서 A. G. Kovalev는 능력의 발달에 있어서 두 수준을 언급했는데 **반성적-재생산**(정보를 배우고, 활동을 습득하고, 모델에 기초해서 활동을 수행하는 것) 수준과 **반성적-창의**(새롭고 독특한 결과를 창조하는 것) 수준이 그것이다(참고문헌 173, p. 190).

우리는 다음과 같은 의문을 제기할 수 있다. 즉, (과학적으로 창의적)이라는 말의 적절한 감각에서, 수학을 숙달하는 능력은 최소한 어느 정도의 (어떤 조건 하에서) 진짜 수학적 능력을 드러내는 것으로 간주될 수 있는가? 그렇지 않다면, 이들 둘이 완전히 다른 범주에 속해 있어서, 수학을 습득하는 능력이 발현될 때 이를 통해 미래의 진정한 수학적 능력이 발현될 것이라고 이야기하는 것은 절대적으로 불가능한가? 우리가 수학을 숙달하는 능력을 연구할 때, 어느 정도 제한된 범위 내에서, 우리는 수학적 능력을 연구하고 있다고 믿을 수 있는가?

일부 심리학자들(특히 외국의 심리학자들)은 수학적 능력에 있어서 이 두 수준을 날카롭게 구분하는 경향이 있으며 우리가 첫 번째 수준에서의 성취 정도를 조사한다면 두 번째 수준에서의 성취 결과에 대하여 확신할 수 있는 것은 아무것도 없다고 결론 내릴 수 있다. 이것은 최근의 연구(Werdelin) 뿐만 아니라 초기 연구(20세기의 첫 번째 사반세기에 있었던 Buckingham, Betz, Brown)에서도 나타난 바 있다. Buckingham과 Betz는 학교 수학은 실제적인 수학적 사고와 거의 관련이 없다고 생각했다. Brown은 학교의 수학적 활동과 진짜 수학적 활동은 완전히 다른 형태의 능력에 속한다고 생각할 만한 많은 근거들이 있다고 기록했다(참고문헌 533). 근대 스웨덴 심리학자인 Werdelin은 "학교에서 수학적 능력이라고 불리어지는 것이 반드시 수학에 대한 학문적 연구의 바탕이 되는 능력과 동일한 것은 아니다"(참고문헌 727, p. 14)라고 주장했다. 그러나 이 모든 예들에서 심리학자들이 일상적인 학교 수학을 습득하는 것은 발견술이나 창의성의 요소와 관련이 없음을 알고 있었다는 것은 중요한 사항이다.

우리에게 활동의 이 두 가지 수준 사이에 있는 차이는 절대적인 것 같아 보이지 않는다. 학생들의 수학적 능력을 연구하는 데 있어, 우리는 단순히 그들의 교육가능성만을 생각해서는 안 된다. 우리의 연구는 실제로 학생들의 학교 능력과 관련되기는 하지만, 특히 학교 교육이라는 조건하에서 수학을 독립적이고 창의적으로 습득하는 것, 단순한 수학 문제를 독립적으로 형식화 하는 것, 이러한 문제들을 해결하는 방법과 수단을 발견하는 것, 정리의 증명 방법을 고안하는 것, 공식을 독립적으로 연역하는 것, 표준적이지 않은 문제를 해결하는 독특한 방법을 찾는 것과 관련된 창의적인 학교 능력과 관련된다. 이런 것들은 모두 의심할 여지없이 수학적 창의성의 발현이다. 창의적 원칙의 존재여부가 진짜 수학적 사고의 기준이라면 우리는 수학적 창의성이 객관적일 수 있을 뿐 아니라 주관적일 수도 있다는 것을 잊어서는 안 된다. 창의적인 사고 과정을 비창의적인 것과 구별하기 위해 구체적인 기준을 세우면서 A. Newell, J. C. Shaw와 H. A. Simon은 다음과 같이 창의적 사고의 지표를 언급했다. (1) 지적 활동의 결과가 주관적 측면과 객관적 측면에서 모두 새롭고 가치 있을 것, (2) 사고 과정 역시 이미 받아들여진 개념이나 부인된 개념의 변형을 필요로 한다는 점에서 새로울 것, (3) 사고 과정은 상당한 시간에 걸쳐 주의 깊게 관찰 가능한 강한 동기와 안정성이라는 특징을 가질 것 등이다(참고문헌 493, p. 502).

(우리가 타당하다고 생각하는) 이 기준으로 생각해 보면 많은 수학영재들은 창의적인 수학적 사고를 보여준다. 어느 정도 예상하건데, 우리가 문헌으로 연구한 일부 영재들은 학교에서 대수와 기하를 학습하면서 그들 스스로 "발견했다"고 말할 수 있을 것이다. 그들은 오래 전에 알려진 것을 찾고 있는 것이다. 그들의 창의적인 결과물은 객관적으로 가치 있는 것은 아니지만 그들 입장에서 이것은 (주관적 의미에서) 의심할 여지없이 발견이며 발명이자 새로운 어떤 것에 대한 스스로의 성취 결과이다. 어떤 의미에서 이 활동은 분명히 수학적 창의성의 일부이다. Newell, Shaw와 Simon이 강조한 것처럼 알려진 것에 대한 재발견은 창의적이라고 할 수 있으며, 주관적인 의미에서 이 결과물은 새롭고 독특할 것이다(참고문헌 493, p. 506). R. Carpenter는 여기에 동의하면서 결과물은 객관적으로 창의적이지 않을 수 있지만 그 과정은 창의적인 것이라고 언급하였다(참고문헌 547, pp. 392~94).

따라서 우리는 수학적 능력의 이 두 수준 사이에 명확한 연결성이 있다고 확신할 수 있다. Hadamard는 단지 대수와 기하 문제를 풀고자 노력하는 학생들의 활동과 수학에서 새로운 발견을 위해 노력하는 수학자들의 활동 사이에 정도 또는 수준의 차이만 있다고 주장했다. 즉, 두 종류의 활동은 본질적으로 유사하다는 것이다(참고문헌 595, p. 104). Kovalev와 Myasishchev는 이들 두 수준은 발생론적 결합에 의해 연결되어 있다는 생각에 대해 논의하였다. 형성의 적절한 조건 하에서 학생들의 능력은 실제 과학자의 능력이 된다(참고문헌 174, p. 149). Yu A. Samarin는 이런 견해에 동의했다(참고문헌 360, p. 44).

그리하여 우리는 수학을 학습하는 능력을 수학적 능력으로 간주할 수 있는지에 대한 의문에 분명하게 대답을 해야 한다고 믿는다. 수학에 대한 철저하고 독립적이며 창의적인 연구는 새롭고 사회적으로 의미 있는 내용을 지닌 문제의 독자적인 형성과 해결을 위한 창의적인 수학적 활동을 위한 능력을 개발시키는 데 필수조건이 된다. 이런 이유로 인해서 분명히 학령기 아동의 수학적 능력에 대한 연구는 더 높은 수준에서 발현되는 수학적 능력에 대한 연구를 위한 첫 번째 단계이다.

능력에 대한 분석은, 연구를 목적으로, 한편으로는 능력으로 다른 한편으로는 기능과 습관으로 사용되는 개념을 구별해야 할 필요성을 제기한다. 이 범주들은 서로 관련되어 있으며 상호 의존적이다. S. L. Rubinstein은 "능력과 기능 사이의 독특한 변증법"에 대하여 보고한 바 있다(참고문헌 354, p. 533). 한편으로는 지식, 기능, 습관이 습득되어졌을 때, 능력은 개발되며 능력의 형성과 발달은 적절한 지식, 기능, 습관을 습득하는 과정 없이는 불가능하다. 다른 한편으로는 지식, 기능, 습관의 습득은 학생들의 개별적인 특징과 같은 다른 조건에 영향을 받으며 능력을 통해 적절한 지식, 기능, 습관이 더 쉽고 완벽하게 습득될 수 있다.

우리는 능력과 기능 또는 습관 사이의 실제적이고 밀접한 관련성과 상호 의존성이 이들을 구별할 수 있는 가능성을 "차단시키지" 않는다고 생각한다. 이들을 서로 단절시키는 것이 잘못된 일인 것처럼 이들을 서로 동일시하는 것은 잘못된 것일 수 있다. 과학적 분석 과정에서 연구 목적을 위해 이들을 서로 구분하는 것은 필요하며 또한 가능하기도 하다.

어떻게 능력, 기능, 습관을 구체적으로 구분할 수 있을까? 여기에 주된 어려움이 있다. 소비에트에서 출판된 능력 심리학에 대한 많은 연구들은 이들 개념을 구별할 필요가 있다고 언급하지만 이에 대한 구체적인 지표가 하나의 규칙으로 마련되어 있지는 않다. 심리학 문헌에서 이들 용어를 사용함에 있어 일관성이 없기 때문에 상황은 더 복잡하다. 우리는 종종 "반성 능력"과 "사고 기능", "세는 능력"과 "계산 기능", "인지 기능"과 "관찰 능력" 등과 같은 단어들을 말하고 쓴다.

무엇에 기초해서 이 개념들을 분리할 수 있겠는가? "선천적으로 습득한" 요인에 의해? 물론 아니다. 능력, 기능, 습관은 일생 동안 활동을 통하여 형성되고 발달하며 이들 모두는 삶과 활동에서 성공하기 위해 필요한 것들이다.

아마도 그것들은 형성되는 속도에 기초하여 구별될 수 있을 것이다. 즉, 기능과 습관은 비교적 빠르게 형성되고 능력은 느리게 형성되고 변화하는가? 이러한 견해는 V. I. Kireenko(참고문헌 165, 166, 168)와 그의 동료 B. M. Rebus(참고문헌 345)의 연구에서 잘 나타나는데 이들은 그 특성이 비교적 쉽고 빠르게 개발된다면 그것은 능력이라고 부를 수 없을 것이라고 주장했다. 이런 구별은 모호하고 의미가 없으며(이들은 빠르게 개발된 지적 특성은 기능 또는 습관의 범주로 분류해야 하고, 느리게 개발된 지적 특성은 능력의 범주로 분류해야 한다는 의견을 따르고 있다), 더욱이 본질적인 부분에서 논쟁의 여지가 있는데 상당히 느리게 발달하는 기능과 습관도 있으며, 어떤 능력은 일정 조건 하에서 비교적 빠르게 형성되어질 수 있다.

마지막으로 그렇다면 복잡성의 정도에 따라 이들을 구별해야 하는가? 능력은 보다 기본적인 형성이고 기능과 습관은 복잡한 형성인가? 이러한 구별 역시 분명하지 않으며 본질적 부분에 대한 논쟁의 여지가 있다. 능력, 기능, 습관은 모두 간단하면서도 복잡한 구조를 지닌다.

물론 우리가 일반적인 틀에서 이 문제를 연구한다면 기능과 습관에 비해 능력은 보통 느리게 형성되고 변화하며, 보다 어렵고, 보다 안정적이라고 말할 수 있다. 그러나 "좀더-덜" 또는 "좀더 빠르게-느리게"와 같은 요소에 기초한 구별은 전혀 의미가 없기 때문에 이들 두 범주를 구별하기 위한 기초로 이 원리를 사용하는 것은 여전히 불가능하다.

수학적 능력에 대한 우리의 연구에서 우리는 능력과 기능 또는 습관의 본질을 다르게 해석함으로써 출발하려고 했다. 우리의 출발점은 능력을 분석하는 데 있어 그 활동을 수행한 개인의 자질과 특성을 유념해야 한다는 것이었는데, 하지만 기능 또는 습관을 분석하는 데 있어 그 사람이 수행하고 있는 활동의 질 또는 특징을 유념해야 한다는 사실이다. 소비에트 심리학 저서에서 "능력"의 개념을 정의할 때 토대가 되고 있는 것은 언제나 한 개인의 특성에 대한 개별적인 심리학적 서술이다. 한편, 습관 또는 기능에 대한 모든 정의는 조작의 개념에서 출발한다. N. D. Levitov는 기능을 조작의 적절한 수행이라고 주장했고(참고문헌 249) Teplov는 기능을 의식적인 조작의 자동적인 요소로 간주한다. 여기에는 차이가 있는데 능력을 언급할 때 우리는 활동에 포함된 개인의 심리학적 특성을 의미하며; 기능(습관)을 언급할 때 우리는 인간의 활동에 나타나는 심리학적 특징을 의미한다. 따라서 우리 관점에서 볼 때, 거의 모든 교과서들이 "개인의 심리학적 특성"에 대한 부분에서는 "능력"을 다루는 장을 배치하고, "활동의 심리학적 특징"에 대한 부분에서는 "기능과 습관"을 다루는 장을 배치한 것은 전적으로 옳은 것이다.

따라서 우리는 이 개념들을 다음과 같이 구별하고자 한다. 즉 능력은 한정된 활동을 빠르고 쉽게 습득하는 데 도움이 되는 인간의 개인적인 심리학적 특성이며, 기능과 습관은 개인이 비교적 높은 수준에서 수행하는 활동 내에서의 구체적인 행동을 의미한다. 능력은 기능도 습관도 아니며 능력은 활동에서 기능과 습관의 수월한 습득과 관련된 개인적인 심리학적 특성이다. 우리는 능력뿐만 아니라 기능과 습관을 분석할 때 활동을 분석하고 있다는 것을 강조하고자 한다. 우리는 각 개인의 활동(예를 들면 수학적 활동)의 수행을 통하여 능력이 있는지, 기능과 습관을 지니고 있는지를 판단한다. 그러나 이 활동은 다른 관점에서 고려해 볼 수 있는데 이러한 접근은 능력과 기능 또는 습관 사이의 차이를 결정한다. 우리가 그 습득에 도움이 되는 인간의 심리학적 특성의 관점에서 활동을 분석한다면 우리는 능력에 대해 분석하고 있는 것이다.

이러한 관점에서 출발한다면, 우리는 "문제의 조건을 이용하여 방정식을 세우는 기능", "대수적 변형을 수행하는 기능" 등에 대해 이야기하게 되는데 이는 문제의 조건을 이용하여 방정식을 세우는 것과 대수식을 변형하는 것은 학생들의 수학적 활동의 요소(행동)이기 때문이다; 그들은 수학적 활동의 내용에 속하는 것들이다. 우리는 또한 "일반화 능력", "공간 개념 능력", "추상적으로 사고하는 능력" 등에 대해 이야기하게 된다. 일반화, 공간개념, 추상적 사고 등도 역시 활동 속에 존재하지만 그러나 이들은 수학적 활동의 행동 또는 요소들과 분리된 것은 아니다(학교 수학에서 우리는 일반화 또는 공간 개념을 그 자체를 목표로 하여 배우지는 않으며 학교 수학 교육과정에서 이런 단원명을 발견할 수 없다. 대신 "문제의 조건을 이용한 방정식의 구성", "대수식의 변형"등의 단원은 존재한다). 그러므로 학생들의 수학적 능력에 대한 연구는 어떤 관점에서 보면 학생들의 수학적 활동에 대한 연구라고 말할 수 있다.

위에서 언급한 개념들을 구별한 후에, 우리는 일반적인 범위에서 능력에 대한 개념과, 특별한 범위에서 수학적 능력에 대한 개념을 더 완벽하게 구별하고자 시도할 수 있다. 우선 우리는 소비에트 심리학에서 채택한 능력에 대한 전통적 정의가 임의적이며 그래서 거의 만족스럽지 못하다는 것을 지적하고자 한다. 이 정의는 1940년대의 Teplov의 연구(참고문헌 409, 412, 413)에서 처음 등장한 이후 거의 변화하지 않았다. 지적 능력에 대한 연구에서 N. S. Leites는 능력을 특정한 유형의 활동을 실행하기 위한 조건이자 활동의 이행 가능성과 성공의 정도에 영향을 미치는 개인의 심리학적 특성으로 정의하였다(참고문헌 252, p. 5; 255, p. 466).

능력에 대한 이런 정의는 N. D. Levitov(참고문헌 249, p. 82), P. A. Rudik(참고문헌 359, p. 395), E. I. Ignat'ev, M. D. Gromov 그리고 N. S. Lukin(참고문헌 144, p. 325)이 집필한 저서에서 나타난다. S. L. Rubinstein 역시 이와 본질적으로 유사한 정의를 제시했는데 능력은 "사회적으로 유용한 활동의 유형을 정의하기 위해 인간에게 적합한, 복잡한 인지적 성질"(참고문헌 355, p. 126)이라고 이야기했다. V. A. Artemov와 P. I. Ivanov는 그들의 저서에서(참고문헌 32, p. 401; 139, p. 422) 능력을 "특정한 활동에 대한 한 개인의 적합성"이라고 언급했다.

이런 정의들의 단점은 우리가 이 정의에서 출발한다면 비록 저자들이 이러한 것을 생각한 것은 아닐지라도, 능력의 개념 안에 대부분의 다양한 심리학적 범주들(활동을 성공적으로 수행하는데 필요한 모든 것)을 포함시킬 수 있게 된다는 것이다. 실제로, 능력을 주어진 활동을 수행하는데 영향을 미치거나 성공을 위해 필수적인 조건인 정신적 자질 또는 개인적 특성이라고 한다면(V. S. Merlin, 참고문헌 294, p. 123), 우리는 능력에다 활동에 대한 인간의 태도와 인간의 의지 및 특성에 대한 적합한 특징으로서의 개인의 심리적 성질을 부여해야만 한다(활동을 수행하는 데 있어서의 인간의 성공은 근면성, 역량, 인내심과 같은 특징뿐만 아니라 분명히 활동에 대한 흥미와 이를 스스로 하고자 하는 기질에 영향을 받는다). 명백히 능력은 위에 언급한 모든 연구자들이 생각한 것처럼 활동의 성공을 위해 필요한 조건 전체를 의미하는 것이 아니라 그 조건들 중의 어느 하나를 의미한다. 광범위한 개인적 틀을 사용하여 능력을 연구하고자 한 시도는 레닌그라드 심리학자들, 특히 B. G. Anan'ev, A. G. Kovalev, V. N. Myasishev 연구의 특징을 대변한다. 능력과 다른 개인적인 특성들에 대한 연구, 특별히 능력과 인성(Myasishchev에 따르면 "잠재성과 경향")의 간극을 좁혀야할 필요에 대한 문제가 적절하게 제기되면서 레닌그라드 심리학자들은 광범위한 개인적 틀을 사용하여 능력을 연구했다. 사실 이들은 능력을 연구했다라고 하기 보다는 인간의 능력을 고려하여 인간의 전체적인 인성을 연구한 것이다. 이런 접근은 아마도 장점과 단점을 모두 포함하는데 이미 언급한 것처럼 광범위한 개인적 틀에서 능력에 대해 연구할 수 있는 기회를 제공하기도 하지만 다른 한편 "능력"의 개념을 "인성"의 개념으로 분해해서 결과적으로 연구의 목적을 잃어버리게 될 위험성이 있다. 두 접근 모두 능력의 연구에서 통합되어져야 할 것이다.

위에 언급한 연구 중에서 Anan'ev의 논문인 〈능력과 인성의 발달 간 상관관계에 대한 연구〉(참고문헌 19)를 우선 살펴봐야 한다. 이 논문은 특성과 능력의 발달을 위해 필요한 공통적인 선천적 바탕을 밝혀주며 어떻게 이 둘이 활동 과정 속에서 형성되고 능력과 특성 사이의 연결이 어떻게 새로운 ("영재성"과 "소질"이라고 불리는) 인지적 요소를 초래하는지 보여주고 있다. 개성을 형성하는 과정으로서 능력과 특성의 발달을 표현하고자 하는 Anan'ev의 의도는 상당히 의미 있다.

능력에 대한 연구에서 Kovalev와 Myasishchev는 능력을 그 감정적-의지적인 영역에서의 특성을 포함한 특정한 활동을 수행하는 데 필요한 "성질들의 전체"로 해석하는 데에서 시작한다(참고문헌 171, 172, 173, 174, 302, 303). 우리도 수학적 활동을 행하는 데 있어서 학생들의 성공은 다음과 같은 자질의 분명한 조합을 통해 가능하다는 생각에서 출발한다.

1. 높은 수준의 발달에서 열정적인 의욕이 되는, 수학에 대한 적극적이고 긍정적인 태도, 흥미, 학습하고자 하는 성향.
2. 일관된 지적 느낌(집중적인 지적 활동을 통해 느끼는 만족감, 창조와 발견의 기쁨 등)과 다양한 기질적 특징들, 즉 타고난 근면성, 절제, 독립성, 의도적인 명료화, 끈기.
3. 활동을 수행하는 동안 열의, 집중력, 긍정적인 "정신 상태" 등과 같이 실행(N. D. Levitov, 참고문헌 246)에 적합한 정신적 조건의 존재.
4. 적절한 분야에 대한 일정한 양의 지식, 기능, 습관. 예를 들어 수학에서 최소한의 지식, 기능, 습관을 갖고 있지 않다면, 비록 대단한 수학적 능력을 갖고 있을지라도 보통의 수학적 활동에서 조차 적합하지 않을 수 있다.
5. 마지막으로 주어진 활동을 위해 필요한 감각과 인지적 영역에서 일정한 개인적인 심리학적 특성들.

그러나 (물론 성질들의 전체를 구성하는) 이런 범주들 모두를 수학적 능력의 요소라고 부르는 것이 합리적인가? 흥미, 기질, 성격의 특성, 습관, 기능은 능력의 요소로 간주될 것이기 때문에 개념에 대한 혼란이 불가피하다.

적합한 수학적 능력은 오로지 이 구조(scheme)에서 다섯 번째 그룹의 자질들이다. 나머지 모두는 어떤 일반적 활동에 도움이 되는 일반적 요소로 간주하는 것이 더 적당하다. (모든 활동에는 흥미, 의지력 등이 필요하다) 성공적으로 활동을 수행하기 위해 우리는 의지와 성격의 특징, 활동에 대한 적절한 태도(흥미, 성향)를 소유해야 한다는 것에 전적으로 동의하며 능력의 개념을 주로 감각, 인식, 운동 신경 영역에 제한하고자 한다. 이 문제에 대해 우리의 견해는 Levitov의 견해와 완전히 일치한다(참고문헌 248, 249).

개인적 특징의 종합인 완전한 "전체"는 능력보다 상당히 광범위한 개념이기 때문에 우리는 활동에 대한 적합성 또는 준비성이라고 부르려고 한다. 예를 들면 Anan'ev는 "사회생활 중 일의 일정한 영역에서 상당히 생산적인 활동을 위한 준비성"이라는 개념을 사용하였다(참고문헌 20, pp. 16~17; 21, p. 15). Rubinstein은 "적합성"을 "전체"의 개념보다는 능력의 개념과 연결시키기는 했지만 "적합성"이라는 개념을 사용했다. A. V. Yarmolenko(참고문헌 474, p. 78)는 다양한 흥미와 능력에 대한 흥미로운 예를 제시했다. 교사들의 의견에 따르면 학생 M은 수학에서 상당히 뛰어난 능력을 지녔으나 수학을 싫어했다. 정확히 말하면 학생 M은 능력을 기질과 통합시키지 못했으므로 Yarmolenko는 학생 M이 진정한 능력을 소유하지 않았고 그 능력에 대한 외적 이미지만 갖고 있을 뿐이었는데 이로 인해 학생 M의 능력에 대해 잘못된 진단을 하게 되었다고 결론지었다. 우리는 이것을 다르게 판단한다. 즉 학생 M은 능력을 지녔으나 진정으로 준비성 또는 적합성이 없었다. 이는 "잘못된 진단"의 경우가 아니다. 그러나 학생 M이 수학적 활동에 적합했다고 말했다면 그랬을 수도 있다. 우리의 진단은 그 학생은 영재성은 있으나 기질이 부족했기 때문에 적합하지 않았다는 것이다.

활동의 적합성(준비성)의 구조에 대한 위의 해석은 아래 도식처럼 나타낼 수 있다.

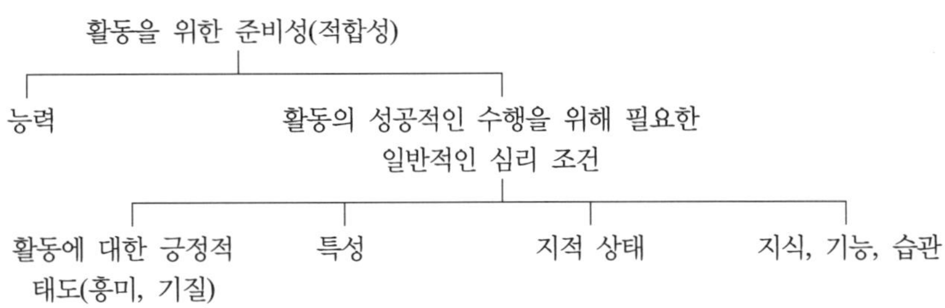

따라서 활동의 적합성(활동을 성공적으로 수행하는 능력 또는 광범위한 의미에서의 능력)은 진정한 의미에서 단지 능력의 소유 여부에 의해서만 영향을 받을 수는 없다. 활동의 적합성은 지적 요소, 감정적 요소, 의지를 포함하는 전체적인 복잡한 본질적인 개인 특징에 의해서만 영향을 받는다.

따라서 우리의 연구에서 기초가 되는 개념을 정의할 수 있다. 우리의 연구에서 수학을 학습하는 능력은 학교 수학을 학습하기 위해 필요하며 모든 다른 조건들이 동일할 때 수학이라는 하나의 교과목을 창의적이고 성공적으로 습득(특히, 비교적 빠르고 쉽게, 그리고 수학의 지식, 기능, 습관들을 전체적으로 습득)하는데 영향을 미치는 개인의 심리적 특성(지적 활동의 주된 특성)을 의미한다. 수학적 능력에 대한 구체적인 내용은 우리가 그것의 구조를 분석할 때 밝힐 것이다.

D. N. Bogoyavlenskii와 N. A. Menchinskaya는 학생들의 교육에서 개인차를 논의할 때, 모든 다른 조건들이 동일할 때 학습에서 성공 여부를 결정하는 심리적 성질에 대한 개념을 소개하고 있다(참고문헌 44, p. 182). 그들은 "능력"이라는 용어를 사용하지 않았으나 그들의 생각은 본질적으로 위에 제시한 정의에 가깝다. 우리가 교육가능성을 말할 때 수학을 학습하는 능력은 우리의 해석에 따르면, 명백히 수학에서 창의적인 교육가능성의 성질 외에는 없다.

능력은 지각, 집중, 기억, 상상, 사고 등과 같은 정신 과정에 대한 개인적 특징을 포함한다는 것을 우리는 강조해야 한다. 우리는 능력이 항상 지각, 기억, 사고, 그리고 이와 유사한 것으로 축소될 수 없는 특별한 범주의 특징이라고 생각해서는 안 된다. Kireenko는 그림을 그리는 능력 대신 시각적 기억력, 지각력에서의 개인차를 연구하는 것을 비판했다. 그러나 시각적 기억력은 예술적 능력 중의 하나이다. 이와 비슷하게 우리는 우리의 연구가 수학적 능력이 아니라 수학적 활동 속에서 나타나는 지각력, 사고력, 기억력, 상상력에서의 개인차를 조사하고 있다는 어떤 비난도 거부할 것이다. 정확히 말하자면 특정한 활동에서의 능력에 대한 대부분의 연구는 주로 지적 과정에 대한 개별적 특징들(감각, 지각, 사고, 기억, 상상)을 각 요소(특별한 능력)로 구분하면서 시작한다. 음악적 능력의 요소에서 우리는 청각의 표현 능력을 발견하며(Teplov, 참고문헌 411) 그림 활동을 위한 능력 중에서 우리는 지각, 시각적 기억력, 빛과 그림자 사이의 관계를 통합하는 능력을 발견한다(Kireeno, 참고문헌 168). 문학적 영재성의 요소에서는 이미지를 포함한 사고와 창의적 상상력을 발견하고(V. P. Yagunkova, 참고문헌 468); 공학 능력의 요소 중에서 우리는 공간 개념화와 기능적 사고를 발견한다(V. N. Kolbanovskii, 참고문헌 176a; P. M. Yakobson, 472).

그러나 능력의 모든 요소를 정신적 과정의 개별적 형태로 축소하는 것은 불가능하다. 이것들 외에 더 복잡한 개별적 심리학 특징이 능력을 구성한다. 특수한 형태가 주어진 유형의 활동에 따라 발달하고 감각, 지각, 사고, 기억, 상상 등으로 축소되지는 않는다. 이들은 지적 과정의 일정한 특징을 토대로 하여 형성되나 또한 정서적-의지적 특징과 태도 요소들을 포함하게 되며 이를 통해 개별적 색채를 지닌다. 예를 들면, 정신의 수학적 전환은 적절한 태도, 목적과 통합된 환경에 대한 독특한 인식이다(정신의 수학적 전환에 대한 논의는 이후에 상세히 다룰 것이다).

러시아어 *sposobnost'*(ability)에 해당하는 가장 보편적으로 사용되는 외국의 학문적인 용어들 중에 독일어 *Fähigkeit*가 우리의 해석과 가장 가깝다. 불행히도 우리는 세 개의 영어 단어가 핵심적인 의미를 담고 있지 않기 때문에 이들 모두를 능력에 대한 우리의 개념에 적합한 것으로 인정할 수 없다. 영국과 미국의 심리학과 교육학 문헌에서 세 개의 용어 *ability*(능력), *capacity*(역량), *aptitude*(적성)가 사용되며 이들 각각은 나름의 뉘앙스가 있다. 러시아의 용어 *priobretenie*, *znanie*, *umenie*에 해당하는 유사한 단어(*attainment*, *acquirements*, *knowledge*)가 있지만, *ability*는 sposobnost와 umenie(skill)(이것은 머릿속으로 문제를 해결하는 것을 포함하는 조작의 수행에서의 기능을 의미한다) 사이의 중간 정도에 해당하는 의미를 가진다.[9] Teplov는 능력(ability)은 전혀 능력

9) Krutetskii는 여기서 러시아어를 영어로 번역했다. 러시아의 용어 *priobretenie*, *znanie*, *umenie*에 보다 더

(sposobnost)을 의미하는 것이 아니라 습관과 기능의 총합을 지칭하는 것이라고 생각하는 경향이 강했다(참고문헌 408, p. 11). 용어 *capacity*는 인체의 기관이 타고난 능력의 가능성을 너무 강하게 담고 있다. 세 번째 용어 *aptitude*은 능력의 의미를 담고는 있으나 그렇게 광범위하게 사용되지는 않으며, 이것은 활동을 위한 기질을 함축하고 있다. *Sposobnost*는 영어에서 통상적으로 능력으로 번역된다.

수학적 능력(일반적으로 복합적인 유형의 활동을 위해 필요한 모든 능력)은 구조가 복잡한 정신적 형태이다. 수학적 능력은 다양한 지적 측면을 포함하며 수학적 활동 과정 중에 발달되는 내용을 포함한, 정신의 통합적인 자질이자 특성들의 고유한 종합이다. 이 총합은 고유하고 독특한 전체로서 우리는 이들을 고립된 성질로 간주하는 것이 아니라 오직 연구의 목적으로만 각 개별적 요소들을 구분한다. 이 요소들은 상당히 밀접한 관계를 맺고 있으며, 서로에게 영향을 미친다. 또한 우리가 통칭해서 수학적 영재성 행동 양식(*mathematical giftedness syndrome*)(심리학적 현상을 특징짓는 상호 관련된 많은 요소들)이라고 부르는 단일한 체계를 형성한다.

"영재성(giftedness)"이라는 용어는 1940~50년대 소비에트 심리학에 유행했었다. Teplov (참고문헌 409, 411, 412, 413)는 다소 복잡한 활동을 수행하기 위해 하나의 능력이 아니라 일련의 전체적인 능력이 필요하다는 것을 설득력 있게 설명했다. Teplov는 활동을 성공적으로 수행하는 데 영향을 미치는 능력들의 고유한 결합을 활동에서의 영재성이라고 불렀다. 이후에 그는 활동을 위해 필요한, 타고난 기질의 총합이라는 완전히 다른 개념을 지칭하기 위해 "영재성"이라는 용어를 사용했다. 그 자신이 직접 말했듯이, 용어 "영재성"으로 기질의 총합을 지칭하는 이유는 러시아어 "영재성"의 문자 그대로의 의미(odarennot' — darovitost'[giftedness] - darovanie[gift, talent] - dar[gift]) — 즉, 태어나면서부터 주어진 것) 때문이다. Teplov 이후, 교재와 매뉴얼의 다른 저자들은 새로운 용어를 채택했다. Rudik은 "영재성"을 "능력 발달의 선결조건인 타고난 특성"이라고 해석했고(참고문헌 359, p. 397) P. I. Ivanov는 "발달하면서 능력으로 표출되는 선천적 특성"을 의미하기 위해 "영재성"을 사용했으며(참고문헌 139, p. 423) N. D. Levitov는 이것을 "해부학적 또는 심리학적 기질인 능력의 선천적 축적물"이라고 정의했다(참고문헌 249, p. 82).

우리는 현재의 심리학 발달 수준에서 "영재성"에 대한 이 마지막 정의는 의미 없는 것으로 생각한다. 우리는 어떤 특수한 해부학적 또는 심리학적 모습이 수학적 능력을 위한 기질인지 모르며 이 상태에서 용어 "영재성"(기질의 총합이라는 의미로서)의 의미는 밝

근접한 영어식 표현은 각각 *acquirement, knowledge, skill* 또는 *acquirement, achievement, skill*이 될 것이다(영어판 편집자 주).

혀지지 않은 것이다. 아마도 이것이 레닌그라드 학파를 이끄는 심리학자들이 해부학적 또는 심리학적 의미의 기질의 개념을 부정적으로 대하며 "이것은 단지 하나의 논리적 추측 … 알려지지 않은 원인의 언어적 표현이다."라고 주장하는 이유일 것이다(Kovalev와 Myasishchev, 참고문헌 174, p. 63). 따라서 우리는 용어 "영재성"의 앞서의 의미로 돌아가는 것이 이치에 맞다는 것을 알 수 있다. 수학적 영재성은 우리가 수학적 활동을 성공적으로 수행하는 (또는 학령기 아동들을 생각해 볼 때 수학 과목을 창의적으로 습득할 가능성을) 가능성을 열어주는 수학적 능력의 단일한 총합에 붙여 줄 이름이다.

연구 문제와 목표

우리가 알고 있듯이, 우리가 능력을 연구할 때 심리학에서 실제로 중요한 기본적인 과제는 다양한 연령대에서 능력의 형성, 계발, 발달을 위한 조건을 확인하는 것이다. 이것은 또한 수학적 능력을 연구하는 데 있어서도 마찬가지이다. 수학적 능력에 대해 과학적으로 고찰하는 데 있어 기본적인 목표는 능력의 활동적인 교육을 위한 심리학적 기초를 마련하는 것이다. 이 문제에 답하기 위해 우리는 우선 수학적 능력이 무엇인지(어떤 개별적 심리학적 특징이 수학의 성공적인 습득에 영향을 미치는지, 즉 각 개인을 수학적으로 능력 있게 해주는 것이 무엇인지)를 알아야 한다.

학생들의 수학적 능력을 연구하는 데 있어서 일반적인 연구 문제는 다음과 같은 구체적인 목표로 이어지는데, 이것은 우리 연구에서 도달하고자 하는 시도인 것이다.

1. Pavlov가 지적했듯이 현상을 연구하는 과학적인 접근방법은 현상을 보다 단순한 요소로 분해하여 분석하는 것을 전제로 한다. 따라서 복잡한 심리학적 현상을 연구하는 분석적-종합적 접근은 우선 이들 구조를 분석해서 요소들을 구분하는 것이 필요하다.

Teplov는 고차원적 신경 활동의 연구에서 유형의 토대를 이루고 있는 개별적 특성에 관한 연구와 사전에 준비하는 구분의 원칙을 응용했다. Rubinstein은 능력이라는 복잡한 현상의 구조를 조사할 필요성에 대해 언급했다(참고문헌 356, p. 9). 대부분의 외국 연구자들의 능력에 대한 최근의 연구는 구조를 분석(요인들의 분리)하는 방향으로 진행하고 있다.

따라서 우리의 가장 우선적이고 기본적인 과제는 학령기 학생들의 수학적 영재성(능력의 독특한 조합)의 구조를 조사하는 것이다. 다시 말해서, 정신의 종합적인 성질을 그 구조에서 핵심적인 위치를 차지하는 개별적인 요소들로 분해하는 것이다. 이 과제는 부분적으로는 좀더 제한적이고 구체적인 과제로 간주될 수 있는데 수학영재 학생들이 다양한 수학적 문제를 해결할 때의 지적 활동을 결정짓는 특징을 확인하는 것이 그것이다.

이 문제를 연구하면서 우리는 요인분석을 사용하였다. 앞에서 언급했듯이, 요인분석이 유일한 연구 방법으로 간주된다면 이를 이용해서 이루어진, 인간의 고도의 복잡한 능력에 대한 연구의 합리성을 주장할 수 없다. 따라서 우리는 학생들의 수학적 활동에 대한 양적 분석과 학생들의 문제해결 과정에 대한 질적 분석을 토대로 수학적 능력의 구조를 조사하는 다른 방법을 선택하는 것이 합리적인 것이라 생각한다. 우리는 요인 분석을 단지 보조적인 방법으로만 사용했다.

2. 우리 연구의 두 번째 과제는 독립적인 가치를 지닌 수학적 영재성을 조사하기 위한 실험 방법을 고안하는 것이다.
3. 세 번째 과제는 능력의 구조는 다양한 형태 — 높은 수준의 성취는 능력의 요소에 대한 다양한 조합에 영향을 받을 수 있다 — 를 보인다는 Telpov의 생각에서 기인한다. 수학 영재성 발현의 독창성을 규명한 후 능력의 구조에서 유형적인 차이를 드러내는 것이다.
4. 네 번째 과제는 학생들의 나이에 따라 나타나는 수학적 능력의 차이에 관한 것이다. 우리는 수학적 능력의 요인들의 발달에서 연령에 따른 역동성을 설명하려고 노력했다. 이를 위해 우리는 초등학교 저학년에서 나타나는 가장 기본적인 특징들에서부터 상위학년에서 나타나는 좀더 다양하고 복잡한 형태까지 그들의 발달에 대한 기본적인 단계들을 관찰했다.

수학적 능력의 형성과 의도적인 개발을 위한 조건에 관한 연구로서, 우리 연구의 현 단계에서 이 목표들을 완전히 해결할 수는 없다. 이 이슈는 장래에 우리의 특별한 연구 주제가 될 것이다.

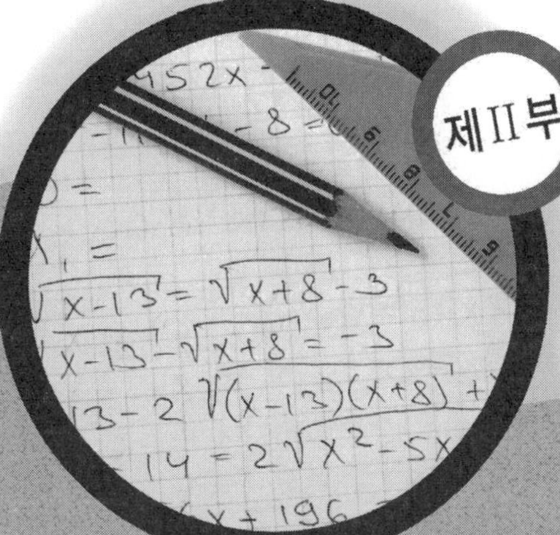

제II부 연구 방법과 조직

제5장

일반적인 방법과 조직

수학적 능력에 관한 본 연구는 1955년에서 1966년까지 12년에 걸쳐 실시하였다. 이 연구를 조직하면서 한 가지 방법을 중심으로 다양한 방법을 결합하는 것이 복잡한 능력의 문제를 연구하는 데 가장 효과적인 접근 방법이라는 생각으로 진행하였다. 우리는 이런 접근 방법만이 능력의 구조를 밝힐 수 있을 것이라고 생각했다. 기초 자료는 실험 연구를 통해 수집하였다. 비실험적 연구 방법도 사용하였다.

수학적 능력을 조사하는 실험 방법은 다양한 수학적 능력을 가진 학생들이 실험을 위해 개발한 특별한 수학 문제를 해결한 방법에 대한 질적이고 양적인 분석이었다.

이 실험은 비교적 짧은 시간 동안 발달 과정에서 일어나는 변화의 본질이 충분히 드러나게 하는, 현미경으로 보는 단면과 같다. 수학적 능력의 구성요소의 연령에 따른 발달이 진행되는 일반적인 경향을 알아내기 위해 두 가지 방법 즉, (1) 서로 다른 발달 단계에 속해 있는 서로 다른 학생들에게서 얻을 수 있는 "단면"을 비교하는 것, (2) 서로 다른 발달 단계를 거쳐 가는 동일한 학생들에게 얻을 수 있는 "단면"을 비교하는 것을 통해 연구하였다.

"단면"을 이용한 수학적 능력에 대한 순수 실험연구와 더불어, 몇 개의 그룹에 대해 몇 년에 걸친 장기적인 여러 연구를 수행하였다. 이 연구들은 원칙적으로 실험연구와 결합되었다. 예를 들면 연구자들은 몇 년 동안 25명의 수학영재그룹을 연구하였는데 그 중 16명은 실험연구에도 참여하였다. 또한 1년 동안 상대적으로 비영재인 19명의 학생을 연구하였다.

심리학 연구소의 대학원생인 Dubrovina는 본 연구자들의 지도로 1963년부터 1966년까지 초등학교 학생들의 그룹을 대상으로 하는 확장연구(광범위한 연구)를 수행하였다. Kursk시의 경험 많은 수학교사인 Shapiro는 우리의 지도로 1962년부터 1964년까지 9학년과 10학년 학생들의 그룹을 대상으로 이에 상응하는 조사를 수행하였다. 후자의 경우 실험자는 수학 교사의 역할을 담당하면서 수업 과정을 능동적으로 조직하였다.

실험연구에 참여한 192명의 학생을 포함하여 모두 201명의 학생들이 조사에 참여하였다.

학생들에 대한 확장연구는 수업 중의 관찰, 때로는 가정에서의 관찰, 학생, 부모, 교사, 친구들에게 질문한 것을 포함하였다. 부모들은 특별한 지시에 따라 자신의 아이들의 발달을 주의 깊게 관찰하였다.

인간에 대한 광범위한 개념화를 사용하여 학생들에 대해 연구하였다. 학문적인 것이든 아니든 학생들의 성향과 흥미의 발달, 다양한 교과에 대한 학생들의 태도, 특히 수학에 대한 태도, 인내심, 근면성, 주도성 등 학생들의 인성적 특성을 관찰하였다. 학생들을 연구하는 프로그램은 Kovalev와 Myasishchev(참고문헌 174, pp. 151~53)의 권고에 따라 구성하였다.

1956년부터 학생들에 대한 관찰과 보조자료의 수집 등의 실험을 시작하였고, 주로 모스크바에 있는 649, 328, 282, 100, 330, 665, 358, 80, 434, 440, 91번 학교와 12번 기숙사 학교, 쿠르스크시(Kursk)의 6번 학교에서 실시하였다.[1)]

비실험적 방법의 연구에서는 설문조사 방법이 큰 비중을 차지하였는데, 그 목적은 특정한 사람들의 그룹에 대한 지필 또는 구두 질문을 통해 어떤 문제를 해결하기 위한 자료를 수집하는 것이었다. 물론 Rubinstein(참고문헌 354, p. 33)이 지적한 바와 같이 이 방법에 의해 수집한 자료는 문제를 조사하는 데 독립적인 가치를 가지는 것은 아니지만, 이는 보조자료로써 지극히 가치가 큰 것이다.

우선 실제 연구자들, 즉 수학교사, 교육자, 방법론자들의 의견이 수학 학습능력 구조의 문제를 해결하는 데 중요한 도움을 줄 수 있을 것이라는 데는 의문의 여지가 없다. 그들의 많은 경험과 가치 있는 관찰과 일반화가 가장 풍부한 자료를 대표한다. 이를 위해 1958년에서 1960년까지 모스크바, 많은 다른 도시, 러시아의 여러 지역의 62명의 수학 교사들과 이야기를 나누었다. 연구자들은 교사가 생각하는 수학 학습 능력은 무엇인지, 그 능력을 판단하기 위해 사용하는 판별 기준은 무엇인지, 어떤 학생들을 능력이 있는 것으로 또는 능력이 없는 것으로 생각하는지에 관심이 있었다.

1965년에 교사 대상의 지필 설문지를 더 광범위한 계획 아래 작성하였다. 설문지를 교사들에게 배부하였고, 그 중 응답한 56명의 설문지가 회수되었다. 교사들은 수학적 능력을 어떻게 명료화하는지, 어떤 특성이 능력 있는 학생을 구분해내는지, 이런 특성이 어느

---

1) 우리는 연구를 조직할 당시 우리에게 많은 도움을 주신 해당 학교 교장선생님들, 특히 E. S. Khorokhording, A. T. Mostovoi, M. I. Ruzaeve, L. D. Polyakova, M. G. Strunina 선생님께 감사를 드린다.

정도로 수학적 활동에만 특수한 것인지, 어떤 유형의 수학적 능력에 주의를 기울이는지에 대한 자신들의 관점을 제시하였다.

같은 해에 특별한 설문지를 사용해서 소비에트의 많은 유명한 수학자들에게 서면으로 질문을 하였다. 이 때, 그들에게 우리가 관심을 갖고 있는 그 설문에 대한 그들의 어떤 관점이나 그 외에 어떤 것이라도 우리에게는 매우 가치 있는 것이 될 수 있으므로 그들이 의견을 제시해야 하거나 할 수 있는 모든 것을 말해줄 것을 요청했다. 특히 다음과 같은 질문을 제시하였다.

1. 어떤 정신적 특성이 수학적으로 능력 있는 인간을 만든다고 생각하는가?
2. 수학적 능력은 어느 정도의 일반적인 지적 능력 혹은 특수한 지적 능력이라고 생각하는가?
3. 여러 유형의 수학적 능력이 존재한다는 것에 대해 어떻게 생각하는가?

50명의 수학자들에게 이 설문지를 발송했고, 이 중 응답한 21명의 설문지가 회수되었는데, 그중 15명은 추가적인 의견을 제시하였고 6명은 추가적인 의견은 제시하지 않았다.[2)]

더욱이 문헌 자료를 사용해서 러시아와 국외의 저명한 84명의 수학자들의 자서전을 분석해서 그들이 언제 수학적 능력을 보이기 시작했는지, 그것이 어떻게 표현되었는지를 명료히 하고, 그들의 수학적 사고의 일부 특성들을 밝히고자 하였다.

특수한 능력은 적절한 활동 영역이 인간에게 필요로 하는 객관적인 요구에 의해 결정되기 때문에(Anan'ev, 참고문헌 20, pp. 16~17), 일부 자료는 학교에서 배우는 교과로서의 수학에 대한 분석을 통해 얻어졌는데, 그것은 무엇이 인간의 정신적 활동을 일으키는지, 성공적인 수학적 활동을 위해 인간이 필요로 하는 정신적 특성은 무엇인가를 결정하였다. 이 자료를 수학적 능력의 구성 요소에 관한 가설의 기초로 사용하였고 계속적인 실험을 통해 이 가설을 검증하였다.

많은 비실험적 방법에서는 그룹 조사도 사용하였다. 특히 모스크바의 여러 학교에서 7학년에서 10학년까지 1,000명 이상의 학생들을 대상으로 여러 교과에서 발달 간의 상관관계를 파악하기 위한 자료를 수집하였다. 우리는 몇몇 지역의 올림피아드와 경시대회

---

2) 추가적인 의견을 제시해준 수학자는 P. S. Aleksandrov, V. I. Smirnov, B. N. Delone, A. A. Markov, I. R. Shafarevich, N. Ya. Vilenkin, M. Ya. Vygodskii, E. B. Dynkin. A. A. Kirilliv, A. G. Kurosh, V. I. Levin, A. I. Markushevich, G. E. Shilov, A. S. Parkhomenko, S. V. Smirnov이다. 이들을 포함한 응답해주신 모든 분께 깊은 감사를 표한다.

자료, 6학년에서 8학년의 많은 학생들의 수학 공책에 대한 체계적인 검토를 통해 얻은 자료뿐만 아니라 수업 중에 학생들의 수학학습과정을 관찰한 자료들을 보조 자료로 사용하였다.

제6장

수학적 능력의 **구성 요소**에 관한 **가설**

특별한 실험연구 방법을 선택하기 전에 대략적인 지침으로 수학 내용을 잘 학습하는 학생과 잘 학습하지 못하는 학생의 차이가 가장 두드러질 것으로 보이는 영역들을 추적해 보는 과제를 시작하였다. 즉, 우리는 수학적 능력의 일반 구조에 포함된 일부 구성 요소에 대한 가설을 설정하였다. 심리학과 수학의 문헌 분석과 실험에 대한 세밀한 조사가 어떤 능력을 탐색해야 하는지에 대한 방향을 제시해 주었다.

우선 수학 학습에서 서로 다른 능력을 가진 학생들은 **수학 내용을 일반화**하는 능력과 **일반화를 기억**하는 능력 발달에 차이가 나는 것이 특징이라고 가정하였다.

일반화하는 능력은 많은 저서에서 언급된다. 일찍이 1908년에 러시아의 수학자인 Mordukhai-Boltovskii는 "명석한 두뇌"의 소유자라고 불리는 수학자들의 전형적인 특징, 즉 "가장 거리가 먼 영역들 사이에서 유사성을 발견하는 능력"에 대해 기술하였다(참고문헌 300). Lazurskii와 동료들은 산술 학습 능력을 분리하려는 흥미로운 시도를 하였다(참고문헌 235. pp. 168~69). 그들은 "일반화하는 능력"을 다른 교과에서는 훈련하기 어려운 정신기능 중 하나로 지적하였지만, 이 "기능"의 심리학적 본질에 대해 충분히 밝히지는 못하였다. 미국의 심리학자 Thorndike(참고문헌 715)의 저서에 대해 언급해야 하는데 여기서 그는 "일반화하는 능력"을 "대수적" 능력의 하나로 생각하였다.

Shevarev(참고문헌 441, 442, 443, 445, 446), Menchinskaya와 동료들(참고문헌 289, 290, 291)의 저서에 매우 유익한 내용이 들어 있다. Shevarev는 고립된 결합뿐만 아니라 일반화된 결합이 대수 문제를 해결하는 데 중요하다는 사실을 확립하였다. Doblaev(참고문헌 114), Stepanov(참고문헌 393), Talyzina(참고문헌 399, 411), Yaroshchuk(참고문헌 475)의 저서는 수학 내용의 일반화에서 개인차의 징후를 포함하고 있다.

다음으로 우리는 우수한 학생과 부진한 학생은 "단축" 즉, 문제 해결에서 추론과 연산 관련 체계를 줄이는 속도에서 차이가 나는 것이 특징이라고 가정하였다. 우수한 학생들의 경우 추론과 연산 체계의 "단축"은 매우 광범위하고 급속하게 이루어질 것이다.

앞에서 언급한 Shevarev와 Menchinskaya의 저서는 이 문제를 이해하는 데 매우 중요하다. Shevarev는 학생들이 대수 문제를 해결하면서 완전하고 상세한 논리적 해결 구조를 형성하는 전체적인 연역의 연쇄를 수행하지 않는다는 것을 보여주었다. Menchinskaya는 학생들이 산술 문제를 해결할 때조차도 추론의 중간 연결 부분의 점진적인 단축이 이루어진다는 것을 보여주었다. Talyzina(참고문헌 399, 401), Indik(참고문헌 145), Sokolov(참고문헌 388)는 기하, 화학, 물리의 문제 해결에 대한 자료를 사용하여 추론 과정의 점진적인 단축 과정을 추적하였다.

마지막으로 서로 다른 수학적 능력을 가진 학생들은 사고의 **정방향에서 역방향으로 전환**하는 능력의 정도에서 차이가 나는 것이 특징이라고 가정하였다. 명백히 우수한 학생들은 이런 조작을 아주 쉽고 자유롭게 하는 반면 대부분의 학생들에게 일반적인 증명에서 모순에 의한 증명으로의 변환 또는 정리에서 그 역으로의 전이에 어떤 어려움을 나타낸다.

심리학에서는 두 가지 유형의 결합, 즉 이전의 자극에서 이후의 자극으로의 "정" 결합과 이후의 자극에서 이전의 자극으로의 "역" 결합을 구분한다. Kabanova-Meller(참고문헌 147)는 지리학의 자료를 사용해서 모든 학생들이 "정" 결합에서 적절한 "역" 결합으로의 전이를 자주적으로 할 수 있는 것이 아님을 보였다. 발달이 빠른 우수한 학생들은 어떤 방향으로의 본드를 형성하면, 아주 쉽게 반대 방향으로의 본드를 구성하는 것으로 전이한다. 부진한 학생들에게는 이것이 어려우며, 특별한 훈련을 통해서 "역" 본드를 형성해야 한다.

수학적 능력에 대한 이런 가설적 관념이 앞에서 언급한 영역에서 개인차를 조사하려는 아이디어와 더불어 구성된 실험 문제 체계를 고안하는 데 중요한 기초가 되었다. 조사의 나중 단계에서 구성 요소에 관한 가설을 좀더 완전한 형태로 제시해야 할 필요가 대두되었다.

이를 위한 자료는 첫째로 이미 언급한 실험에 의해 제공되었다. 이는 수학적으로 우수한 학생의 정신에 대한 몇 가지 다른 특성을 미리 밝혀 주었다. 둘째로 초등학교 수학영재들에 대한 예비 관찰을 통해서 제공되었다. 두 가지 경우의 조사 자료는 수학적으로 우수한 학생들이 문제의 조건을 분석적-종합적으로 지각하고, 특수한 자료를 잊어버리지 않으면서 문제의 핵심을 구성하는 기본 관계를 빨리 파악하는 특징이 있음을 보여주었다.

더욱이 우수한 학생들은 정신 과정에서의 독특한 유연성을 가지는 특징이 있는 것 같다. 이때 유연성이란 하나의 정신 조작에서 다른 조작으로 급속하게 전환하는 능력과 평범하고 판에 박힌 조작으로부터의 자유로움을 의미한다.

마지막으로 공간 개념에 대한 능력이 수학적 능력의 구조에 일정한 역할을 할 것이다. 이런 능력은 우수한 학생들에게서 서로 다르게 나타나는데, 이것이 수학적 능력의 서로 다른 유형의 존재와 관계있는 것 같다.

그러나 최근까지도 수학적 능력의 구조에 관한 완전한 가설에 대해 이야기하는 것은 불가능했다는 점을 인정해야 한다. 우리는 단지 가정된 개별적인 구성 요소들을 다루고 있었을 뿐이다. 후속 연구에서 구조에 대한 상대적으로 완전한 가설이 필요하였다. 그 이유는 실험에 사용할 문제 체계는 가설에 따라 구체화되어야 했기 때문이다.

상대적으로 완전한 가설을 제시하게 위해 다른 측면의 접근을 통해 가설을 구성하였다. 수학의 전문가들에게나 가능할 뿐 우리의 이해 범위를 벗어나는 학문으로서의 수학에 대한 깊이 있고 의미 있는 분석을 하는 척하지 않고, 우리에게 적합한 목표를 설정하였다. 이는 인간의 정신적 활동을 일으키는 요구 사항의 틀, 즉 학교 수학에 숙달하는 데 필요한 심리학적 특성의 틀 내에서 수학의 기본적인 특성을 고찰하는 것이다. 이런 의미에서 수학적 능력의 본질에 관한 문제는 수학이라는 학문의 본질에 관한 문제에서 파생된 것이다.

앞에서 언급한 바와 같이, 우리는 학교 수학 교육과정의 창조적인 숙달에 필요한 능력으로서의 수학적 능력을 조사하였다. 물론 학문으로서의 수학과 일반 교육을 위한 학교에서 공부할 교과로서의 수학 사이에는 근본적인 차이가 있다. 이 점은 방법론에 대한 문헌에서 여러 번 주목되어 왔다. Gibsh는 "일반교양 교과로서 산술, 대수, 기하, 삼각법과 같이 학교 수학 교육과정의 분리된 영역은 물론 이에 대응되는 학문 분야를 재생산하지 못한다."고 기술하였다(참고문헌 88, p. 108). Goncharov는 그의 논문 〈일반교양 교과로서의 수학(Mathematics as an Academic Subjects)〉에서 같은 주제에 대해 논하였지만, 비록 학문과 학교 교과에 현저한 차이가 있을지라도 "이 둘은 여전히 밀접한 관련성을 가지며 계속 상호작용한다."는 중요한 의견을 덧붙였다(참고문헌 98, p. 40).

Engels가 제시한 고전적 정의에 따르면, 현실 세계의 수량적 관계와 공간에 존재하는 모양이 수학의 연구 대상이다(참고문헌 4, p. 37). 이 정의는 《소비에트 대백과사전(Great Soviet Encyclopedia)》(참고문헌 178, p. 464)에도 인용되어 있다. 그리고 Engels는 이런 모양과 관계를 순수 형식으로 연구하려면 내용에서 그것들을 분리해야 한다는 점을 지적하였다.

수학적 원리의 추상적 특성이 극도의 일반성에 영향을 미친다. 추상화 과정을 통해 추상화에 의해 분리된 대상의 특징과 성질이 일반화된다. 즉, 이런 특징과 성질은 어떤 류에 속하는 대상들의 전체 집합으로 확장된다. 추상화와 일반화는 수학의 핵심이며 따라서 수학적 사고는 주로 추상적이고 일반화된 사고이다.

수학의 추상적이고 일반화된 특성의 결과는 기호의 존재, 특별한 수학 기호를 사용하는 연산, 수량, 수량적 관계, 공간의 성질을 나타내는 관습적인 기호 표현 등으로 나타난다. 이와 관련하여 Keppers(참고문헌 624)는 수, 관계, 언어로 표현된 수학 법칙의 "기호 번역"은 수학의 특성이라고 말한다.

학문으로서의 수학의 한 가지 특성은 형식화이다. Molodshii가 관찰한 바와 같이, "대략적으로 19세기 후반에 수학자들은 수학 분야들의 형식적 실체화에 도달하였다. 수학 이론의 형식적 실체화와 더불어 그들은 어떤 대상이 포함되는지, 연구할 대상들 간에 나타날 관계와 연결의 의미가 무엇인지에 대해 말하지 않는다. … 그러나 반면 대상들에 공통적인 기본 관계와 연결 구조에 대해 더 정확하고 완전하게 기술하려고 한다(참고문헌 299, p. 131)."

수학의 본질적 특성은 공리적 방법인데 이는 현대 수학의 방식이다(Lyapunov, 참고문헌 269, p. 115). Markov(참고문헌 276, p. 338)가 지적한 바와 같이 공리적 방법은 수학을 논리적으로 체계화하는 가장 광범위한 방법 중의 하나이다. 공리적 방법의 본질은 어떤 정확히 진술된 기본 가정들로 이루어진 이론의 기초가 되는 실재이고, 소위 공리라고 불리면서 증명 없이 인정되며, 그것으로부터 이론의 이후 모든 내용이 증명이라고 하는 논증에 의해 논리적으로 연역된다(참고문헌 125, p. 121). 따라서 공리적 정의는 "주어진 개념 체계에서 각 개념은 그 어떤 것도 고려 중인 체계의 다른 개념에 비해 일반적이지 않으며, 그 개념과 그렇게 정의된 체계에서 다른 여러 개념을 연결하는 관계를 통해 정의된다(Gibsh, Semushin, & Fetisov, 참고문헌 89, p. 9)."는 것이다.

Esenin-Vol'pin은 공리적 방법이 즉시 모든 수학자들에게 확산되었음을 강조한다(125, p. 122). 그러나 Kolmogorov는 수학 전체가 완전히 공리화될 수 없으며 사람들은 개개 수학 이론들의 공리 체계만을 언급할 수 있다는 점에 주목한다(참고문헌 177, pp. 613~16).

수학의 특성 중 하나는 많은 문제 풀이가 지닌 알고리즘적 성질이다. 잘 아는 바와 같이 알고리즘은 어떤 유형의 문제를 해결하는 데 어떤 연산을 수행하고 어떤 순서로 해야 하는지에 대한 명확한 지시이다. 알고리즘은 일반화인데, 이는 적합한 유형의 모든 문제에 적용할 수 있기 때문이다. 물론 매우 많은 문제의 경우 알고리즘이 존재하지 않으며, 특별한 방법들에 의해 해결된다. 따라서 Kolmogorov(참고문헌 180, p. 9)가 말한 바와 같이 표준적인 규칙에 따르지 않는 풀이 과정을 찾는 능력이 수학적 사고의 핵심 중 하나이다.

결론적으로 수학적 사고의 기본 특성에서 발생되는 수학적 능력의 구성 요소에 대해 아래와 같은 목록을 제시하고자 한다.

1. 수학 내용을 형식화하고, 내용과 형식을 분리하고, 구체적인 수량적 관계와 공간에 존재하는 모양을 추상화하고, 관계와 연결의 구조를 가진 형식적 구조를 조작하는 능력.
2. 수학 내용을 일반화하고, 아주 중요한 것이 무엇인지 감지하고, 관련성이 없는 것을 추상하고, 외적으로는 다른 것에서 공통되는 부분을 인식하는 능력.
3. 숫자와 다른 기호를 조작하는 능력.
4. 연속적이지만 적절히 분할된 논리적 추론 능력(Kolmogorov, 참고문헌 180, p. 10). 이는 증명, 실체화, 연역의 필요성과 관련된다.

위의 목록에, 앞에서 별도로 이야기한 구성 요소들을 덧붙이고자 한다.

5. 추론 과정을 단축하고, 단축된 구조로 생각하는 능력.
6. 정신 과정을 전환하는 능력(정방향에서 역방향으로의 사고 전환).
7. 사고의 유연성. 이는 한 가지 정신 조작에서 다른 정신 조작으로 전환하는 능력으로 진부하고 판에 박힌 것의 구속적인 영향에서 자유롭다는 것을 의미한다. 이런 사고 특성은 수학자의 창조적 활동에 중요하다.
8. 수학적 기억. 이런 특성은 학문으로서의 수학의 특성에서도 발생하며, 일반화, 형식화된 구조, 논리적 도식에 대한 기억이라고 가정할 수 있다.
9. 공간 개념 능력. 이는 기하학, 특히 공간 기하학과 같은 학문 분야의 실재와 직접 관련된다.

위에서 알 수 있는 바와 같이, 목록에서 매우 일반적인 범주, 예를 들면 추상적 사고 능력은 배제시키려고 노력하였고, 이런 범주를 더 명확하고 정확한 범주로 "분해"하여 제시하려 하였다. 이것이 수학적 능력 구조의 구성 요소에 대한 가설적 도식이다. 이는 본 실험 연구의 기초이다.

제7장

실험 연구에서 사용한 방법

연구의 기본적인 방법은 앞에서 언급한 바와 같이, 실험을 위해 개발한 문제들을 서로 다른 발달 수준에 있는 학생들이 해결하는 과정에 대한 분석이었다. 실험 연구의 주요 아이디어는 다음과 같다. 만약 문제해결이라는 것이 문제 자체의 특성과 이 문제를 해결하는 학생의 특성이라는 두 가지 요인에 따른 결과라면, 우리는 서로 다른 피험자들에게 동일한 문제를 제공하거나, 한 명의 피험자에게 서로 다른 문제들을 제공하는 방법으로 이 두 가지 요인을 연속적으로 입증해야 한다.

실험연구를 조직하면서 다음과 같은 원리들에 따라 진행하였다.

1. 능력에 대해 연구를 할 때는, 연구하고자 하는 능력을 위한 활동 안에서 이 활동을 분석하는 것을 토대로 해야 한다는 소비에트 심리학의 기본 원칙에 따라 연구자들은 실험을 위해 개발한 문제들이 원칙적으로 학생의 수학적 활동의 특성에 대응되어야 한다고 생각하였다. 학교 수업에서 학생의 수학적 활동은 증명, 계산, 변환, 작도 문제를 포함하여 광범위한 의미의 다양한 유형의 문제를 푸는 것으로 구성된다. 따라서 본 연구에서 실험에 사용한 문제들은 주로 수학적 문제이다. 학생들의 풀이를 분석함으로서 우수한 학생의 정신적 활동과 부진한 학생의 정신적 활동이 어떻게 다른지 이해할 수 있고, 문제를 해결하는 과정에서 드러나는 학생의 정신적 활동의 개별적인 특성들을 밝힐 수 있을 것이다.

본 연구의 실험에 사용한, 특별히 선택하거나 구성한 문제는 학교 수학의 여러 영역, 즉 산술, 대수, 기하 영역을 거의 동등하게 대표하며, 오히려 학생의 수학적 활동의 본질을 충실히 포함하고 어떤 의미에서는 이를 형성한다.

실험에 사용한 문제 중에는 산술 문제가 꽤 많다. 이것은 특히 최근에 강하게 제기되고 있는 학교에서 산술 문제를 해결하는 데 대한 비판적 태도의 관점에서 볼 때 정당화될 수 있는가?

산술 문제에 대해서는 항상 다양한 의견이 있어왔다. 이는 학술지 *Mathematica v Shkole*(1964, no. 1)에 있는 최근의 논의에서 명백히 알 수 있다. 수학자들과 방법론자들 중 일부는 학교에서 복잡한 산술 문제를 해결하는 것이 그다지 유용하지 않은데, 그 이유는 방정식을 만들어서 문제를 해결하는 보편적이고 더 간단한 일반적인 대수적 방법이 있기 때문이라고 생각한다. 학교에서 산술 문제 해결을 광범위하게 사용하는 것을 지지하는 다른 사람들은 이것이 추론 능력을 훈련하고 논리적 사고를 발달하게 한다고 믿는다.

산술 문제의 가치는 다소 과장됐을지도 모르며, 학교에서 학생들에게 산술 문제를 해결하도록 하는 데 근거 없이 열광해 왔을지도 모른다. 여전히 추론 능력과 논리적 사고 능력을 개발하는 데 큰 가치가 있음을 부인할 수는 없다. 그러나 여기는 이 논제에 대한 논의를 시작할 위치는 아니다. 산술 문제는 본 연구에서 그 자체가 목적이 아니다. 산술 문제는 그 자체보다는 사고의 특성, 추론 과정의 특성을 알아내는 수단이라는 면에서 흥미를 끈다. 산술 문제 해결은 반성 과정 또는 추론 과정을 명백히 알게 해주며, "사고 실험"을 꿰뚫어보기 위한 기회를 제공한다.

2. 실험에 사용한 문제는 수학적 창의성의 요소들이 필요한 비표준적인 문제들을 포함하여 다양한 난이도(상, 중, 하)로 구성되어야 한다. 이 문제들은 평범한 학생들에게도 매우 쉽고 간단한 것에서부터 우수한 학생에게도 아주 복잡하고 쉽게 접근 가능하지 않은 것까지 "단계적으로" 배열되어야 한다. Itel'son(참고문헌 146)이 관찰한 바와 같이 어떤 문제의 난이도를 평가한다는 것이 항상 쉬운 것은 아니다. 어떤 경우에는 난이도에 대한 의견이 다를 수도 있다.

본 연구에서 난이도의 추정은 첫째, 문제에 제시된 관계의 복잡성에 대한 객관적인 평가를 기초로 이루어진다. 예를 들면 두 수의 합의 제곱에 해당하는 기본적인 곱셈 전개 공식의 응용에 따라 문제의 "단계"가 결정된다. 난이도가 객관적으로 어떻게 증가하는지를 보여주는 예가 아래에 제시되어 있다. 괄호 안을 보면 각 문제가 이전 문제보다 어떻게 복잡해지는지 알 수 있다.

$$(a+b)^2 =$$
$$(2a+3b)^2 = \text{(계수 도입)}$$
$$(3a^2+4b^3)^2 = \text{(지수 도입)}$$
$$(7a^m+2b^n)^2 = \text{(지수에 문자 지정)}$$

$$(1/3a^m + 1/7b^n)^2 = (\text{분수 계수 도입})$$

둘째, 의문의 여지가 있는 경우에는 사전 예비 실험을 통해 학생들에게 그 문제를 해결해 보게 함으로써 문제의 객관적 난이도를 검사하였다. 난이도를 객관적으로 평가하기에 어렵다고 판단되는 몇 문항은 기본 실험에 참여하지 않은 대규모의 학생들 그룹에 제시해서 이 문제를 해결한 학생들의 비율을 구하였다. 문제의 주관적인 난이도는 옳은 풀이를 한 학생 수에 반비례하는 양으로 나타내었다. 예를 들면 75%의 학생들이 해결한 문제는 25%의 학생들이 해결한 문제보다 학생들에게 주관적으로 더 쉽다는 것이다. 즉 정답률이 높은 문항은 주관적 난이도가 낮고, 정답률이 낮은 문항은 주관적 난이도가 높다는 것이다.

물론 이 원칙을 불가피하게 여긴 일련의 문제를 제외하고는, 이 모든 것에 따라 적절한 신뢰도를 가진 난이도에 따라 문제를 배열할 수 있게 되었다. 따라서 "높은 단계"에 있는 문제는 해결하고 "낮은 단계"에 있는 문제를 해결하지 못한 피험자는 상대적으로 매우 드물었다.

3. 실험에 사용된 모든 문제들은 연구의 직접적인 목표, 즉 문제 해결이 능력의 구조를 명료하게 하는 데 도움이 되어야 한다는 목표를 충족해야 한다. 다른 말로 하면, 문제가 해결되면 수학적 활동에 특수한 정신적 활동의 특성들이 명백해져야 한다. Teplov (참고문헌 406, p. 513)가 진술한 바와 같이 서구에서 광범위하게 사용하는 검사는 정확한 심리학적 성질의 지표 역할을 하지 못한다. 검사자는 단지 검사와 다른 검사들 사이의 상관도에 대한 관점에서만 관심이 있고, 어떤 검사가 무엇에 대한 지표인지의 문제는 전혀 생각하지 않는 일이 종종 있다. 반면 본 연구의 실험 방법은 검사가 제공하는 지표가 연구하는 현상, 정신적 활동의 개개 특성의 가능한 한 가장 정확한 심리학적 지표가 되어야 한다는 것을 고려해서 구성하였다.

실험에 사용된 문제의 타당도(즉, 적절성과 정당성)는 실험 연구를 시작하기 전에 확인되었다. 잘 알고 있는 바와 같이 검사 문제의 타당도는 실제로 그 결과를 입증하는 것으로 결정된다. 예비 실험은 수학적으로 우수한 피험자일수록 실험에 사용된 문제를 더 성공적으로 해결한다는 점을 설득력 있게 보여주었다. 즉 실험에 사용된 문제를 잘 해결한 학생이 실제로 우수한 학생들이고, 잘하지 못한 학생들은 학교에서 부진한 학생들에 속한다는 것이 밝혀졌다.

문제의 신뢰도는 점수의 안정성의 관점에서 점수를 부여하는 문제 시리즈들을 사용해서 선택적으로 확인되었다. 실험에 사용된 문제의 신뢰도 계수는 Garrett(참고문헌 575, pp. 337~42)의 방식으로 계산하였다. 불행히도 가장 쉬운 방법, "검사-재검사(반복) 방법"은 본 연구에서는 사용할 수 없었는데 그 이유는 그 문제들을 처음 풀어 본 경험이 반복 해결에 영향을 미칠 것이고 6개월이나 그 이상의 충분히 긴 기간 이후에는 그 기간 동안의 성숙, 학교에서 학습한 지식, 습관, 기능이 결정적인 영향을 미칠 것이기 때문이다. 따라서 본 연구에서는 동일 유형의 문제들로 이루어진 두 개의 동형 검사를 사용하는 "합리적인 동형 검사 방법"과 "반분 검사 방법"을 사용하였다(참고문헌 575, pp. 337~42). 두 가지 경우 모두 상관계수는 0.802～0.926 범위 내에 존재하는 것으로 밝혀졌고, 이는 만족할 만한 신뢰도를 보여준다.

4. 본 연구를 위해서 피험자의 과제 수행의 최종 결과도 필요하지만 근본적으로는 그 수행에 사용된 과정을 알아보는 것이 필요하였다. 본 연구에 사용된 문제는 연구할 현상에 대한 양적인 기술보다는, 이것 없이는 현상에 대한 완전한 상을 얻기 힘든 질적인 특성을 드러내는데 방향이 맞추어져 있었다. 문제해결과정이 충분히 객관적으로 표현될 수 있는 것은 아니기 때문에, 우리는 문제해결에 대한 연구가 매우 복잡하다는 것을 항상 알고 있다. 연구자들은 문제해결의 사고 과정에서 많은 연결고리들을 놓친다. 비록 해결과정의 수학적 구조, 즉 풀이에서 만들어진 조작의 순서가 문제해결의 기록에서 충분히 완벽하게 표현할 수 있다고 해도, 해결과정의 특징을 보여주는 사고 과정은 객관적인 표현을 통해 기록하기 어렵다. Menchinskaya(참고문헌 291), Yaroshchuk(참고문헌 475)와 같은 다른 많은 사람들은 이 점에 특별한 관심을 보였다.

복잡한 사고 과정의 질적인 측면을 밝히는 것이 문제이며 이를 위해 가능한 한 피험자가 실험에 사용된 문제들을 해결하는 동안 일어나는 실제적 사고 과정을 알아내야 한다. 보통 이런 경우에 피험자가 소리를 내어 말하면서 문제를 해결하고, 아무리 피상적이고 비합리적인 것이라도 상관없이 어떤 아이디어도 말로 표현하도록 할 수 있다(Duncker, 참고문헌 487, 561). 그러나 이것은 얼핏 보기에 그렇게 간단하지만은 않은 것 같다. 가장 큰 어려움은 **언어화**에 의해 사고 과정을 확인하는 대신, 피험자가 **자기 관찰**을 하는 경우가 종종 있다는 데서 발생한다. 학생들의 활동에서 소리를 내어 말하면서 사고하는 것을 조직할 때의 어려움은 다음과 같은 몇 가지 조건들을 포함한다.

a. 일부 학생들은 소리를 내어 말하면서 사고하는 방법(think out loud)을 모르거나 익숙하지 않다. 속으로 사고하는 것이 일상적이기 때문에 말하면서 사고하는 방법이

자연스럽지 않다. 실험자가 만족할 만큼 완전하게 학생들이 소리내어 사고해야 한다는 요구 사항은 이 학생들을 불안하게 할 수 있다. 이때 완전하다는 것은 추론의 완전성을 의미하는 것이 아니라 실제 사고 과정의 언어화의 완전성을 의미하는데 그 이유는 추론은 단축될 수도 있고 이를 확인하는 것도 중요하기 때문이다. 학생들에게 자연스럽지 않은 절차를 부과하는 것은 실제적인 상을 왜곡하는 일과 의식적으로 타협하게 할 가능성이 있음을 의미한다.

b. 학생들, 특히 어린 학생들은 학교에서 소리를 내어 말하면서 반성하는 것에 대해 훈련을 받으며, 이는 계속 요구되고 있다는 생각을 할지도 모른다. 그러나 이는 그렇지 않다. 소리를 내어 말하면서 사고하거나 문제를 해결하는 것과 소리를 내어 말하면서 풀이 과정을 단지 설명하는 것은 완전히 다른 과정이다. 러시아의 방법론자인 Egorov는 문제 해결과 해결 과정에 대한 설명은 동일한 것은 아니라는 점에 주목하였다. 실험에 철저하게 준비되지 않은 학생은 “소리를 내어 말하면서 사고”하라는 지시를 그 문제를 해결한 방법을 설명하라는 요청으로 이해할지도 모른다. 학생은 또한 교사가 학급에서 “소리를 내어 말하면서 해결”하도록 하면 “다른 사람들을 위한 풀이”, 즉 다른 사람들이 이해할 수 있게 해결 과정을 설명하는 것으로 알고 있다.

c. 학생들은, 특히 고학년 학생들은 문제를 해결하면서 자기 자신의 사고 과정을 관찰하고 기술하라는 것, 자신이 어떻게 생각하고 있는지에 대해 철저하게 설명하라는 것으로 생각할 수도 있다. 이 경우 우리는 자기 관찰, 서투른 자기 관찰을 다루게 될 것이다. 관찰의 목적은 잘 알고 있는 바와 같이 사고에 대한 상을 왜곡할 수 있다. Johannot은 Piaget의 추종자인데 성인의 수학적 추론에 대한 그의 저서(참고문헌 620)에서 이런 어려움을 다음과 같은 방식으로 명백히 하려고 하였다. 한 문제를 성인에게 제시하고 해결 탐색을 위해 개인적인 시간을 갖도록 한다. 일단 문제를 해결하면 실험자는 피험자의 사고 과정을 추적하기 위해 피험자와 열린 논의를 시작한다. 즉 어떤 방법을 사용했는지 그리고 문제를 옳게 해결하는 데 방해가 된 것은 무엇인지 등을 논의한다(참고문헌 620, p. 25). Johannot(참고문헌 620, p. 25) 자신이 이 방법에 대한 중대한 결점에 주목한다. 즉, 통찰력 있는 아이들은 실험자가 그들에게 무엇을 원하는지를 추측해서 기대하는 답을 하는 일이 자주 있다는 것이다.

본 연구에서는 이런 어려운 점을 극복하기 위해 어떤 시도를 하였는가? 첫째, 피험자에게 요구하는 것이 무엇인지, 즉 피험자는 자신이 어떻게 사고하였는지를 말하는 것이 아니라 실험자에게 해결 과정을 설명하지 않고 단순히 소리를 내어 말하면서 사고하는 것임을 상세하게 설명하였다. 사전 교육은 다음과 같이 진행되었다. "소리를 내어 말하며 생각하세요. 집에서 혼자 문제를 풀 때 이렇게 하지 않나요? 문제 해결과 관련해서 여러분의 머릿속에 떠오르는 아이디어가 있으면 무엇이든지 종이에 적어 두세요. 나는 여러분의 최종적인 답이나 답을 구할 때까지 걸린 시간에 관심이 있는 것이 아니라 과정 자체에 관심이 있어요. 누구에게 어떤 것도 설명하려 하지 마세요. 이곳에 여러분 외에는 아무도 없는 것처럼 생각하세요. 풀이에 대해 이야기하지 말고 문제를 해결하세요." 그러고 나서 피험자에게 그에게서 원하는 것이 무엇인지 보여주었고 그는 점점 소리를 내어 말하면서 생각하는 데 익숙해졌다. 실험자는 피험자를 어느 정도는 이와 관련해서 훈련하였고, 그의 사고 과정을 관찰하거나 논평하지 않고 비록 감탄사나 산만한 표현과 같은 단편적인 어구일지라도 자연스럽게 소리를 내어 말하면서 생각하도록 하였다. 실험자는 특히 실제 과정을 왜곡하지 않도록 상세한 풀이를 위한 어떤 지시도 하지 않았다.

언어화가 명백히 피험자의 정신적 과정에 방해가 된다면, 즉 이런 방해가 즉각적으로 명백하거나 또는 피험자가 이에 대해 말할 때 실험자는 언어화를 고집하지 않았고 마음속의 사고 과정에 방해가 되지 않도록 하였으며 피험자가 편안하게 느끼는 방식으로 행동하게 하였다. 이런 경우에는 해결 과정에 대한 기록과 이후에 피험자와의 논의를 통해서 더 많은 안내를 받아야 했다.

그 결과, 본 연구의 실험에서 "소리를 내어 말하면서 사고하기"는 피험자의 자연스러운 사고 과정을 거의 방해하지 않았다. 피험자들은 소리를 내어 말하며 추론하면서 해결의 전 과정을 적어내려 가면서 문제를 해결하였다. 해결 과정은 Ignat'ev의 방법(142)에 따라 일정 시간 간격에 따라 맞추어져 있었는데 이 방법은 Stepanov(393)에서도 성공적으로 사용되었다. 우선 풀이를 적을 공책의 맨 첫 장 밑에 복사용지를 끼워 넣는다. 일정한 시간 간격에 따라 풀이가 복사된 밑에 있는 종이를 빼낸다. 따라서 각각의 종이는 동일한 시간 간격에 따라 순서대로 이루어진 조작의 기록을 포함한다. 나중에는 이 방법을 간단히 해서 동일한 시간 간격 후에 풀이에 빨간 표시를 해서 동일한 시간 간격에 이루어진 조작들을 분리하였다.

"소리를 내어 말하며 사고한 것"은 실험자가 필기나 녹음을 통해 세심하게 기록하였다. 필요하면, 예를 들어 언어화가 방해가 되거나 기록에 설명이 필요하면, 피험자가 사고하는 중에 주요 질문을 하지 않고, 피험자에게 추가 질문, 예를 들면 "당신에게 방해가 된 것은 무엇인가요?" "당신이 무엇을 했고 왜 그렇게 했는지 설명해 보세요."와 같은 질문을 통해 추론 과정의 개인적 특성을 명백히 하였다.

따라서 연구자들은 실험에 사용된 문제들을 해결하는 동안 이루어지는 사고의 실제 과정을 피험자의 해결 과정, 조작, 다이어그램, 스케치의 특성에 대한 객관적인 기록, 문제 해결 동안 언어로 표현한 반성 과정에 대한 기록, 해결 과정에서 질문들에 대한 답의 특성, 문제 해결이 끝난 후 풀이에 대한 논의 자료를 통해 판단하였다. 그 결과 실험에 사용한 문제들을 해결할 때 이루어지는 학생들의 정신적 활동의 특성에 대한 좀더 완전한 객관적인 개념을 갖게 되었다. 물론 이 모든 것은 학생들이 문제를 해결하지 못하거나, 옳지 않은 방법을 선택하거나, 잘못된 사고 과정을 따르는 경우에도 이루어졌다.

5. 문제 해결에 영향을 미치는 것은 여러 가지 요인, 특히 과거 경험, 지식, 습관, 기능 등이 얽힌 복합체이다. 이런 여러 가지 요인의 복합체에서 능력 요소를 분리하는 것은 어려운 일이다. 명백히 능력만이 문제 해결에 영향을 미치도록 문제들을 선정해야 한다.

과거 경험, 지식, 습관의 영향을 완전히 제거하는 일은 불가능하다. 근본적인 어려움은 다음과 같은 것에 있다. 즉, 실험에 사용된 문제들이 수학적 지식, 습관, 기능이 풀이에 영향을 받지 않는 것이라면 이 문제들은 다른 비수학적 활동에 종속되며 이는 조사의 기본 원리에 모순될 것이다. Levitov도 과학 기술 능력의 문제를 검사하는 것과 관련해서 이런 점에 주목하면서 지식, 기능, 습관으로부터의 독립성과 표준적인 활동 조건에의 근접성을 고려할 필요가 있음을 지적하였다. Rose(참고문헌 681, p. 4)는 두 가지 유형의 수학 문제로서 (a) 공식, 정리, 증명을 재생산하는 것과 같은 지식과 관련된 문제와 (b) 지능 검사와 일관성을 보이는 지능에 기초한 더 창의적인 문제를 언급하였다. 그러나 여기서 Rose는 지식의 측면이 배제된 문제를 만드는 것은 어렵다는 점을 분명히 한다.

문제 해결이 능력에 의해서만 결정되고 이용 가능한 지식, 기능, 습관에 절대로 의존하지 않는 수학 문제를 찾으려는 모든 시도는 실패하기 마련이라는 결론을 내려야 할 것 같다. 만약 그렇다면, 그런 문제를 찾는 것을 포기하고 단지 가능한 한 이런 영향력을 "약화"하고 다른 모든 조건을 동등하게 하려는 노력을 해야 한다. 지식, 기능, 습관의 영향을 "제거"하는 것이 아니라 어떤 의미에서는 이런 측면에서 모든 피험자를 동등하게 하는 것이다. 이것이 실험에 사용할 문제를 선정할 때 우리의 목표가 지향하는 점이다. 그렇지 않으면 문제 해결 특성의 많은 차이가 지식, 습관, 기능의 차이에 기인하게 될 것이다.

연구자들은 다음과 같은 방식으로 모든 조건을 동등하게 하는 노력을 기울였다.

a. 특별한 지식, 기능, 습관이 필요하지 않거나 모든 학생들이 필요한 지식을 알고 있

다고 생각하는 문제들을 선정하였다. 연구자들은 어떤 문제를 해결할 때 필요한 지식, 기능, 습관의 종류를 미리 밝혀내고, 참여한 학생들이 실제 특별한 선행 조건을 갖추고 있는지, 실험에 사용한 문제를 해결하는 데 필요한 이론을 모두 알고 있는지를 확인하였다. 이렇게 하지 않은 경우에는 이론을 함께 복습하고, 학생들에게 적절한 명제들을 상기시켰지만, 우리는 학생들이 이 정보를 다음 문제를 해결하는 데 사용할 수 있다고 추측하지 않도록 매우 주의를 기울였다.

b. 과거 경험의 영향은 실제적으로 약화되었는데, 그 이유는 실험에 사용한 많은 문제들이 학생들에게는 새로운 것이었고, 친숙하지 않은 내용을 기초로 한 것이었기 때문이다. 일부 문제는 교육과정에 선행하는 내용이었고, 일부는 학교에서는 전혀 다루지 않는 내용이었다. 물론 때로는 실험자가 무엇이 학생들에게 친숙한 것인지 아닌 것인지를 판단하고 각 학생의 경험을 평가하는 것이 어려웠지만, 가능한 한 이와 같이 하였다.

c. 문제는 최근에 학습한 내용을 기초로 제시하였고, 피실험자가 새로운 기능 숙달(적합한 유형의 문제를 해결하는 기능)에 대한 특성을 조사할 기회를 제공하였다. 여기서는 실험자가 일련의 사례들을 가지고 설명할 사항을 준비하였다. 실험자는 문제 해결에서 기대하는 친숙하지 않은 내용, 학교에서는 다루지 않은 내용이 무엇인지 학생들에게 설명하였다.

d. 수학적 창의성 요소들을 가진 문제, 즉 비표준적인 문제들을 사용하였다.

6. 능력은 활동을 통해 역동적인 상태로 나타나서 발달한다. 역동성이 없이 한 성취 수준만을 사용한다면 능력을 평가하기는 어렵다. 두 학생이 같은 능력 수준에 도달해 있다고 해도, 그들의 능력이 완전히 동일함을 의미하지는 않는다. 그들의 능력은 각자가 그 수준의 성취를 위해서 얼마나 많은 활동과 노력이 필요한지, 얼마나 빠르고 쉽게 적절한 습관의 숙달에 이르는지를 알아낼 때만 측정할 수 있다. Rubinstein은 "속도, 학습의 용이성, 진보율은 그 발달 과정에서 능력의 핵심적인 지표일 수 있다."라고 기술하였다(참고문헌 354, p. 540). Kalmykova(참고문헌 158, 159)는 이미 "진보 속도"라는 용어를 사용하고 Merlin은 능력의 표시로 "학습 속도"라고 기술한다(참고문헌 294, p. 127). 우리는 "신보율"이라는 말을 더 신호하는데 그 이유는 "속도"라는 말은 상대적인 운동 속도를 나타내는 것처럼 보이기 때문이다. 물론 "진보율" 또는 "진보 속도"를 사용할 것인지에 대한 기준은 시간이라기보다는 연습문제의 수, 사고 계열의 수이다. 학생의 진보율이나 진보 속도는 개인의 활동 속도와 일치하지 않는다.

따라서 우리의 실험 방법은 설명적일 뿐만 아니라 진단적이어야 한다고 결정하였다. 학생이 어떤 유형의 문제를 해결하는 데 얼마나 빨리 진보하는지, 이 문제들을 해결하는 기능을 얼마나 빨리 성취하는지, 이와 관련하여 이 학생의 최대한의 가능성은 무엇인지를 결정하였다. 특히 가장 쉬운 문제에서부터 가장 어려운 문제, 즉 (a) 독립적으로, (b) 실험자의 작은 도움이 필요한 것으로 구성된 “단계형” 문제에서 학생의 진보율을 생각하였다. 후자의 경우가 매우 중요하다. 일찍이 1930년대 초기에 잘 알려진 소비에트의 심리학자인 Vygotskii는 발달의 조건은 성숙이라는 요소에 의해서만 결정되는 것은 아니라는 중요한 생각을 표현하였다. 학생이 이미 학습한 것뿐 아니라 학습할 수 있는 것도 중요하다. 따라서 두 가지의 지표가 필요하다. 하나는 제시된 문제를 학생이 어떻게 독립적으로 해결하는가 하는 것이고, 다른 하나는 성인의 도움만 있어도 학생이 자신의 인지적 잠재 영역에 놓이는 것만을 해결할 수 있다는 것을 염두에 두면서 학생이 같은 문제를 성인의 도움을 받는다면 어떻게 해결하는가이다. 이 두 지표 사이의 차이가 그 학생의 다음 발달 영역의 지표일 것이며, 이것이 그 학생의 지적 잠재 가능성에 대한 전체적인 평가의 중요한 요소이다. 학생이 성인의 도움을 받아 해결할 수 있는 문제는 다음 발달 영역을 나타낸다. Vygotskii(참고문헌 76, 77)는 학생이 오늘 성인의 도움을 받아 해결할 수 있는 것은 내일 스스로 할 수 있다는 것을 강조하였다. 즉 오늘 근접 발달 영역 내에 있는 것은 내일 실제 발달 수준에 놓이게 된다는 것이다. 이미 도달한 것뿐만 아니라 다음에 도달할 수 있는 것까지 고려한다는 아이디어는 우리에게 유익한 것 같다. 따라서 실험에서는 독립적인 해결 과정에서 피험자가 도달한 수준과 실험자의 약간의 도움을 받아 해결한 수준을 모두 확인하였다. 또한 도움을 준 유형도 힌트, 격려, 유도 질문, 방향 제시 등으로 세밀하게 기록하였다.

수학 실험 수업 과정에서 능력을 연구하는 조사에서는 정확히 말하면 교수 실험이 사용되었다. 수학적 능력의 개별 구성 요소가 특정한 교육 영향에 따라 어떻게 다양하게 형성되는지 관찰하였다.

7. 문제 해결 과정의 질적 분석을 본 연구의 기본 원리로 간주했지만, 우리는 여기에 제한하지 않고 현상의 양적인 특성도 찾으려고 하였다. Teplov는 《개인차 문제》라는 자신의 저서에서 질적인 차이의 분석이 능력 심리학의 기본 문제임을 강조하였다. 그러나 동시에 그는 “능력 연구에서 양적 접근의 가능성을 완전히 배제해서는 안 된다. 그러나 양적 접근은 질적 분석을 따르고 질적 분석으로부터 진행하고 질적 분석에 의해 결정될 때만 가능하다(참고문헌 408, p. 23).”는 점에 주목하였다. 어떤 조건에서도 중요한 사항

은 과정에 대한 질적 요소이다. 그러나 물론 질적 접근과 양적 접근을 뚜렷하게 대조할 수 없는데 그 이유는 질은 양에 의해 드러나기 때문이다. 즉, 양적인 지표 또한 어느 정도는 능력의 질적 측면을 표현한다.

어떤 유형의 문제를 해결하는 기능을 학습하는 비율인 "진보율"을 평가하는 데, 새로운 것에 숙달하는 데 필요한 연습문제의 수, 독립적으로 해결한 문제의 수, 실험자의 도움을 받아 해결한 문제의 수, 또는 해결하지 못한 문제의 수, 시험에 사용된 매우 복잡한 문제의 해결에 숙달하는 데 필요한 문제의 수 등을 사용하기도 하고, 추론 과정의 단축을 평가하는 데 생략한 결합의 수를 사용하거나 정신적 과정의 유연성을 평가하는 데 한 가지 문제를 해결하는 서로 다른 방법의 수를 사용하는 등과 같은 양적 기술을 사용하였다. 많은 경우에 특별한 목적을 위해 과정에 대한 시간적 기술도 병행하였다. 이에 대해서는 문제들을 개별적으로 기술할 때 상세히 논할 것이다. 능력의 구조에 대한 특정 질문들을 조사할 때는 요인 분석을 사용하였다.

본 연구의 조사 방법이 외국의 심리학에서 사용되는 정신 측정과 문제나 조직에 있어서는 공통되는 부분이 없음을 명문화해 둘 것이 필요하다고 생각한다. 본 실험 문제와 외국의 정신 측정학에 사용된 검사 원리의 기본적인 차이는 다음과 같다.

1. 본 연구에서는 실험 문제를 사용한 이유가 지적인 영재나 지적인 부진아를 선발하기 위한 것도 아니고 수학적 영재성의 정도를 측정하려는 것도 아니며 능력의 구조를 조사하기 위한 연구 목적으로 사용한 것이다. 이 문제들을 검사라고 부른다면 외국에서 사용되는 "엄밀한" 예측을 위해 만든 「진단을 위한 검사」와는 대조적으로 특별한 연구 목적을 위해 만든 「연구를 위한 검사」이다.
2. 본 연구의 실험 문제는 결과만이 아니라 주로 해결 과정, 결과에 도달하는 방법의 질적인 특성을 알아내려는 데 초점을 맞추고 있으므로, 해결에 대한 기술이 양적인 지표인 수치적 지수나 등급에 제한되지 않고, 해결 과정을 기술하는 데 주된 관심이 있다.

제8장

학생의 수학적 능력을 **조사**하기 위한 **실험 문제 체계**

앞 6장에서 설정한 수학적 능력의 구성요소에 대한 가설에 기초하여 실험연구 방법을 고안하였다. 이 체계를 만드는 것은 이 연구에서 매우 복잡하고 힘이 많이 드는 부분이었다. 여러 번의 실험 적용을 거쳐 다양한 수학적 능력을 지닌 학생들의 지적인 행동 특성을 드러내기 위한 실험 문제의 특별한 체계를 고안하였다. 실험문제의 체계는 실험 적용을 거치면서 일부 개선되었다. 우리가 알아보려는 것을 충분히 드러내지 못하는 것으로 드러난 유형의 문제와 개별 과제들을 버리고, 연구하는 현상을 더 잘 보여주는 것들로 대체하였다.

실험문제들은 시리즈 별로 분류되어 있다. 각 시리즈는 특별한 종류의 실험문제들이다. 각 시리즈의 제목은 그 시리즈의 문제의 본질에 기초하여, 어느 정도 조건부로 붙여진 것이다. 각 시리즈에 대한 설명은 뒤에 나온다.

시리즈들은 네 개의 기본적인 범주로 그룹 지을 수 있다. 세 개의 범주는 수학문제를 해결할 때의 기본적인 세 단계(문제 풀이에 필요한 정보 수집, 문제를 푸는 동안의 정보 처리, 풀이 결과를 기억하는 정보 파지)에 대응한다. 네 번째 범주는 수학적 능력의 유형 탐구와 관련 있다. 각각의 범주 속에서 시리즈들은 조사하려는 수학적 능력의 구조의(처음에는 가정적으로 약술되고 후에 실험적으로 확립될) 각 요소에 따라 그룹으로 묶여 있다.

목적에 따라 시리즈들을 그룹으로 묶다 보면 어려움에 봉착하게 된다. 한 시리즈가 한 가지 목적만 갖는 일은 별로 없기 때문이다. 대개의 경우 시리즈들은 지적인 과정의 매우 다양한 면을 판단하는 데 필요한 재료를 제공한다. 그래서 종종 한 시리즈를 어떤 그룹에 넣을지가 문제가 된다. 이 점을 고려하면서, 우리는 문제의 근본적인 목적에 기초하여 시리즈를 분류하였다. 그러므로 시리즈를 어떤 한 그룹에 넣은 것은 다소 조건부적인 것이다. 분류 스킴(scheme, 표 1 참조)을 분석할 때 이 점을 염두에 두어야 한다. 예를 들어 "기억"에 관한 자료가 8개의 그룹(III, IV, VI, XI, XIII, XIX, XXIII, XXIV)로부터 제공되지만 이 중 7개의 시리즈의 기본적인 목적은 다른 어떤 것이므로, 그것들은 다른 그룹에 속해 있고, "기억" 그룹에는 한 개의 시리즈(XXII)만 들어 있다.

표 1. 6, 7학년 학생들의 수학적 능력을 조사하기 위한 실험문제 체계

(5학년에서 8학년까지 사용될 수 있는 문제)

범주	그룹	시리즈		테스트		조사된 특성	
		번호	명칭	코드	영역	주목적	부목적
정보 수집	지각 (문제 해석)	I	질문이 숨겨져 있는 문제	A B C	산술 대수 기하	문제에서 구체적 사실과 관계 지각	
		II	정보가 불충분한 문제	A B	산술 기하	문제에서 구체적 사실과 관계 지각	
		III	여분의 정보와 관련된 문제	A B	산술 기하	문제에서 구체적 사실과 관계 지각	수학적 기억력
		IV	서로 통하는 요소를 가진 문제	A	기하	지각(배경에서 기하적 요소와 도형 분리)	수학적 능력의 유형
정보 처리	일반화	V	동일 유형의 문제 체계	A B	대수 대수	일반화(개념의 포괄 범위)	지각, 추론 과정의 단축
		VI	다른 유형의 문제 체계	A B C D E F G	산술 산술 산술 산술 산술 산술 기하	일반화(일반화 형성), 추론 과정의 단축, 수학적 기억, 문제에서 구체적 사실과 관계 지각	사고의 유연성
		VII	구체적인 것에서 추상적인 것으로 점차 변하는 문제 체계	A	결합	일반화(일반화 형성)	지각, 수학적 기억력
		VIII	주어진 형태의 문제 만들기	A B C D	산술 대수 기하 논리	일반화(일반화 형성), 지각(일반화된 문제 지각)	

범주	그룹	시리즈		테스트		조사된 특성	
		번호	명칭	코드	영역	주 목적	부 목적
		IX	증명 문제	A B C D	대수 대수 기하 논리	추론 방법의 일반화, 추론에서 논리, 추론 과정의 단축	수학적 능력의 유형
		X	문제의 조건을 이용한 방정식 만들기	A	대수	추론 방법의 일반화, 추론에서 논리, 추론 과정의 단축, 문제에서 구체적 사실과 관계 지각	사고의 유연성
		XI	비현실적인 문제	A	결합	일반화, 문제에서 구체적 사실과 관계 지각, 수학적 기억	
		XII	인공적인 개념의 형성	A B C	특수 특수 특수	비수학적 소재의 일반화	
		XIII	다양하게 풀 수 있는 문제	A B C	산술 대수 기하	사고의 유연성, 풀이의 우아함	비판적 사고, 수학적 기억
	사고의 유연성	XIV	변하는 내용을 지닌 문제	A B C	산술 대수 기하	사고의 유연성	
		XV	조작을 재구성하는 문제	A B C D E F G	산술 대수 대수 대수 기하 기하 특수	사고의 유연성	수학적 능력의 유형
		XVI	"자기 제한"을 유발하는 문제	A	결합	사고의 유연성	
	정신 과정의 가역성	XVII	순행문제와 역행 문제	A B C D	산술 대수 대수 기하	정신 과정의 가역성	
	이해; 추론; 논리	XVIII	발견술 과제	A B C D	산술 대수 기하 기하	추론에서 논리, 독립된 일반화	추론 과정의 단축

범주	그룹	시리즈		테스트		조사된 특성	
		번호	명칭	코드	영역	주 목적	부 목적
	이해; 추론; 논리	XIX	이해와 논리적 추론에 관한 문제	A B	수학 일반 논리	추론에서 논리, 수학적 기억, 추론 과정의 단축	
		XX	수열 문제	A B	수치 도형	추론에서 논리	관계 지각, 수학적 능력의 유형
		XXI	수학적 궤변	A B C D	산술 대수 기하 논리	추론에서 논리	사고의 유연성, 수학적 능력의 유형
정보 파지 유형	수학적 기억	XXII	기억하기 힘든 항목들을 지닌 문제	A B C	산술 대수 기하	수학적 기억, 일반화, 문제에서 구체적 사실과 관계 지각	
수학적 능력의 유형		XXIII	풀이에서 다양한 시각화 수준을 지닌 문제	V[a] A_1 A_2 M_1 M_2 G	산술 산술 산술 산술 산술 기하	수학적 능력의 유형	일반화, 추론 과정의 단축, 사고의 유연성, 수학적 기억
		XXIV	말로 하는 형식화와 시각적인 형식화를 포함하는 문제	A B C	산술 기하 기하	수학적 능력의 유형	일반화, 추론 과정의 단축, 수학적 기억
		XXV	공간 개념 관련 문제	A B C D	기하 기하 도형 도형	수학적 능력의 유형	
		XXVI	비수학적인 지적 활동의 시각-그림적 요소와 언어-논리적 요소의 상관관계를 드러내는 문제	A B	인지 기술	수학적 능력의 유형	

각 시리즈는 실험문제들의 몇 가지 세트, 곧 테스트들을 나타낸다. Teplov와 여러 다른 소비에트 심리학자들을 따라서, 우리는 'test'라는 단어의 본래의 의미로 돌아가고자 한다. 과학사에서 이 단어가 적당히 절충되어 사용되어 왔다는 것이 이 엄격한 과학적인 용어를 포기해야 하는 실질적인 이유가 될 수 없다. 지지할 수는 없지만 다른 나라에서 사용하는 심리측정학으로서의 테스트(측정)가 있는가 하면, 결과가 양적으로 표현되고 통계적으로 처리될 수 있는, 숨겨진 현상과 원리를 드러내기 위한 독특한 검사, 비교적 짧고 표준화된 시행으로서의 테스트(검사)가 있다. 우리는 이 두 번째 의미로만 테스트라는 용어를 사용한다. 우리가 사용한 테스트는 진단적인 것이 아니라 순수한 연구 테스트라는 것을 강조하는 바이다. 각 시리즈의 테스트들에 그 내용을 구성하고 있는 문제의 종류(산술적, 대수적, 기하적, 논리적 등)에 따라 이름을 붙였다. 이어서 각각의 특정한 문제에 시리즈 번호, 테스트 코드, 문제 번호로 된 매우 편리한 이름을 붙였다. 예를 들어 XIII-A-2는 시리즈 XIII의 테스트 A의 2번 문제를 뜻한다.

실험문제의 체계는 26개의 시리즈, 79개의 테스트로 되어 있다(79개의 테스트 중 22개는 산술, 17개는 대수, 25개는 기하, 15개는 기타에 관한 것이다). 언뜻 보면 이 체계가 지나치게 복잡해 보일 수도 있다. 그러나 능력을 조사하기 위해 고안된 현대적인 실험문제들의 체계 중에 이보다 덜 복잡한 것은 없다. 예를 들어 수학적 능력에 관한 가장 최근의 주목할 만한 연구(참고문헌 727)의 저자 중 한 명으로 앞에서 언급한 바 있는 Werdelin은 그의 연구에서 50개 이상의 테스트로 이루어진 체계를 사용했는데, 그중 많은 테스트가 수십 개의 독립된 항목들로 이루어져 있다. 능력은 다양하게 발현되며, 종종 여러 특수한 요인들이 영향을 미친다. 그러므로 다양한 측면에서 한 현상을 분석할 수 있게 하는 실험 문제의 전체 체계만이 필요한 자료를 산출할 수 있다. 이와 같이 다양한 방법으로 얻어진 결과들을 연결하는 것은 상당한 개연성을 가지고 이 연구에서 요인의 작용을 설명할 수 있다. Teplov가 지적한 바와 같이, 한 가지 방법을 기초로 하여 다면적으로 드러나는 정신의 특성을 제대로 연구하는 것은 불가능하다. 각 시리즈는 연구하고 있는 한 가지 또는 두세 가지 측면만을 드러내므로, 다양한 방법으로 얻은 결과들을 비교해야 한다.

거의 모든 산술문제는 대수적으로 풀리기 때문에, 문제를 산술적인 것 또는 대수적인 것으로 분류하는 것은 어느 정도 조건부적이다(그러나 5, 6학년의 학생들은 아직 대수적 방법에 친숙하지 않다). 수학적으로 능력이 있는 학생에 대한 연구나 능력이 부족한 학생에 대한 연구 모두 이 문제의 체계를 사용하여 연구하였다(능력이 있는지 없는지는 대개 각 시리즈에서 가장 초보적인 문제에 의해 정해진다).

이 체계는 문제의 수는 많지만 과도하게 많은 시간과 노력을 요구하지는 않는다. 첫째, 모든 시리즈에서 문제의 완전한 풀이가 요구되는 것은 아니다. 때로는 답을 구하기 위한 계획을 작성하거나 그 원리를 예시하는 것으로, 때로는 문제의 구조를 설명하거나 특정한 질문에 간단히 답하는 것으로 충분하다. 둘째, 능력 있는 학생은 초보적인 문제를 매우 쉽고 빠르게 풀 것이고 능력이 없는 학생은 더 어려운 문제를 많이 풀지 않는다.

문제의 대부분은 소비에트와 외국의 문제집, 인기 있는 수학책, 신문, 잡지 등 다양한 출처로부터 취한 것이다. 출처가 약 50가지나 되므로, 일일이 참고문헌을 밝히는 것은 번거로울 것이다.

실험문제의 체계가 점진적으로 만들어졌으므로, 다양한 시리즈들이 연구의 다양한 단계에서 목적에 따라 사용되었다. 대부분의 학생들은 모든 시리즈를 통해 조사되었다.

우리의 문제 체계는 6, 7학년 학생들의 수학적 능력을 자세히 조사하기 위한 것이다. 이 연령에서 수학적 능력을 처음 연구하는 것이 가장 합리적이라고 느껴진다. 능력에 대한 연구를 그 “근원”에서부터 시작하는 것도 중요하지만, 이와 관련한 명확한 무엇인가가 형태를 갖추었을 때 연구를 시작하는 것이 중요하다. 대수와 기하의 체계적 탐구의 시작과 관련하여, 적절한 수학적 능력이 객관적으로 나타나고 계발되는 것은 대체로 6, 7학년 때 뿐이다. 우리는 1학년에서 4학년 사이의 수학적 능력에 대해서는 단지 잠정적으로만 말할 수 있고 9, 10학년에서 이 능력들은 어떤 의미에서, 이미 확립된 형성물이다.

테스트 체계는 더 넓은 학령대(5학년에서 8학년)를 포괄할 수 있다. 학생의 나이(학년), 그들의 준비 정도, 연구의 특정한 목적에 따라 이 체계에서 어떤 시리즈를 선택하면 된다. 수학교육과정은 지금도 개정되고 있으므로 각각의 경우에 대해 사전에 명확한 세트를 미리 정해주는 것은 실용적이지 않고, 각 연령에 어떤 틀을 할당하는 것도 바람직하지 않다.

이제 실험 시리즈의 차례를 따라 그 목적, 제시에 사용된 기법, 결과 분석 원리를 서술하고자 한다.

시리즈 I: 질문이 드러나 있지 않은 문제

이 시리즈의 문제에서는 질문이 직접적으로든 간접적으로든 드러나 있지 않으며 문제에 주어진 수학적인 관계로부터 논리적으로 따라나온다. 우리는 피험자가 스스로 질문을 형식화할 수 있는지, 피험자가 문제에 주어진 관계의 논리를 파악하는지, 그 관계의 본질을 이해하는지 확인하였다. 이 시리즈의 의도는 학생들이 수학적인 문제를 어떻게 정신적으로 지각하는지 그 몇 가지 특성을 드러내는 데 있다. 이 유형의 문제는 Doblaev의 심리학 연구에서 전적으로 다른 목적, 즉 식 세우기의 바탕이 되는 연상 작용의 본질을 드러내기 위해서 사용했던 것이다(참고문헌 114). 이 시리즈의 핵심은 학생이 수학문제를 어떻게 인식하는지 ― 문제를 단지 (여전히 명확히 연결되어야 하는) 어색하고 서로 관련 없는 사실의 더미로 인식하는지, 아니면 서로 관련된 양들의 복합체로 인식하는지 ― 를 명확히 알게 해 준다는 것이다. 전자의 경우라면 학생은 숨겨진 질문을 알아내지 못하거나 적어도 바로 알아내지는 못할 것이다. 반면에 학생이 그 문제의 기본적인 관계를 재빨리 파악한다면 그는 이 관계들로부터 유기적으로 도출되는 숨겨진 질문을 알아낼 것이다.

이 시리즈는 잇달아 제시되는 산술 테스트, 대수 테스트, 기하 테스트의 세 테스트로 구성된다. 학생은 문제가 쓰여 있는 카드를 받은 후에, 그것을 읽고 가능한 한 빨리 질문을 만든다. 학생의 추론의 모든 과정을 확인하고 테스트에 걸린 시간을 기록하였다.

이 시리즈의 테스트는 다음과 같다. (괄호 안의 것이 숨겨진 질문이다.)

A. 산술 테스트

1. 각각 5m와 8m인 두 종류의 파이프 25개를 이었더니 길이가 155m가 되었다. (각 종류의 파이프는 몇 개인가?)
2. 어느 가게에 있는 두 개의 금고에 총 140루블이 들어 있다. 첫 번째 금고에서 15루블을 꺼내어 두 번째 금고에 넣으면, 두 금고에 있는 돈의 액수가 같아진다. (처음에 각 금고에는 돈이 얼마씩 들어 있었을까?)
3. 청년 몇 명이 65kg의 고철을 모았다. 구리와 알루미늄을 합하면 아연보다 1kg 더 많고, 구리는 알루미늄보다 15kg 더 많다. (이들이 모은 구리, 알루미늄, 아연은 각각 몇 kg인가?)
4. 내가 산 물건값을 3루블짜리 지폐로 지불하면 5루블짜리 지폐로 지불할 때보다 8장을 더 내야 한다. (물건값은 얼마인가?)
5. 어떤 소년의 형제 수와 자매 수는 같고, 그의 여동생은 자매 수가 형제 수의 반이다. (그 가정에는 몇 명의 형제와 자매가 있는가?)
6. 화물 열차의 속력은 시속 38km이고, 여객 열차의 속력은 시속 57km이다. 화물 열차가 여객 열차보다 7시간 먼저 A역을 출발하였으나, 여객 열차가 화물 열차를 앞질러서 2시간 먼저 B역에 도착하였다. (A에서 B까지의 거리를 구하여라.)
7. 오늘이 시작된 이후 지나간 시간의 $\frac{4}{5}$가 오늘이 끝나기 전까지 남아 있다. (지금

시각은?)

8. 어떤 사람이 자전거를 타고 A에서 B까지 시속 20km로 갔다가 시속 10km로 되돌아왔다. (평균 속력은 얼마인가?)

B. 대수 테스트

1. 두 사람이 합해서 28루블을 가지고 있고, 그 중 한 사람이 a루블을 가지고 있다. (다른 한 사람은 얼마를 가지고 있는가?)
2. 어떤 학생이 한 상점에서 $2b$권의 공책을 샀고, 다른 상점에서 그 3.5배의 공책을 샀다. (그가 산 공책은 모두 몇 권인가?)
3. 차를 타고 평균 시속 $x$km로 760km를 여행하였다. (여행에 소요된 시간은 얼마인가?)
4. 어떤 바퀴가 $12a$번 회전해서 진행한 거리가 1,800m였다. (바퀴 둘레의 길이는 얼마인가?)
5. 어떤 사람은 지금까지 a달 동안 살았다. (그는 몇 년 동안 산 것인가?)

C. 기하 테스트

1. 한 직선 위에 있는 한 점으로부터 직선의 한쪽 편에 두 반직선을 긋는다. 이렇게 하여 만들어진 각들 중, 한 각의 크기는 $\frac{3}{5}d$[3]이고, 다른 한 각의 크기는 처음 각의 크기의 반이다. (세 번째 각의 크기를 구하여라.)
2. 삼각형의 한 각이 둘째 각보다 30° 크고, 셋째 각은 처음 각보다 20° 작다. (처음 각의 크기를 구하여라.)
3. 어떤 직사각형의 두 대각선의 교점에서 짧은 변에 이르는 거리는 그 점에서 긴 변에 이르는 거리보다 6cm 더 길다. 이 직사각형의 둘레의 길이는 44cm이다. (각 변의 길이를 구하여라.)
4. 주어진 정사각형의 한 변을 1.2m 줄이고 다른 한 변을 1.5m 줄여서 얻은 직사각형의 넓이는 주어진 정사각형의 넓이보다 14.4m^2 작다. (주어진 정사각형의 한 변의 길이는 얼마인가?)

시리즈 II: 정보가 불충분한 문제

이 시리즈의 문제는 정보가 부족하여 문제의 질문에 명확한 답이 불가능한 것처럼 보

3) $d = \frac{\pi}{2}$. d는 프랑스어 angle driot(직각)에서 온 것으로, 이 기호는 러시아의 수학책에서 자주 쓰인다.

인다. 그 정보가 주어지면 정확한 답을 얻을 수 있다. 우리는 실험에 참가한 학생들이 문제해결, 즉 질문에 명확한 답을 하는 데 필요한 수학적인 양 사이의 관계 체계를 지적할 수 있는지, 또 빠진 자료에 주목할 수 있는지 확인하였다. 이 시리즈는 시리즈 I과 마찬가지로, 수학문제에 대한 학생의 정신적 지각의 몇 가지 특성을 드러내고자 하는 의도를 갖고 있다. Menchinskaya(참고문헌 291), Kalmykova(참고문헌 154, 155, 156), Gal'perin과 그의 동료들을 비롯한 여러 연구자들도 이와 비슷한 문제를, 그러나 다른 목적으로 사용해왔다. Gal'perin은 이 종류의 문제를 학습 과정의 통제와 관련하여 사용하였다(참고문헌 81). 우리는 학생들이 문제의 조건을 지각할 때 문제의 형식적인 구조에 의거하여 "파악하는지" (그리고 어떻게 그렇게 하는지), 그들이 불충분한 정보를 발견할 수 있는지 드러내고자 이 종류의 문제를 사용하였다.

이 시리즈의 초점은 문제의 형식적 구조, 곧 그 본질을 구성하고 있는 상호 관련된 수량의 체계를 지각했을 때에만 빠진 사실을 정확히 지적할 수 있다는 것이다. 일반적으로 문제의 형식적 구조를 보지 못하면 그와 같은 체계에서 빠진 요소를 보는 것은 불가능하다.

물론 정보가 충분하지 않을 때에도 어떤 종류의 답이나 명제를 끌어낼 수 있다. (예를 들어 산술 테스트의 문제 1에서 "열차는 적어도 15량으로 구성되어 있다", "열차에는 적어도 9량의 화물차가 있다"와 같은 답을 얻을 수 있다.) 학생들은 문제를 해결하기에 적당하지 않은 사실들이라 해도 그것들을 거부하지 않고, 그로부터 가능한 모든 것을 뽑아내려고 시도하는 것에 익숙해져야 한다.

이 시리즈는 잇달아 제시된 산술 테스트와 기하 테스트의 두 테스트로 이루어져 있다. 문제 카드를 받고 피험자는 단번에 혹은 조금 궁리를 한 다음에 문제의 질문에 대해 정확한 답을 구할 수 없다고 주장하였다. 어느 경우에나 피험자에게 다음과 같은 질문을 하였다. "왜 명확한 답을 구할 수 없는가? 무엇이 부족한가? 무엇이 덧붙여져야 하는가? 이제 그 문제가 정확히 풀릴 수 있음을 증명하여라." 더 능력 있는 학생들에게는 다음과 같은 질문을 하였다. "이 정보만 가지고도 무엇인가 알아낼 수 있는가? 주어진 것을 분석하여 내릴 수 있는 결론은 무엇인가? 명확하지 않고 확정적이지 않은 답도 허용해 보라." 모든 경우에 학생들의 추론의 모든 과정, 푼 문제의 수, 소요 시간을 확인하였다.

우리는 특히 학생이 문제를 정확하게 풀 수 없다고 말했어도 그에 대한 어떤 설명이나 정당화를 하지 못하고 빠진 사실이 무엇인지 분명히 하지 못하면, 그 학생의 답은 그 자체로 가치가 없는 것으로 보아 적절한 답으로 인정하지 않도록 주의하였다.

다음은 이 시리즈의 테스트들이다. (괄호 안에 있는 것은 정확한 답을 하는 데 필요한 문제에 빠져 있는 사실이다.)

A. 산술 테스트

1. 탱크차, 화물차, 여객차로 이루어진 열차가 한 대 있다. 탱크차는 여객차보다 4량 적고, 화물차보다 8량 더 적다. 이 기차에는 몇 량의 탱크차, 화물차, 화차가 있겠는가? (모두 합하여 몇 대인지 모른다.)
2. 58°의 물 10*L*를 얻으려면 끓는 물과 상온의 물이 얼마나 필요한가? (상온이 몇 도인지 모른다.)
3. 어느 학급이 보통공책과 특수공책을 합하여 80권 받았다. 보통공책은 한 권에 8코페이카, 특수 공책은 2코페이카이다. 이 학급은 두 종류의 공책을 각각 몇 권씩 받았는가? (공책 전체의 값을 알아야 한다.)
4. 도서관에 모두 6,100권의 러시아어, 프랑스어, 영어로 된 책이 있다. 영어 책보다 프랑스어 책이 25% 많다. 각각의 언어로 된 책은 몇 권씩 있겠는가? (임의의 한 언어로 된 책이 몇 권 있는지에 관한 정보가 없다.)
5. 어떤 끈에서 그 길이의 반과 0.5m를 잘라내고, 그 남은 것의 반과 0.5m를 나머지에서 다시 잘라내었다. 그리고 마지막으로 두 번째 나머지에서 그 반과 0.5m를 잘라내었다. 그랬더니 작은 끈 조각만 남았다. 끈의 원래 길이를 구하여라. (남은 끈의 길이를 알 필요가 있다.)
6. 개가 30m 떨어져 있는 여우를 추격하고 있다. 개는 2m씩, 여우는 1m씩 뛸 수 있다. 개가 여우를 따라잡기 위해 가야 하는 거리는? (여우가 세 번 뛸 때, 개는 두 번 뛴다와 같은 뛰는 횟수에 대한 정보가 없다.)
7. 꿀을 담은 단지의 무게가 500g이다. 같은 단지에 등유를 넣었을 때의 무게는 350g이다. 빈 단지의 무게는 얼마인가? ('등유는 꿀보다 두 배 가볍다'와 같은 꿀의 무게와 등유의 무게 사이의 관계가 필요하다.)
8. 두 도시 사이의 거리가 225km이다. 두 대의 열차가 두 도시에서 동시에 출발하였다. 첫 번째 도시에서 출발한 것은 시속 50km의 여객 열차이고, 두 번째 도시에서 출발한 것은 시속 40km의 화물 열차이다. 두 열차는 언제 만날까? (열차들이 같은 방향으로 움직이는지 반대 방향으로 움직이는지 제시되어 있지 않다.)

B. 기하 테스트

1. 넓이가 64cm^{2}인 정사각형의 변의 길이를 구하라. 넓이가 36cm^{2}인 직사각형의 변의 길이를 구하여라. (두 번째 계산에서는 한 변의 길이나 두 변의 길이 사이의 관계를

알아야 한다.)

2. 옆변이 밑변보다 짧은 이등변삼각형이 있다. 그 둘레의 길이는 31cm이다. 이 삼각형의 각 변의 길이는 얼마인가? (한 변의 길이나 옆변과 밑변 사이의 관계를 알아야 한다.)
3. 두 개의 원이 있다. 한 원의 반지름의 길이는 3cm이고, 두 원의 중심거리는 10cm이다. 두 원은 만나는가? (다른 한 원의 반지름의 길이를 알아야 한다.)
4. 한 각의 꼭짓점으로부터 그 각의 바깥쪽으로 반직선이 하나 그어져 있다. 이 반직선이 주어진 각의 한 변과 이루는 각의 크기가 $\frac{1}{3}d$일 때, 반직선과 주어진 각의 다른 한 변이 이루는 각의 크기를 정하여라. (처음에 주어진 각의 크기를 알아야 한다.)
5. 삼각형의 세 변의 길이의 비가 5 : 4 : 3이다. 세 변의 길이를 구하여라. (삼각형의 둘레의 길이나 적어도 어느 한 변의 길이를 알아야 한다.)

시리즈 III: 여분의 정보와 관련된 문제

이 시리즈의 문제에서는 문제를 푸는 데 필요한 사실을 가리는 군더더기나 불필요하거나 쓸모없는 단서들이 도입된다. 우리는 피험자가 문제를 해결하는 데 필요한 수학적인 양 사이에 관계 체계를 식별할 수 있는지 그리고 불필요한 사실을 제거할 수 있는지 조사하였다. 이 시리즈들도 수학문제에 대한 학생의 정신적 지각의 몇 가지 특성을 드러내기 위한 것이다. Menchinskaya(참고문헌 291), Kalmykova(참고문헌 154, 155, 156), Gal'perin과 그의 동료들(참고문헌 81)은 비슷한 문제를 특정한 조건 하에 다른 목적을 위하여 사용하였다 이 세 번째 문제 시리즈를 통해 학생들이 주어진 양들을 사용하면서 문제의 본질을 이루는 관계 체계를 나타내는 양들, 문제를 푸는 데 필요충분인 조건을 어떻게 분리해 내는지 알아볼 수 있다. 이 시리즈는 잇달아 제시된 두 가지 테스트 ― 산술 테스트와 기하 테스트 ― 로 구성되어 있다. 수학적으로 더 능력 있는 학생들을 연구하면서 우리는 그들이 더 복잡한 과제를 대면하도록 하는 기법을 사용하였다. 시리즈 II와 시리즈 III의 문제들을 "섞어서" 주었다. 이렇게 하면 한 그룹의 문제에는 "늘 빠진 것이 있고" 다른 그룹의 문제에는 "고의로 넣은 여분의 것이 있다"는 생각을 하지 못하게 된다. 그러나 이것은 덜 능력 있는 학생들의 조작을 너무 복잡하게 만들기 때문에, 일반적으로 덜 능력 있는 학생들에게는 이 기법을 사용하지 않았다. 문제 카드를 받으면 피험자는 바로 해결에 필요한 최소한의 사실을 선택하고 그 밖의 사실이 불필요한 이유를 설명한다. 우리는 학생들의 추론의 과정, 수행된 문제의 수, 소요 시간을 확인하였다.

수학적 기억의 특징을 연구하기 위하여 학생들에게 수업 후에, 일주일 후에, 세 달 후에 각각의 문제를 재생하도록 요청하였다. 이렇게 하여 학생들이 (1) 문제의 유형, (2) 구체적인 사실, (3) 여분의 불필요한 정보를 어떻게 기억하고 있는지 분명해졌다.

다음은 이 시리즈의 테스트들이다. (여분의 정보는 굵은 글씨로 적었다.)

A. 산술 테스트

1. 상점에 각각 무게가 3kg, 5kg인 24개의 감자 자루가 있는데, 3kg **감자 자루가 5kg 감자 자루보다 많이 있다**. 5kg 자루의 무게를 모두 합하면 3kg 자루의 무게를 모두 합한 것과 같다. 각 무게의 자루는 몇 개씩 있는가?
2. 주차장에 40대의 사륜차와 이륜차가 있다. 바퀴는 모두 100개이고 **핸들은 모두 40개이다**. 사륜차와 이륜차는 각각 몇 대인가?
3. 한 소년이 약간의 코페이카를 가지고 있다. 14코페이카가 더 있다면 가지고 있는 돈을 다 내고 연필 네 자루를 살 수 있다. 연필 한 자루의 가격은 그가 처음에 가지고 있던 돈의 두 배이다. **처음에 가지고 있던 돈으로는 한 자루의 연필도 살 수 없다**. 14코페이카를 받기 전에 얼마의 돈을 가지고 있었는가?
4. 화물 4개의 무게를 합하면 40kg이다. 각 화물은 그 다음 것보다 3배 무겁고, **가장 가벼운 화물은 중간의 두 화물을 합한 것보다 12배 가볍다**고 할 때, 가장 무거운 화물의 무게를 구하여라.
5. 한 열차가 A시에서 B시로 시속 48km의 속력으로 출발했다. 두 시간 후에 두 번째 열차가 시속 56km의 속도로 처음 열차를 따라 갔다. **두 도시 사이의 거리는 1,200km이고 첫 번째 열차의 차량이 두 번째 열차의 차량의 두 배라면**, 두 번째 열차는 출발점으로부터 얼마나 떨어진 곳에서 첫 번째 열차를 따라잡겠는가?
6. 도서관에서 **그 수가 3 : 2 : 1의 비율로 있는** 영어 책, 프랑스어 책, 독일어 책을 묶어야 할 필요가 생겼다. 세 작업소가 각각 독자적으로 이 일을 하겠다고 신청하였다. 이 일을 하는데 첫째 작업소는 20일, 둘째 작업소는 30일, 셋째 작업소는 60일이 걸린다고 한다. 일을 가능한 한 빨리 끝내기 위해 세 작업소가 함께 일을 하기로 결정했다. 세 작업소가 동시에 일을 한다면 며칠 걸리겠는가?

B. 기하 테스트

1. 이등변삼각형의 한 변의 길이가 2cm, 다른 한 변의 길이가 10cm이고, **셋째 변의 길이는 주어진 두 변의 길이 중 하나와 같다**. 셋째 변의 길이를 구하라.
2. 이등변삼각형의 두 변의 길이의 비가 3 : 8이다. 변의 길이는 자연수이고, 이 삼각형

의 둘레의 길이가 38cm, **한 변의 길이가 다른 한 변의 길이보다 10cm** 더 길 **때,** 각 변의 길이를 구하여라.

3. **한 변의 길이가 6cm인** 세 개의 합동인 정삼각형이 주어져 있다[그림 2]. 이때 AB가 직선임을 증명하여라.

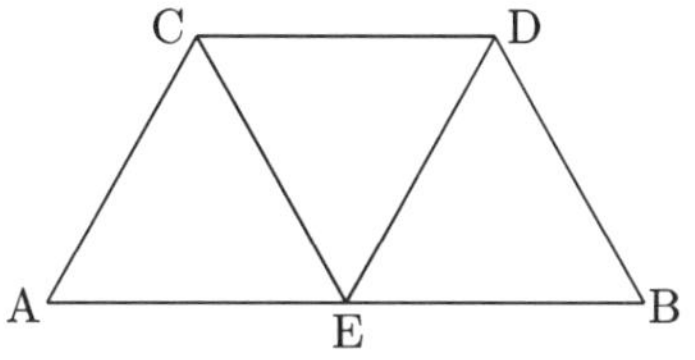

그림 2

4. AB = AC = BC, **△ABC가 정삼각형**, BD//AC[그림 3]일 때 BD는 ∠EBC의 이등분선임을 증명하여라.

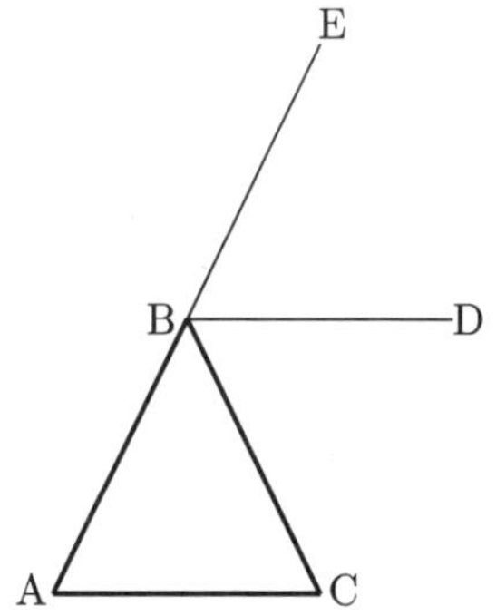

그림 3

5. ∠AOB = ∠DOE, OC는 ∠BOD의 이등분선, **∠DOE = 20°**[그림 4]일 때 OC는 ∠AOE의 이등분선임을 증명하여라.

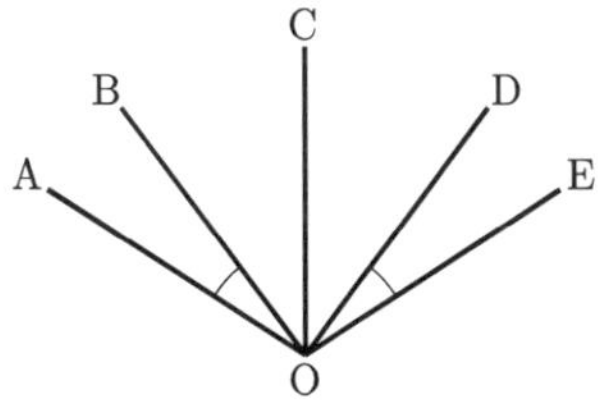

그림 4

시리즈 IV: 서로 통하는 요소를 가진 문제

우리가 이 시리즈를 위해 고안한 기하 테스트에는 (I. S. Yakimanskaya의 용어로) "서로 통하는" 요소를 가진 여러 도형이 나타난다.

Yakimanskaya는 증명에 관한 문제를 풀 때 학생들이 기하적인 그림을 어떻게 분석하는지 연구하는 데 비슷한 시리즈의 문제를 성공적으로 사용했다(참고문헌 469, 470, 471). 이 시리즈의 바탕에는 B. Zhuravlev의 "수학적 안목(mathematical vision)"이라는 개념이 놓여 있다. 이것은 "그림에서 드러나 있는 특징은 물론, 전혀 드러나 있지 않은 모든 것을 보는" 능력을 말한다(참고문헌 128, p. 73). 이 시리즈는 도형에 대한 학생들의 분석적-종합적 지각의 요인, 특히 다양한 관점으로 도형에서 서로 관통하는 요소를 식별하고 평가하는 기능, 도형이나 도형의 요소를 그 배경으로부터 따로 떼어내는 기능, 한 요소를 여러 도형에 포함되는 것으로 보면서 그 요소를 적절히 다르게 해석하는 기능을 조사하기 위한 것이다. 우리는 피험자들이 얼마나 완전한 답을 할 수 있는지, "시력"과 추론이 어떤 역할을 하는지 확인하였다. 이 과제의 본질을 예를 사용하여 미리 설명하겠다(그림 5를 보라).

선분 DB는 (1) 선분 AC에 수직, (2) 삼각형 ABC의 높이, (3) 삼각형 ADB의 한 변, (4) 삼각형 BDC의 한 변이다.

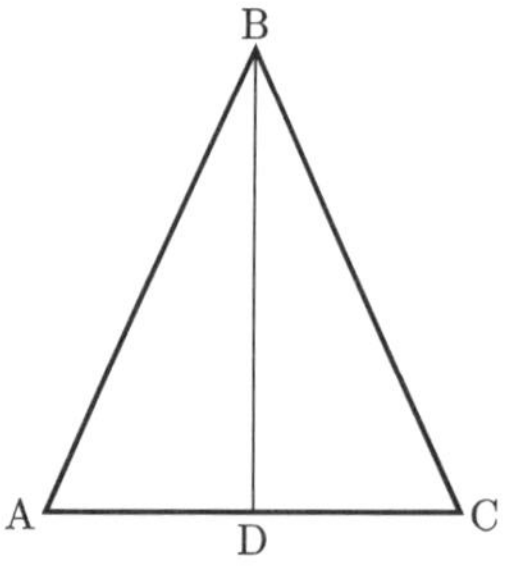

그림 5

물론 지각의 융통성, 곧 지각의 한 측면에서 다른 측면으로 재빨리 전환하는 능력을 기하적인 소재로만 연구할 필요는 없다. 예를 들어 학생은 4를 2×2, $1+3$, 8의 $\frac{1}{2}$, 2^2, $\sqrt{16}$ 등으로 인지할 수 있어야 한다.

테스트의 내용은 다음과 같다.

A. 기하 테스트

1. [그림 6] 선분은 몇 개 있는가? (또 그것들은 어떤 것인가?)

그림 6

2. [그림 7] 맞꼭지각은 몇 쌍 있는가?

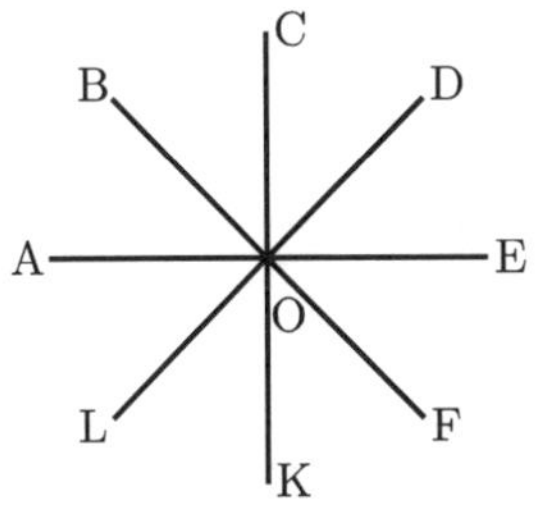

그림 7

3. [그림 8] 부채꼴은 몇 개 있는가? (또 그것들은 어떤 것인가?)

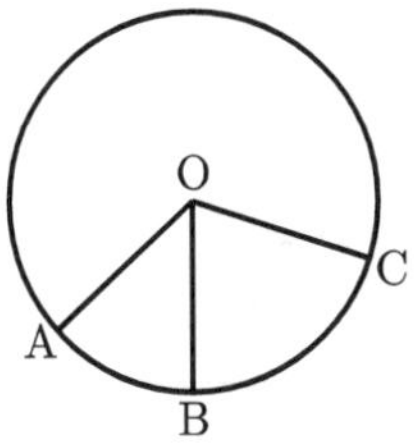

그림 8

4. [그림 9] 각은 몇 개 있는가? (또 그것들은 어떤 것인가?)

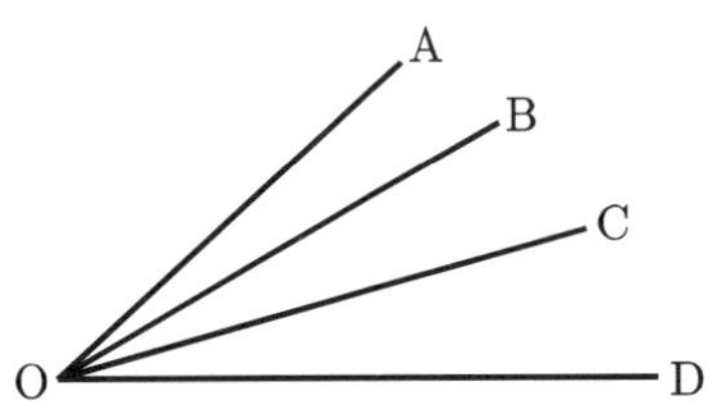

그림 9

5. [그림 10] 삼각형은 몇 개 있는가? (또 그것들은 어떤 것인가?)

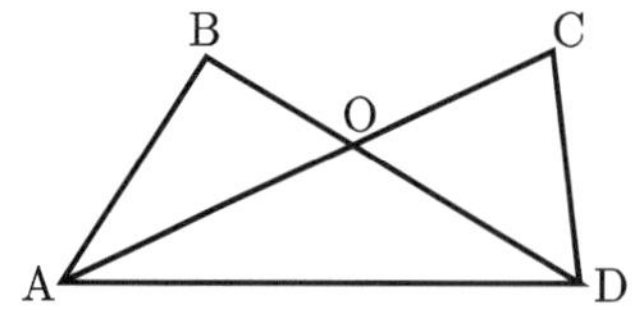

그림 10

6. [그림 11] 이 그림에 어떤 도형들이 있는가? 삼각형은 몇 개 있는가?

그림 11

7. [그림 12] 세 도형의 공통부분, 원과 삼각형의 공통부분, 삼각형과 직사각형의 공통부분을 표시하라.

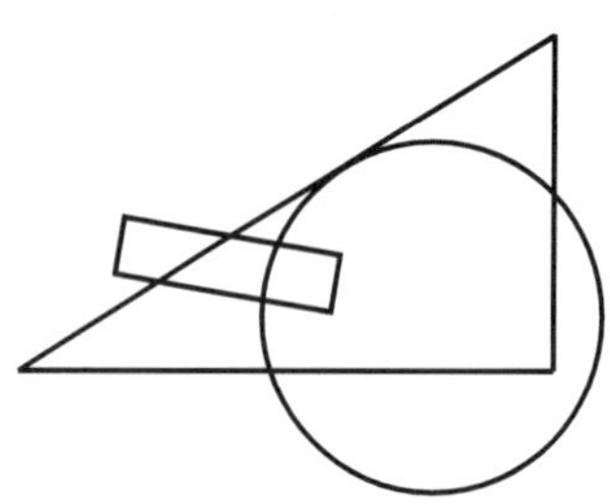

그림 12

8. [그림 13] 이 그림에서 선분 AB는 무엇인가?

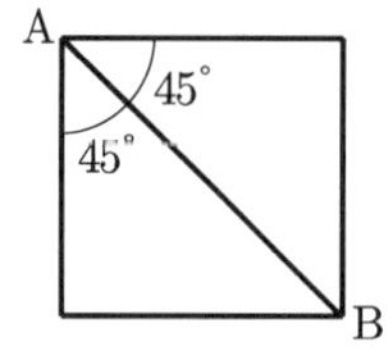

그림 13

9. [그림 14] 선분 AC는 무엇을 나타내는가?

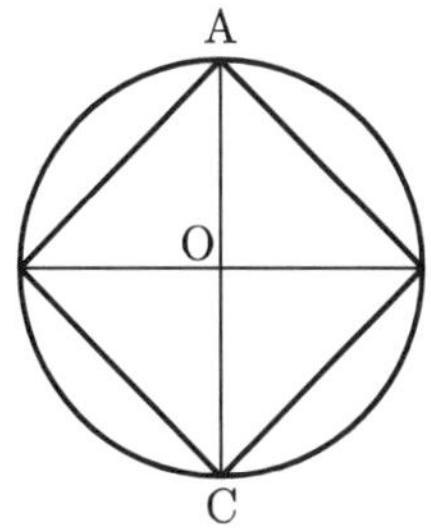

그림 14

10. [그림 15] 이 그림에서 선분 KE는 무엇인가?

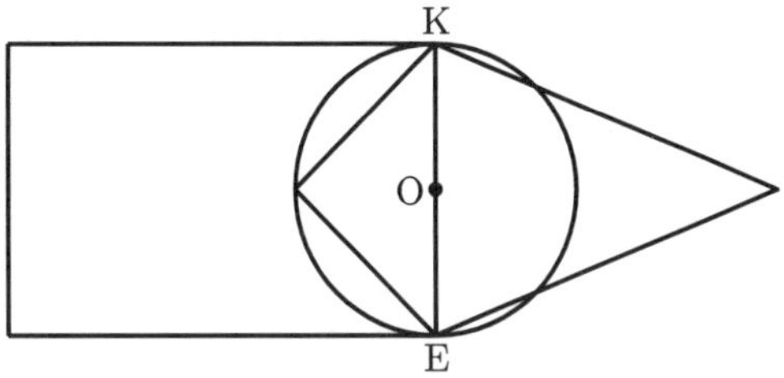

그림 15

시리즈 V: 동일 유형의 문제 체계

이 시리즈는 곱셈 공식에 익숙하지 않은 학생들(대체로 6학년까지의 학생들)을 염두에 둔 것이다. 이것은 일종의 교수실험으로, 새로 형성된 개념 속에 대상들을 자리매김 하는 것, 형성된 조작 방법을 유사한 상황에 전이하는 과정, 겉보기에 비슷한 소재들을 그 본질에 입각하여 구별하는 능력에 기초하여 일반화 과정을 연구한다. 일반화를 하기 위해서는 문제의 유형이라는 관점에서 기본적이고 중요하고 본질적인 것을 분리해 내고, 부적절하거나 부차적이고 상세한 것으로부터 빠져 나와야 한다. (이것은 여기서 연구하고 있는 학생들이 수학적 대상을 지각하는 방식의 특성이기도 하다.)

우리는 학생이 서로 다른 문제들에서 일반적인 유형을 얼마나 잘 볼 수 있는지, 단순한 문제를 푸는 것으로부터 같은 유형의 더 복잡한 문제를 푸는 것으로 어떻게 나아가는지, 한 유형의 문제들과 겉보기에 유사한 다른 유형의 문제들을 어떻게 구별할 수 있는지에 의해 일반화하는 능력의 정도를 판단한다. 우리는 이 관점에서 한 유형의 문제를 잇달아 푸는 동안의 추론 과정과 대응하는 조작 체계를 분석하여 추론의 "단축(curtailment)"의 본질을 판단한다.

이 시리즈는 두 개의 대수 테스트로 이루어진다. 첫 번째 테스트(테스트 A)는 보통 이상의 수학적 능력을 가진 학생들을 연구하기 위하여, 두 번째 테스트(테스트 B)는 수학적인 능력이 부족한 학생들을 위하여 고안되었다. 피험자가 테스트 A를 너무 어려워하는 경우에는 테스트 B(더 쉬운 것으로)로 대치하였다. 두 테스트에는 각각 한 유형의 고유한 "문제의 계단"—쉬운 문제에서 매우 복잡한 문제까지—이 있다. 피험자가 모든 문제를 풀어야 하는 것은 아니다. (많은 경우 실험자의 재량 하에 피험자는 풀이 계획이나 문제를 어떻게 풀고자 하는지 설명하면 충분하다.) 주안점은 피험자가 주어진 문제들이 외적인 차이에도 불구하고 같은 유형에 속하는 것임을 어떻게 보일 수 있는지, 문제의 특수한 성질들을 고려하면서도 그러한 유형의 문제를 푸는 일반적인 계획에 따라 풀고자 했는지를 명확히 하는 것이다.

테스트는 다음과 같다.

A. 대수 테스트

1. $(a+b)^2 =$	1a. $a^2+b^2 =$
2. $\left(1+\frac{1}{2}a^3b^2\right)^2 =$	2a. $\left(\frac{1}{3}ab^3\right)^2+(2a)^2 =$
3. $(-5x+0.6xy^2)^2 =$	3a. $(-5x-0.6xy^2)\cdot 2 =$
4. $(3x-6y)^2 =$	4a. $(3x+6y)\cdot 2 =$
5. $(m+x+b)^2 =$	5a. $2(m^2+x^2+b^2) =$
6. $(4x+y^3-a)^2 =$	6a. $4x+y^2-a^2 =$
7. $51^2 =$	7a. $98^3 =$
8. $(C+D+E)(E+C+D) =$	8a. $(c+m+x)(c-m+x) =$

왼쪽 줄에는 두 수의 합의 제곱에 관한 간단한 곱셈 공식을 적용하는, 점점 복잡해지는 문제 체계가 있다. 내려갈수록 각각의 문제에서 공식을 적용할 가능성은 희박해진다. 오른쪽 줄에는 외견상 왼쪽 줄과 닮았지만 본질적으로는 완전히 다른 문제들이 있다. 피험자는 왼쪽에 있는 문제들을 일반화하고 그것들을 오른쪽 줄에 있는 문제들과 구별해야 했다.

문제를 제시하는 순서는 다음과 같다. 먼저 학생들은 실험자의 도움을 받아 곱셈 공식에 익숙하게 되었다. 그들은 기본적인 예들을 가지고 곱셈 공식의 수학적인 의미를 이해했다. 그 후에 그들에게 공식을 적용하여 문제 8번(가장 멀리 떨어진 문제)을 풀도록 했다. 피험자가 문제의 식에서 두 수의 합의 제곱 형태를 인지할 수 있을까? 피험자가 그것을 인지하지 못하면 (대부분 그러했다) 점진적으로 문제 8번에 접근하는 연속적인 문제의 고리(문제 1, 2, 3, 4, …)를 제시하고, 한 고리를 넘어갈 때마다 다시 피험자에게 문제 8번으로 돌아가게 했다.

이 과정은 다음과 같이 진행된다. 문제 8번을 제시한다. "못 풀겠니? 그러면 이것(문제 1번)을 풀어 보아라. 잘 풀었다. 다시 문제 8번을 풀어 보아라. 잘 안 되니? 그러면 이것(문제 2번)을 풀어 보아라. 맞았다. 이제 다시 문제 8번을 풀어 보아라. 지금도 잘 안 되니? 그럼 이것(문제 3번)을 풀어 보아라." 이렇게 계속된다. 왼쪽 줄에 있는 각각의 문제에 이어서 대응되는 오른쪽 줄의 문제를 제시하였다. 주어진 문제에 항상 처음의 공식을 적용하는 것을 파하기 위해, 공식을 적용할 수 없는 문제를 두 열에 번갈아가며 제시했다. 요약하면 8, 1, $1a$, 8, $2a$, 2, 8, 3, $3a$, 8, $4a$, 4, …와 같은 순서로 문제를 제시하였다.

이 테스트에서 일반화 능력의 수치화는 처음부터 문제 8번까지 가는 데 필요한 중간 고리의 수 ("걸음"의 수)와 관련 있다. 예를 들어 피험자가 문제를 1, 2, 3, 4, 5, 8과 같은 순서로 풀었다면, 이 테스트에서 그의 풀이를 수치화한 지표는 (4, 3)이 된다. 4는 그가 "가장 멀리 떨어진" 문제까지 일반화를 확장하는 데 4 "걸음"이 필요했다는, 다시 말해 네 문제(2, 3, 4, 5)를 풀 필요가 있었음을 뜻한다. 그리고 마지막 "걸음"은 세 단계(5 → 6 → 7 → 8)를 묶은 것이다. S. I. Shapiro는 고학년(9, 10학년)을 대상으로 한 실험에서 "수학적인 문제를 푸는 데 있어서 일반화하는 힘"을 수치화하면서 "일반화하는 데 최대 걸음의 길이"와 "모든 걸음의 길이의 합"과 같은 개념을 확립하고, 더 복잡한 수치화 시스템을 사용하였다(참고문헌 433, 435). 위에서 제시한 테스트에 대해서는 이와 같은 복잡한 시스템을 사용할 필요가 없다.

만일 피험자가 혼자 힘으로 한 걸음을 내디딜 수 없다면, 이를테면 그가 두 번째 문제에서 세 번째 문제로 또는 세 번째 문제에서 네 번째 문제로 옮겨갈 수 없다면 어떻게 하는가? (이 테스트는 처음부터 능력 있는 아이들에게 주어졌기 때문에, 이런 경우는 별로 생기지 않았다.) 이런 경우에는 실험자가 몇몇의 완전히 유사한 일련의 문제(이것을 별칭으로 "그림자"라 불렀다)를 가지고 있어서 피험자가 "잠시 옆으로 벗어나" 유사한 예들을 푸는 훈련을 통해 다음 걸음을 내딛는 데 도움이 되는 경험을 하게 하였다. 이와 같은 부차적인 연습문제의 수도 고려하였다. 문제 1번에서 문제 8번에 이르는 각 피험자의 활동을 시각적으로 보여주는 그래픽 스킴(graphic scheme)*을 구성하였다.

B. 대수 테스트

일반화와 관련된 다음과 같은 간단한 문제 체계와 요구 사항을 테스트에 앞서 제시하였다.

"다음 대수식 중에서 두 수의 합의 제곱에 대한 공식에 포함될 수 있는 것은 어느 것인가? 또 그 이유를 설명하여라. $(a+b)^2$, $(a+b)\cdot 2$, $a+b^2$, $a+2b^2$, a^2+b^2, $(a+2b)^2$, $(a+b^2)^2$, $(a+2b^2)^2$, $a+2b$, $(a+b^2)\cdot 2$, $(a+2b^2)\cdot 2$, $(2a+2b)\cdot 2$."

기본 테스트는 아래와 같다.

처음 문제	$(a+b)^2=$
첫 번째 변형	$(a+x)^2=$
	$(x+y)^2=$
	$(m+n)^2=$

처음 문제와의 공통점: 문자기호의 계수가 없고 지수도 없다(더 정확히 말해서, 계수나 지수가 모두 1이다).

차이점: 문자기호가 다르다.

요약하면 문제들은 처음 문제와 공통 요소 2가지와 다른 요소 1가지를 가지고 있다. 계수나 지수가 없다는 것이 공통점이고, 문자기호가 달라졌다는 것이 차이점이다.

두 번째 변형	$(2a+b)^2=$
	$(3a+4b)^2=$
	$\left(\frac{1}{2}a+2b\right)^2=$
	$\left(\frac{1}{4}a+\frac{1}{3}b\right)^2=$
	$\left(\frac{1}{5}a+0.2b\right)^2=$

처음 문제와의 공통점: 문자가 같고 지수가 없다.

차이점: 계수가 도입되었다(처음에는 간단한 것, 그 다음에는 분수).

---

* (역자주) 312쪽의 그림 63 참조

요약하면, 공통 요소 2개(지수 없음, 동일한 문자기호)와 다른 요소 1개(다른 계수)가 있다.

세 번째 변형 $(a^2+b)^2 =$

$(a^3+b^4)^2 =$

$(a^n+b^2)^2 =$

$(a^n+b^{2n})^2 =$

처음 문제와의 공통점: 문자가 같고, 겉으로 드러나 있는 계수가 없다.

차이점: 지수가 도입되었다(처음은 구체적인 것, 다음으로 추상적인 것). 공통 요소 2개와 다른 요소 1개가 있다.

네 번째 변형 $(3x+6z)^2 =$

첫 번째 변형과 두 번째 변형의 결합이다. 처음 문제와 공통 요소가 1개(지수 없음), 다른 요소가 2개(다른 계수, 다른 문자)이다.

다섯 번째 변형 $(6a^2+3b^4)^2 =$

$\left(\frac{1}{3}a^x+0.4\,b^y\right)^2 =$

두 번째 변형과 세 번째 변형의 결합이다. 공통 요소 1개(문자가 같다)와 다른 요소 2개(다른 계수, 다른 지수)가 있다.

여섯 번째 변형 $(c^2+d^3)^2 =$

$(x^n+y^m)^2 =$

첫 번째 변형과 세 번째 변형의 결합이다. 공통 요소 1개(계수가 같다)와 다른 요소 2개(문자, 지수)가 있다.

일곱 번째 변형 $\left(3c^3+\frac{1}{2}d^4\right)^2 =$

$\left(\frac{1}{4}x^n+0.2\,y^{b+1}\right)^2 =$

첫 번째, 두 번째, 세 번째 변형의 결합이다(처음 문제와 비교할 때, 세 요소 모두 다르다).

이 테스트는 문제의 유형상 본질적이지 않은 기호들이 변하는 곱셈 공식(합의 제곱)을 적용해야 하는 점점 복잡해지는 문제 체계이다. 마지막 변형에서 공식을 잘 적용할 가능성은 낮다. 처음 문제와 비교해 볼 때, 모든 외형적인 요소가 변했기 때문이다. 계수가 (분수 계수까지) 첨가되었고, 지수가 (문자 지수까지) 첨가되었으며, 문자도 모두 바뀌었기 때문이다. 그러나 이 모든 경우에 (문제 유형상 본질적이지 않은 기호들이 어떤 범위 안에서 변했을지라도) 두 수의 합을 제곱한다는 본질적인 특성이 보존되어 있으므로, 문제 유형은 보존되어 있다.

이 간단한 곱셈 공식에 막 익숙해진 학생들은 그것의 수학적인 의미를 학습하였다. 그 후에 학생들에게 이 공식을 마지막 변형 문제를 푸는 데 적용하게 하였다. 덜 능력 있는 학생들은 이러한 적용을 하지 못할 것으로 예상하였다. 그러면 마지막 변형에서 처음 문제로 점차 내려가면서, 학생들에게 다른 변형의 문제를 푸는 데 공식을 적용하게 하였다. 학생들이 어떤 변형을 풀면, 실험자는 이전과 반대 방향, 곧 푼 변형으로부터 마지막 변형 쪽으로 움직이기 시작하였다. 각각의 경우 학생들에게 그들의 조작이나 거부를 정당화하도록 요청하였다.

시리즈 VI: 다른 유형의 문제 체계

이 시리즈는 여섯 개의 산술 테스트와 한 개의 기하 테스트로 이루어져 있다. 각각의 산술 테스트는 (3개에서 6개로 된) 문제 그룹으로, 그 내용과 형식이 다르다. 한 테스트에서 다음 테스트로 넘어갈수록 문제가 점점 복잡해진다. (테스트 A가 가장 쉽고, 테스트 E가 가장 어렵다.) 한 테스트에 있는 문제들은 주어진 의존 관계의 본질에 따를 때 동일 유형이고 같은 수학적인 구조를 지니고 있지만 외견상 서로 달라 보이는 문제들과, 다른 한편 외견상 비슷해 보이지만 본질적으로 서로 다른 유형의 문제들이라는 원리에 입각해서 선택하였다. 피험자가 수행할 과제의 요지는 외견상 서로 다른 문제들 (그러나 본질적으로 동일한 유형의 문제들)을 그룹 짓고, 이것들을 외견상 유사한 (본질적으로 다른) 문제들로부터 분리해내는 것이다. 학생들은 자신들이 분류한 것이 옳다는 것을 입증하고, 그들이 선택한 문제들이 동일한 유형에 속하고 그 나머지는 그렇지 않음을 보여야 했다. 각 테스트는 동일한 유형의 문제수를 일부러 다르게 하여 피험자가 각 테스트에 일정한 수의 동일 유형 문제가 있다고 생각하지 않게 하였다.

학생들이 문제를 해결하기 전에 과제를 수행하게 하였다. 과제 수행에 오류가 있을 때에는 문제를 푼 후에 다시 문제를 분류하게 했다. 이렇게 한 것은 학생이 문제의 구조에만 기초하여 문제를 일반화할 수 있는지 아니면 풀이의 과정을 일반화할 필요가 있는지, I. V. Arnol'd의 용어로, 단일한 "추론의 산술적 뼈대"를 볼 필요가 있는지 알아보기 위해서이다. 학생들은 (5, 6학년 학생들이 보통 하듯이) 산술적으로 문제를 풀어도 되고 (7, 8학년 학생들이 보통 하듯이) 대수적으로 문제를 풀어도 되었다.

시리즈 V와 대조적으로, 여기서 우리는 다른 종류의 일반화를 다른 수준에서 다루고 있다. 사실 시리즈 V에서 일반화는 알려진 개념 속에 문제를 위치 짓는 것이었다. 여기서는 몇 가지 현상의 독립된 일반화, 주어진 문제 유형의 개념 형성이 나타난다.

시리즈 VI의 재료는 추론 과정과 그에 대응하는 조작 체계를 줄이는 "단축"의 본질을 판단할 수 있게 해준다. 한 유형의 문제들을 푸는 추론 과정을 분석하여 이것을 판단할 수 있다. 우리는 다음을 알 수 있다. (1) 사고의 다양한 연쇄의 수와 내용, 그 유형의 각 문제를 푸는 동안 추론을 구성하는 개개의 명제, 그리고 그 과정의 역동성 (추론 과정에서 어떤 고리가 빠지고 한 유형의 처음 문제에서 마지막 문제로 가면서 추론이 어떻게 단축되는지), 그리고 (2) 학생이 실험자의 요구에 응해 추론 과정을 (자신에게) 완비된 구조로 어떻게 발전시킬 수 있는지 보여 준다.

학생들의 수학적 기억력의 요소를 다음과 같은 방법으로 연구하였다. 우리는 학생들이 다음을 어떻게 외우고 얼마나 잘 기억하는지 알아내었다. (1) 문제 유형(문제에 주어진 관계의 종류), (2) 문제에 들어 있는 구체적인 사실-특정한 수량. 이러한 목적을 달성하기 위하여 학생들에게 수업 후, 일주일 후 그리고 세 달 후에 문제들을 다시 기억해 내도록 했다. (문제를 암기할 필요가 있다고 미리 알려주지 않았다.)

시리즈 VI에 있는 기하 테스트는 도형을 일반화하는 능력을 연구하기 위한 것이다. 간단한 도형들이 그려져 있는 다섯 개의 판이 있다. 처음 판에는 다양한 방향과 크기의 삼각형이 있다. 두 번째 판에는 다양한 방향과 크기와 유형의 다각형이 (삼각형부터) 그려져 있다, 세 번째 판에는 폐곡선, 원, 타원이 있다. 네 번째 판에는 변의 길이와 크기가 다양한 각들이 있다. 다섯 번째 판에는 다양한 유형의 오목사각형과 볼록사각형이 있다. 학생들이 학교에서 기하 공부를 시작하기 전에 이 시리즈를 제시하고, 각각의 판에 대하여 다음과 같이 묻는다. (1) 여기에 보이는 도형들의 다른 점은 무엇인가? (2) 여기에 보이는 도형 전체 또는 그들 중 일부가 어떤 공통점을 가지고 있는가? (3) 그 공통점이 얼마나 본질적인 것인가? (4) 이러한 것에 기초하여 이 판에 있는 모든 도형이 한 그룹으로 묶일 수 있는가? (5) 이 그룹을 다른 그룹들과 구별되도록 어떻게 명명하면 좋을까? 학생은 자신의 대답을 정당화해야 했다.

이 시리즈에 있는 각 테스트들은 다음과 같다.

A. 산술 테스트

1. 꼬리의 무게가 4kg이고 머리의 무게는 꼬리의 무게와 몸통 무게의 절반을 합한 것과 같고, 몸통의 무게는 머리와 꼬리의 무게를 합한 것과 같다. 이 물고기의 무게는 얼마인가?
2. 고등어 2kg과 꽁치 3kg을 사는데 4루블 80코페이카[4]를 내었다. 고등어의 가격을 10% 깎아주고 꽁치의 가격을 15% 깎아주면, 4루블 20코페이카를 내면 된다. 고등어와 꽁치의 kg당 가격은 각각 얼마인가?
3. 엄마와 아들과 딸이 함께 쇼핑을 하였다. 엄마와 아들이 사용한 돈은 22루블, 아들과 딸이 사용한 돈은 15루블, 딸과 엄마가 사용한 돈은 20루블이다. 이들이 각각 사용한 돈은 얼마인가?
4. 계주 트랙이 A, B, C, D 네 부분으로 나누어져 있다. A와 B의 길이의 합은 100m, B와 C의 길이의 합은 200m, C와 D의 길이의 합은 300m, D와 A의 길이의 합은 400m이다. 이 트랙의 전체 길이는 얼마인가?
5. 어느 낚시팀이 첫째 날 3.2탱크의 물고기를 잡고, 둘째 날에는 전날의 1.5배를 잡고, 셋째 날에는 둘째 날보다 10%를 더 잡았다. 이들이 사흘 동안 잡은 물고기의 양은 얼마인가?

B. 산술 테스트

1. 토끼와 우리가 몇 개 있다. 우리 하나에 토끼 한 마리씩 넣으면 토끼 한 마리가 남는다. 우리 하나에 토끼 두 마리씩 넣으면 우리가 하나 남는다. 토끼와 토끼 우리의 수를 구하여라.
2. 토끼와 닭들이 밖에서 놀고 있다. 머리의 수는 35개이고 다리의 수는 94개이다. 토끼와 닭은 각각 몇 마리인가?
3. 교실에 있는 긴 의자 하나에 5명씩 앉으면 4명이 앉을 자리가 없고, 6명씩 앉으면 의자가 2개 남는다. 교실에는 몇 명의 학생과 몇 개의 의자가 있는가?
4. 1루블을 15코페이카 동전과 10코페이카 동전으로 교환하였다. 모두 9개의 동전이 있을 때, 두 종류의 동전은 각각 몇 개인가?
5. 한 소녀가 앨범에 사진을 정리하고 있다. 앨범 한 면에 한 장의 사진을 붙이면 4장의 사진이 남고, 한 면에 2장의 사진을 붙이면 앨범 한 면이 빈 채로 남는다. 사진이 몇 장이고 앨범이 몇 면인지 구하여라.

4) 100코페이카는 1루블이다.

C. 산술 테스트

1. 계획에 따르면 가구 공장에서 매일 48개의 탁자를 만들게 되어 있다. 그런데 계획보다 매일 2개의 탁자를 더 만든 결과, 계획 완료 전 마지막 3일 동안 100개의 탁자만 더 만들면 되게 되었다. 원래 이 가구 공장은 몇 개의 테이블을 만들 예정이었는가?
2. 동일한 개수의 탁자가 가구 공장의 4개 창고에 있었다. 각각의 창고에서 90개씩 탁자를 꺼냈더니 4개의 창고에 남아 있는 탁자 개수의 합이 처음에 한 창고에 있던 탁자의 개수와 같아졌다. 각각의 창고에는 몇 개의 탁자가 있었는가?
3. 어느 종묘장에서 일정한 기간에 일정한 그루의 나무를 이식하여야 한다. 하루에 240그루를 이식하면 계획보다 400그루를 덜 이식하게 되고, 하루에 280그루를 이식하면 계획보다 200그루를 더 이식하게 된다. 종묘장에서는 며칠 동안 몇 그루의 나무를 이식해야 하는가?
4. 가구 공장의 두 직원이 일의 양에 비례하여 급료를 받는다. 한 직원이 일의 $\frac{3}{5}$을 하였고, 두 번째 직원이 나머지 일을 하였다. 두 번째 직원이 8루블을 받았다면, 첫 번째 직원은 얼마의 돈을 받았는가?

D. 산술 테스트

1. 자동차로 A시에서 B시로 갈 때는 시속 20km로, 돌아올 때는 시속 30km로 달렸다. 왕복하는 동안 이 자동차의 평균 속도는 얼마인가?
2. A시와 B시의 거리는 135km이다. A시에서 B시로 트럭이 출발한 후 1시간 10분 후에 승용차가 뒤따라 출발하였다. 승용차의 속도가 트럭의 속도보다 2배 빠르고 승용차가 B시에 트럭보다 20분 먼저 도착하였다. 승용차와 트럭의 속도를 구하여라.
3. 증기선이 일정한 속도로 Astrakhan과 Volgograd 사이를 왕복하고 있다. 조류가 있을 때와 없을 때 언제 더 빨리 왕복여행을 마칠 수 있을까?

E. 산술 테스트

1. **고전적인 문제**: 한 남자가 14일 동안에 물 한 통을 마신다. 그와 그의 아내가 함께 마시면 10일에 물 한통을 다 마신다. 그의 아내 혼자 물 한 통을 마시려면 며칠이 걸리겠는가?
2. 한 가정에서 하루에 물 20리터를 소비한다. 토요일에는 15% 더 소비하고 일요일에는 7.5% 덜 소비한다. 이 가정에서 425.5리터의 물을 소비하려면 몇 주일이 걸리겠는가?

3. 한 타자수는 p시간에 원고지 1,000장을 치고, 다른 타자수는 q시간에 원고지 1,000장을 친다. 이들이 함께 작업하면 원고지 1,000을 치는데 몇 시간이 걸리겠는가?
4. **고전적인 문제**: 한 마리의 양을 먹는데 사자는 2시간, 늑대는 3시간, 개는 6시간이 걸린다. 사자와 늑대와 개가 함께 양 한 마리를 먹는다면 몇 시간이 걸리겠는가?
5. 파이프를 열어 풀장에 물을 채우는데 파이프 A로는 하루(24시간), 파이프 B로는 이틀, 파이프 C로는 사흘이 걸린다. 세 파이프를 모두 열어 풀장에 물을 채우면 몇 시간이 걸리겠는가?
6. 두 여행자가 각각 A와 B지점에 한 명씩 있다. A와 B 사이의 거리를 가는데 한 여행자는 x시간, 다른 여행자는 y시간 걸린다. 두 여행자가 서로 만나기 위해 각각 A와 B에서 동시에 출발한다면 몇 시간 후에 만나겠는가?

F. 산술 테스트

1. 아이들이 13루블을 모아서 55장의 연극표와 영화표를 샀다. 연극표 한 장은 35코페이카이고 영화표는 10코페이카일 때, 아이들은 연극표와 영화표를 각각 몇 장 샀겠는가?
2. 어느 강당에 100개의 조명등이 있다. 하루 저녁 큰 조명등 하나를 켜 놓는 데 1.5코페이카, 작은 조명등을 켜 놓는 데 1코페이카가 든다. 하루 저녁 이 강당에 등을 켜 놓는 데 들어간 돈이 1.35루블일 때, 큰 조명등과 작은 조명등을 각각 몇 개 켰겠는가?
3. 어느 기차가 2개의 축, 3개의 축, 4개의 축을 가진 차량으로 구성되어 있는데, 3개의 축을 가진 차량의 수와 4개의 축을 가진 차량의 수가 같다. 기차에 연결된 차량의 수는 36이고 차축의 개수는 111개이다. 각 종류의 차량의 개수를 구하여라.

G. 기하 테스트

(앞에서 기술하였음)

시리즈 VII: 구체적인 것에서 추상적인 것으로 점차 변하는 문제 체계

이 시리즈의 한 테스트(A. 결합된 테스트)는 열 개의 문제로 이루어진 체계이며 각각의 문제는 구체적인 것에서 추상적이고 일반적인 것으로 점진적으로 변형되어 있다. 각 문제는 3개에서 5개의 변형을 가지고 있다. 첫 번째 변형 (a)는 완전히 명료하고 구체적인 문제이고, 마지막 변형 (e)는 추상적이고 일반적인 수준으로 번역된 같은 문제이다.

중간에 있는 변형 b, c와 d는 문제의 더 많은 요소를 잇달아 일반화하면서 변형 a에서 변형 e로의 점진적인 변화를 보여준다. 처음에 피험자에게 (가장 추상적인 변형인) e를 풀게 한다. e를 풀지 못하면 가장 구체적인 변형인 문제 a를 풀게 한다. 그리고 다시 문제 e로 돌아간다. 이번에도 못 풀면 변형 b를 풀게 한다. 그리고 다시 e로 돌아온다. 각 문제마다 제시되는 변형 문제의 순서는 e, a, e, b, e, c, e, d, e이다.

(1번부터 10번까지) 문제들은 복잡성의 정도 순으로 배열되고, 그 순서대로 피험자에게 제시된다. 그러나 모든 문제마다 다섯 개의 변형이 가능한 것은 아니고, 어떤 것은 3개 또는 4개의 변형이 있다.

여기에 모든 문제들의 변형을 제시할 필요는 없다고 생각되어, 열 문제의 변형 e를 제시하고, 두 문제에 대해서만 문제의 요소들의 점진적인 일반화 과정의 본질을 예시하고자 한다.

1e. 가로가 bm, 세로와 높이가 각각 am인 방이 있다. 이런 방 n개의 부피는 얼마인가?

2e. 한 평평한 판이 한 변의 길이가 $x$cm인 정사각형 m개와 한 변의 길이가 $y$cm인 정사각형 n개로 나누어지고 남은 부분은 없다. 이 판의 넓이는 얼마인가?

3e. 공책 한 권의 값은 a코페이카이고 연필 한 자루의 값은 b코페이카이다. 공책 x권과 연필 y자루를 사고 얼마를 내야 할까?

4e. 영화관이 통로에 의해서 a개의 부분으로 나뉘고, 나뉜 각 부분에는 p개의 열이 있고 한 열에는 n개의 좌석이 있다. 영화가 상영될 때 동시에 관람할 수 있는 사람의 수는 얼마인가?

5e. 건물을 난방하는 데 m톤의 석탄이 필요하다. n톤의 석탄을 이미 사용했다. 남은 석탄으로 남은 t일 동안 건물을 난방하려면 하루에 몇 톤의 석탄을 사용해야 하는가?

6e. 집의 벽에 페인트칠을 한다. 벽의 가로는 Lm, 세로는 Hm이다. 벽에는 가로 Em, 세로 Nm인 창문이 세 개 있다. 칠을 해야 할 벽의 넓이를 구하여라.

7e. 학교 정원에 과일 나무 p그루가 있다. 자두나무 수의 q배의 배나무가 있고, 사과나무의 수는 자두나무의 수와 배나무의 수를 합한 것과 같다. 정원에는 각 종류의 과일 나무가 몇 그루씩 있는가?

8e. m페이지로 된 책이 있는데 한 페이지에 n개의 줄이 있고 각 줄에는 p개의 글자가 있다. 이 책의 개정판에는 한 페이지에 b개의 줄이 있고 한 줄에 a개의 글자가 있다. 이 개정판은 몇 페이지로 되어 있을까?

9e. 공장에서 정해진 기간에 a개의 연장을 만들어 납품하기로 했다. 그래서 하루에 b

개의 연장을 만들기로 계획했다. 그런데 직원들이 열심히 일을 하여 계획된 생산량보다 매일 m개의 연장을 더 만들었다. 마감 예정일보다 며칠 일찍 생산을 끝낼 수 있을까?

10e. 농장에 두 개의 창고가 있는데, 합하여 p톤의 곡식이 있다. 한 창고에서 매일 a톤의 곡식을 그리고 다른 창고에서 매일 b톤의 곡식을 출하했다. t일 후에 두 창고에 남아 있는 곡식의 양이 같았다. 두 창고에는 각각 얼마의 곡식이 저장되어 있었는가?

문제 1의 변형:

1a. 가로가 6m, 세로가 3m, 높이가 3m인 방이 있다. 이런 방 4개의 부피는 얼마인가?

1b. 가로가 6m, 세로가 3m, 높이가 3m인 방이 있다. 이런 방 n개의 부피는 얼마인가?

1c. 가로가 6m, 세로가 3m, 높이가 am인 방이 있다. 이런 방 n개의 부피는 얼마인가?

1d. 가로가 6m, 세로와 높이가 각각 am인 방이 있다. 이런 방 n개의 부피는 얼마인가?

1e. (앞에서 제시하였음)

9a. 공장에서 정해진 기간에 100개의 연장을 만들어 납품하기로 했다. 그래서 하루에 4개의 연장을 만들기로 계획했다. 그런데 직원들이 열심히 일을 하여 계획된 생산량보다 매일 1개의 연장을 더 만들었다. 마감 예정일보다 며칠 일찍 생산을 끝낼 수 있을까?

9b. 다른 것은 동일하며, 연장의 총 개수를 a로 함.

9c. 다른 것은 동일하며, 연장의 총 개수를 a로 하고, 하루 계획 생산량을 b로 함.

9d. (위의 9e를 보라.)

이 문제 시리즈는 학생이 얼마나 빠르고 쉽게 문제의 해를 일반적인 해로 변환하는지, 구체적인 양들의 조작으로부터 일반화되고 추상적인 형태로 양 사이의 관계를 표현할 수 있게 하는 관습적인 기호들의 조작으로 얼마나 잘 넘어갈 수 있는지 보여준다. 우리는 학생이 일반적인 구조 속에서 문제를 바로 푸는지, 아니면 일반적인 문제가 점진적으로 주어져야 하는지 확인했다. 각 단계에서 (문제의 각 변형마다) 이전 단계의 구체적인 사실로부터 완전한 "단절"이 일어나고, 학생은 문제해결의 추상적인 수준으로 나아가게 된다. 그래서 이 시리즈를 통해 구체적인 수준에서 추상적인 수준으로의 독립적인 변화로서의 일반화를 탐구한다. 그 양적 지표는 다음과 같다. (1) 피험자가 일반적인 형태로 해결한 문제의 수, (2) a에서 e로 이행하는 데 필요한 변형의 평균 개수(e를 포함). (앞에서 언급한 대로 각 문제의 변형의 개수가 다르기 때문에) 동등화하기 위해 다음과 같은 규칙을 만들었다. 각 문제에서 푼 변형의 수를 전체 변형의 수와 비교하여 5를 기준으로 계산한다. 예를 들어 피험자가 4번 문제에서 4a, 4b, 4e를 해결했다면 4개의 변형 중 3개, 곧 75%를 해결한 것이고, 이것을 5개의 변형을 기준으로 계산하면 3.75개(5의 75%)를 해결한 것과 같다. 이렇게 해서 4번 문제에서 피험자가 해결한 변형의 수를 나타내는 지표 3.75를 얻는다.

이 실험의 마지막에 학생에게 그들이 해결한 문제와 (그들이 풀려고 노력했으나) 해결하지 못한 문제를 재생하도록 했다. 이것은 그들이 문제에 주어진 구체적인 사실과 양 사이의 관계를 얼마나 잘 기억하는지를 알아보기 위한 것이었다.

시리즈 VIII: 주어진 유형의 문제 만들기

이 시리즈는 산술, 대수, 기하, 논리의 네 가지 테스트로 구성된다. 각각의 테스트에는 (각각의 명확한 유형이 학생에게 알려지지 않은) 몇 개의 문제가 있다. 피험자는 (문제를 풀지 않은 상태에서) 문제에 익숙해지는 대로 또는 (문제를 풀지 않은 채로 테스트를 수행할 수 없으면) 문제를 푼 후, 스스로 (가능한 한 수치와 주제를 다르게 하여) (1) 같은 유형의 문제와 (2) 다른 유형의 문제를 만들어야 했다.

이 시리즈의 과제의 초점은 피험자가 단 하나의 대상을 분석한 후에, 여러 대상에 대한 독립적인 일반화를 할 수 있는지를 명확히 하는 데 있다. 대체로 일반화는 일련의 현상을 비교하고 대조한 결과로 얻어지지만, 여기서 질문은 피험자가 비교나 대조 없이 단 하나의 현상을 분석한 것을 기초로 본질적인 (그리고 시리즈의 모든 현상에 일반적인) 성질에 대한 결론을 이끌어 낼 수 있는가이다. 하나의 주어진 대상과 유사한 일련의 대상을 만드는 것은 피험자가 이 하나의 대상 속에서 본질적이고 일반적인 것을 볼 때에만 가능하다. (학생이 스스로 주어진 문제와 같은 유형의 문제를 구성한다면, 이것은 그가 시리즈를 만들고 있음을 뜻한다.) 우리는 피험자가 문제의 구조 (또는 풀이의 구조)를 어떻게 분석하는지, 한 유형의 두 문제조차 비교하거나 대조하는 기회 없이, 유형의 관점에서 중요한 것과 그렇지 않은 것을 가려내면서 어떻게 추론하는지 밝혔다. 피험자의 과제 수행을 평가하기 위하여 수행의 세 가지 수준에 대응하는 3점 척도를 사용하였다. (1) 가장 초보적인 수준. 주어진 문제의 수치를 바꾸어 만든 유사한 문제, (2) 수치와 주제가 다른 문제, (3) 주제가 다르고 일반적인 틀 안에서 만들어진 문제. 이 테스트를 기술하면 다음과 같다.

A. 산술 테스트

1. 두 사람이 9시간을 일하여 제품 243개를 만들었다. 그중 한 명이 한 시간당 13개를 만들었다면, 다른 한 사람은 한 시간에 몇 개를 만들었을까?
2. 세 명의 어부가 강둑에서 밤을 보내고 있었다. 모두 흡연자이지만 한 사람만이 담배를 가지고 있었다. 그들은 담배를 똑같이 나누었다. 아침까지 각자 4개피씩 담배를 피고, 남은 담배를 합치니 처음에 각 사람이 가지고 있던 담배의 수와 같았다. 담배를 똑같이 나누었을 때, 각 사람은 몇 개피씩의 담배를 가졌을까?
3. 한 사람이 자전거를 타고 정해진 시간에 목적지까지 가려고 한다. 시속 15km로 가면 예정보다 한 시간 일찍 도착하고, 시속 10km로 가면 예정보다 한 시간 늦게 간다. 정해진 시간에 도착하려면 얼마의 속도로 가야 할까?
4. 36루블로 두 종류의 물건을 샀다. 첫 종류의 물건보다 두 번째 종류의 물건을 1.5kg 더 샀지만, 각 종류의 물건을 사는 데 쓴 금액은 같았다. 각 종류의 물건을 각각 5kg씩 샀다면 9루블이 쓰지 않은 채 남았을 것이다. 각 종류의 물건의 값을 구하여라.

B. 대수 테스트

1. $2a^2b$를 괄호 안에 넣어 인수분해 할 수 있는 삼차다항식을 생각하여라.
2. p가 $3p$보다 항상 작다고 할 수 있는가? a^2은 a보다 큰가? $-x$는 음수인가?
3. 직사각형의 한 변의 길이가 $3m+2n$이고, 다른 한 변의 길이는 이보다 $m-n$ 더 크다. 이 직사각형의 둘레의 길이와 넓이를 구하여라.
4. 짝수를 나타내는 일반적인 식은 무엇인가?

C. 기하 테스트

1. 한 이등변삼각형의 옆변의 길이는 밑변의 길이의 두 배이다. 둘레의 길이는 45cm이다. 각 변의 길이를 구하여라.
2. 정육면체의 모서리의 길이가 6cm이다. 정육면체의 겉넓이를 구하여라.
3. 삼각형 ABC에서 각 A는 각 B의 $\frac{2}{3}$이다. 각 B는 각 C의 $\frac{3}{5}$이다. 각 A, B, C의 크기를 구하여라.

D. 논리 테스트

1. 370명의 학생이 있다. 그들 중 생일이 같은 학생이 적어도 두 명이 있음을 증명하여라.

시리즈 IX: 증명 문제

이 시리즈는 두 개의 대수, 하나의 기하, 하나의 논리 테스트로 이루어져 있다. 각 테스트는 같은 유형의 점차 복잡해지는 증명문제로 이루어진 체계이다. 학생들은 학교에서 전혀 유사한 문제를 풀지 않았거나(테스트 B와 C), 아직 관련 단원을 공부하지 않았다(테스트 A와 C). 이 테스트는 창조적 일반화, 즉 배운 증명의 원리를 유사하면서 더 복잡한 지적인 문제들에 전이하는 것이나 추론 방법의 일반화에 대한 연구를 심화시킨다. 첫 번째 테스트(A)의 바탕에는 대수적인 변형의 원리가 있다. 두 번째 테스트(B)는 다양한 가능성을 차례대로 탐구하는 원리를 숙달하는 것과 관련이 있다. 기하 테스트는 삼각형의 합동을 식별하여 증명하는 원리에 기초하여, 정리들의 증명을 숙달하는 것과 관련이 있다. 문제 제시 순서는 다음과 같다. 시리즈의 처음 (가장 쉬운) 문제가 주어진다. 학생은 (스스로 또는 실험자의 도움을 받아) 추론의 원리를 알게 된다. 그 다음에 시리즈의 마지막 (가장 복잡한) 문제가 주어진다. 그가 그것을 풀지 못하면 두 번째 문제를 준다. (이와 같이 마지막 문제로 계속 접근해 간다.) 예를 들어 대수 테스트 A에서 문제 제시 순서는 1, 7, 2, 7, 3, 7, 4, 7, 5, 7, 6, 7이다. 우리는 추론 과정을 분석하여 일반화의 본질을 판단하였다. 그 양적인 측면은 테스트의 처음 문제에서 마지막 문제로 전이하는 데 필요한 연결고리의 수와 마지막 고리에서 도약의 크기로 나타낼 수 있다. 한 학생이 1, 2, 3, 4, 5, 7의 순서로 문제를 풀었다면 이 테스트에서 그의 지표는 (6, 2)이다.

시리즈 IX의 테스트는 추론 과정의 단축을 연구하기 위한 것이다. 피험자가 풀 수 있었던 가장 복잡한 문제의 풀이를 이 관점에서 분석하였다. 이를 위하여 문제를 푸는 동안 실제 추론 과정에서 연결 고리의 수를 조사하고, 이것을 같은 문제를 푸는 상세한 과정(실험자의 제안으로, 학생은 그가 보기에 가장 완벽한 구조로 보이도록 추론을 정교화하였다)에서의 연결 고리의 수와 비교하였다. 어떤 연결 고리가 떨어져 나가는지에 주의를 기울였다. 이 시리즈의 테스트는 다음과 같다.

A. 대수 테스트

1. $-d$가 항상 음수를 나타낸다고 할 수 있는가? $2a > a$라고 할 수 있는가? $8n$은 정수이겠는가?
2. 다음은 어떤 조건에서 성립하는가?

   $a=5a,\quad a=a^2,\quad a<a^2,\quad a>a^2,\quad -a>0,\quad a-2>0,\quad a+b<a-b$
3. m이 어떤 값일 때, 등식 $\dfrac{am}{bm}=\dfrac{a}{b}$ 가 성립하지 않는가?

4. a와 b가 어떤 값일 때, 등식 $\frac{a}{b} = \frac{3a}{b}$가 성립하는가? (피험자는 다양한 가능성을 조사해야 한다.)
5. x^2+x+1이 어떤 x에 대해서도 음수가 될 수 없음을 증명하여라.
6. 다항식 $x^{12}-x^9+x^4-x+1$이 모든 x에 대해 양수임을 증명하여라.
7. 임의의 a에 대하여 $(a-1)(a-3)(a-4)(a-6)+10$이 양수임을 증명하여라.

B. 대수 테스트

1. (임의의 정수 a에 대하여) 연속되는 세 수의 합은 3으로 나누어떨어짐을 증명하여라.
2. 어떤 수를 생각하여라. 생각한 수보다 6이 큰 수를 그 수에 곱하고, 9를 더하여라. 그 결과가 제곱수임을 증명하여라.
3. 연속되는 두 수 중 큰 수를 그 두 수의 곱에 더하면 큰 수의 제곱이 됨을 증명하여라.
4. 연속되는 세 수가 다음 성질을 가짐을 증명하여라. 가운데 수의 제곱은 다른 두 수의 곱보다 1이 더 크다.
5. 백의 자리 수, 십의 자리 수, 일의 자리 수가 연속된 자연수로 되어 있는 세 자리 수를 써라. 같은 숫자로 순서를 거꾸로 하여 세 자리 수를 써라. 두 수 중 큰 수에서 작은 수를 빼면 항상 198이 됨을 증명하여라.
6. 두 분수의 합이 1이다. 처음 분수의 제곱에 두 번째 분수를 더한 것은 두 번째 분수의 제곱에 처음 분수를 더한 것과 같음을 증명하여라.
7. *abcabc* 형태(예: 526526)의 여섯 자리 수가 있다. 이와 같은 모든 수가 13으로 나누어떨어짐을 증명하여라. 문제 6번을 풀고 이 문제를 풀려고 하는 피험자에게 이 문제가 너무 어렵다면 다음 보조 문제를 준다. *aa* 형태(예: 3355)의 모든 수는 11로 나누어떨어짐을 증명하여라.

C. 기하 테스트

1. △ABC의 변에 꼭짓점들이 놓여 있는 △DEF의 둘레가 △ABC의 둘레보다 작음을 증명하여라. [그림 16]
2. 이등변삼각형에서 밑각의 이등분선의 길이가 서로 같음을 증명하여라.
3. 이등변삼각형의 두 옆변의 중점을 각각 마주 보는 밑각과 연결한 두 선분의 길이는 같음을 증명하여라.
4. 이등변삼각형의 두 옆변의 중점에서 각각 다른 변과 만나도록 수선을 그었다. 두 수선의 길이가 같음을 증명하여라.

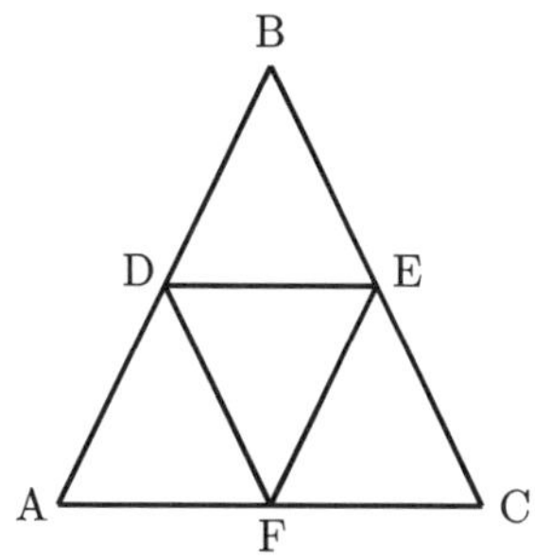

그림 16

5. 이등변삼각형의 꼭지각의 크기가 36°이다. 밑각의 이등분선을 마주보는 변과 만나도록 그었을 때, 주어진 이등변삼각형은 두 개의 이등변삼각형으로 나누어짐을 증명하여라.
6. 사다리꼴은 두 대각선에 의해 네 개의 삼각형으로 나누어진다. 옆변에 인접한 두 삼각형의 넓이가 같음을 증명하여라.
7. 이등변삼각형 밑변의 한 점에서 두 옆변에 이르는 거리의 합은 밑변의 모든 점에 대하여 같음을 증명하여라.

D. 논리 테스트

1. 다음 덧셈에서 빈 칸에 알맞은 숫자를 넣어라.

$$\begin{array}{r} 4\square \\ +\quad \square\square 2 \\ \hline \square\square 0\,1 \end{array}$$

2. 다음 곱셈에서 빈 칸에 알맞은 숫자를 넣어라.

$$\begin{array}{r} \square\square\square\square \\ \times\qquad \square 2 \\ \hline 1\,8\,\square\,4\,8 \\ 7\,4\,9\,9\,\square \\ \hline \square\square\square\,6\,6\,\square \end{array}$$

3. 다음 곱셈에서 빈 칸에 알맞은 숫자를 넣어라.

$$
\begin{array}{r}
6\,\square \\
\times\;\; \square\,\square\,\square \\
\hline
\square\,\square \\
\square\,\square \\
\square\,\square \\
\hline
\square\,\square\,\square\,6
\end{array}
$$

4. 한 학생이 칠판에 다섯 자리 수 곱하기 세 자리 수의 곱셈을 바르게 하고 나서, 대부분의 숫자를 지웠다. 남아 있는 숫자를 사용하여 지워진 숫자를 채워 넣어라.

$$
\begin{array}{r}
\square\,7\,\square\,\square\,\square \\
\times\qquad\quad 7\;4\;3 \\
\hline
\square\,\square\,\square\,\square\,\square\,5 \\
\square\,\square\,\square\,\square\,\square\,\square \\
\square\,\square\,\square\,\square\,\square\,\square \\
\hline
4\;2\,\square\,\square\,\square\,8\;7\,\square
\end{array}
$$

5. 다음 여러 자리 수의 덧셈에서 각 문자가 나타내는 숫자를 알아내어라. (같은 문자는 같은 숫자를 나타낸다.)

$$
\begin{array}{r}
\mathrm{S\;E\;N\;D} \\
+\,\mathrm{M\;O\;R\;E} \\
\hline
\mathrm{M\;O\;N\;E\;Y}
\end{array}
$$

시리즈 X: 문제의 조건을 이용한 방정식 만들기

이 시리즈의 문제들은 (앞 장과 마찬가지로) 명확한 추론 방법의 일반화를 연구하기 위한 것이다. 대부분의 방법론 학자들의 의견에 따르면 문제의 조건에 기초하여 방정식을 구성하기 위한 하나의 충분히 구체적인 규칙은 없다. 아마도 그럴 것이다. 그러나 이러한 문제들을 풀어 가면서 학생들은 점차 방정식을 만드는 습관, 그리고 그 밑에 놓인 그러한 수학적인 문제의 해결에 접근하는 명확한 일반적인 원리, 추론의 일반적인 방법을 개발한다. 이 시리즈의 목적은 이런 습관을 얼마나 쉽고 자유롭게 형성할 수 있는지, 적절한 추론 방법을 얼마나 빨리 일반화 하는지, 그 전이의 영역이 얼마나 넓은지를 밝히는 것이다.

학생들이 학교에서 대수의 해당 단원을 공부하기 전에 이 시리즈를 제시하였다. 한 테스트에는 점차 복잡해지는 12개의 문제가 들어 있다. 첫 번째 문제의 조건에 기초한 방정식을 세우는 것은 매우 쉽지만, 마지막 문제의 조건을 이용하여 방정식을 세우는 것은 상당히 어렵다. 실험자는 학생에게 첫 번째 문제에 대한 방정식을 세우는 가장 일반적인 원리를 가르쳐 준다. 그다음에 문제 12번을 풀도록 한다. (학생은 방정식만 세우면 된다.) 학생이 이 과제를 잘 수행하지 못하면, 실험자는 "아래 쪽으로" 문제를 11, 10, 9, 8번의 순으로 학생이 방정식을 세울 수 있는 문제로 내려간다. 이것은 방금 형성된 구체적인 추론 방법의 전이 범위 곧, 처음 문제로부터 학생이 풀 수 있었던 문제까지의 범위를 수치적으로 나타낸다. 이어서 실험자는 학생이 방금 푼 문제에서 시작하여 문제 12번까지 차례대로 제시하면서 학생들을 반대 방향으로 이끌었다. 어떤 문제에서 학생들은 스스로 더 나아가지 못하고 멈추는가? 실험자로부터 약간의 도움이 주어지면 어디까지 나아가서 (다음 발달 영역) 멈추는가?

수치화된 지표는 다음 세 가지 특성을 반영한다. 첫 번째 문제를 푼 후에 피험자가 네 번째 문제를 풀고, 여섯 번째 문제에 독자적으로 도달하였고, 실험자의 도움으로 아홉 번째 문제까지 풀 수 있었다면, 그의 지표는 (3, 6, 9)이다. 이 지표는 첫 번째 문제에서 방금 형성된 방법의 전이 영역이 세 문제(두 번째, 세 번째, 네 번째)라는 것, 최대의 진전이 문제 6번이라는 것, 다음 발달 영역이 문제 9번이라는 것을 나타낸다. 우리는 (앞의 시리즈에서와 같이) 이러한 관점에서 일련의 문제 해결 과정에서 학생들의 추론을 비교하여 추론 과정의 단축을 판단한다. 또한 이 시리즈는 우리가 문제를 지각하는 어떤 요소들, 문제의 일반적인 구조와 그 기본적인 관계를 "파악하는" 능력을 연구할 수 있도록 해준다.

A. 대수 테스트

1. 선생님이 학생에게 주어진 수에 12를 더하고 그 결과를 13으로 나누게 했다. 그러나 학생은 교사의 말에 주의를 기울이지 못하고 주어진 수에서 13을 빼고 그 결과를 12로 나누었다. 다행히 운 좋게도 그는 옳은 답을 얻었다. 주어진 수는 얼마인가?
2. 어떤 수에 36을 더한 것은 그 어떤 수에 4를 곱한 것과 같다. 어떤 수는 얼마인가?
3. 수를 하나 생각하였다. 이 수의 $\frac{1}{2}$과 $\frac{1}{3}$의 합은 이 수의 $\frac{1}{4}$보다 7이 크다. 이 수는 얼마인가?
4. 편지지는 연필보다 4배 비싸다. 연필은 편지지보다 30코페이카 싸다. 편지지와 연필은 각각 얼마인가?

5. 세 가게에 각각 같은 양의 귤이 있다. 각 가게에서 600개씩 팔았을 때, 남아 있는 귤을 모두 합하니 각각의 가게에 처음 있었던 귤의 개수와 같았다. 각각의 가게에 처음에 있던 귤은 몇 개인가?
6. 두 수를 합하면 20이다. 한 수의 5배에 다른 한 수의 4배를 더하면 92이다. 처음 두 수를 구하여라.
7. “할아버지, 아들은 몇 살입니까?”, “내 아들이 살아온 주의 수는 내 손자가 살아온 날의 수와 같지.”, “손자는 몇 살입니까?”, “손자가 살아온 달의 수는 내가 살아온 해의 수와 같지.”, “할아버지의 연세는 어떻게 되십니까?”, “나와 아들과 손자의 나이를 합하면 정확히 100살이지.” 할아버지와 아들과 손자의 나이는 각각 얼마인가?
8. 학교 도서관에서 책을 구입하였다. 책값을 3루블짜리 지폐로 지불하면 5루블짜리 지폐로 지불할 때보다 지폐 8장을 더 내야 한다. 책값은 얼마인가?
9. 두 통에 서로 다른 양의 물이 들어 있다. 첫 번째 통에서 물 한 그릇을 꺼내 다른 통에 부으면 두 통에 있는 물의 양이 같아진다. 그러나 두 번째 통에서 물 20그릇을 꺼내 첫 번째 통에 부으면 첫 번째 통에 있는 물이 두 번째 통에 있는 물의 3배가 된다. 각각의 통에는 물이 몇 그릇씩 들어 있는가?
10. 100을 서로 다른 네 개의 수로 분할하였다. 첫 번째 수에서 4를 빼고, 두 번째 수에 4를 더하고, 세 번째 수에 4배를 하고, 네 번째 수를 4로 나누었더니, 각각의 결과가 모두 같아졌다. 서로 다른 네 개의 수는 무엇인가?
11. 두 물체는 원주가 999m인 원 위를 같은 방향으로 움직이며, 37분마다 만난다. 한 물체의 속도가 다른 물체의 속도의 4배일 때, 각 물체의 속도를 구하여라.
12. 지금 내 나이는 형이 내 나이였을 때 내 나이의 3배이다. 내가 지금 형의 나이가 되면, 형과 나의 나이의 합은 96이다. 지금 형과 나의 나이는 각각 얼마인가?

시리즈 XI: 비현실적인 문제

이 짧은 시리즈(한 개 테스트)의 문제들에는 문제를 의미 없게 만드는 수치들이 들어 있다. 문제의 유형은 완전히 현실적이지만 그 유형의 주어진 구체적인 변량은 그렇지 않다. 이 시리즈의 문제는 지각, 처리, 파지 속에 나타나는 수학적 소재의 일반화의 몇 가지 특성을 드러내기 위한 것이다. 실험자는 문제를 제시하면서 가능한 빨리 차례대로 풀 것을 요구했고, 피험자가 모든 문제를 다 풀 때까지는 피험자와 함께 문제를 분석하지 않았다. 피험자가 문제의 조건이 비현실적임을 알아채면, 실험자는 그것이 우연한 실수라고 말하고 다음 문제를 계속해서 풀라고 했다. 빨리 풀라는 지시는 피험자가 문제의 조건들을 분석하고 평가하지 않은 상태에서 “순수한” 형태로 그의 문제 지각과 풀이의 고유한 유형을 보이도록 자극한다는 점에서 중요했다. 특정한 정보는 일단 제쳐 놓고 일반적인 형태로 문제를 지각하고 풀기 좋아하는 피험자는 문제의 특정한 정보가 비현실적이라는 것을 알아채지 못할 수 있다고 가정하였다. 또 우리는 피험자가 이 시리즈의 문제들을 어떻게 기억하고 있는지도 조사했다. (문제를 푼 후, 일주일 후, 3달 후에 문제를 재생하도록 했다.)

A. 결합된 테스트

1. 직각삼각형의 둘레의 길이는 3.72m이다. 그 두 변의 길이가 각각 1.24m이다. 나머지 한 변의 길이는?
2. 빗변의 길이가 $12a$cm이고 직각을 낀 변의 길이가 $5a$cm인 직각이등변삼각형의 넓이는?
3. 5로 나누었을 때 나머지가 7인 수를 대수적인 일반식으로 나타내어라.
4. 이반은 피터보다 2살 어리고, 피터는 스테판보다 4살 많다. 안드레이는 피터보다 3살 많고, 이반은 스테판과 동갑이다. 안드레이와 이반 중 누가 더 나이가 많은가?
5. 배가 최고 속력으로 A에서 B까지 (순풍을 타고) 갔다가 (역풍을 맞으며) 되돌아왔다. 실제로 바람 때문에 오고 갈 때 배의 속력은 달랐다. A에서 B로 갈 때는 시속 20km로, B에서 A로 되돌아올 때는 시속 30km로 왔다. 왕복하는 동안 배의 평균 속도는?

시리즈 XII: 인공적인 개념의 형성

이 시리즈의 테스트들은 일반적인 능력으로서 학생의 일반화 능력의 몇 가지 요소를 드러내기 위한 것이며, 수학적인 활동이나 다른 학교 활동의 수행과는 관계가 없다.

이 테스트들은 Vygotskii Sakharov에 의해 사용된 인공적인 개념을 형성하는 잘 알려진 방법을 우리 나름대로 수정한 것이다. 이 방법은 최근에 사고의 개별적인 특징을 묘사하는 데 사용되었다(예: A. F. Govorkova [95]와 G. P. Antonova [30]). 이 테스트들은 인공적이고 실험적인 비학술적 개념에 관한 문제이다.[5] 인공적인 개념을 나타내기 위

5) 수학적인 관점에서 이 테스트들은 다양한 속성들을 사용하는 분류 문제로 볼 수 있다. 이러한 종류의 문제에 대한 고전적인 심리학적 해석은 우리의 연구 목적에 매우 잘 부합한다.

해서 아무 것도 의미하지 않는 인공적인 용어를 도입하였다(우리의 테스트에서는 “kok”, “gok”, “lok”이라는 용어를 사용하였다). 테스트들은 복잡성에 있어서 서로 다르다. 각각은 세 가지 요인 – 모양, 크기, 색깔 – 에 의해 특징지어진 그림이 그려진 카드를 한 세트 포함하고 있다. 그림들 중 일부는 (주어진 세 가지 속성 중 두 가지에 기초한) 인공적인 개념에 속하고 특정한 용어로 불린다. 그러므로 각각의 테스트에서 어떤 속성들은 관련이 있고 어떤 것들은 관련이 없다. 따라서 일부 그림은 실험적인 개념을 구성하고, 다른 일부는 여기에 속하지 않는다. 실험적인 개념에 속하는 그림들 중 한 장에는 카드의 앞면에 개념을 표시하고, 나머지 그림들에는 뒷면에 개념을 표시한다. 피험자는 그 개념 속에 어떤 속성 또는 속성의 결합이 있는지 몰랐다. 피험자에게 주어진 과제는 가능한 한 적은 시도로 (가능한 한 “틀린” 카드를 적게 뽑으면서) 주어진 개념에 속하는 그림들이 그려진 모든 카드를 선택하는 것이었다. 카드는 임의의 순서로 피험자 앞에 놓여 있다. 피험자는 그에게 모델로 주어진 실험적인 개념에 속한다고 생각한 카드를 차례대로 지적하였다. 다음에 그는 그 카드를 뒤집어서 주어진 그림이 그 개념에 속하는지를 나타내는 용어를 보았다. 우리는 그가 이렇게 하면서 어떻게 추론하는지, 문제의 풀이에 도달하는 동안 어떤 결론을 사용하는지, 어떻게 관련된 표식들을 분리하는지, 어떻게 관련 없는 것들로부터 벗어나는지, 어떻게 일반화하는지, 어떻게 (관련 있는 속성들의 집합체로서) 개념을 형성하는지 확인하였다.[6] 수치적 지표는 시도 횟수이다. 개념을 형성하는 모든 카드를 선택하고 관련 있는 속성들을 명명하기 전에 피험자가 뽑은 카드의 수.

피험자를 위한 지시사항은 테스트 B에 나타나 있다. 테스트 A와 테스트 C는 유사하다. 모든 그림들은 축소된 형태로 제시되어 있다(그림 17, 18, 19를 보라).

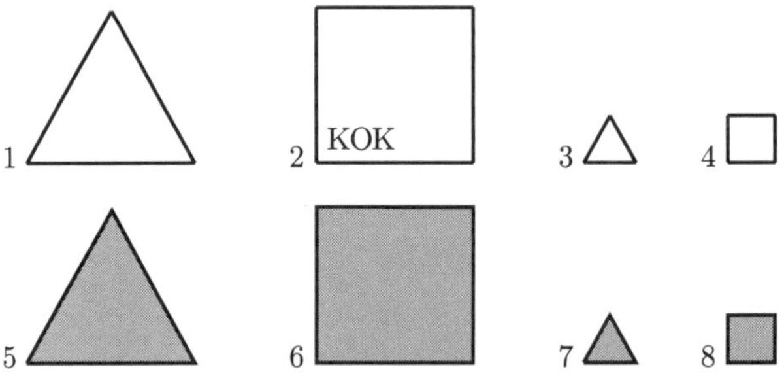

그림 17. A. 특별 테스트. 개념 “kok”은 2와 6으로 구성된다.
관련된 속성: 모양과 크기. 관련 없는 속성: 색.
여기서 흰색은 빨간색을, 검정색은 파란색을 나타낸다.

6) 모든 피험자들의 색감에 이상이 없음을 미리 확인하였다.

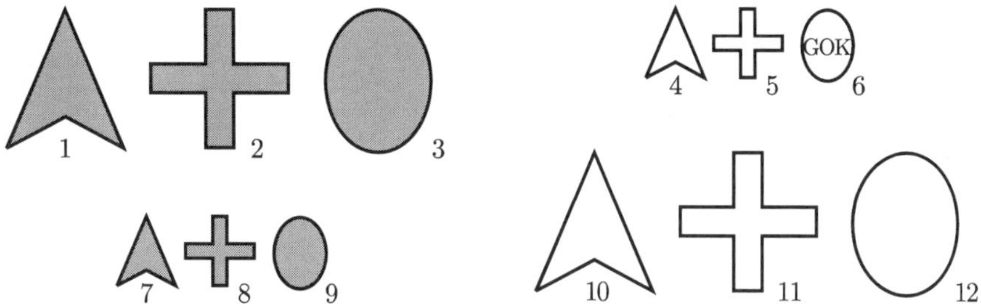

그림 18. B. 특별 테스트. 개념 "gok"은 4, 5, 6으로 구성된다.
관련된 속성: 색과 크기. 관련 없는 속성: 모양.
흰색은 빨간색을, 검정색은 파란색을 나타낸다.

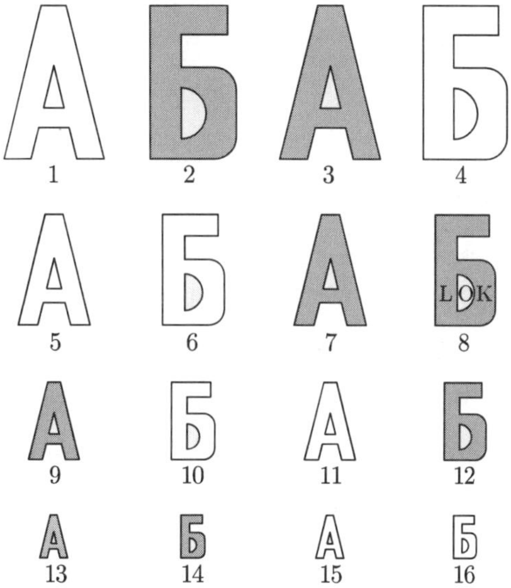

그림 19. C. 특별 테스트. 개념 "lok"은 2, 8, 12, 14로 구성된다.
관련된 속성: 모양과 색. 관련 없는 속성: 크기.
여기서 흰색은 빨간색을, 검정색은 파란색을 나타낸다.

지시사항: "네 앞에 열 두 장의 그림 카드가 놓여 있다. 그림은 모두 서로 다르다. 어느 것 두 개도 완전히 같지는 않다. 그중 몇 개는 'gok'이라는 용어가 지칭하고 있는 한정된 특징에 따라 그룹 지어질 수 있다. 이 그룹에 속하는 모든 카드의 뒷면에는 이 용어가 적혀 있다. 뒤에 이 용어가 적혀 있지 않은 카드는 이 그룹에 속하지 않는다. 단 한 장의 카드의 앞면에 이 용어가 적혀 있는 것을 볼 수 있다. 이것을 참고로 하라.

문제는 가능한 한 적은 시도로 'gok' 카드들을 고르는 것이다. 마음에 드는 카드를 뽑아 뒤집어서 용어가 쓰여 있는지 확인하고 생각해 보아라. (네가 모든 카드를 차례로 다 뒤집어서 'gok'이라는 용어가 쓰여 있는 것을 모두 고른다면) 시도 횟수는 최대인 열 두 번이다. 다시 말하지만 할 수 있는 한 적게 시도하여야 한다. 'gok'이라는 용어가 없는 카드를 골랐다면 원래 자리로 되돌려 놓아라. 모든 'gok' 그림을 뽑았다고 생각되면 내게 말하여라."

시리즈 XIII: 다양하게 풀 수 있는 문제

이 시리즈의 세 테스트에서는 (산술적인 방법에서 대수적인 방법으로의 전이 이외에도) 여러 방법으로 풀 수 있는 문제가 제공된다. 가장 쉽고, 경제적인(수학자들 사이에 흔히 사용되는 표현으로는 "우아한") 풀이 방법은 가능한 한 숨겨져 있다.

이 문제들은 하나의 정신 조작에서 다른 조작으로의 전환을 탐구하기 위해 고안되었다. 우리는 특히 학생이 같은 문제를 푸는 한 방법에서 다른 방법으로, 다시 말하여 한 조작 방법에서 다른 조작 방법으로 어떻게 전환할 수 있는지 확인하였다.

피험자는 문제를 푸는 최대한 많은 방법을 자신의 힘으로 찾아야 했다. 그러나 이 과제가 처음부터 주어지지는 않았다. 우리는 피험자가 스스로 자신의 처음 풀이에 만족하지 않을 때 가장 간단하고 경제적인 풀이를 찾으려는 욕구를 느끼는지 아닌지 지켜보았다. 그 후에 문제를 푸는 방법을 가능한 한 여러 개 찾아보라는 과제를 주었다. 학생이 다른 풀이를 전혀 찾지 못하거나 가능한 모든 풀이를 찾지 못하면, 실험자가 이 풀이들을 학생에게 제시하였다. 그리고 학생에게 풀이를 비교하고 평가하고 그가 제일 좋아하는 풀이가 어떤 것인지를 그 이유와 함께 말하게 하였다. 그가 어떤 방법을 선호하는지와 왜 그런지에 주목하였다. 일주일 후에 실험자는 피험자가 풀이 방법들 중 어떤 것을 기억하고 있는지 확인하였다. 우리는 학생이 얼마나 다양한 풀이를 시도할 수 있는지, 한 정신 조작에서 다른 조작으로 얼마나 쉽고 자유롭게 전환하는지, 그리고 문제를 해결하는 그의 접근법이 얼마나 다양한지를 가지고 사고과정의 유연성을 판단하였다.

A. 산술 테스트

1. 3루블짜리와 5루블짜리 지폐로 78루블을 지불하는 방법은 몇 가지인가?
2. 참새 16마리가 두 그루의 나무에 앉아 있었다. 2마리의 참새가 두 번째 나무로부터 날아갔고, 이어서 5마리의 참새가 첫 번째 나무에서 두 번째 나무로 날아갔다. 그 결과 각각의 나무에 같은 수의 참새가 앉아 있게 되었다. 처음에 각각의 나무에는

몇 마리의 참새가 앉아 있었을까?

3. 네 반에 모두 118명의 학생이 있다. 1학년과 2학년을 합하면 70명, 1학년과 3학년을 합하면 65명, 2학년과 3학년을 합하면 59명이다. 4학년은 몇 명일까?
4. 1에서 50까지의 모든 자연수의 합을 구하여라.
5. “그러면 당신이 조합에 가입한 기간은 내가 가입한 기간의 두 배입니까?”, “네, 정확히 두 배입니다.”, “그러나 전에 당신이 세 배라고 말했는대요?”, “2년 전에요? 그때는 세 배였지요. 그러나 지금은 두 배입니다.” 각 사람이 조합에 가입한 기간은 몇 년일까?
6. 배가 해류 방향으로는 시속 20km로, 해류의 반대 방향으로는 시속 15km로 간다. A에서 B로 갈 때 B에서 A로 갈 때보다 5시간 덜 걸린다. A와 B 사이의 거리는 얼마인가?
7. 15°C의 물 4리터를 36°C의 물 $3L$와 합쳤다. 물의 온도는 몇 °C가 되었을까?
8. 부두 A, B 사이의 강의 거리는 13.5km이다. 예인선이 부두 A에서 부두 B로 출발하고, 1시간 10분 후에 모터보트가 출발했다. 모터보트가 예인선보다 두 배 빠르고, 부두 B에 20분 먼저 도착했을 때, 예인선과 모터보트의 속도를 구하여라.

B. 대수 테스트

1. $a=2$, $b=4$, $n=3$ 일 때, $(a^2a^2-b)(a^8-b)(a^n+b^n)$의 값을 구하여라.
2. $a=17$, $b=3$ 일 때, $2ab+b^2+a^2$의 값을 구하여라.
3. $x+\dfrac{1}{x}=3\dfrac{1}{3}$ 을 풀어라.
4. $113^2-112^2=$
5. 연속하는 두 짝수의 제곱의 차가 28이다. 이 두 수를 구하여라.

C. 기하 테스트

이 테스트에는 다양한 방법으로 증명할 수 있는 가능성에 대한 직접적인 지시가 들어 있다. 괄호 안에는 실험에서 능력 있는 학생들이 증명한 방법의 가짓수나 관련 문헌에 제시된 방법의 가짓수가 주어져 있으며, 우리는 이것을 길잡이로 사용할 수 있다.

1. 삼각형의 외각에 대한 정리(외각은 인접하지 않는 두 내각의 합과 같다)를 다양한 방법으로 증명하여라. (두 가지 방법)
2. 직선 밖의 한 점에서 그 직선에 오직 하나의 수선을 그을 수 있음을 다양한 방법으로 증명하여라. (두 가지 방법)
3. 한 지름의 양 끝점을 지나는 두 평행한 현의 길이는 같음을 다양한 방법으로 증명

하여라. (Kuzmin[참고문헌 227]의 논문에 이 정리의 세 가지 증명법이 제시되어 있다.)

4. 원에서 호의 길이가 길어질수록 현의 길이도 길어진다는 것을 다양한 방법으로 증명하여라. (Nikitin[참고문헌 314]의 논문에 여섯 가지 방법이 나온다.)
5. 피타고라스 정리를 다양한 방법으로 증명하여라. (Nikiyin[314]의 논문에 네 가지 가능한 증명이 나온다.)

시리즈 XIV: 변하는 내용을 지닌 문제

여기서도 우리는 한 고정된 정신 조작으로부터 다른 조작으로의 전환을 연구한다. 이 시리즈의 문제들은 원래 문제와 그 문제의 변형으로 이루어져 있다. 변형된 문제에서는 (겉보기에 대수롭지 않아 보이는) 한 요소가 바뀌는데, 원래 문제와 비교할 때 문제의 내용과 문제 푸는 조작에 뚜렷한 변화가 생겨난다. 우리는 학생이 변화된 조건에 따라 문제 풀이의 기초가 되는 조작의 내용을 얼마나 예민하게 변화하고 재구성하는지 연구하였다(문제의 한 요소가 바뀜에 따라 실제로 문제가 다른 유형의 문제로 바뀌었다). 첫눈에 보기에 문제에 아무런 본질적인 변화가 일어난 것 같지 않다는 사실은 피험자로 하여금 문제가 본질적으로 변하지 않았다면 풀이 방법도 본질적으로 변하지 않는다는 생각을 하게 하여, 자동적으로 이미 형성된 풀이 방법을 고수하게 할 것이다.

처음 문제의 풀이가 변형된 문제의 풀이에 어떤 영향을 미치는가를 알아내는 것은 중요하다. 이것을 알아내기 위해서 변형된 문제가 (1) 그것만 주어졌을 때, (2) 처음 문제가 해결된 후에 주어졌을 때 어떻게 풀리는지 관찰해야 한다. 이러한 관찰을 하기 위해서 우리는 다음과 같이 진행하였다: 시리즈 XIV의 문제들을 제시하기 전 한 달 동안 피험자들에게 (본질상 "인상에 남는" 문제를 제외하고) 변형된 문제와 같은 유형의 문제들을 몇 개의 용어를 바꿔서 풀게 하였다. 이를 통해 한 문제가 그 자체로서 그리고 변형된 문제로서 어떻게 풀리는지 알 수 있었다.

A. 산술 테스트

1. 두 도시 사이의 거리는 225km이다. 여객 열차(시속 50km)와 화물 열차(시속 40km)가 각각 두 도시에서 마주 보고 동시에 출발한다. 두 기차가 만나는 것은 얼마 후인가?
   (변형: "마주 보고"를 "같은 방향으로"로 바꾼다. 피험자가 어느 기차가 앞에 있는

지 물으면, 문제가 어떤 조건에서 의미 있겠는지 피험자가 정하도록 한다.)

2. 어느 자동차는 여름에는 100km당 10kg의 비율로 가스를 사용하고 겨울에는 100km당 11kg의 비율로 가스를 사용한다. 겨울의 비율은 여름의 비율보다 몇 퍼센트 더 큰가?
   (변형: 여름의 비율은 겨울의 비율보다 몇 퍼센트 더 작은가?)
3. 비누 한 개의 무게는 $\frac{3}{4}$kg에 이 수의 $\frac{3}{4}$을 더한 것과 같다. 그 무게는 얼마인가?
   (변형: "이 수의"를 "이 비누의"로 바꾼다.)
4. 말이 여행 시간의 반을 시속 12km로, 나머지 반을 시속 4km로 움직였다. 말의 평균 속력을 구하여라.
   (변형: "여행 거리의 반을 시속 12km로, 나머지 반을 시속 4km로 움직였다.")

B. 대수 테스트

1. $(0.1mn^2 + 0.01m^2n)^2 =$
   (변형: 덧셈을 뺄셈으로 바꾼다.)
2. $(2a^2b^2c^2 - 2x^2y^2z^2)^2 =$
   (변형: 같은 식을 세제곱한다. 즉, 아홉 개의 숫자 중에서 마지막 하나만 바꾼다.)
3. 두 개의 파이프가 수영장에 연결되어 있다. 수영장에 물을 채우는 데 첫 번째 파이프는 p시간, 두 번째 파이프는 q시간이 걸린다. 두 개의 파이프를 동시에 열면 비어 있는 수영장을 채우는 데 얼마나 걸리겠는가?
   (변형: 첫 번째 파이프는 수영장을 채우고, 두 번째 파이프는 수영장을 비운다.)

C. 기하 테스트

1. 맞꼭지각의 두 이등분선 사이의 각은 얼마인가?
   (변형: "맞꼭지각" 대신에 "인접한 보각")
2. 두 평행선이 한 횡단선과 만난다. 횡단선의 동측내각의 이등분선의 교점에 생기는 각은 무엇인가?
   (변형: "내각"을 "외각"으로)
3. 평면에 한 직선이 있고 그 직선 위에 한 점이 있다. 이 평면에서 이 점으로부터 주어진 직선에 수선을 몇 개 그을 수 있는가?
   (변형: "평면"을 "공간"으로 바꾼다.)

시리즈 XV: 조작을 재구성하는 문제

이 시리즈의 테스트들은 (앞의 것과 마찬가지로) 한 조작 방법에서 다른 방법으로 쉽게 전환하는지, 변화된 조건에 따라 조작 체계를 쉽게 재구성하는지 알아보기 위한 것이다. 시리즈 XIV와 비교할 때, 시리즈 XV의 문제에서는 처음의 조작 방법이 구체화될 뿐 아니라 특별히 강화되었다. 한 정신 조작의 판에 박힌 형태가 한 가지 유형의 "변화 없는" 일련의 문제를 계속 푸는 가운데 형성된다. 따라서 정해진 풀이의 알고리즘, 즉 주어진 유형의 모든 문제를 푸는 조작 체계의 일정한 수행 순서가 형성되고 강화되었다. 전형적인 풀이가 형성되고 강화된 후에 다른 문제를 제시하였다. 겉보기에 이 문제는 이전 것과 같은 유형처럼 보이지만 실상은 다른 것이었다. (이 문제는 이전 문제들보다 쉬웠다.)

우리는 피험자가 자신에게 형성되고 강화된 전형적인 추론과 풀이의 알고리즘을 쉽게 재구성하는지 아니면 일종의 "관성"이 작용하는지 알아보았다. 피험자가 진부하고 틀에 박힌 방법에서 벗어날 수 있을까?

시리즈 XV의 테스트를 '가급적 빨리 풀라'는 지시와 함께 학생들에게 제시하였다. 같은 유형의 문제들이 나오는 것에 대해서 학생들은 놀라지 않았다. 그들은 이것을 일종의 문제 해결 훈련으로 여겼다. 각각의 문제, 특히 마지막 문제의 풀이 시간을 측정하여 기록하였다. 형성된 전형적인 풀이 방식이 많은 경우에, 심지어 문제가 다르다는 것을 알아챈 피험자들에게조차 "계속 작용할" 것이고, (객관적으로 앞의 문제들보다 쉬운) 마지막 문제를 푸는 시간이 상당히 증가할 것이라고 가정하였다. 앞의 시리즈들과 마찬가지로, 피험자가 테스트의 마지막 문제들을 그 앞의 문제들과 독립적으로 어떻게 푸는지 알아보았다. (이를 위해 기본적인 실험이 수행되기 한 달 전에 약간 다른 형태로 된 마지막 문제들을 피험자에게 풀게 하였다.)

시리즈 XV의 테스트는 다음과 같다.

A. 산술 테스트

1. 학교 운동장의 반에 나무를 심고, 나머지 땅의 50%에는 채소를 심고, 남은 땅(0.3ha)에는 꽃을 심었다. 학교 운동장의 넓이는 얼마인가?
2. 채소밭의 75%에 감자를 심고, 나머지 땅의 $\frac{1}{5}$에는 양배추를 심고, 남은 땅(4ha)에는 사탕무우를 심었다. 채소밭의 넓이는 얼마인가?
3. 밭의 $\frac{6}{10}$에 유실수를 심고, 나머지 밭의 $\frac{1}{4}$에 딸기를 심고, 남은 밭(3ha)에 포도

를 심었다. 밭의 넓이는 얼마인가?

4. 학생들이 공터를 놀이터로 만들고 있다. 7학년들은 전체 넓이의 40%를 일구었으며, 6학년들은 나머지의 0.5를, 5학년들은 남은 0.15ha를 일구었다. 만들어질 놀이터의 넓이는 얼마인가?
5. 강의 굽은 부분에 있는 한 섬의 넓이의 $\frac{2}{5}$는 채소밭이다. 나머지의 0.75는 초원이며, 남은 6ha는 모래사장이다. 이 섬의 넓이는 얼마인가?
6. 100ha의 벌판의 $\frac{4}{5}$가 경작지이며, 15%가 채소밭이고, 나머지는 연못이다. 이 연못의 넓이는 얼마인가?

B. 대수 테스트

$+12-(-4)=$

$-19-(+18)=$

$-17-(+18)=$

$-9-(+7)=$

$0-(-6)=$

$14-(-11)=$

$+7-(+11)=$

$27-(-9)=$

$-46-(+3)=$

$19-(+3)=$

$22-(-3)=$

$-2+(-3)=$

C. 대수 테스트

1. a가 주어져 있다. 여기에 2를 더한 후 2를 곱하고 그 결과를 제곱하여라.
(문제 2번에서 문제 9번에 주어진 수에 같은 연산을 하여라.)
2. $2x$
3. $3m$
4. y^2
5. $3a^2$
6. b^n
7. $n+2$
8. a^3-2
9. $3a^n-1$
10. $2b^n$을 2로 나눈 후 2를 빼고 그 결과를 제곱하여라.

D. 대수 테스트

1. $(x+2y)^2=$
2. $(2m+1)^2=\frac{1}{5}$
3. $(x^2+xy)^2=$
4. $(2mn+2m)^2=$
5. $(3a^2+2b^3)^2=$
6. $(2a^3-3b^2)^2=$

E. 기하 테스트

한 정사각형의 넓이가 0.16m^2이다. 다음과 같을 때 도형의 넓이는 얼마인가?

1. 변들이 반으로 줄어들 때
2. 변들이 25% 줄어들 때
3. 변들이 0.1 줄어들 때
4. 변들이 75% 줄어들 때
5. 변들이 다섯 배 줄어들 때
6. 변들이 세 배 커질 때

F. 기하 테스트

학생에게 그가 알고 있는 정리들 중 가장 잘 기억할 수 있는 것 두 개를 증명하도록 하였다. 그리고 나서 학생이 증명에 사용한 그림의 형태를 꽤 바꾸고 문자도 바꾼 후, 생소한 이 그림을 사용하여 같은 정리들을 다시 증명하도록 하였다.

G. 특별 테스트

TOP	ABV	KVA	KUT	EKR	AKT	RKU	IBS	NAK	BVE
TAR	KOS	KIR	STO	ART	RTA	OBV	ATS	TOR	BVA
ARK	GLE	NAK	KET	OLG	TSA	RIK	BNO	AMN	KSA
ATS	AKN	KOR	BSO	AKL	VKO	LAN	REK	AKT	RNU
KAN	RTA	TUK	AKT	TUS	UAK	AKN	TEK	ONV	STA
KOR	KRA	SOT	RLU	AST	BVI	TOK	KAR	ART	TSU
TAK	NAT	KUT	VTO	NAK	TAN	UKV	SAK	RTA	IRT
ANR	ODN	AKN	TON	AKT	TIP	EDK	TSA	UPR	BRA
AMN	TKA	BOS	ABV	REK	INT	NAK	KVA	NOK	SIP
SAN	BAR	ROK	IPR	STA	PIT	RTA	KON	TUK	BAK

이 테스트는 일종의 교정표이다. 강화된 한 (비수학적인) 조작으로부터 다른 조작으로 쉽게 전환하는지를 알아보기 위한 것이다. 학생들은 가능한 한 빨리 주어진 표에서 문자 A가 들어 있는 문자 조합을 줄을 그어 지워버려야 한다. 그리고 난 후 이 표의 새 복사본을 받고 반대의 작업, 곧 문자 A가 없는 조합을 지워버린다. 각각의 작업에 걸린 시간과 실수의 수가 기록되었다. 이 두 과제의 난이도는 같다. 이 표에서 문자 A가 들어 있는 문자 조합의 수는 50개로, A가 들어 있지 않은 문자 조합의 수와 같다.

시리즈 XVI: "자기 제한"을 유발하는 문제

이 시리즈에 선택된 추론에 관한 문제들은 다음과 같은 특성을 지니고 있다. 문제 해결자는 대개 문제에 나오는 용어들이 실제로는 존재하지 않는 제한을 지니는 것으로 받아들이거나 문제를 푸는 동안에 이치에 맞지 않게 다른 가능성들을 배제하면서 무의식적으로 어떤 특정한 가능성만 생각한다. 어느 경우든 무의식적인 제한을 가하는 바람에, 주어진 문제가 풀리지 않는다고 생각하게 된다. 그러나 실험자는 문제는 잘 만들어졌고 답이 있다고 말한다. 피험자가 주제넘은 상식적인 문제 해결의 접근법으로부터 벗어나서 해결에 이르는 다른 접근법이 있을 것이고 용어들에 대한 다른 해석이 있을 것이라는 결론에 도달할 수 있을까? 피험자가 "자기 제한을 없앨 수" 있을까? 자기 자신으로부터 틀에 박힌 진부한 것을 제거할 수 있을까? 여기서 그는 어떻게 추론할까? 피험자가 스스로 "자기 제한"이 일어나고 있다는 것을 인식하지 못한다면, 실험자는 다음과 같이 매우 일반적인 형태로 적절한 조언을 한다. "실제로 문제에 있지 않은 어떤 조건을 끼워 넣고 있지는 않니? 그래서 스스로를 어떤 제약에 묶어 두고 있지 않니?"

A. 종합 테스트

1. 사각형에 직선을 하나 그어 4개의 삼각형이 생기게 하여라. (피험자들은 볼록사각형만 고려하고 삼각형들이 사각형의 "내부에만" 있어야 한다고 가정한다.)
2. 한 가족의 현재 나이를 모두 합하면 73이다. 이 가족은 아빠, 엄마, 딸, 아들로 되어 있다. 아빠는 엄마보다 3살 많고, 딸은 아들보다 2살 많다. 4년 전에 이 가족의 나이의 합은 58이었다. 이 가족의 각각의 현재 나이는 얼마인가? (피험자들은 종종 4년 전에 나이의 합은 현재보다 16이 적어야 하는데 15만큼 적으므로, 문제가 잘못되었다고 생각한다. 그들은 그 가족의 가장 어린 사람이 4년 전에 아직 태어나지 않았다는 것을 고려하지 못한다.)
3. 세 마리의 파리가 한 테이블 위에 앉아 있다. 한 마리가 초속 2m의 속력으로 수직 방향으로 위로 날아갔다. 2초 후에 남은 두 마리의 파리가 초속 2.5m의 속력으로 테이블과 30°의 각을 이루면서 위쪽으로 날아갔다. 세 마리의 파리가 모두 한 평면 위에 있게 되는 때는 언제이겠는가? (피험자는 이것이 수평면 위의 문제라고 믿는다. 세 마리의 파리는 항상 같은 평면 위에 있다. 세 점은 항상 한 평면을 결정하기 때문이다.)
4. 체스 판을 다음과 같은 모양의 도형으로 덮을 수 있을까?

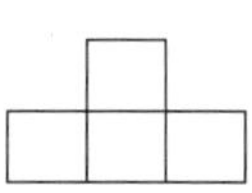

(피험자들은 종종 두 종류의 체스 판(8×8 [러시아의 체스], 10×10 [국제 체스])이 있다는 것을 고려하지 않고, 한 가지 경우만 고려했다. [이 실험을 하기 며칠 전에 실험자는 피험자가 적절한 정보를 알고 있음을 확인하였다.])

5. 직각삼각형의 직각을 낀 한 변의 길이가 7cm이다. 변의 길이가 모두 정수일 때, 다른 두 변의 길이를 정하여라. (피험자는 종종 이 문제의 마지막 조건을 잊고 한 변만 가지고는 삼각형을 작도할 수 없다고 하였다.)
6. 한 모임에 225명이 참석하였다. 안면이 있는 사람들은 서로 악수를 하였다. 참석한 사람들 중 적어도 한 사람은 안면이 있는 짝수 명의 사람과 악수를 하였음을 증명하여라. (피험자들은 대체로 짝수의 집합에서 0을 제외했는데, 그들이 적절한 정의를 알고 있을 때조차도 그랬다. 0번 악수를 했다는 것은 아무와도 악수를 하지 않았다는 것을 뜻한다. 이렇게 생각하지 않으면, 이 문제는 다음과 같이 쉽게 반증할 수 있다: 225명 중에 두 사람만 서로 안면이 있는 경우를 생각해 보자. 이들은 각각 홀수의 안면이 있는 사람과 악수를 했다.)

시리즈 XVII: 순행 문제와 역행 문제

이 시리즈의 문제들의 도움을 받아 사고 과정을 거꾸로 되돌리는 능력을 조사하였다. 사고 과정을 거꾸로 하는 능력이란 순행적 사고의 흐름을 역행적인 것으로 바꾸는, 사고 과정의 방향을 재구성하는 능력을 의미한다. (아래에서 분명해지겠지만) 이것의 특별한 경우는 두 방향의 (가역적인) 연관을 형성하는 능력이다. 수학적인 관점에서 볼 때, 대칭되는 (역의) 관계, 연산과 역연산, 정리와 그 역, 공식을 왼쪽에서 오른쪽으로 읽는 단순한 기술과 오른쪽에서 왼쪽으로 거꾸로 읽는 기술은 모두 완전히 다른 종류의 범주들이다. 그러나 각각의 경우에서 그 내부의 심리학적 기초는 사고 과정의 방향의 재구성(순행적 사고에서 역행적 사고로의 변화)과 두 방향(가역적인)의 연관을 확립하는 것이다. 우리의 과제는 순전히 심리학적인 (매우 중요한) 물음이다. 학생이 순행적 사고를 역행적 사고로 빨리 바꾸는 것이 얼마나 쉬운지, 혹은 어려운지, 학생이 사고 과정의 방향의 급격한 재구성을 얼마나 할 수 있는지를 연구하는 것이다. 각각의 경우에 이러한 '역'사고가 옳고 타당한 것인지는 (모든 관계가 대칭성을 갖는 것은 아니며, 모든 정리의 역이 타당한 것은 아니다) 심리학보다는 수학에 속한 (역시 중요한 문제이지만) 완전히 다른 질문이다. 물론 학생은 이와 같은 사고 과정의 변화를 만들고 그것이 맞는지를 평가할 수 있어야, 즉 받아들여질 수 있는 범위와 그렇지 않은 범위를 분명히 할 수 있어야 한다. 그러나 이것은 수학의 지식, 기술, 관습과 훨씬 더 깊이 관련된 것으로, 별도의 특별한 연구의 주제로 다루어져야 한다.

시리즈 XVII의 테스트에는 짝을 이룬 문제들(순행 문제와 역행 문제)이 들어 있다. 역행 문제는 원래 (순행) 문제의 주제는 그대로이면서, 원래 문제의 미지수가 조건으로 바뀌고 조건 중의 일부가 미지수로 바뀐 문제를 뜻한다.

우리는 피험자들이 역행 문제를 (1) 순행 문제를 푼 후 곧바로 풀 때, (2) 순행 문제와 독립적으로 풀 때 어떻게 푸는지 알아보았다. 역행 문제가 어떻게 풀리는지를 분명히 하기 위해(정확히 말하면, 이때 그것들은 역행 문제가 아니다. 순행 문제와 짝을 이룰 때에만 역행 문제가 되기 때문이다), 몇 개의 역행 문제를 실험이 행해지기 약 한 달 전에 약간 변형된 형태로 피험자에게 제공하였다. 기본 실험에서는 역행 문제를 순행 문제에 바로 이어서 제공하고, 순행 문제의 풀이가 역행 문제의 풀이에 어떤 영향을 미치는지를 (풀이 시간을 기록하면서) 알아보았다. 순행적 사고에서 역행적 사고로의 변화 과정의 본질과 관련하여, 역행적 사고가 순행적 사고가 거쳐 온 길을 거꾸로 차례차례 거슬러 올라가는 것은 아니라는 점에 주의할 필요가 있다. (예를 들어 정리와 정리의 역의 경우에 그러하다.) A에서 D로 가는 길과 D에서 A로 가는 길은 다를 수 있다. 한쪽에서 다른 한쪽으로 갈 때 다양한 길을 통해서 갈 수 있다. 어떤 경우에는 온 길을 그대로 거슬러 갈 수 있다. 이것을 A↔D와 같이 나타낸다. 다른 경우에는 일반적인 방향만 반대이며, 오고 가는 길은 다를 수 있다. 이것을 A⥂D와 같이 나타낸다. 첫 번째 유형이든 두 번째 유형이든 A로부터 D로 이동한 사고가 반대 방향으로 이동한다는 것이 중요하다. 실험 문제 중에는 첫 번째 유형과 관련 있는 것도 있고 두 번째 유형과 관련이 있는 것도 있다.

A. 산술 테스트

1. 순행: 16L의 물을 탱크에 부어서 탱크의 용량의 $\frac{2}{5}$를 채웠다. 탱크의 용량은?

   역행: 80L 용량의 탱크에 물을 부어 $\frac{2}{5}$를 채웠다. 몇 L의 물을 탱크에 부었는가?

2. 순행: 어떤 제재소에서는 톱으로 매 분마다 1m 길이로 통나무를 자른다. 16m의 통나무를 톱질하는 데 몇 분이 걸릴까?

   역행: 통나무를 50cm 조각들로 잘라 쌓는 데 3분 걸렸다. 한 번 자르는 데 1분이 걸린다. 통나무의 길이는 얼마일까?

3. 순행: 1,280개의 공구를 생산하기로 한 공장에서 계획을 12.5% 초과하여 공구를 생산했다. 초과 생산된 공구는 몇 개인가?

   역행: 계획의 2.5%를 초과하여 공구를 생산한 공장에서 계획보다 54개의 공구가 더 생산되었다. 계획된 생산량은 얼마인가?

4. 순행: 740장의 전지로 140권의 두꺼운 공책과 100권의 얇은 공책을 만들었다. 두꺼운 공책에는 얇은 공책보다 1장의 전지가 더 들어갔다. 두꺼운 공책과 얇

은 공채를 만드는 데 각각 몇 장의 전지가 사용되었는가?

역행: 620장의 전지를 사용하여 200권의 공책을 만들었다. $5\frac{1}{2}$장의 전지를 사용하여 만든 공책과 $1\frac{1}{2}$장의 전지를 사용하여 만든 공책이 있다. 각 종류의 공책은 몇 권씩 만들어졌는가?

5. 순행: 엄마의 나이는 딸의 나이의 3배이고, 10년 후에 엄마의 나이는 딸의 나이의 2배가 된다. 현재 엄마의 나이는?

   역행: 아빠는 35살이고 아들은 5살이다. 몇 년 후에 아버지의 나이는 아들의 나이의 3배가 되겠는가?

B. 대수 테스트

1. 순행: 하루에 c루블을 버는 사람이 b루블을 벌려면 며칠 일해야 하는가?

   역행: 하루에 a루블을 버는 사람은 d일간 얼마를 벌겠는가?

2. 순행: A와 B 사이의 거리는 $x$km이다. 한 기차는 A에서, 다른 한 기차는 B에서 서로 마주보고 출발했다. 한 기차는 시속 $a$km로, 다른 한 기차는 시속 $b$km로 달릴 때, 두 기차가 만나는 것은 얼마 후인가?

   역행: A와 B 사이의 거리는 $y$km이다. 한 기차는 A에서, 다른 한 기차는 B에서 서로 마주보고 출발하여 n시간 후에 만났다. 한 기차는 시속 40km로 달렸다. 다른 한 기차의 속력은 얼마인가?

3. 순행: 공장에서 n일 동안 m개의 제품을 만들 계획이었다. 그런데 계획을 초과하여 마감일이 되기 전에 t일 동안 일을 끝내면서 계획량보다 k개를 더 만들었다. 계획했던 것보다 하루에 얼마나 많은 제품을 만들었는가?

   역행: 공장에서 정해진 기간에 a개의 제품을 만들고자 하루에 b개씩 생산하기로 했다. 그런데 계획된 것보다 매일 n개씩 더 생산했다. 마감일보다 며칠 앞서 주문량을 다 생산했겠는가?

C. 대수 테스트

1. $(a-b)^2=$
2. $(2a^3-n^4)^2=$
3. $\left(3x-\frac{1}{3}y^3\right)^2=$
4. $(x^3-y^n)^2=$
5. $(a-x+y)^2=$

1a. $a^2-2ab+b^2=$

2a. $9a^4-6a^2m^2+m^4=$

3a. $16x^2-4xy^2+\frac{1}{4}y^4=$

4a. $-2xy+x^2+y^2=$

5a. $b^2+(x-a)^2-2b(x-a)=$

6. $(x+y)(x-y)=$ 6a. $a^2-b^2=$

7. $(2a^3-3b)(2a^3+3b)=$ 7a. $9x^4-4y^2=$

8. $\left(\frac{1}{4}p^3+\frac{1}{2}q^2\right)\left(\frac{1}{4}p^3-\frac{1}{2}q^2\right)=$ 8a. $\frac{1}{25}m^4-4n^2m^6=$

9. $\left(0.6m^n-\frac{1}{4}n^m\right)\left(0.6m^n+\frac{1}{4}n^m\right)=$ 9a. $-0.25y^2-25y^8=$

10. $(a+b-c)(a-b+c)=$ 10a. $(x-y)^2-25y^8=$

11. 소리내어 풀어라: $a^{64}-b^{64}$을
$(a+b)(a^2+b^2)(a^4+b^4)(a^8+b^8)(a^{16}+b^{16})(a^{32}+b^{32})$로 나누면?
(주: 문제는 다음의 순서로 주어졌다: 1, 1a, 2a, 2, 3, 3a, 4a, 4, 5, 5a, …)

D. 기하 테스트

1. 순행: 평각의 $\frac{1}{24}$은 몇 도인가?
역행: 중심각이 22°30′인 호는 원의 몇 분의 몇인가?
2. 순행: 볼록7각형의 내각의 합을 구하여라.
역행: 어떤 볼록다각형의 내각의 합이 1,800°이다. 이 다각형에는 각이 몇 개 있는가?
3. 정리: 한 점에서 한 직선에 비스듬히 그은 두 선분의 길이가 같다면 그 두 선분의 정사영의 길이도 같다.
역의 정리: 한 점에서 한 직선에 비스듬히 그은 두 선분의 정사영의 길이가 같다면 그 두 선분의 길이도 같다.
4. 정리: 한 점에서 한 직선에 비스듬히 두 선분을 그었을 때, 이 직선 위로의 정사영의 길이가 더 긴 선분의 길이가 더 길다.
역의 정리: 한 점에서 한 직선에 비스듬히 두 선분을 그었을 때, 더 긴 선분의 이 직선 위로의 정사영의 길이가 더 길다.
5. 정리: 원 위의 점을 지나면서 반지름과 수직인 직선은 원에 접한다.
역의 정리: 원의 접선은 접점을 지나는 원의 반지름과 수직이다.
6. 정리: 현에 수직인 지름은 현과 그 현이 포함된 호를 이등분한다.
역의 정리: 원의 중심을 지나지 않는 현의 중점을 지나는 지름은 현에 수직이다.

시리즈 XVIII: 발견술 과제

앞에서 말한 바와 같이 학생들이 무엇을 알고 할 수 있는가에 의해서가 아니라, 그들

이 얼마나 쉽고 빠르게 어떤 방식으로 적절한 지식과 기능을 습득하는가에 의해서 그들의 능력을 판단해야 한다.

이 시리즈의 과제는 어떻게 학생들이 새로운 소재를 배우고, 친숙하지 않은 원리를 발견술적으로 발견하고, 독자적으로 관계와 함수적 의존 관계를 확립하고, 독립적인 일반화를 하는지 연구하기 위해 고안되었다. 추론 과정이 분석되었다. 더 상세한 설명은 각 테스트에 주어져 있다.

A. 산술 테스트[7)]

학생들은 5로 끝나는 두 자리 수의 제곱의 간단한 계산 규칙을 스스로 찾아야 한다. 학생들에게 다음과 같은 흐름으로 예를 제시하였다: $15^2 =$; $25^2 =$; $35^2 =$; $45^2 =$; $55^2 =$; $65^2 =$; $75^2 =$; $85^2 =$; $95^2 =$. 계산을 하면서 학생들은 이와 같은 수를 쉽고 빠르게 제곱하는 간단한 알고리즘을 구성하려고 시도한다. 이와 같은 모든 수가 $(10a+5)^2 = 100a^2+100a+25$라는 일반적인 형태로 인식된다면 이것은 그리 어렵지 않다. 어떤 예에서 학생이 원리를 발견할까? 어떤 수단에 의해 그가 거기에 도달할까?

B. 대수 테스트

곱셈 공식에 친숙하지 않은 학생들이 스스로 다음과 곱셈 공식을 잇달아 끌어내야 한다.

$$(a+b)(a-b)= \ ; \quad (a+b)^2 = \ ; \quad (a+b)^3 =$$

이를 위해서 (처음에는 곱셈 공식의 가능성을 언급하지 않고) 잇달아 풀어야 할 관련 예들을 제시하였다.

1. $(a+b)(a-b)=$
2. $(x+y)(x-y)=$
3. $(2m+n)(2m-n)=$
4. $(3a^2+b^3)(3a^2-b^3)=$
5. $\left(\frac{1}{2}x-\frac{1}{3}y\right)\left(\frac{1}{2}x+\frac{1}{3}y\right)=$
6. $(b^n+c^n)(b^n-c^n)=$

$1a$. $(a+b)^2 =$

$2a$. $(x+y)^2 =$

$3a$. $(2m+n)^2 =$

$4a$. $(3a^2+b^3)^2 =$

$5a$. $\left(\frac{1}{2}x+\frac{1}{3}y\right)^2 =$

$6a$. $(b^n+c^n)^2 =$

$1b$. $(a+b)^2 =$

$2b$. $(x+y)^2 =$

$4b$. $(3a^2+b^3)^2 =$

$5b$. $\left(\frac{1}{2}x+\frac{1}{3}y\right)^2 =$

---

7) 이 테스트는 S. I. Shapiro(참고문헌 435)의 아이디어에 기반한 것이다.

$3b.\ (2m+n)^2 =$ $6b.\ (b^n+c^n)^2 =$

여섯 문제를 모두 푼 후에도 그들이 곱셈 공식의 가능성을 감지하지 못하면(규칙을 형식화하지 못하고 공식을 이끌어내지 못하면), 실험자가 적절한 지시를 내려 풀이를 다시 한 번 검토하게 한다. 어느 예를 가지고 학생이 그가 이끌어 낸 공식에 기초하여 곱셈 공식으로 전환했는가? (두 번째 검토 과정에서, 어떤 예로부터 전환이 일어나면 그것은 다음 예의 풀이에 적용한 것으로 간주한다. 예를 들어 학생이 실험자의 지시를 받고 재검토하다가 세 번째 예를 검토하면서 공식을 발견했다면 6+3, 즉 9개의 예를 풀 필요가 있었다고 간주한다.)

C. 기하 테스트

삼각형의 세 변 사이의 관계(삼각형의 두 변의 길이의 합은 나머지 한 변의 길이보다 크다)를 아직 모르는 학생들에게 이를 스스로 발견하도록 하였다.[8]

학생들에게 1cm에서 20cm 길이의 막대기를 각각 3개씩, 모두 60개의 막대기를 주었다. 문제는 세 개의 막대기로 항상 삼각형을 만들 수 있는가이다. 학생들은 스스로 또는 실험자의 도움을 받아 경험을 통하여 임의의 막대기 세 개로 항상 삼각형을 만들 수 있는 것은 아니라는 것을 알게 된다. 어떤 경우에는 삼각형을 만들 수 있지만 어떤 경우에는 만들 수 없다. 학생들은 삼각형의 세 변 사이의 필요한 관계를 확인하고 일반적인 형태로 적절한 규칙을 공식화해야 한다. (얼마나 많은 시간을 사용한 후에) 어떤 '시도'에서 피험자가 삼각형의 변 사이의 관계에 관한 원리를 찾아내는지 주목하였다. 확인 과제로 세 수를 학생들에게 제시하고 주어진 세 수가 삼각형의 변이 될 수 있는지 결정하게 하였다: (1) 3, 4, 5, (2) 7, 11, 3, (3) 8, 7, 7, (4) 3, 6, 3, (5) 19, 7, 11, (6) 8, 4, 5.

D. 기하 테스트

삼각형의 내각 사이의 관계(삼각형의 내각의 합은 2직각)를 알고 있는 학생들에게 스스로 볼록다각형의 내각의 합에 관한 공식 2직각×$(n-2)$을 이끌어 내게 하였다. 피험자가 이것을 잘 해내지 못하면 실험자는 다음과 같이 지시하였다. "사각형이나 오각형과 같은 기본적인 도형을 생각해 보고 한 꼭짓점에서 대각선을 그어 삼각형으로 나누어 보자."

---

8) Shapiro도 이 방법을 사용했는데, 다소 다르고 복잡한 형태로 사용했다(참고문헌 435).

시리즈 XIX: 이해와 논리적 추론에 관한 문제

이 시리즈의 두 테스트는 특별한 지식을 필요로 하지 않지만, 논리적인 추론 기술과 책략을 필요로 하는 문제들로 구성되어 있다. 이 문제들 중 일부는 수학적이고, 일부는 논리적이다. 수학에 대한 현대적인 해석에 의하면, 논리적이라 부르는 문제들을 수학적인 문제들로부터 분리하는 것은 매우 임의적인 것이다. 그러나 학교 수학을 고려하면 학생들이 논리 테스트의 문제들을 수학적인 것보다 논리적인 것으로 받아들인다는 것을 경험적으로 알고 있다. 이것이 다소간 우리가 채택한 분류의 토대가 되었다.

우리의 견해로는 그 문제들은 단지 기초적인 수학적 지식과 기능만을 필요로 하기 때문에, 수학적 능력의 존재 여부를 분명하게 보여 주는 좋은 지표이다. V. I. Zyablovskii는 다양한 연령의 학생들이 논리 문제, 재빠른 기지가 요구되는 문제에서 매우 큰 어려움을 겪는다고 하면서, 그러한 문제들이 수학 수업에서 별로 다루어지지 않는다고 하였다(참고문헌 134, p. 74).

이러한 종류의 문제들은 피험자의 "사고 실험실"을 드러내는 데 효과적이다. 그가 어느 정도의 추론 능력을 지니고 있는지, 그가 하나에서 다른 것을 이끌어 낼 수 있는지 보여 준다. 추론 과정의 분석은 "영감"이나 직관의 출현과 관련된 몇 가지 특성을 이해하는 데 도움이 된다.

추론의 단축도 시리즈 XIX의 문제를 통해 연구된다. 여기에서 학생의 실제 추론 과정은 (실험자의 요구에 따른) 그의 가장 상세화된 추론 과정과 비교된다. 두 경우에 "고리"의 수와 종류가 비교된다. 그것들은 완전히 상세한 구조에서 고리의 수 및 종류와 대조된다. 어떤 고리가 빠졌는지, 어떤 "의미상의 짐"을 지고 있는지, 이와 관련하여 추론이 어떻게 재구성되는지 드러난다. 끝으로 이 시리즈는 수학적인 그리고 논리적인 자료를 기억하고 파지하고 재생하는 데 있어서 우리가 몇몇 특징을 확인할 수 있게 해 준다. 이러한 목적으로 피험자는 한 달 후 그리고 세 달 후에 문제와 추론 과정을 재생하도록 요청 받았다. 우리는 그가 문제의 실제 내용, 논리적인 구조, 자신의 추론 과정을 어떻게 기억하고 있는가에 주목했다.

다음은 이 시리즈의 문제들이다.

A. 일반적인 수학 테스트

1. 여러 자리 수의 제곱이 그 수의 일의 자리 숫자의 제곱과 같은 숫자로 끝나는 이유는 무엇인가?
2. 3루블짜리와 5루블짜리 화폐로 잔돈 교환 없이 7보다 큰 자연수 루블을 모두 지불

할 수 있음을 증명하여라.

3. 한 백과사전의 쪽 번호를 매기는 데 6,869개의 숫자가 필요했다. 이 책은 몇 쪽으로 되어 있는가?
4. 학교 올림피아드에 10문제가 나왔다. 각 문제를 옳게 풀면 5점을 받고, 틀리면 3점을 감점 당한다. 34점을 받은 학생은 몇 문제를 옳게 풀었을까? 10점을 받은 학생은 몇 문제를 옳게 풀었을까?
5. 두 학생이 각각 자를 사려 하였다. 그들이 그 가격을 알았을 때, 첫 번째 학생은 24코페이카가 모자랐고, 두 번째 학생은 2코페이카가 모자랐다. 그래서 그들은 가진 돈을 합해서 자 한 개를 사려 했다. 그러나 그렇게 해도 돈이 모자랐다. 자의 가격을 구하여라. 그리고 각 학생이 가진 돈은 얼마인지 구하여라.
6. 어느 농장의 부인이 전체 계란의 반과 계란 반 개를 첫 번째 고객에게 팔았다. 그리고 남은 계란의 반과 계란 반 개를 두 번째 고객에게 팔았다. 나머지 계란의 반과 계란 반 개를 세 번째 고객에게 팔았다. 그랬더니 남는 계란이 하나도 없었다. 그녀는 몇 개의 달걀을 가지고 있었는가? (능력이 부족한 학생들에게는 계란이 자연수 개수씩 팔린다고 말해 줄 수 있다.)
7. 1부터 시작하여 자연수를 이어서 계속 써 내려갔다. 1955번째 오는 숫자는 무엇인가?
8. 4형제가 함께 텔레비전을 한 대 샀다. 첫째는 다른 사람들이 낸 돈의 합의 $\frac{1}{2}$을 냈고, 둘째는 다른 사람들이 낸 돈의 합의 $\frac{1}{3}$을 냈고, 셋째는 다른 사람들이 낸 돈의 합의 $\frac{1}{4}$을 냈고, 넷째는 45.5루블을 냈다. 텔레비젼의 가격은 얼마인가?
9. 1부터 99,999까지의 자연수를 차례로 써 내려갔다고 하자. 숫자 1은 몇 번이나 쓰였겠는가?
10. 3으로 나누면 1이 남고, 4로 나누면 2가 남고, 5로 나누면 3이 남고, 6으로 나누면 4가 남는 가장 작은 수를 구하여라.
11. 다음 조건을 만족하는 네 자리 수를 구하여라. 양쪽 끝자리에 있는 두 수의 곱은 40이다. 가운데에 있는 두 수의 곱은 28이다. 백의 자리 수가 십의 자리 수보다 작은 만큼, 천의 자리 수가 일의 자리 수보다 작다. 이 네 자리 수에 3,267을 더하면 숫자가 거꾸로 배열된다.
12. 두 개의 그릇이 있다. 첫 번째 그릇에는 $1L$의 물이 들어 있고, 두 번째 그릇은 비어 있다. 첫 번째 그릇에 들어 있는 물의 반을 두 번째 그릇에 붓는다. 그리고 나서 두 번째 그릇에 들어 있는 물의 $\frac{1}{3}$을 다시 첫 번째 그릇에 붓는다. 다시 첫 번

째 그릇에 들어 있는 물의 $\frac{1}{4}$을 두 번째 그릇에 붓는다. 이와 같이 계속할 때, 1,965번 붓기를 한 후에 첫 번째 그릇에 들어 있는 물의 양을 구하여라.

B. 논리 테스트

1. 고전적인 문제: 20코페이카 동전 한 개의 무게는 10코페이카 동전 한 개의 무게의 두 배이다. 동전에 들어 있는 은의 양도 두 배이고, 그 가치도 두 배이다. 10코페이카 동전 1kg, 20코페이카 동전 $\frac{1}{2}$kg 중 어느 것이 더 가치 있겠는가?
2. 큰 연못의 표면이 식물로 덮이고 있다. 식물로 덮인 넓이는 매일 두 배가 된다. 8일째 되는 날에 연못의 반이 덮였다. 식물이 연못을 완전히 덮는 날은 언제이겠는가?
3. 한 상자 안에 검은색, 흰색, 빨간색 구슬이 16개 있다. 빨간 구슬의 개수는 흰 구슬의 개수의 $\frac{1}{7}$배이다. 상자 안에 검은 구슬은 몇 개 있는가? (이것이 가능한 유일한 경우임을 증명하여라.)
4. 사과를 500개의 상자에 포장한다. 한 상자에는 최대 240개의 사과를 넣을 수 있다. 적어도 세 개의 상자에 들어 있는 사과의 수가 같음을 증명하여라.
5. 한 연못에서 50마리의 물고기를 잡아 각각에 표시를 한 다음 다시 연못에 넣었다. 어느 날 다시 연못에서 60마리의 물고기를 잡았는데 그중 4마리에 표시가 있었다. 연못에는 대략 몇 마리의 물고기가 있다고 어림할 수 있겠는가?
6. $7L$와 $11L$ 그릇이 있다. 이것으로 어떻게 $13L$를 측정할 수 있는가?
7. 세 친구가 도서관에 가는데 첫 번째 사람은 3일에 한 번, 두 번째 사람은 4일에 한 번, 세 번째 사람은 5일에 한 번 간다. 가장 최근에 세 사람은 화요일에 도서관에서 함께 만났다. 그로부터 며칠 후에 그들이 다시 도서관에서 함께 만나겠는가? 그 날은 무슨 요일이겠는가?
8. asian을 암호로 btjbo라고 쓴다면, European은 어떻게 쓰겠는가?
9. 겉으로 보기에는 완전히 똑같은 9개의 베어링 중에 한 개는 다른 것들보다 조금 가볍다. 눈금 없는 양팔 저울을 두 번만 사용해서 그 베어링을 찾아내어라.
10. 20대의 자동차가 순환 도로변에 주차해 있다. 모든 자동차들에 든 연료의 합은 한 대의 자동차가 순환 도로를 한 바퀴 돌기에 충분한 양이다. 자동차들 중 적어도 한 대는 길을 따라 가며 다른 19대의 자동차들로부터 연료를 얻으면서 순환 도로를 한 바퀴 돌 수 있음을 증명하여라.
11. 고전적인 문제: 12명의 사람이 12덩어리의 빵을 가지고 여행을 한다. 남자는 두

덩어리, 여자는 반 덩어리, 아이는 $\frac{1}{4}$ 덩어리의 빵을 가지고 있다. 남자, 여자, 아이는 각각 몇 명인가?

12. 다섯 명이 체스 게임을 했다. 각 사람이 다른 모든 사람과 한 게임씩 하고, 각각 서로 다른 점수를 얻었으며

(a) 1등한 사람은 비긴 게임이 없다.

(b) 2등한 사람은 진 게임이 없다.

(c) 4등한 사람은 이긴 게임이 없다.

이때 모든 게임의 결과를 구하여라. (경기에서 이길 때마다 1점, 지면 0점, 비기면 $\frac{1}{2}$ 점을 받는다.)

시리즈 XX: 수열 문제

이 시리즈는 두 테스트로 구성된다. 첫 번째 테스트는 수열을 포함하는데, 각각의 수열에는 분명한 원리가 내재되어 있다. 피험자는 각각의 수열을 생성하는 데 사용된 규칙을 찾아내고 그 다음에 올 수를 써야 한다. 잠정적으로 "그림" 테스트라고 부를 두 번째 테스트에는 일련의 그림들이 포함되어 있다. 이들 또한 분명한 원리에 바탕을 두고 만들어지는데, 원리에는 요소의 공간적인 배열까지 포함된다.

앞의 테스트 시리즈들과 같이 여기서도 논리적 추론의 성질이 조사된다. 수치적인 자료에 대한 분석-종합적 인식의 몇몇 특성들이 드러났다(각 수열의 원리는 피험자가 수열 개개의 수를 고려하면서 수열을 하나의 전체로 인식할 때 발견될 수 있다). 끝으로 이 테스트들은 (피험자가 어떻게 양의 수적인 성질과 요소의 공간적인 배열에서 변화의 원리를 발견하는지를 비교함으로써) 언어-논리적 요소, 시각-그림적 요소와 다른 상관관계를 가지는 수학적 사고의 몇 가지 유형적인 특성을 드러낸다.

수학적인 입장에서 엄밀히 보면 이 테스트의 문제들은 여러 방식으로 풀릴 수 있다. 내재하는 원리들은 기초적인 것이지만 유일하지는 않을 수 있다. (예를 들어 2, 4, 6, 2, 4, 6, …과 같은 주기적인 반복도 가능할 것이다.) 경험상 5학년에서 7학년의 가장 능력 있는 학생들의 수학적 발달 수준에서조차 주어진 수열에 내재할 수 있는 다양한 원리들을 인식하기는 어렵다. 그러나 우리의 실험에서 이러한 가능성을 염두에 두어야 했다. 만일 5학년에서 8학년 사이의 학생이 혼자 힘으로 주어진 수열에 내재하는 다양한 원리들이 있을 수 있다고 생각하고 그 가능한 변형 몇 개를 제시할 수 있다면 이는 그가 매우

높은 수학적 사고 수준에 있음을 나타낸다.

A. 수치 테스트

2, 4, 6, 8, 10, ………………………… (12)
19, 16, 13, 10, 7, ………………………… (4)
3, 9, 27, 81, 243, ………………………… (729)
1, 4, 9, 16, 25, ………………………… (36)
1, 2, 4, 7, 11, ………………………… (16)
10, 8, 11, 9, 12, ………………………… (10)
2, 3, 4, 9, 16, ………………………… (81)
1, 2, 6, 24, 120, ………………………… (720)
2, 4, 10, 28, 82, ………………………… (244)
1, 5, 14, 33, 72, ………………………… (151)

주: 괄호 안의 수는 테스트에서는 나타나지 않으며 피험자가 발견해서 수열을 확장해야 하는 것이다. 이 중 가장 어려운 수열들에서 발견되는 원리들은 다음과 같다. 여덟 번째 수열에서 뒤의 수는 바로 앞의 수에 2, 3, 4, 5, …를 곱해 얻어진다. 아홉 번째 수열에서 뒤의 수는 앞의 수에 3을 곱하고 2를 빼서 얻어진다. 열 번째 수열에서 뒤의 수는 앞의 수를 두 배하고 3, 4, 5, 6, …을 더해 얻어진다.

B. 그림 테스트

1. 다음 중 시리즈에 속하지 않은 그림을 찾아 지워라.

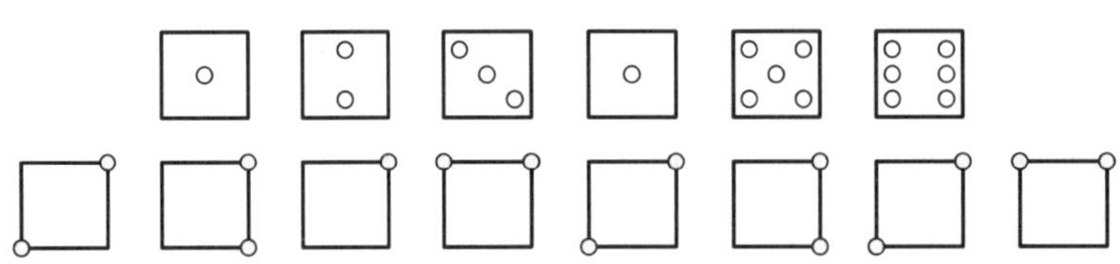

그림 20

2. 아래 왼쪽에는 네 개 또는 다섯 개의 그림이 하나의 열을 이루고 있다. 오른쪽에 있는 다섯 개의 그림 중에서 왼쪽 그림의 열에 이어서 다섯 번째 (또는 여섯 번째) 자리에 와야 하는 것을 찾아라.

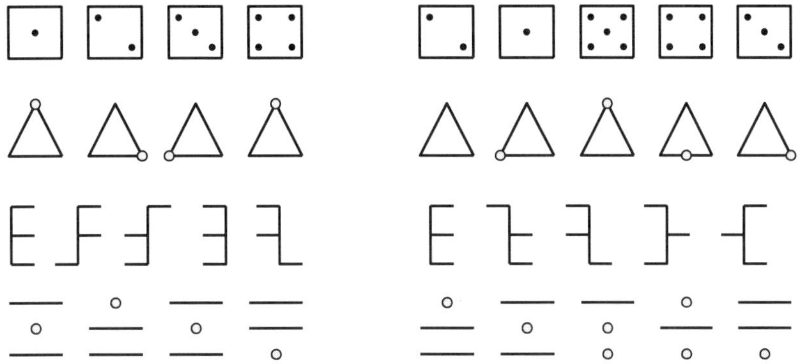

그림 21

3. 왼쪽 두 번째 그림이 왼쪽 첫 번째 그림과 관계있는 것처럼, 왼쪽 세 번째 그림과 관계 있는 그림을 오른쪽 그림 중에서 찾아라.

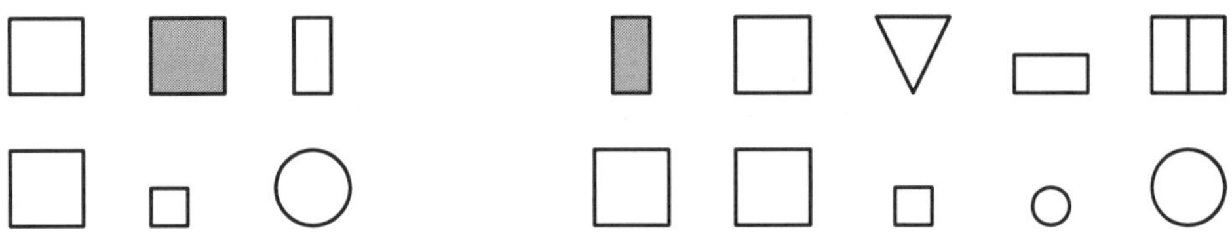

그림 22

시리즈 XXI: 수학적 궤변

수학자에게 있어 그가 배운 논리와 수학의 원리에 따라 추론의 각 단계를 비판적으로 평가하여 처음 보기에는 흠잡을 데 없어 보이는 추론에서 오류를 발견하는 능력은 중요하다. 이 시리즈에는 간단한 4개의 테스트에 모두 7개의 수학적 궤변 문제가 있다. 추론 과정에서 교묘히 감추어져 있는 오류로 인해 명백히 그릇된 결과가 도출된다. 학생은 오류를 감지하고 추론에 실제로 오류가 있다는 것을 밝혀야 한다.

논리 테스트가 처음에 온다. 그것을 보기로 사용하여 이 과제의 본질을 학생들에게 설명한다.

이 시리즈의 문제들은 수학적 사고의 비판적인 성격을 더 깊이 연구하는 것에 더하여, 수학적 사고의 유연성을 탐색하도록 설정되어 있다. 이러한 관점에서 궤변은, 사실의 문제나 패턴처럼 작용하여, 추론의 명확한 스키마가 설명되거나 명확한 사고의 경로로 인정받은 것으로 취급될 수 있다. 이 작용이 얼마나 "눈에 거슬릴까?" 피험자는 언뜻 보기에 꽤 논리적으로 보이는 이 과정의 "손아귀를 벗어나" 뒤따르는 모든 추론 과정을 그릇되게 만드는 잘못된 고리를 찾아 결론에 이르는 사슬을 끊을 수 있을까?

A. 산술 테스트

1. 1루블 = 100코페이카

   a루블 = 100a코페이카

   두 등식의 양변을 각각 곱하면

   a · 1루블 = 100a · 100코페이카

   a루블 = 10,000 · a코페이카

   1루블 = 100루블

2. 어느 농장의 농부가 서로 다른 종류의 배가 각각 150개씩 담긴 두 개의 바구니를 가지고 있다. 첫 번째 바구니의 배는 10개에 1루블, 두 번째 바구니의 배는 15개에 1루블이다. 그러므로 첫 번째 바구니에 담긴 배를 다 팔면 150÷10 = 15루블, 두 번째 바구니에 담긴 배를 다 팔면 150÷15 = 10루블, 모두 25루블을 얻는다. 농부는 다음과 같이 추론했다. 첫 번째 바구니의 배 10개와 두 번째 바구니의 배 15개를 합하여 배 25개를 2루블에 팔면 된다. 그래서 그는 두 바구니에 담긴 배를 섞어서 모두 300개의 배를 25개에 2루블씩 받고 다 팔았다. 그런데 그는 24루블, 곧 그가 받을 것이라고 생각했던 금액보다 1루블 적은 금액을 얻었다. 1루블은 어떻게 된 것인가?

B. 대수 테스트

1. 방정식 $\frac{x+5}{x-7}-5=\frac{4x-40}{13-x}$을 변형하면

$$\frac{x+5-5(x-7)}{x-7}=\frac{4x-40}{13-x};\quad \frac{-4x-40}{x-7}=\frac{4x-40}{13-x};$$

$$\frac{-4x-40}{x-7}=\frac{4x-40}{13-x};\quad \frac{4x-40}{7-x}=\frac{4x-40}{13-x};$$

$$7-x=13-x$$

$$7=13$$

2. 0이 아닌 임의의 두 같은 수를 더하면 0이다. 그 증명은 다음과 같다.

   0이 아닌 임의의 수 a를 택하고 다음과 같이 놓자.

$$a=x$$

양변에 $(-4a)$를 곱하면

$$-4a^2 = -4ax$$
$$0 = -4ax + 4a^2$$

양변에 x^2을 더하면

$$x^2 = x^2 - 4ax + 4a^2$$
$$x^2 = (x-2a)^2$$
$$x = x - 2a$$

그런데 주어진 조건에서 $x = a$이므로,

$$a = a - 2a$$
$$a = -a$$
$$2a = 0$$

C. 기하 테스트

1. 1 : 10,000의 축척을 가진 설계도에 가로 2cm, 세로 3cm인 직사각형이 있다. 한 학생이 이 직사각형의 실제 넓이를 다음과 같이 계산하였다.

$$\text{넓이} = 3 \times 2 = 6\text{cm}^2$$
$$6 \times 10{,}000 = 60{,}000\text{cm}^2 = 6\text{m}^2$$

이 추론이 올바른가?

2. 직선 위의 한 점에서 서로 다른 두 개의 수선을 그을 수 있다.
직선 MN과 그 위의 점 A가 주어져 있다[그림 23]. 수선 AK를 긋는다. 점 A를 지나는 임의의 반지름의 원을 작도한다. 이 원이 직선 MN과 다시 만나는 교점을 B라고 하자. 지름 BC를 작도한다. 점 C와 A를 잇는다. 그러면 ∠BAC는 원주각이

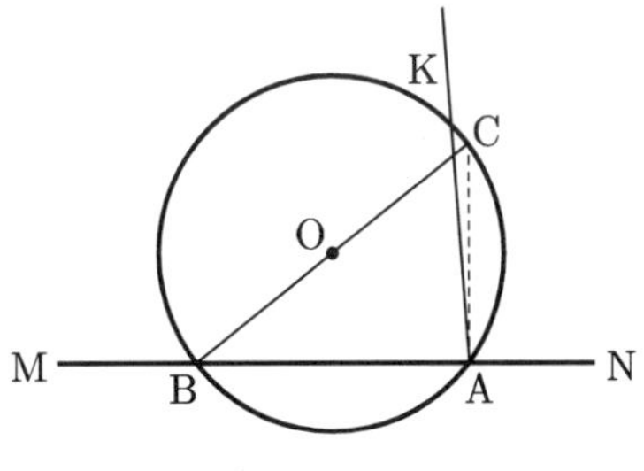

그림 23

고 변 BC는 지름이므로, ∠BAC는 90°이다. 그러므로 AC⊥MN이다. 따라서 점 A에서 직선 MN에 수선 AK, AC를 작도하였다. 어디에 오류가 있는가?

D. 논리 테스트

Ivanovs 가족과 Petrovs 가족이 있다. 각 가족의 수는 3명이다. Ivanovs 아빠는 Petrovs 아빠를 모른다. Ivanovs 엄마는 Petrovs 엄마를 모른다. Ivanovs는 Petrovs를 모른다.
결론: Ivanovs 가족 중에 Petrovs 가족 중 누군가를 아는 사람은 아무도 없다.
이것은 옳은가?

시리즈 XXII: 기억하기 힘든 항목들을 지닌 문제

여기 문제들은 많은 양의 수치 자료, 문제에 직접적으로 주어진 관계, 또는 "꼬여 있는" 항목들로 인해 복잡하다. 피험자가 한 번 읽은 후에 문제 전체를 외우지 못하도록 일부러 문제를 복잡하게 한 것이다. 피험자가 문제의 모든 것을 기억하지는 못한다면 그가 문제에서 기억하고 있는 것은 무엇일까? 문제의 구조, 관계, 또는 특수한 자료? 피험자에게 문제를 다시 진술해야 할 것이라고 미리 말해 주지 않았다. 단지 주의 깊게 그리고 자세히 문제를 읽으라고 하였다. 피험자가 문제를 한 번 읽은 후 문제 카드를 회수했다. 피험자가 한 번 읽은 후에 바로 문제를 어떻게 재생하는지, 그가 처음에 주의를 기울인 것이 무엇인지 알아보았다. 이러한 실험적 조건 아래서 자연히 연상 기능의 특징뿐 아니라 지각과 일반화의 몇 가지 특징도 드러났다.

A. 산술 테스트

1. 창고에서 첫 날 감자의 $\frac{2}{11}$을 선적하고, 둘째 날은 그것의 2배를 선적하고, 셋째 날은 남은 것의 $\frac{1}{5}$을 선적했더니 48톤이 남았다. 창고에는 얼마나 많은 감자가 있었는가?
2. 1등석과 2등석 표를 합해 40장 팔았다. 1등석 표는 8루블이고 2등석 표는 5루블이다. 1등석 표를 판 금액이 2등석 표를 판 금액보다 190루블 많았다면, 1등석표는 몇 장 팔았는가?
3. 이것과 저것에 이것과 저것의 합의 반을 합한 것은 이것과 저것의 합의 $\frac{3}{4}$의 몇 퍼센트인가?

4. 80을 서로 다른 두 부분으로 나누어 큰 쪽의 반이 작은 쪽보다 10 크게 한다. 두 부분은 각각 얼마인가?
5. 4개의 파이프가 풀장과 연결되어 있다. 파이프 1, 2, 3을 열면 풀장을 채우는 데 12분이 걸리고, 파이프 2, 3, 4를 열면 15분이 걸리고 파이프 1, 4만 열면 20분이 걸린다. 4개의 파이프를 모두 열면 풀장을 채우는 데 몇 분이 걸리겠는가?
6. 어느 공장에서 경운기 몇 대를 정해진 기간 안에 만들어 달라는 주문을 받았다. 하루에 240대의 경운기를 만들면 정해진 기간 안에 주문받은 것보다 400대 적게 만들게 된다. 하루에 280대의 경운기를 만들면 주문받은 양보다 200대를 더 만들게 된다. 주문받은 경운기는 몇 대이며, 그것을 만드는 데 정해진 기간은 얼마인가?

B. 대수 테스트

1. 다음을 암산하여라. $64\times27+27\times27+9\times27=$
2. $\left(\frac{1}{3}x^2y^n+4xy^2\right)^2=$
3. n이 1보다 큰 자연수일 때 $\frac{n(n-1)}{2}$은 어떤 수가 될까? 정수, 분수, 0?
4. 내 나이는 내가 지금 너의 나이와 같았을 당시의 네 나이의 두 배이다. 네가 지금 나의 나이가 되었을 때 너와 나의 나이를 합하면 63살이 된다. 지금 너와 나의 나이는 각각 얼마인가?

C. 기하 테스트

1. 삼각형의 한 각이 $\frac{28}{45}d$이다. 나머지 두 각의 차는 18°이다. 이들 각의 크기를 구하여라.
2. 직각삼각형의 한 예각을 선분을 그어 둘로 나눈다. 이렇게 만들어진 두 각 중 큰 각의 크기는 45°이고, 이것은 다른 각의 크기의 5배이다. 직각삼각형의 또 다른 예각에 이웃한 외각의 크기는 얼마인가?
3. 사각형 ABCD에서 두 변이 평행하다. 마주보는 각의 크기의 차는 15°이고 비는 7 : 8이다. 네 각의 크기를 구하여라.
4. 두 개의 사각형이 있다. 한 사각형의 밑변이 5cm이고 다른 사각형의 밑변이 4cm이다. 두 사각형의 넓이의 합은 42cm^{2}이다. 각각의 사각형의 높이는 변화시키지 않고, 첫 번째 사각형의 밑변을 2배로 하고, 두 번째 사각형의 밑변을 1cm 늘리면, 두 사각형의 넓이의 합은 처음보다 33cm^2 늘어난다. 각각의 사각형의 높이를 구하여라.

시리즈 XXIII: 풀이에서 다양한 시각화 수준을 지닌 문제

이 시리즈의 문제들은 가시성의 차이, 곧 문제 해결에서 사고의 시각-그림적 요소와 언어-논리적 요소가 수행하는 역할을 고려하여 그룹으로 분류되었다.

그룹 V(visual)[9]의 문제들은 시각적인 수단을 사용하여 그것을 표현하기에 "알맞은" 것이다. 이 문제들은 문제에 주어진 요소들의 관계를 시각적으로 나타내면, 시각-그림적인 수단에 의해 비교적 쉽게 풀린다. 이러한 문제들은 그래프적인 도식을 이용할 것을 "제안한다." 시각적인 개념이나 도식을 이용하지 않고 언어-논리적인 수단을 써서 추론하여 이 문제들을 풀 수도 있지만, 그 과정은 상당히 더 어렵다.

그룹 A_1과 A_2(average)의 문제는 시각-그림적인 표현 체계를 쓰거나 언어-논리적인 표현 체계를 쓰거나 푸는 데 큰 차이가 나지 않는 것들이다.

그룹 M_1과 M_2(mental)의 문제는 시각적 개념에 의지할 필요 없이 순전히 정신적인 방식으로 풀 수 있다. 물론 시각-그림적인 수단을 써서 풀 수도 있으나, 이 문제들은 시각적 이미지의 언어로 번역하기 어렵기 때문에 그렇게 풀면 더 복잡하다.

각 그룹에는 6개의 문제가 복잡성의 순서에 따라 가장 쉬운 (1)번부터 가장 어려운 (6)번까지 배열되어 있다. 문제의 번호는 어려움의 정도와 "가시성"의 정도를 나타낸다[10].

모두 5종의 테스트에서 문제들은 특별한 격자 형태로 배열된다. 풀이의 가시성의 정도에 따라서 왼쪽에서 오른쪽으로, 곤란도에 따라 위에서부터 아래로 문제가 배열되었다 (표 2 참조).

표 2. 가시성과 곤란도에 따른 시리즈 XXIII 문제 분류

곤란도	변인				
	V	A_1	A_2	M_1	M_2
1	V－1	A_1－1	A_2－1	M_1－1	M_2－1
2	V－2	A_1－2	A_2－2	M_1－2	M_2－2
3	V－3	A_1－3	A_2－3	M_1－3	M_2－3
4	V－4	A_1－4	A_2－4	M_1－4	M_2－4
5	V－5	A_1－5	A_2－5	M_1－5	M_2－5
6	V－6	A_1－6	A_2－6	M_1－6	M_2－6

9) 이와 같은 용어들은 물론 상대적인 것으로, 순전히 보조적인 의미를 지닌다.

10) 때때로 문제의 가시성을 평가하는 데 불일치가 있었다. 여기서 우리는 실험에 참가하지 않은 학생들로부터 얻어진 풀이뿐 아니라 교사의 의견도 고려하였다.

처음 네 개의 시리즈는 주로 능력이 없는 학생들의 실험에 사용되었고 (나머지 문제들은 어렵다는 것이 판명되었다) 뒤의 네 개의 시리즈는 능력 있는 학생들에게 사용되었다. (처음 두 개 시리즈의 문제들은 그들에게 매우 쉬웠다.)

다음은 문제가 제시된 순서이다. 처음 시리즈의 문제를 처음에 제시하고, 두 번째의 시리즈의 문제를 그 다음으로 제시하고, 이와 같은 식으로 진행한다. 각각의 시리즈에서 피험자들은 두 양극단의 문제(V와 M_2)를 받았고 (약간 생각한 후에) 그가 좋아하는 것을 풀도록 요청 받았다. 이어서 이 그룹의 나머지 문제들이 (처음 선택한 것에서 왼쪽 또는 오른쪽으로 움직이면서 $-M_2$, M_1, A_2, A_1, V, 또는 V, A_1, A_2, M_1, M_2-)주어진다. 피험자가 어떤 풀이 과정을 선택하는지, 그가 시각적인 이미지에 의존할 필요가 있는지, 어떤 것에 그런지, 또는 시각적 이미지 없이도 풀어 낼 수 있는지, 그렇다면 시각적 이미지 대신 무엇을 사용하는지, 그리고 어떤 문제에서 그가 선호하는 풀이 방법을 포기하는지에 주목하였다.

A_1과 A_2의 문제들의 풀이는 이와 관련하여 특히 흥미롭다. 시각-그림적 측면이 강한 학생들은 사고 과정에서 언어-논리적 요소가 강한 학생들과 다르게 문제 A_1과 A_2를 풀 것이라고 가정하였다. 피험자에게 어떤 풀이 과정이 자연스러운지 확인한 후에 실험자는 그가 다른 방법으로 풀어 보도록, 곧 문제의 조건과 관계를 시각적으로 도식화 해서 나타내거나, 적당한 경우에 시각적 이미지의 도움 없이 순수하게 정신적 차원에서 문제를 풀도록 유도하였다. 피험자들의 수행 결과는 위의 표와 유사한 "개별 격자" 형태로 정리하였다. 문제를 풀면 +, 풀지 못하면 −, 시각적인 방법을 쓰면 V, 시각적인 방법을 쓰지 않으면 M, 두 가지 방법을 모두 사용하면 VM으로 표시하였다.

시리즈 XXIII의 문제 풀이를 분석하면서 "시각적 풀이" 표현의 상대적인 특성을 염두에 두어야 한다. 직접적인 관계들의 표현인 그래프적인 도식은 수학적인 의존 관계들을 추상화하고 일반화하여 나타낸다. 그러나 동시에 그것은 어느 정도 문제의 풀이를 구체적이고 시각적인 수준에서 번역하는 시각화의 명확한 유형이다. M. E. Botsmanova도 그래프적 풀이에서 시각적 이미지의 도식화를 논의하면서 그래프적인 도식은 시각화의 독특한 추상적 형태라고 지적했다(54, 55).

시리즈 XXIII의 기하 테스트(G)에는 6개의 문제가 1부터 6까지 복잡성의 순서가 아니라 풀이에 시각적인 도움이 얼마나 필요한지에 따라 배열되어 있다. (문제 1은 이러한 도움을 가장 많이 필요로 하고 문제 6은 가장 적게 필요로 한다.) 물론 기하 문제는 산술 문제와 대조적으로 언제나 시각적 도식의 도움을 받아 풀 수 있지만, 어떤 문제는 (실제든 가상이든) 그림을 그리지 않고도 풀 수 있다. 피험자가 자유롭게 문제를 푼 후에, 실험자는 (피험자가 문제를 푼 경우나 시도했으나 성공하지 못한 경우 모두) 피험자에게 다른 방법을 사용하도록 ("이제 풀이를 '보기' 위해 이것을 시각적으로 그림을 그려서 나타내어 보아라", "그림에 의존하지 말고 추론으로 문제를 풀어보아라") 요청하였다.

V. 산술 테스트

V－1. 한 승객이 그의 여행 거리의 반을 갔을 때 잠이 들었다. 그가 깨었을 때 그가 자면서 여행한 거리의 절반이 남아 있었다. 그는 전체 여행 거리의 얼마 동안 잠들어 있었는가?

V－2. 벽돌 한 장의 무게가 1kg에 벽돌 반 장의 무게를 합한 것과 같다면, 벽돌 한 장의 무게는 얼마인가?

V－3. 자두 10개의 무게는 사과 3개와 배 1개의 무게와 같다. 자두 6개와 사과 1개의 무게는 배 1개의 무게와 같다. 배 1개의 무게는 자두 몇 개의 무게와 같은가?

V－4. 청년들이 연극과 영화를 보러 갔다. 어떤 이는 연극을 보고 어떤 이는 영화를 보고 둘 다 본 사람도 많다. 청년의 89%가 연극을 보았고, 78%가 영화를 보았다. 청년의 몇 퍼센트가 연극과 영화를 다 보았는가?

V－5. 정오 이후 지난 시간이 자정까지 남은 시간의 $\frac{1}{3}$이라면 지금은 몇 시인가?

V－6. 12:00시와 13:00시 사이에 수학 올림피아드가 시작하기 전 한 학생이 그의 시계를 보았다. 17:00시와 18:00시 사이에 그가 작업을 마친 후 그는 시계의 시침과 분침의 위치가 바뀌어 있는 것을 알았다. 올림피아드가 시작한 시간과 그가 작업을 마친 시간은 언제인가?

A1. 산술 테스트

A_1－1. 두 소년이 체스를 두고 있다. 체스 판의 빈 칸이 체스 말이 차지하고 있는 칸의 3배이다. 한 소년이 다른 소년보다 체스 말을 2개 더 가지고 있다. 체스 판 위에 있는 각 소년이 가지고 있는 말의 수는 몇 개인가?

A_1－2. 한 팀의 나무꾼이 3일간 184m^3의 나무를 준비했다. 첫 날에는 하루 계획량보다 14m^3을 더했고, 둘째 날에는 2m^3를 덜했고, 셋째 날은 16m^3를 더했다. 하루 계획량은 얼마인가?

A_1－3. 한 동네에 사는 세 명의 여인이 부엌 난로에 땔 나무를 똑같이 나누기로 하였다. 첫 번째 여인은 2.5m^3의 나무를 준비했고, 두 번째 여인은 3.5m^3의 나무를 준비했고, 세 번째 여인은 그의 몫 대신에 6루블을 준비했다. 이 돈을 첫 번째 두 번째 여인에게 어떻게 분배해야 하겠는가?

A_1-4. 두 트럭이 동시에 A지점에서 출발해 B지점으로 갔다가 (멈추지 않고) 돌아왔다. 첫 번째 트럭은 늘 같은 속력으로 갔고, 두 번째 트럭은 갈 때는 첫 번째 트럭의 속력의 절반으로 갔다가 돌아올 때는 처음 트럭의 속력의 두 배로 왔다. 어떤 트럭이 A지점에 빨리 돌아왔겠는가?

A_1-5. 한 여행자가 기차로 여행한 거리는 배로 여행한 거리보다 150km 길고 도보로 여행한 거리보다 750km 길다. 도보로 여행한 거리가 배로 여행한 거리보다 3배 적다고 할 때, 그가 여행한 전체 거리를 구하여라.

A_1-6. 16개의 나무를 5m씩 떨어뜨려 한 줄로 심었다. 우물이 마지막 나무 옆에 있다. 물 한 양동이로 나무 두 그루에 물을 줄 수 있다. 물 양동이 한 개로 모든 나무에 물을 주기 위해 이동해야 하는 거리를 구하여라.

A2. 산술 테스트*

A_2-1. 등유가 가득 들어 있는 그릇의 무게가 8kg이다. 등유의 반을 따라냈을 때, 그릇의 무게는 4.5kg이다. 그릇만의 무게를 구하여라.

A_2-3. 형이 동생에게 말했다. "네가 나에게 호두 8개를 주면, 나는 너의 두 배를 가지게 되지." 그러자 동생이 형에게 말했다. "형이 내게 8개의 호두를 주면, 우리는 같은 개수의 호두를 가지게 되지." 형과 동생은 각각 몇 개의 호두를 가지고 있는가?

A_2-4. 기차가 전신주를 통과하는 데 $\frac{1}{4}$분이 걸렸고, 540m 길이의 터널을 통과하는 데 $\frac{3}{4}$분이 걸렸다. 기차의 속도와 길이는 얼마인가?

A_2-5. 수리 작업을 위해 몇 명의 사람을 고용하였다. 3명을 덜 고용하였다면 마감일보다 6일을 더 일해야 하고, 2명을 더 고용하였다면 마감일보다 2일 빨리 일을 끝낼 수 있다. 몇 명을 고용하였는가?

A_2-6. 한 보행자가 1km와 그의 여행의 나머지의 반을 여행하였다. 그는 여전히 전체 여행의 $\frac{1}{3}$과 1km를 더 여행해야 한다. 전체 여행의 거리는 얼마인가?

M1. 산술 테스트

M_1-1. 한 기차가 모스크바를 출발하여 극동으로 시속 40km로 달린다. 하루 후에 다른 기차가 시속 45km로 같은 방향으로 떠났다. 두 기차가 계속 일정한 속도로 쉬지 않고 달린다면 두 번째 기차가 첫 번째 기차를 따라잡는 데 며칠 걸

* (역자주) 러시아 번역본에도 A_2-2가 빠져있음.

리겠는가?

M_1-2. 한 캔에 다른 캔의 2배의 우유가 들어 있다. 그 두 캔에서 각각 20리터의 우유를 따라내면, 한 캔에 다른 캔의 3배의 우유가 들어 있게 된다. 각각의 캔에 처음 들어 있던 우유의 양은 얼마인가?

M_1-3. 딸은 8살이고 어머니는 38살이다. 어머니의 나이가 딸의 나이의 3배가 되려면 몇 년이 흘러야 하는가?

M_1-4. 고전적인 문제: 어떤 사람이 매년 12루블과 옷 한 벌을 받기로 하고 일을 했다. 7개월 후 일을 그만 둘 때, 그는 5루블과 옷 한 벌을 받았다. 옷 한 벌의 가격은 얼마인가?

M_1-5. 한 여행객이 25일 동안 여행을 하면서 일정액의 돈을 쓰기로 했다. 그런데 여행은 계획보다 5일 더 걸렸고, 매일 계획보다 40코페이카씩 더 써서 결국 예정보다 30루블을 더 썼다. 그가 원래 쓰려고 계획했던 돈은 얼마인가? (단, 1루블 = 100코페이카)

M_1-6. 한 웅덩이에 $720m^3$의 물이 있고, 다른 웅덩이에 $840m^3$의 물이 있다. 6시부터 처음 웅덩이의 물을 시간당 $48m^3$씩 퍼내고, 8시부터 다른 웅덩이의 물을 시간당 $72m^3$씩 퍼냈다. 두 웅덩이에 남아 있는 물의 양이 같아지는 것은 몇 시인가?

M2. 산술 테스트

M_2-1. 개가 30m 뒤에서 여우를 쫓고 있다. 개는 한번에 2m를 뛰고 여우는 1m를 뛴다. 여우가 3번 뛰는 동안 개는 2번 뛴다. 개가 여우를 따라 잡는데 필요한 거리는 얼마인가?

M_2-2. 내가 집에서 학교까지 걸어가는 데 30분이 걸리고, 동생은 40분이 걸린다. 동생이 나보다 5분 빨리 떠났다. 내가 동생을 따라잡는 데 몇 분 걸릴까?

M_2-3. 두 소년이 같은 방향으로 길을 따라 가고 있다. 한 소년이 2km 앞에서 출발한 소년을 따라잡았다. 앞에서 출발한 소년은 시속 4km, 뒤에서 출발한 소년은 시간당 5km로 길을 갔다. 그들이 출발했을 때부터 강아지가 둘 사이를 시속 8km로 쉬지 않고 계속 왕복했다. 두 소년이 만날 때까지 강아지가 뛴 거리는 얼마인가?

M_2-4. 어느 상점에 100kg의 딸기가 있었다. 분석 결과 딸기의 수분 함량이 99%였다. 그 후 수분이 1% 줄어들어 98%가 되었다. 이때 딸기 전체의 무게를 구하

여라.[11])

M_2-5. 한 남자가 시속 2km로 산을 오르고 시속 6km로 내려왔다. 그의 평균 속력을 구하여라.

M_2-6. 한 비행기가 모스크바와 레닌그라드 사이를 운행한다. 바람이 불지 않을 때와 한 방향으로 일정한 세기의 바람이 불 때 중에서 어떤 날씨일 때 비행기가 더 빨리 왕복할 수 있는가?

G. 기하 테스트

1. 이등변삼각형에서 한 중선이 둘레를 12cm와 9cm로 나눈다. 삼각형의 각 변의 길이를 구하여라.
2. 한 예각과 그 각의 이등분선이 있다. 주어진 예각의 꼭짓점에서 각의 이등분선에 수선을 긋는다. 이 수선은 주어진 예각의 변들과 예각 한 개와 둔각 한 개를 만든다. 둔각의 크기가 예각의 크기의 2배일 때, 주어진 예각의 크기를 구하여라.
3. 한 정사각형의 각 변을 3cm 늘여 새로운 정사각형을 만들었더니 넓이가 $39cm^2$ 늘어났다. 새로 만든 정사각형의 한 변의 길이를 구하여라.
4. 20cm 길이의 선분을 둘로 나누고 나누어진 선분 각각을 한 변으로 하는 두 정사각형을 작도한다. 이 두 정사각형의 넓이의 차가 $40cm^2$일 때, 각 정사각형의 한 변의 길이를 구하여라.
5. 삼각형의 둘레의 길이가 35cm이다. 첫째 변의 길이는 두 번째 변의 길이의 4배이고 세 번째 변보다 1cm 길다. 각 변의 길이는 얼마인가?
6. 정사각형의 넓이와 정사각형의 둘레의 길이가 같은 값을 가질 때, 정사각형의 한 변의 길이는 얼마인가?

시리즈 XXIV: 말로 하는 형식화와 시각적인 형식화를 포함하는 문제

이 시리즈의 문제들의 아이디어는 피험자가 문제의 시각적 수준과 언어적으로 추상적인 수준을 구체적으로 어떻게 파악하고 서로 관련짓는지 판단하는 자료를 제공하는 것이다. 시리즈는 세 개의 테스트로 구성되어 있으며, 각 테스트의 설명을 분리하여 따로따로 제시하겠다.

11) 정답이 50kg이라는 것은 믿기 어렵다.

A. 대수 테스트

1. 계수가 무엇인지 말하여라. 그리고 다음 대수식에서 계수들을 지적하여라.

$$3a^2, \quad m, \quad b \cdot 4, \quad 3b \cdot 2, \quad \frac{3}{7}x^3, \quad 4ab^n(3+2), \quad \frac{4}{5}ab \cdot \frac{5}{4} \cdot 2y^n$$

2. 다음 대수식에서 각 문자의 지수는 무엇인가? 지수를 적절히 정의하여라.

$$2a^3, \quad b^2, \quad -3x^2y^2, \quad 7xy^6, \quad \frac{1}{2}mn, \quad z, \quad \frac{c}{4}$$

3. 주어진 식을 계수가 1과 같아지도록 써라.

$$3abc, \quad 4m^2n^3, \quad 7xy^3z$$

이 문제를 어떻게 푸는지 필요한 설명을 하여라.

4. 주어진 식에서 지수들이 1이 되도록 하여라.

$$2m^2n^2, \quad xy^4, \quad a^3bc, \quad 7c^4d^3$$

이 문제를 어떻게 푸는지 필요한 설명을 하여라.

5. 식 $2a$를 제곱하여라. 그 결과를 2배 하여라. 식 $2x^2$을 3배 하여라. 그 결과를 세제곱하여라. 각각 마지막에 얻은 두 식을 더하여라.

注: 간단한 대수식을 가지고 구체적인 시각적 수준으로부터 언어적인 추상적 수준으로까지 이행하는 능력과 그 반대 방향으로 이행하는 능력을 연구한다. 우리는 학생이 얼마나 쉽게 언어적인 형식화로부터 그에 대응하는 구체적인 조작으로 이행하는지 또 그 반대 방향으로 이행하는지, 즉 피험자가 규칙을 말로 형식화하는 것을 더 쉽게 하는지 규칙에 대응하는 조작을 하는 것을 더 쉽게 하는지, 어느 영역에서 더 자신 있게 행동하는지 확인하였다. 이 테스트는 별로 어렵지 않아서 능력이 적은 학생들을 연구하는 데 주로 사용한다.

B. 기하 테스트

이 테스트의 문제들의 본질은 말과 그림 사이의 불일치에 있다. 그림은 말에는 포함되어 있지 않은, 정당하지 않은 제한을 암시하도록 꾸며져 있다. 피험자에게 문제를 제시할 때 말과 그림을 같이 제시하였다. 우리는 피험자가 말과 시각적인 이미지(그림) 중에 어느 것을 더 지향하는지 알아보고자 하였다. 문제 풀이에서 오류는 대개의 경우 피험자가 시각적 이미지인 그림을 더 지향했다는 증거이다. E. Sh. Basyrova는 이러한 종류의 문제를 성공적으로 사용하여, 신호 체계 유형의 상호관계와 관련한 수학의 발달을 연구하였다(36, 37).

실험자는 피험자가 모든 문제를 풀 때까지, 피험자가 첫 문제에서 나머지 문제의 의도가 무엇인지 감을 잡지 못하도록, 아무 말도 하지 않았다. 나중에 실험자는 (학생이 틀린 문제에 대해) 변형된 그림이나 말로 된 설명을 제시하였다. 여기에서 학생이 자신의 오류를 깨닫는 데 시각적인 이미지와 말로 된 설명 중 어느 것이 더 도움이 되는가가 분명해졌다. 실험자는 말로 된 설명으로 시작하였다. 학생이 자신의 오류의 본질을 이해하지 못한다면, 말보다 (원래) 그림을 더 지향했다는 것이 재차 입증되는 셈이고, 그 점을 명확히 하기 위하여 또 다른 그림을 보여주었다.

이 테스트의 문제들은 어렵고 쉬운 정도에 따라 배열되어 있지 않다. 여기서 그것은 관심의 대상이 아니기 때문이다.

아래에 문제들이 있다. 말로 된 설명과 변형된 그림은 1a, 2a, 3a, …에 나와 있다.

1. 밑변과 높이가 같은 두 도형이 있다[그림 24]. 두 도형의 넓이는 같은가?

그림 24

1a. 두 도형의 모양이 다를 수 있다[그림 25].

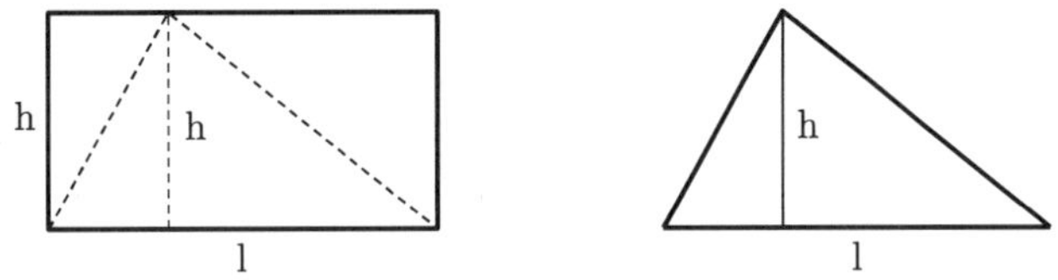

그림 25

2. 크기가 같은 두 예각이 주어져 있다[그림 26]. 그것들은 맞꼭지각인가?

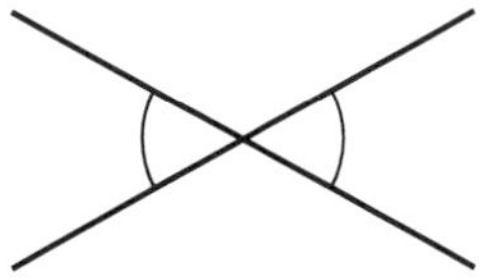

그림 26

2a. 두 각이 맞꼭지각일 때만 크기가 같은가? [그림 27]

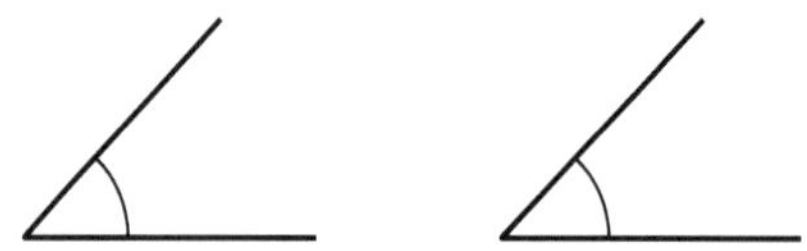

그림 27

3. 수선은 임의의 사선보다 길이가 짧다는 명제의 참, 거짓을 판별하여라[그림 28].

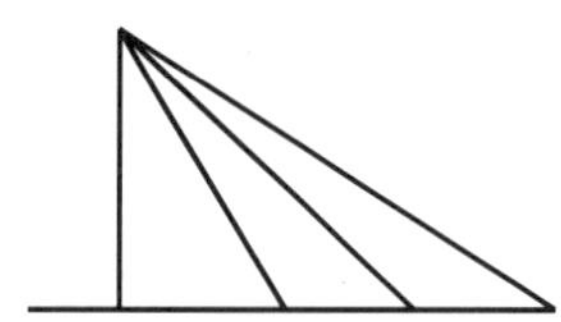

그림 28

3a. 수선과 사선이 꼭 한 점에서 시작될 필요는 없다[그림 29].

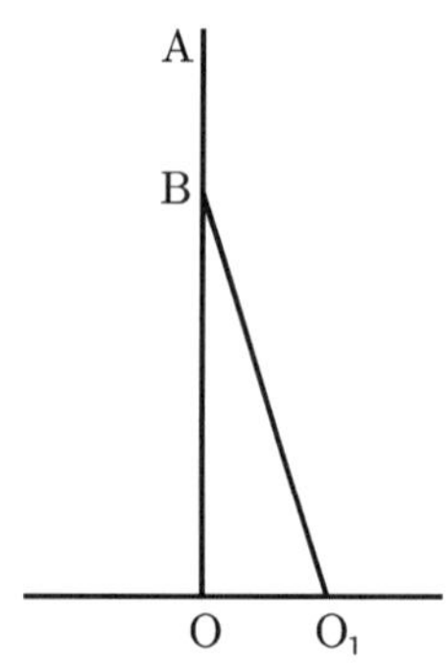

그림 29

4. 길이가 같은 두 변의 대각의 크기는 같다는 명제의 참, 거짓을 판별하여라[그림 30].

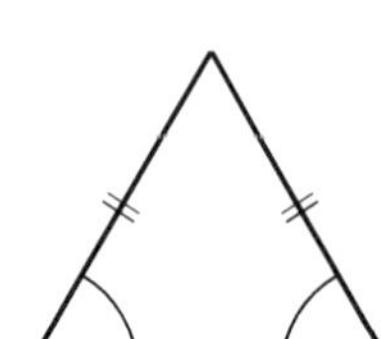

그림 30

4a. 크기가 같은 두 각이 서로 다른 두 도형에 있을 때는 어떤가? [그림 31]

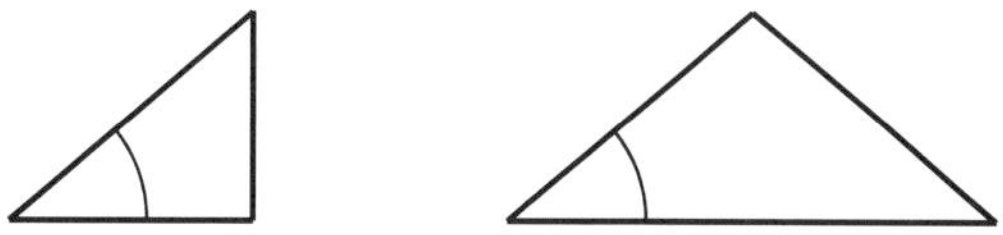

그림 31

5. 원의 한 부분이 동시에 부채꼴과 현이라고 불릴 수 있는 경우가 있는가? [그림 32]

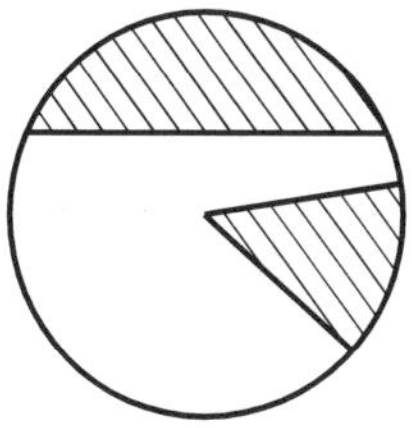

그림 32

5a. 그러면 반원을 무엇이라고 부르겠는가? [그림 33]

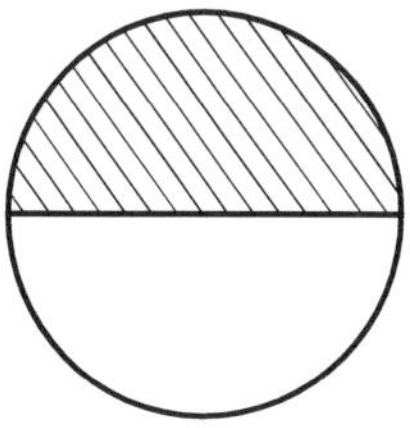

그림 33

6. 주어진 두 개의 각이 각각 90°이다[그림 34]. 이 두 각은 서로 인접해 있는가?

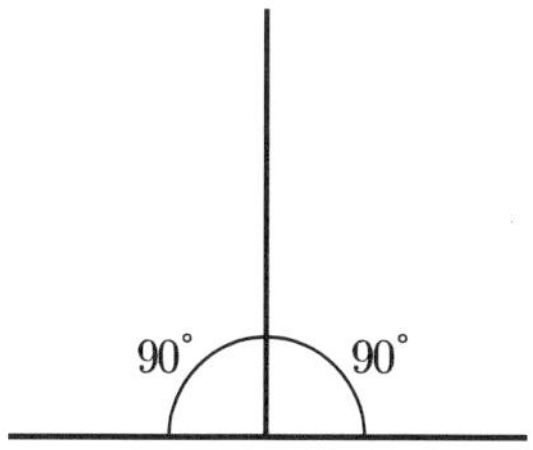

그림 34

6a. 직각은 항상 인접해 있는가? [그림 35]

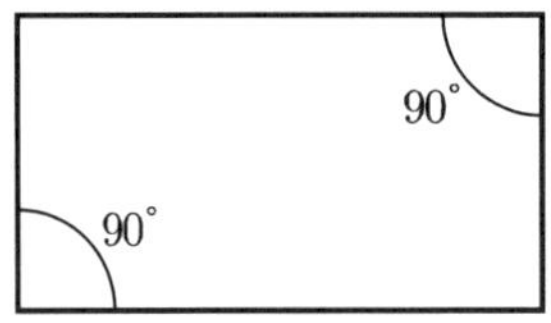

그림 35

7. 원의 모든 현은 지름보다 짧다는 명제의 참, 거짓을 판별하여라[그림 36)]

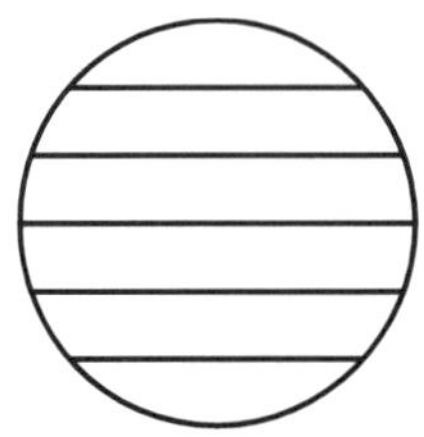

그림 36

7a. 현이 원의 중심을 지날 때는 어떤가? [그림 37]

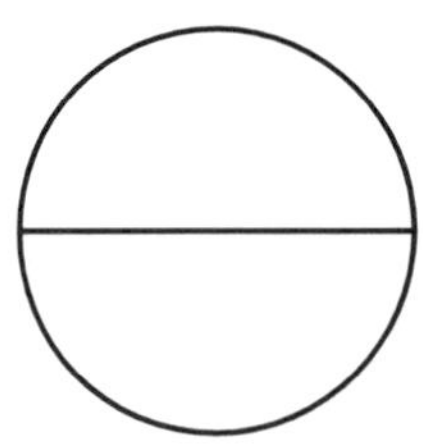

그림 37

8. 중심이라고 불리는 한 점으로부터 같은 거리에 있는 모든 점들로 이루어진 폐곡선이 있다[그림 38]. 그것은 원인가?

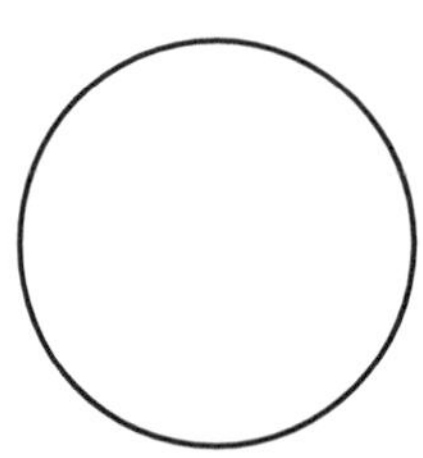

그림 38

8a. 구 위에 그려진 폐곡선 위의 모든 점은 구의 중심으로부터 같은 거리에 있다. (교사는 이것을 공이나 공 모양의 다른 물체를 가지고 설명할 수 있다.)

C. 기하 테스트

이 테스트는 I. S. Yakimanskaya(469, 470, 471)가 제안한 방법을 우리의 연구 목적에 맞도록 수정하여 만든 것이다.

테스트는 비슷한 난이도를 지닌 여섯 개의 기하 문제로 이루어져 있고, 각 문제에는 (a) 말로 된 것과 (b) 그림으로 된 시각적인 것의 두 가지 변형이 있다. 각 문제는 (a)나 (b) 중 한 형태로 제시된다. 1a, 2b, 3a, 4b, 5a, 6b와 같이 두 변형이 번갈아 나타나도록 문제를 제시한다. 문제들은 그다지 복잡하지 않은데, 문제가 너무 복잡하면 그림을 보지 않고 이해하기 매우 어렵기 때문이다.

피험자가 어떤 변형을 다루기를 더 선호하는지, 어떤 조작을 더 쉽게 떠올리는지 조사하였다: 말로 표현된 개념의 분석과 관련된 것 또는 그림의 분석과 관련된 것. 피험자는 시각적인 형태로 주어진 문제를 일반적이고 추상적이고 언어적인 틀로 바꾸는가, 그렇다면 어떻게 그렇게 하는가? 피험자는 말의 형태로 주어진 문제를 푸는 동안 그림을 그려 보는가, 그리고 말로 주어진 관계를 시각적으로 표현할 수 있는가? 그리고 문제를 푼 후, 피험자가 시각적인 변형을 다룬 경우에는 말로 형식화하고 풀도록, 말로 된 변형을 다룬 경우에는 그림을 그려 풀도록 요청하였다.

이 시리즈를 가지고 우리는 피험자가 구체적인 형태로 문제를 기억하는지 시각적인 형태로 기억하는지, 기억의 몇 가지 특징을 밝힐 수 있었다. 이를 위해서 우리는 피험자에게 하루 뒤에 전날 풀었던 기하 문제가 무엇인지 기억해 내도록 요청하였다.

테스트 문항:

1a. 이등변삼각형에서 꼭지각의 이등분선은 꼭짓점을 지나면서 밑변에 평행한 선분에 수직임을 증명하여라.

1b. [그림 39] 주어진 것: $AB = BC$, BD는 $\angle ABC$의 이등분선, $MN \parallel AC$
증명할 것: $MN \perp BD$.

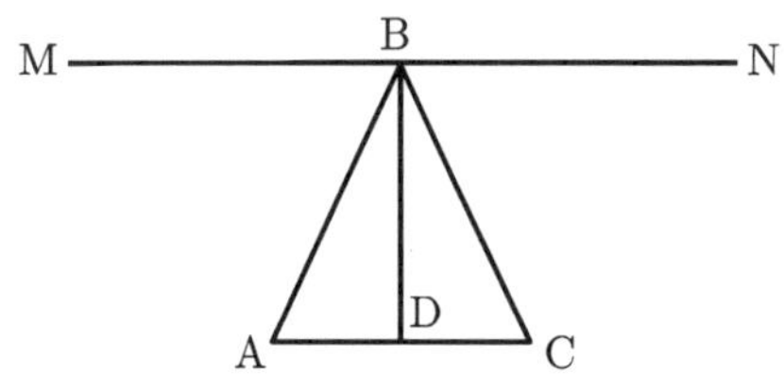

그림 39

2a. 이등변삼각형의 두 등변 위에, 꼭지각의 꼭짓점에서 같은 거리에 있는 점을 각각 하나씩 잡는다. 밑변의 중점과 이 두 점을 연결하는 두 개의 선분을 각각 그렸을 때, 이 두 선분은 길이가 같음을 증명하여라.

2b. [그림 40] 주어진 것: M은 AC의 중점, AB = BC, BD = BE

증명할 것: MD = ME

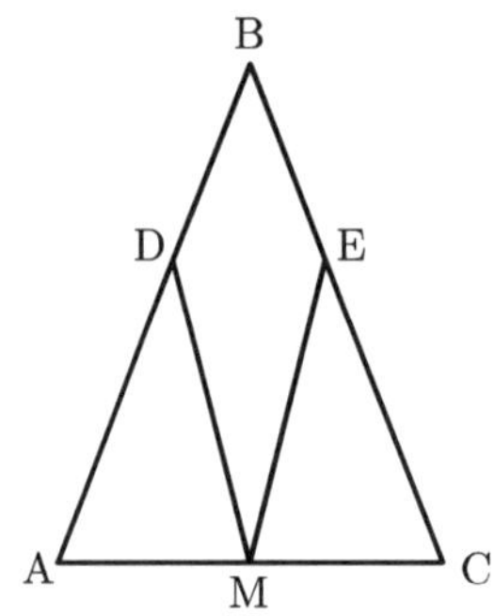

그림 40

3a. 인접한 보각에 각각 이등분선을 그릴 때, 이 두 이등분선 사이의 각의 크기는 얼마인가?

3b. [그림 41] 주어진 것: ∠BOD = ∠DOC, ∠AOE = ∠EOB

구하는 것: ∠EOD =

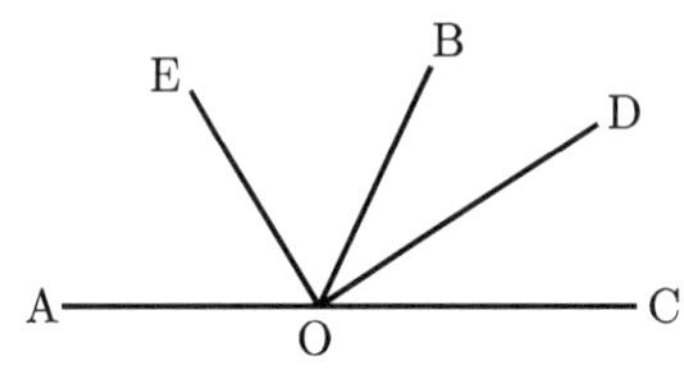

그림 41

4a. 이등변삼각형의 꼭지각의 꼭짓점을 지나고 밑변에 평행한 직선은 꼭지각의 외각을 이등분함을 증명하여라.

4b. [그림 42] 주어진 것: AB = BC, BD ∥ AC

증명할 것: ∠EBD = ∠DCB

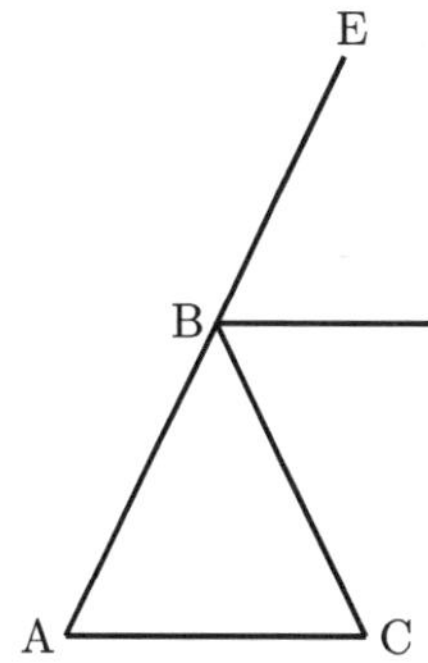

그림 42

5a. 두 평행선이 한 횡단선과 만나고 있다. 횡단선의 같은 편에 있는 두 내각의 이등분선이 이루는 각의 크기는?

5b. [그림 43] 주어진 것: $AB \parallel CD$, $\angle BEO = \angle OEF$, $\angle EFO = \angle OFD$

구하는 것: $\angle EOF =$

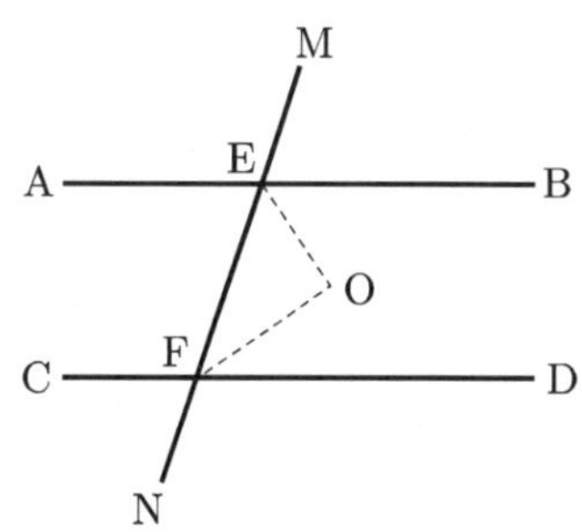

그림 43

6a. 직각삼각형의 한 예각의 크기가 $\frac{1}{3}d$이다. 직각의 꼭짓점에서 빗변에 수선과 각의 이등분선을 긋는다. 이 수선과 이등분선 사이의 각은 얼마인가?

6b. [그림 44] 주어진 것: $AB \perp AC$, $\angle C = \frac{1}{3}d$, $AD \perp BC$, $\angle BAE = \angle EAC$

구하는 것: $\angle DAE =$

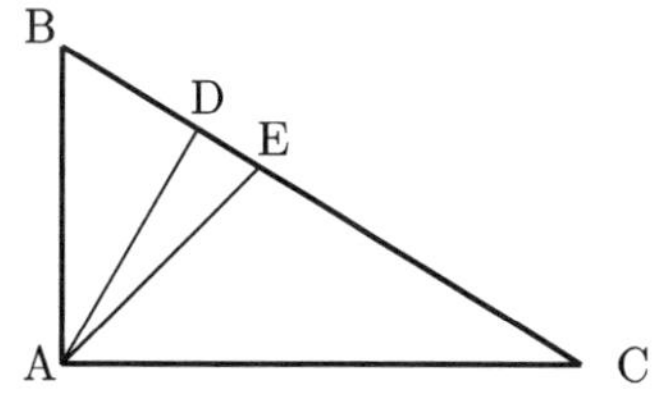

그림 44

시리즈 XXV: 공간 개념 관련 문제

이 시리즈의 테스트는 피험자가 연필이나 종이를 사용하지 않고, 적절한 그림이나 물체의 도움 없이, 머릿속으로 풀어야 하는 서로 다른 유형의 문제로 구성되어 있다. 이런 문제를 해결하기 위해서는 이차원(평면)과 삼차원(공간)에서의 공간적인 개념들의 출현이 필요하다. 대부분의 문제들은 별로 어렵지 않다. 전반적인 어려움은 그림, 입체, 공간적인 관계 등을 머릿속에서 "보는"것이다. 우리는 피험자가 이러한 문제들을 머릿속으로 푸는지, 그렇다면 어떻게 푸는지 조사하였다. 피험자가 머릿속에서 문제를 해결하지 못하고 그림이나 실제 입체와 도형이 주어질 때 문제를 쉽게 해결했다면, 이것은 그의 공간 개념이 약하다는 증거가 된다. 피험자가 머릿속으로 문제를 해결했을 때, 압도적으로 많은 경우에 그는 공간 개념에 의존하고 있었고, 추론에 의하여 해결한 것은 상당히 드물었다. (이것은 풀이 과정의 분석을 통하여 결정되었다.)

A. 기하 테스트(평면 기하)

1. 원의 지름의 길이가 17cm이다. 직선과 원이 두 개의 교점을 가지려면 직선과 원의 중심 사이의 거리는 얼마여야 하는가? : (a) 6cm, (b) 8.5cm, (c) 10cm.
2. 반지름이 2cm, 3cm인 두 원이 있다. 두 원의 중심 사이의 거리가 4cm이다. 두 원은 만나는가?
3. 시침이 2시간 동안 움직인 각도는 얼마인가? 20분 동안 움직인 각도는 얼마인가? 분침이 10분 동안 움직인 각도는 얼마인가? 20분 동안 움직인 각도는 얼마인가?
4. 직선이 반지름의 길이가 4cm인 원의 중심으로부터 8cm 떨어진 곳에 있다. 원 위의 점과 직선 사이의 거리가 최대일 때와 최소일 때, 각각의 거리를 구하여라. (주: 원 위의 점과 직선 사이의 거리는 점에서 직선에 수선을 내려서 정한다는 것을 학생에게 상기한다.)
5. 원과 원 밖의 한 점이 주어져 있다. 이 점에서 원에 접선과 할선을 긋는다. 이 점에서 접점까지의 길이와 이 점에서 원과 할선의 교점 중 가장 가까운 점까지의 거리 중 어느 것이 더 긴가?
6. 주어진 정사각형의 각 변의 중점을 인접한 변의 중점과 잇는다. 이때 만들어진 도형은 무엇인가? 이 도형의 넓이는 주어신 정사각형의 넓이의 얼마인가?
7. 직사각형 모양의 땅이 둘레 128m의 울타리로 둘러싸여 있다. 이 땅의 세로의 길이는 가로의 길이의 3배이다. 이 땅의 가로, 세로의 길이를 각각 구하여라.
8. 가로가 세로보다 5배 작은 운동장이 일정한 폭의 트랙으로 둘러싸여 있다. 트랙의

바깥 둘레는 안쪽 둘레보다 24m 더 길고, 트랙의 넓이는 468m^{2}이다. 운동장의 넓이를 구하여라.

B. 기하 테스트(공간 기하)

이 테스트의 문제들은 먼저 유형에 따라 분류되고, 그 다음으로 각 유형에서는 어려운 순서에 따라 나누어진다.

1. 정육면체의 꼭짓점의 수, 변의 수, 면의 수는 각각 얼마인가? 정육면체의 각 꼭짓점으로부터 몇 개의 변이 시작되는가? 정육면체의 표면에는 몇 개의 대각선이 있는가?
2. 평면 밖의 한 점을 지나고 이 평면에 평행한 직선은 몇 개 그릴 수 있는가?
3. 연필의 한 끝을 고정시키고 다른 한 끝으로는 공간에서 가능한 모든 위치로 움직인다. 이 연필 끝이 그리는 표면은 무엇인가?
4. 정사각형을 한 변을 중심으로 회전시킨다. 어떤 회전체가 생기는가?
5. 직각삼각형을 직각을 낀 한 변을 축으로 회전시킬 때 생기는 표면은 무엇인가? 빗변을 축으로 회전시킬 때 생기는 표면은 무엇인가?
6. 직각삼각형을 직각을 낀 한 변에 평행한 축을 중심으로 회전시킬 때 생기는 입체는 무엇인가?
7. 정육각형을 한 변을 축으로 회전시킨다. 어떤 회전체가 생기는가? 평행한 두 변의 중점을 연결한 직선을 축으로 회전시킬 때 생기는 회전체는 무엇인가?
8. 정육면체를 옆면에 평행하게 자를 때 생기는 절단면은 무엇인가? 정육면체를 대각선 방향으로 비스듬히 자른 면은 무엇인가?
9. 원기둥의 축에 평행한 절단면은 무엇인가?
10. 고리(구명 튜브, 자동차 바퀴) 모양의 입체를 상상하여라. 이 입체가 다음 4개의 평행한 평면과 만난다. (a) 고리의 축을 지나는 평면; (b) 고리의 안쪽 원의 반지름의 중점을 지나는 평면; (c) 고리의 안쪽 원의 반지름의 끝점을 지나는 평면; (d) 안쪽 원의 반지름의 끝점과 바깥쪽 원의 반지름의 끝점의 중간을 지나는 평면. 각 절단면을 (대강) 묘사하여라.

    주: 이 회전체(원환체 torus)는 학교에서 배우지 않는다. 학생이 이 문제 상황을 잘 상상하지 못하면 그림을 보여준다[그림 45].
11. 구가 내접해 있는(즉, 정육면체의 각 면의 중심에 접하는), 그리고 한 구에 의해 둘러싸인(즉, 각 꼭짓점에서 구와 접하는) 정육면체를 상상하여라. 안쪽 구의 중심을 지나면서 정육면체의 두 면에 평행한 평면에 의해 절단된 면을 그려라.

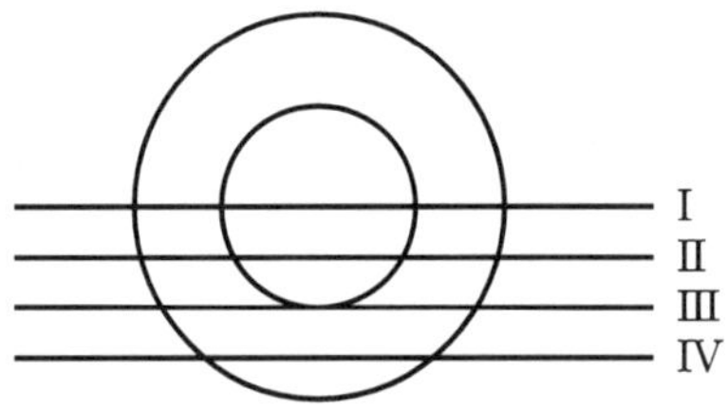

그림 45

12. 다음 각 사영면에 대하여 선분은 공간에 어떻게 위치해 있는가? 선분이 (a) 한 점 위로 사영될 때, (b) 정사영이 선분과 길이가 같을 때, (c) 정사영이 선분보다 짧을 때.
13. 두 선분이 다음과 같이 사영될 때, 두 선분은 공간에 어떻게 위치해 있는가? (a) 한 점으로 사영될 때, (b) 한 선분 위로 사영될 때, (c) 두 점 위로 사영될 때, (d) 한 선분과 그 선분 밖의 한 점 위로 사영될 때.
14. 직각삼각형이 다음과 같이 사영될 때, 이 직각삼각형은 사영면에 대해 공간에 어떻게 위치해 있는가? (a) 한 선분 위로, (b) 직각삼각형 위로, (c) 둔각삼각형 위로.
15. 한 변의 길이가 10cm인 색칠된 정육면체를 한 변의 길이가 1cm인 작은 정육면체로 쪼개었다. 색칠한 면이 한 개, 두 개, 세 개, 전혀 없는 작은 정육면체는 각각 몇 개인가?

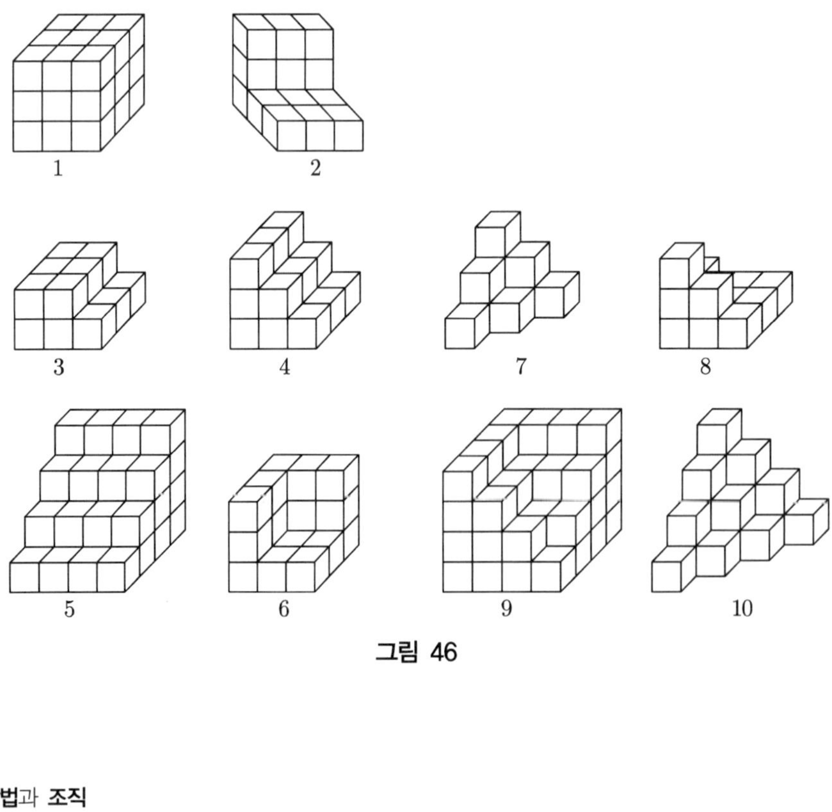

그림 46

16. 풍선이 처음에 200m 위로 올라가고, 북서쪽으로 1,000m 가고 100m 아래로 내려와 북동쪽으로 500m 이동하였다. 그런 다음 회전하여 남동쪽으로 1,000m 가고 100m 아래로 내려왔다. 풍선은 출발점으로부터 얼마나 멀리 있는가?

C. 도형 테스트

1. 정육면체의 개수를 세어라[그림 46].

D. 도형 테스트

1. 머리를 돌리거나 종이를 움직이지 말고, [그림 47]의 2, 3, 4에 십자 표시를 하여라.

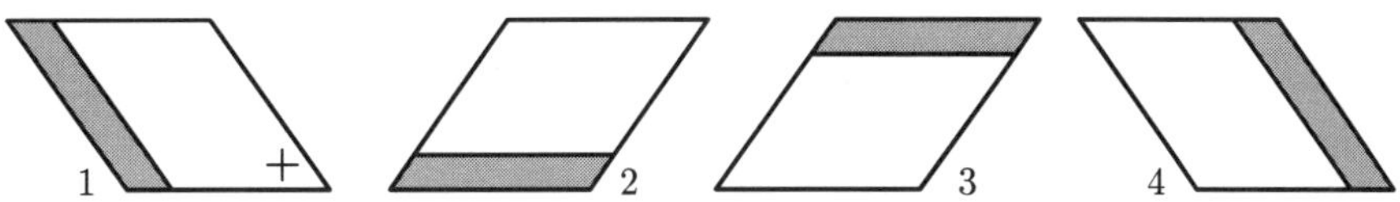

그림 47

2. 오른쪽에 있는 모양들 중에서 왼쪽 끝에 있는 모양과 같은 것들을 골라라[그림 48].

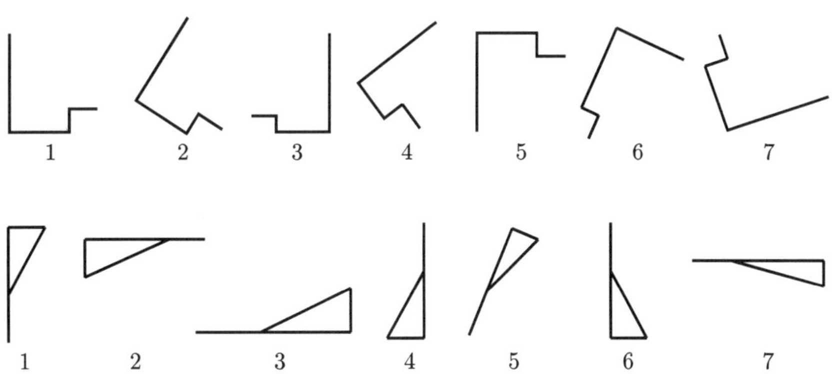

그림 48

3. 각 면에 숫자 1, 2, 3, 4, 5, 6이 쓰여 있는 정육면체가 있다[그림 49]. 다음 세 가지 경우에 보이지 않는 면에 쓰여 있는 숫자를 말하여라.

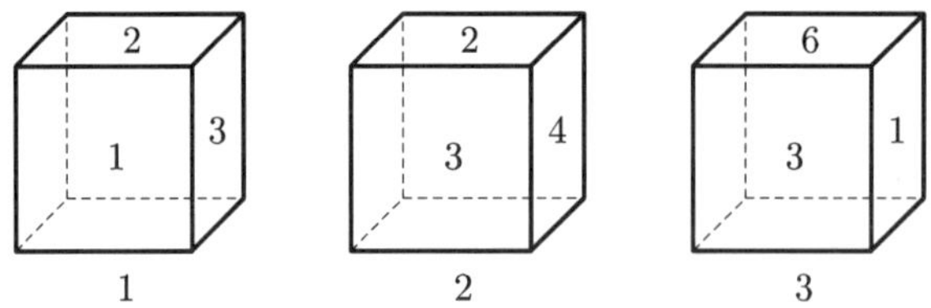

그림 49

시리즈 XXVI: 비수학적인 지적 활동의 시각-그림적 요소와 언어-논리적 요소의 상관관계를 드러내는 문제

우리는 연구에서 M. N. Borisova가 고안한 시각적 기억 상황에서 시각-그림적 요소와 언어-논리적 요소의 상관관계를 드러내는 방법을 사용하였다. 이 방법은 두 테스트로 이루어진다. 첫째는 시각-그림적 요소의 지배적인 행동(시각적인 이미지 인지)에 의존하여 구성되고, 둘째는 언어-논리적 요소의 지배적인 행동(시각적으로 인지된 이미지를 말로 기술하는 것)에 의존하여 구성된다. 피험자는 두 무더기의 나뭇잎의 윤곽 표현을 다루었다. 실험의 처음 부분에서 피험자는 모델을 잠깐(3초간) 본 후에 그에게 주어진 비슷한 그림들 중에서 그것을 찾아야 했다. 이런 문제는 다섯 개가 있었다. 우리의 실험 조건에서, 언어적인 지적 활동에 기초해서 이 문제들을 푸는 것은 거의 불가능했다. 그러나 이 문제들은 시각-그림적 인상에 기초해서 쉽게 풀릴 수 있다. 실험의 두 번째 부분에서는, 피험자는 다른 그림들과 함께 제시된 한 모델을 10초간 본 후에, 10장의 비슷한 그림 중에서 그 모델을 찾을 때 기초로 사용될 수 있을 정도로 그 형태를 정확히 말로 묘사해야 했다. 이는 전형적인 언어-논리적 활동이다. 모두 다섯 세트의 카드가 제시되었으므로 각 실험에서 문제 풀이의 성공 정도는 피험자가 다섯 문제 중에 푼 문제 개수를 보여주는 점수로 평가되었다. 따라서 결과는 한 문제도 풀지 못한 0에서 모든 문제를 푼 5까지 변한다. 실험의 두 부분에서 얻어진 점수들의 상관관계는 잠정적으로 각 피험자의 주어진 지적 활동에서 시각-그림적 요소와 언어-논리적 요소의 상관관계를 특징짓는다.

이 장을 맺으면서 실험을 위한 문제 시리즈의 목적을 개괄적으로 정리한다(표 3). 우리가 진술한 방법의 수정판이 더 어린 학생들과 (I. V. Dubrovina) 더 높은 학년의 학생들에(S. I. Shapiro)에 적합하도록 정교화 되었다.

표 3. 실험 문제로 조사한 능력 구조의 요소

번호	요소	기본 자료를 포함하는 시리즈	보조 자료를 포함하는 시리즈
1	문제 인지	I, II, III, IV, VI, VIII, X, XI	V, VII, XX, XXII, XXIV
2	일반화	V, VI, VII, VIII, IX, X, XI, XII	XXII, XXIII, XXIV
3	추론에서 논리	IX, X, XVIII, XIX, XX, XXI	다른 모든 시리즈
4	추론 과정의 단축	VI, IX, X, XIV	XVIII, XXIII, XXIV
5	사고의 유연성	XIII, XIV, XV, XVI	VI, X, XXI XXIII, 몇 개의 다른 시리즈
6	풀이의 우아함 추구	XIII	VI, XIX, XXIII
7	사고 과정의 가역성	XVII	
8	수학적 기억	VI, XI, XIX, XXII	VII, XIII, XXIII, XXIV
9	수학적 능력의 유형	XIII, XXIV, XXV, XXVI	IV, IX, XV, XX, XXI
10	수학적 능력 요소의 특정한 본질	XII, XV, XIX, XX	VIII, IX, XVI, XXVI

제9장

실험 연구의 설계

'능력'이라는 문제는 개인차의 문제이기 때문에, 적절한 활동 속에서 드러나는 개인차에 대한 조사를 통해서만 능력을 연구할 수 있다. 능력을 연구하는 가장 자연스러운 방법은 특정한 활동을 성공적으로 또는 창의적으로 수행하는 학생들과 그렇지 않은 학생들을 비교하는 것, 즉 우수한 학생들과 우수하지 못하거나 부진한 학생들을 비교하는 것이다.

수학적 능력이 무엇인가를 명확히 하기 위해서는 수학적으로 우수한 학생들 모두에게 있는 것이 무엇인지, 또는 그들이 갖고 있는 독특한 개별적인 심리학적 특성이 무엇인지에 대해 아는 것뿐만 아니라, 수학적으로 부진한 학생들이 갖고 있지 않은 것은 무엇인지, 어떤 개별적인 심리학적 특성이 덜 발달됨으로 인해 상대적으로 수학적으로 부진하게 만드는 것인지를 아는 것이 중요하다.

모든 부진한 학생들에게 부족한 어떤 정신적 특성을 모든 우수한 학생들이 가지고 있다면, 이런 특성은 수학적 능력의 구조에서 중요한 역할을 할 것임에 틀림없다. 이런 가정에 따라 수학적 능력의 발달 수준이 서로 다른 학생들을 대상으로, 임시로 '우수한', '평균의', '부진한'의 범주로 나누고 개별적인 심리학적 특성에 관해 그들을 비교하는 실험연구를 하였다.

학생들의 능력에 대한 예비 평가는 어떻게 이루어졌는가? 학령기 학생들의 수학적 발달 과정에 대한 비교적 광범위한 관찰 결과를 근거로 실험 교사들이 학생들의 능력을 판정하였다. 더욱이 선택한 학생들을 대상으로 예비 교수실험을 실행하였다.

경험 많은 교사들은 "우수한 학생"과 "성취도가 높은 학생"을 구분하였다. 그들의 의견에 따르면 보통의 경우 이 두 개념은 일치하여 우수한 학생이 매우 잘 배우지만, 일련의 사례들을 보면 차이가 있다. 부진한 학생들이 대부분 3점[12])을 받고 심지어 4점 받은 학생이 있음에도, 우수한 학생 중에 4점이나 심지어는 3점을 받은 경우가 있기도 하였다. 교사들에게 우수한 학생과 부진한 학생을 선별해달라는 요청을 하자, 많은 교사들은 "그가 5점을 받았다 하더라도 나는 이 학생을 우수한 학생의 범주에 넣지 않을 것이다. 그는 학습에 흥미가 없다.", "그는 매우 우수하지만 게으르다. 그는 4점 받고 심지어는 3점을 맞는 경우도 있다."와 같은 진술을 하면서 학생들을 선별하였다. 교사들은 "수준 5의 학생이 항상 수학적으로 우수한 것은 아니다. 표준적인 문제들을 빠르고 쉽게 해결하는 학생들 중 일부는 독자적인 사고를 필요로 하는 문제를 해결할 때는 막다른 골목에 이르게 된다."는 것에 주목한다. Bitov의 논문 〈탐색에서 발견까지(From Search to Discover)〉에는 Novosibirsk 수학 학교에 지원한 학생들이 "쉽고 빠르게 자신들에게 친숙한 패턴에 적합한 문제들을 해결한다. 그들의 학습 가능성은 +5이지만, 그들의 능력은 0이거나 그에 가깝다."(참고문헌 41)라는 수학자들의 의견이 인용되어 있다.

일반적으로 경험 많은 방법론자인 Budarnyi는 "거의 대부분의 학급에 있는 학생들에 대한 연구를 기초로, 학습능력 발달의 수준이 다른, 즉 높은, 평균, 상대적으로 낮은 능력 발달 수준에 있는 세 그룹의 학생들을 항상 선정할 수 있다."(참고문헌 63)고 주장한다.

따라서 본 연구를 위해서 수학적으로 우수한, 평균적, 상대적으로 부진한 학생들의 그룹을 선정하였다. 피험자를 선정하는 판별 기준에는 이 연구에서 가정했던 구체적인 심리학적 특성을 포함시키지 않았다. 피험자는 수학에서 성공적인지 성공적이지 못한지에 따라 선정되었고 이런 범주는 대략적인 틀에서 수학을 독립적이고 창의적으로 숙달하는데 성공적인지 여부로 해석되었으며 본 연구의 목적은 이런 일이 어떻게 결정되는지를 알아내는 것이다. 수학적 내용이나 연산을 수행하는 기능을 빠르고 쉽게 획득하거나 숙달하고, 새로운 내용을 다룰 때 독립적이고 다소 창의적으로 사고하며, 비표준적인 문제에 대한 독창적인 해결 방법을 생각해 내는 학생들을 우수한 집단으로 구분하였다.

평균적 집단에는 수학에서 성공하기 위해서는 우수한 학생들에 비해 상당한 시간과 노력이 필요한 학생들이 속한다. 경험이 많은 수학 교사인 Shapiro는 이 학생들이 새로운 유형의 문제해결로 전이할 때 상당한 어려움을 경험하지만 그 문제들을 해결하는 방법에 숙달하게 되면, 유사한 문제에는 상당히 잘 대처한다고 기록하고 있다. "이 학생들의 지식은 창의적이기보다는 모방적이다."(참고문헌 435).

부진한 학생들에 대해서는 수학에서의 '상대적인 부진'의 문제라는 점을 다시 한 번 강조한다. 수학을 학습하는 데 절대적인 부진, 즉 일종의 "수학적 문맹"은 존재하지 않는다. 정신적으로 건강한 보통의 학생들은 적절한 지도에 의해서 다소 성공적으로 학교 수

---

12) 점수가 1에서 5점까지이고, 5점이 가장 높은 점수다.

학 과정, 즉 중·고등학교 교육과정의 범위 내에 있는 지식과 기능을 획득하거나 숙달할 수 있다. 수학에서의 상대적 부진이라는 것은 열심히 노력함에도 불구하고 수학학습에서 상당한 어려움을 겪거나, 수학적 활동에서 빠른 숙달이나 성취 수준 등의 상당한 성공을 기대할 수 없는 학생들이 있다는 사실로 표현된다. 느리게 발달한다는 것이 항상 능력의 부족에 대한 증거가 되는 것은 결코 아니다. 게으름이나 병결 등 치명적인 학습에서의 문제들로 설명될 수 있는 가상의(imaginary) 부진이 자주 나타나고 있음은 알려져 있다. 본 연구에서는 이와 관련해서 교사들에게 가능한 한 상대적으로 부진한 학생들, 즉 열심히 노력하지만 다른 과목에서만큼 수학 성취도에서 특별한 차이를 보이지 못하는 학생들을 선정하도록 조언하였다.

상대적으로 부진한 학생의 범주에는 교사의 설명을 이해하는 데 어려움이 있어 보충학습이 자주 필요한 학생들과 그들이 이미 숙달한 문제의 전형적인 한계를 넘어가는 것은 해결할 수 없는 학생들이 속한다. 이들의 수학적 습관이 형성되기까지는 어려움이 있고, 많은 연습이 필요하며, 불안정하여 연습이 없으면 쉽게 없어진다.

이런 그룹들을 전형적으로 대표하는 학생들을 선정하였다. 특히 이 연구에 흥미로운 대상은 수학에서는 자신들의 가치를 매우 잘 입증하지만 다른 과목에서는 아무리 노력하고 기대해도 그런 성취를 보이지 않는 학생들뿐만 아니라, 모든 노력에도 불구하고 수학에 숙달하는 데는 진전을 보이기가 어렵지만 다른 과목에서는 어려움을 겪지 않는 학생들이다.

교수 실험 유형의 좀 더 심도 있는 연구를 위해서 각 그룹을 가장 현저하게 대표하는 학생들을 대상으로 선정하기로 결정하였다. 상대적으로 부진한 학생들의 그룹은 모스크바에 있는 많은 학교에서 수학 학습에서 상대적으로 부진한 6학년과 7학년 학생들을 선정하였다. 19명의 학생들을 선정하였는데, 그 중 9명은 남학생이고, 10명은 여학생이다. 이후의 연구에서 이 학생들의 절반만이 실제로 부진한 능력을 가진 학생에 속한다는 것을 알게 되었다. 학생들에게는 수학을 숙달하는 데 어려움을 경험한 학생들과 수학 학습을 더 하길 원하는 학생들을 위해 수학 동아리를 조직할 것이라고 말했다. 따라서 실험수업은 수학 동아리 형태로 조직하였고, 대수와 기하 교육과정에서 가장 기초가 되는 개념들로 시작하였다. 전체 60시간의 수업이 이루어졌다. 그리고 그 동아리의 구성원들과 개별적인 실험이 이루어졌다.

특별히 흥미로운 것은 일찍이 취학 이전부터 그 능력이 두드러지게 나타난 수학적으로 우수한 학생들의 집단에 대한 광범위한 심리학적 연구와 실험 조사이다. 높은 수준의 영재성은 능력의 구조에 대한 분석을 위해 더 많은 기회를 제공해준다. 영재들의 어린 시절에 대해 연구하는 것은 능력이 형성되고 발달해 나가는 것과, 동시에 그런 발달이 이루어지는 조건을 알아내는데 도움이 된다. 이 집단에는 모스크바와 다른 도시에 사는 6세 이상의 다양한 연령층의 어린이들이 포함되었다. 이 마지막 조건이 각 어린이의 학습의 완전성 정도에서 다양성을 결정했다.

따라서 네 집단의 학생들이 연구되었고, 아래와 같이 적절하게 간단한 임시 명칭이 부여되었다. 그러나 우선 한 가지 사항에 대해 양해를 구할 일이 있다. 위에서 말한 것을 염두에 두면서 "상대적으로 부진한"이라는 용어 대신에 이후로는 "부진한"이라는 용어를 사용하려고 한다. 논리적으로 생각해 보면, 우수한 학생이 있으면 부진한 학생도 있다. 상대적으로 보면, 우수한 것도 상대적으로 우수한 것이다.

따라서 이후 설명에서는 네 집단을 대표하는 것으로 다음의 약어들을 사용한다. VC는 수학에서 "매우 우수한", C는 "우수한", A는 "평균적", I는 "부진한"을 의미한다(표 4 참조).

1956년에 시작한 실험 연구는 모스크바에 있는 많은 학교(649, 282, 665, 328, 358, 80, 434, 440, 91[13]학교)와 쿠르스크시(이 연구는 Shapiro가 실행하였다.)에 있는 12번 기숙사 학교, 6번 일반 학교의 학생들을 대상으로 서로 다른 해에 실시하였고, 많은 다른 학교에서 개별 학생들에 대한 연구도 실행되었다. 전체 192명이 실험연구에 참여하였다.

표 4. 실험 집단

실험자	연도	학년/연령	연구대상 인원	집단			
				VC[14]	C	A	I
Krutetskii (I단계)	1956～58	VI, VII, VIII	19	0	9	6	4
Krutetskii (II단계)	1958～65	6～14세	16	16	0	0	0
Krutetskii (III단계)	1960～61	VI, VII	19	0	0	9	10
Krutetskii (IV단계)	1960～64	V, VI, VII, VIII, IX, X	66	0	36	22	8
Shapiro	1962～64	IX, X	30	11	8	11	0
Dubrovina	1963～65	II, III, IV	42	7	14	9	12
전체	1956～1965	II～X학년	192	34	67	57	34

13) 역자주 : 러시아에서는 학교 이름을 번호로 붙인다.

14) 실험 대상 학생들은 매우 우수한 학생들만이 포함되어 있다.

각 집단에서는 남학생과 여학생이 거의 동일한 능력을 나타내었지만 매우 우수한 집단은 예외였는데, 이 집단에서는 남학생들이 명백히 뛰어났다. 이에 대해서는 뒤에서 상세하게 논의할 것이다.

결론적으로 구체적인 실험의 구조에 대해 몇 마디 하고자 한다. 실험은 자연스러운 조건에서 실행되었다. 여기서 학생들은 실험용 "기니피그"와 같이 느끼지는 않았다. 적어도 학생들에게 실험 목적에 대해서는 언급하지 않았다. 새로운 문제집을 위한 자료를 수집하기 위해 풀이 과정을 연구하고 있다고 말을 하였다. 실험은 방과 후 충분한 휴식 후에 개별적으로 실행되었다. 아주 드물기는 하지만 조건이 허락되면 두 명의 피험자를 대상으로 동시에 실험을 진행하기도 하였고, 예외적으로 Shapiro의 연구는 수업 중에 진행되었다. 실험은 한 번에 2시간을 넘지 않도록 하였다. 연구자들은 부대 상황이 문제해결에 영향을 미치지 않는지를 신중하게 관찰하였다. 실험 문제를 해결할 때 학생들이 의욕저하, 피로, 의기소침, 흥미부족 등을 보이면 실험을 중지하거나 중단하였다.

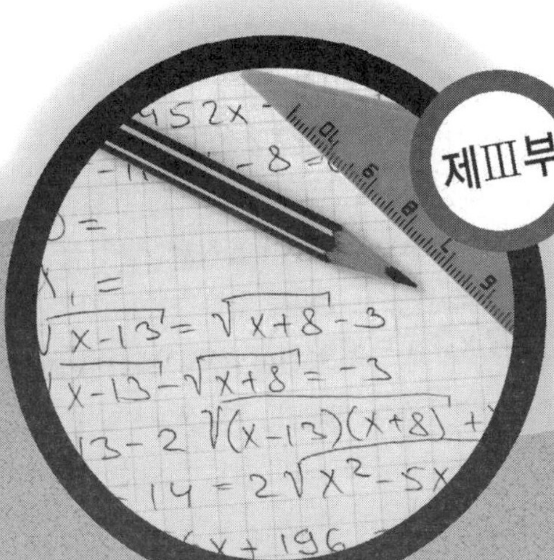

제Ⅲ부

학생들의 수학적 능력의 **구조**에 대한 **분석**

제10장 학생들의 수학적 능력의 구성 요소에 대한 **비실험 자료 분석**

제11장 학생들의 수학적 **영재성**에 대한 개인별 **사례 분석**

제12장 수학적 재능이 있는 아동들의 **정보 수집** (문제에 대한 초기 방향 설정)의 **특성**

제13장 수학적으로 유능한 아동들의 문제해결에서 나타나는 **정보처리의 특징**

제14장 수학적으로 재능 있는 아동들의 **정보**(수학적 자료) **파지의 특성**

제15장 학생들의 수학적 능력의 구조에 대한 몇 가지 **특별한 쟁점**

제16장 수학적 능력의 요소에서 **유형**, **나이**, 그리고 **성(性)**의 **차이**

제17장 수학적 능력과 **인성**

제18장 수학적 능력의 구조에 관련된 **일반적인 의문들**

복잡한 현상, 복잡한 심리학적 형성의 연구에 대한 순수 과학적 접근 방법은 우선적으로 그 구조에 대한 분석과 구성 요소에 대한 분리를 필요로 한다. 우리는 수학적 능력(또는 위에서 채택한 용어를 사용하면 수학적 재능)과 같은 정신의 핵심적 특성의 구조에서 중요한 위치를 차지하고 있는 구성 요소들을 선택하고 그 유일성을 연구하는 과제에 직면해 있다. 여기서는 수학적으로 우수한 학생들이 수학 문제를 해결하면서 이루어지는 정신적 활동의 조직화의 유일성에 대해 논할 것이다.

비록 적절한 과정을 핵심적인 정신적 활동의 한 특수한 형태로 간주할지라도, 과학적 분석을 위해서 이 활동을 기본적인 단계로 쪼갤 것이고, 수학 문제를 해결할 때 각 단계의 정신적 활동의 특성을 기술할 것이다.

기초적인 문제에서 아주 복잡한 문제에 이르기까지 어떤 문제를 해결하더라도 세 단계를 항상 추적할 수 있음이 명백하다. 어떤 문제든지 해결 과정은 그 문제에 대한 초보적인 사실, 초보적인 정보를 알아내는 것으로 시작하는 듯하고, 반성을 통해서 이해하고 정통하려고 노력한다. 그러고 나서 구하는 결과를 얻기 위해 알아낸 사실을 처리하거나 변형하는 단계에서 적절한 풀이가 나타난다. 그리고 마지막으로 해결 과정과 그 결과가 항상 기억에 흔적을 남기게 되며 개인의 경험을 풍부하게 한다.

다음과 같은 용어에 대한 문제가 발생한다. 이 단계들을 어떻게 표현할 것인가? Kostyuk(참고문헌 194)의 추천에 따르면 정신적 활동에서 지각 단계, 지적 단계, 기억 단계라 부르는 것이 좋을지도 모른다. 그러나 이는 그 단계들이 가진 역할의 제한성과 상호 독립성을 강조하고 강화할지도 모른다. 사실 수학 문제를 해결하는 과정에서 지각 요소, 지적 요소, 기억 요소들은 서로 밀접한 관계가 있을 뿐만 아니라 서로 "완전히 스며들어" 있어서 단계들의 구분을 강조하는 것은 다소 인위적인 것 같다.

이와 같은 예에서 다른 저자들은 어떤 용어를 사용하는가? 학교에서의 활동을 분석하는 경우, 정보라는 개념 사용이 최근 점점 증가하고 있다. 예를 들면 Itel'son(참고문헌 146)은 이 용어를 흔쾌히 사용한다. 그의 연구에서는 수업 과정이 정보라는 용어로 해석된다. 예를 들면 "학생들은 교사로부터 정보를 받는다." "교사는 학생들에게 정보를 전달한다." 학교 교육과정에 포함된 정보의 양" 등이다. Itel'son은 "수업 주제에 대한 설명은 교사로부터 학생으로의 정보의 전이로 기술될 수 있다."라고 저술하고 있다(참고문헌 146, p. 320).

Mashbits도 "문제의 용어들 속에 정보가 포함되어 있다. … 풀이의 핵심은 용어들 속에 포함된 정보의 변형에 있다(참고문헌 285, 286)."와 같이 동일한 용어를 사용한다. 또한 Zakharov(참고문헌 130, p. 47)와 Shemyakin(참고문헌 449)은 문제 해결을 정보의 입수와 처리(변형)에 연결시킨다. Bruner(참고문헌 480, p. 46)와 Guilford(참고문헌 593)와 같은 몇 몇 외국 저자들에 대해서도 같은 말을 할 수 있다. 이런 모든 연구에서는 수업 과정을 정보로 해석하는 문제임을 강조하고 있다. 우리 의견으로는 이는 전적으로 타당하다고 보는데, 그 이유는 Wiener 자신이 그 용어를 인간이 외부 세계에서 얻을 수 있는 모든 내용을 가리키는 것으로 사용한 것과 같이 여기서 "정보"라는 용어는 완전히 허용할 수 있는 의미로 사용되었기 때문이다.

Rovenskii, Uemov와 Uemova는 이런 의미로 그들의 책 《기계와 사고(*The Machine and Thought*)》에서 이 용어를 사용한다. "정보는 주변의 여러 물체와 현상과 더불어 우리의 감각 기관에 직접 영향을 미치는 수단으로 그리고 매개 수단으로 우리가 획득하는 외부 세계에 대한 모든 자료이다(참고문헌 347, p. 63)." Uspenskii는 이런 아이디어를 좀더 간단하게 정보는 "어떤 형식으로 진술된 지식(참고문헌 422, p. 53)"이라고 말한다.

우리도 "정보"라는 용어를 수학 문제 해결 과정에서 정신적 활동의 분리된 단계를 기술할 때, 위에서 언급한 대로 엄밀하게 사용할 것이다. 따라서 수학 문제 해결 과정에서 정신적 활동의 세 개의 기본적인 단계를 다음과 같이 구분할 것이다.

1. 문제에 관한 정보를 입수하기(용어들에 대한 초기 안내와 관련되며 문제를 이해하려는 시도)
2. 문제 해결을 위해 획득된 정보를 처리하고 원하는 결과를 구하기
3. 문제에 관한 정보를 유지하기

제10장

학생들의 수학적 능력의 구성 요소에 대한 **비실험 자료 분석**

이 장에서는 수학적 능력의 본질과 구조에 대한 수학자와 중등 수학 교사들의 진술을 분석할 것이다. 전자의 학문적 연구에 대한 학식과 경험, 후자의 수백 명의 학생들을 가르치고 학생들의 수학적 발달을 관찰한 경험이 우리의 관심 문제에 대한 가치 있는 관점을 제시해 줄 수 있게 한다.

우선 우리는 1958년에서 1960년까지 이루어진 62명의 수학 교사 집단의 구두 질문에 대한 결과들을 점검할 것이다.

수학 교사들은 수학적 능력이 무엇을 의미한다고 생각하며, 어떤 판별 기준에 의해 수학적 능력이 있거나 없다고 판단하는가? 물론 교사들에게 가능한 한 자신들의 관점에 대해 "해석하도록" 격려한다고 하더라도, 자신들이 언급한 범주와 지표의 심리학적 본질을 항상 드러낼 수 있을 것이라고 주장하기는 불가능하다. 그러나 수집한 자료는 심리학적으로 충분히 의미 있는 것이다. 여기서는 체계적인 요약의 형태로 이 자료를 제시할 것이다. 더욱이 이 주제에 대한 교사와 방법론적 수학자들의 진술을 포함할 것이다.

수학 교사들의 진술에 기초한 능력의 판별 기준과 지표

1. 수학적 지식, 기능, 습관의 상대적으로 신속한 숙달: 교사의 설명에 대한 즉각적인 이해(95%)[1].

대부분의 교사들은 신속함 자체가 특별한 역할을 하는 것은 아니고, 질적인 향상의 신속함이 중요하다고 생각하였다. "물론 본질적인 차이 중 하나는 숙달의 신속함이다. 어떤 학생에게는 다섯 번을 반복해도 여전히 충분하지 않지만 다른 학생에게는 한 번의 설

---

1) 괄호 안의 수는 제시된 평가 기준을 언급한 교사들의 백분율이다.

명이 끝나기도 전에 "핵심"을 파악한다(P. G., 8년 경력)." "학습의 신속함은 의미가 없다. 나의 학급에는 지극히 느린 우수한 학생이 있다. 다른 학생은 5문제를 해결하는 동안 그 학생은 2문제를 해결한다. 반면 그 학생은 교사가 거의 한 마디의 말을 하지 않아도 새로운 내용을 학습하고, 새로운 유형의 해결 방법을 학습한다(A. S., 16년 경력)."

2. 사고의 논리성과 독립성(82%)

"다른 사람의 아이디어를 반복하지 않고 독립적으로 증명하거나 추론하는 기능(O. U., 4년 경력)." "항상 사고의 자기 훈련과 일관성은 우수한 학생의 두드러진 특징이다. 여러분은 그의 사고가 얼마나 효율적으로 펼쳐지는지를 관찰하면서 특별한 만족감을 경험한다(Ya. K.)." "하나의 사항이 다른 사항으로부터 기인함을 이해하며, 그것이 실제로 진행되는 과정을 이해하는 기능. 부진한 학생은 증명을 이해하지 못하며 단순히 다른 사람의 말을 그대로 받아들이며, 권위에 의존한다(D. Zh.)." "부진한 학생은 스스로 사고하는 방법을 모른다. 그는 단지 증명과 논증을 암기해서 학습할 뿐이다(V. K., 7년 경력)."

3. 수학 학습에서 풍부한 자원과 예리한 기지(67%)

"대부분의 우수한 학생들은 잘 발달된 수학적 상상력을 소유하고 있다. 그들은 진부하고 고정된 문제 해결 방법이 학생들을 무력화시키는 영향력으로부터 더 자유롭다. 그들은 다양한 문제 해결 방법을 풍부하게 시도한다. 덜 우수한 학생들은 혼자의 힘으로는 진부한 해결 방법에서 벗어나지 못한다(E. S., 15년 경력)." "더 우수한 학생들이 정신적 결합과 정신적 방향을 감지할 수 있다(F. G., 22년 경력)." Tsesyulevich(430)는 여러 가지 문제를 해결하는 가장 경제적인 방법을 찾는 능력을 언급한다. Shor(455)는 이런 중요한 수학적 자질을 일반화 능력과 번뜩이는 기지라고 말한다. 서로 다른 문제 해결 방법을 탐색하는 것은 그 방향으로 학생들의 사고 발달을 촉진한다.

4. 수학 내용의 신속하고 지속적인 기억(50%)

"우수한 학생은 일상적으로 수학 내용을 빠르게 '파악하고' 이를 안전하게 기억 속에 저장한다. 이는 기계적인 기억이 아니라 의미론적 구성을 위한 기억이고, 증명 계획과 기본적인 방향을 위한 기억이다(A. V., 19년 경력)." "수학적으로 우수한 학생들은 일반적으로 추론 또는 증명 도식을 아주 잘 기억한다. 그들은 특수한 자료라 할 수 있는 사실을 항상 기억할 필요는 없다(V. R.)." "수학에서 부진한 학생들은 놀랍게도 구멍으로 가득한 기억이 특징이다. 나의 학급 학생인 Ph를 예로 들어보자. 그는 어떤 공식이나 정리를 암기한지 두 시간만 지나도 그것들을 기억하지 못한다. 그런데 이런 현상은 수학에서만 그렇다. 다른 과목에서는 훨씬 낫다(Ya. Z.)."

5. 수학 내용의 일반화, 분석과 종합 능력의 높은 발달 수준(50%)

"그는 사소한 것이나 상세한 것에 관심을 가지지 않는다. 그는 항상 중요하고 근본적인 것을 추출해 낸다(V. R.)." "그는 문제의 요소들 간의 관계를 명확히 생각한다(K. K.)." "그는 내용의 의미를 빨리 찾아낸다. 그는 형식과 내용을 구분할 수 있다. 즉 어떤 문제들은 형식은 유사하나 내용이 다르며, 어떤 문제들은 그 반대임을 쉽게 알아낸다(S. Ya., 9년 경력)." "새로운 것과 이전의 것을 연결하는 방향을 두루 탐색할 수 있는지, 전자와 후자를 관련시키는지, 그의 지식을 새로운 조건에 적용할 수 있는지(R. B.)." "우수한 학생은 수학 내용을 분석하는 기능을 빨리 획득하며 이는 상세한 것들을 멀리 하고 다양하게 공통된 요소들을 보고 여러 가지 그룹과 유형을 추출해 내는 기회를 제공한다(N. L., 21년 경력)." Brieterman(참고문헌 58)과 Erdniev(참고문헌 465)는 수학적 사고의 발달은 추상화하고 일반화하는 능력과 관련되어 있음을 지적한다.

6. 수학 수업에 대한 피로 감소(3%)

"수학적으로 우수한 학생들은 연장된 수학 수업 후에도 지치지 않는 놀랄 만한 능력을 보여준다. 나는 항상 이를 목격해 왔다. 그들 중 일부 학생들에게는 수학 수업이 긴장을 푸는 시간이다. 이는 아마도 우수한 학생은 부진한 학생들이 기진맥진하는 일에 대해 아주 소량의 에너지만을 사용한다는 사실과 관련이 있을 수 있다(Ya. D., 18년 경력)."

7. 사고의 정방향에서 역방향으로 신속하게 전환하는 능력(1.5%)

"우수한 학생들의 사고는 필요한 경우에 한 방향에서 자유롭게 벗어난다. 우수한 학생들은 사고의 정방향에서 역방향으로 쉽게 전환할 수 있는데, 이는 평균적인 학생들에게는 어려운 것이다. 일반 증명에서 모순에 의한 증명으로, 즉 정방향에서 역방향 정리로의 전환이 우수한 학생들에게는 어려움 없이 이루어진다(E. O., 14년 경력)." Erdniev(참고문헌 462, 463)는 "역" 문제와 "역" 질문은 학생들에게 어떤 어려움을 유발하지만 능동적이고 독립적이며 창조적인 사고 발달에 중요한 가치를 지닌다는 데 주목한다. 그 이유는 이것들은 정방향 조작에서 역방향 조작으로 전환하는 능력을 개발하기 때문이다.

두 번째 수학 교사 집단은 56명으로 1965년에 특수 설문지를 통해 서면으로 조사하였다. 이 조사는 처음 것과는 약간 달랐다. 설문 조사를 하기 며칠 전에 학생들의 수학적 능력에 대한 심리학에 대한 토론식 강의가 교사들에게 제공되었다. 교사들에게 검사에 제공된 수학적 능력의 구성 요소를 평가하도록 하였다. 결과적으로 교사들의 진술은 요점을 정확히 파악한 것 이상이었고 훨씬 좋은 생각들을 제안하였다. 이런 진술들을 부정적인 것까지 포함하여 체계화하고 “제안자”의 수에 따라 배열하면 다음과 같다.

1. 일반화하는 능력(98%)

“우수한 학생들은 수학 내용에서 일반성의 요소를 쉽게 지각한다.” “특수에서 일반을 보고, 특수한 경우를 일반 개념에 포함하는 것은 성공적인 수학 수업을 위한 필수적인 조건이다.” “우수한 학생들은 수학 내용뿐만 아니라 추론, 증명의 방법도 쉽게 일반화한다.”

2. 추론의 논리(98%)

“우수한 수학자는 무엇보다도 논리력이 우수한 사람이다.” “수학적 대상으로 추론하는 능력은 우수한 수학자의 중요한 특질이다.” “나는 논리적으로 사고하는 능력을 최고의 능력으로 본다.” “수학은 적절히 추론하는 능력을 개발하기 위한 최선의 교과이며, 적절히 추론하는 능력은 우수한 수학적 발달을 위한 주요 지표 중 하나이다.”

3. 예리한 기지와 풍부한 자원(88%)

“좋은 기억과 파지에 예리한 기지와 추측 활동이 덧붙여지면 수학에서 우수한 사람을 만든다.” “예리한 기지는 수학적으로 우수한 학생의 사고의 기본적인 특성이다.” “수학에서 재빠른 기지와 같은 정도로 지식에 가치를 부여할 필요는 없다.” “어떤 학생이 단지 알고만 있다면 훌륭한 학생이기는 하지만 우수한 학생이라고 생각되지는 않을 것이다.” “신속한 이해를 선택하고 기지를 낳아야 하는가?” “우수한 학생은 많은 것을 알고, 그의 지식을 응용할 수 있는 학생이다.”

4. 수학적 기억(82%)

“수와 공식에 대한 좋은 기억은 중요하다.” “논증에서 기본적인 주요 지점들에 대한 좋은 기억을 가져야 한다.” “내 생각으로는 좋은 기억이 모든 것의 기초이다.” “논리를 안다는 것은 두뇌의 기억 메커니즘으로부터 무엇인가를 추상화한다는 것을 의미한다.” “기억은 이차적인 문제이다. 나는 대학의 수학 교수 일부도 수와 공식에 대한 빈약한 기억을 소유하고 있다고 들어 왔다.”

5. 추상화 능력(82%)

“수학은 가장 추상적인 과학이다. 따라서 추상화 능력이 가장 중요하다.” “수에서 추상화하는 능력과 동시에 대수식에서 문자의 결합보다는 수를 인식하는 능력-이것이 형식적 학습을 하는 학생과 우수한 학생을 구별하는 특성이다.” “나는 구체적인 것, 즉 수, 주어진 도형, 주어진 관계에서 추상화하는 능력을 가장 중요한 것으로 생각한다. 그리고 이것은 내가 이미 언급한 일반화와 연결되어 있다.”

6. 사고의 유연성(73%)

"우수한 학생은 논의의 한 측면에서 다른 측면으로, 한 가지 접근 방법에서 다른 접근 방법으로, 한 가지 풀이 방법에서 다른 풀이 방법으로 신속하게 전환할 수 있다." "놀라운 사고의 이동성은 나의 우수한 학생 G. Kh의 두드러진 특징이다. 그는 이 방식으로 저 방식으로 시도한다."

7. 시각적 도구에 의한 지원(63%)

"수학에 우수한 학생은 수학적 관계의 시각적 해석에 매우 창의적이다." "나의 우수한 학생 S는 기둥들을 보면서 직접 사고한다." 반대 유형의 진술도 매우 흥미롭다. 예를 들면 "모든 것을 시각화하는 능력은 수학(대수)에서 중요하다고 생각하지 않는다. 오히려 나는 반대로 시각적 도식 없이 사고할 수 있어야만 한다고 말하고 싶다. 수학은 시각적 도구로부터의 추상화이고 비시각적이고 추상적인 영역의 세계로의 항해이다."

8. 공간 개념의 존재(57%)

"공간 개념 없이는 기하에 발을 들여 놓지 못한다." "수학은 수치적 관계와 공간적 형태의 과학이다. 전자는 상상력(기하학적 상상력) 없이도 연구될 수 있지만 후자는 그럴 수 없다." 여기서도 반대 의견이 흥미롭다. "수학적으로 우수한 학생은 공간적 상상력 없이 해나갈 수 있다. 예리한 논리적 추론 능력이 공간적 상상력을 대신할 수 있다." "나는 우수한 공간 개념을 가지고 있지만 기하에서 매우 느린 진전을 보이는 학생을 알고 있는데, 그 이유는 그의 추론 능력이 매우 빈약하기 때문이다. "볼 수 있다"는 것만으로는 충분하지 않다."

9. 사고의 정방향에서 역방향으로 신속하게 전환하는 능력(52%)

"우수한 수학자는 신속하게 스위치를 전환할 수 있다. 그의 사고는 역방향으로 전환될 수 있다. 그러나 이것은 아마도 사고의 유연성이 특별한 경우일 것이다." "한 정리에서 역정리로의 교환 가능한 조작이나 교환은 "반대 경로를 추적할 수 있는" 능력을 필요로 한다."

10. 정신적 능력의 효율성 추구(48%)

"가장 짧고, 직접적이고, 효율적인 방법으로 목표에 도달하는 능력이 중요하다." "수학적 사고 방식은 효율적인 사고 방식이다. 그것은 목표에 이르는 가장 간단한 방법들을 탐색하며 이와 관련된 심미적인 감각을 경험한다." "수학에서는 아름다운 풀이와 아름답지 않은 풀이라는 개념이 있고, 이 개념은 정신적 노력의 효율성이나 불필요한 소비와 관련되어 있다. 우수한 사람은 가장 적은 노력으로 최선의 결과를 성취하고자 한다.”

11. 추론 과정의 단축(38%)

“우수한 학생들의 추론 과정은 단축되고 상세한 논리적 구조까지 전개되지 않는다. 이는 매우 효율적이며 이 점에서 그 가치를 지닌다.” “나는 자주 우수한 학생들이 사고하는 방법을 관찰해 왔다. 교사와 학급 학생들에게 그 과정은 세밀한 과정으로 모든 고리들이 하나의 계열을 이루지만 우수한 학생에게는 그 과정이 사고의 단편적이고 엉성하며 매우 축약적인 속기와 같다.” 다음과 같은 유형의 진술 또한 흥미롭다. “나는 이 점을 어떻게 평가해야 할지 모르겠다. 학교에서 우리는 학생들에게 완전한 논리적 증명을 제시하도록 가르치는 것을 고집해 왔다.” “나는 수학적으로 우수한 정신은 명백하고 깊이 생각하며 논리적인 정신이고 어떤 비약이나 생략은 그 정신에 이질적이라고 생각한다. 논리는 논리이며, 당신은 그것으로부터 벗어날 수 없을 것이다. 고리를 빠뜨리는 것은 논리가 될 수 없다.”

12. 수학 수업에서의 피로 감소(30%)

“수학적 능력의 첫째 특징은 매우 열정적인 활동이지만 신체적·정신적 능력에 관련된 신경 에너지의 소비가 거의 없다는 점이다.” “우수한 사람은 누구나 자신의 분야에서 경이로울 정도로 열심히 일할 수 있으며 좀처럼 피곤해 하지 않는다.” “나는 지속적으로 이에 주목해 왔지만 이것이 의미하는 바를 잘 모르겠다. 아마도 우수한 학생들은 수업이 쉽기 때문에 피곤을 모르는 것 같다.” “수학적 능력은 집중적으로 일할 수 있고 이로 인해 피곤을 거의 느끼지 않는 능력이다. 우수한 학생들은 여섯 번의 수업과 가정 학습 과제를 한 후에, 저녁에 수학 동아리 수업에서 참석하며 세 시간 동안 앉아 있다. 우리는 열정적으로 일하지만 그 학생들은 어린 데이지처럼 생생하다.”

학생들 사이의 서로 다른 수학적 재능의 유형 중에서 대표적인 특성을 추출할 가능성에 대해 이야기할 때 교사들은 다음과 같이 응답하였다. 56명 중에 47명의 교사들이 “대수학자와 기하학자”라는 두 가지 유형을 지적하였다. 교사들의 의견에 의하면, 이 유형들은 수치적 관계의 영역에서든지 공간적 관계의 영역에서든지 어느 한 쪽에서 사고하고 추론하는 근본적인 성향과 관련되어 있다. 첫째 유형은 공간 개념이 약하다는 특징을 가지고 있고, 둘째 유형은 공간 개념이 생동적이고 생생하다는 특징을 가지고 있다. 그러나 교사들은 연속적인 관찰을 통해 대부분의 학생들을 두 유형 중 어느 한 유형에 포함시키기는 매우 어려움을 알아내었다.

56명 중 22명의 교사들은 사고의 신속성에 따라 수학적으로 우수한 학생들의 분류 가능성을 지적하였다. "수업 내용을 매우 신속하게 파악하고 대안적인 방법들을 한 번에 발견하는 학생들이 있는 반면, 매우 느리고 점진적으로 이행하지만 결국에는 동일한 성취를 보이는 학생들이 있다." 3명의 교사들은 수학적으로 재능 있는 학생들의 능력에서 두드러진 차이를 보이는 유형을 관찰하지 못했다고 이야기하였다.

지금까지 본 바와 같이 교사들의 진술은 매우 흥미롭다. 그중 일부는 매우 일반적인 것이고 사실이다. 그 진술들은 충분히 특별한 것도, 명백한 것도 아니다. 불행히도 객관적인 조건들이 우리에게 이런 진술 자료와 함께 이루어진 개인과의 구술 논의를 보충하는 것을 허락하지 않았다.

수학자들의 응답

첫째, 수학자들은 수학적 능력의 본질을 알아내고, 성공을 위한 조건으로서 개인의 정신적 특성을 보이려는 시도로 두 가지 유형의 특성, 즉 인성의 일반적인 특성과 수학적 정신의 특성을 추출하였다. 수학적 능력이 발현되기 위한 조건이 되는 인성의 특성 중에서, 수학자들은 분명한 "목표에 대한 반성"으로서의 목표의 명료성(3), 집중력(4), 근면성(2), 의지적 특성인 인내심과 집착력(3)을 언급하였다. 또한 "수학에 집중된 흥미", 수학에 대한 열의, 수학적 지식을 알고자 하는 노력, 수학에 몰입할 필요, 특별히 "수"를 좋아함'(6)도 언급하였다. 더욱이 수학적 정신의 고유한 특성들이 열거되었다. 일반화 능력과 심지어는 두드러진 일반화에 대한 "열정", "서로 다른 현상들이 어떤 공통점을 갖고 있는지를 보는" 능력, "이질적인 현상들을 연결하는" 능력, "문제의 핵심, 본질을 분리해 내는 기능", "특수에서 일반으로 나아가는 능력"(12)이 처음에 제시되었다. 이런 특성은 추상화 능력, 추상적 논증에 대한 성향과 흥미, "비본질적인 상세한 것에서 추상화하는 능력"(11)과 관련된다.

사고의 논리성도 언급되었는데 주어진 전제에서 논리적 결론을 이끌어 내는 능력, 사고의 정확성, 간결성과 명확성(6)이 언급되었다. 또한 독특한 "비논리적" 추론 능력도 언급되었는데 이는 여러 모로 판단해 보았을 때 물리학자들이 "지금 우리는 완전히 무모해 보이는 아이디어가 필요해. 이는 모든 관습적인 개념의 경계를 뛰어 넘는 것이야."라는 말의 의미로 사용된 것이다. 수학자에게 고유한 것으로 "가장 우아한 풀이를 추구하려는 요구"(3), 수학적 상상력이나 공상(3), 조합 능력(3), "사고의 한 수준에서 다른 수준으로의 신속한 전환 능력"(3)이 언급되었다. "추론의 중간 단계들을 지나침으로써 문제의 본질을 신속하게 파악하고 질문의 핵심을 간파하는 능력", "추론에서 많은 고리들을 생략하며 사고하는 능력"(3)도 선택되었다. 마지막으로 수학자들은 "수와 공식을 기억하는 다양한 능력과 더불어 기본 아이디어, 도식, 결합, 사고의 기본 순서(trains)"(1), "일반적인 수학적 추론 도식의 창조 기능"(1), "학령기에 전형적인 특성인 명확한 규칙에 따르는 형식적 조작 경향"(1)을 언급하였다.

수학적 능력의 특이성에 관련된 질문에 대해 수학자들은 다음과 같은 응답을 제시하였다. 21명 중 16명은 수학적 능력의 특성을 언급하였고, 3명은 그 어떤 특수성도 부인하고 모든 것을 일반 지능으로 환원시켰으며, 2명은 명확한 관점을 제시하지 않았다. 다음과 같은 의견에서는 상반되는 관점이 매우 명확하게 표현되었다. "어떤 사람이 논리적 사고 능력을 소유하고 있고, 어쨌든 수학에 흥미를 가지게 되었다면, 그는 수학을 성공적으로 공부할 수 있을 것이다." "잘 개발된 지능을 소유한 사람이라면 누구나 적절한 조건 하에서 훌륭한 수학자가 될 수 있을 것이라고 믿는 것은 결코 옳지 않다." 그러나 응답한 수학자 중 1명이 이야기한 것처럼 "강력하고 특별한 수학적 재능이 일반 지적 영재성, 호기심, 모든 인류에게 공통적인 문화의 숙달에 대한 노력과 결합되면 실제로 두드러진 결과를 얻을 수 있다."

서로 다른 유형의 영재성에 관한 질문에는 다양한 응답들이 있다. 대부분의 수학자들(19)은 그런 유형의 존재성에 호감을 표현하였다. 일부 수학자들(2)은 어떤 유형의 수학적 능력에 대해서도 논의할 만한 근거가 없으며 수학에 대한 다양한 흥미나 기호, 공부에 대한 서로 다른 지향성에 대해 논의해야 한다고 생각하였다.

수학적 능력에서 의미 있는 유형학적 차이를 결정하기 위한 시도와 관련하여 다양한 의견들이 제시되었다. 5명은 사고의 전환에 기초하여 두 가지의 기본 유형의 존재에 찬성하는 관점을 제시하였다. 이와 관련하여 가장 흥미로운 몇 가지 관점을 인용해 보자. "두 가지 유형의 수학적 정신의 차이는 낯선 아이디어를 신속하게 파악하고 숙달하는 (학습된 사람들이 되는) 사람들이 있는 반면 좀더 창의적으로 생각하지만 좀더 느린 사람들이 있다는 것이다. … 창조적인 재능이 있고 더욱이 매우 완벽한 학자인 수학자들 중에도 이해가 더딘 사람들이 적지 않다. 그들은 심지어 상대적으로 간단한 문제도 빨리 풀지 못하지만, 한편으로는 어려운 문제들을 놓고 오랜 시간 동안 꼼짝 않고 깊이 있게 생각할 수 있다. 수학 학급에서 가장 유망한 학생들 중에는 어려운 문제를 빠른 시간 안에 해결해야 하는 올림피아드에서 거의 매번 실패하는 아이들이 있다. 동시에 그들은 어떤 엄격한 기한이 없을 때는 훨씬 더 어려운 문제를 해결할 수 있다.", "문제의 본질을 놀라울 정도로 빨리 파악하고 질문의 핵심을 간파하는 수학자들이 있다. 매우 우수한 수학자들 중에서는 이해가 더디다는 인상을 주는 사람들이 있다. 그들은 매우 느리게, 한 단계 한 단계씩, 어떤 사고의 도약도 생략하지 않으면서 추론한다. 그러나 그들의 연구를 관찰하면 조화롭고, 매우 설득력 있고, 확실한 수학 체계가 어떻게 연결되며 세워지는지에 감명을 받게 된다."

과학자들(5)은 "해석학자"와 "기하학자"의 두 가지 유형의 존재에 대해 언급하였다. 5명 중 3명은 이 유형들은 수학적 사고에서 직관의 존재와 부재에 관련되어 있음에 주목한다. 예리한 기하학적 직관과 상대적으로 빈약한 논리는 기하학자의 전형적인 특징이며 그 반대의 경우가 해석학자의 특징이다. 나머지 2명은 직관이 기하학에서만 명백한 것이 아님을 강조한다. 그들은 기하학적 직관이 지배적인 유형과 수나 함수적 종속성에 대한 직관이 지배적인 유형을 구분할 수 있다고 주장한다.

유형학적 구분에 대한 다른 근거도 제시되었다. 논리적 유형과 계산적 유형(2), 종합적 유형과 분석적 유형(전자는 어려운 문제의 해결 방법을 더 빨리 찾을 수 있고, 후자는 정답에 대한 근거를 찾으며, 전자는 좀더 상상적인 요소를 가지며, 후자는 좀더 논리적인 요소를 가진다.), 구체적 유형과 추상적 유형(전자는 문제를 해결하는 방법을 알고 그 방법들을 좋아하며, 후자는 일반적 추론을 열망한다). 두 가지 또 다른 유형이 선택되었다. 하나는 일반 개념에 기초한 창의적 성향이고 다른 하나는 형식적인 수학적 도구에 기초한 창의적 성향이다.

마지막으로 "넓은 수학적 정신 유형과 좁은 수학적 정신 유형으로, 전자는 막대한 양의 자료를 다루며 그것을 하나의 체계와 질서 속에 삽입시킬 수 있는 유형을 말하고, 후자는 쉽게 단편적인 문제들에 빠지며, 그 풀이 속에서 놀라운 창의성을 볼 수 있는 유형을 말한다."

우리는 수학자들의 집단을 대상으로 한 설문 응답 자료를 살펴보면서 그 아이디어의 깊이와 풍부함에 주목하고 싶다.

제11장

학생들의 수학적 **영재성**에 대한 개인별 **사례 분석**

앞에서 언급하였듯이, 우리는 대체적으로 어렸을 때부터 수학적 능력을 보이기 시작한 수학영재들에 대해 비교적 긴 시간 동안 연구했다. 그들의 발달에 관한 실험적 연구를 동반한 관찰은 1958년부터 1966년 사이에 실시하였다. 이 연구의 특별한 목적은 수학수업에서 특별한 재능을 뚜렷하게 나타냈던 영재들 개개인의 심리적인 특성을 연구하는 것이다.

몇 명의 영재들의 개별적인 프로필은 다음과 같다.

Sonya L.

Sonya는 1950년 모스크바에서 태어났으며 그녀에 대한 관찰은 1958~59년에 실시하였다. 우리가 소냐를 처음 만났을 때 그녀는 8살이었으며 모스크바에 있는 164학교 2학년에 다니고 있었다. 그녀에게는 7학년인 오빠가 한 명 있었는데, 그는 수학에 특별한 능력을 보이지는 않지만, 건강하며 음악에 재능이 있었다. 그녀의 부모는 둘 다 수학에 특별한 능력을 보이지는 않았지만, 아버지는 공학 분야의 전문가였다. 그녀의 가까운 친척 중에서도 수학에 대한 특별한 능력을 가진 사람은 찾지 못했다. 하나 주목할 만한 것이 있다면 그것은 Sonya의 외할머니가 학창시절에 수학을 무척이나 좋아했다는 점이다. 그러나 외할머니의 수학적 능력이 어느 정도였는지는 전혀 알 수 없다.

Sonya는 6살도 안 된 아이처럼 매우 작고 검은 눈을 가졌으며 머리를 땋고 말끔한 외모를 지닌 연약한 아이이다. 그녀가 책상에 앉아 공부할 때, 부모님들은 의자 위에 베게나 책 두 권을 놓아주었다. 그녀는 신체적으로는 정상적으로 발달하였으나, 말이 느리고 분명하지 않으며, 감정 표현도 제대로 하지 못하는 등 행동발달은 꽤 느렸다. 그녀는 수학은 매우 잘 했지만, 수학을 제외한 모든 과목은 보통수준이었으며 특별한 성취를 보이지 않았다. 글쓰기와 읽기는 잘하는 편이 아니었으며 국어 수업을 좋아하지 않았다. 음악에 있어서는 특별한 성향을 보여주지 않았고, 재능도 없었으며, 음악 수업에서 큰 어려움을 겪었다. 반면에 그녀는 그림 그리기를 좋아했고, 나이에 비해 특히 보고 그리기를 잘했다.

V. P. Yagunkova의 방법(참고문헌 468)을 사용하여 이루어진 Sonya에 대한 연구에서 그녀와의 지필과 구두 담화에서 몇 가지 흥미 있는 특징을 발견할 수 있었는데, 설명이 정확하고 명확하였으며, 시각적 이미지를 사용하지 않았고, 그의 말에서는 은유나 수식어 또는 어떤 감정적인 색채도 보이지 않았다.

Sonya는 매우 열심히 공부했으며 특히 어려운 산술 문제를 해결하는 것을 좋아했다. 모든 면에서 그녀는 같은 나이 또래의 아이들과 유사했다. 긴 시간 동안 인형을 가지고 놀았으며 스키를 좋아했고 학교생활에 열정적으로 참여하였다. 그녀는 지난해 신년파티에서 "장화를 신은 고양이"의 의상(코스튬)으로 상을 받기도 하였다. Sonya는 학급의 사회적 관계에서도 적극적이었다. 그녀에게는 한 가지 중요한 특징이 있는데, 너무 쉽다고 생각되는 일을 해야 할 때에는 주의를 기울이지 않는다는 것이다. 10보다 작은 수를 더할 때 자주 실수를 하거나 기호나 괄호를 넣는 것을 잊어버리곤 하는 것은 바로 이러한 특징 때문이다. 그녀의 실수를 지적하면 그녀는 재빨리 생각해내고 수줍어하며 얼른 바르게 수정하였다.

게다가 그녀는 집중력이 뛰어났다. 뭔가에 집중할 때 조용히 앉아있지 않고 주위를 돌아다니며 안절부절 못 하였으며 심지어는 괴이한 자세를 취하기도 하였다. 한번은 어려운 문제를 해결할 때(연구 도중) 갑자기 일어나 침대로 가서 체조선수처럼 빠르게 데구루루 구루고 다시 자리로 돌아왔다.

그녀의 부모가 Sonya의 수학적 능력을 처음 알아차린 것은 그녀가 4살쯤 되었을 때였다. 물론 그 이전에 그녀에게 계산을 가르친 사람은 아무도 없었다. 단지 2학년이었던 그녀의 오빠가 크게 소리 내어 계산을 하고 있을 때 듣고 있었을 뿐이었다. 누구도 눈치를 채지 못했지만 그녀는 처음에는 10까지, 나중에는 100까지 세는 것을 알아내었다. 한번은 4살인 Sonya가 그녀의 오빠에게 뺄셈 문제 27－14를 어떻게 푸는지 설명하는 것을 듣고 매우 놀란 적이 있었다. "처음에 10을 빼면 17이 남고 그런 후에 4를 더 빼면 13이 돼." 그녀가 4살 반～5살이 되었을 때에는 어떤 이론도 알지 못했지만 간단한 분수의 개념을 스스로 알아냈다. 5～6세경에는 음수의 개념을 직관적으로 알아내었다. 그녀의 오빠는 작은 수에서 큰 수를 뺄 때 거꾸로 계산하여 틀린 답을 적었다. 그러나 Sonya에게는 이런 것에 전혀 어려움을 겪지 않았다. 그녀는 "28에서 36을 빼면 아무것도 없는 것보다 8이 작아."라고 말하였다. 비슷한 시기에 그녀는 분수의 연산을 암산으로 스스로 학습하였다. 매우 놀랍게도 5세 6개월경에 그녀는 4학년 수준의 매우 어려운 분수 연산 문제 역시 암산으로 해결하였고, 4학년인 그녀의 오빠가 어려워하는 '벽의 넓이를 구하여 거기에서 창문과 문의 넓이를 빼서 필요한 벽지의 양을 구하는' 문제를 해결하였다.

Sonya에게 수학을 가르쳐준 사람은 아무도 없었다는 점에 주목해야 한다. 오히려 그녀의 아버지는 그녀에게 어떤 정보도 주지 않는 것을 원칙으로 하였고, 그 나이에 그런 정보를 알려주는 것은 단지 형식적인 숙달만 하게 할 뿐이라고 믿고 있었다. 그녀의 부모는 문제를 해결하려는 그녀의 성향에 만족하면서 그녀를 관심 있게 보고 있었고, 그녀가 '더 깊이 생각하게' 하였다. 이때까지만 해도 그녀는 체계적인 지식을 거의 갖추지 못하였다. 그녀는 분자와 분모가 무엇인지, 동분모 분수를 빼기 위한 규칙을 알지 못했지만 분수의 연산을 하였다. 이 모든 것은 오직 추론과 암산으로 이루어졌다. Sonya는 쓰기를 막 배웠지만 아직 쓰면서 계산하는 법을 배우지 않았다. 따라서 그녀의 계산법은 비효율적인 경우가 많았으며, 가끔은 본질적으로는 옳은 방법이지만 비형식적(childishly naive)이었다. 예를 들면 "각 1°를 어떻게 작도할 수 있을까?"라고 묻자 "원을 360조각으로 나눈 후 359조각을 지우고 남은 끝 부분을 원의 중심과 연결시켜요"라고 말하였다.

다음은 그녀가 분수의 나눗셈을 계산하는 방법이다.

$$\frac{5}{8} \div \frac{1}{2} = \frac{5}{8} \div \frac{4}{8} = 1\text{과 } \frac{8}{8}\text{의 } \frac{1}{4} = 1\frac{2}{8}$$

그리고 그녀는 정수의 나눗셈을 다음과 같이 계산하였다.

$$600 \div 240 =$$
$$600 \div 120 = 5$$
$$\text{그러나 } 120\text{은 } 240\text{의 절반이므로 } 5\text{의 절반 즉 } 2\frac{1}{2}.$$

물론 그러한 계산을 암산으로 하기 위해서는 상당한 정신적 노력이 요구된다. 따라서 Sonya는 어려운 계산을 장황하게 하는 것을 좋아하지 않았다. 그녀는 추론하고 문제를 해결하는 '방법(ways)'을 찾는 것을 좋아했다.

8살짜리 Sonya가 알고 있는 것은 무엇인가? Sonya의 수학적 발달 수준이 어느 정도인지 알아보자. 그녀의 수준을 어떤 특정한 학년에 해당한다고 말하는 것은 쉽지 않다. 왜냐하면 그녀는 대부분의 아동들보다 많이 알고 있지는 않지만 추론 능력은 그들보다 뛰어나기 때문이다. 그녀가 매우 높은 수준의 문제들을 해결했다 하더라도 그녀의 수준이 수학적 능력이 우수한 6학년 학생들과 비슷하다고 말하는 것은 매우 조심스럽다. 예를 들어 그녀는 다음과 같은 7, 8학년의 문제들 — 그러나 추론을 통해 해결 가능하며 특정한 지식은 필요치 않은 — 을 해결하였다.

- 어떤 기차가 한 지점을 통과하는데 $\frac{1}{4}$분이 걸렸고, 540m인 터널을 통과하는데 45초 걸렸다면, 기차의 길이와 속력은 얼마인가?
- 닭과 토끼 몇 마리가 마당을 달리고 있다. 닭과 토끼의 머리는 모두 35개이고, 다리는 94개다. 닭과 토끼는 각각 몇 마리인가?
- 740장의 종이로 140권의 두꺼운 공책과 100권의 얇은 공책을 만들었다. 두꺼운 공책을 만드는 데에는 얇은 공책을 만드는 것보다 종이 한 장이 더 사용된다면, 두꺼운 공책과 얇은 공책을 만드는 데 사용한 종이는 각각 몇 장인가?

그녀는 이처럼 어려운 문제를 비교적 손쉽게 해결하였다.

Sonya는 근의 개념과 퍼센트를 이해하고 간단한 분수 연산을 할 수 있으며, 음수의 개념을 알고 계산할 수 있었고 기하에 대한 폭넓은 지식을 지니고 있었다. 그녀는 삼각형의 내각의 합이나 삼각형의 외각의 크기에 관한 정리와 같이 기하학의 간단한 정리를 스스로의 힘으로 증명할 수 있다. 예를 들면 "직각삼각형에서 두 예각 중 하나를 직선으로 두 부분으로 나누었을 때, 그 중의 한 각이 다른 각의 다섯 배이고, 이 각들 중 큰 각이 45°라면, 이 직각삼각형의 다른 예각의 외각의 크기는 얼마인가?"와 같은 문제를 해결할 수 있다.

1959년에 실시한 Sonya에 대한 연구의 첫 번째 단계에서, 우리는 그녀가 수학적 문제를 해결하는 동안 나타나는 그녀의 정신적인 특징을 다음과 같이 볼 수 있었다.

• **빠른 추론과 암산**

이것은 Sonya의 가장 중요한 특징이다. 보통 그녀는 문제를 해결하는 방법을 혼자 힘으로 매우 빠르게 찾아내었다. 사실 많은 경우 주어진 문제들을 해결하는 데 시간이 얼마나 걸리는가 하는 것은 오직 계산하는 시간에 달렸다. 예를 들어, 그녀는 삼각형의 외각의 크기에 대한 정리에 대해 알고 있지 않았지만, 단 몇 초 안에 이를 증명하는 방법을 발견했으며 위에서 언급한 닭과 토끼에 관한 문제를 해결할 수 있는 방법을 매우 빠르게 찾아내었다. 그녀에게 "한 개의 삼각형 안에 두 개의 직각이 있을 수 있니?"라고 묻자, 그녀는 "아니오, 그렇게 되면 세 번째 각이 있을 수 없기 때문에 안돼요"라고 대답하였다. 때로는 그녀의 추론이 지나치게 간략해서 그녀가 분석적-종합적 사고를 한다고 말하는 사람도 있었다. 이러한 예에 비추어 그녀는 즉시 해법을 찾거나 증명의 논리를 알아낸다는 점을 알 수 있다.

• 논리적 사고, 체계적, 계열적 사고

이것 역시 Sonya가 보인 중요한 특징 중의 하나이다. 그녀는 정리의 의미와 증명의 목적을 잘 이해하고 있었다. 그녀의 사고는 전제로부터 결론으로 진행되었다. 그녀는 B는 A의 결과라는 사실을 단순하게 생각하지 않았다. 그녀의 증명은 매우 집약적이며 설득력이 있었다. 그녀는 '결론적으로'라는 말을 자주 사용하며 언제나 적절한 곳에서 사용하였다. 형식적인 수학적 개념은 전혀 사용하지 않았다. 수학적 문제를 해결하는 해법은 언제나 논리적이며 정확했다.

예를 들어보자. Sonya에게 다음과 같은 문제를 주었다.

> 한 양치기가 말하였다.
> "나에게 양 8마리를 주면 우리는 같은 수의 양을 갖게 될 것이오."
> 그러자 다른 양치기는 "아니오, 당신이 나에게 8마리를 주면 내각 가진 양은 당신이 가진 것의 두 배가 될 것이오."라고 대답하였다.

그녀는 다음과 같이 해결하였다.

"만약 한 사람이 다른 사람에게 양 8마리를 주어 같은 수가 된다는 것은 처음에 16마리가 차이 난다는 뜻이에요. 그런데 만약 다른 사람이 양 8마리를 준다면, 한 사람은 8마리가 늘어나고, 다른 사람은 양 8마리가 줄어들기 때문에 그 차는 32가 돼요. 그렇다면 한 사람은 차이의 2배를 가졌거나 32마리를 더 가지고 있다는 것을 알 수 있어요. 이는 양 32마리와 64마리가 있다는 뜻이고 서로 교환하기 전에 40마리와 56마리가 있다는 것을 의미해요."

이 문제는 40초 만에 해결되었다.

• 수학적 추상화 능력과 수학적 내용에 대한 신속하고 폭넓은 일반화

Sonya는 수학적으로 비슷한 자료를 신속하게 일반화하였다. 그녀는 해결해야 할 문제를 추상적 수준에서 해석하고, 전형적인 유형으로 그 문제를 해결하였다. 유사한 다른 문제들 간의 공통적인 특징을 찾는 데 전혀 어려워하지 않았다. 그녀가 찾은 해법을 같은 유형의 다른 문제로 전이하는 것 또한 별 어려움 없이 이루어졌다. Sonya는 문제를 해결하기 위해 시각적 이미지를 거의 사용하지 않았다. 놀라운 사실은 시각적 이미지가 문제

를 해결하는 데 방해가 되기도 하였다는 것이다. 정리를 증명하기 위한 방법을 찾고 있는 동안, 그녀는 그림을 쳐다보기보다는 허공을 쳐다보곤 하였다. 그녀가 5살 되던 무렵, 구체물(사과 절반, 연필 절반)에 의존하지 않고 추상적인 개념 $\frac{1}{2}$을 손쉽게 이해하였다. 하지만 이것은 그녀가 문제에서 주어진 관계를 전혀 시각화할 수 없다는 것을 의미하는 것이 아니다. 그녀는 연구진의 요구에 의해, 혹은 효과적이라 여겨질 때는 시각적 표현을 사용하였다. 그러나 그녀는 자신의 직관을 사용할 뿐 대부분의 경우 시각적 이미지를 사용하지 않았다. 점차적으로 우리는 그러한 특징을 확인할 수 있었다. Sonya는 일반적 수준으로 문제를 해결하였고, 구체적 수준으로 되돌려 생각하면서 구체적인 시각적 이미지와 그림을 일반적 수준과 연결하였다. 시리즈 XXVI에서 설명한 Borisova의 연구방법을 사용하면 Sonya의 지수는 (3, 5)이다.

그녀가 사용한 일반화의 예를 제시하면 아래와 같다. 다음 문제를 생각해 보자.

> 두 개의 인접한 보각이 있고 그중 한 각은 45°이다. 이 각들에 이등분선을 작도하였다. 이등분선들 사이의 각의 크기는 얼마인가?

Sonya는 매우 빠르게 정답(90°)을 구하였고 "모든 인접한 보각들의 합은 180°이고 이 합의 절반은 90°이므로, 인접한 보각들의 이등분선들이 이루는 각은 항상 90°가 되어야 해요."라고 일반화하였다.

삼각형의 내각의 합이 $2d$라는 점을 증명한 후, 연구자의 요청에 따라 Sonya는 사각형의 내각의 합은 $4d$, 오각형은 $6d$임을 빠르게 증명하고 [그림 50]를 작도하였다.

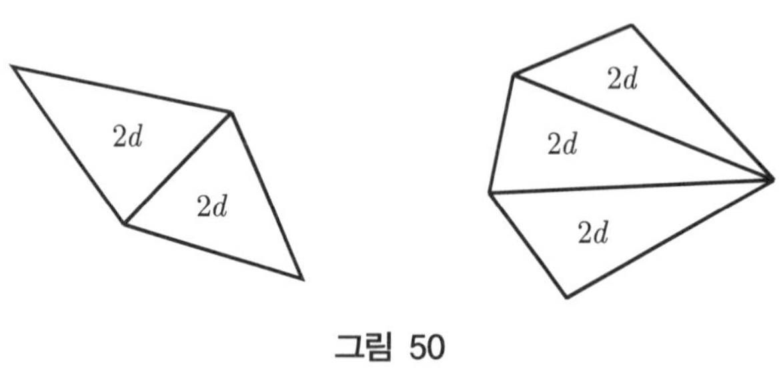

그림 50

그리고 나서 그녀는 잠시 생각한 후 "어떤 다각형이든 마찬가지에요. 삼각형은 언제나 변의 수보다 2개 적게 있어요. 왜냐하면 바깥쪽에 있는 두 개의 삼각형에는 각각 두 개의 변이 필요하고, 그 외에 다른 삼각형들에는 각각 한 변이 필요하기 때문이에요."라고 말했다. 이와 같이 일반화를 통해 Sonya는 독립적으로 다각형의 내각의 합의 공식인

$2d(n-2)$까지 이끌어냈다. 그런 후에 그녀는 2초 만에 608각형의 내각의 합을 계산했다.

• 사고의 유연성

Sonya는 문제를 해결할 때, 진부하거나 전형적인 방법에 얽매이지 않았다. 그녀는 하나의 정신적 조작에서 다른 것으로, 또는 한 가지 방법에서 다른 방법으로 쉽게 전환하였다. 그녀는 다양한 방식으로 문제에 접근하였으며, 보통은 자신의 직관을 통해 두세 가지의 풀이를 찾아냈다. 다음은 앞에서 제시한 닭과 토끼 문제를 어떻게 해결하였는지의 예이다.

"모두 합하여 35개의 머리가 있다는 것은 모두 합하여 35마리의 닭과 토끼가 있다는 거에요. 만일 전부가 닭이라면 다리 70개가 있을 거에요. 그런데 24개의 다리가 남았기 때문에, 마당을 뛰어다니는 토끼가 있다는 것을 뜻해요. 토끼는 닭보다 다리 2개를 더 가지고 있으니까, 12마리의 토끼와 23마리의 닭이 있다는 것을 알 수 있어요. 그런데 이 문제는 다른 방법으로도 풀 수 있어요. 94개의 다리가 있는데, 만일 모두 닭이라면 47마리여야 해요. 그러나 머리는 35개이므로 12가 작아요. 따라서 머리 12개에 대해서는 다리가 2개가 아닌 4개씩이어야 해요. 따라서 토끼는 12마리, 닭은 23마리가 있어요."

• 순행적인 사고에서 역행적인 사고로의 자유롭고 쉬운 전환

이러한 종류의 전환은 보통의 5학년에서 7학년에 학생들이 매우 어려워하는 것이지만, Sonya에게는 그리 어려운 것이 아니다. 예를 들어 맞꼭지각의 크기는 서로 같다는 것을 배운 후, 별로 어렵지 않게 "어떤 크기가 같은 각들은 맞꼭지각이에요."라는 결론을 내렸다. Sonya는 순행적인 문제의 해결에서 역행적인 문제의 해결로도 쉽게 넘어갔다.

• 문제해결에 있어서 사고의 단축, 간략한 추론을 하려는 경향

Sonya는 축약된 연역, 간략한 구조로 사고하는 경향을 보였지만 이러한 경향은 특히 단일 유형의 문제를 해결할 때 잘 나타났다.

> 두 개의 금고에 모두 140루블이 들어있다. 만약 한 금고에서 다른 금고로 15루블을 옮긴다면 두 금고에는 같은 금액이 있게 된다. 각 금고에는 얼마가 있었는가?

소냐는 잠시도 지체하지 않고 다음과 같이 해결했다.

"140에서 30을 빼면 110이고 절반은 55. 55와 85루블이 있었어요. 다른 방법으로 풀 수도 있어요. 같은 금액, 즉 각각 70씩 있으니까 그 전에는 55와 85루블이 있었어요."

연구자가 요구하자 그녀는 다음과 같이 두 번째 방법을 설명하였다.

"이미 돈을 옮겨서, 그 총액은 같다고 상상을 해봐요. 액수가 같으니까 각각 70루블씩 있어요. 그러나 원래는 한 금고가 다른 금고보다 15루블이 적기 때문에, 15루블을 더해서 70루블이 된 거니까, 즉 $70-15=55$루블이에요. 다른 금고는 15루블을 빼서 70루블이 된 거니까, 15루블이 더 있어야 해서 $70+15=85$루블이에요."

• 경제적인 사고를 하려는 경향

Sonya는 문제를 해결할 수 있는 가장 경제적인 해법을 찾으려 하였으며 명확성, 단순성을 추구하였다. 그녀가 언제나 가장 경제적인 방법을 찾는 것은 아니었지만 가장 빠르고 쉬운 해법으로 이어질 수 있는 방법을 선택하였다. 따라서 그녀가 찾은 해법들은 '우아한(elegant)'것들이다. 하지만 계산을 할 때에는 꼭 그렇지만은 않았다. 왜냐하면 앞에서 말한 것처럼 Sonya는 계산에 능숙하지 못하였기 때문이다. 몇 가지 예를 살펴보자.

> 어떤 물고기의 꼬리의 무게는 4kg이고, 머리의 무게는 꼬리 무게와 몸통 무게의 절반을 합한 것과 같다. 그리고 몸통 무게는 머리와 꼬리의 무게를 합한 것과 같을 때 이 물고기의 무게는 몇 kg인가?

Sonya의 풀이: "몸통의 무게는 머리와 꼬리의 무게의 합과 같아요. 그런데 머리의 무게는 꼬리 무게와 몸통의 절반의 합과 같고 꼬리는 4kg이에요. 그렇다면 몸통의 무게는 꼬리 2개와 몸통의 절반의 무게를 합한 것과 같은데, 그것은 8kg와 몸통의 절반이에요. 그러면 8kg은 몸통의 나머지 절반이고, 전체 몸통의 무게는 16kg에요." (이 문제는 이미 풀린 것이므로, 이후의 풀이는 생략한다.)

그리고 다음은 Sonya가 [그림 51]을 사용해 삼각형의 외각에 대한 정리를 어떻게 스스로 증명했는지를 보여주는 예이다.

"삼각형 내각의 합은 $2d$이에요. 각 BAC에 외각을 더하거나 각 B와 C를 더하면 $2d$에요. 따라서 외각은 각 B와 C의 합과 같아요."

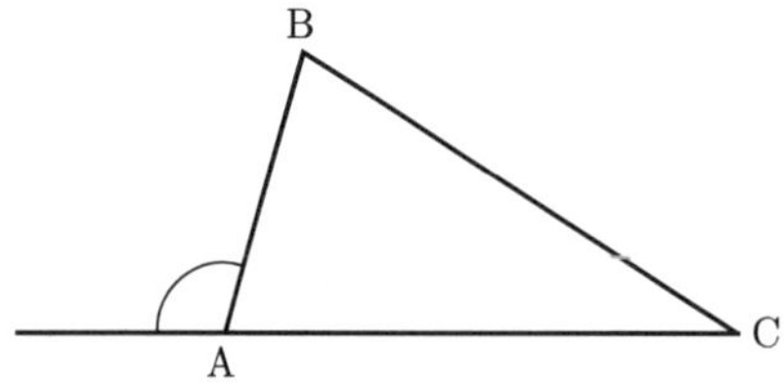

그림 51

• 수학 내용을 신속하고 정확하게 기억

이미 언급했듯이, Sonya는 모든 문제를 암산으로 해결하였다. 그녀는 문제에 제시된 용어, 모든 중간의 연산과 결과를 매우 잘 기억하였다. 그러나 구체적인 자료와 수에 대한 기억은 특이했다. 그녀는 이러한 정보를 문제를 해결하는 동안에만 기억하였다. 그에 비해 증명의 기본적 과정, 문제 유형과 그 문제의 해결 원리 그리고 기초적 추론 도식은 완벽하게 암기하였다.

• 수학 수업에서 피로가 감소

Sonay는 매우 열심히 공부를 할 뿐만 아니라 추론을 통해 문제를 해결하는 것을 좋아했다. 그녀는 (암산으로 계산해야 하는 장황한 계산을 제외하고는) 수업에서 웬만해서는 피곤해하지 않았다. 집에서 하는 공부나 연구자와 하는 수업에서 그녀가 자발적으로 그만두겠다고 하는 적이 없었다. 그 또래의 학생들에게는 긴 시간의 수업이었음에도 그녀는 피곤해 하지 않았다. 이 실험을 하기 위해 연구진은 중간 휴식시간 없이 1시간 30분 정도의 공부 시간을 설정하였다. 이 수업 시간의 아주 끝 부분에 가서야 8살의 이 어린 소녀는 피곤한 내색(실수, 기억 감소)을 보였다. 음악이나 읽기, 쓰기 등 다른 수업을 할 때에는 다른 학생들과 비슷한 정도로 피곤해했다.

마지막으로 우리는 Sonya의 수학적 성향(*mathematical turn of mind*)에 대해 예비적이고 일반적인 관점에서 논의하고자 한다. 그녀는 삶의 많은 현상들 속에서 논리적이고 수학적인 의미를 찾으려고 하고, 논리적이고 수학적인 범주의 틀로 그것들을 인식하려는 분명한 성향이 있다. 그녀가 논리·수학적인 관계의 프리즘으로 많은 현상을 지각하려는 경향은 7~8살의 어린 나이에서 두드러졌다. 예를 들면 그녀는 시의 구절은 잘 기억하지 못하였지만 시에서 낱말의 배열상의 논리적인 의미를 이해하려고 노력하였다. 그녀는 시의 의미와 주제를 기억하였지만 그 시를 다시 쓸 경우에 말의 순서를 바꾸거나 논리적으로 그 시를 다시 썼다. 반면에 그녀의 오빠는 시를 매우 빠르고 정확하게 기억하였다. 동일한 현상은 음악 수업(그녀의 음악적 능력은 썩 좋지 못함)에서도 나타났으며, 음악은 그녀에게 어려운 과목이었다. 우리는 그녀에게서 음악작품의 음계나 화음이나 연주에서 운지의 순서를 배울 때조차 이것을 수학적으로 해석하고 마음으로 배우려는 성향을 관찰할 수 있었다. 그녀는 그림을 정확하게 보고 그리는 것을 매우 잘했는데, 그림을 그릴 때도 차원, 관계 그리고 비례를 수학적으로 해석하려 하였다.

위에서 기술된 Sonya의 수학적 행동에 대한 특징은 수학적 행동에서만 명백히 드러나며 다른 유형의 활동에서는 나타나지 않는다.

우리는 몇 년 동안 계속하여 Sonya의 발달을 관찰하였다. 약 1년 반 동안 발견술적인 방법으로 그녀에게 수학을 가르치면서 체계적으로 연구하였다. 이 수업 동안에, 그녀는 매우 빠른 진보를 보였다. 60개의 실험 수업에서(집에서 해결하는 과제 포함) 5, 6, 7학년 교육과정상의 전 과정을 소화 하였으며, 산술 그리고 기하 교과서에 있는 모든 연습문제를 해결하였다. Sonya는 기하학의 전체 영역을 스스로 발견하고 도형의 성질을 스스로 탐구하였다. 그녀가 4학년이 되었을 때, 그녀는 8학년 학생들과 함께 수학을 공부하였다. 1965년 15세가 되던 해에 모든 학교 과정을 마쳤다. 그녀는 학년을 뛰어 넘어(4학년을 마친 후 곧바로 6학년으로, 6학년에서 8학년으로, 그리고 9학년에서 11학년으로, 같은 해에 15세인 Sonya는 모스크바 주립 대학의 기계-수학과 학생이 되었다.

Volodya L.

Volodya는 1949년 모스크바에서 태어났으며 그에 대한 관찰은 1958년~1960년에 실시하였다. 그의 아버지와 어머니는 학자이다. 그녀의 어머니는 vuz(고등 교육 기관)의 교사이며 아버지는 공학 분야의 저명한 전문가이다.

10살인 Volodya는 신체적으로 건강하였다. 그는 열성적이며 자유분방하고 호기심이 많은 소년이다. 그는 그 누구와도 심지어 외국인에게도 자유롭고 격의 없이 대했다. 첫 만남에서 Volodya는 우리가 말할 기회를 주지 않고 우리는 어디서 일하는지, 무엇을 하는지, 무엇을 알고 있는지, 관심이 있는 것은 무엇이지 적극적으로 질문하기 시작했다. 화제를 바꾸기가 어려웠으며, 심지어 답변자의 역할보다는 질문자의 역할을 하려는 경향을 보였다. 역할의 전환은 Volodya에 의해 이루어졌다. 호기심이 만족되었을 때 그는 즉시 관심을 끊고 책을 보았다.

그가 뭔가에 분주할 때 Volodya는 너무도 집중한 나머지 아무것도 듣지도, 보지도 못할 만큼 집중하였다. 다른 사람이 그를 부르고 건드려도 그는 듣지도 알아차리지도 못하였다. 그가 어떤 일을 하고 있을 때 다른 것에는 무관심하였다. 위에서 언급한 내용은 어려운 질문에 대해 생각할 때 전혀 움직이지 않는다는 뜻은 아니다. 오히려 수학 문제를 해결할 때 조금도 가만히 있지 못하고 안절부절 하였으며 심지어 괴상한 자세를 취하기도 하였다.

Volodya는 매우 열심히 학습하였다. 그의 정신은 계속적인 영양분이 필요한 듯 보였다. 그는 수학과 화학에 매우 깊고 진지한 관심을 보였으며(나중에 물리에도 관심을 보임), 가끔은 지리학이나 동물학에도 관심을 보였다. 때때로 그의 공부는 그리 유용하지 않는 것으로 보였다(예를 들어 모스크바의 지리에 대해 관심을 가질 때, 그는 모스크바의 모든 길과 기차와 버스에 관심을 가졌다). 사람들은 그를 현실적인 측면보다는 과학적 측면에만 관심을 갖는, 책에만 열중하는 그런 아이쯤으로 생각할 수 있을 것이다. 그리고 그의 부모가 말한 것처럼 그는 삶에 대해 거의 알지 못하며 실제적인 면, 즉 일상적 면에서는 동년배의 아이들보다 뒤떨어진다. Volodya는 어려운 책은 좋아하지 않으며 또한 그것을 잘 이해하지 못하였다. 심지어 나이가 들었을 때도 그는 《치폴리노의 모험(Cipollino Adventure)[2]》을 읽고 싶어 했다.

Volodya의 발달에 있어서 두 가지의 기초적 특징에 주목해 보자. 첫째, 그의 능력은 매우 이른 시기에 중요한 형태로 나타났으며 둘째, 그는 동시에 여러 분야에서 능력을 보였다. 그의 부모에 따르면, 그는 3살쯤 되었을 때 읽는 것을 배웠다. 그때 그는 숫자와 수, 그리고 쓰기와 의미에 관심을 보이기 시작했다. 이러한 그의 관심을 다른 곳으로 돌리기 위해 음악을 매우 사랑하며 훌륭한 음악가인 그의 할아버지는 그가 3살 반일 때 악보를 보여 주었다(그는 전에 Volodya가 음악에 소질이 있다는 것을 알아차렸다). 할아버지의 도움으로 4살인 Volodya는 음악 이론이 실린 쉬운 책을 사용해 기초적인 악보를 마스터하였다. 4살 3개월에 최초로 악보를 보고 연주하려 하였다. 4살 반~5살에는 Volodya는 다른 키로 조율할 수 있었다. 7살 때 그는 음악학교에 입학하였다. 이때 그는 간단한 음악을 작곡하기 시작하였다. 음악의 감성적인 측면은 그에게 매력을 느끼게 하지 못하였다.

Volodya는 화학에 대해서도 비교적 이른 시기 관심을 보였다. 그는 7살 때부터 화학을 공부하였으며 화학 백과사전을 뒤적여가며 화학 반응식을 공부하였고 Mendeleev 표를 스스로의 힘으로 완성하기도 하였다. Volodya의 수학적 발달은 우리가 가장 관심을 갖는 부분이다. 그것은 매우 특이했다. 2살 반에 100까지 셀 줄 알았다. 99까지 세었을 때 "다음은 무엇이죠?"라고 물었다. 3살이 되었을 때 그는 1,000까지 셀 수 있었다. 4살 때에는 첫 번째 수가 100인 범위에서 10을 받아올림 하며 덧셈과 뺄셈을 할 수 있었다. Volodya는 이것에 매우 매료되었다. Volodya는 작은 막대기로 모래 위에 수를 그리곤 하였다. 5~6살 때 계산 능력이 빠르게 발달했는데, 그는 암산으로 두 자리의 수의 곱셈을 하고, 혼자 힘으로 제곱수 표를 만들었다.

그의 부모는 그의 이러한 조기 발달을 달가워하지 않았고 오히려 그것을 두려워했다. Volodya가 또래의 다른 아이들과 같아지기를 바랐으나 그는 전보다 한층 열정을 가지고 공부하였다. 6살에 삼각함수에 정통하였으며 동시에 삼각법에 열중하였다. 그는 혼자서

---

2) *Le avventure di Cipollino*. 1970년 안데르센 상을 수상한 이탈리아의 아동 문학가 잔니 로다리(Gianni Rodari)의 대표작으로, 세상 속으로 모험을 떠난 작은 양파 치폴리노의 이야기가 담겨 있다.

기하 평균의 개념을 알아냈다. 8살에 그는 이항 체계와 다른 수 체계를 마스터하였다.

이 시기에 Volodya가 관심을 갖는 모든 것은 수학적인 것이었다. 지리학에 대한 관심은 6세경에 전세계의 인구 밀도를 계산할 때 나타났고, 천문학에 대한 관심은 7~8세경 천문학 표를 만들고 이듬 해 달의 상(그림자)을 계산하면서 나타났으며, 역사에 대한 관심은 동향의 설형문자를 알려고 하면서, 6세경 언어에 대한 관심은 다양한 사전과 그것의 편찬 원리에 관심을 가지면서 나타났다. 6세에 스스로 러-독 사전과 독-러 사전을 비교하면서 독일어를 공부하였다. 그러나 독일어에 대한 그의 관심은 여기까지였다.

그의 7살 어린 남동생 Andryusha는 동일한 환경에서 자랐음에도 Volodya와는 대조적인 특징을 보였다. 그는 모든 면에서 보통의 아동이었다. 한번은 그의 아버지가 Andrysha에 대해 다음과 같이 말했다. "Andrysha는 Volodya와 정반대에요. Andrysha에게는 어떤 특이한 점을 찾을 수 없어요. 그는 게으르고 산만하며, 꿈꾸는 것을 좋아해서 모험에 관한 글 읽기를 좋아하고, 그의 형에 비해 현실적인 삶에 관심을 두며 친구가 많아요. 그러나 어떠한 특별한 능력을 가지고 있지는 않아요."

우리는 Volodya가 10살 때 실시한 관찰에서 그의 수학적 영재성을 알 수 있었다. 어떤 측면에서 그와 Sonya는 다른 유형의 영재성을 가진 아동으로 볼 수 있다.

첫째, Volodya의 뛰어난 기억 능력은 주의를 끌만 하다. Sonya도 마찬가지지만 논증, 결론 그리고 증명의 일반화된 패턴을 기억하는 것 외에도 수, 매우 어려운 용어 등을 잘 기억하였으며 어려운 문제들을 오랜 동안 파지하였다. 그가 아주 어렸을 때부터 '암호 같은' 기억력은 그의 전형적인 모습이었다. 예를 들어 6~7세 무렵에는 무작위로 마주쳤던 자동차의 수를 오랫동안 기억했으며, 서재에 있는 400여권 되는 책의 페이지 수를 모두 기억할 수 있었다.

Volodya는 Sonya보다 훨씬 더 계산을 잘 했다. 그의 아버지 말에 의하면, 그는 모든 생각을 계산으로 입증한다고 한다. 그는 많은 문제를 추론이 아니라 많은 조합의 수들을 매우 빠르게 분해하고 확인하면서 문제를 해결하였다. 그렇다고 해서 그가 논리적인 추론을 싫어하거나 할 줄 모른다는 것을 의미하는 것은 아니다. 머리로 빠르게 계산할 수 있는 방법을 선호하였으며, 그에게 수를 분해하는 것은 가장 쉬운 해법이었다는 것을 의미한다.

다음은 그가 Sonya가 풀었던 것과 같은 문제인 토끼와 닭 문제를 어떻게 해결했는지를 보여주는 예이다.

"닭의 수는 토끼의 두 배 가량 되고, 만일 전부가 닭이라면 70개의 다리는 70개이고, 만일 전부 토끼라면 다리는 140개가 되요. 94는 140보다 70에 두 배 가까우니까… 한번 해 보죠. 20과 10, 21과 11, 22와 12, 23과 12… 닭 23마리와 토끼 12마리."

그가 이와 같이 수를 분해하여 그 문제를 해결한 후에, 연구자는 이 문제의 풀이를 어린 동생에게 설명한다면 어떻게 할 것인지 말해보라고 하였다. "만약 전체가 닭이라면 다리가 70개에요. 그러나 실제로 다리는 94개에요. 토끼가 한 마리 늘어나면, 다리가 2개 늘어나요. 따라서 이러한 덧셈을 12번 해야 하므로, 토끼는 12마리가 되요."

> 밀가루가 4상자 있다. 각 상자로부터 9kg을 덜어내었더니 모든 상자에 남아있는 양의 합은 처음에 각 상자에 있던 밀가루의 양과 같았다. 각 상자에 남아있는 밀가루는 몇 kg인가?

Volodya는 다음과 같이 해결하였다. "우리는 두 수 사이의 관계를 선택해야 하는데, 하나는 4배가 되어야 하고, 다른 수보다 9kg 작아야 하니까 … 1과 10, 2와 11, 3과 12 … 3kg이 남아있어요."

이 문제는 다양한 방법으로 해결할 수 있다. Volodya와 Sonya는 모두 그 문제들을 해결하는 데 거의 비슷한 시간이 걸렸고, 거의 동일한 복잡성과 난이도의 문제들을 비슷한 연령일 때 해결하였다. 그러나 Sonya는 침착하게 생각하고 보통 한 번에 정확한 해법을 떠올렸다면, Volodya는 즉시 정확한 해를 찾는 것이 드물었고 아주 빨리 하나의 시도에서 다른 시도로 바꾸어가며 많은 여러 가지 시도를 하곤 했다.

문제를 해결하는 동안 나타난 Volodya의 사고 과정은 매우 단축되었는데, 이는 그의 사고에 명백히 드러나는 통상적인 모습이었다. 이런 까닭에 그는 종종 문제의 풀이를 전체적인 구조로 발전시키거나 해를 설명하는 것을 어려워했다. 그는 자신이 정확하게 푼 문제에서 자신의 풀이 중 몇 개를 설명할 수 없었다. 열심히 노력했지만, 그가 무기력한 침묵에 빠진 것으로 보아 그는 이해하지 못한 것 같다.

예를 들어 그는 다음 문제를 해결하고 있었다.

> 두 형제가 함께 살며 같은 공장에서 일을 한다. 이반은 공장까지 가는데 30분이 걸리고, 피터는 40분 걸린다. 피터가 이반보다 5분 먼저 출발하였다면, 어디서 이반이 피터를 따라잡을 수 있는가?

다음은 그가 문제를 해결한 방법이다.

"그는 5분 동안 전체의 1/8을 가고, 그 다음 1/4, 다른 사람은 1/6, 5분 후에는 3/8, 다른 사람은 1/3, 5분후에 4/8과 3/6 … 15분 후, 절반에서에요."

Volodya는 이 문제를 32초 만에 해결했다. 그는 한참동안 그의 풀이와 어떻게 해결했는지 분명하게 설명하지 못했다. 한참을 노력한 후에, 그는 자신이 푼 방법의 개요를 설명하는데 성공했다. "처음 5분 동안 피터는 혼자 가고 있고, 전체의 1/8을 갔어요. 다음 5분이 지나면 그는 전체의 2/8을 갔고, 이 5분 동안 이반은 전체의 1/6을 갔어요. 그 다음 5분이 경과하면, 피터는 전체의 3/8을 가고 이반은 2/6을 갔어요. 그 다음 5분 후에는 피터가 전체의 4/8, 이반이 전체의 3/6을 가니까, 둘 다 전체의 절반을 간 거에요. 그건 이반이 출발한 후 3번의 5분 후, 또는 절반 지점에서 그들이 만났다는 것을 뜻해요.

다른 예를 보자.

> 어떤 사람이 책 몇 권을 샀다. 만일 그가 책값을 3루블짜리 지폐로 지불한다면, 5루블짜리 지폐로 지불할 때보다 8장을 더 주어야 한다. 그가 지불한 금액은 얼마인가?

Volodya의 풀이(38초 소요): "15로 나눌 수 있어야 하고 … 그것들의 차는 2에요. 8을 2로 나눈 후 15를 곱하면, 60루블이에요."

Volodya는 이 풀이 역시 설명하지 못하였다. 그리고 그의 시도가 효과적이지 않음을 알아차린 후, 다른 단순한 해법으로 그 상황을 회피했다.

"음, 더 나은 다른 방법으로 풀어볼게요. 전체 금액은 3과 5로 둘 다 나누어 떨어져야 해요, 그러니까 15로 나누어 떨어져야 해요. 따라서 15, 30, 45, 60, 75, 90루블이어야 해요. 적당한 것을 찾아보면 … 60이 딱 맞아요 …. 그리고 그것은 다음과 같이 할 수도 있어요. 남는 3루블짜리 8장은 24루블이에요. 그런데 각각은 2루블씩 작으니까 … 그건 5루블짜리 지폐가 12장 있어야 한다는 것을 뜻해요."

마지막 풀이 역시 처음에는 분명하지 않았다. 그러나 그가 생각한 것은 다음과 같다. 만약 5루블짜리를 3루블짜리로 바꾼다면, 우리는 한 장을 바꿀 때마다 2루블을 잃게 되고, 이것은 8장의 남는 3루블짜리 지폐로 보상한다. $24 \div 2 = 12$. 이것은 5루블짜리 지폐의 수이다.

문제를 해결하는 데 있어서 Volodya가 보인 전형적인 특징은 Sonya와 대조적으로 시각적 이미지와 다이어그램에 의존하였으며 다양한 유형의 가장 좋은 그래프를 만들어냈다. 거의 모든 문제에 대해 그의 풀이에는 정보를 시각적으로 표현하는 것이 동반되었다. [그림 52]는 두 형제 문제(이반과 피터)에 대한 그의 해법을 나타낸다.

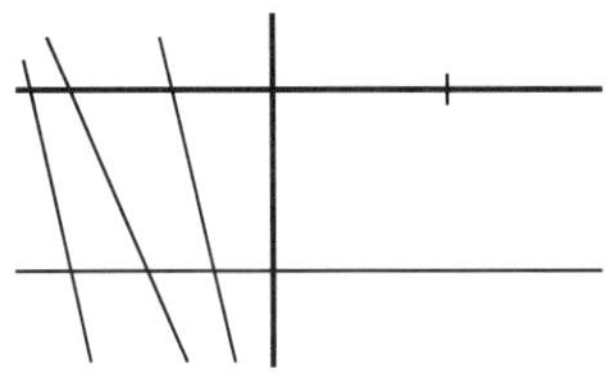

그림 52

그리고 [그림 53]은 다음 문제에 대한 그래픽적인 해법이다.

> 한 소년이 여동생에게 '만일 나에게 땅콩 8개를 주면 우리는 같은 개수의 땅콩을 갖게 될거야.'라고 말하자 동생은 '만일 오빠가 나에게 땅콩 8개를 주면 내가 가진 땅콩의 수는 오빠의 2배가 될거야.'라고 대답하였다. 두 사람이 가지고 있는 땅콩의 개수는 각각 몇 개인가?

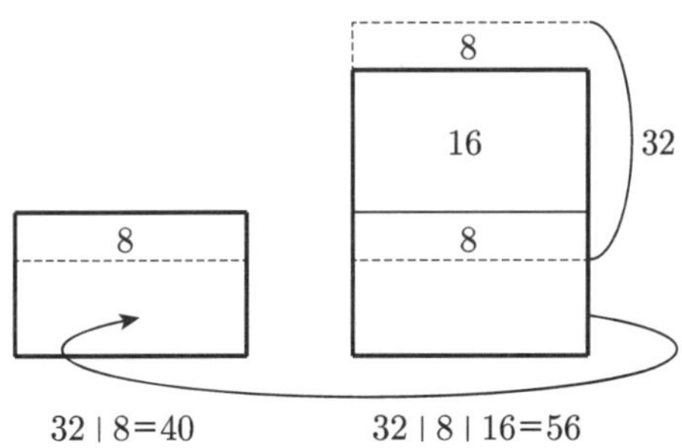

그림 53

시리즈 XXVI의 Borisova의 연구방법에 따르면 Volodya의 지수는 (4,4)이다.

앞에서 언급했듯이 Volodya의 독립적인 창의적 생각은 어렸을 때부터 발달하기 시작하였고, 중학년 이후에 유난히 현저하게 나타났다. 그는 계속 음악학교에서 공부했지만 그의 천성이 음악이 아님은 분명해졌다. 그는 수학, 화학 그리고 물리학에 점차 매료되었다. 이러한 분야에서 같은 학년의 학생들보다 특출났기 때문에 그는 대부분의 수업을 듣지 않도록 허락을 받아 개인적인 일정으로 공부하였고, 수업을 듣지 않았지만 시험에 통과하였다. 7학년이 되었을 때에는 부모가 거의 간섭하지 않은 채 8학년의 모든 시험을 준비하고 통과하였다. 그는 학교에서 배워야하는 7학년에서 11학년 화학 과정 전체를 단 한 번의 수업도 듣지 않고 공부하였으며, 우수한 성적으로 시험을 통과하였다. 고학년 때에는 대학 수학 전체 과정을 혼자 공부하기 시작했는데 특히 해석학의 기초에 정통하였고, 모스크바 주립 대학의 기계-수학과에 있는 수학 동아리에서 정기적으로 공부하였다. 그 동아리에서 그를 가르쳤던 동아리 지도교사는 그의 깊고 철두철미하게 사고하는 능력과 분석하고 연결성을 찾아내고 일반화하는 그의 성향을 기록하고 있으며, 그가 기하학자보다는 해석학자로 발전하고 있음을 언급하고 있다.

이것은 나이가 들면서 Volodya의 수학적 성향(mathematical cast of mind)이 어느 정도는 재구조화 되어 나타남을 의미한다. 그의 수학적 사고에서 언어-논리적 요소가 시각-회화적 요소보다 더 의미 있게 증가하였다.

고학년이 되면서 벨린스키(Belinskii), 도브롤류보프(Dobrolyubov)에 매료된 Volodya는 비평 문학에 관심을 갖게 되었다. 그는 자신의 아이디어와 논증이 풍부해짐으로 인해 그의 글은 점점 더 사려 깊고 뛰어나게 되었다. 사회과학 과정과 관련지어서 Volodya는 변증법적 유물론에 보다 많은 관심을 가졌다. Volodya는 다른 학생들보다 약 2년 속진하여, 16살에 우수한 성적으로 학교를 마쳤다.

Gilya Kh.

Gilya는 1953년 Gor'ki 지방에서 태어났으며, 그에 대한 기록은 1965년에 작성한 것이다. Gilya는 공장 기술자인 어머니 그리고 할머니와 함께 Gor'ki 지방의 작은 마을에서 살았다. 그의 아버지와 친척 중 몇 명은 수학적 능력을 가진 사람도 있었지만 이들은 수학자가 되지는 않았다.

어린 시절부터 Gilya는 매우 우수한 기억능력을 보여주었다. 14개월 때 그는 이미 많은 동요를 알았으며 어떤 날짜에 대해 매우 뛰어난 기억력을 보여주었다. Gilya는 5살 때 글을 읽는 것을 배웠고 곧 매우 잘 읽게 되었다. Gilya는 건강하지 않았기 때문에 그의 가족은 그의 이런 우수한 능력을 격려하지 않았다. 7세 때 초등학교에 입학해서, 1학년에서 일주일을 공부하고는 2학년으로 진급하였다. 저학년 시절에 Gilya는 자주 아팠다. 그래도 그는 매우 열심히 공부하였는데, 심지어 몸이 아파서 그의 가족이 말리거나 못하게 하여도 그는 뭔가를 공부하려고 하였다. 특히 그는 백과사전을 읽었는데, 명확하지 않은 것을 확실히 이해하기 위해 노력하였다. 어린 시절에 Gilya는 매우 민감하고, 긴장을 많이 하며, 쉽게 피곤해히였다. Gilya가 정신적인 일에 온 힘을 다해 집중할 때 그는 안절부절 못하거나 이리저리 돌아다니는 모습을 보였다. 그는 건강을 지키기 위한 양생법을 자주 지키지 않았다. 그는 병에 매우 쉽게 감염되었으며 자주 다쳤고, (특히 그에게 엄격한 요구를 하였을 때) 소극적인 모습을 보였다. 때때로 그는 매우 차분히 마음을 가라앉히거나 감정을 억제하기도 하였다. Gilya는 친구가 거의 없었다. 단 한 명의 친구가 있었는데 그는 Gilya보다 4살이나 나이가 많았다.

Gilya는 음악과 음악학교에 나가는 것을 좋아하였다. 음악의 멜로디나 감정적 측면보다 음악 이론에 더 관심이 많았다. 그는 악보를 읽는 법을 매우 빠르게 익혔다.

Gilya는 별 탈 없이 3학년을 마치고, 4학년을 시작하였지만, (4학기제의) 2학기 때 5학년으로 진급하였다. 6학년 때 Gilya는 심한 편도선염을 앓아서 학교에 나가지 못하였기 때문에 6학년 과정은 집에서 혼자 학습하였다. 11살에는 7학년 내용을 공부하기 시작하였는데, 친구들보다 2년 정도 빨랐다. 1966년, 13살이 된 Gilya는 중학교 9학년 과정을 마쳤다. 이와 동시에 그는 모스크바 대학교 부설 수학 학교에서 공부를 병행하였다.

Gilya의 수학적 영재성은 매우 어린 시절부터 나타나기 시작했다. 그는 기본적인 세기를 2살이 되기 전에 배웠다. 아주 어린 2살짜리 아이가 계단의 수와 손가락의 수를 열심히 셌으며 여러 물건들의 수를 헤아렸다. Gilya가 3살 때 그는 세기에 매우 자신 있어 하였으며, 숫자를 쓰기 시작하였고, 간단한 덧셈을 하기 시작하였다. 1학년에 입학한 첫날에, 그는 1학년 수학 교과서에 나온 모든 예제와 문제를 스스로 독창적인 방법을 써서 말로 풀었다. 학교에서 그가 가장 좋아하는 과목은 언제나 산술이었으며 나중에는 대수와 기하를 가장 좋아하였다. 수학과 관련된 모든 것이 Gilya를 흥분하게 만들었지만, 특히 자신의 재치를 시험할 수 있는 문제를 좋아하였다. Gilya는 아침 6시에 일어나자마자 곧바로 유명한 과학책과 두뇌퍼즐 모음집을 풀었다(나중에는 대수 교과서와 문제집을 풀었다). 그의 친구들은 이렇게 이상한 아이가 그들 자신들과 무척이나 달라보였기 때문에 Gilya를 “아르키메데스”라고 불렀다.

Gilya는 수학을 매우 쉽게 배웠으며 스스로 아주 많은 양을 다루었다. 8살, 혹은 9살 때 그는 수학적 상징주의를 매우 쉽게 이해하였으며(물론, 초보적인 형태로 이해하였다), 수학을 독립적으로 완벽하게 마스터하는 데 아무런 어려움이 없었다. 예를 들면 Gilya는 학교에서 배운 “미지수가 2개인 일차방정식” 단원을 쉽게 이해하였다.

1963~64 학년도에 Gilya는 우리가 제시한 실험 문제 모두를 해결하였으며, 1965년 초에는 모스크바로 와서 우리와 함께 실험을 하였다.

11살의 Gilya는 몸이 왜소하였고, 매우 지적이었으며, 진지하고 매력적인 눈을 가지고 있었다. 아마도 이러한 이유에서 그는 친구들보다 조금 성숙해 보였다. 그가 가지고 있는 것, 성장되어 온 과정, 그의 예의 바름은 매우 깊은 인상을 주었다. 문제를 해결하는 동안에 모든 것이 바뀌어서 그는 문제 해결에 흠뻑 빠져 집중하였으며, 그 외의 것은 모두 잊어버렸고 마치 문제를 해결하는 것에 완벽하게 둘러싸인 것 같았다.

그는 기하도 좋아하긴 했지만 그보다 대수를 더 좋아하였다. 그는 제시된 실험문제를 별 어려움 없이 모두 해결하였다. Gilya가 보여준 두드러진 특징으로는 그가 추상적이고 일반적인 수준에서 답을 찾고자 시도하는 방법이었다. 예를 들면 비현실적인 문제를 제시하였다.

> 5로 나누었을 때 나머지가 7이 남는 수를 일반적인 형태로 나타내어라.

Gilya는 다음과 같은 방식으로 해결하였다.

"보통 이런 경우에 우리는 주어진 수에 x배를 하고 나머지를 더해요. 그러면 이것은 y로 나누어질거고 나머지는 z가 될거예요. … 그러니까 모든 수는 $xy+z$ 형태일 거예요. 위에 주어진 경우라면 $x \cdot 5+7$가 될거예요."

문제를 일반적인 형태로 해결하고 수를 대치하는 것을 "기계적으로"하였기 때문에 Gilya는 자신의 실수를 알아채지 못하였다.

Gilya는 문제에 주어진 용어를 이용하여 방정식을 만드는 (또 해결하는) 것을 매우 잘 하였으며, 다이어그램도 매우 잘 이해하였다.

그가 수학을 좋아하게 된 이유는 분명해 보였다. 그는 화학을 좋아하였는데, 이 화학의 "실용적" 측면은 Gilya에게는 별 흥미를 주지 못하였다. 화학은 그저 반응을 공식화하고 기록하는 것이다! 물리에 대해서도 마찬가지였다. 물리의 수학적 측면만이 흥미를 줄 뿐이었다. 물리나 화학에서 실시하는 실험도 흥미를 주지 못하였다. 공학도 흥미를 주지 못하기는 마찬가지였다. Gilya는 다양한 유형의 표, 다이어그램, 그래프 특히 함수적 종속관계를 나타내는 그래프에 매우 많은 관심을 보였다.

Gilya는 확실히 "추상적"인 유형을 좋아하였다. 문제에서 시각적 이미지나 다이어그램을 사용하라고 해도, 그는 그런 것들을 이용하지 않았다. 그는 시각적인 도구를 제시한 실험문제를 해결할 때도 그것을 사용하지 않았기 때문에 충분히 피할 수 있을 만한 어려움을 겪곤 했다. 예를 들면 다음과 같은 매우 쉬운 문제를 생각해 보자.

> 어떤 여행객이 여행의 중간지점에서 잠이 들었다. 그가 잠에서 깨었을 때, 자면서 이동한 거리의 절반만큼의 거리가 남아있었다. 그가 잠자는 동안 이동한 거리는 전체 여행거리 중 얼마나 되는가?

그는 이 문제를 다음과 같이 해결하였다. "그는 1/3만큼 여행해야 할 거리가 남았어요

(8초간 멈춤), 전체 여행의 반, 또는 (4초간 멈춤) 거리의 1/6(5초간 멈춤), 그렇지만 그는 5/6동안 잠을 잤고(4초간 멈춤), 아니지, 그는 이 반에서 2/3만큼 잤고(12초간 멈춤), 그러니까 전체 여행의 1/3이에요.”

다음과 같은 문제를 제시했다.

> 시침이 2시를 가리키고, 분침이 20분을 가리킬 때, 두 침이 나타내는 각도는 얼마인가?

우리는 의도적으로, 하지만 그가 우연적으로 느끼도록 시계를 Gilya 옆에 놓아두었다. 그렇지만 그 시계를 슬쩍 보는 행동도 전혀 하지 않고 그는 다음과 같이 추론하였다.

“3시에 시침은 직각을 이루고, 2시에는 직각의 2/3이니까 60°를 가리켜요. 한 시간 동안에 분침은 완벽하게 한 바퀴 돌아 원을 만드니까, 20분이면 전체 원의 1/3, 즉 120°를 가리킬 거예요. 또 다른 방법으로도 풀 수 있어요. 분침은 시침보다 12배 빠르게 움직여요. 그러니까 20분이면, 분침은 시침보다 6배만큼 … 그러면 20분 동안에 분침이 움직인 거리는 2시간 동안 시침이 움직인 거리의 2배가 되요. 그래서 120분을 얻어요. 그렇지만 이 방법이 더 어려워요. 첫 번째 방법이 더 쉽고 좋아요.”

Gilya의 공간 개념은 적절하게 발달하지 못하였다. 기본적인 문제에서조차, 공간 지각력에 의해 쉽게 해결할 수 있을 때조차도, 그는 항상 추론을 이용하여 해결하였다.

> 큐브에는 모서리가 모두 몇 개가 있지?

“생각해 볼게요. 큐브 밑면에 정사각형이 있으니까 밑면에는 4개, 위쪽 밑면에도 똑같이 정사각형이 있으니까 4개. 그리고 두 밑면을 연결하는 모서리가 4개 … 그러니까 모두 12개예요.”

Gilya는 Borisova의 방법(XXVI)에서 나타낸 지표는 (2,4)이다.

논리적으로 추론하는 능력은 Gilya의 사고 중에서도 아주 강력한 부분이었다. 문제 해결에서 Gilya는 추론의 과정을 상당히 “줄였고”, 문제가 쉬우면 쉬울수록 추론을 연결하는 중간 과정이 눈에 띄게 더 “짧아졌다”. 어떤 질문에 대하여 그는 자신의 추론 과정을 완벽한 구조로 보여줄 수 있었다.

예를 생각해 보자. Gilya에게 다음과 같은 문제를 제시하였다.

아버지는 35살이고 아들은 2살이다. 몇 년 후에 아버지의 나이는 아들의 나이의 4배가 되겠는가?

Gilya는 다음과 같은 방법으로 문제를 해결하였다.

"아버지는 33살이 더 많으니까, 곧 한 부분은 11살이 될거고, 아들은 이에 비하면 아직도 9살이 부족하니까. 9년이 더 필요해요."

어떻게 이러한 해법을 만들어 냈는지 실험자가 물어보자, Gilya는 "만약 아버지가 35살이고 아들이 2살이면, 아버지는 아들보다 33살이 많죠. 시간이 흘러서 아버지의 나이가 아들의 나이의 4배가 되어도 아버지는 여전히 아들보다 33살이 많아요. 이제 아버지의 나이를 4부분으로 나누면 아들의 나이는 그중 한 부분이 될 거고 나이의 차이는 3부분이 될 거에요. 그러니까 한 부분은 $33 \div 3 = 11$이 되요. 이 한 부분이 아들의 나이가 되는 거죠. 현재 아들이 2살이니까 9년 뒤에 아버지는 44살이 되고 아들은 11살이 되요."

Volodya L.은 같은 문제를 추론을 이용하지 않고 [그림 54]를 이용하여 해결하였다. (이때 그는 나에게 화학반응에 대하여 말하고 있었다.)

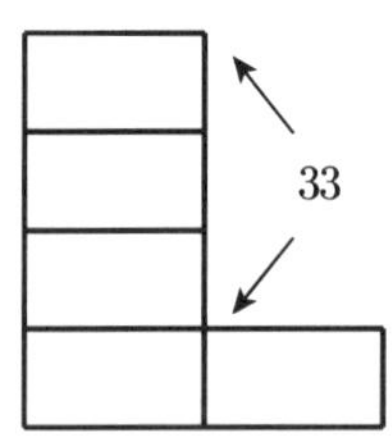

그림 54

Gilya는 다음 문제를 해결하였다.

어떤 기차가 450m 길이의 터널을 3/4분에 지나가고, 전철원을 15초에 지나간다. 이 기차의 길이와 그 속도는 얼마인가?

아무런 시각적 도구의 도움도 없이 (이 때 Volodya L.은 연필을 '기차'로 생각하여 종이(다리) 위를 움직였다.) Gilya는 이 문제의 가장 어려운 특징을 다음과 같이 이해하였다. "터널을 빠져나간다는 것은 터널의 길이에 기차의 길이를 더한 길이를 지나간다는 의미예요. 기차의 길이는 기차가 15초 동안 간 거리와 같아요."

그의 (간략한) 해법은 다음과 같다.

"터널을 빠져나간다는 것은 터널의 길이에 기차의 길이를 더한 길이 만큼 이동한다는 것과 같아요. 기차의 길이만큼을 15초에 지나니까.

$$450 \div 30 = 15\text{m/sec} = 54\text{km per hr.} \quad 15 \times 15 = 225\text{m}$$

Ira S.

1952년 쿠르스크(Kursk) 시에서 태어났다[3]. 1965년에 Ira는 5학년 과정을 마쳤다. 그녀의 아버지와 어머니 모두 수학을 전문적으로 교육받지 않았다. 그녀의 아버지의 직업은 철학자이자 조교수였다. 그녀의 외할머니는 김나지움 시절에 수학에 매우 우수한 학생이었다. Ira의 삼촌은 뛰어난 기술자였으며 수학에 상당한 흥미와 능력을 가지고 있었다.

Ira는 모든 과목에서 골고루 우수한 학생이었다. 학습 내용을 모두 학습하지 않은 때에도 그녀는 과제를 매우 빨리 해결하였다. 그녀는 음악과 스포츠를 공부하는 학교에도 다녔다. 음악에는 특별한 관심을 갖지 않았지만 스포츠는 매우 좋아했다. 학교에서 Ira는 애교심이 매우 투철하였으며, 학생위원회의 회장을 맡았다. 그녀는 그림 그리기를 좋아하였으며, 시를 쓰기도 하였고, 글을 쉽게 읽을 수 있는 수준이었다.

Ira는 5살 때 세기와 주위의 현상들, 예를 들어 거리에 지나가는 자동차가 몇 대나 되는지, 그 수는 얼마인지, 집에는 창문이 몇 개 있는지와 같은 현상들을 양적으로 평가하는 데에 흥미를 보여주었다. 그녀가 1학년 때 담임선생님은 Ira가 문제를 매우 빨리 해결하며 학급의 다른 아동들보다 훨씬 뛰어나다는 것을 알았다. 그래서 그녀는 수학 시간에 어려운 개인 과제를 받아 해결했는데, 개인과제는 주로 아주 어렵고 많은 문제들이었다.

Ira는 두통으로 고생을 하였는데 담임선생님은 어린 소녀의 건강에 영향을 미치는 고도의 집중적인 학습을 걱정하기 시작하였다. 그러나 이 시기에 그녀 자신은 문제해결에서 어떠한 피로도 느끼지 않았으며 기꺼이 문제해결에 시간을 투자하였다. 시간이 지나면서 두통도 사라졌다. 수학에 대한 Ira의 흥미는 시간이 지나면서 더욱 높아졌지만 가족들 중 어느 누구도 그녀의 수학 교육에 대하여 특별한 관심을 기울이지는 않았다. 그녀는 수학을 매우 좋아했는데 그 이유는 "수학은 생각을 해야 하는데 모든 것이 규칙에 따라 행해지는 러시아 사람들과는 다르기 때문이다"라고 말하였다. 수학에서도 규칙이 있다는 실험론자의 반대에 대해서 Ira는 "수학에서 규칙은 사람들이 생각을 하는 데 도움을 준다"고 대답하였다.

---

3) Ira에 대한 실험과 관찰은 우리의 요구에 따라 S. I. Shapiro가 1964~1965년 사이에 실시하였다.

Ira는 자발적으로 실험에 참여하였다. 2시간 동안의 집중적인 문제해결 학습 후에 어떤 휴식도 없었지만 여전히 학습을 시작하기 전과 같은 밝고 기운찬 모습을 보이며 숙제를 시작하는 것은 참 흥미로운 일이었다.

Ira는 수학적 대상에 대해 아주 좋은 기억력을 가졌다. 첫 번째 실험 수업이 끝나고 일주일 후에 그녀는 자신이 풀었던 12개의 문제를 거의 기억했다. 보통 그녀는 일반적인 내용뿐만 아니라 문제에 포함된 수치 자료까지도 기억을 했지만, 독특하고 "매우 세부적인 내용"은 쉽게 잊어버렸다. 더욱이 그녀는 어렵게 해결한 문제를 더욱 잘 기억했다.

Ira는 실험 문제를 아주 쉽게 다루었다. 예를 들면 첫 수업에서 제시된 12문제에서, 10문제를 곧바로 해결하였고 단 두 문제에만 고심을 하는 정도였다. 그러나 좀더 복잡한 문제에 대해서는 그리 성공적이지 못하였다. 이런 문제의 해결에서는 가끔 힌트가 주어지기도 했고, 실험자로부터 일반적인 수업을 받기도 하였다. 예를 들어 Ira는 다음 문제를 해결하였다.

> 각각의 벤치에 5명씩 앉는다면 4명의 학생이 앉지 못하고, 6명씩 앉는다면 2명이 앉을 자리가 남는다. 벤치와 학생의 수는 얼마인가?

처음에 Ira는 이 문제의 기본적인 관계를 이해하지 못하였다. 실험자가 "앉아야 하는 학생은 모두 몇 명이 있지?"라고 묻자, Ira는 즐거워하며 "이해했어요! 각각의 벤치에 1명씩 앉으면, 2명이 더 앉을 수 있어요. 그러므로 벤치는 6개가 있어요."라고 대답하였다.

Ira의 눈에 띄는 특징: 만약 Ira가 어떤 문제를 풀었다면, 그녀는 이 문제와 같은 유형의 문제는 모두 별 어려움 없이 해결하였다. Ira는 첫 번째 풀 문제를 전형적인 문제로 생각하였으며, 해를 구하는 알고리즘을 독립적으로 발견하였고, 이 해를 같은 유형의 다른 문제로 자연스럽게 전이하였다. Ira는 문제들 사이의 차이점들을 놀라울 정도로 쉽게 구분하였다. 문제가 다루는 주제 사이의 외적 유사성이나 주어진 문제와 앞 문제가 서로 유사한 것도 그녀를 혼동시키지 못하였다. 모든 경우에 그녀는 단지 문제의 논리-수학적 측면에 의해서 유형을 구분하였다.

Ira는 그녀와 비슷한 나이의 아동들이 보통 수를 분류하면서 해결하는 문제에서 추론 능력을 보여주었다. 이와 관련된 전형적인 문제는 다음과 같은 문제이다.

> 9ℓ와 4ℓ짜리 그릇이 있다. 이것을 이용하여 어떻게 6ℓ를 측정할 수 있겠는가?

"6ℓ는 9ℓ에서 3ℓ를 덜어내면 구할 수 있어요. 그렇지만 그러기 위해서는 작은 그릇에 1ℓ만 남아 있어야 하지요. 그러면 분명하네요. 큰 그릇에서 4ℓ짜리 작은 그릇에 두 번 물을 부어 버리면 1ℓ가 남고 이것을 작은 그릇에 부으면 되요."

문제 XXIII와 XXIV에 대한 Ira의 해법을 통해 그녀의 사고과정을 볼 수 있다. 수학 문제를 해결할 때, 그녀는 특히 언어-논리적 요소에서 뛰어났다. 그녀는 이러한 문제의 해결이나 심지어 문제에서 시각적인 도구를 사용할 것을 제안하는 경우에도 시각적인 장면이나 그림 없이 해결하였다. 예를 들어 다음 [그림 55]와 같이 반지름 OC를 그려 넣으면 매우 쉽게 풀리는 문제를 그녀에게 주었다.

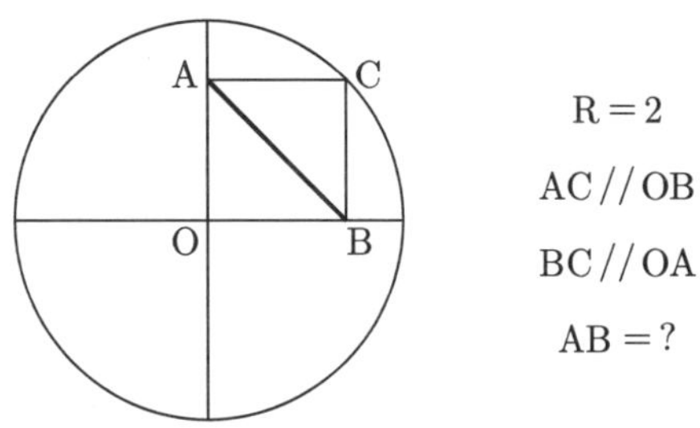

그림 55

Ira는 문제를 분석하는 데 상당히 긴 시간을 투자하였고, 직선 AB의 위치를 다른 곳에 놓아 보았다. 이렇게 하면 점 C는 원의 안쪽으로 오기도 하고 원의 바깥쪽에 놓이기도 하였다. 그런 후에 분명한 원리를 향한 "암중모색"을 시작하였다. 결국 실험자가 반지름 OC를 그려보라는 제안했을 때, Ira는 이 문제를 해결하였다.

실험자가 요구하는 경우에 Ira는 각각의 예제에 대한 시각적인 해법을 설명할 수 있었지만, 쉬운 문제와 관련된 예제에 대해서만 가능하였고, 이때는 자신감이 부족하게 행동하였다. Ira가 문제해결에 대해서 어려움을 느낄 때에는 때때로 시각적 이미지에 의지하기도 하였다. 그러나 이런 시각적 이미지들은 그다지 도움이 되지 못했다. 만약 그 문제가 그녀 자신의 '정신적 평면'에서 해결되지 않았다면, '시각적 평면' 역시 그녀에게 도움을 주지 못하였다. 다시 말하자면, 특별한 어려움 없이 해석적 풀이를 찾았다면 적절한 시작적인 설명을 만들어낼 수 있었지만, 해석적 해법을 찾지 못한 경우에는 시각적인 수단은 도움이 되지 않았다. 이에 대한 예가 있다.

Ira에게 다음 문제를 시각적으로, 또 스키마적으로 해결하게 하였다.

여기에 똑같은 양의 차가 4박스 있다. 이들 각각의 차 박스에서 9kg씩을 덜어내니, 각 상자에 남은 차의 합은 덜어내기 전에 각 박스에 있던 차의 양과 같아졌다. 처음 박스에는 얼마나 많은 차가 있었는가?

Ira는 시각적 도구를 사용하여 이 문제를 해결하려고 하였지만 결국 그녀는 이 문제를 해결하지 못하였다. 나중에 시각적인 도구를 사용하지 말고 머리로 풀어보라고 하자, 그녀는 즉시 이 문제를 해결하였다. 그리고 나서 시각적인 도구를 이용해서 설명하게 하자 이번에는 아주 쉽게 해법을 설명해냈다.

Dima L.

1956년 모스크바에서 태어났다[4]. 1965~66년 사이에 Dima는 초등학교 3학년에 다니고 있었다. 그의 아버지는 경제학 분야의 권위자로서 vuz에서 학생들을 가르치고 있었다. 그의 어머니는 라디오 기술자였다.

매우 어렸을 때부터 Dima는 매우 민감하고 또래의 아동들에 비해 매우 사려 깊은 학생이었다. 한 번은 그가 3살 때 소파에 조용히 앉아 한 곳을 집중해서 보고 있었다. 그의 어머니가 그 이유를 묻자 Dima는 갑자기 울면서 “엄마, 한참 생각중인데 왜 나를 방해해요?”라고 말하였다. (아직 그는 말하는데서 조금은 서툴기 때문에, 확실한 발음으로 말하지는 못하였다.) Dima가 세살 반이 되었을 때, 그는 이미 모든 글자를 알았고 조금씩 읽기를 시작하였으며 4살 때에는 스스로 글을 읽을 수 있었다. 식구들 중에 어느 누구도 Dima에게 글을 읽는 법을 가르치지 않았다. Dima는 부모님께 “이 글자는 뭐야? 이 단어는 뭐야? 어떻게 읽어?”라고 물어보면서 스스로 배웠다.

아주 어릴 적부터 스스로 보고 들은 것에 대하여 깊이 고민하는 것은 Dima 자신의 방법이 되었다. 보통 유치원에 다니는 아동들은 “왜요?”라는 질문을 자주 하고 또 어른들이 하는 어떠한 답에도 쉽게 만족을 해버린다. 그러나 Dima는 질문한 어떤 현상이 스스로에게 명확하게 이해될 때까지 계속해서 질문을 하였다.

Dima는 4살 때 100까지의 숫자를 알았으며 이 역시 어느 누구도 가르쳐 주지 않았다. 5살때부터 Dima는 세기에 대해 매력을 느끼기 시작하였다. 그는 집에서, 거리에서, 어딘가를 방문할 때 등 어디에서든지 세고 또 세었다. 한번은 Dima가 5살쯤 되었을 때, 그의 부모가 모스크바 교외에 있는 여름 별장을 빌렸다. 하루는 Dima가 별장의 주인 아주머

4) 이 자료는 I. V. Duborvina와 협력하여 얻은 것이다.

니와 얘기를 하다가 그녀가 언제 태어났는지를 물었다. 그녀가 대답했을 때 Dima가 말하기를 "그러면 아주머니는 제 어머니보다 $13\frac{1}{2}$살 더 나이가 많네요."라고 말하였다. Dima는 문제를 만들고 그 문제를 해결하는 것을 아주 좋아했다. 이런 문제의 내용은 매우 다양하였다. 예를 들면 "증조할머니는 언제 초등학교 2학년이었을까?"와 같다. Dima는 증조할머니의 나이만을 알고서 증조할머니가 태어난 년도를 구하고 문제를 해결하였다. 그의 계산 능력은 상당한 수준이었다.

Dima는 6살 때 유치원에 입학하였다. 학교의 모든 선생님들이 이 놀라운 소년을 알아보기 시작하였고 Dima에게 "279+567은 얼마지? 438−279는?"과 같은 여러 가지 질문을 하면서 즐거워하였다. Dima는 질문을 듣고는 즉시 선생님들께 정확한 답을 말하였다.

Dima의 부모님은 아들의 엄청난 발달 속도에 놀라기 시작했다. (어머니는 "나는 우리 아들이 좀 더 어린애다웠으면 좋겠어요"라고 표현하기도 하였다.) 부모님은 아들의 발달을 늦추고자 시도하였다. 약 두 달 동안 부모님은 어떤 주제나 현상에 관한 지식과 관련된 Dima의 질문에 어떠한 답도 하지 않았으며 Dima가 읽기에 "적절하지 않은" 책을 주지도 않았다. 그러나 부모님의 이러한 노력도 Dima의 발달을 막을 수는 없었다. Dima는 형제들의 방해에도 불구하고 자신의 질문에 대한 답을 책에서 찾고자 여전히 더 많은 것을 읽었다.

Dima는 7살 때 초등학교 1학년에 입학하였다. 그를 알고 있는 사람들은 Dima를 2학년에 편입시키라고 권유하였지만 부모님은 두 가지 이유로 그렇게 하지 않았다. 첫째, Dima는 글을 쓸 줄을 몰랐기 때문이다—아무도 그에게 글쓰기를 가르치지 않았다. 둘째, 부모님은 아들이 같은 나이의 아이들과 함께 공부하기를 바랐기 때문이다.

9월 1일에 Dima는 부모님으로부터 "electroconstructor"를 선물로 받았다. 이것은 7학년 학생들이 물리와 전기에 대한 기본성질을 학습하기 위한 것이다. 설명서에는 이것을 서로 다른 100가지 모델로 조립할 수 있다고 쓰여 있었고 이에 대한 간단한 설명이 나와 있었다. 한 달 동안, Dima는 누구의 도움도 없이 스스로, 앞서 말한 100개의 모델뿐만 아니라 어디에도 나와 있지 않은 20개의 다른 모델들을 조립하였다. 이후에 "conductor"는 더 이상 Dima의 관심을 끌지 못하였고 결국 조립을 그만두었다.

Dima는 평범한 학교생활을 하였다. Dima는 자신이 어디로 가야하는지, 지금 어디로 가고 있는지를 알았으며, 자신의 해야 할 의무를 잘 알고 있었다. 그러나 그는 이런 것들에 대해서 어떠한 관심도 기울이지 않았다. 그는 아파서 집에서 쉬는 것을 매우 좋아하였는데 하루 종일 자신이 좋아하는 것을 할 수 있었기 때문이다. 다양한 주제들에 대한 Dima의 관심은 색다른 것이었다. 지리학 시간에 Dima는 산의 상대적 높이와 강의 상대적 길이에 관심을 가졌다. 7살 때 천문학의 기원에 대한 흥미를 가지고 지구에서 다른 행성들까지의 거리를 주의 깊게 비교하였다.

Dima는 다양한 분야에 관심이 있었다. 그는 식물과 동물의 삶에 대하여 열정적으로 공부하였으며 화학과 물리에 대해서도 관심을 가졌고 수학을 매우 좋아했다. 7살 때 Dima는 스스로 뺄셈의 개념을 습득하였다. 그는 Nauka i Zhizn [과학과 생활]이라는 저널을 정기적으로 읽고 아주 많은 내용을 이해하였다. 신문들 중에서는 아버지가 구독하고 있는 Economics Newsletter를 좋아하였다. Dima는 정말 많은 것을 읽었다. 그가 가장 좋아하는 책들 중에 상당 부분이 수학에 대한 과학서적이었다. 소설 중에는 환타지 소설을 좋아하였다. 그의 부모는 Gogol, Pushkin, 그리고 Chekhov의 작품에 아들이 관심을 갖도록 노력하였지만, Dima는 이런 책들에는 무관심하였다. Dima에게 어떤 책이 재미있고 또 어떤 책은 지루하다고 설득하는 것은 불가능하였다. Dima는 스스로 책을 읽었고 그 책에 대해서 스스로 판단하였다. 집에는 아주 많은 책이 있었다. 언제나 Dima는 스스로 읽을 책을 선택한다.

그의 부모는 아들이 음악을 좋아하기를 바랐다. 그래서 그들은 아들을 음악학교에서 열린 어린이 콘서트에 데리고 갔지만 음악회는 Dima에게 어떤 감동도 주지 못하였다. Dima는 자신은 음악을 이해할 수 없으며 자신은 수학이나 공학에 대한 책이 콘서트보다 더 좋다고 말하였다. Dima에게는 음악적 능력이 전혀 없었다. 그는 악보 없이는 한 가지 음을 연주할 수도 없었다.

친척들은 Dima를 대하기 어렵고, 자존심이 강하고, 고집 세고, 까다로운 사람으로 생각하였다. Dima에게는 친구도 없었고 다른 아이들과 공통의 관심사도 없었다. 그는 학교의 친구들에게 무관심하게 대하였다. 그는 말이 없었으며 너무 자주 그 자신의 생각에 빠져들었다. 자주 멍하게 있어서 자신이 저녁을 먹었는지 조차도 기억할 수 없었다. 그가 외출을 할 때에는, 그는 모자, 스카프 외에 다른 것들을 하고 나왔는지를 모두 기억해야만 했다. 동시에 그의 머리는 모든 종류, 공식들, 증명들에 대한 아주 많은 정보들을 가지고 있었는데 이러한 것들에 대해서는 결코 잊거나 혼동하지 않았다. 심지어 쉬고 싶을 때에도 Dima는 복잡한 전기회로를 그리거나 수학 문제를 풀었다.

Dima의 추론은 어떤 것에 관한 것이라도 놀라울 만큼 논리적이었다. 예를 들면 전년도에 가입한 “Able Hands”라는 서클에서 활동하는 것을 좋아하는지를 실험자가 물었을 때, Dima은 “아니오, 나는 그 서클에서 활동하는 것을 좋아하지 않아요. 그 서클 활동은 지루해요. 찰흙이나 마분지 같은 종이가 없으면 아무것도 만들 수 없고 어떤 아이들은 만든 것에 색칠만 하죠. 그러므로 그 수업은 우리에게는 아무런 의미가 없어요. 결국에 무엇이 만들어졌는지 우리는 알지 못해요."라고 대답하였다.

가끔 Dima는 자신이 계속 생각해 온 환상을 말하기도 하고 평범한 아이들처럼 행동하기도 하였다. 예를 들면 Dima는 그의 남동생과 하는 게임에 매우 적극적으로 참여하였다. (그의 남동생은 평범한 아이로서 밝고, 씩씩하고, 사교적이고 어떤 특별한 점이 발견되지 않는 아이였다. 부모의 말에 따르면 Dima와는 완벽하게 반대인 아이이다.)

Dima는 실험자가 제시한 모든 문제를 아주 빠르게 해결하였다. Dima에게 다음과 같은 과제를 제시하였다.

> 다음과 같은 등식 $12\times42=21\times24$, $13\times62=31\times26$은 어떤 규칙에 의해서 만들어졌는지를 추측해 보아라. 발견한 규칙을 이용해서 위와 같은 등식을 하나 만들어 보아라.

Dima는 재빨리 답하였다. "그 규칙은 숫자들의 자리를 바꾸는 거에요. 그 수들 각각과 등식의 한 쪽의 수의 합에서 각 자리에 있는 수의 위치를 바꿔요." Dima는 즉시 이 규칙이 맞는지 빠르게 확인하고는 $14\times82=41\times28$이라고 썼다.

I. V. Dubrovina의 방법에 기초한 초등학교 3학년과 4학년 학생들을 위해 만든 수학의 일반화에 대한 과제를 Dima는 순식간에 그리고 모든 문제를 완벽하게 해결했다. Dima는 수학에 관한 과제는 "즉석에서 빠르게" 해결했다. 그러나 비수학적인 과제에 대해서는 많은 시간을 썼고 높은 수준의 결과를 항상 보이지는 않았다.

Lenya K.

Lenya K.는 1957년 모스크바에서 태어났다[5]. Lenya의 아버지는 수리-물리 분야의 권위자였고 어머니는 러시아어와 문학을 가르치는 선생님이었다.

5살 때 Lenya는 스스로 읽기를 터득했다. Lenya는 읽는 법을 배운 적이 없었다. 다만, 그는 주위에 있는 어른들에게 갑자기 각각의 개별 문자를 어떻게 발음하는지를 물어보고 읽기 시작하였다. 동시에 Lenya는 숫자와 약간의 세기에 대하여 인식하기 시작하였다. 그가 세기의 매력에 빠진 것은 6살 때이다. Lenya는 가족들에게 풀 문제를 달라고 졸라서 가족들을 완전히 녹초로 만들어 버렸다. 그는 스스로 문제를 만들어내기 시작했다. 어디에서든지(외출했을 때에도, 저녁시간에도) 문제를 만들어 내고 또 만든 문제를 해결하였다. ("오늘은 걸어서 유치원에 갔을 때 15명이 급히 외출준비를 하고 있었다. 급히 외

5) 이 자료는 I. V. Duborvina와 협력하여 얻은 것이다.

출준비를 하고 있지 않은 사람은 몇 명인가? 그곳에는 모두 23명이 있다.")

Lenya가 실험을 받기 위해 우리에게 왔을 때(이때 그는 6살 2개월이었다), 다음과 같은 문제를 만들어 보였다. 16m짜리 통나무를 톱질하여 몇 개의 조각으로 잘랐다. 만약 각각을 3m, 또는 2m, 또는 6m, 또는 1m의 조각으로 자른다면 몇 개의 조각을 얻을 수 있는가?" Lenya는 자기가 만들은 이 모든 변형문제를 스스로 해결하였다.

7살 때 Lenya는 글을 쓰고, 수를 세고, 글을 읽을 수 있게 되었다. 7살의 Lenya는 매우 활발한 아이였다. 그는 5분도 제자리에 앉아 있지 못하였다 – Lenya는 일어서서 방 주위를 달리고, 안절부절 못했고, 깡충깡충 뛰기도 하였다. 그는 안절부절못하고 끝임없이 움직이는 동안에도 문제를 풀었다. 그렇게 움직이고 돌아다니는 것이 그에게 도움이 되는 것처럼 느껴졌다. 그의 어머니가 한번은 다음과 같이 농담 삼아 말하기도 하였다. "만약 Lenya를 묶어서 앉혀두면, 그는 문제를 풀 수 없을지도 몰라요!" Lenya는 변덕꾸러기였다. 한번은 그가 7살 때 실험을 위해서 우리에게 와서는 다음과 같이 말하였다. "오늘은 세기를 정말 잘 할 수 있을 것 같아요!"

일 년 뒤에 Lenya는 엄청나게 성장해서 매우 조용하고, 예의바르고, 침착한 아이가 되었다. 그는 곧바로 2학년으로 진학하였는데 1학년에서는 Lenya가 배울 수 있는 것이 없을 거라는 그의 부모의 의견 때문이었다. Lenya는 학교의 조직이나, 규율에 적응하는 데 애를 먹었지만 그 해가 중간정도 지나자 새로운 환경에 완벽하게 적응하였고, 친구도 사귀었으며, 즐겁게 학교를 나가기 시작하였다. 3학년 때 그는 완벽하게 "안정을 찾았으며", 좀 더 진지하고 사려 깊은 학생이 되었다. 하지만 가끔 보이는 경솔함과 정신적인 불안은 학습에서 방해 요인이 되었다.

학교 정규 수업 외에도 Lenya는 일주일에 세 번씩 음악을 공부하였다. 그는 음악을 매우 좋아하였고 음악 공부를 즐겼다.

그는 글을 매우 많이 읽었는데 주로 스스로 고른 아동 문학 작품들이었다. 그는 다른 과목보다 수학을 좋아했고 문제 해결을 즐거워하였다. 얼마 동안 Lenya는 초등학교 기초 과정에 해당하는 수학 범위 내의 다양한 문제(즐기기 위한 어려운 퍼즐)풀이에 매우 만족하였다. 그는 이러한 문제 풀이에서 눈에 띄는 능력을 보여주었다. 그는 문제의 핵심과 문제에 주어진 양들 사이의 관계를 빠르게 이해하였다. 조건이 불충분하거나 지나치게 많은 것이 제시된 문제도 어렵지 않았다. 그는 어떤 사실이 부족한지 또는 어떤 사실이 필요 이상으로 주어졌는지를 조사하였다.

9살의 Lenya는 3학년과 4학년 수준의 교육과정 내에서 수학적 자료의 일반화를 잘했다. 한 실험에서 그는 한 문제를 해결한 후에, 제시한 많은 문제들 중에서 처음 문제와 비슷한 문제들을 골라내었다. 그리고 말하기를 "비슷한 문제를 골랐어요. 이 문제들은 비슷한 방법으로 풀 수 있다는 뜻이에요." 그는 선택한 문제를 아주 빠르고 정확하게 해결하였으며, 지금 무엇을 하고 있으며, 왜 그렇게 하고 있는지를 설명하였다.

그에게 다음의 예들에서 규칙을 연역해 보도록 했다.

> 다음과 같은 등식 $12\times42=21\times24$, $13\times62=31\times26$은 어떤 규칙에 의해서 만들어졌는지를 추측해 보아라. 발견한 규칙을 이용해서 위와 같은 등식을 하나 만들어 보아라.

Lenya는 "자릿수의 위치를 바꾼거에요. 첫 번째 식의 한쪽에 있는 수들의 합은 54이고, 반대쪽에 있는 수의 합은 45인데 이것도 역시 바꾸었네요. 풀었어요. 저는 $14\times82=41\times28$ 같은 다른 등식을 만들 수 있어요. 자릿수들을 바꾸었어요. 한 쪽의 수의 합은 96이고, 다른 쪽은 순서를 바꾸어서 69예요."라고 대답했다.

일반화에 대한 문제를 하나 더 생각해 보자. Lenya에게 길이가 서로 다른 선분들(좁은 마분지 띠)을 많이 주었다. 이 띠에는 각각의 길이가 cm로 명확하게 쓰여 있었다. 그에게 삼각형을 만들 수 있는 선분이 가지는 규칙을 추론해 보라고 했다. Lenya는 한 번 삼각형을 만들어 본 후 "두 개의 다른 변을 합한 것이 나머지 한 변보다 길어야 해요. 그렇지 않으면 삼각형을 얻을 수 없어요."라는 결론을 내렸다.

Lenya는 문제해결 스키마와 문제해결에 사용되는 기호를 잘 기억하였지만, 구체적인 자료들은 빨리 잊어버렸다. 예를 들면 Lenya는 8살 때 다음 문제를 풀었다.

> 어떤 벽돌의 무게는 1kg이고, 이것은 전체 벽돌의 반이다. 전체 벽돌의 무게는 얼마인가?

Lenya는 혼자 힘으로 이 문제를 해결하지 못했고, 실험자에게 도움을 청했다. 넉 달 후, 그에게 다음과 같은 문제를 제시하였다. "어떤 책의 가격은 1루블인데 이것은 원래 가격의 절반이다. 그 책의 가격은 얼마인가?" Lenya는 "또 다른 절반 … 책의 절반의 가격이 1루블이니까, 전체 책은 2루블이에요. 저는 이런 문제를 풀어본 적이 있어요 …. 그때도 반이 있었고 전체를 구해야 했어요 … 그런데 그게 뭐에 관한 문제였는지는 잊어버렸어요."라고 대답했다.

문제에서 가장 중요한 요소가 무엇인지에 대하여 이해하고 그것을 기억하는 Lenya의 능력은 용어를 기억하기 어려운 문제를 인식할 때도 명확하게 나타난다. 그는 보통 어떤 문제를 한 번 읽고 나면 그 문제의 모든 핵심적인 관계를 기억한다. Lenya는 같은 문제를 다른 방법으로 푸는 것과 자신만의 독창적인 방법으로 푸는 것을 매우 좋아하였다.

Lenya는 수학적 대상을 일반화 하는 능력이 매우 뛰어났지만 비수학적 대상을 일반화하는 것은 잘하지 못하였다. 그에게 동물들(야생동물과 가축), 새들(야생새와 집에서 키우는 새), 물고기의 그림을 보여주고 이것들을 분류해서 그룹들로 나누어 보라고 했다. 그가 한 방법은 다음과 같다.

1. 모든 새 — 이것들은 거의 똑같은 부리와 깃털을 가지고 있어요.
2. 곰, 고양이, 개, 늑대 — 이것들은 모두 동물이에요. 똑같은 머리털을 가지고 있고, 비슷하게 생겼어요.
3. 말과 망아지 — 얘네들은 분명히 어미와 새끼일 거예요.
4. 소와 염소 — 얘들은 모두 뿔이 있어요.
5. 물고기
6. 고슴도치 — 얘는 가시투성이에요. 가시 말고는 아무것도 없어요.

이와 같이 Lenya는 (적절한 지식을 가지고 있었음에도 불구하고) 외부적이고 임의적인 특징에 따라 일반화하였다. 실험자는 Lenya의 실수를 설명해주었다. 그렇지만 그 다음에 준 동일한 유형의 과제에서도 다시 낮은 수준으로 분류하였다.

Sasha L.

Sasha는 1955년 모스크바에서 태어났으며, 그에 관한 자료는 1965년에 수집하였다. Sasha의 가족 중에는 수학적 재능을 보인 사람은 아무도 없었다. 그의 아버지와 어머니는 신문기자였다. 그보다 18살 위의 누나는 언어학자였는데, 부모의 표현에 의하면 '약점이 수학'이었다. Sasha의 외할아버지는 유명한 수학자였으며, 아버지도 젊었을 때 수학에 상당한 흥미를 가지긴 하였다. 수에 대한 Sasha의 열정은 어린 시절부터 뚜렷하게 보였다. 2살 때 그는 50까지 세는 법을 알았다(그의 아버지가 50권짜리 백과사전 전집을 가지고 있었다). 2살 반~3살쯤에 그는 100까지 셀 수 있었고 거꾸로 세기도 할 수 있었다. 그 무렵 그는 숫자를 맞추는 게임을 자주하였는데 숫자를 혼동하는 일이 없었다. 그는 수를 가지고 하는 다른 보드 게임들도 매우 좋아하였다.

우리가 그를 관찰하기 시작한 것은 그가 6살 때부터이다. 그는 빛나는 눈을 가진 매우 적극적인 아이였으며, 매우 사교적이고 호기심이 강한 아이였다. (그는 "이건 뭐예요?",

“이건 왜 이래요?”라고 만나자마자 질문하였다.) 문제를 푸는 동안에는 외적으로는 집중한 모습을 보이지 않았다. 안절부절못했으며 많은 혼란스러운 움직임을 보였다.

6살 때 Sasha는 글을 매우 잘 읽었고 글을 쓰는 방법도 알았으며, 혼자 여러 자리 수의 덧셈과 뺄셈 문제를 많이 풀었다. 그는 입으로 푸는 것과 손으로 푸는 것 모두 잘 했다. 이 시기에 그는 구구단을 자신만의 독창적이고 독립적인 방법으로 공부하기 시작했다. “5를 7번 더하면 얼마지? 5 곱하기 5는 25이고 또 5를 2개 더 더하면 35가 되겠네.” 그리고 나서 산술에서 그의 첫 번째 독자적인 일반화를 만들기 시작했고(“아마도 나누기는 곱셈을 반대로 한 계산일거야”), 음수의 개념을 탐구하기 시작하였다. 6살 때 Sasha는 아무런 어려움 없이 다음과 같은 문제를 쉽게 해결하였다. “우리나라 북쪽의 날씨는 물이 어는 온도보다 12°C 낮고 가장 남쪽 지방은 이것보다 41°C 높다. 남쪽 지방의 온도는 몇 °C인가?”

이 당시 Sasha는 아직 분수를 알지 못했다. 그렇지만 첫 번째 실험수업에서 그는 놀라울 정도로 쉽게 분수 개념을 완벽하게 이해하였고 혼자서 “만약 분모가 커진다면 분수는 작아지네 … 그건 우리가 더 많은 부분으로 나누었고, 그러면 더 작은 부분들을 얻기 때문이야”라는 사실들을 계속해서 찾아냈다. 그해에 Sasha는 스스로 간단한 분수의 덧셈 방법을 알아냈다. 그는 공통분모를 찾고 주어진 분모로 이 공통분모를 나누었는데 … 그의 “발견”은 혼란에 빠졌다.

그의 부모는 “우리들은 항상 또래보다 빠른 Sasha의 성장을 염려하고 있으며, 그의 발달을 늦추려고 애쓰고 있다”고 말하였다.

6살에서 6살 반 사이에 Sasha는 체스와 같은 게임을 매우 좋아하였다. 모든 정보에 따르면 그에게는 게임이 어떻게 진행되는지가 주된 관심사였고, 게임의 승패는 별로 중요하지 않았다. 그는 간단한 체스 문제를 만들려고 애썼다.

7살 무렵에 Sasha에게 수학적 사고의 전환이 좀 더 명확하게 나타나기 시작하였다. 그는 여가 시간을 문제들을 풀면서 보냈다. 지리교과에 대해서 조금씩 흥미를 가지기 시작하였고, 강의 길이나 어떤 도시의 인구의 비교와 같은 숫자들에 흥미를 보였다. 그는 단위에 대해 깊은 흥미를 가졌다. 그는 끝없이 어떤 것을 측정하고, 계산하고, 지도를 그려나갔다. 또한 그는 혼자서 5년 후까지의 달력을 만들었다. 그가 아파서 잠시 동안 문제를 주지 않았을 때, 그는 “난 한 게 아무것도 없어.”라고 말하며 Kiev에서 출발하는 완행열차의 운행시간표를 외웠다. 그는 이러한 종류의 일에는 거의 피곤을 느끼지 않았다.

Sasha는 책읽기를 즐겨하지는 않았으며 음악적 적성도 보이지 않았다. 그는 공학과 우표수집에 관심이 많았다. 또한 다른 보통의 아이들처럼 축구와 하키를 매우 좋아하였으며, 조금 뒤에는 정치에도 흥미를 갖기 시작하였다. 6살 반에 초등학교 1학년에 입학하였고 학년의 말까지 쭉 출석하여 학습하였다. (사실 그의 부모는 그를 바로 2학년으로 입학시키려고 하였지만, Sasha는 1학년으로 출석하였으며 학교에 잘 적응할 수 있었다.

Sasha는 학교에서 학급 친구들과 빠르게 친해졌으며, 많은 친구도 사귀었다. 수학시간에 Sasha는 이해가 늦은 아이들을 도와주었으며, 수학 성적이 낮은 친구의 성적을 올리는 데 의욕적으로 참여하였다.

3학년이 된 8살의 Sasha는 실험에서 문제를 매우 쉽게 해결하였고 추론능력이 매우 잘 발달되었으며 한 문제를 다양한 방법으로 해결하려고 노력하였다. 그에게 다음과 같은 문제를 제시하였다.

> 등유 한 통의 무게는 8kg이다. 통 속에 있는 등유의 절반을 쏟아 버렸더니, 등유가 들어있는 통의 무게는 $4\frac{1}{2}$kg이었다. 통의 무게는 얼마인가?

"등유 반을 쏟아 버렸으니까… 쏟아 버린 양은 ($8-4\frac{1}{2}=3\frac{1}{2}$를 썼다) $3\frac{1}{2}$kg이에요. 그러면 등유는 모두 7kg이니까, 그러면 통의 무게는 1kg이 되요." (식을 쓰는 것을 다 포함해도 Sasha가 이 문제를 푸는 데는 30초밖에 걸리지 않았다. "그렇지만 문제의 풀이가 맞았는지 확인해보지 않을 거니?" 라는 실험자의 질문에 Sasha는 "내가 내 풀이가 맞았다는 것을 아는데 왜 확인해야 되요?"라고 당황하며 대답하였다.

다음 문제를 생각해 보자.

> 닭과 토끼가 마당에 있었다. 이들의 머리의 수를 모두 합했더니 35개였고, 발의 수는 모두 94개였다. 그러면 마당에는 몇 마리의 닭과 토끼가 있겠는가?

"마당에는 2개의 다리와 4개의 다리를 가진 동물이 돌아다니고 있어요…. 그런데 모두 2개의 다리만 있다고 하면, 그러면 다리는 모두 70개일 거예요…. 나머지 24개의 다리를 … 2개씩 더해주면 다리가 4개인 동물이 12개가 될 거예요. 그러니까 토끼는 12마리이고 닭은 23마리예요. 다른 방법으로 풀 수도 있어요. 만약 마당에 모두 토끼만 있다면, 머리가 35개이니까 발은 모두 140개일 거예요. 그렇지만 발의 수가 너무 많아요…. 46개가 부족해요. 토끼와 비교해서 닭은 한 마리마다 발이 2개씩 부족해요. 그러니까 닭은 23마리가 되죠." (두 가지 다른 풀이에 약 1분이 걸렸다.)

이러한 여러 가지 풀이는 Sasha가 풀이과정을 단축하려는 경향과 적절한 연산체계를 갖고 있음을 분명하게 보여 준다.

Sasha의 사고에서는 언어-논리적 요소들이 시각-회화적인 요소들보다 분명히 두드러져 보인다. 문제에서 시각적인 도구를 사용하라는 조건이 있어도 Sasha는 그림과 같은 시각적 도구를 이용해서 해결하지 않았다. 예를 들어 "시계의 시침과 분침의 위치를 바꾸는 문제"와 같은 유형의 문제 해결에서도 필요하다면 시계 그림을 사용하라고 말해주어도 추론을 통해 문제를 빠르고 확실하게 해결하였다.

문제 : 시계가 3시 40분을 가리키고 있다. 시침과 분침의 위치를 바꾼다면 몇 시 몇 분일까?

답 : 시침은 3과 4사이의 어디쯤에 있을 것이고 분침은 8을 가리킬 거에요. 그러면 시침이 8을 가리키고 분침은 3과 4사이의 어느 곳을 가리킬 때는 언제일까? 8시 18분예요.

문제 : 시계가 약 7시 35분을 가리키고 있다면?

답 : 이 경우에 분침은 7에 가까이 있고, 시침은 …. 역시 7에 가까이 있어요. 만약 이 경우에 둘의 위치를 바꾼다면 거의 같은 시간이거나 조금 적은 시간이 될 거예요.

1964년 여름에 3학년 과정을 마친 9살의 Sasha는 형들의 도움을 받아서 대수를 조금씩 공부하기 시작하였다. Sasha는 대수의 기본적인 개념들을 쉽게 이해하였다.

Volodya Kh.

1956년 Crimean 지방에서 태어났다.[6] 1966년에 8학년 학생들을 위한 지역 수학 올림피아드 대회에서 10살짜리 6학년 학생인 Volodya Kh.가 1등을 차지하였다. Volodya의 뛰어난 능력은 4살 때부터 나타나기 시작하였다. 그는 1학년, 3학년, 5학년, 6학년 이렇게 4년만 학교를 다녔다. 1학년 때 그는 이미 "1학년에서 4학년 학생들에게 선생님이었다."(A. P. Tinyakov). Volodya는 5학년을 마치고 수학에 재능이 있는 학생들을 대상으로 하는 여름 캠프에 참여하였고, 8학년 학생들 그룹 안에서도 훌륭하게 활동을 하였다.

Volodya의 영재성은 수학뿐이 아니었는데, 영어 공부에서도 매우 훌륭하였으며, 러시

6) Volodya Kh.에 관한 정보는 교사이자 사대 학장인 A. P. Tinyakov로부터 얻었다.

아어의 학습에서도 매우 뛰어난 실력을 발휘하였다. 모든 과목에 걸쳐서 그는 매우 우수한 능력을 보여주었다. 그는 글읽기를 매우 좋아하였으며 또한 매우 많은 양의 글을 읽었다. 그는 스포츠 활동에도 매우 적극적이었다. 그는 자신의 능력에 대하여 매우 겸손한 태도를 보여서 친구들 앞에서 자신의 능력을 내세우려고 하지 않았다. 오히려 그는 부끄러움을 타는 성격이었다. Volodya의 수학적 기억력은 매우 뛰어났다. 그는 추론 구조를 매우 잘 기억해냈으며 어쩌다가 공식을 잊어버리면, 언제나 그 공식을 빠르게 연역해 낼 수 있었다.

Tinyakov는 Volodya에 대한 폭넓은 관찰과 실험을 통해서 수학을 일반화하는 Volodya의 능력이 매우 잘 발달되어 있음을 확인하였다. Volodya는 어떤 현상에 대한 분석을 한 후에 그와 유사한 여러 가지 현상에 대하여 그 분석 결과를 즉시 일반화하였다. 보통, 그는 일반적인 형식으로 문제를 인식하거나 해결하려고 노력하였다. "이러한 측면에서 개개의 변형문제들은 그에게 큰 흥미를 끌지 못하였다."(Tinyakov).

Volodya를 유형론적인 관점에서 바라본다면, 그는 기하학자보다는 대수학자에 더 가까웠다. 구체적인 상황은 그를 갑갑하게 하였다. 그는 문제를 시각적인 형태로 해석하려고 하지 않았다. (특별하거나 구체적인 경우는 분명 Volodya를 속박하는 것이며, 일반적인 경우로부터 그를 전환시키는 것이기 때문이었다.) Volodya는 많은 기하 문제를 대수적으로 해결하려고 하였다.

Volodya의 사고는 문제에 대한 평범하거나 상투적인 해결 방법의 영향을 적게 받았다. 그는 항상 어떤 새로운 방법이 필요하다면 기존의 확실한 연산 방법을 벗어날 준비가 되어 있었다. 또한 그에게 있어서 특이한 점은 가장 간단하고, 명확하고, 가장 설득력 있는 해법을 찾으려는 노력이었다.

Tinyakov는 Volodya의 이러한 특성에 관심을 가졌다. 빠른 사고속도는 그가 추구하는 바가 아니었다. Volodya는 생각하는 속도는 그리 빠르지 않았지만 깊이있게 생각하였다. 자신 스스로에게 "쉽게 느껴지지 않는" 문제를 끈기있게 해결하는 것은 그가 가진 타고난 성향도 아니다. 이럴 때 Volodya는 잠시 문제에서 벗어나서 얼마 후에 문제 풀이를 돌아와 풀이를 다시 시작하는 것을 더 좋아하였다. (이때 다른 해법으로 시도한다.) 그래도 여전히 문제가 풀리지 않으면 다시 문제 풀이를 중단한다.

어떠한 피로감도 호소하지 않고 수하을 (4시간 혹은 5시간 동안) 정력적으로 학습하는 Volodya의 능력은 주목할 만하다. 마지막으로, 그를 둘러싸고 있는 여러 가지 현상들에 대한 "수학적 측면"에 대하여 직접적인 관심을 가지거나 또 주위 현상의 "수학적인 눈"으로 바라보는 Volodya의 성향에도 주목해야 한다.

Volodya를 지도한 선생님들 중 한 명인 Tinyakov는 Volodya가 아마도 13살에는 학교 공부를 마무리하고 vuz에 입학할 준비를 완벽하게 마칠 거라고 생각하였다.

Borya G.

Borya는 1954년 Makeevka 시에서 태어났으며, 그에 대한 기록은 1965년에 작성한 것이다. Borya가 2학년이었을 때, 그의 부모와 교사는 산술에 대한 Borya의 흥미와 능력을 알아차렸다. Borya는 당시에 2학년과 3학년 학생들을 위한 문제뿐만 아니라 4학년 학생들을 위한 많은 문제도 머릿속으로 빠르게 해결할 수 있었다. 선생님께서 숙제로 두 문제를 칠판에 쓰자마자 Borya는 문제에 대한 정답을 곧바로 말하였다. 그러나 어려운 문제를 정확하게 풀었지만 문제를 어떻게 해결할 수 있었는지에 대하여 만족할 만한 설명을 할 수는 없었다는 사실은 특이하다.

이후에 Borya는 문제해결에 심취하게 되었다. 심지어 휴일에도 그는 문제를 풀면서 두세 시간을 보냈다. 그는 문제 해법을 담은 많은 노트를 만들었다. 가끔 그는 해법에 대한 계획을 기록하기도 하였고, 어떤 때는 해만을 기록하기도 하였으며, 가끔은 해결을 위한 일반적인 방향만을 제시하기도 하였다. 3학년 때 Borya는 퍼센트와 간단한 분수의 연산을 배웠다.

교사와 면담을 한 후에, Borya의 부모는 4학년 학생들이 치는 시험을 준비시켜 치르도록 하였고 그래서 그는 3학년에서 바로 5학년으로 진급할 수 있었다. 부모의 도움으로 Borya는 한달 만에 러시아어, 읽기, 산술 시험을 준비할 수 있었으며, 이들 과목에 대한 시험에서 5점(excellent)을 받아 통과할 수 있었다.

Borya는 5학년에서도 매우 우수하였다. – 전처럼 그는 산술과 특히 복잡한 문제의 해결에 심취해서, 항상 문제를 가장 짧고 명확한 방법으로 해결하려고 노력하였다. 가끔은 이러한 목표를 이루기 위해서 그는 가능한 한 모든 해법을 찾고 이것들을 비교하였다. 해결이 어려운 문제들은 Borya에게 비정상적인 활기를 불러일으켰다. 그는 즐거움에 펄쩍펄쩍 뛰었고 노래를 불렀으며 행복하게 웃음도 지었다. 만약 어려움에 직면한다고 해도, 그는 어떤 도움도 바라지 않을 것이다.

한 가지 매우 흥미 있는 사실은 Borya가 시각적인 수단을 사용해서, 문제에 주어진 관계를 "알아내려고" 애쓴다는 것이다. 이것은 특히 그에게 익숙하지 않은 문제를 해결하는 동안에 두드러지게 나타난다. 그에게 다음과 같은 문제를 제시하였다.

트랙터가 첫날에 전체 일 중에 $\frac{8}{21}$만큼 하였고, 두 번째 날에는 남은 일중에서 $\frac{7}{13}$만큼 하였을 때, 남은 일이 양이 $26\frac{2}{3}$헥타르였다. 그가 만약 한 시간에 평균 $2\frac{2}{5}$타르의 속도로 일을 한다면, 전체 일을 하는 데 시간이 얼마나 걸리겠는가?

Borya의 해결 방법은 다음과 같다. 그는 노트의 한 칸의 줄을 21개의 정사각형 부분으로 나누었다. (첫째 날 한 일의 양인) 8개의 정사각형 부분을 구분하였고, 남은 13개의 정사각형을 새로운 수로 보았다. 그리고 7개의 정사각형을 구분하였는데 이것은 새로운 수 $\frac{7}{13}$을 의미하는 것이었다. 6개의 정사각형(또는 $\frac{6}{13}$이라는 새로운 수)이 남았는데, 이것이 $26\frac{2}{3}$헥타르와 같다. 그리고 그는 21과 6개의 정사각형의 크기를 비교하여, 21을 6으로 나누어 $3\frac{1}{2}$를 얻었다. 그 다음으로 한 것은 $26\frac{2}{3}$에 $3\frac{1}{2}$를 곱하고, 구하고자 하는 전체 일의 양 등을 곱하는 식으로 이 문제를 해결하였다.

5학년 때 Borya는 대수 과정을 학습하기 시작했는데 (사실 6학년에서도 계속 공부했지만), 기하학을 "공부하고 싶어하는" 마음을 참을 수는 없었다.

그는 또한 영어 공부에 매우 심취했으며, 음악 공부도 시작하였다. 그는 음악에 대단한 소질을 보이지는 않았지만 대단히 열성적이고 끈기있게 음악을 공부하였다.

1965~66년도에 Borya는 7학년이 되었다. 전과 마찬가지로, 그에게는 문제해결이 진정한 휴식이었다. 아무리 힘들게 보낸 날일지라도 밤 11시이면 그는 항상 문제를 풀고 있었다. 그는 어려운 문제의 해법을 노트에 깨끗하게 적었으며, 그 중에서도 특히 어려운 문제의 해법은 두꺼운 노트에 기록하였으며, 가끔은 한 문제에 대한 다양한 해법을 기록하기도 하였다. Borya는 Matematicheskaya Shkatulka[The Mathematical Treasure Chest]라는 책과 각종 경시대회와 올림피아드 문제 모음집에 나온 많은 문제를 해결하였다. 이 당시 수학기숙학교로 Borya를 전학시키자는 문제가 제기되기도 하였다.

우리는 모두 26명의 영재아동들을 살펴보았지만, 나머지 아동들에 대한 자료는 인용하지 않았다. 왜냐하면 나머지 아동들에 대한 관찰은 비교적 최근에 시작하였고, 그들에 대한 실험도 아직 실시되지 않았기 때문이다.

문헌에 나타난 사례들

여러 문헌에도 수학영재아에 대한 기록들이 있다. 1834년도 모스크바 대학의 학술 보고서(Scholary Transactions of Moscow University)에는 "이반 페트로프 소년(boy Ivan Petrov)"이라는 제목의 매우 재미있는 보고서가 실려 있는데 이반 페트로프는 코스트롬스크 지방 농부의 아들이며, 읽을 줄도 모르고 쓸 줄도 모르지만 다소 복잡한 산술 문제들을 머릿속으로 풀었던 소년이다. 어느 누구도 그에게 산술을 가르쳐주지 않았으며, 130여 년 전에 Kostromsk 지역에서는 어느 누구도 학교에서 배울 수 없었다. 농부들의 지닌 타고난 영재성에 관심을 가졌던 전문가의 보고에 따르면, Ivan Petrov는 다음과 같은 유형과 난이도를 가진 12개 문제를 모두 암산으로 해결하였다. (1) 40004 − 30005. (2) 어떤 기간동안 12명의 사람이 생활하는 데 136루블이 필요하다. 그러면 같은 기간 동안에 69명이 생활하는 데는 몇 루블이 필요한가? (3) 3루블짜리 동전과 5루블짜리 동전을 이용해서 78루블을 지불하는 데는 몇 가지 방법으로 가능한가?(그는 6가지 방법 모두를 찾아냈다.) 그렇지만 이 뛰어난 아동에 대해서 더 이상 알려진 것은 없다.

1917년에 S. Ya. Rabinovich와 A. M. Shubert는 "두 명의 수학영재아에 대한 이야기"라는 책을 펴냈는데, 이 책에는 7살짜리 Volodya Zubritskii와 10살짜리 Sasha V.에 대하여 말하고 있다. Volodya의 수학적 능력은 우연하게 발견되었다. 그의 형이 문제를 풀고 있었는데 이때 5살이던 Volodya가 형의 실수를 지적하였다. Volodya는 수를 매우 좋아하였기 때문에 오랫동안 수들을 주의깊게 바라보고 있었다. 곧 Volodya는 "신동 소년"으로서 서커스에서 활동을 하였는데 세 자리 수와 다섯 자리 수의 곱셈을 암산으로 계산하였다. 그러나 Volodya는 이러한 계산 능력과 함께, 수학적 사고 능력도 함께 개발하였다. 그는 제곱근의 개념을 바로 이해하였고, 제곱근이 무엇을 의미하는지를 이해하였으며, 세자리 수의 제곱근을 계산해 내기 시작하였다.[7)]

Sasha V.는 더 재미있는 경우이다. 그는 독창적으로 창의성을 개발하였다(즉, 보통의 일반적인 경우와 비교해서). 특히 그는 수열 속에 숨겨진 규칙을 발견하는 데 뛰어난 능력을 보여주었다. 전문가의 의견에 따르면, 그가 발견한 몇 가지 규칙은 경험적으로 볼 때 높은 수준의 수학을 이용해야만 설명할 수 있다고 말하였다. Sasha의 기억은 매우 논리적이어서, 예를 들면 그는 긴 수열을 그 속에 숨어있는 규칙을 발견하여 기억하였다.

N. S. Leites는 Erik B.라는 아동을 소개하고 있는데, 그는 6살 때 여러 가지 수의 산술 계산을 하였으며, 7살 때는 대수의 기본 법칙을 마스터하였고 방정식 문제를 해결하였다. 이러한 것들이 모두 특별히 체계적인 지도 없이 나타났으며 심지어 친척 중에는 이러한 능력을 보여주는 것을 놀라며 반대하기도 하였다. Erik은 곧바로 2학년으로 진학

7) 네델야(*Nedelya*)(1966, no. 50)에서 볼로댜의 능력에 대한 추가 자료를 출판하였으며, 그의 운명도 이야기하였다. 그는 제2차 세계대전 때 해군이 되었다. 지금은 은퇴한 3급의 해군대령이다.

하였다. 10살 때 4학년이었던 Erik은 방정식을 이용하여 복잡한 관계를 어떻게 표현할 수 있는지를 알았으며 로그와 제곱근에 대해서도 알았고 (기하와 천문학에서) 무한에 대한 계산과 표를 만들어 계산하는 데에 깊은 관심을 가졌다. 그는 이러한 계산을 하는 것에 대하여 어떤 피로감이나 어려움도 느끼지 않았다.

1964년 독일인 심리학자가 쓴 어린 수학영재아에 대한 예가 있다. 부모는 우선 S. Reiner가 5살 때 그의 능력에 관심을 가졌다. 그는 갑자기 수의 연산에 흥미를 가지기 시작하였고. 부모님의 나이를 알고 나서. "두 분의 나이를 합하면 72살이 되요"라고 말하였다.

여기서, S. Reiner의 부모도 역시 그의 수학적 능력의 개발을 도와주지 않았을 뿐만 아니라, 오히려 누나가 수학 수업을 준비하는 방에서 그들 강제로 내보내는 것과 같이 가능한 한 모든 방법을 써서 방해를 하였다. 왜냐하면 그들은 생길 수 있는 부작용을 걱정하였기 때문이었다. 실험자는 Reiner의 수학의 일반화에 대한 능력과 성향에 대한 특별 보고서를 작성하였다(물론, 그가 해결할 수 있는 문제의 영역 내에서). Reiner는 그가 찾아낸 해법을 같은 유형의 문제에 쉽게 전이하였다.

6살의 Reiner는 바로 2학년으로 진학하였다. 그는 언어와 철자법을 배우는 데 상당히 애를 먹었지만 산술에 대해서는 모든 것을 잘 해결하였다.

어린 아동의 초기 수학 영재성에 대한 또 다른 흥미로운 예가 Soviet Periodical Press에 나타나 있다. Zhenya Gutnikov, Alesha Tolpygo, 그리고 Zhenya Levich는 모두 저학년 시절부터 놀라운 능력을 보여준다. 그들은 14살에 학교를 마치고 물리-수학 vuzy에 입학하였다. 유명한 수학자인 Sasha Dvorak은 9살 때 7학년을 다닐 정도였다.[8)]

수학영재아에 대한 관찰과 실험 연구를 통해 수집된 자료들을 통해 몇 가지 결론에 이르게 되었다. 첫째, 수학적 능력은 매우 어린 시절부터 나타날 수 있으며 대부분의 경우에는 계산 능력 ─ 수를 다루는 능력 ─ 으로 나타난다. 물론, 계산 능력 자체가 수학적 능력을 적절하게 말한다고는 아직 무리가 있지만, 이것을 기초로 해서 이후에 실질적인 수학적 능력 ─ 추론능력, 수학 문제를 독립적으로 해결하는 능력, 증명 능력 ─ 이 형성된다.

어린 시절에 수학적 능력이 형성되는 것이 모두 좋은 환경 조건과 양육의 결과에 관련된 것은 아니다. 우리가 조사한 대부분의 경우에, 부모는 아이들을 위해서 좋은 조건을 제공하지 않았으며, 어떤 경우에는 아이들을 체벌까지 하였다. 또한 같은 환경에서 자란 대다수의 형제자매가 수학적인 능력을 보여주지 않는다는 점도 특이할 만하다.

어린 시절의 능력의 발달은 산술에 대한 흥미의 형성이나 산술을 공부하려는 성향과

---

8) *Literaturnaya Gazeta*, 17 Sept. 1960. *Uchitel'skaya Gazeta*, 9 Jan. 1962. 23 Feb. 1963. 2 Dec. 1965.

뗄 수 없을 만큼 관련되어 있다. 이러한 흥미나 성향은 종종 문제를 계산하고 해결하고 만들어 내는 활동에 있어서 표현할 수 없을 만큼의 노력을 쏟게 한다. 이러한 노력은 어떠한 피로감도 느끼지 않으면서 계속적이고 끈기있는 학습을 가능하게 하는 것과 관련이 있다.

교사나 실험자에 의해 관찰된 것은 비교적 어린 나이에 수학적으로 영재성을 보인 아동들이 다음과 같은 정신 능력을 개발한다는 사실이다. 즉, 수학 문제를 일반화 하는 능력(외적으로 다르고 독립되어 있는 것에서 일반적인 사실을 발견하는 능력). 정신적 과정에서의 융통성(하나의 계산에서 다른 계산으로, 또 하나의 생각 흐름에서 다른 흐름으로 빠르게 바꾸는 능력). 문제를 해결하는 가장 쉽고, 명확하고, 가장 경제적인 방법을 찾기 위해 노력하는 능력. 일반적인 관계, 추론 구조, 비슷한 유형의 문제를 해결하는 방법을 중심으로 기억하는 능력. 추론 과정을 간략하게 하거나 개별적인 추론 과정의 관련성을 단축시키는 능력. 마지막으로 환경에 대한 특별한 "수학적" 인식을 기초적인 형태로 만들어 내는 능력이다. 이는 마치 수학적인 관계들의 프리즘을 통해서 많은 사실이나 현상들을 굴절시켜 보여주는 것과 같다.

여러 관찰과 실험을 통해서 수학적으로 뛰어난 어린 아동이 수학 문제를 해결하는 정신적인 활동 중에 시각적인 것과 언어-논리적인 요소를 사용하는 정도에 대하여 차이가 있음을 발견할 수 있다. 어떤 아동들은 시각적인 이미지에 거의 의존하지 않으며 "그림" 대신에 "논리"가 작용한다. 다른 아동들은 수학적 관계에 대하여 시각적인 해석을 이용하고 문제를 해결할 때 시각적 수단을 선호한다는 것을 분명하게 보여준다.

우리가 연구한 아동들 중에서 수학적 능력은 일반적인 영재성과 반대의 모습으로 발달된 경우도 있으며 어떤 경우에는 일반적 영재성과 관련성을 맺으면서 발달하기도 하였다. 어떤 아동들은 일반적인 영재성을 보여주지 않았다. 이외의 다른 측면에서 그들은 매우 평범하고 동료들과 다른 점이 거의 없는 보통의 아이들이었다.

제12장

수학적 재능이 있는 아동들의 **정보 수집** (문제에 대한 초기 방향 설정)의 **특성**

앞서 언급하였듯이 기본적인 자료는 처음 3개의 시리즈, 즉 진술되지 않은 물음을 갖는 문제, 부족한 자료를 갖는(즉 불완전한 정보를 갖는) 문제, 과잉 자료를 갖는(즉 과잉 정보를 갖는) 문제로부터 얻은 것이다. 기본 피험자 집단은 수학적 재능이 있는 18명의 7학년 아동들로 이루어졌는데, 이 학생들은 7학년 초에 세 가지 시리즈의 검사에 모두 참여하였다. 이 학생들을 14명의 평균적인 아동들 및 8명의 부진한 아동들과 비교하였는데, 이 아동들 역시 세 가지 시리즈에 참여하였지만, 더 오랜 시간은 아니었다(그리고 어떤 피험자들은 이 시리즈에 있는 모든 문제를 해결하지는 않았다). 더욱이 이 세 가지 시리즈에서 분리된 검사가 매우 유능한 집단의 아동들에게 주어졌고, 이는 앞 장에서 기술하였다.

여기서 한 가지 문제가 제기된다. 이 세 가지 시리즈의 실험 문제에 대한 풀이는 한 가지 공통된 요인의 작용으로 설명될 수 있는가? 우리의 가설은 시리즈 I, II, III에 대한 검사 점수는 한 가지 단일한 현상을 측정한다는 것이다. 즉 이는 (우리가 나중에 해석 하고자 하는) 정신 활동의 한 가지 공통된 속성에 대한 지시자라는 것, 그래서 여기서 한 가지 공통된 요인이 드러나리라는 것이다.

우리가 가정한 것이 타당성이 있는지를 명료히 하고자 수집한 자료에 대한 요인 분석을 실시하였다. 요인 분석을 위하여 18명의 유능한 아동들의 점수를 선택하였다. 각 시리즈에서 문제를 해결하는 데 걸린 총 소요 시간이 점수였다. 이 분석은 Spearman의 단일 요인 모델을 토대로 이루어졌다(Harman이 제시한 것과 같다).(참고문헌 410, 604)

Teplove가 지적하였듯이(참고문헌 410), 어떤 경우든 Spearman의 요인 모델은 모든 실험 검사 점수가 단일한 요인이나 변수, 속성이 작용한 결과라는 가정이 있을 때, 그리고 우리가 이러한 공통 요인이 실제로 존재하는지를 명료히 해야 할 때 적용하는 것이 바람직하다.

18명의 피험자들이 시리즈에서 기록한 점수의 (pairwise) 순위 상관은 다음 공식에 따라 계산되었다.

$$\rho = 1 - \frac{6\sum d^2}{n(n^2-1)}$$

여기서 ρ는 상관계수이다. d는 각 점수의 쌍에서 순위의 차이이다. 그리고 n은 변인의 값의 개수(피험자의 수)이다.

이미 알고 있듯이 다음의 경우에 위의 공식을 이용하였다.

1. 변인에 대한 분리된 값의 개수가 25～30개를 초과하지 않을 때, 그리고
2. 수치화 된 점수가 순서적 계열을 이룰 때(참고문헌 344, pp. 79~81을 보라)

표 5. 시리즈 I–III에 대한 교차 상관계수 행렬($N=18$)

	I	II	III
I	–	.64	.72
II	.64	–	.67
III	.72	.67	–

위의 〈표 5〉와 같은 교차 상관계수의 행렬을 구하였다. 그래서 이 시리즈에서 문제를 해결하는 데 성공하는 것은 양의 교차 상관관계가 있다.

18명의 피험자에 대하여 .01 수준에서 유의미한 상관계수의 값은 0.564이고 .05 수준에서는 0.399이다(참고문헌 344, pp. 106~7 참조). 결과적으로 우리가 얻은 상관계수는 .01 수준에서 유의미하다.

Spearman의 단일 요인 모델에 근거한 요인화는 다음 조건이 관찰될 때 가능하다.

1. 3차 이상의 행렬의 존재할 때
2. 모든 상관계수가 양일 때
3. 모든 상관계수가 통계적으로 유의미할 때

위의 조건이 관찰되었다. Teplov가 수학적으로 엄밀하게 정교화한 Spearman의 공식에 따라 요인화가 이루어졌다(참고문헌 410; 참고문헌 604, pp. 120~22).

$$a^2{}_{kg} = \frac{(r)^2{}_k - (r^2)_k}{(r)_t - 2(r)_k}$$

여기서

a_{kg}는 변인 k에 대한 일반적인 요인 g에 적재되는 요인이다.

$(r)_k$는 k행에서 비어 있는 대각선 위치를 제외한 모든 상관계수의 합이다.

$(r)^2{}_k$는 위 합의 제곱이다.

$(r^2)_k$는 k행에서 비어 있는 대각선 위치를 제외한 모든 상관계수의 제곱의 합이다.

$(r)_t$는 행렬에서 비어 있는 대각선 위치를 제외한 모든 상관계수의 합이다.

Teplov는 이 공식을 상대적으로 쉬운 것으로서 추천하고 있다(참고문헌 410). 이는 축의 회전이라는 복잡하고 부적절한 절차를 필요로 하지 않는다.

표 6. 시리즈 I–III에 대한 요인 행렬

시리즈	g에 적재되는 요인
I	.83
II	.77
III	.87

결과적으로 위의 〈표 6〉에서 요인 행렬이 얻어진다. 살펴볼 수 있듯이 세 가지 시리즈 모두에 대하여 일반적인 요인에 꽤 많이 적재되는 것을 알 수 있다.

아직 우리는 우리가 구한 요인의 적재 정도의 정확성과 완전성(신뢰도)을 평가해야 한다. 이를 위하여 우리는 다음 공식에 따라 재산출되는 상관계수를 계산한다(참고문헌 410).

$$r'{}_{jk} = a_{jg} \cdot a_{kg}$$

여기서

$r'{}_{jk}$는 점수 j와 k 사이에 재산출된 상관계수이다.

a_{jg}는 점수 j에 대한 일반요인에 적재된 요인이다.

a_{kg}는 점수 k에 대한 일반요인에 적재된 요인이다.

다음으로 우리는 다음 공식에 따라서 잉여 상관계수를 계산한다.

$$\bar{r}_{jk} = r_{jk} - r'_{jk}$$

여기서

$\bar{r}_{jk}$는 잉여 상관계수이다.

r_{jk}는 경험적으로 구한 상관계수이다.

r'_{jk}는 재산출된 상관계수이다.

이 경우에 재산출된 상관계수 행렬은 원래의 상관계수 행렬에 대응한다. 잉여 상관계수는 0과 같다.

재산출된 상관 행렬과 원래의 행렬 사이의 대응에 대하여 우리가 주목한 사실은 얻은 결과의 신뢰도를 증명한다. 그래서 처음에 Spearman의 단일 요인 모델을 토대로 한 상호 상관 행렬의 요인화는 완전히 정당화된다.

세 가지 시리즈 모두 일반적인 요인에 꽤 높은 적재율을 지닌다. 이것이 의미하는 것은 시리즈 I, II, III에서 문제 해결에 성공하는 것은 한 가지 일반적인 요인이 작용한 결과라는 점이다. 이제 가설이 정당화된다. 어떤 일반적인(공통적인) 요인이 모든 시리즈에 대하여 나타나며 사실 이는 꽤 두드러진다.

그러나 이 요인이 무엇인가? 그것은 어떻게 심리학적으로 해석되는가? 우리는 실험 문제를 해결하는 과정에 대한 질적인 분석을 하려고 하며, 이것은 우리가 밝힌 인자에 대한 심리학적인 분석을 제공하는 데 도움이 될 것이다.

지적인 기능이나 습관을 숙달하는 데 있어 기본적인 어려움은 많은 경우에 최초의 사실들을 지각하는 영역에 달려 있으며, 이러한 지각에 수반되는 조작에 달려 있는 것이 아니라는 점은 널리 알려져 있다. 지금까지 수행해 온 연구는 수학적으로 유능한 아동들이 수학적 소재를 지각하는 필연적인 특징을 말할 수 있는 이유를 제시하고 있다. 실험 문제에 대한 아동들의 풀이를 분석해 보면 수학적 소재를 분석-종합적으로 다루려는 것이 아동들의 본능임을 알 수 있었다. 문제가 해결되기 전까지 아동들은 문제에 포함된 소재를 분석-종합적으로 해석한다. 어떤 문제를 해결하기 전에 문제를 이해하고, 해석하고, 해결을 지향하는 방향을 잡고 세부적인 사항을 찾아내야 한다는 점은 당연하며 모든 아동들은 이러한 종류의 일을 한다. 그러나 유능한 아동들에게 어떤 문제에서 이러한 예비 활동은 하나의 구분되는 현상이다.

어떤 수학 문제의 구조를 '파악'하면서 그 문제를 지각할 때 유능한 아동들은 문제에 주어진 수학적 양을 체계화한다. 아동들은 문제의 구조에서 세 가지의 질적으로 구분되는 요소를 구분하거나 고립시킨다.

1. 주어진 유형의 문제를 위하여 기능적으로 관련되고 구체적인 의미를 "정제한" 필수적인 목록의 복합체(명확한 수학적 관계를 갖는 전형적인 요소의 복합체). S. I. Shapiro의 표현을 이용하면 유능한 아동들은 먼저 "어떤 문제에서 기본적인 수학적 의미를 갖는 그러한 관계"를 파악한다.
2. 주어진 유형의 문제에는 필수적이지 않지만 주어진 문제의 구체적인 변형에는 필수적인 양.
3. 특정한 문제 해결을 위해 필수적이지는 않은 기타 여러 가지의 양.

첫째 그룹의 것은 다른 유형의 문제와는 대조적으로 한 가지 유형의 문제에 전형적인 것이다(그리고 이러한 사후 조건은 연산에 대한 일반적인 방법이다). 둘째 그룹의 것은 주어진 문제와 동일한 유형이지만 구체적인 것이 다른 문제와 구분되는 전형적인 것이다(그리고 이러한 사후 조건은 구체적인 연산이다). 셋째 그룹의 것을 구분하는 것은 보편적으로 사고보다는 더 중요한 가치를 갖는다. 어떤 문제를 해결하기 위하여 우리는 문제를 평가하여 불필요한 자료를 버릴 수 있어야 하고, 더 정확히 말하면 여러 가지 양 중에서 그 문제를 해결하는 데 필수적인 것을 분리할 수 있어야 한다.

다시 말해서 유능한 아동들은 어떤 문제의 소재를 분석적으로 지각하며(아동들은 문제의 구조에서 상이한 요소를 분리하고 그들을 다르게 평가하며 체계화하고 "계층"을 결정한다) 종합적으로 지각한다(아동들은 상이한 요소를 복합체로 결합하며 수학적 관계와 기능적 관련성을 탐색한다). S. L. Rubinstein이 지적한 것처럼 "모든 상관, 비교, 결합의 형성은 일종의 종합이다"(참고문헌 358, p. 35). 수학적 관계를 일반화하기 위하여 우리는 먼저 이를 해체해야 한다. 이러한 의미에서 수학적으로 유능한 아동들은 개별적인 요소뿐만 아니라 두드러지는 "수학적으로 의미 있는 구조"를 지각한다고 말할 수 있다. 여기서 구조는 수학적인 다수의 상호 관련성 있는 복합체이자 기능적으로 관련 있는 범주이다. 유능한 아동은 그러한 각각의 복합체를 혼합된 전체로서 지각한다. 먼저 아동은 이 복합체에서 개별 요소를 지각하는데 각각의 요소는 전체의 부분이며, 둘째 아동은 이 요소를 상호 관련된 것으로 통합적인 구조를 형성하는 것으로서 지각하며 이 구조에서 각각의 요소의 역할도 지각한다. 그래서 유능한 아동은 문제에 대하여 명료하고 통합적으로 해체된 상을 창조한다. 이러한 것은 어떤 문제에 대하여 모든 자료에 대한 견지를 잃지 않고 하나의 전체로서 "파악"하는 능력의 근간이 되며 유능한 아동을 명백하게 구분할 수 있게 해 준다.

평균적이고 평범한 수학적 능력을 가진 아동들이 어떤 새로운 유형의 문제를 생각할 때 대개 이들은 분리된 수학적 요소를 생각한다. 한 가지 요소의 지각 한계를 "벗어나는 것"은 종종 그것을 "잃는 것"을 의미한다. 평균적인 아동들은 어떤 문제의 수학적 요소를 연결하는 특별한 과제에 직면해야 하며 분석과 종합의 과정에서 이러한 연결성을 찾는다. 재능이 부족한 아동들에게 문제의 여러 요소 간의 그러한 연결성과 상관은 외부의 도움이 있더라도 매우 어렵게 이루어진다.

어떤 문제의 구성 요소 사이의 연결성을 파악하는 일은 어떤 아동들에게 매우 어렵다는 점, 그리고 이 아동들은 문제의 본질을 구성하는 다양한 종속성의 합을 파악하는 데 어려움을 갖고 있으며 비본질적인 특징으로부터 본질적인 특징을 구분하지 못한다는 점은 많은 연구자들—특히 Z. I. Kalmykova(참고문헌 154, 155, 157), O. G. Bochkovskaya(참고문헌 56), V. I. Zykova(참고문헌 132, 133)—들이 지적해 온 것이지만 이들은 이러한 문제를 수학 교육에서 아동의 상이한 능력의 문제와 관련시키지는 않았다. N. A. Menchinskaya는 부족한 아동들이 어떤 문제의 구체적인 요소로부터 추상하는 것은 매우 어려운 일이라고 지적하였다. 문제의 내용을 초월하여 이들은 그 문제의 진정한 수학적 의미를 알지 못한다(참고문헌 289, 291).

앞서 제시한 설명은 처음 세 가지 시리즈의 문제에 대한 학생들의 해결 과정에 좋은 상을 제공해왔다. "질문이 없는 문제"와 "자료가 부족한 문제"를 검토해 보자. 두 경우 모두에서 기능적으로 관련된 여러 가지 복합체의 요소 중 하나가 부족하다(이 문제들은 원래 그런 방식으로 구성되었다). 유능한 아동들은 정확하게 질문이나 자료가 부족하다는 점을 지적하였고 이것이 의미하는 점은 아동들이 자료의 전체 복합체와 문제의 구조를 인식했으며 그 속에 어떤 요소가 부족한지도 알고 있다는 것이다. 이 복합체를 볼 수 없다면 질문도, 빠진 자료도 볼 수 없을 것이다. 마찬가지로 유능한 아동들은 과잉의, 불필요한 자료의 존재에 의해 방해받지도 않는다. 문제의 "중추"를 구성하는 서로 관련된 여러 가지 양의 복합체를 자신 있게 찾아내면서 복합체 밖의 불필요한 자료에 주목하지 않는다.

평균적인 아동들과 특히 부족한 학생들에게는 매우 다른 문제점이 있다. 새로운 유형의 문제에서 평균적인 학생들(그리고 일반적으로 모든 문제에서 부족한 학생들)은 처음에 연결되지 않은 사실만을 인식한다는 점을 실험은 보여주고 있다. 그들은 처음부터 구체적인 자료에 "고정되었다." 이러한 관련성에 대하여 평균적인 학생들 대부분(그리고 거의 모든 부족한 학생들)은 문제에 숨겨진 질문을 지각하지도 느끼지도 못했다. 따라서 해결에 불필요한 자료로 문제를 "포장하는 것"은 문제를 해결하는 데 커다란 장애가 되었다("나는 항상 주어진 모든 것을 어떻게 사용할지 알아내기 위해 내 머리를 괴롭히고 있어!"). 결국 이것이 바로 그들 대부분이 문제의 용어에서 어떤 사실이 "생략되었는지", 해결하는 데 빠진 것이 무엇인지를 지적하는 데 어려워했던 이유이다.

과잉 자료와 관련해서, 심지어 아주 쉬운 문제를 제시했을 때도, 이들 자료가 부족한 학생들을 어떤 식으로 혼란스럽게 하는지를 관찰하고 놀랐다. 부족한 아동들은 (그 유형에 필수적인 것이든, 특별한 변형에 필수적인 것이든 또는 불필요한 것이든) 모든 구체적인 양을 대등한 것으로 생각했다. 아동들은 그것들을 상대적으로 평가하여 "위계"를 확립할 수 없었고 그것에 기초하여 문제를 해결하는 데 불필요한 것으로부터 필요한 것을 분리해 낼 수 없었다.

수학적으로 부족한 학생들의 사고에서 이러한 약점은 각각의 요소가 서로 관련되어 있어서 하나의 전체로서 문제를 "파악"하는 능력을 필요로 하는 문제 해결에 특히 영향을 미쳤는데 그중 한 가지 유형은 다음과 같은 것이다. "식 $27x^3+27x^2+9x+1$을 인수분해하여라." 아동들은 이 식이 두 수의 합의 세제곱을 확장한 것임을 인식할 수 없었다. 왜냐하면 그들은 서로를 관련짓지 않고 각 항을 분리해서 보았기 때문이다. 이들 중 몇 명이 이런 문제를 정확히 풀기도 하였지만, 이들은 첫 항과 마지막 항에만 주목해서 "비합리적으로" 해결한 것이었다(문제 해결 후에 $8y^3+8y^2+8y+1$과 같은 예를 주었을 때 쉽게 드러났다—이들 모두는 같은 공식을 이용하여 이 문제를 해결했다).

이 시리즈에 대한 요약 자료는 아래에서 언급하겠지만, 여기서 실험 문제의 해결에 대한 몇 가지 기록의 예를 가지고 우리가 언급해 왔던 것을 설명해보고자 한다.

주어진 문제는 다음과 같다. "두 개의 창고에 420m^3의 나무가 보관되어 있다. 그중 한 창고에는 $x\text{m}^3$이 있다." 유능한 아동인 G. Kh는 멈춤 없이 빠르게 해결해 나갔다. "그리고 다른 곳에는 $(420-x)\text{m}^3$이 있다."

실험자: "잠깐 실제로 어떤 값을 주었니?"

학생: "하지만 아무것도 하지 않았어요. 3가지 양이 있잖아요. 420, x, $420-x$. 두 개가 있고 세 번째는 써 내려가다 그냥 저절로 나왔어요."

유능한 아동인 S. L.은 다음과 같이 문제를 풀었다. "두 도시 사이의 거리는 225km이다. 두 기차가 동시에 출발했다. 두 기차는 여객 기차(시간당 50km로)와 화물 기차(시간당 40km로)이다. 언제 두 기차가 만나겠는가?" 문제를 들은 후에, 그녀는 즉시 질문했다.

학생: "서로를 향해 달리는 거예요, 아니면 빠른 기차가 느린 기차를 따라잡는 거예요?"

실험자: “왜 궁금해 하지?”

학생: “음. 왜냐하면 그것은 거리, 속력, 그리고 시간에 대한 문제예요. 거리가 있고 시간에 대해 물어보는데 속력이 없어요!”

실험자: “뭐라고? 여기 봐. 시간당 50km 그리고 40km. 두 속력이 있잖아.”

학생: “상대적인 속력이 없어요. 서로를 향해 달린다면 더해야 하고, 따라잡는 것이라면 빼야 해요.”

다른 예를 보자. 유능한 아동 V. L.은 다음 문제를 해결하고 있었다.

“24시간 주기가 끝나기 전, 24시간 주기가 시작된 이후로 흐른 시간의 $\frac{4}{5}$가 남아 있다. 그러나 절반 이상이 지났다면 지금은 몇 시인가?”

학생: “음, 이 문제는 쉽네요. 다만, 문제가 왜 이렇게 끝났는지 모르겠네요. 이것은 매우 불필요한 것이에요.”

실험자: “왜 불필요하지?”

학생: “왜냐하면 나는 그것이 없어도 해결할 수 있거든요.”

실험자: “설명해 봐.”

학생: “여기서 중요한 것은 전체와 부분인데, 그것은 관계가 있어요. 그 관계는 $1 : \frac{4}{5}$에요. 그런데 전체는 24시간. 부분을 찾을 수 있지요. 그러나 끝은 왜 이래요? 불필요해요.”

우리는 유능한 아동들이 적절한 모든 시리즈의 문제를 해결할 때 문제를 인식하는 과정에서 이런 종류의 평가와 체계화를 꾸준히 관찰할 수 있었다.

간단한 곱셈 공식 $(a+b)^2$를 사용하는 문제에 대한 유능한 아동들의 해법은 유사한 결과를 보여주었다. 그들은 주어진 유형에 대하여 본질적인 특징(두 대수식의 합, 완전제곱)뿐만 아니라 주어진 유형에 대하여 본질적이지는 않지만 주어진 문제에는 필수적인 것(수 a와 수 b로 이루어지는 특정한 양과 대수식의 본질)까지 쉽게 구분해 내었다. 다시 말해서 $\left(6a^x+\frac{1}{2}b^y\right)^2$과 같은 문제를 $(\square+\square)^2=\quad$ 과 같은 형식으로 “파악”되고 그것이 지각될 때 주어진 문제의 구조에 대한 뚜렷한 형식화가 일어났다. 부족한 학생들은 좁은 시야로 이 공식에 있는 “첫째” 수와 “둘째” 수를 인식했다. a와 b가 임의의 양이나 임의의 대수식을 나타낼 수 있다는 것을 거의 이해하지 못했다. 따라서 그들은 독립적으로는 그 문제의 구조적인 “중추”를 탐색하지 못했다.

수학적으로 덜 유능한 6학년 V. K.는 다음 문제를 해결하기 위해 오랫동안 노력했지만 결국 실패했다. “꿀을 담은 용기의 무게가 500g이고, 등유를 채운 같은 용기의 무게는 350g이다. 빈 용기의 무게는 얼마인가?” 이 아동 역시 이 문제에서 빠진 부분을 지적할 수 없었다. 주어진 수량 사이의 관계에 대한 질문으로 그를 “이끌려는” 실험자의 노력에서 고집스럽게 “벗어나려고”만 했다. 이 부분을 그에게 “말해 주었을” 때조차도(“꿀은 등유보다 2배 더 무겁다.”) 오랫동안 이 아동은 요지를 이해할 수 없었다. 유능한 3학년 학생인 V. L.은 이 문제를 다음과 같은 방식으로 해결하였다. 조건을 듣고 나서 이 아동은 실험자를 미심쩍게 바라보면서 “그 다음은요?”라고 질문하였다.

실험자: “이게 다야.”

학생: “아니에요. 그게 전부가 아니죠. 꿀이 등유보다 얼마나 더 무거운지 알아야 해요.”

실험자: “왜?”

학생: “그 조건이 없으면 답이 많아져요. 서로 다른 두 수량이 있고, 일부분이 서로 같다는 사실로 연결되어 있잖아요. 같은 부분은 여러 가지일 수 있어요. 그 개수를 제한하려면, ‘남은 부분’을 설명할 수 있는 한 가지 양을 더 추가해야 해요.”

유능한 아동들이 수학 문제를 지각하는 또 다른 특징이 있다. L. S. Vygotskii는 추론과정의 생략으로 인한 추론에서 개별 고리의 단축에 주목했다. D. N. Bogoyavlenskii와 N. A. Menchinskaya는 문제를 지각할 때 문제의 구조를 “파악”하는 과정이 특정한 조건하에서 신속하고 단축되는 가능성에 관한 글을 썼다(44, pp. 90-91). 우리가 실험에서 일관되게 관찰한 사실은 유능한 아동들은 문제에 대한 초기의 방향 설정에서(문제가 그리 복잡한 것이 아니라면), 매우 자주 어떤 주목할 만한 추론 요소 없이 처음의 순간적인 지각과 “결합”시킴으로써 과정을 단축하였다는 점이다. 수학 문제를 지각하는 동안 수학적으로 유능한 아동들의 분석-종합적인 활동은 매우 단축되어 있어서 (평균적이거나 부족한 수학적 능력을 지닌 아동들이) 문제 구조를 지각하는 분석적-종합적 과정과 (유능한 아동들이) 구조에 대한 일종의 분석-종합적 “시각”[9] 사이의 일시적인 대조를 가능케 한다. 물론 이러한 차이는 기본적으로 정신적인 방향 설정 속도의 차이이다. 평균적인 학생들이 어떤 문제에 대하여 지각할 때의 분석-종합적인 방향 설정 활동은 정확히 분석-종합적 과정이지만 다소간 시간이 더 걸린다. (실험 문제를 지각할 때) 유능한 아동들의 분석-종합적 활동은 매우 “단축”되어 있고 또한 시간적으로 매우 극대화되어 있어서 실제로 절차적인 것이 아니라 하나의 단일한 행위, 즉 수학적 자료에 대한 단일한 특징을

9) 필자 주. “vision”이라는 용어는 “knit together”라는 용어처럼, 순전히 보조적인 의미를 가지고 설명적인 개념의 역할을 결코 할 수 없다.

지닌 분석-종합적 관점, 또는 자료에 주어진 관계에 대한 즉각적인 판단이라는 강한 인상을 받을 수도 있다. 어떤 문제를 지각할 때 유능한 아동들은 한 번에 그 "골격"을 보며 마치 특별한 자료를 통하여 보듯이 모든 구체적인 값을 제거한다.

어떤 문제의 기본적인 관계에 대한 순간적인 "파악"과 상대적으로 느리고 연속적인 "낚아채기"에 대한 유사한 대비를 다룬 외국과 구 소비에트의 많은 연구를 찾아볼 수 있다. Z. I. Kalmykova는 능력의 문제와 관련짓지 않고 이에 대하여 저술하고 있다(참고문헌 154, 155). 가장 최근의 연구에서 Kalmykova는 어떤 문제를 분석하고 종합하는 데 있어 신속함과 용이함을 정신 발달 수준과 연결시키기 시작했다(참고문헌 152, 153). V. N. Kulikiv(참고문헌 230, 231), D. I. Gatkevich(참고문헌 83), R. O. Serebryakova(참고문헌 370), G. P. Antonova(참고문헌 30, 30a) 등도 같은 내용에 주목했다. 방법론자인 M. F. Dobrynina(참고문헌 121)는 등식의 구조에서 세 가지 유형의 정신 조작을 분리하여 (문제를 읽은 후에) 문제의 기본적인 관계에 대한 즉각적인 개념의 존재를 첫 번째 유형의 특징으로 설명하였다(반면 세 번째 유형은 관계에 대한 점진적인 탐색이 그 특징이다).

우리 실험에서 간단한 곱셈에 적합한 공식이나 어떤 문제 유형을 알게 되었던 유능한 아동들은 즉각적으로 "합의 제곱"으로 주어진 수식을 지각하였고 그 식에서 어떤 합의 제곱을 "보았고" 즉각적으로 어떤 문제의 유형을 파악했다 – 이 아동들은 그 문제를 전형적인 것으로 인식했다. 여기서의 분석-종합적 과정을 밝히는 것은 불가능할 때가 많았다. 평균적인 아동들은 "대수식" 또는 "문제"로 지각했고, 적절한 분석-종합적인 방향으로의 활동 후에야(이런 유형의 예제와 문제를 해결하는 반복적인 연습을 했다면 독립적으로, 그리고 이런 전형적인 예제와 문제를 해결하는 경험이 아직 형성되어 있지 않다면 실험자의 도움을 받아) 주어진 대수식이 합의 제곱이라는, 또는 주어진 문제가 어떤 특정한 유형에 속한다는 결론에 도달하였다.

다음에 몇 가지 예를 제시하였다. 9살인 Sonya L.은 두 제곱의 차를 구하는 공식을 학습한 다음 바로 다음 문제를 풀도록 하였다. $113^2 - 112^2$. 항을 거의 보지 않고(문제를 보여주고 1, 2초 정도 후에), 즐겁게 소리쳤다. "제곱의(즉 제곱의 차의 – V. K.) 뺄셈이야! 이것은 공식으로 풀 수 있어요!"

(제곱의 차에 대한 공식에 익숙하게 된) 평균적인 6학년은 동일한 문제의 표현에 대한 분석-종합에 (실험자의 도움을 받고도) 약 5분이 필요했다.

마지막으로 관찰 사례 한 가지만 더 제시하자. Bogoyavlenskii와 Menchinskaya(44, pp. 90-91)뿐만 아니라 Vygotskii도 문제의 구조를 파악하는 데 있어 단축에 필요한 성질인 "동시성"과 "급격함"에 주목하면서, 이 현상은 연습의 결과로 교육의 어떤 특정 단계에서 발생한다고 지적했다. 의문이 생긴다. 우리가 관찰해 온 것과 같은 어떤 문제의 형식적 구조에 대한 분석-종합적 "시각"은 언제나 연습의 결과일 뿐인가? 완벽한 확신을 가지고 이 문제에 답하기는 어렵다. 이 관점에서 어떤 사람의 사전 경험을 평가하기는 어렵다. 8살이었던 영재 아동인 Sonya조차도 우리가 만났을 당시에 누구도 특별하게 이 아동을 가르치지 않았지만, 이미 이러한 쪽으로 어떤 경험을 가지고 있었다. 그러나 한 가지는 분명하다. (누군가 이러한 "동일함"을 판단할 수 있다면) 동일한 연습문제 풀이, 동일한 연습, 동일한 경험은 능력이 다른 아동들에게 다른 결과를 산출한다는 점이다. (우리가 재능 있다고 말하는) 한 아동에게 이 연습은 분석-종합적 "시각"에 필요한 능력을 정교하게 해 주었지만 다른 아동에게는 그렇지 못했다.

아직 알려지지 않은 새로운 유형의 문제에 대한 유능한 아동들의 지각의 특징에 대한 여러 사실과 분석을 통하여, 위에서 지적한 유능한 아동들의 수학 문제에 대한 분석-종합적 이해는 장기간의 연습의 결과가 아니라 "즉각적으로" 또는 거의 최소한의 연습으로 생겨난다고 믿을 수 있다.

이 장의 서두에서 지적했듯이, 40명의 아동들(18명의 유능한 아동, 14명의 평균적인 아동, 그리고 8명의 부족한 아동)은 시리즈 I, II, III의 모든 검사 문항을 풀었다. "문제의 용어에 대한 지각의 수준"을 분리한 다음, 그 결과를 표 7과 8, 9에 요약하였다(해결한 학생 수는 전체 학생 수에 대한 백분율이다).

표 7. 다양한 수학적 능력을 가진 아동들의 질문이 없는 문제(시리즈 I)의 구조에 대한 지각

수준	설명	각 수준에서 지각된 문제의 백분율		
		유능한 아동	평균적인 아동	부족한 아동
1	관계를 파악하지 못하고 분절된 자료로만 인식하기 때문에 실험자의 도움을 받고도 질문을 형성하지 못한다.	0	0	40.5
2	실험자의 상당한 도움이 있을 때만 주어진 문제의 관계를 인식하고 질문을 형성한다.	0	23.5	30.1
3	독립적으로 질문을 형성하지만 즉각적이지 않고, 오류를 범하면서 점진적으로 문제에 주어진 관계를 파악한다.	13.4	66.8	29.4
4	"즉각적으로" 문제에 주어진 관계를 파악하고 즉시 질문을 형성한다.	86.6	9.7	0

표 8. 다양한 수학적 능력을 가진 아동들의 정보가 부족한 문제(시리즈 II)의 구조에 대한 지각

수준	설명	각 수준에서 지각된 문제의 백분율		
		유능한 아동	평균적인 아동	부족한 아동
1	연관 없는 자료로만 지각하면서 관계를 파악하지 못하기 때문에 실험자의 도움을 받고도 누락된 자료를 찾지 못한다.	0	0	52.9
2	실험자의 상당한 도움이 있을 때만 누락된 자료를 찾고 관계를 인식한다.	0	53.8	24.0
3	독립적으로 누락된 자료를 찾지만 즉각적이지 않고, 오류를 범하면서 점진적으로 관계를 파악한다.	23.9	42.9	23.1
4	"즉각적으로" 문제의 본질을 이루는 관계를 파악하고, 즉시 누락된 자료를 알아차린다.	76.1	3.3	0

표 9. 다양한 수학적 능력을 가진 아동들의 정보가 과잉인 문제(시리즈 III)의 구조에 대한 지각

수준	설명	각 수준에서 지각된 문제의 백분율		
		유능한 아동	평균적인 아동	부족한 아동
1	연관 없는 자료로만 지각하면서 관계를 파악하지 못하기 때문에 실험자의 도움을 받고도 불필요한 자료를 찾아내지 못하고 과잉인 자료를 분리하지 못한다.	0	0	56.8
2	필요한 자료를 찾고 과잉인 자료를 분리한다. 하지만 실험자의 상당한 도움이 있을 때만 관계를 자각한다.	9.1	54.5	25.0
3	필요한 자료를 찾고 과잉인 자료를 분리한다. 즉각적이지 않고, 오류를 범하면서 점진적으로 관계를 파악한다.	27.8	41.6	18.2
4	"즉각적으로" 문제의 본질을 이루는 관계를 파악하고, 즉시 불필요한, 과잉인 자료를 지적한다.	63.1	3.9	0

지금까지 언급해 온 모든 것의 결과로 우리는 말할 수 있는 점은, 수학적 자료를 지각하기 위한 동일한 조건하에서 수학적 능력이 서로 다른 아동들은 서로 다른 정보를 얻는다는 점이다(더 정확히 말하면 능동적으로 획득한다). 여기서 정보라는 말의 의미는 아동이 어떤 문제에 대한 자신의 풀이에 대하여 설정하는 (능동적으로 획득한) 모든 사실이다. 해결하고자 하는 문제에 관한 (능동적으로 획득한) 모든 사실을 정보로 보고자 한다.

유능한 아동이 획득한 정보의 양은 항상 평균적인 학생보다 더 많고 부족한 학생보다는 훨씬 더 많다. 다시 말해서, 어떤 문제에 주어진 용어로부터 능동적으로 문제 해결에 가장 유용한 정보를 도출하는 능력이라고 말해야 한다.

위에서 조사한 자료를 모두 요약하면, 요인 분석의 도움으로 도출되는 일반적인 요인에 대하여 심리학적 해석이 주어질 수 있다. 이 일반요인은 수학적 자료에 대한 형식화된 지각이다. 수학적 능력은 수학적 자료를 지각하는 과정에서, 그 구조를 두드러지게 형식화하려는 노력에서 드러난다. 형식화[10]가 의미하는 것은 어떤 특정한 문제나 수식에서 형식적인 구조를 신속히 "파악"하는 것으로, 모든 내용(수에 대한 사실, 특정한 자료)은 빠뜨리고 주어진 문제나 수식이 어떤 명확한 유형에 속하는지를 결정하는 지표들 간의 순수한 상관관계를 남기는 것과 같다. 형식화된 지각은 대상이나 수의 형식에서 분리되어 구체적이고 상세한 것으로부터 일반적인 구조를 지각하게 하는 형식적 결합에 대한 일종의 일반화된 지각이다. K. Duncker는 문제해결에서 지각적인 여러 속성으로부터 스스로 추상하는 능력, 즉 구체적인 사실에서 일반적인 것을 간파하는 능력의 필요성을 지적하였다(참고문헌 487). L. Székely(참고문헌 706)는 생산적 사고의 한 가지 필수적인 특징은 일반적인 형식에서 구조적 관계를 "파악"하는 것에 종속되는 어떤 능력이라고 지적하였다. V. N. Molodshii(참고문헌 299)는 "가변적인 내용을 갖는 형식"으로서 순수한 관계를 분리하여 서술하였는데, 이는 수학적 사고를 특징짓는다.

마지막으로 우리는 한 가지에 더 주목하고 싶다. 실험에서 우리는 어떤 문제의 용어에 대하여 재능 있는 아동들의 분석-종합적인 지각의 다른 특징을 관찰하였다. 앞서 언급하였듯이 이 아동들의 분석-종합의 지향은 "도구적"이었다. 즉 나중에 문제를 해결할 때 능동적인 조작의 가능성(어떤 문제의 특징을 수동적으로 진술하는 가능성뿐만 아니라 주어진 문제 유형을 다른 것과 구별하거나 세분할 가능성)을 보여 주었다. 부족한 아동들의 (그리고 평균적인 아동들 일부의) 초기의 분석-종합적 방향 설정은 주어진 문제를 다른 것과 구별하고 알아차리게 하는 특징을 분리하는 것이었다. 그러나 재능 있는 아동들은 문제의 해결에서 적절한 방향을 계획하는 기초로 작용하는 특징을 분리하고자 하였다. 한 가지 기본적인 예를 들어보자. 심리학적으로 분석의 두 가지 다른 기능이 가능하다. (1) 식 $(a-b)^2$을 분석하되, 그 목적은 이 식을 인식하는 방법을 학습하고 이를 다른 식, 특히 비슷한 식인 a^2-b^2과 구분하는 것. (2) 동일한 식 $(a-b)^2$을 분석하되, 그 목적은 해결하기 위한 알고리즘을 결정하는 것. 다시 말해서 이 두 가지 경우에서 분석은

10) 형식화는 수학에서 광범위하게 사용되는 용어이고 교수-학습에서의 형식주의 개념과 혼란해서는 안된다 - 완전히 다른 개념이다.

다르다.

첫 번째 경우에서 아동은 한 가지 식을 다른 식과 어떻게 구분할 수 있는지(일반적으로 이러한 식을 구분하는 것)에 대한 문제에 답하는 것이다. 두 번째 경우는 주어진 조건에서 다른 식과 구분되는 조작 방법을 다루는 것이다(이러한 식이 풀이에서 조작과 관련되어 어떻게 구분되는가). 부족한 아동이 어떤 식을 다른 것과(단서는 순전히 외면적인 특징이다) 구분할 수 있지만, 그는 이를 해결하기 위한 조작이 어떻게 구분되는지는 결정할 수 없다. 다음은 평균적인 7학년 학생인 V. A.와 토론기록 중에서 발췌한 것으로, 주어진 문제는 $(a-b)^3$ 및 a^3-b^3과 같은 유형이다.

아동: "두 가지는 다른 예입니다. 어떤 것은 지수 – 3 – 가 괄호 위에 있고, 다른 것은 괄호가 없어요. (이 아동은 바르게 구분하였다.)"

실험자: "자, 너는 이런 유형의 예를 다른 유형과 비교해서 어떻게 해결하니? 풀이 과정을 비교해 보렴."

아동은 침묵을 지킨다.

실험자: "너는 몇 가지 예를 다른 것과 바르게 구분했고, 차이를 알고 있어. 이 차이는 어떤 의미이지? 풀이 과정은 다른 것의 풀이 과정과 어떻게 다르니?"

아동: "저는 두 가지 유형을 구분할 수 있지만, 푸는 것은 헷갈려요. 어쨌든 비슷하게 풀릴 거예요."

분명히 이러한 현상의 기초에는 I. P. Pavlov의 제자이자 폴란드의 심리학자인 J. Konorski가 확립한 두 가지 분석 수준이 존재한다. (Konorski는 1963년 Washington에서 17차 국제 심리학자 회의에서 도구적 분석의 메커니즘에 대해 강연을 했다[674, p. 35 참조].) 분석의 첫 번째 수준은 자극을 구별하고 세분할 기회는 제공하지만 행동을 결정하지는 않는다(즉, 행동의 "도구"는 아니다). 두 번째 수준은 "행동에 들어가는 것"으로 행위를 위한 기회를 제공한다. 따라서 Konorski에 따르면 분석은 두 가지 현상을 구분하기에는 충분하지만, 이 현상과 일치되는 조작의 가능성을 제공할 수는 없다.

이 문제는 특별한 관찰을 요구한다. 여기서 분명한 점은 P. A. Shevarev가 개발한 연합 이론의 몇 가지 교리가 고려되어야 한다는 것이다. 특히 Shevarev와 N. F. Talyzina는 학생들이 기하를 학습할 때 두 가지 유형의 연합을 형성한다는 점을 확고히 하였다. (1) 활성화될 때 도형의 특징을 명료하게 해 주는 연합. (2) 활성화될 때 어떤 문제를 해결하기 위해 필요한 조작으로 이끌어 주는 연합(참고문헌 444, 401).

결론적으로 한 가지를 언급하고 싶다. 어떤 문제의 자료를 분석-종합적으로 다루는 것은 어떤 문제를 지각하는 과정에 포함되며, 우리는 앞에서 이에 대해 우리는 앞에서 기술하였다. 그렇다면 "문제에 대한 지각"이라는 개념의 제한 속에 머무르는 것이 올바른 것인가? 이 모든 것은 문제를 해결하는 단계로의 전이를 의미하는 것은 아닌가? 이는 아직은 지각("추론 지각")인 듯하다. 왜냐하면 우리의 결과에서 어떤 새로운 종속성도 확인되지 않았고, 어떤 새로운 자료도 드러나지 않았기 때문이다 — 문제의 내용에서 방향 설정이라는 자료에 대한 해석만이 있었을 뿐이다.

제13장

수학적으로 유능한 아동들의 문제해결에서 나타나는 **정보처리의 특징**

수학적 대상, 관계와 조작을 일반화하는 능력

수와 문자기호 영역에서 효과적인 일반화는 최소한 두 가지 측면에서 생각해 볼 수 있다: 유사한 상황(**어디에** 적용할지)을 볼 수 있어야 하고, 일반화된 유형의 풀이와 증명이나 논증의 일반화된 스킴(**무엇을** 적용할지)을 숙달해야 한다. 두 경우 모두 특정한 내용에서 스스로 추상할 수 있어야 하고, 대상, 관계, 또는 조작의 구조 속에서 유사한 것, 일반적인 것, 본질적인 것을 뽑아낼 수 있어야 한다.

우리는 다른 관점에서, 다음 두 수준에서 수학적 자료(materials)를 일반화하는 능력에 대해 살펴보고자 한다. (1) 특수하고 구체적인 것에서 일반적인 이미 알고 있는 것을 보는(이미 알려진 일반적인 개념 아래에 특수한 경우를 포괄하는) 능력, (2) 분리되어 있고 특수한 것 안에서 일반적이지만 아직 그가 알지 못하는 것을 보는(특수한 경우에서 일반적인 것을 연역하는, 개념을 형성하는) 능력이다. 학생이 이미 알고 있는 공식을 주어진 특수한 경우에 적용할 수 있음을 아는 것과, 아직 그가 알지 못하는 공식을 특수한 경우에 근거하여 연역해내는 것은 다른 문제이다.

일반화 능력을 조사하기 위해 여섯 개의 문제 시리즈(V, VI, VII, VIII, IX, X)가 고안되었다. 이 조사는 여러 단계에 걸쳐 이루어졌고, 모두 120명의 학생들(유능 61명, 보통 37명, 능력 부족 22명)이 참여하였다. 연구의 마지막 단계를 위한 피험자 기본 집단은 유능한 학생 24명으로 구성하였는데, 이 학생들은 (6학년 2학기와 7학년 1학기에) 이 시리즈의 모든 테스트를 통과했다. 이 학생들은 모든 시리즈를 통과하기는 했지만 시간이 더 많이 소요된 22명의 보통 학생들 및 8명의 능력 부족 학생들과 비교되었다.

수치화된 점수는 일반화의 속도와 폭을 반영한다. 여기서 속도는 개인의 학습의 속도가 아니라 일반화의 신속성(일반화에 필요한 구체적인 경우나 요인들의 수)이다. Yu. A. Samarin(참고문헌 363, 365, 366)이 학생들의 정신활동의 역동성(적절한 연합을 선택하는 속도와 그것들을 다루는 신속성을 의미함)에 대한 연구에서 보였듯이, 일반적으로 말해서 (시간이 걸린다는 의미에서) 정신적 방향 설정(orientation)의 신속성은 분명히 가치 있다. 그러나 다른 한편으로, 어떤 활동-특히 학생의 정신 활동-에서 높은 성취를 보이는 데에 시간이 언제나 필수 요인인 것은 아니라는 사실은 이미 알려져 있다(Kundu, 참고문헌 630). 일반화 본드를 빨리 형성하면서 학습에서 남들보다 신속하게 앞서나가는 학생이라고 하여도 느리게 작업할 수 있고, 또 한 편으로는 작업은 다소 빠른 속도록 진행하여도 본드의 형성은 느릴 수 있다(Bogoyavlenskii and Menchinskaya, 참고문헌 44, p. 183을 보라).

우리가 사용했던 여섯 개의 문제 시리즈에서 수치적 점수들은 다음과 같다. 최대의 일반화 "단계"의 수와 마지막 "단계"의 길이(시리즈 V와 IX), 바르게 해결한 테스트의 개수(시리즈 VI), 바르게 해결한 문제의 수와 구체적인 수준에서 추상적인 수준으로 이동하기 위한 "단계"의 수(시리즈 VII), 과제 수행의 수준을 보여주는 전체 수(시리즈 VIII), 그리고 특정한 추론 방법의 전이 폭을 설명하는 전체 지표(시리즈 X)이다.[11)]

앞 장에서처럼 여기서 의문이 생긴다. 모든 여섯 개의 시리즈의 실험 문제의 풀이를 하나의 일반적 요인의 조작으로 설명할 수 있는가? 우리는 여섯 개의 시리즈에서 모든 테스트의 점수가 하나의 현상을 측정함—정신활동에 대한 단일한 공통 성질의 지표임—을 가정했고, 여기서 결과적으로 이 시리즈들에 공통되는 하나의 요인 또한 명확해짐을 가정하였다.

이 가정의 타당 여부를 확인하기 위해, 얻은 데이터를 이용해서 요인분석을 실시하였다. 요인분석은 Spearman의 단일요인분석 모델에 기초해서 이루어졌다. 이와 관련된 구체적인 내용은 앞 장에서 제시하였다. 그러므로 모든 공식들은 생략한다.

표 10은 상호상관 행렬을 나타낸다. 여기서 분명히 알 수 있듯이, 여섯 개의 시리즈 각각에 있는 문제를 성공적으로 해결한 것과 다른 시리즈에 있는 문제를 성공적으로 해결하는 것은 정적 상관관계가 있었다.

24명의 피험자에 대해 유의수준 0.01에서 상관계수 ρ의 값은 0.485이었고, 유의수준 0.05에서는 0.343이었다. 결과적으로, 얻어진 상관계수는 통계적으로 유의미하다(60%는 유의수준 0.01에서 유의미하고, 40%는 유의수준 0.05일 때 유의미하다). 요인분석의 결과, 표 11의 요인 행렬을 얻었다. 표에서 보듯이 모든 시리즈는 일반적 요인에 대해 매우 높은 요인 적재량[12)](loadings)을 나타낸다(시리즈 VII은 의미 있는 요인 적재량을 가진다).

11) 보다 자세한 설명은 8장에 제시되어 있다.

표 10. 시리즈 V-X에 대한 상호상관 행렬

($N=24$)

	V	VI	VII	VIII	IX	X
V	–	.52	.66	.61	.39	.48
VI	.52	–	.42	.62	.48	.56
VII	.66	.42	–	.49	.38	.37
VIII	.61	.62	.49	–	.64	.51
IX	.39	.48	.38	.64	–	.68
X	.48	.56	.37	.51	.68	–

표 11. 시리즈 V-X에 대한 요인 행렬

시리즈	*g*에서의 요인 적재량
V	.74
VI	.72
VII	.62
VIII	.82
IX	.70
X	.72

재생산된 상관계수 행렬을 계산하면 표 12와 같다. 그 결과, 잔차상관계수 행렬(residual correlation coefficients matrix)은 표 13과 같다. 이 표에서 나타난 잔차상관계수의 출현 확률을 계산해 보자(Teplov, 참고문헌 410와 Harman, 참고문헌 604, pp. 440~41에 근거한다).

표 12. 시리즈 V-X에 대한 재생된 상관계수 행렬

	V	VI	VII	VIII	IX	X
V	–	.53	.46	.61	.52	.53
VI	.53	–	.45	.59	.50	.52
VII	.46	.45	–	.51	.43	.45
VIII	.61	.59	.51	–	.57	.59
IX	.52	.50	.43	.57	–	.50
X	.53	.52	.45	.59	.50	–

12) (역자 주) 'loadings'는 통계학에서 적재량으로 번역하며, 각 변수와 요인 간의 상관관계의 정도를 의미한다.

표 13. 시리즈 V–X까지에 대한 잔차상관계수 행렬

	V	VI	VII	VIII	IX	X
V	–	–.01	.20	.00	–.13	–.05
VI	–.01	–	–.03	.03	–.02	.04
VII	.20	–.03	–	–.02	–.05	–.07
VIII	.00	.03	–.02	–	.07	–.08
IX	–.13	–.02	–.05	.07	–	.18
X	–.05	.04	–.07	–.08	.18	–

$$\rho = \frac{15.62}{6 \cdot 5} = 0.52; \quad \sigma_{\check{r}} = 0.244\ ; \quad \frac{x}{\sigma_{\check{r}}} = \frac{0.2}{0.244} = 0.82\ ;$$

$$\alpha = 58.78\%; \quad \mathrm{P} = 41.22\%,$$

여기서 ρ는 상관계수를 의미하고 $\sigma_{\check{r}}$는 잔차상관계수들의 합이다(Harman의 표에 따라 계산되었다). x는 최대 잔차상관계수를 나타내고, α는 최대 잔차상관계수보다 작은 잔차상관계수들이 나타날 확률이다(Harman의 표에 따라 계산되었다). 그리고 P는 최대 잔차상관계수가 나타날 확률이다.[13)]

결과적으로 — 평균적으로 잔차상관계수가 0이라고 가정하면 — 가장 큰 잔차상관계수가 나타날 확률은 41%이다. 남아있는 잔차상관계수는 상당히 작아지고, 그 결과 잔차상관계수가 나타날 확률이 상당히 커지게 된다. 행렬에서 잔차상관계수의 7%(30개 중 2개)만 0.2이고 다른 것들은 그 값이 매우 작다는 것을 고려할 때, 우리는 단일요인분석 모델에 기초해서 만들어진 원래의 행렬에 대한 요인분석이 완벽하게 입증된다고 간주할 수 있는 모든 근거를 얻게 되었다(Teplov, 참고문헌 410을 보라).

이미 말했듯이, 여섯 개의 시리즈 모두 일반적 요인에 대해 매우 높은 요인 적재량을 가진다. 이것은 모든 시리즈에서 성공적으로 문제를 해결하는 것이 오직 하나의 일반적 요인 조작의 결과임을 의미한다. 일반적 (공통) 요인은 각 시리즈 모두에서 발생하고 사실상 명확한 편이다. 이 요인에 대한 심리학적 해석은 충분히 명확하다. 그것은 바로 수학적 자료를 일반화하는 능력이다. 이에 대한 보다 구체적인 해석은 실험 문제 해결 과정의 질적 분석 이후에 하겠다.

일반화 능력에 대한 연구에서, 우리는 앞에서 언급한 4단계에 따라 자료를 분석하고자 한다(9장을 보라).

---

13) 표에서 $\sigma_{\check{r}}$의 값은 근삿값이다, 이것은 표에서 나타난 가장 가까운 ρ와 N의 값을 취하기 때문이다.

첫째 단계

연구의 첫째 단계는 서로 다른 수학적 능력을 가진 19명의 아동들을 대상으로 하였는데, 학생들의 수학 공부 능력 발달의 차이가 수학적 자료를 일반화하는 능력의 서로 다른 정도로 특징을 보여주었다. 다른 모든 조건이 같다면 좀더 유능한 학생들일수록 수학적 자료를 더 신속하고 폭넓게 일반화한다. 가장 유능한 학생들에게 이러한 일반화는 문제들을 해결하는 동안 한번에 "그 즉시(on the spot)" 극대화된 일반화가 일어난다는 특징이 있다. 즉 특정한 공식이나 전형적인 문제의 해결 스킴을 사용하는 해결 원리를 처음으로 접하는 순간, 보조적인 연습이나 특정한 훈련 없이, 바로 이러한 공식이나 해결 스킴 방안을 서로 무관한 특성들이 다양하게 조합된 것을 포함하는 가장 광범위하게 변형된 예제 또는 적합한 유형의 문제에 적용한다. 수학적으로 유능한 학생들은 여러 가지 특정한 세부 사항 뒤에 숨겨진 일반성을 쉽게 찾고, 겉으로 드러난 것 뒤에 있는 현상의 내부 깊숙한 곳에 있는 본질을 보고, 겉보기에 서로 다르고 구별되는 것들에서 주된 것, 기본적인 것, 일반적인 것을 "파악"할 수 있었고, 새로움 속에서 익숙한 요소를 쉽게 찾았다. 반복해서 말하지만, 이러한 능력이 종종 "그 즉시" 나타난 반면, 능력 부족 학생들은 경중은 있어도 일반화의 초등 수준을 알게 되기 전에 오랜 기간 훈련해야 했고, 모든 가능한 경우와 무관한 특성의 조합을 포괄하는 특별히 선택한 자료로 연습해야 했다.

이러한 관점에서 유능한 학생, 보통 학생, 능력 부족 학생들이 시리즈 V의 문제를 해결한 것을 검토해 보자.

유능한 학생들은 주어진 모든 예제들을 정확하고 상당히 빠르게 해결했다. 그들은 먼저 가장 "동떨어진(remote)" 문제에서 시작했는데, "합의 제곱(square of a sum)"에 대한 공식에 익숙해지자마자 또는 공식을 사용하여 단 하나의 예제를 푼 후 그것들 안에서 일반적 유형을 쉽게 발견하였으며 어떤 특별한 어려움도 느끼지 않았다.

학생 O. V.가 공식을 사용하여 한 예제를 푼 후 이어서 그에게 예제 $(C+D+E)(E+C+D)$가 주어졌다. *학생*: "이게 뭐에요? 이건 공식을 따르지 않군요. — 다항식을 그냥 곱해야겠네요. … 그런데 그러면 항이 9개나 돼요. 너무 많아요. 그런데 공식을 사용할 수 있네요. — 이것은 제곱이에요[$(C+D+E)^2$을 빠르게 쓴다]. 맞네요. 이제 아무 거나 두 항을 묶을 수 있어요[$(C+[D+E])^2$을 쓴다)." *실험자*: "하지만 할 수 있겠어? 공식은 이항식의 제곱에만 적용되잖아. 그런데 이건 삼차다항식 아니니?" *학생*: "D와 E를 한 항으로 묶으면 이항식이 돼요. - 보세요[보여준다]. '항'은 어떤 형태로든 표현될 수 있어요." (공식을 큰 소리로 반복하면서 그것을 푼다. 다음과 같이 쓴다.

$$C^2 + 2C(D+E) + (D+E)^2 = C^2 + 2CD + 2CE + D^2 + 2DE + E^2$$

여기서 이 학생은 이러한 유형의 모든 문제를 해결하는 알고리즘을 구성한 것이다.

보통 수준의 학생들은 이 시리즈의 문제를 다른 방식으로 해결하였다. "그 즉시" 일반화하여 모든 가능한 변화와 조합으로 확장하는 능력이 부족했다. 하지만 그들은 그러한 일반화에 점차적으로 접근할 수 있었는데, 점점 더 "동떨어진(remote)" 연결의 연속적인 일반화, 즉 (보통 학교에서 이루어지는 것과 같이) 서로 무관한 특성들이 바뀌는 여러 예제들을 푸는 특별히 조직된 연습을 거치면서 할 수 있었다.

학생 A. U.는 오랜 시간 동안 생각하고, 실험자가 힌트를 주었음에도 불구하고 예제 1번과 8번(테스트 V-A) 사이에 있는 어떤 유사성도 알아채지 못했다. 그는 첫째 예제에서 둘째 예제로, 둘째 예제에서 셋째 예제로는 쉽게 나아갔다. 그의 생각들의 이어짐은 다음과 같다. "하지만 이것은 좀 다른 거예요[예제 $(3x-6y)^2$을 연구한다]. 이건 제곱이고 덧셈이 아니에요 … 이것은 다른 예제에요. 그 공식으로는 풀 수 없어요. …" *실험자*: "하지만 앞의 예제 $(-5x+0.6xy^2)^2$을 잘 살펴보렴. 뭐 떠오르는 게 없니?" *학생*: "이것은 다른 문제에요. 거기에는 가운데에 더하기가 있고, 여기에는 빼기가 있어요. …" *실험자*: "첫 항을 보면서 생각해 보렴." *학생*: "우리가 이것을 옮긴다면 … 그럴 수 있나요?" *실험자*: "거기에 대해 스스로 한 번 생각해 봐- 할 수 있겠니?" *학생*: 모르겠어요. … 덧셈일 때는 옮길 수 있어요. 하지만 여기에는 뺄셈이 있는데 … [쓴다: $3-4=+3-4=-4+3$]. 정말 이런 방법이 있네요. [쓴다: $(-6y+3x)^2$]. 음. 좋아요. 덧셈이 있고 덧셈의 제곱이 있어요[바르게 푼다]. 이제 어떻게 하는지 알았어요. [실험자는 그 학생에게 예제 $(m+x+b)^2$을 해결하라고 준다.] 어떻게 해야 할지 모르겠어요. - 덧셈이 두 개, 즉 합이 두 개 있네요. 이것은 두 개의 합의 제곱이에요." *실험자*: "그래도 생각해봐. 두 수의 합의 제곱에 대한 공식을 이 예제에 쓸 수 있지 않을까? 괄호 안의 식을 두 수의 합으로 표현할 수 있을까?" *학생*: "있어요. [쓴다. $([m+x]+b)^2$]. 이제 어떻게 할지 알겠어요. (바르게 풀었다. 처음에 $[m+x]^2$ 대신 m^2+x^2을 쓰긴 했지만 조금 생각한 후에 혼자서 바르게 고쳤다.) 이제 첫째 예제 $[(C+D+E)(E+C+D)]$를 풀어요. - 제가 해볼게요. [쓴다: $([C+D]+E)\cdot([E+C]+D)$.] 괄호 안에 조금 다른 것이 있네요. … 먼저 항을 정리해야겠어요. [쓴다: $([C+D]+E)\cdot([C+D]+E)=([C+D]+E)^2$]" 그런 다음 그는 이 예제를 바르게 풀었다.

A. U.는 공식을 이용하여 예제 51^2을 푸는 데 오랫동안 어려워했으나, 주어진 수를 덧셈으로 표현하면 좋을 것 같다는 힌트를 주자 이렇게 말했다. "51은 50과 1 즉, 50 더하

기 1이에요." 그런 다음 예제를 재빠르게 풀었다.

능력 부족 학생들은 실험자의 직접적인 도움에도 불구하고 수학적 자료의 일반화를 어려워했다. 그들은 한 수준의 일반화에서 또 다른 수준의 일반화로 어렵게 "건너갔으며", 각 수준은 아주 많은 연습을 통해 강화될 수 있었다. 능력 부족 학생들은 첫째 시리즈의 계속되는 문제들의 이동을 혼자 힘으로 하지 못했고, 실험자의 유도 질문, 조언, 추론 어느 하나도 그들에게 효과적이지 않았다. 그들은 시리즈 V의 예제들, 심지어는 (가장 쉬운) 2번 문제조차 간단한 곱셈 공식을 사용하면 문제를 해결할 수 있다는 것을 혼자 힘으로는 이해할 수 없었다.

수학 부진 학생인 G. K.는 공식 $(a+b)^2$과 그것의 적용 원리를 배운 후에, 예제 $\left(1+\frac{1}{2}a^3b^2\right)^2$을 풀기 시작했다. 녹음한 것에서 발췌한 것을 인용하면 다음과 같다. *실험자*: "이 예제를 간단한 곱셈 공식으로 해결할 수 있을까?" *학생*: 여기엔 좀 다른 게 있어요.－a와 b가 모두 오른쪽에 있고 더하기 기호로 나누어져있지도 않아요. … [쓴다: $\frac{1}{4}a^6+2\frac{1}{2}a^3b^2+b^4$]. *실험자*: "1은 어떻게 된 거지?" 학생은 말이 없다. *실험자*: "그럼 이 예제 $(2x+y)^2$을 풀어 보자." 학생은 공식을 소리 내어 반복하며 쓴다.: "$4x^2+2\cdot 2x\cdot y+y^2=4x^2+4xy+y^2$." *실험자*: "맞았어. 이제 같은 방법으로 앞의 문제를 풀어 보렴." *학생*: "하지만 이건 좀 달라요. … 첫 항을 제곱하면 $\frac{1}{2}a^3\cdot\frac{1}{2}a^3$에요." *실험자*: "함께 생각해 보자. 공식을 이용하려면 두 수의 합의 제곱을 다루고 있다는 것을 확인해야 하지. 이것이 합의 제곱이라는 것은 분명하니?" *학생*: "여기 숫자 2[를 가리키며]는 괄호 안의 것을 자신끼리 곱하는 것을 의미해요." *실험자*: "좋아. 하지만 괄호 속에 이항식이 있지? 첫째 항은 어디에 있고, 첫째 '수'는 어디에 있는지 말해보렴." *학생*: "$\frac{1}{2}a^3$… 아니, 내가 무슨 말을 하고 있지? … 항 사이에 더하기 기호가 있어야 해요. 여기에는 첫째 항이 없고 둘째 항만 있어요." *실험자*: "그러면 1은? 모든 항, 모든 '수'는 네가 알듯이 어떤 식이든 가능해." *학생*: "왜요? 네 … 그럼 첫째 항이 1이에요." *실험자*: "자, 괄호 속에 있는 항은 어떤 기호로 나뉘지?" *학생*: "더하기-그건 합을 의미해요." *실험자*: "이제 이 예제와 네가 풀었던 문제 $(2x+y)^2$과 비슷한 점을 알겠니?" *학생*: "아뇨, 다른데요. 저기에는 첫째 항과 둘째 항 모두에 문자가 있지만 여기에는 둘째 항에만 있어요." *실험자*: "물론 그 말이 맞아. 괄호 안에 있는 이항식들은 다르지. 하지만 저 문제도 이 문제도 둘 다 *제곱*이 있고, *합*이 있고, *두 수의 합*으로 이루어진 것이 보이지? *이런 의미에서* 이 둘에는 공통된 것이 있어." *학생*: "그러네요. 저 문제와 이 문제 모두 두 항의 합과 제곱이 있어요." *실험자*: "그리고 앞에서 너에게 설명했듯이, 공식을 사용하기 위해서는 오직 이것이 중요하단다.: 두 수의 합의 제곱으로 이루어진 대수적 식임이 중요해. 알겠니? 풀어보렴." *학생*: "확실히 알겠어요."(실험자의 도움으로 그 학생은 올바르게 문제를 푼다.)

이 학생은 이어지는 문제로 이동하면서 이와 유사한 어려움을 겪었다. 오른쪽 열에 있는 문제들을 서로 구분하는 것 또한 어려워했다.

시리즈 VI의 문제를 풀 때 역시 수학적으로 유능한 학생, 보통 수준의 학생, 능력 부족 학생들에 따라 이와 유사한 특성을 보여주었다.

문제를 풀기 전, 예비 분석의 단계에서 벌써 유능한 학생들은 한 문제와 다른 문제 사이에서 유형의 유사성을 재빠르게 감지했다. 첫째 문제를 푼 후에 그들은 한 문제의 풀이 방법을 다른 문제에 쉽게 가져갔다. 그들은 겉으로 유사하지만 수학적으로는 다른 유형의 문제에서 그 차이 역시 쉽게 감지했다.

유능한 학생들은 문제를 풀기 전에 문제 구조의 일반적 특징의 "파악"에 근거하여 문제를 일반화했다. 이 경우 그들은 문제 해결 방법을 일반화할 필요가 없었다. 해결 스킴이 유사하다는 것을 알게 되기 전에 벌써 그 문제가 어떤 유형임을 보기 때문이다. 그러나 물론, 문제 가운데 하나를 해결하는 방법을 이미 알고 있었던 경우에는 더 자신 있게 일반화했다.

유능한 학생인 E. E.는 VI-C-1번 문제를 다음과 같이 해결했다. "공장에서 만들어내는 탁자의 개수를 x라고 해요. 이것은 서로 관련된 3개의 양에 대한 문제에요. (1) 탁자의 전체 개수, (2) 매일 만들어지는 탁자의 개수 그리고 (3) 작업하는 일수. 앞의 두 양으로 셋째 양을 $x/48$ — 공장에서 작업을 해야 하는 일수 — 로 나타내요. 그러나 실제론 3일 적게 일했고, 이 기간 동안 탁자를 100개 덜 생산했고 하루에 50개의 탁자를 만들었어요. $(x-100)/50$은 작업한 날이고, 이 수는 $x/48$보다 3일 적어요. 따라서 $x/48=(x-100)/50+3$이에요(바로 답을 구한다)." 다음은 이 학생이 VI-C-3번 문제를 해결한 것이다: "이것은 같은 유형이에요. 여기에도 3개의 서로 관련된 양 사이의 관계가 있어요. 해결 원리는 같아야 해요. 단지, 여기서는 일수가 첫째 경우와 둘째 경우가 같아요. 일수를 x라고 하면 $240x$와 $280x$는 각각 첫째 경우와 둘째 경우에 심은 나무의 수이고, 둘째 경우에 나무가 600그루 더 많아요. 따라서 $240x+600=280x$; $40x=600$, $x=15$(일). 그리고 $15\cdot 240+400=4{,}000$(그루)이에요."

보통 수준의 학생들은 자신의 힘으로는 문제를 일반적인 유형으로 받아들이지 못했다. 그들은 겉으로 보기에 다른 문제들을 혼자서는 일반적인 유형으로 감지하지 못했다. 그러나 보통 실험자의 도움으로 문제를 성공적으로 해결했다. 규칙으로서 문제를 일반화하고, 그것을 특정 유형으로 분류하는 것에 대해, 보통 수준의 학생들은 충분히 문제의 구조를 분석하지 못하였다. 그들은 문제를 먼저 푼 후에야 해결 과정을 비교하고 일반화했다.

능력 부족 학생들의 경우 실험자가 상세하게 도와주었음에도 불구하고 문제에서 공통된 유형의 요소를 감지하는 것을 매우 어려워하였다. 이들은 (실험자의 도움을 받아) 문제를 풀고 특정한 문제에 대해 이미 만들어져 있는 해결 원리를 비교할 기회를 가진 후에도 혼자 힘으로는 이 문제들을 공통 유형으로 생각하지 못했다. 이 유형에 속하는 세 번째 문제가 주어졌을 때 특정한 해결 스킴 아래 그 문제를 포함시킬 수 있는 학생이라도 그 문제를 마치 특수한 문제처럼 풀려고 하였다.

능력 부족 학생 중 하나인 S. A.는 VI-C-1번 문제를 풀기 위해 몇 번의 성공하지 못한 시도를 해본 후, 그 문제는 정보가 몇 개 – 일수 – 누락되었기 때문에 풀 수 없다고 단언했다. *실험자*: "하지만 그렇다면 문제가 될 수 없겠지! 생각해 보렴. 일수를 알고, 하루에 48개의 탁자를 생산할 계획이라는 것을 안다면 찾을 것이 없게 돼. – 이 두 수를 곱하면 끝나는걸. 그러나 네가 일수를 알아야 한다는 것을 보았으니 잘 한 거야. 이 문제를 풀 수 있을까? 네가 탁자의 전체 개수를 x로 놓았고, 매일 생산하는 양을 알고 있어." *학생*: "전체를 48로 나누어야해요. 그러면 $x/48$가 되어요. 공장은 여러 날 동안 작업했어요." *실험자*: "그랬어야 했지. 실제로 더 많이 작업했을까 아니면 더 적게 작업했을까?" *학생*: "더 많이요. 탁자를 50개씩 생산했거든요." *실험자*: "그래. 작업을 끝내기로 한 날을 3일 남겨두었을 때, 탁자를 얼마나 생산했을까? 문제는 이것을 묻고 있어." *학생*: "100개가 남았어요. 그러니까 $x-100$개를 생산했어요." *실험자*: "맞아. 그것을 며칠 동안 작업했지?" *학생*: "3일이 적었죠. 즉, $(x/48)-3$이에요." *실험자*: "이 수를 다르게 어떻게 표현할 수 있을까? 모두 $x-100$개의 탁자를 생산하고 매일 50개씩 생산했어. 며칠이 걸렸을까? $x/48$를 어떻게 구했는지 기억해보렴." *학생*: "$(x-100)/50$일이요." *실험자*: "지금 넌 한 가지 방법으로 실제 일한 날의 수를 표현한 거야. 이제 무엇을 해야 할까?" *학생*: "이 일수는 같아요. 방정식을 만들 수 있어요: $(x-100)/50=(x/48)-3$." (실험자의 도움으로 방정식을 푼다.) *실험자*: "이제 잘 보고, 이러한 종류의 문제를 어떻게 해결하는지 기억해두렴. 그것들 안에는 언제나 세 개의 요소가 있어: 전체 개수, 시간, 그리고 단위시간당 개수. 이 양들을 어떻게 관련지을까?" *학생*: "전체 개수를 단위시간당 개수로 나누어서 시간을 구해요." *실험자*: "그러면 시간과 단위시간당 개수가 주어졌을 때, 전체 개수를 구할 수 있겠니?" *학생*: "첫째 수와 둘째 수를 곱해야죠." *실험자*: "자 이러한 문제에 대한 해결 과정을 기억해두렴. 이제 VI-C-2번 문제를 풀어 보자." *학생*: "이것은 같은 문제에요. 하지만 수들이 달라요. 여기도 가구 공장과 탁자들이 나와요."

실험자: "음. 세 요소를 모두 찾아보렴." *학생*: "탁자의 전체 개수는 4 · 90 = 360 (개)에요. 하지만 시간은 얼마죠? 여기에서는 탁자를 생산하는 데 몇 시간이 걸리는지 명확하지 않네요." *실험자*: "왜 그것을 알아야 하지? 문제를 잘 생각해봐." *학생*: "이것은 저 문제와 같은 문제에요. 하지만 시간이 필요하고, 두 개의 미지의 것을 구해야 해요." *실험자*: "VI-C-3번 문제를 풀어 보자." *학생*: "그런 문제는 아직 풀어보지 못했어요. 나무의 수를 x라고 하죠. 하지만 며칠 동안이죠?" (다시 실험자가 상세하게 설명해준 후에 학생은 문제의 바른 해에 도달하였다.) *실험자*: "이제 첫째 문제와 셋째 문제를 비교해 보자. 그 두 문제에서 정말 비슷한 점이 없니? 두 문제의 해결 방법을 비교해 보렴." *학생*: "저기서는 나누었지만, 여기서는 곱했어요. 이것들은 다른 문제에요." *실험자*: "물론 문제는 다르지. 하지만 그 핵심은 비슷하지 않니? 두 문제 모두 전체 개수를 계산하지?" *학생*: "예. 탁자의 전체 개수와 나무의 전체 개수에요." *실험자*: "그리고 단위시간당 개수가 있고 시간이 있지?" *학생*: "모두 있어요. 맞아요. 문제가 비슷해요. 그런데 왜 첫째 문제는 나누고, 두 번째 문제는 곱해야 했죠?" *실험자*: "네가 생각해 보렴. 첫째 문제와 둘째 문제에서 우리가 구해야 했던 것은 무엇이었지?" *학생*: "이제 알겠어요. 저 문제에서는 시간을 구해야 했기 때문에 나누었고, 이 문제에서는 전체 개수를 구해야 했기 때문에 곱했어요. 이 문제들은 정말 비슷하네요. 저 문제는 탁자고, 이 문제는 나무라서 혼동했어요."

수학적으로 유능한 학생들, 보통 수준 학생들, 능력 부족 학생들이 보여주는 이러한 수학적 자료의 일반화 특성은 시리즈 IX(증명 문제)에 있는 문제의 풀이에서도 나타난다. 예를 들어 유능한 학생들은 별 어려움 없이 문제 IX-B-1을 해결했고, 모든 문제에서 증명의 일반적 유형을 감지하면서 그 증명 방법을 테스트의 다른 문제에 쉽게 전이하였다. 그들은 증명의 유형, 유사한 증명의 전형적인 스킴을 가장 첫 문제를 푼 직후에—즉, "그 즉시"—규칙으로서 인지하였다.

유능한 학생 중 하나인 P. A.가 IX-B-1 문제를 어떻게 풀었는지 보자: "연속되는 세 수의 합은 3으로 나누어떨어짐을 증명하여라. 연속하는 수들은 각각 뒤에 나오는 수가 바로 앞의 수보다 1씩 큰 수들인 것 같아요. 이제 어떻게 증명할까요? 사실, 2, 3, 4의 합은 3으로 나누어져요. 12, 13, 14의 합은 39가 되죠. 이렇게 증명할 수 있어요: 세 개의 동일한 수의 합은 당연히 3으로 나누어지죠. 그 다음에 (둘째 수는 첫째 수보다 1 크고, 셋째 수는 첫째 수보다 2 크므로) 3이 더해지므로 3으로 나누어져요. 대수적으로 증명할 수도 있어요: $x+(x+1)+(x+2)=3x+3=3(x+1)$. 처음 수 x가 무엇이든 상관없이 마지막 식은 항상 3으로 나눌 수 있어요. 이제, 증명의 원리를 이해했어요." *실험*

자: "잘 했어. 이제 IX-B-6 문제를 풀어 봐." *학생*: "음, 이 문제는 쉬워요. 대수적으로 원리가 같아요. 두 분수의 합은 1이에요. 이것이 그 분수들이에요:

$$\frac{x}{y} \text{와 } 1-\frac{x}{y};$$
$$\left(\frac{x}{y}\right)^2+\left(1-\frac{x}{y}\right)=\left(1-\frac{x}{y}\right)^2+\frac{x}{y};$$
$$\frac{x^2}{y^2}+1-\frac{x}{y}=1-\frac{2x}{y}+\frac{x^2}{y^2}+\frac{x}{y};$$
$$\frac{x^2}{y^2}-\frac{x}{y}+1=\frac{x^2}{y^2}-\frac{x}{y}+1.$$

좌변은 우변과 같아요." (그는 다시 생각해보지도 않고, 나머지 대수 정리를 이처럼 막힘 없이 증명했다.)

보통 수준의 학생들은 대체로 가장 단순한 증명에서 가장 복잡한 증명까지 완전히 독립적으로 나가진 못했지만, 중간 단계에서 도움을 받으면 특별한 어려움 없이 복잡한 증명에 도달하였다.

능력 부족 학생들에게는 증명의 일반화, 주어진 유형의 대수적 증명의 원리 확립, 다른 증명에로의 이 원리의 전이는 그들의 능력을 뛰어 넘는 과제였다. 가장 쉬운 전이에서조차도 실험자의 도움을 받았다. 다음은 능력 부족 학생들 중 하나인 L. Yu.가 실험자의 도움을 받아 (IX-B-1문제) 증명 방법을 터득한 후 이 과제를 어떻게 처리하였는지에 대한 것이다.

학생: (IX-B-2번 문제를 푼다.) "'제곱이다'가 무엇을 의미하나요? 어떤 수의 제곱인가요?" *실험자*: "예를 들어 13이나 20처럼 어떤 수의 제곱이 아닌 수들이 있어. 그리고 어떤 수를 제곱한 결과가 되는 수가 있지. 예를 들어 3^2인 9, 5^2인 25, 8^2인 64처럼." *학생*: "알겠어요. 하지만 여기서 이것을 어떻게 증명해요?" *실험자*: "생각해 보렴. 앞의 문제처럼 대수적 증명 방법을 사용해봐. 거기에서 '어떤 수를 생각해 보아라.'가 있잖아. 대수에서 이 '어떤 수'는 어떻게 표현하지?" *학생*: "아, 이제 알겠어요.: $x \cdot (x+6)+9=x^2+6x+9$에요. 여기서 x^2은 제가 생각한 수의 제곱인거죠." *실험자*: "너는 결과의 일부만 생각했어. 이제 전체 결과가 어떤 수의 제곱임을 증명해야해. 네 결과는 어떤 식의 제곱이 될까? 최근에 복습했던 간단한 곱셈 공식을 기억해봐." *학생*: "알겠어요. $(x+3)^2$이죠."(바로 답을 하지는 않았다.) *실험자*: "하지만 결과에서 항상 제곱을 얻을 수 있을까?" *학생*: "모르겠어요." 실험자가 길게 설명한 후에야 그는 대답했다. "우리가 임의의 수를 택했기 때문에 항상 그럴 것 같아요."

여기서 의문이 생긴다. 도대체 무엇이 유능한 학생들에게 "그 즉시" 폭넓은 일반화를 할 기회를 주는 걸까? — 연습을 통한 기초적이고 점진적인 일반화도 없이 어떻게 곧바로 하나의 문제의 한계 안에서 이러한 조작의 전이 가능성을 즉시 이끌어내는가?

심리학적으로 흥미로운 사실을 생각해 보자. 우리는 많은 학생들과 어른들에게 문제 XI-A-3을 가능하다면 빨리 머릿속에서 풀어보라고 했다: "5로 나누어서 나머지가 7인 수의 일반식을 대수적으로 나타내시오." (쉽게 답할 수 있도록, 사전에 3으로 나누어떨어지는 수의 일반식을 대수식으로 나타내게 했다.)

이 문제의 특징은 (특별한 어려움 없이) 그러한 수를 대수적으로 $(5x+7)$과 같이 표현할 수 있을지라도, 문제가 의미 없다는 것이다. 5로 나누었을 때 나머지가 7인 수가 없기 때문이다. 문제의 유형은 완전히 실제적이지만 특수한 구체적 변형은 그렇지 않다. 모순되는 것은, 수학적으로 유능한 학생들 (심지어는 성인들조차) 매우 자주 (우리의 실험에서 능력 부족 사람들보다 훨씬 자주) 잘못된 답인 $(5x+7)$을 하고, 나중에서야 "그들의 의미를 알게 된다는 것"이다. 능력 부족 학생들은 훨씬 적은 실수를 하였고, 문제의 무의미함을 제대로 지적하기까지 하였다. 심지어는 적절한 이론적 상황을 모든 사람들에게 (그런데 7이 5보다 크다는 사실을 모르는 것은 어딘지 이상하다고) 확실하게 알려주기까지 했다. S. I. Shapiro는 나이가 더 많은 학생들에게 시행한 같은 문제에서 비슷한 결과를 얻었다. 무엇이 문제일까?

이 흥미로운 사실을 분석하면서 재미있는 상황을 알게 되었다. 앞에서 보았듯이 능력 있는 사람의 거의 대다수는 이 문제를 구체적인 사실로부터 추상한 일반적인 문제로 풀었다. 그들은 다음과 같은 일반적인 문제의 일종으로 이 문제를 설명하였다. "주어진 수로 나누었을 때 나머지가 있는 수를 찾아라." 그런 다음, 다음과 같은 일반적인 형태의 답이 나온다. "이 문제를 풀기 위해서는 처음 수에 승수 x를 곱하고 나머지를 더하면 됩니다." 그리고 마지막으로, 추상으로부터 주어진 구체적인 틀로 번역(주어진 수를 자동적으로 대입함)해내었다. "그것은 $5x+7$입니다." 피험자들이 말하는 것에 따르면 문제를 일반적인 형식으로 번역하는 것과 구체적인 수에서 추상화하는 것은 해결 과정을 상당히 단순화하는 것이다. ("숫자는 문제의 본질을 이해하는 것을 방해한다." 일반화된 패턴인 $ax+y$를 사용하여 이 문제를 해결한 몇몇이 이와 같이 말하였다.) 이것은 유능한 학생들이 종종 범하는 실수들을 설명한다. 하지만 능력 부족 학생들은 결코 일반적인 형식으로 문제를 해결하려하지 않았다. 그들은 가장 기초적인 방법으로 해결했다. 즉, 대입하여 이러한 성질을 갖는 특정한 수를 모두 찾으려했다. 하지만 이러한 성질을 갖는 첫 번째 수(12)를 찾으려는 시도에서 그들은 문제가 무의미함을 알게 되었다. 시리즈 XI의 다른 문제의 해결과정에서도 같은 것이 관찰되었다.

실험 문제의 해결방법을 분석한 결과 앞서 지적했던 특성이 일반적으로 중요한 의미를 가진다는 사실이 명백해졌다. 우리가 연구했던 유능한 학생들은 새로운 종류의 문제(대부분 이전에 전혀 풀어보지 못했던 문제)를 접했을 때, 매우 자주 (물론 언제나는 아니지만) 처음의 구체적 문제 유형을 일반적 형태로, 일반적 문제인 것처럼 번역하고 해결하였다. 주요한 흐름에서 "본질"을 발견하고, 외연적 측면에서, 특수한 것에서, 구체적인 데이터와 수에서 추상화하면서 그렇게 하였다. 어떤 의미에서 이것은 그들이 조작할 때 따르는 일반적인 규칙에 대한 학습으로 대신하는 것 같다. 따라서 주어진 유형의 처음 나오는 구체적 문제를 해결하면서 그들은 ― 그렇게 표현할 수 있다면 ― 이러한 유형의 모든 문제를 풀었다고 볼 수 있다.

그들 중 일부는 구체적 수준에서 문제를 해결한 후에 일반적 수준에서 문제를 해석했다. 또 다른 학생들은 문제를 풀기 전에 곧바로 일반적 수준에서 문제를 번역하여 일반적 형식으로 문제를 풀고, 구체적인 자료와 수를 대입하며 구체적 수준으로 문제를 되돌려 "번역해" 놓았다. 유능한 학생들이 아주 간단한 문제를 일반적인 형식으로 해결하지 않는다는 것은 특이하다. 그들은 "즉시 답을 알았다" 그러므로 일반화는 문제를 풀고 난 다음에 뒤따라온다. 문제가 더 복잡해질수록 점점 더 자주 학생들은 이미 익숙한 설명을 덧붙이면서 일반화된 해결방법에 의지하게 된다. "숫자는 문제를 이해하는 데 방해가 된다." 이들은 구체적인 자료로부터 추상화하여 일반적 수준에서 문제를 해석함으로써 어려움을 극복했다.

유능한 학생들은 바로 첫 문제에서 주어진 유형의 문제를 풀기 위한 일반적인 원리를 파악하고 같은 유형의 다른 문제를 푸는 데 이 원리를 쉽고 정확하게 전이시킨다. 그 이유는 이러한 유형의 연속된 문제를 해결하면서 자신에게 익숙한 일반적 유형의 문제에 대한 변형으로(유형들 중 하나가 그것을 표현하는 "복제"된 것으로) 파악하기 때문이다. 어떤 문제는 토끼, 다른 문제는 루블(러시아 화폐) 또는 거리와 관련되어 있더라도 이러한 것은 문제가 되지 않는다. 이러한 종류의 일반화된 해결방법은 이후 정신력 측면에서 보면 경제적이다. S. I. Shapiro의 표현을 사용하면 "주어진 유형의 다른 문제들은 실제로 그것들이 제시되기 전에 벌써 해결되기" 때문이다.

이것을 유능한 학생인 K. R.의 사례를 들어 설명하고자 한다. 그는 한 예제를 풀면서 간단한 곱셈 공식(두 수의 합의 제곱)을 독립적이고 독창적으로 이렇게 추론하였다. "$(a+b)^2 = (a+b) \cdot (a+b) = a^2 + ab + ba + b^2$. 중간에 있는 두 항은 항상 같아요. 왜냐하면 모든 수에 대해 그것은 첫째 수와 둘째 수를 곱하는 것을 의미하기 때문이죠. 그것을 이렇게 하면 더 쉬워요: 두 번의 곱셈과 한 번의 덧셈 대신에 첫째 수와 둘째 수를 곱한 결과를 두 배하는 거죠. 그렇게 되면 언제나 두 수의 합을 제곱할 때, 그게 무엇이든 간에, 이렇게 할 수 있어요. 두 수 각각의 제곱의 합에 두 수의 곱을 두 배한 것을 더하기, 즉 $(a+b)^2 = a^2 + b^2 + 2ab$ 입니다."

또 다른 사례는 유능한 학생 중 한 명인 V. G.가 문제 VI-C-1과 VI-C-3을 해결한 것이다. (일반적 수준에서 문제를 해결함.) 이 학생은 문제를 천천히 두 번 읽은 후에 풀기 시작했다. "이 문제에서 모든 것은 세 개의 사실로 이루어져 있어요. 전체 개수, 생산율, 그리고 시간이에요. 이 셋은 다음 관계가 있어요. N = R · T(이것은 그가 세 양을 나타낸 방법이다). 셋 중에서 하나는 알고, 또 다른 하나를 x라고 하면 셋째 것은 앞의 두 항으로 표현할 수 있고, 그렇게 되면 아마 뭔가를 같다고 놓을 수 있게 될 거예요. 글쎄요, 이 문제를 볼까요? 여기 두 경우가 있어요. [차트를 그리고 빠르게 그림 56과 같이 차트를 채운다(그림 56을 보라.)] 그러면 무엇이 같아질 수 있을까요? 여기서 '끝내기 전 마지막 3일 동안'은 둘째 경우 시간이 첫째의 시간보다 3일 적다는 것을 의미해요. [별 어려움 없이 문제를 해결한다.] 음, 이 문제를 해결하는 방법은 분명해요"(상당히 전형적인 논평; *한* 문제를 푸는 동안 이 아동은 *모든 이러한* 문제를 푸는 방법을 이해한다. – V. K.).

VI-C-3번 문제를 해결하면서 이 학생은 문제를 한 번 천천히 읽은 후에 이렇게 말했다: "이것도 같은 방법으로 풀면 돼요." 그는 재빨리 표를 그렸고 별 어려움 없이 표를 채웠다(그림 57을 보라).

	1	2
N	x	$x-100$
R	48	50
T	$\frac{x}{48}$	$\frac{x-100}{50}$

그림 56

	1	2
N	$x-400$	$x+200$
R	240	280
T	$\frac{x-400}{240}$	$\frac{x+200}{280}$

그림 57

문제를 대충 훑어보더니 그는 "시간이 같네요."라고 말했다. 그리고 재빨리 방정식 $x-400/240 = x+200/280$을 쓴 후, 주어진 문제를 별 어려움 없이 해결하였다. 실험자는 이 문제를 어떻게 해결했는지 명확하게 설명하기를 요구했고, 그는 이렇게 대답했다. "저 문제하고 똑같은 방법으로 했어요. 여기엔 생각할 것이 하나도 없어요. 저절로 풀리는 문제에요. 똑같은 유형이에요." 그렇다고 해도 이 문제를 해결한 방법을 명확하게 해달라고 요구하자, 어려움 없이, 막힘없이 설명했다: "이 문제와 앞의 문제는 둘 다

세 조건의 결합으로 이루어져 있어요. 전체 개수, 시간, 그리고 단위 시간(지점)당 개수죠. 물론 차이는 있어요. 이 문제는 탁자에 대한 것이고, 저 문제는 나무에 대한 것인데, 무엇이 다른지는 알아야 해요."

둘째 단계

둘째 단계에서는, 앞에서 말한 바와 같이, 영재 집단을 연구했다. 그리고 이 자료들은 본 연구의 첫째 단계에서 세운 일반화된 수학적 사고에 대한 설명을 완벽하게 확인해 주었다. 상세한 자료는 11장에 제시된 이 아이들의 프로필을 참고하라.

수학적 대상, 관계, 조작을 "그 즉시" 폭넓게 일반화하는 능력은 (8~10세의) 어린 나이에도 불구하고 이 영재들에게서 상당히 분명하게 나타났다. 어떠한 비교나 대조도 없이 맨 처음 예제나 문제를 분석함으로 이들은 나이에 비해 놀라운 속도로 기본 관계를 "파악"했으며 자신감을 가지고 꽤 동떨어진 대상들에게 조작을 전이했다.

가장 두드러지는 사례 몇 가지를 제시하겠다.

9살 Sonya L.은 이제 막 괄호 밖에 공통 인수를 빼서 인수분해 하는 방법에 익숙해진 상태였다. 그녀는 이것을 간단한 예제 한 개와 함께 배웠다: $5a+5b=5(a+b)$. 그런 다음 곧바로 복잡한 문제가 주어졌다: $4m^2(2p-q)-2m(q-2p)-2m(q-2p)$. 처음 문제와 비교할 때, 여기에는 매우 복잡한 인수가 괄호 밖에 있고, 괄호 중 하나의 부호가 반대임을 먼저 생각해야만 한다. 다음은 해결과정을 기록한 것이다: "와, 멋진 문제에요! 어려워 보인다는 것만 빼면요. 세 부분 모두에 공통 인수가 하나 … 둘, 아니 세 개 있는 것이 바로 보여요. 괄호 중 두 개의 부호만 바꾸면 되겠네요(즉시 쓴다): $2m(2p-q)(2m+2)$." 실험자: "둘째 괄호에서 어떻게 이런 식을 가져왔는지 말해 보렴." *Sonya L.*: "음, 첫째 항, 둘째 항, 셋째 항 모두에서 $2m$을 꺼내고, 두 항의 부호를 바꾼 다음에 그것을 더했죠." *실험자*: "이 문제가 이전 문제와 같다고 생각한 이유가 뭐니?" *Sonya L.* (놀라며): "글쎄요, 왜 안 같아요? 원하는 항이 무엇이든, 얼마나 많은 항이 있든, 공통인수만 있다면 괄호 밖으로 내놓을 수 있어요."

잘 알려진 것처럼 일반화하는 능력은 구분 능력과 밀접하게 관련된다. 영재들은 아주 유사한 자료들도 놀랍도록 미세하게 구분한다. 그들 중 몇 명에게 두 문제를 주었다 (Shapiro의 연구에서 사용한 문제): (1) 어떤 사람이 시속 2km로 산을 오르고, 시속 6km로 산을 내려왔다. 이 사람의 평균 속도를 구하여라. (2) 어떤 여행자가 시속 6km로 여행했다. 얼마 동안 갔을 때, 그는 피로를 느껴 시속 2km로 속도를 줄였다. 목적지에 도착했을 때 보니 시속 2km로 간 시간과 시속 6km로 간 시간이 같았다. 이 사람의 평균 속도를 구하여라.

이 문제를 받은 보통 수준의 7학년 학생들 중에는 아무도 이 문제에서 차이를 발견하지 못했다. (계속 생각해보라고 요구했지만) 모두 시속 4km라는 같은 답을 내었다. 그러나 매우 유능한 집단의 학생 7명 모두는 시속 3km와 시속 4km라고 했다. 그들은 전형적으로 다음과 같이 추론했다(Gilya Kh.): "물론 문제가 비슷해요. 하지만 차이가 있어요. 낱말과 숫자에서는 모두 비슷한 것처럼 보여요. 하지만 여기엔 큰 차이가 있어요. 첫째 문제에서는 각각의 속도로 간 *거리가* 같고, 둘째 문제에서는 각각의 속도로 간 *시간이* 같아요. 첫째 문제에서 두 속도로 간 시간은 달라야 – 느린 속도가 빠른 속도보다 당연히 더 오래 걸리고, 그렇기 때문에 평균 속도는 그 중간이 아닌, 시속 6km보다 시속 2km에 더 가까운 것이 되어요. 둘째 문제에서는 두 속도로 같은 시간 동안 갔으니까, 따라서 평균 속도는 그 중간인 시속 4km가 되죠. 첫째 문제는 다음과 같아요. 1/2시간에 1km씩 올라가고 1/6시간에 1km씩 내려오니까 1km를 갈 때 평균 시간은 $(1/2+1/6)\div 2=1/3$ 시간이 되고, 따라서 평균 속도는 시속 3km예요."

매우 유능한 아이들이 일반화된 형식으로 문제를 풀려고(혹은 구체적인 문제 해결방법을 빠르게 일반화하려고) 노력하는 것은 특별한 필요에 따른 본능이다(S. I. Shapiro의 관찰에서 그것은 더 연령이 높은 유능한 학생들에게 완벽하게 발달해 있었다). 그들은 수학적 대상, 관계 혹은 조작을 일반화하는 과제를 마주할 필요가 없다 – 그들은 스스로의 힘으로 자진해서 과제를 해결한다. 이러한 유능한 학생들은 보통 새롭게 접하는 유형의 구체적인 문제를 일반적이고 전형적인 문제로 해결했다. 보통 수준의 학생이 A라는 문제만을 풀 때, 유능한 학생들은 A와 A_1, A_2, $A_3 \cdots A_n$ 즉 주어진 유형의 모든 문제를 풀었다.

11장에서 우리는 Sonya L.가 삼각형의 내각의 합에 대한 정리 증명을 일반화하는 사례를 제시하였다. 이때 그녀는 볼록다각형의 내각의 합을 구하는 공식을 혼자 힘으로 연역하였다. 문제를 풀기 전에 어떤 문제를 일반적 수준으로 전이시키는 또 다른 특징적 사례를 말하고자 한다. 9살인 Sonya L.은 다음 문제를 풀었다: "새가 한 마리씩 막대에 앉으면 한 마리 새가 앉을 자리가 없다. 새가 두 마리씩 막대에 앉으면 막대가 하나 남는다. 새와 막대는 얼마나 있을까?" 풀이: "간단한 문제지만 저 문제보다는 어렵네요 … 여기서는 다르게 분배되고 있어요 … 대충 말하면, 모르는 수가 2개 있어요 … 첫 번째 수를 두 번째 수로 나누면, 나머지가 남고, 다른 제수로 나누면 … 아니, 이 방법이 아니고 … 첫 번째 수를 두 번째 수로 나누면, 나머지를 가진 어떤 수를 얻거나 하나 큰 수이지만 부족한 어떤 수를 각각 얻어요. [Sonya'의 설명 – V. K.] 이 문제를 어떻게 풀까요?

… [*이제* 아니고 *그렇게!* 이러한 유형의 표현은 유능한 학생들에게 전형적이다. – V. K.] 아하, 생각났어요 … 이것은 나머지와 부족한 수를 더한 것이 두 번째 수와 같음을 의미해요! [실험자는 정확히 말해달라고 요구했다.] 자, 이렇게 하는 거예요. 두 번째 나눗셈을 한 후 1 더 큰 수를 얻어요. 그것은 나머지 더하기 부족한 수가 정확하게 두 번째 수가 되기 때문이죠. 이제 이 문제를 푸는 방법을 알겠어요!" *실험자*: "잠시만, 넌 이 문제를 풀지 않았어! 막대와 새가 얼마나 있니?" *Sonya*: "아. 잊고 있었어요 … 처음에는 새 한 마리가 남고, 그런 다음에 2가 부족하니까 막대는 3개, 새는 4마리에요." 여기서 매우 재미있는 것은 일반적인 수준에서 문제를 풀면서 Sonya가 원래 문제에 대한 것을 모두 잊고 있었다는 것이다.

그녀는 다음 문제를 풀었다. "딸이 8살이고 엄마는 38살이다. 엄마의 나이가 딸의 나이의 3배가 되려면 몇 년 후인가?" "이 문제는 엄마가 나이가 드는 동안 딸도 같이 나이가 든다는 것을 뜻해요. 그들의 나이는 계속 변하죠 … 하지만 둘의 나이 차는 변하지 않아요. 엄마는 딸보다 항상 나이가 같은 수만큼 더 많으니까요 … 그 이유는 분명해요. 엄마에게 여러 명의 딸들이 있다면 [Sonya는 이렇게 놓았다 – V. K.], 그 차에서는 1이 적어지게 되요 … 여기서는 3배? 그렇다면 어머니에게 3명의 딸이 있고 그 사이에 2명의 딸이 있는 셈이죠. 나이의 차는 30이고 딸은 15살이에요. 그렇다면 7년 후에요." Sonya는 문제 유형과 그 해결 패턴을 감지하자마자 (그리고 이것은 "그 즉시" 행해졌다!) 유사한 유형의 문제들을 빠르고 정확하게 풀기 시작했다.

매우 유능한 학생들에게 전형적인 것과 위에서 언급한 것을 일반화할 필요성은 주어진 문제에 대한 구체적인 답에만 초점을 두는 실험자의 시도에서는 종종 말 그대로 반대되는 결과로 나타났다. Sasha L.은 다음 문제를 풀고 있었다.: "책 한 권의 가격은 노트 한 권의 가격의 4배이다. 노트 한 권은 책 한 권 보다 30코펙[14] 더 싸다. 책과 노트의 가격은 각각 얼마인가?" *Sasha*: "주어진 수보다 *몇 배 더 크고* 또 그 수보다 *좀 더 큰* 수를 구해야 하는 이런 문제들은 어떻게 풀죠? 이렇게 풀 수 있을 것 같아요. 아마도 …" *실험자*: "Sasha, 잘 들어봐. 일반적인 추론은 필요 없어. 이 문제는 간단해. 그러니 바로 답을 구해보렴!" *Sasha*: "하지만 싫어요. 전 일반적으로 문제를 푸는 방법을 알고 싶어요. 조금만 기다려보세요." (계속 일반적인 수준에서 문제를 푼다).

Gilya Kh.는 다음 문제를 풀고 있다: "기차가 15초에 전신주를 지나고 45초에 450m 길이의 다리를 건넌다. 기차의 길이와 속도는 얼마인가?" 그는 이 문제를 푸는 데에 다

14) (역자 주) 러시아 화폐의 단위. 1/100루블.

음 문제와 같이 일반화된 해법을 선택하였다. "기차가 t초에 기둥을 지나고, t_1초에 길이 Sm인 다리를 건넌다." "다른 방향으로 이끌려는" 실험자의 모든 시도에도 불구하고, 또 문제 푸는 시간을 제한했음에도 불구하고 Gilya는 자신의 방법으로 계속 문제를 풀어서 다음 공식을 연역해내었다: x(기차의 길이) $= S \cdot t/t_1 - t$, 문제를 풀면서, 또 만족스러운 표정을 지으면서 그는 이렇게 말했다: "이제 전 이와 비슷한 모든 문제는 생각하지 않고 풀 수 있어요!"

셋째 단계

셋째 단계에서는 능력 부족 학생들 집단을 연구하였다. 이 능력 부족 학생들에 대한 세밀한 연구(1년간 지속된 연구)는 이들이 독립적인 작업을 할 때 접근할 수 있는 것은 기초적 수준의 수학적 자료의 일반화뿐임을 다시 한 번 확실하게 보여주었다. (수학의 만족스러운 숙달에 필수적인) 높은 수준의 일반화는 실험자의 도움을 받으면서 매우 열심히 학습했을 때에만 조금씩 이루어졌다. 때로 이러한 일반화는 실험자가 특별하게 조직한 작업의 결과로만 나타났다. 어려운 경우에는 일반화가 전혀 일어나지 않았다.

예를 들어, 우리의 실험에서 대다수의 피험자들은 한 수준의 일반화에서 다른 수준으로 통과하는 데에 어려움을 겪었고, 각 수준은 상당히 많은 연습문제를 통해 굳건하게 해야 했다. $x^{n+2} \cdot x^{2-n}$유형의 예제가 포함되는 패턴인 $x^n \cdot x^m$을 푸는 방법을 알기 위해 이들은 $x^2 \cdot x^3 = x^5$과 같은 유형의 연습문제를 8개에서 12개 정도 풀어야만 했다.

실험대상 학생들 어느 누구도 (V-B 테스트에서) 주어진 대수식의 집합 중 어느 것에 "두 수의 합의 제곱"에 대한 공식이 적용될 수 있고, 어느 것에 적용될 수 없는지 바르게 지적하고 주장하는 방법을 알지 못했다. 몇몇 학생은 첫째 식에만 공식을 적용하였고, 다른 학생들(예를 들어 피험자 G. S.와 V. B.)은 12개 식 모두에 그 공식을 적용하였다. 후자의 경우 일반화는 분명히 생각 없이, 불완전하게, ("모든 곳에 a와 b, 2가 있다"와 같이) 순전히 겉으로 보이는 특징에 따라 이루어졌다.

테스트 V-B의 문제에 대한 피험자들의 풀이 방법이 매우 중요하다. 물론 처음 문제와 마지막 변형 문제 사이의 (그들의 관점에서) 공통된 것 안에서 어느 것이든 핵심적인 것을 보자마자 감지한 학생은 없었다. 여기에서는 실험자의 도움도 소용없었다. 그들은 "여기에는 문자들이 달라요. 거듭제곱이 있어요. 분수가 있어요. 하지만 처음 문제엔 이런 것들이 전혀 없어요."라고 말했다. 두 피험자(I. G.와 V. U.)는 "괄호가 있는 것과 괄호 뒤에 2가 있는 것만 같아요."라고 말했다. 그러나 실험자의 질문("그건 사실 중요하지 않잖아?")에 대해서는 "아뇨, 그래도 예제들이 매우 달라요. 그것들은 이 공식으로 풀 수 없어요."라고 답했다. 학생들은 스스로의 힘으로는 V-B 예제에서 두 번째와 세 번째 변형 문제에서조차 간단한 곱셈 공식을 적용할 수 있다는 사실을 감지하지 못했다. 첫 번째로 변형된 문제들에서만 대부분의 학생들(19명 중 11명)이 독립적으로 처음 문제의 풀이 방법을 전이하였다. 나머지 학생들(19명 중에서 8명)은 실험자의 도움을 받고 나서야 해결할 수 있었다. 이 학생들은 연속되는 각 변형 문제에서 스스로의 힘으로는 해결 방안을 전이시키지 못했고, 실험자의 유도 질문, 충고, 주장들 모두 여기서는 효과가 없음이 입증되었다. 처음 문제로부터 네 번째, 다섯 번째, 여섯 번째 변형 문제로의 전이는 특히 어려웠다.

어떤 학생이 어떤 대수 문제의 해법을 이해하고 일반화하였다고 생각할 수 있다. 하지만 다음 문제를 풀면서 그는 같은 어려움을 겪었고, 실험자의 도움을 필요로 하였으며, 거의 같은 순서의 논의가 있었다. 그리고 대부분의 학생들이 그러했다.

결과적으로, 일반화는 많은 연습문제를 푼 이후에, 그리고 특별한 훈련을 한 이후에야 가능했고, 우리 연구에서 그 폭은 충분히 넓어지지 않았다.

같은 모습이 시리즈 VI의 문제에서도 관찰되었다. 학생들 어느 누구도 실험자의 도움 없이는 이 문제들에서 일반화 유형을 감지하지 못했다. 반면에 대다수의 학생들(19명 중에서 14명)이 다른 유형에 속하는 문제들에서 일반적인 어떤 것을 감지했다. 나머지 학생들(19명 중 5명)은 모든 문제가 다른 유형이라고 확신하였다.

이 학생들 대다수는 문제를 어떻게 일반화할지 또는 그것들을 일반적인 유형과 어떻게 결합시킬지에 대해 몰랐는데, 이것은 실험자의 도움을 받아 문제를 해결할 때나 어떤 문제를 해결할 수 있는 기존에 만들어져 있는 원리를 비교하는 기회를 가졌을 때에도 마찬가지였다. 같은 유형의 세 번째 문제가 주어졌을 때에도 그들은 그것을 일반적 패턴으로 포함시키는 것이 아니라 상당히 특수한 문제로 풀었다. 이 학생들이 어떤 문제를 하나의 유형으로 결합시키도록 하기 위해서는 한 유형의 문제들이 매우 유사해야 했다. 4명의 학생들만이 문제들을 적절하게 구분하고 다른 것과 결합하였으며, 그것도 이들 문제의 해결 패턴들을 대조하였을 때에만 그랬다.

일반화를 위한 모든 조건들이 있는 상태에서 수학적 자료를 일반화하지 못하는 것과 겉보기에 다르거나 구분되는 문제에서 일반성을 감지하지 못하는 것은 실험 문제의 풀이에서뿐 아니라 수학적 능력 부족 학생들을 위한 실험적 수업 과정에서도 특징으로 나타났다.

이들은 구체적인 수식으로부터 그 자체를 추상화하는 것을 늘 어려워했다. 그들이 대수 학습에서 겪는 기본적인 어려움은 수에서의 생각을 일반화된 문자식으로 해야 하는 필요와 관련된다. 이 학생들은 대수의 본질, 즉 수를 추상화해서 조작한다는 것을 이해하는 데 어려움(어려움을 느끼는 정도의 차이는 있었지만 모두 어려워했다!)이 있었다. 그들은 대수에서 사용하는 문자가 구체적인 표현을 제거한 수라는 것을 이해하기 어려워했다(V. A. Aleksandrov, 참고문헌 18을 보라). 많은 학생들은 대수가 명백한 규칙을 이용하여 더하거나 곱하거나 거듭제곱을 할 수 있는, 문자를 조작하는 것임을 오랜 시간을 거쳐 확신했다. 유사한 어려움이 기하 학습에서도 관찰되었다. 학생들은 일반적 형식에서의 증명을 항상 어려워했다. 그들은 기하 증명의 본질의 이해를 어려워했는데, 즉 하나의 특수한 경우, 특수한 도형에 대한 정리를 증명함으로써 이와 유사한 모든 경우에 대해 일반적으로 증명할 수 있다는 것, 다시 말해 증명을 일반화하는 것에 대한 이해를 어려워했다. 그들은 가장 중요한 포인트인 모든 변형된 문제를 본다는 것이 불가능하기 때문에 감각 경험의 한계를 뛰어넘을 수 있는 가능성을 열어놓는 것을 이해하지 못했다.

앞서 지적했듯이, 실험 수업을 하는 동안 우리는 여러 차례 많은 학생들에게 하나의 정리를 계속적으로 도형의 모양을 달리하면서 증명하였음을 말해주었지만, 그들은 그것을 전혀 이해하지 못했다. 일단 증명을 하고 나면 그들은 모든 가능한 변형에 적용되는 정리를 증명한 것이었다. (비록 우리가 그들에게 다음과 같이 이 아이디어를 말하였긴 하지만 말이다. "자, 우리가 이 삼각형의 내각의 합이 180°라는 것을 증명했어. 그렇다면 이 삼각형에선 어떻게 될까?") 학생은 증명을 다시 하려고 했고, 같은 결과를 얻었다. 하지만 ⋯ (V. D.라는 아동에게서 나타났던 것처럼) 그는 이것을 우연의 일치로 받아들였다. 또 다른 경우에는 또 다른 결과를 얻을 수 있을 것이라고 진지하게 생각하기 때문에, 만일 (실수에 의해) 어떤 삼각형의 내각의 합이 270°가 나왔다 하더라도 거의 놀라지 않을 것이다. 그들은 증명의 패턴을 일반화하려는 시도조차 하지 않았기 때문에 익숙하지 않은 도형이나 평범하지 않은 도형의 묘사는 당연히 그들을 혼란스럽게 하였고, 알고 있는 정리도 증명할 수 없었다.

넷째 단계

앞에서 언급했듯이 넷째 단계에서는 54명(유능한 학생 24명, 보통 학생 22명, 능력 부족 학생 8명)을 대상으로 일반화에 대한 문제 시리즈를 사용하여 연구하였다. 여기서 실험 문제 풀이의 질적인 부분은 간략하게만 다루려 한다. 이와 관련된 자료들이 앞에서 세운 입장을 완벽하게 확인시켜주기 때문이다. 대신 자료의 양적 결과에 주된 관심을 기울이고자 한다.

수학적 자료의 일반화 능력에 대한 우리의 연구 결과로서, 수학에서 서로 다른 능력을 지닌 학생들이 수행하는 일반화의 수준이 다음과 같이 구분되었다.

1. 실험자의 도움과 많은 중간 단계의 단일 유형의 훈련용 연습문제를 푼 후에도 본질적인 성질에 따른 수학적 자료의 일반화를 하지 못한다.
2. 실험자의 도움과 많은 단일 유형의 훈련용 연습문제를 푼 후에, 개인에 따른 부정확성과 오류를 보이기는 하지만, 본질적인 성질에 따라 수학적 자료를 일반화한다.
3. 본질적인 성질에 따라 수학적 자료를 독립적으로 일반화하지만 약간의 단일 유형의 연습문제 풀이가 필요하고, 작은 실수를 한다. 적합하고 오류 없는 일반화는 약간의 실험자의 안내 및 유도 질문들과 함께 이루어진다.
4. 수학적 자료를 정확하고 신속하게, "그 즉시", 어려움을 겪지 않고, 실험자로의 도움 없이, 단일 유형의 문제 해결을 위한 특별한 연습 없이 수행한다.

통계적 처리를 위해 우리는 가장 많은 학생들이 완벽하게 해결했던 일반화에 관한 문제 시리즈를 선택했다. 문제 시리즈는 V, VI, VII, IX 이었는데 네 단계 모두에서 96명의 학생들(이미 언급한 54명과, 첫째와 셋째 단계에서 19명씩 두 그룹, 그리고 영재 그룹에서 4명)이 풀어본 것이었다. 이 96명 중 4명은 매우 뛰어난 학생들이고, 33명은 유능, 37명은 보통, 그리고 22명은 능력 부족 학생들이었다. 이들 피험자들은 지정된 문제 시리즈 각각에서 그들이 해결하는 방법에 따라 적절한 일반화 수준에 배치되었다. 이를 요약한 자료가 표 14이다.

테스트 V-A(설명은 chapter 8을 보라)에 대한 해법을 이용하여 각각의 그룹에서 학생들이 보인 전형적인 일반화 과정을 살펴보겠다. 차트(그림 58~61)는 우리 연구의 넷째 단계의 결과에 근거한다. 각 그룹에서 가장 좋은 그리고 가장 나쁜 결과가 (서로 다른 선으로) 차트에 나타나 있다. 모든 실험에서 실험자는 중요하지 않은 작은 도움만 제공하였다. 이것은 이러한 조건 하에서 피험자가 얼마나 성공적으로 나아가는지를 확인하고자 한 것이다. 능력 부족 그룹은 단지 비교를 위해 V-A를 테스트했다. 이후에 그들은 더 쉬운 테스트인 V-B로 옮겨 갔다.

표 14. 피험자들의 수학적 자료의 일반화 수준에 따른 분포(그룹 내의 백분위수)

그룹	시리즈	일반화 수준			
		1	2	3	4
VC	V	0	0	25.0	75.0
	VI	0	0	0	100.0
	VII	0	0	0	100.0
	IX	0	0	25.0	75.0
C	V	0	0	30.3	69.7
	VI	0	0	27.3	72.7
	VII	0	0	21.2	78.8
	IX	0	0	24.2	75.8
A	V	0	73.0	27.0	0
	VI	0	59.5	40.5	0
	VII	0	45.9	54.1	0
	IX	0	64.9	35.1	0
I	V	100.0	0	0	0
	VI	86.4	13.6	0	0
	VII	77.3	22.7	0	0
	IX	95.4	4.6	0	0

주: VC와 C 그룹의 결과에서 그다지 큰 차이를 나타내지 않는 것과 관련하여, 전자는 9-11세 학생들을 연구한 것이고 후자는 13-14세 학생들을 (같은 문제 시리즈를 사용하여) 연구한 것임을 고려해야 할 것이다.

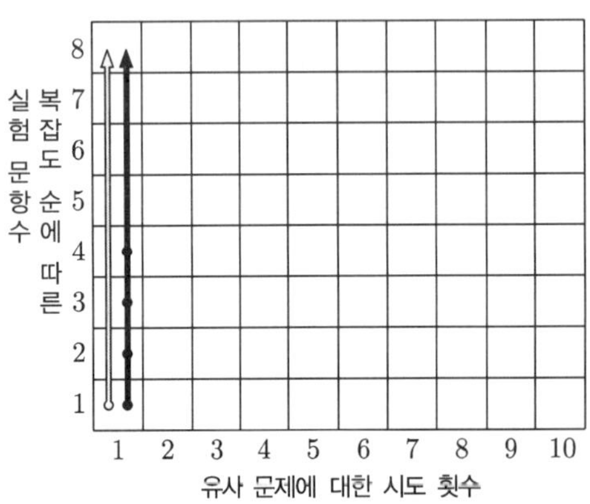

그림 58. 일반화 연습문제에 대한 수학적으로 유능한 그룹의 가장 좋은 결과(밝은 선)와 가장 나쁜 결과(어두운 선)

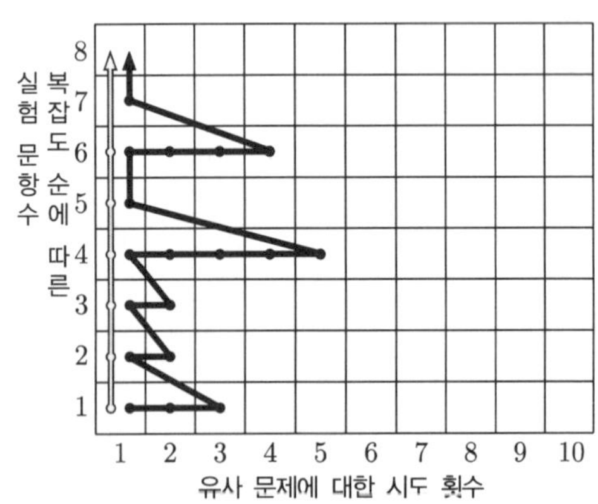

그림 59. 수학적으로 보통 능력 그룹의 일반화 연습에 대한 가장 좋은 결과(밝은 선)와 가장 나쁜 결과(어두운 선)

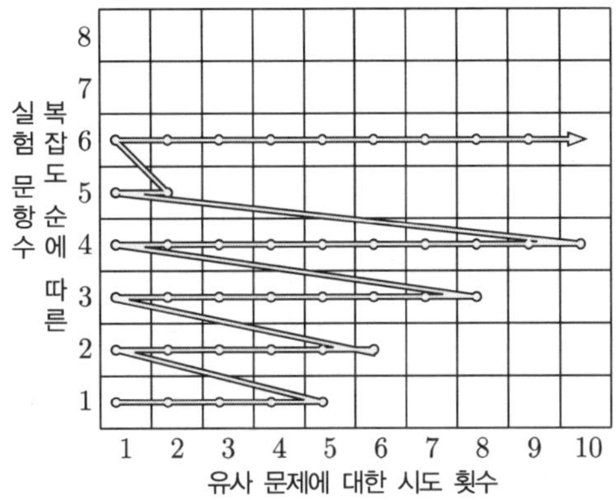

그림 60. 수학적으로 능력 부족 피험자 그룹의 일반화 연습문제에 대한 가장 좋은 결과

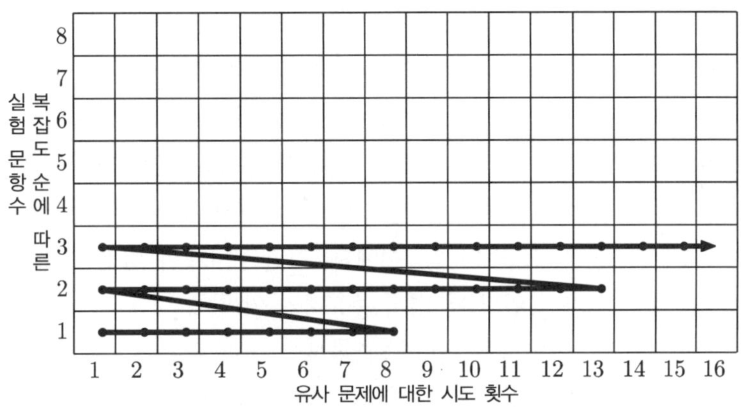

그림 61. 수학적으로 능력 부족 피험자 그룹의 일반화 연습문제에 대한 가장 나쁜 결과

차트에서 볼 수 있듯이 차이는 매우 분명했다. 유능한 학생들은(그림 58) 첫 번째 문제의 해법을 여덟 번째 문제로 전이시키기까지 3개 이상의 문제를 필요로 하지 않았다. 보통 학생들은(그림 59) 5-17개의 문제를 필요로 했고(13의 모드와 함께), 능력 부족 학생들은 일반적으로 그러한 전이를 이 실험 조건에서는 만들어내지 못했다. 가장 좋은 결과로는 (그림 60) 6번째 단계에 도달하기 위해 30개의 연습문제가 필요했고, 가장 나쁜 결과로는 (그림 61) 3번째 단계에 도달하기 위해 20개의 연습문제가 필요했다(이어지는 15개의 연습문제는 이후의 일반화를 돕지 못했다).

우리는 연구의 넷째 단계에서만 사용했던 문제 시리즈에 대한 피험자들의 해결 방안을 간략하게나마 다루고자 한다.

시리즈 VIII의 문제들은 하나의 현상을 다른 것과 비교하거나 대조함 없이 그러한 종류의 한 현상만을 분석함으로 피험자가 다수의 비슷한 현상과 관련된 일반화를 할 수 있는지 여부를 밝히기 위한 의도로 만들어졌다.

거의 대부분의 유능한 학생들은 이 문제 시리즈에 있는 테스트들을 성공적으로 해결하였다. 그들은 단지 하나의 예, 하나의 문제를 분석함으로 그 유형의 모든 예 또는 문제들과 관련된 공통된 성질이 무엇인지 명확한 개념을 형성할 수 있었다. 그들에게 이러한 하나의 현상(예, 문제)의 본질에 대한 깊은 이해는 한 유형의 많은 현상을 비교하고 대조하는 것을 대신한다.

유능한 학생들이 어떻게 이러한 하나의 현상을 분석하고 정확히 말해서 아직 마주하지 않은 현상들을 일반화하는가? 우리 연구의 기록에서 뽑은 다음 발췌는 이 과정에 대한 개념을 제공할 것이다. 7학년 학생인 S. S.는 VIII-A-2 문제(주어진 것과 유사한 문제를 만드는 문제)를 풀고 있었다. "이것과 유사한 문제를 만들어라 – 같은 유형의 문제를 하나 만들라는 의미인데 … 이 문제의 본질은 무엇일까요? 어부, 담배 – 그것은 중요하지 않아요. 3개의 동일한 미지수가 있어요. 이들은 하나의 미지수에 따라 줄어들어요. 그 후에 나머지 모두는 그것이 감소하기 전의 각 미지수와 같아요. 만약 모든 나머지를 합해서 전체와 같게 된다면 각각의 나머지는 전체의 1/3이에요. 그 수는 2/3만큼 줄어드네요. 그러면 알려진 감소분은 그 수의 2/3이에요. 각각은 6개의 담배를 가지네요. 그래서… 처음부터 세 개의 수가 있었던 것 역시 중요하지 않아요. 그것은 4 또는 5가 될 수도 있어요. 그러면 똑같은 양만큼 덜어낸 것으로부터 어떤 똑같은 미지수가 있게 되고, 그 후에 나머지의 합은 원래의 수와 같게 되어요. 음, 이제 이런 문제들은 얼마든지 만들 수 있겠네요. 예를 들어, 4명의 친구들이 똑같은 양의 돈을 가지고 있어요. 각자 60코펙씩 쓴 다음 그들에게 남은 것을 더하면 처음에 각자 가졌던 양만큼 남아요. 이게 하나의 문제죠. 또 다른 것을 만들게요. 5명의 사냥꾼이 똑같은 수의 탄환을 가지고 있었어요. 각자 12번씩 쏘았더니 남은 것 모두의 합은 원래 각자가 처음에 가지고 있던 탄환과 같아요. 몇 개의 탄환을 가지고 있었을까요?"

6학년인 Yu. K.는 VIII-A-1 문제를 해결하고 있었다. "왜요, 이건 간단한 문제에요. 이것과 유사한 문제를 만드는 것은 쉬어요. 처음에 그것을 이해할 필요가 있을 뿐이에요. 여기서 중요한 것은 무엇이며 이러한 문제에서 불필요한 것은 무엇일까요? 음, 주어진 수 – 그것은 이 문제에서만 중요해요. '근로자', '부품'도 마찬가지에요. 모든 것을 버리고 나면 무엇이 남을까요? 여기에 합과 하나의 더해지는 수가 있어요. 다른 것들은 결정되거나 구할 수 있는 것이에요. 그렇다면 이런 식이죠: 2대의 모터보트가 486km 떨어진 강가의 두 마을에서 서로를 향해 동시에 출발했다. 한 보트의 속도는 시속 26km이다.

그 둘이 출발한지 9시간 만에 만났다면, 다른 보트의 속도는 얼마인가?" *실험자*: "이 문제들이 왜 같은 유형이라고 생각하니?" 아동: "당연해요. 이 문제들은 하나의 방법으로 풀 수 있어요."

그녀는 또한 VIII-B-5문제를 해결했다. "짝수에 대한 일반적인 공식요? 아무거나? 짝수는 항상 2로 나누어질 수 있어요. 그렇다면 어떤 수든 2를 곱하면 항상 짝수를 얻게 되죠. 그것은 $2a$가 될 거예요. 그러면 제 문제는 이거예요: 홀수에 대한 일반적인 식을 써라. 그것은 $2a+1$이 되죠."

이 사례들은 이 경우에 분석이 한 방향으로 이루어짐을 보여준다. 그것은 비본질적인 것에서 본질적인 것을 분리하는 방향으로 이루어지게 된다. 일반화하는 통상적인 방식에서 보통 학생들은 성질의 일반성을 대비를 통하여 파악하는 반면, 이 학생들은 성질의 일반성을 그것들의 본질로부터 추론한다. 물론 하나의 현상을 분석할 때 그 성질이 일반적임을 알 수는 없다. 그러나 그것이 본질적임은 알 수 있다. 그리고 본질적이라는 것은 필수적이라는 것을 의미하고, 결과적으로 그것은 이러한 유형의 많은 현상에서 공통적이 **되어야 함**, 즉 필연적으로 반복되어야 함을 의미한다. 본질적이고 일반적인 것을 발견하기 위해 유능한 학생들은 결코 (보통 능력의 아동들이 하는 것처럼) 어떤 성질이 반복되고 어떤 성질이 변하는지를 비교하지 않는다. 이러한 사고 특성은 수학적 대상과 관계를 지각한 것을 형식화하는 능력과 관련된다. ― "당신이 뼈대를 본다면", 특정한 내용으로 그것을 채우는 것은 어렵지 않다. 이것이 유능한 학생들로 하여금 단 하나의 예에서 그 유형과 그 안에 내재된 변화 전체를 이해할 기회를 제공한다. 여기에 그들이 보통 학생들 보다 뛰어나도록 만드는 큰 장점이 있는 것이다. 본질적이고 일반적인 것은 단순히 그 자체가 반복된다고 해서 나타나는 것이 아니다(오히려 이것은 잘못 이끌기까지 할 수도 있다). S. L. Rubinstein이 말했듯이 "다수의 현상에서 공통된다는 이유만으로 어떤 것이 본질적인 것은 아니다. 오히려 그것이 본질적이기 때문에 다수의 현상에서 공통적으로 나타난다."(참고문헌 353, p. 40) "어떤 성질이 이에 부합하는 현상들에서 본질적이라는 사실에서부터, 필연적으로 이러한 현상의 일반성이 나온다."(참고문헌 353, p. 42)

시리즈 X의 문제들은 해결 방법의 일반화에 대한 특성을 연구하기 위해 개발되었다. - 특유의 전형적인 해법을 강화된 일반화 해결 과정으로 정교화하기 위해 개발되었다(Samarin, 참고문헌 363, p. 246). Kabanova-Meller는 그러한 예들을 정신적 활동 양식의 형성으로 말하는데, 이것은 조작의 일반화 방법의 숙달을 의미한다(참고문헌 148, p. 67).

실험은 수학적으로 유능한 학생들이 문제를 일반화하는 것뿐만 아니라 일반화된 방법, 어떤 유형의 문제 전체를 해결하는 알고리즘, 일반적인 추론 방법을 수행하는 것, 그리고 특정 유형의 단지 하나의 예 또는 문제에 근거하여 "그 즉시" 그렇게 하는 것을 보여 주었다.

다음은 다양한 수학적 능력의 학생들이(설명은 8장을 보라) 테스트 X-A의 문제를 해결한 것을 점수화한 것이다.

유능한 학생.

가장 좋은 결과: 단번에 만들어진 해법 원리를 문제 1부터 문제 12까지 전이시킨다.

가장 나쁜 결과: 1-8-10-12(해법 원리를 문제 1에서 8까지 직접 가져가고 그런 다음 문제 9와 10은 각각 해결하고 문제 11과 12는 다음 발달 영역에서 해결한다.)

보통 학생.

가장 좋은 결과: 1-5-7-8(해법 원리를 문제 1부터 5까지 즉시 가져가고 문제 6과 7은 각각 해결하고 문제 8은 다음 발달 영역에서 해결한다.)

가장 나쁜 결과: 1-4-5-6.

능력 부족 학생.

가장 좋은 결과: 1-2-2-4(해법 원리를 문제 1에서 문제 2로 가져가고, 이후 어떠한 독립적인 진전도 없다. 문제 3과 문제 4는 다음 발달 영역에서 해결한다.)

가장 나쁜 결과: 1-1-1-2(해법 원리 한 문제에도 가져갈 수 없다. 다음 발달 영역에는 기껏해야 1개의 문제만 있다-문제 2).

시리즈 XVIII의 문제들은 특수한 경우에 기초한 일반화된 형식에서 기능적 의존성을 나타내기 위해 완전히 새롭고 친숙하지 않은 규칙 및 안내하는 원리를 연역해내는 능력을 연구하는 방향으로 개발되었다. 다시 말하면 작은 "발견" 유형의 독립적 일반화를 할 수 있느냐이다. 이 시리즈의 테스트에서는 특히 뚜렷한 차이가 나타났다. 능력 부족 학생들 어느 누구도 이 테스트를 수행하지 못했던 반면, 유능한 학생들 모두는 이 과제를 성공적으로 해냈다.

유능한 학생들의 절대 다수(24명 중의 20명)는 시리즈 XVIII의 문제를 그 즉시 일반화된 형식으로, 각 수를 제곱한다거나 결과를 분석하고 비교하는 것조차 없이 풀어내었다. 기록의 일부를 인용하겠다(Ya. L., 6학년). "왜 수들을 비교하죠? 전 더 나은 다른 방식으로 하고 있어요. 이 수들은 모두 이렇게 구성되어 있어요. $25,\ 35,\ 45$ - 즉 $10x+5$. $(10x+5)^2 = 100x^2+100x+25$. 만약 25가 괄호 밖에 있다면 그러면 … 아니, 이건 아무 것도 만들어내지 못해요. … 하지만 여기서 할 수 있는 다른 것은 없어요! 그것은 이런 식으로 될 거예요. 첫째 자리 수를 제곱하고 거기에 0을 2개 붙여요. 그러면 간단히 첫째 자리 수에 0을 2개 붙이는 거죠. 그런 다음 25. 이들 모두를 더해요. 쉽게 그리고 빠르게 $95^2 = 8100 + 900 + 25 = 9{,}025$."

능력 부족 피험자는 실험자의 도움이 있었음에도 불구하고 어느 누구도 그러한 일반화에 도달하거나 5로 끝나는 두 자리 수의 제곱에 대한 초보적 알고리즘을 발견하지 못했다. 그들이 지각할 수 있었던 유일한 것은(설명한 것이 아니라 **본 것**) 이러한 수의 제곱은 항상 25로 끝난다는 것이었다.

이 시리즈에서 다른 테스트들도 정확하게 같은 결과를 보여주었다. 예를 들어 테스트 XVIII-C에서(삼각형의 변의 길이 사이의 관계를 귀납하는 것) 유능한 6학년 학생들은 보통 바로 첫 예에서 그 관계를 파악해내었다. "임의의 두 변의 합은 항상 변보다 클 것이다" 또는 "가장 긴 변은 항상 다른 두 변을 합한 것보다 작아야 한다." "두 변의 합이 세 번째 변과 같다면 그것들은 일치하고 삼각형이 되지 않을 것이다 - 일직선이 될 것이다. 그리고 두 변의 합이 세 번째 변보다 작다면 그들은 서로에게 '닿지' 않게 되고, 역시 삼각형이 되지 않을 것이다"(F. S., 유능한 6학년). 그러한 주장은 여러 사례의 비교에 근거한 것이 아니다 - 한 경우의 분석만으로 충분하였고 이 원리는 공식화되었다(만약 어떤 유능한 학생이 이에 앞서 하나 또는 두 개의 변형을 시도하였다면, 이것은 비교를 위한 것이 아니었다. 왜냐하면 분석은 여전히 한 가지 사례로도 분명하기 때문이다).

능력 부족 학생들은 많은 시도의 결과로 그리고 보통 실험자의 도움을 받아야만 그러한 일반화에 도달하였다. 오랜 시간 동안(20분 정도) 그들은 매우 많은 조합을 검토하고 어떤 경우에는 삼각형이 얻어지고 어떤 경우에는 얻어지지 않는 것을 보는 등 혼란스러운 시도를 하였음에도 불구하고 실험자의 도움 없이는 이 원리를 추론해내지 못하였다.

요약: 요인 분석으로 분리해 낸 일반적인 요인에 대한 해석은 논쟁의 여지가 전혀 없다. 여기서 일반적 요인은 수학적 대상, 관계, 그리고 조작을 일반화하는 능력을 말한다. 물론, 이 능력은 모든 아동들에게 어느 정도 내재된 것이라 할 수 있다; 그렇지 않으면 그들은 수학을 성공적으로 공부할 수 없을 것이다. 그러나 수학적으로 유능한 학생들에게서 수학적 자료의 일반화는 질적으로 뚜렷이 구분된다.

소비에트의 심리학에서는 수학적 일반화를 포함한 모든 일반화가 특수한 경우들의 비교와 일반적인 것, 즉 관련 없는 성질들의 광범위한 변용을 확인하고 일정하게 유지되는 관련된 성질을 점진적으로 추출해내는 것에 의존한다고 본다. USSR 심리학자 협회의 두 번째 학술 대회에서 "발달 교육의 심리학적 전제 조건(Psychological Precondition of Developing Instruction)"이라는 제목의 강연에서 Bogoyavlenskii는 학생들의 인지적 활동의 조직을 위한 핵심 조건을 제시했다. (1) 충분한 수의 전형적인 구체적 사실들의 분석에 근거한 일반화 연역 (2) 핵심 특성 추출을 용이하게 하는 것으로, 구체적 자료 변화시키기(참고문헌 43, p.85).

Menchinskaya와 Moro는 산술에서의 일반화를 인용하며 같은 이슈에 대해 썼다. "학생들이 적절한 일반화를 형성하기 위해 필요한 조건은 비본질적인 성질들을 변화시키면서 … 일정한, 불변의 본질적인 것은 보존하는 것이다."(참고문헌 292, p.24) 여기에 덧붙여 Menchinskaya, Bogoyavlenskii, Kabanova-Meller, Kalmykova, Zykova는 변화의 수가 문제가 아니라 합리적인 변화인지가 관건이라고 했다. 그것은 항상 폭넓을 필요는 없다. 왜냐하면 개념 숙달에 기초가 되는 다양한 감각적 경험을 모두 겪는 것은 거의 불가능하기 때문이다. 여기서 과제는 학생들이 감각 경험의 한계를 뛰어 넘을 수 있는 기회를 열어놓는 것으로 구성된다.

Kabanova-Meller의 연구는 우리가 관련 없는 성질들의 합리적인 변화로 제한될 수 없다는 것을 보여주었다 — 학생들이 관련 없는 성질이 어떤 방향으로 변화될 수 있는지를 알 수 있도록 하기 위해서는 본질적인 것과 관련 없는 성질들의 기본 변화 모두가 언어로 표현되어야 한다(Bogoyavlenskii and Menchinskaya, 참고문헌 44, pp. 292~293; Kabanova- Meller, 참고문헌 147, 148, 149).

이러한 모든 입장은 전적으로 옳다. 이것들은 우리의 연구에서 보통 학생들과 능력 부족 학생들에게서 확인되었다. 그러나 이것들은 분명 모든 학생들에게 적용된다거나 수학적 일반화를 위한 필요조건으로 인정될 수는 없다.

우리의 연구 자료에 기초하여 다음 사실이 확립된 것으로 간주할 수 있다.

1. 점진적인 일반화의 방법은 수학에 대한 지식의 숙달에 도달하는 유일한 방법은 아니다. 원칙적으로 그것과는 다른, 그러나 같은 결과를 이끄는 또 다른 방법이 있다. 다양한 특정 사례에서 변화에 근거한 수학적 자료의 점진적 일반화 방법(대부분의 아동들을 위한 방법)과 함께 다른 방법이 있다. 유능한 학생들의 경우 "유사한" 것의 비교 없이, 특수한 연습문제나 교사로부터의 힌트 없이, 독립적으로 수학적 대상, 관계, 연산을 "그 즉시", 오직 *하나의* 현상의 분석에 근거하여 수많은 유사한 현상으로 일반화한다. 그들은 모든 특별한 문제를 한 문제 유형을 대표하는 것으로 인식하고,[15] 그것을 일반적인 형식으로 해결한다. 즉, 그들은 주어진 유형의 문제를 해결하는 데에 일반적인 방법(알고리즘)을 적용한다.
2. 유능한 학생들은 신속할 뿐 아니라 폭넓게 수학적 자료를 일반화한다. 그들은 특수

15) 물론 이례적인 문제들이 있다. 이 주장은 그들에게 적용되지 않는다.

한 것에서 본질적인 것과 일반적인 것을 매우 쉽게 찾아내고, 겉으로 보기에 다른 수학적 표현과 문제 속에 숨겨진 일반성을 매우 쉽게 찾아낸다.

3. 마지막으로 수학적으로 유능한 학생들은 해결 방법과 문제 풀이의 접근 원리를 일반화한다. 그러므로 일반화하는 능력은 비전형적이고 비표준적인 수학 문제 해결에 동원할 수 있는 것에 영향을 미친다.

우리는 이러한 결론을 연합주의의 관점에서 해석하고자 한다. Pavlov는 "사고는 연합이다", "모든 교육은 본드의 형성이고, 이것이 사고(thought)이자 생각(thinking)이다" (참고문헌 322, vol.2, p. 580)라고 반복해서 강조한다. 수학에서 능력은 정신 활동의 개인차로 귀착된다. 즉, 궁극적으로 연합의 형성에서 나타나는 개인차, 또는 좀 더 정확하게 말하면 일반화된 연합으로 귀착된다.

우리의 연구 결과에 따르면, 유능, 보통, 능력 부족 학생들 사이의 차이는 다음으로 귀착된다. 유능한 학생들에게 이러한 연합은 "그 즉시" 형성될 수 있다. 이러한 의미에서 그들은 이렇게 표현할 수 있다면 "선천적"이고, 최소한의 연습만으로 이미 일반화된다. 보통 학생들에게 이러한 연합은 전체 연습문제 시리즈의 결과로, 점진적으로 확립되고 강화된다. 그들은 오직 주어진 문제와 관련해서만 "그 즉시" 분리된, 구체적인 연합을 형성한다. 단일 유형 연습문제를 통하여 이러한 연합이 일반화된 연합으로 점진적으로 변환된다. 능력 부족 학생들에게는 분리되고 구체적인 연합조차 어려움을 가지고 형성되고, 일반화는 여전히 더 어려운 것이며, 때때로 그러한 일반화가 전혀 일어나지 않기도 한다.

결론적으로, 모든 경우에서 우리는 그동안 일반화하는 일반적인 능력이 아니라 수치와 문자기호의 영역에서 일반화하는 능력과 수학적 대상, 수와 공간 관계 및 조작을 일반화하는 능력에 대해 논의해왔음을 짚고 싶다. 이것은 (수학적 기호와 수치적 추상화는 일반화의 산물이므로) 일반화를 일반화하는 독특한 능력이다. 그러므로 (우리의 존경하는 검토자 중의 한 명이 결론 내리듯이) 우리의 연구로부터 "일반화된 사고는 수학자들의 특권이다"라고 하는 것은 옳은 추론이 아닐 것이다. 그러나 만약 이러한 표현이 사용될 수 있다면 숫자와 문자기호, 수치적 공간적 관계, 그리고 수학적 대상과 연산의 영역에서 일반화된 사고는 당연히 "수학자들의 특권"이다.

우리의 연구 결과가 대부분 동시에 또는 나중에 이루어진 다른 조사 연구들로부터 나온 자료에 의해 확인되었음을 말하고 싶다. 다른 저자들은 (수학을 포함한) 학교 자료의 일반화에서 큰 개인차를 관찰하기도 했다.

1946년경 Menchinskaya는 어떤 경우, 피험자(성인)는 "개념에서의 해결방법"을 안 이후 수치적 해결방법을 제공한다는 데에 주목했다(참고문헌 289). 여러 연구에서 Kalmykova는 어떤 문제를 어떤 일반적인 유형으로 분류하는 능력에서의 개인차에 주목했다(참고문헌 156). 그녀는 학교 물리 자료를 배울 때, 거의 동일한 조건임에도 불구하고 가장 높은 일반화 수준에 도달하기 위해서 학생에 따라 상당히 다른 수의 연습문제가 필요하다고 했다 - 어떤 학생들에게 그것은 거의 "그 즉시" 일어나는 반면, 다른 학생들에게는 매우 천천히, 자료의 폭넓은 변화에 근거하여 일어난다(참고문헌 157, 160). Kalmykova는 특정 유형의 물리학 문제에서 해법에 대한 개념을 형성하는 데 필요한 연습문제의 수가 학생들에 따라 2에서 88까지 차이 있음에 주목했다(참고문헌 158, 159). E. I. Mashbits의 데이터(참고문헌 284)에 따르면 전형적인 문제의 해법 알고리즘을 형성하기 위해 학생들에 따라 1개에서 22개의 문제를 풀어야 했다.

Menchinskaya와 Moro의 데이터(참고문헌 292)에 따르면, 주어진 유형의 산술 문제를 해결하기 위한 일반화된 해법을 형성하기 위해 필요한 특수 해의 수는 2에서 19까지 차이를 보인다.

기하 문제 해결에서 7학년과 8학년 학생들의 암산의 부적절한 일반화를 지적한 L. N. Landa(참고문헌 241)는 실험자의 설명 후에 아동들이 이러한 문제를 해결하는 새로운 해법을 형성하는 데에 0에서 15번 또는 그 이상의 연습문제가 필요했다고 하였다.

많은 연구(참고문헌 46, 47, 48, 49)에서, A. A. Bodalev는 교육 가능성은 적절한 학교 교과의 영역에서 자료를 일반화하는 능력에 의해 결정됨을 보였다. 그는 이 연관에서 주어진 과목의 학습에 상대적으로 서투른 아동들에게는 일반화가 훨씬 많은 노력의 결과로 생기거나 또는 전혀 형성되지 않는다는 것을 지적했다.

마지막으로 프랑스 심리학자 L. Johannot의 연구(참고문헌 620)에 주목하고자 한다. 그는 수학 문제 해결에 있어서 13살에서 18살의 학생들의 추론을 분석하면서 개인차에 대한 연구에 근거하여 추상화와 일반화의 세 단계를 제시하였는데, 이것은 추상적 형식에서의 문제의 해법을 전혀 해독하지 못하는 무능력에서 시작하여 일반적인(대수적인) 형식으로 문제를 해결하면서 자신감 있게 추상적 추론을 하는 데서 끝난다. R. S. Ebert(참고문헌 563)는 14살인 900명의 학생들이 수학에서 일반화하는 능력을 연구한(그러나 매우 제한되고 협의적인 검사 방법을 사용한) 후에 이 능력의 발현에서 매우 큰 개인차와 "매우 차별화된 진보"가 있음을 지적하였다.

수학적 추론의 과정을 단축하는 능력과 그에 상응하는 조작 체계

익숙한 유형의 문제 해결에서 정신과정의 점진적인 단축에 관한 사실은 오랫동안 알려져 왔다. 특히 러시아 방법론 학자인 S. I. Shokhor-Trotskii(참고문헌 456)와 F. A. Ern(참고문헌 466)은 산술의 방법론에 관한 책에서, 학생들이 단일 유형의 문제를 반복적으로 풀게 되면 정신과정에서 각 단계는 단축되고 의식하지 않게 되지만, 필요하게 되면 충분히 정교한 추론으로 되돌아올 수 있다고 했다. 소비에트 심리학자 중에서 L. S. Vygotskii는 사고의 단축으로 설명하는, 추론에서 개별적인 연결고리의 점진적인 "감소"(falling away)[16]에 관심을 가진 최초의 학자였다.

1940년대 초에 P. A. Shevarev(참고문헌 441, 445, 446)는 Menchinskaya(참고문헌 289)보다 앞서 대수적, 산술적 자료 각각에서 학생들의 정신 활동에는 상세한 결론과 아울러, 그들이 실제로 조작하는 규칙이나 일반적 명제를 인식하지 못하고 있을 때 문제 해결에서 단축된 결론 역시 분명한 자리를 차지하고 있음을 밝혀내었다. 결과적으로 문제를 해결하면서 그들은 완벽한, 정교한 해법 구조를 형성하는 추론과 연역의 전체 사슬을 수행하지 않는다. Menchinskaya는 학생들이 산술적 예제와 기초적인 문제를 풀 때에서와 마찬가지라고 할 수 있을 정도로 추론에서 중간 연결고리의 점진적인 단축(반복한 연습에 기초하여)이 발생하고, 결국 그 연결을 완전히 끊어버린다는 것 (비록 그것들이 수행되는 산술 조작의 기저에 계속적으로 놓이긴 하지만)을 확인했다. 궁극적으로 직접적인 연결은 문제의 용어들과 답 사이에 형성될 수 있다.

Shevarev와 Menchinskaya가 선도한 입장은 A. N. Sokolov(참고문헌 388), N. F. Talyzina(참고문헌 401), L. P. Doblaev(참고문헌 114), N. K. Indik(참고문헌 145), V. L. Yaroshchuk(참고문헌 475)에 의해 많은 교과목의 자료에서 입증되고 구체화되었다. D. Maergoiz는 유사한 관찰을 했다(참고문헌 270, p. 143). 추론의 단축은 그 유형의 문제 해결에서 훈련의 정도뿐만 아니라 문제의 구조와 문제의 난이도에 의존한다는 점이 강조되었다. 그러나 어느 누구도 이것을 능력의 문제라는 관점에서 특별히 분석하거나 수학에서 다양한 능력을 가진 학생들에게서의 추론의 단축의 출현에 관한 상세한 성질을 밝히지 않았다.

수학적 추론을 단축하는 능력에 대한 우리의 연구는 4단계로 이루어졌다(9장을 보라). 첫째 단계에서는 대부분 과정의 질적인 측면이 연구되었고 마지막 단계에서는 과정의 양

---

16) 우리 생각에 "falling away"는 적합한 용어가 아니다, 왜냐하면 이 단어는 ("기억으로부터 빠져 나오다"와 유사하게) 결여를 뜻하는 현상에 만족스럽지 못한 부정적인 암시를 주는 것 같기 때문이다. 그것은 매우 합리적인 현상의 문제이다. 그러나 이 용어는 심리학에서 워낙 굳건하게 자리 잡고 있어서 이것을 대신할만한 것을 찾을 수 없었다.

적 기술이 우리의 주요 관심사였다.

특정한 데이터의 검사를 진행하기 전에 우리는 하나의 상황에 주목한다. 모든 연구들은 단축이 점진적이고 단일 유형에 대한 상당수의 연습에 근거하여 발달한다고 지적한다. Shevarev는 “(문제 유형-V. K.) 숙달의 첫 단계에서 문제는 세밀한 과정에 따라 풀고, 마지막 단계에서는 축약된 과정에 따라 푼다.”고 강조했다(참고문헌 445, p. 169). Menchinskaya는 추론의 단축은 “연습에 의해서만 달성된다.”고 기록했다(참고문헌 44, p. 91). Bogoyavlenskii는 비슷한 맥락에서 “사고 과정은 처음에는 완벽하게, 세밀한 방식으로 진행되지만, 훈련을 통해 분명한 몇 단계를 지나가면서 점차적으로 짧아지고, 단축된 형식을 취하게 된다.”(참고문헌 45, p. 75)고 기록했다. Kalmykova와 많은 다른 연구자들도 같은 것을 지적했다.

이러한 입장은 기본 집단의 학생들-수학에서 보통의, 평균 능력을 가진 학생들에게는 전적으로 옳다(우리의 데이터에서도 충분히 확인되었다). 그러나 유능한 학생들에게는 이러한 조건이 분명 필수적이지 않다. 유능한 학생들은 추론과 그에 상응하는 수학적 조작 시스템을 빠르고 급진적으로 단축시키려는 분명한 경향을 가지고 있다는 점에서 구분된다. 더불어 그들에게는 어떤 의미에서는 “그 즉시” 이러한 경향이 나타나는데, 새로운 유형의 첫 문제에서부터 이것이 나타나기 시작한다.

몇 가지 예를 들겠다(추론을 분리된 여러 개의 연속적인 연결고리로 쪼개는 것). 시리즈 V에서 유능한 학생인 S. T.가 예제 $(C+D+E)^2$의 해결에서 보여준 추론에서 시작한다. (이 예제는 짧은 곱셈에 적합한 공식을 학습한 후에 그 학생이 해결했던 두 번째 예제이다.)

1. “여기 세 수가 있어요. 그러나 공식은 두 수에 관한 거예요…. 어떻게 하면 될까요? 공식에서 수는 두 항 중의 하나이고, 항은 어떤 식이든 될 수 있어요…. 그러나 우리는 이 세 개로부터 만들 수 있어요[기록: $([C+D]+E)^2$].”
2. “이제 전 합의 제곱을 만들었어요. 그러면, 그것은 제곱에서 첫째 수와 같아요[기록: $(C+D)^2$].”
3. “첫째 수가 다시 제곱이에요. 이것은 공식이 있어서 쉬워요[기록: C^2+D^2+2CD].”
4. “이제 첫째 수의 제곱이 있어요. 이제 둘째 수의 제곱을 더해야 해요[추가: $+E^2$].
5. “그리고 이제 이 수들의 곱의 결과를 두 배해서 더해요[추가: $+2E(C+D)=$].
6. “이제 괄호를 열고 간단히 해요.[기록: $C^2+D^2+2CD+E^2+2EC+2ED$].”

생각한 후에 그는 “아니요, 여기서 더 할 것은 없어요. 이게 전부에요.”라고 했다.

분명히 보이듯이 추론의 단축이 이 단계에서 일어났다. 일반적으로 사람은 아마도 어떤 상황 하에서도 세분화된 구조에서 완벽하게 생각하지 않을 것이다. 인용된 예에서조차 끝까지 세분화된 추론의 완벽한 그림이 없다. (논리적인 분석은 그러한 예를 풀기 위해서는 여러 결론이 필요하다는 것을 보여준다.) 그러나 이 예에서는 주어진 유형의 다음 예제의 해로 전이되는 동안 단축의 과정을 추적하는 것이 중요하다. 이 학생은 이러한 방식으로 예제 $(m+x+b)^2$을 해결했다.

1. "두 항을 하나로 결합해요[기록: $([m+x]+b)^2$]."
2. "그것은 첫째 항의 제곱이 될 거예요[기록: m^2+x^2+2mx]."
3. "둘째 것의 제곱을 더해요[추가: $+b^2$]."
4. "그들을 곱한 결과를 2배하여 더해요[추가: $+2mb+2xb$]."

이 학생은 이 예제를 해결하는 데에 우리가 선택했던 첫 번째 예제를 해결했던 시간의 약 5분의 1의 시간이 걸렸다.

이 학생은 순서상 5번째 문제(공식을 처음 알고 난 뒤 전체에서 5번째)인 $(-5x+0.6xy^2)^2$을 그의 추론 과정을 따라갈 기회도 없이 자신 있게, 쉽게, 그리고 신속하게 풀었다. 이 예제를 슬쩍 보자마자 그는 종이에서 펜을 떼지도 않고 즉시 답을 적었다. $25x^2+0.36x^2y^4-6x^2y^2$, 이때 말한 것은 몇 단어뿐이다. "제곱 … 또 다른 … 마이너스는 곱하기 플러스." 실험자가 "어떻게 풀었니?"하고 질문하자 그는 대답했다. "여기는 생각할 게 없어요. 그냥 예제를 보고 적었어요." 분명해지자 그는 문제를 푸는 동안 어떤 규칙이나 정의도 기억하지 않았다(일반적인 규칙 — 이항정리 — 도, 특별한 규칙 — 단항식의 제곱에 대한 규칙이나 단항식의 곱셈에 대한 규칙도 아니었다). 이 식이 두 수의 합의 제곱이라는 것을 단번에 확인하면서 그 학생은 바로, 규칙이나 정의를 의식하지 않고 이에 적절한 조작을 수행하는 것으로 갔다. 이 예제의 해결에서 추론의 전체적인 다단계 구조는 단축된 조작 열을 포함한 조작 요소의 간략한 연결에 의해 대체된다. 이것은 세분화된 연역에서 단축된 연역으로의 전이에서 규칙의 조작적 부분을 인식하는 것이 해결 과정의 구성에서 가장 긴 것이라는 취지의 소비에트 심리학(P. A. Shevarev, A. N. Sokolov, N. K. Indik, L. P. Doblaev 등)의 입장과 전적으로 일치한다.

보통 학생들은 수학적 기술의 숙달에서, 첫 단계에서 추론의 단축을 두드러지게 보여주지 못한다. 추론의 일반적인 구조에서 본질적인 요소 하나라도 사라진다면 전체 추론 과정은 사라진 요소가 이 구조에서 자리를 찾을 때까지 지체된다. 보통 학생들에게 단축은 (소비에트 심리학에서 또한 밝혔듯이) 반복된 연습의 결과로서, 기술의 숙달에서 여러 단계 후에나 이루어진다.

다음은 보통 학생인 B. V.가 4번째 순서로 제시된 예제 $(-5x+0.6xy^2)^2$을 해결할 때 추론했던 것이다(이 구조는 테스트 V-A에서 모든 문제의 해결에서 기본적으로 변하지 않고 유지된다).

1. "이것 역시 두 수의 합의 제곱에 관한 예제예요. 왜냐하면 괄호 안에 두 문자 수가 있고 이들은 더하기로 결합되어 있기 때문이에요. 그리고 이 모든 것은 제곱해야 해요."
2. "그러나 앞에 왜 마이너스가 있죠? 이것은 합이 아닌가요? [*실험자*: "음수를 기억하니?"] 아, 알아요. 이것은 마이너스 $5x$에요. 첫째 수는 마이너스를 가진 음수에요. 그런데 이 방법으로 풀 수 있나요? [*실험자*: "생각해 보렴"] 음, 네. 그것들은 아무 수나 될 수 있어요."
3. "합의 제곱을 하기 위해 첫째 수를 제곱해야 해요 - 그 수 자신을 곱해요."
4. "$-5x$와 $-5x$를 곱하면… 마이너스 곱하기 마이너스는 플러스… 그러면 (기록: $25x^2$)"
5. "이제 왼쪽과 오른쪽 부분을 곱해야 하고 구한 것에 2를 곱해야 해요."
6. "마이너스 곱하기 플러스는 마이너스가 되어요. 5곱하기 0.6은 … 3이 되고요. 그리고 x는 제곱이 될 거예요. 그러면 $3x^2y^2$이 되죠. [*실험자*: "네가 한 모든 것을 검토해 봐."] 2를 곱하는 것을 잊었어요. [기록: $+(-6x^2y^2)$]."
7. "이제 두 번째 수를 제곱해요. [기록: 3.6을 줄을 그어 지우고 0.36을 쓴다]."
8. "그리고 지수는 더해야 해요. [기록: $xy^2 \cdot xy^2 = x^2y^4$]."
9. "이제 모든 것을 순서대로 놓아요. [기록: $25x^2 - 6x^2y^2 + 0.36x^2y^4$]."

능력 부족 학생들에게는 많은 연습의 결과에도 불구하고 어떤 단축도 관찰되지 않았다. 기술을 배우는 첫 단계에서 그들은 다루기 힘든 연역 추론의 사슬에 계속해서 매달려 있게 되었고, 이것은 실험자의 도움을 통해 어렵게 강화되고 상대적으로 구조적인 체계로 끊임없이 변환하였다. 그러나 추론 과정 그 자체가 여전히 형성 중이었기 때문에, 이러한 단계에서 어떠한 단축에 대한 논의도 이루어질 수 없었다. 그렇다 하여도 나중에 그들 역시 추론의 전체 구조를 필요로 했다. 만약 그들이 개별적인 연결고리를 생략하였다면 이것들은 완전히 이유 없고, 동기도 없는 것이다. 능력 부족 학생들의 추론은 항상 과도한 이해, 세부적인 것, 그리고 불필요한 활동으로 특징지어진다(그래서 장애가 될 것 같은 "무거운" 구성이 만들어진다). 동시에 그들의 추론은 정확성, 일관성, 또는 적절한 논리적 분해가 뚜렷이 나타나지 않는다. 앞서 인용된 예는(앞 절에서) 이에 대한 그래프 식의 설명이다.

시리즈 VI의 문제 해결은 이와 유사한 모습을 보여준다. 여기에 유능한 학생 G. A.의 VI-D-1 문제 풀이에서 보여준 추론이 있다. "(같은 거리라면) 시속 20km로 가는 것보다 시속 30km의 속도로 가는 것이 시간이 덜 걸린다는 것은 명확해요. 그렇다면 평균속도는 시속 25km과 같지 않을 거예요. 어떻게 해결할 수 있을까요? (우리는 그녀의 이어지는 추론을 다음의 개별 연결고리로 구분하였다.) 전 이것을 추론하여 풀 거예요.

1. "속도는 거리를 시간으로 나눈 결과죠. 그러면 우리는 전체 거리와 전체 여행에 소모된 총 시간을 알아야 하고 총 거리를 총 시간으로 나누어야 해요."
2. "이제 어떻게 해야 할지 분명해졌어요.[17] 이동한 총 거리를 구해야 해요. 만약 한쪽 끝까지의 거리를 x라고 하면 전체 거리는 $2x$죠."
3. "이제 시간을 알아내야 해요. 이건 다르네요. 시간을 알아내기 위해 우리는 거리를 속도로 나누어야 해요."
4. "갈 때는 $x/20$시간이 소모되었죠."
5. "그리고 올 때는 $x/30$시간이 소모되었어요."
6. "그러면 전체 여정은 $x/20+x/30$시간, 즉 $x/20+x/30=5x/60$시간이 걸렸네요."
7. "이제 전체 여정을 총 시간으로 나누어요. $2x \div 5x/60 = 120x/5x = 24\text{km/h}$."

이 후에 G. A.는 문제 VI-D-3을 계속 풀었다. 이것은 그녀의 추론 과정이다. "이 문제는 첫 번째 것과 같아요. 여기에 계략도 있네요. 물의 흐름이 같기 때문에 기선이 같은 시간을 소모했을 것이라고, 또 무엇이든 한 방향에서 잃는 것은 다른 방향에서 얻게 된다고 생각할 수 있어요." 우리는 그녀의 추론을 연결로 세분화했다.

1. "물의 흐름에 대항하는 속도는 특정 양만큼 감소돼요."
2. "물의 흐름을 따라가는 속도는 같은 양만큼 증가하죠."
3. "첫 번째 속도는 두 번째보다 더 많은 시간이 걸릴 거예요."
4. "그러므로 시간에서 잃은 것은 얻은 것보다 클 거예요. 즉, 물의 흐름은 이동을 위해 걸리는 시간을 늦춰요."

여기서 어떻게 추론이 "단축"되었는지는 분명하다(특히 link3에서 link4로의 이행에서). 이 "단축된" 추론은 연역의 복잡하고 다단계적인 시스템을 대체한다. 실험자가 그녀

17) 우리는 여기서 그녀가 미리 앞서서 문제를 일반적인 형식으로 해석하고 있다는 점에 주목한다.

에게 최대로 세분화된 형식으로 추론의 전 과정을 반복할 것을 요구했을 때 그녀는 다음과 같은 구조를 재생산했다.

"기선의 속도를 x로 놓고, 물의 속도를 y로, 그리고 Astrakhan에서 Volgograd 사이의 거리를 S로 놓아요. 그러면

1. "Astrakhan에서 Volgograd까지 기선의 실제 속도는 기선과 물 흐름의 속도의 차와 같아요. $x-y$(물의 흐름은 방해가 돼요)."
2. "다른 방향에서 실제 속도는 기선의 속도 더하기 물의 흐름의 속도와 같아요. $x+y$(물의 흐름은 도움이 되죠)."
3. "몇 시간 동안 기선은 Astrakhan에서 Volgograd까지의 거리를 갈까요? 거리를 속도로 나누죠. $S/(x-y)$시간."
4. "다른 방향으로, 같은 거리는 $S/(x+y)$시간으로 가게 될 거예요."
5. "여행에서 걸리는 총 시간은 $S/(x-y)+S/(x+y)$시간이 되죠."
   다음과 같이 변환해요.
   $$\frac{S(x+y)+S(x-y)}{x^2-y^2}=\frac{Sx+Sy+Sx-Sy}{x^2-y^2}=\frac{2Sx}{x^2-y^2}$$
   이것은 물의 흐름이 있을 때 여정에 걸리는 시간을 나타내요.
6. "만약 물의 흐름이 없다면, 기선의 속도는 일정하죠."
7. "그리고 총 거리는 두 도시 사이의 거리의 두 배와 같아요."
8. "물의 흐름이 없다면 $2S/x$시간이 걸릴 거예요."
9. "질문에 답하기 위해선, 첫 번째 경우 걸리는 시간 $2Sx/(x^2-y^2)$와 두 번째 경우 걸리는 시간 $2S/x$이 비교되어야 해요.
10. "첫 번째 시간이 더 크다는 것은 명확하죠. 이를 분명하게 하기 위해, 첫 번째 경우 분수의 분모에서 y^2을 잠시 버릴게요. 분모는 커지고 그러면 전체 분수는 이로 인해 작아져요. 그런데 $2Sx/x^2=2S/x$이니까 우리가 첫 번째 분수를 작아지게 하면, 두 분수가 같아져요. 분명히 첫 번째 분수가 더 크죠." (우리는 이 부분의 추론은 연결고리 속에 전개하지 않았는데, 왜냐하면 문제가 이미 해결되었고 인용된 대수식은 해답과 직접적으로 관련되지 않기 때문이다).

이러한 문제들은 우리가 연구했던 보통 학생들, 특히 능력 부족 학생들의 능력을 넘어선다는 것이 입증되었다. 보통 학생들은 그들이 (실험자의 도움을 받아) 추론의 전 과정을 재생하더라도, 왜 물의 흐름이 방해할 때 잃는 것이 도와 줄 때 얻은 것보다 더 커지

는지 이해하지 못했다. 우리는 시리즈 VI에 있는 모든 과제에서 보통 학생들의 추론에서 어떤 분명한 단축도 나타나지 않음을 관찰했다. 능력 부족 학생들에 대해서는 말할 것이 없다. 그들은 대소 차이는 있지만 실험자의 상당한 도움 없이는 이 시리즈에 있는 문제들을 전혀 다루지 못했다.

증명에 관한 문제(series IX)를 해결하는 실험에서도 같은 모습이 나타났다. 유능한 학생인 S. E.는 (연결고리로 세분하면) 다음 방식으로 문제 IX-B-1을 해결했다.

1. "연속하는 수 – 그게 뭐죠? 그것들은 6, 7, 8, 9 등과 같이 항상 1씩 증가해요."
2. "이러한 수들 중 어떤 세 수에 대한 문제예요. 가운데 수를 x로 하면 왼쪽은 1 작은 수가 될 것이고 오른쪽은 1 큰 수가 될 거예요. 즉 수들은 $(x-1)$, x, $(x+1)$이 될 거예요."
3. "이제 그것들을 모두 합하죠. $x-1+x+x+1=3x$."
4. "$3x$는 항상 3으로 나누어떨어지고 여기서 x는 임의의 수예요. 그러면 임의의 연속하는 세 수의 합은 3으로 나눌 수 있죠."

그는 이 테스트에서 그에게 주어진 두 번째 문제인 IX-B-2는 풀지도 않고 바로 그 답을 "보았다." "여기에는 증명할 것이 없어요. $(x+3)^2$이 나오는 것은 명백해요." 분명히 증명 과정은 여기서 최대로 단축되었다 — 보다시피 문제를 인식하면서 결과에 이르기까지 순간적인 즉각적인 전이가 이루어졌다. 그러나 이 경우에 여전히 증명의 과정은, 비록 복잡하진 않더라도, 많은 연결고리로 구성되어 있다. 실험자의 요구에 따라 이 학생은 다음 구조로 이 문제를 풀기 위한 추론 과정을 밝혔다.

1. "임의의 수를 택해야 해요(왜냐하면 임의의 수에 대해 증명해야 하기 때문이에요). 그 수를 x라고 하죠."
2. "이제 이보다 6 큰 수를 취해야 해요. 그것은 $x+6$이 되겠죠."
3. "첫째 수와 둘째 수를 곱해요. $x(x+6)=x^2+6x$."
4. "그 합에 9를 더해요. 그것은 x^2+6x+9가 되겠죠."
5. "그런데 이것은 합의 제곱이에요. $(x+3)^2$."
6. "그러면 어떤 수를 택하든, 항상 제곱을 얻게 되죠."

자료가 보여주듯이 단축은 학생이 그가 발견한 해법을 일반화한 후에 곧바로 시작된다. 유능한 학생들에게서는, 우리가 보았듯이, 일반화가 "그 즉시" 이루어지고 따라서 추론의 단축 또한 "그 즉시" 관찰된다. 보통 학생들은 반복된 연습 후에 일반화하므로 그들의 추론에서 단축은 단일 유형의 많은 문제를 해결해 본 후에 관찰된다. 능력 부족 학생들은 일반화하는 데에 큰 어려움을 가지며 단일 유형의 문제를 해결하는 오랜 훈련을 한 후에야 일반화하고, 결론적으로 그들은 많은 연습 후에야 단축을 시작할 수 있다.

어떤 (보다 단순한) 경우에는 유능한 학생들의 추론 구조가 너무 단축되어서 문제를 지각하는 것과 그 결과 사이에 거의 직접적인 연결이 만들어진다. 이러한 경우 그들이 문제를 해결하는 데 걸리는 시간은 본질적으로 필요한 계산을 하는 시간에 달려있다. 겉으로 보기에 이것은 생각의 부재, 추론의 "부재"로 보인다. 그러나 사실은 그렇지 않다. 반대로 이것은 생각의 최상위 수준인데, 왜냐하면 항상 이러한 단축된 구조의 기저에는 논리적 근거가 충분한 추론의 과정이 있으며, 단축은 어떤 규칙처럼 (적절한 유형의 첫 번째 문제와 함께) 이 과정의 연속적인 연결고리들의 신속하고 분명한 지각 이후에 오기 때문이다.

S. I. Shapiro는 전형적인 문제를 해결할 때 유능한 학생들의 추론이 최대치까지 빠르게 단축된다는 것을 오랫동안 관찰했다. 학생 B.는 너무 빠르게 대답하여 마치 해법이 없는 인상을 주었는데 그녀는 이미 결과를 알고 있었다. 또 다른 학생은 너무 빨리 해법의 결과를 제시하여 마치 그가 문제의 용어를 끝까지 듣지 않고 답을 제시한 것처럼 보여, 그의 급우들이 농담으로 "답이 있고, 문제를 물어보았다."고 할 정도였다. 그러나 인용된 모든 경우를 보면 문제 해결에서 세분화된 정신과정은 충분히 복잡함을 알 수 있다.

지금까지 우리는 단일 유형의 문제 해결에서 정신과정의 단축에 대해 논의해왔다. 그러나 또 하나의 고유한 특징이 유능한 학생들에게 있다. 수학 문제 해결에서 심지어 문제가 새로운 유형일때조차 *단축된 구조에서 사고하려는*, 단축된 연역의 경향이 일반적으로 그들의 특징이다. 어떤 의미에서 보면 이는 "사고의 속기"(A. G. Kovalev와 V. N. Myasishchev가 고안한 표현. 참고문헌 174, p. 150)라고 말할 수 있다. 여기에 포함된 단축된 정신 구조의 경우 – 명확한 논리적 표현이 있는 단축된 구조 – 단순한 추론이 아닌 논리적으로 실증된 추론의 연결고리의 단축이었다. 그리고 이것은 유능한 학생들이 우리의 요청에 따라 단축된 구조를 (그들의 관점에서) 전체적인 구조로 확장했을 때 매우 분명하게 나타났다.

그러므로 우리가 연구했던 유능한 학생들이 가진 단축된 수학적 사고는 유명한 소비에트 수학자들이 기록한 수학적 사고의 특징과 결코 모순되지 않는다. "순차적인, 적절하게 분할된 논리적 추론의 예술"(Kolmogorov, 참고문헌 180), "추론의 논리적 스킴, 추론 과정의 정확한 분할"(A. Ya. Khinchin, 참고문헌 427), "완전히 갖춰진 논리적 논증 습관", "추론에서 부주의를 잡아내는 능력, 완벽한 증명을 위해 필요한 연결고리의 부재를 찾아내는 능력"(B. V. Gnedenko, 참고문헌 92, 93, 94)이 그것이다. 단축된 연역이나 주장에서 필요한 연결고리가 *한꺼번에* 사라지지는 않는다. 그것들은 단축되고, 분명하게 설명되지 않고, 실현되지는 않지만 "눈에 보이지 않게" 존재한다. 학생들이 단축된 구조에서 효과적으로 사고한다 하더라도 그는 앞에 것을 하거나 필요로 하지 않고 이어지는 수학적 조작을 보고, 구할 수 있다. 그는 보통 필요하다면 추론 과정을 전체 구조로 전개할 수 있다. 그러므로 단축된 추론은(물론 그것이 정확하다면) 완전히 갖춰진 논증과 함께 *근본적으로*, 순차적이면서 정확하게 분할된 논리적 추론이다.

정신 과정이 실제로 단축되거나 축약된다는 사실 — 그 속에 사라진 연결고리를 인식하지 않고, 머릿속에 있는 "가방에서부터 끄집어내지" 않는다는 것을 믿을 수 있는 근거는 무엇인가? 다음이 그 근거이다.

1. 답이 나오는 신속성. 지적했듯이 모든 시리즈의 예에서 문제에 대한 답을 용어를 인지한 후 곧바로 내었다("지각의 순간과 함께 만들어진다.").
2. 사라진 추론의 바로 그 연결고리에서 멈춤이 없음.
3. 실험자가 그들에게 세분화된 추론 구조를 신속하게 제시할 것을 요구했을 때, 학생들이 때때로 겪는 어려움. 특정 규칙, 일반적인 진술 또는 그와 같은 것을 상기하는 것(또는 상기하지 않는 것)에 관해 피험자 자신으로부터 나온 증언은 어떤 가치를 가진다(그러나 물론 보조적인 것일 뿐이다).

앞에서 인용했던 모든 입장에 대한 증거로서 우리는 유능, 보통, 능력 부족 학생들이 문제해결에서 보여준 추론의 전형적인 도식을 다이어그램으로 제시한다.

물리 문제를 해결하는 데 있어서 통계적 평가 방법과 추론에 대한 그래프 표현이 최근 A. N. Sokolov(참고문헌 387), Z. I. Kalmykova, E. P. Ivanitsyna(참고문헌 138)에 의해 제안되었다. 1962년과 63년에 Kalmykova는 많은 연구(참고문헌 152, 153)에서 그녀가 지칭한 "경제 계수"를 계산할 것을 제안했다 - 주로 문제를 해결하기 위해 논리적으로 필요한 판단의 수를 결정하는 것, 그리고 실제 이루어지는 판단의 수와 그것을 비교하는 것. 그녀는 ("경제적인 판단의 수"와) 논리적으로 필요한 판단의 수의 차를 서로 연관시켰다. 백분율로 나타내어진 그 결과는 학생이 목표에 이르기 위해 사용하는 방법이 얼마나 짧고 경제적인지를 보여주었다.

우리가 1959년에 사용했던 그래픽 표현 방법은 피험자가 새로운 어떤 문제를 해결할 때의 추론 과정을 — 유능, 보통, 능력 부족 학생들에게 있어서 — 시각적으로 비교하기 위한 것이다. 이 목적을 위해 추론의 실제 과정이 세분화된 과정 위에 "덧붙여졌다." 지금 이루어지는 연구의 목표에서 추론의 실제 과정을 논리적으로 서술된 세분화된 과정과 비교하는 것은 거의 타당하지 않을 듯하다. 실제 세분화된 추론은 논리적으로 세분화된 것과는 다소 다른 스킴에 따라 진행될 수 있기도 하다. 그러나 우리 연구의 목표는 실제 단축된 추론의 과정과 실제 세분화된 추론의 과정의 비교를 필요로 한다. 따라서 차트에서의 기준은 실제 세분화된 추론 과정(그리고 유능한 학생들이 실험자의 요청에 따라 보여주었던 가장 "세분화된 변형")이었다. 각각의 연결고리는 완벽한 사고를 표현한다. 이에 두 문제의 해결 과정에서의 전형적인 추론을 그래픽으로 묘사하도록 하겠다.

1. 문제 XIX-A-5

세분화된 추론의 과정(R. Sh., 6학년)

1. "두 번째 학생이 자를 사려면 2코펙이 더 있어야 해요. 첫 번째 학생이 두 번째 학생에게 그가 가진 돈을 모두 주었지만 여전히 돈이 부족하네요."
2. "이것은 첫 번째 학생이 1코펙만 가지고 있을 때에만 일어날 수 있어요. 만약 그가 2코펙만 가지고 있어도, 그들은 자를 살 수 있거든요."
3. "그러므로 자는 25코펙이에요. 왜냐하면 첫 번째 학생은 그것을 사기 위해서 24코펙을 필요로 하기 때문이에요."
4. "두 번째 학생은 2코펙을 필요로 하니까 23코펙을 가지고 있어요."

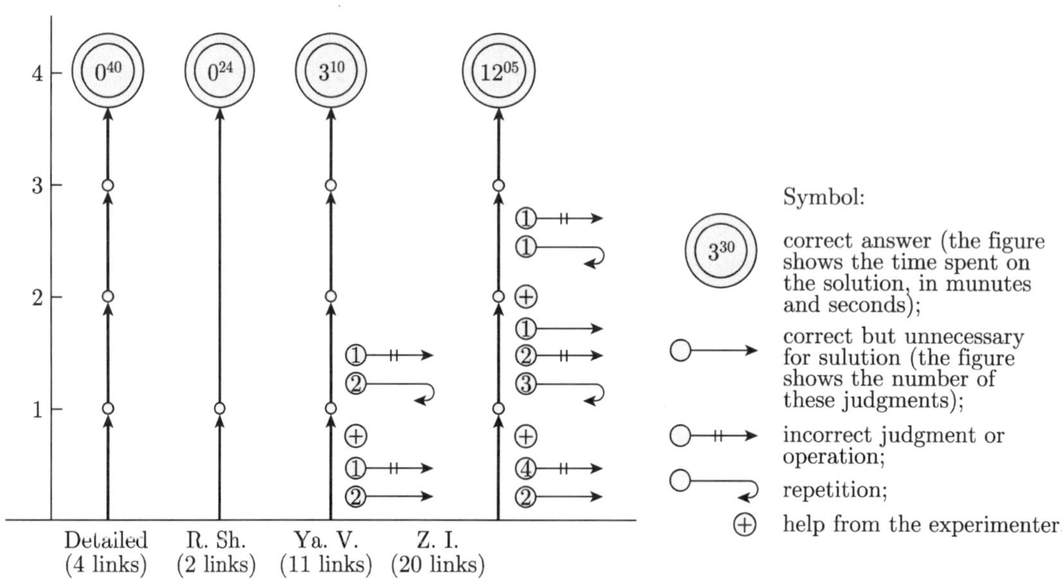

그림 62. 수학에서 유능, 보통, 능력 부족 학생들이 문제 XIX-A-5 해결에서 보이는 추론 과정의 도식 다이어그램

6학년 학생들의 전형적인 실제 해결 과정을 비교해 보자 – 유능한 학생(동일한 R. Sh.), 보통 학생(Ya. V.), 능력 부족 학생(Z. I.)(그림 62를 보라). 세분화된 추론의 연결고리는 세로축에 표시되었다. 기호들은 하나의 연결에서 또 다른 연결로 전환하는 실제 추론의 과정을 그래픽을 통해 보여준다. 추론에서의 연결고리의 총 개수는 실험자의 개입(격려하는 행동) 수뿐만 아니라 학생들이 말한 불필요하고 부정확한 판단의 수까지도 포함한다.

2. 문제 I-A-6

세분화된 추론의 과정(Volodya L., 10살)

1. "여객 열차가 출발할 때 화물 열차는 $38 \times 7 = 266$km만큼 앞에 있었어요."
2. "여객 열차는 화물 열차보다 시간당 $57 - 38 = 19$km 더 많이 가요."
3. "화물 열차를 따라잡기 위해선 여객 열차에게 $266/19 = 14$시간이 필요해요."
4. "여객 열차가 여행을 끝냈을 때 화물 열차는 여전히 $2 \cdot 38 = 76$km를 여행해야 해요."
5. "만약 화물 열차가 매 시간 여객 열차보다 19km씩 뒤쳐진다면 $76 \div 19 = 4$시간 후에는 76km를 뒤처지게 되어요."
6. "여객 열차가 움직이는 총 시간은 $14 + 4 = 18$시간이고, 화물 열차는 $7 + 14 + 4 + + 2 = 27$시간이에요." ("하지만 이것은 매우 간단하구요, 이것 없이도 할 수 있어요." Volodya L.이 말했다)
7. "그러니까 A와 B 사이의 거리는 $18 \cdot 57 = 1{,}026$km(또는 $27 \cdot 38 = 1{,}026$km)이에요."

Volodya L.의 이러한 전형적인 실제 추론 과정을 유능한 6학년 학생 V. D., 보통의 6학년 학생 G. G., 그리고 능력 부족 7학년 학생 Yu. K.와 비교해 보자(그림 63을 보라).

그러므로 문제 해결에서 "단축된" 구조에서의 사고로 빠르게 전이하는 능력은 다른 모든 조건이 같을 경우 수학적으로 유능한 학생을 특징짓는다. 이 이동은 보통 어떤 유형의 첫 번째 문제를 해결하자마자 시작되고 다소 빠르게 최대의 발달을 이루는데 이때 추론에서 중간의 연결고리가 "빠지고" 문제의 인식과 명확한 조작 시스템의 수행 사이에 그리고 종종 문제의 인식과 결과의 인식 사이에서도 독특한 직접적인 연합이 만들어진다. 이 경우 피험자들은 이렇게 말한다. "해결해야 하는 것이 무엇이죠? 이것은 너무 분명해요." "전 그냥 받아서 답을 적었어요.", "문제는 그 자체로 해결돼요."

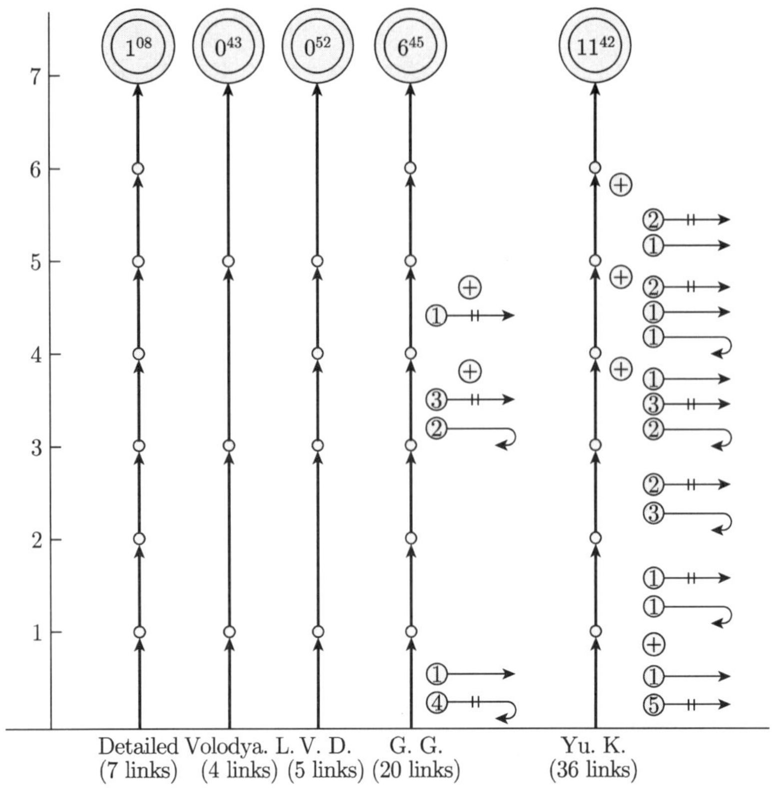

그림 63. 수학 상위, 보통, 하위 학생들이 문제 I–A–6 해결에서 보이는 추론 과정의 도식 다이어그램.

이어지는 연합의 시리즈(때때로 매우 긴 시리즈)는 만약 그것을 이렇게 표현할 수 있다면 "잘게 부수어진다.", 즉 직접적인 연합에 의해 대체되고 그것의 첫 번째 항은 이 시리즈에서 첫 번째 연합의 첫 번째 항이고 그것의 두 번째 항은 이 시리즈에서 마지막 연합의 두 번째 항이다(그림 64를 보라). Shevarev가 비유적으로 "짧은 순회"라고 칭했던 것은 이러한 연합 사슬에서 생긴 것이다(참고문헌 445, p. 170).

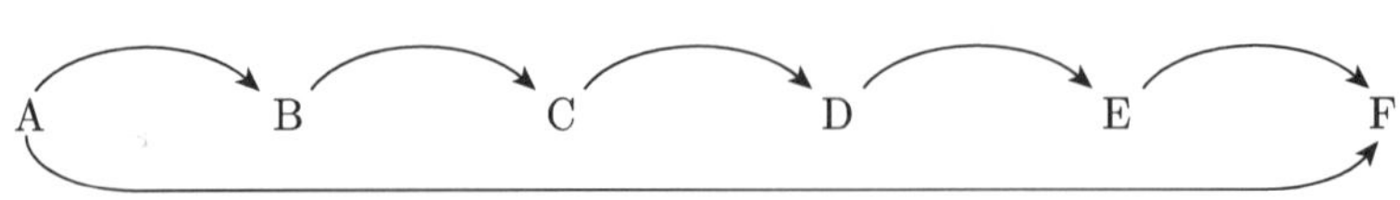

그림 64

유능한 학생과 보통 학생의 차이는 앞에서는 이러한 단축된 연합이 매우 빠르게 종종 "그 즉시" 이루어진다는 것이다. 여기서 유능한 학생은 F가 A로부터 직접 나온다는 것을 "본다." 그는 F가 A로부터 곧바로 따라온다는 것을 알아차린다. 그러나 보통 학생들에게 이것은 명확하지 않다(다른 조건은 똑같다); 그는 그것을 "보지" 못하고 알아채지 못한다. A에서부터 F에 이르기 위해 그는 때때로 서로 관련된 연합을 활성화하는 다소 복잡한 여로를 거쳐야 한다. 앞서 말했던 것처럼 이러한 "단축된" 사고 구조의 가치는 주로 정보를 처리하는 속도에 의해 제공되고 문제 해결의 과정이 눈에 띄게 가속화되고 간단하게 된다는 것은 분명하다. 물론 "짧은" 연합(이러한 연합은 때때로 여러 삼단논법적인 결론을 대체한다)을 재생산하는 데에는 훨씬 적은 시간이 걸리고 이것은 복잡한 조작의 실행을 용이하게 하고 간단하게 하며(반면 다른 아동들은 종종 추론의 성가신 사슬에 절망적으로 뒤얽히게 된다.) 정신적 힘을 "아낄 수 있게 한다."

사고 과정의 융통성

XIII, XIV, XV 시리즈의 문제는 이 절을 위한 기본 자료를 제공했다. 기본적인 피험자 그룹은 이 시리즈의 모든 테스트를 통과한 17명의 유능한 7학년 학생으로 구성되었다. 그들은 이 시리즈들을 통과했지만 더 긴 기간이 걸린 24명의 보통 그룹의 학생 및 17명의 능력 부족 그룹의 학생과 비교되었다. 여기에 덧붙여 이 세 시리즈에서의 개별적인 테스트는 매우 유능한 그룹의 학생들에게 주어졌다.

시리즈 XIII의 문제에서는 문제를 해결하는 최대한 많은 방법을 찾도록 했다. 전체 해결 시간도 고려되었다(그러나 해답의 변형을 발견하려고 하였지만 결과에 이르지 못한 시도에 걸린 시간은 고려되지 않았다). 표 15는 시리즈 XIII의 테스트에서 피험자들이 수행한 (각 그룹의) 평균을 보여준다. 데이터의 범주는 그리 크지 않았다 – 모든 데이터는 평균값에 가까웠다.

표 15. 시리즈 XIII에서의 평균 풀이 방법의 수와 해결 시간

그룹	모든 문제에서 발견한 방법의 수			해결 시간(분)		
	Test A	Test B	Test C	Test A	Test B	Test C
C	22	12	14	14	6	23
A	14	8	7	27	14	19
I	7	4	4	28	15	19

시리즈 XIV에서는 첫째 문제와 둘째 문제의 변형을 해결하는 데 걸린 시간이 비교되었고 둘째 것에 대한 첫째 것의 비율이 백분율로(가장 가까운 자연수 값으로) 표현되었

다. 이러한 상대적인 해결 시간은 피험자가 이전의 풀이 방법에 얼마나 “묶여있는지”를 보여준다. 시리즈 XV에서는 이전 문제를 해결하는 데 걸린 시간에 대한 이어지는 문제를 해결하는 데 걸리는 상대적 시간이 비슷하게 계산되었다. 테스트 XV-G의 점수(이 테스트의 특별한 성질의 관점에서)는 여기서 고려되지 않았다.

요약된 데이터가 표 16에 제시되어 있다(점수의 범위와 산술평균 M은 각각의 피험자 그룹별로 표시했다). 결과에 대한 분석은 아래와 같다.

표 16. 시리즈 XIV와 XV에서 상대적 해결 시간의 평균과 범위(%)

그룹	시리즈 XIV		시리즈 XV	
	범위	M	범위	M
C	86~109	96	102~126	112
A	111~146	131	164~243	187
I	148~252	214	267~655	374

질문이 생긴다. 모든 세 시리즈의 실험 문제들의 해법은 하나의 일반적인 요인의 조작에 의해 설명될 수 있는가? 우리의 가정은 시리즈 XIII, XIV, XV의 점수들이 같은 현상을 측정한다는 것이다. 즉, 이 시리즈의 점수들은 정신 활동에서의 동일한 공통된 성질의 지표이며 따라서 여기서 하나의 공통된 요인이 나타난다.

우리는 데이터에 대한 요인 분석을 실시했다. 이미 언급했듯이 세 가지 시리즈 모두 통과한 17명의 유능한 학생들의 점수를 요인 분석을 위해 추출하였다. 시리즈 XIV와 XV의 점수는 문제에 대한 상대적 해결시간을 나타내고 해결된 변형의 총 개수와 해결 시간은 시리즈 XIII의 점수를 구성한다(각 학생에 대해 이 점수에 기초하여 순위가 매겨졌고 그들의 평균을 요인 분석을 위한 기초로 삼았다). 세 시리즈에서 피험자들의 순위의 상관관계가(둘씩 짝을 이루어) 계산되었다. 표 17의 상호상관 행렬은 결과로 얻은 것이다. 표의 데이터는 이 시리즈에서 문제를 성공적으로 해결하는 것은 양적 상관관계가 있다는 것을 보여준다.

표 17. 시리즈 XIII–XV에 대한 상호상관 행렬

	XIII	XIV	XV
XIII	–	.66	.69
XIV	.66	–	.71
XV	.69	.71	–

17명의 피험자들에 대해 유의미한 상관계수의 값은 .01 수준에서 0.583, 그리고 .05 수준에서는 0.412(참고문헌 344, pp. 106~7을 보라)이다. 결과적으로 우리가 얻은 상관계수는 .01 수준에서 통계적으로 의미가 있다.

요인분석은 앞서 인용했던 Spearman-Thurstone 공식에 따라서 이루어졌다(12장을 보라). 표 18의 요인 행렬을 구했다. 재생된 상관계수 행렬은 원래의 것과 일치한다. 잔차 상관계수는 0이다.

일반 요인에서 상당히 높은 적재요인은 이러한 세 시리즈에서 성공적으로 문제를 해결하는 것이 단 하나의 일반적 요인의 조작에 따른 결과임을 의미한다. 일반적 (공통) 요인은 이 시리즈 모두에서 발생하고, 상당히 분명하게 드러난다.

표 18. 시리즈 XIII–XV에 대한 요인 행렬

시리즈	g에 대한 요인 적재량
XIII	.80
XIV	.82
XV	.86

이 요인을 심리학적으로 해석해 보자. 질적 분석으로 전환하자.

모든 세 시리즈의 문제들은 정신적 활동의 신속한 재구성 능력, 방금 세운 해결 패턴을 "깨트리고" 그것을 새로운 것으로 대체하는 능력을 연구하기 위한 것이었다. 형성되어 왔고 강화되어 온 조작 방법을 특별히 빠르고 예리하게 깨트리는 것이 시리즈 XV의 테스트에서 요구되었다.

시리즈 XIII의 문제들에서 유능한 학생들은 쉽게, 아무런 어려움 없이 새로운 조작 방법으로 전환하여 하나의 정신적 조작에서 또 다른 조작으로 옮겨갔다. 그들의 문제 해결 접근에서 다양한 측면들이 두드러졌다. 그러나 학생들의 의견에 따르면 하나의 문제에서 여러 풀이를 찾으려는 필요는 처음 찾은 풀이 방법이 간단하고 경제적이지(우아하지) 않을 때에만 나타났다. (실험자의 방향 제시와 함께) 특별한 과제가 주어졌을 때, 유능한 학생들은 기꺼이 새로운 풀이 방법을 찾는 쪽으로 전환했다. 이전에 찾은 풀이 방법은 그것에 어떠한 구속이나 영향도 미치지 못했다. 그리고 풀이 방법이나 정리의 증명을 여러 개 발견하는 데 있어서 성공하든 하지 못하든 그것은 중요하지도 않았다. 중요한 것은 해결 방법을 찾으면서 그들이 조작 방법을 다양화 하였고, 하나의 정신 조작에서 또 다른 것으로 쉽게 전환했다는 점이다.

이미 해결한 문제를 새로운 해결 방법으로 전환하는 것은 보통 학생들에게 상당히 어려운 것이었다. 이러한 면에서 그들의 시도는 이전에 찾은 방법에 묶여 있음의 영향을 분명하게 보여준다. - 통상적으로 그들의 사고는 때때로 이미 찾은 패턴으로 되돌아간다. S. I. Shapiro의 학생 중 한 명(평균 능력보다 조금 위에 있는 학생)이 주장하기를, "문제해결에서 가장 어려운 것은 고정되거나 성공적이지 않은 해결 방법을 흔드는 것이다. 나는 예리한 전환을 하는 것이 약하다는 것을 느낀다."

능력 부족 학생들에게는 이미 발견한 해결 방안이 새로운 조작 방법으로 이동할 수 있는 가능성을 잘라 버리는 것 같았다. 그들은 한 수준의 사고에서 또 다른 수준의 사고로, 하나의 정신 조작에서 또 다른 조작으로 옮겨가려는 시도에서 큰 어려움을 겪었다. 그들의 수학적 사고에서 독특하고 분명한 제약은 계속해서 그 자체를 드러냈다. 그리고 그것은 더 쉬운 방법에서 더 어려운 방법으로의 전이에서 자연스럽게 발생하는 어려움을 경험하는 문제가 전혀 아니었다. 가끔 그들은 첫 번째 방법이 가장 어렵다는 것을 발견한다. 그래도 어려운 것에서 쉬운 방법으로 전환하는 것은 그들에게 마찬가지로 어렵다(또 다른 기회에 더 쉬운 방법이 특별한 어려움 없이 발견될 수도 있다).

처음 찾은 풀이 방법(그것이 항상 가장 쉬운 방법은 절대 아니다 — 이것을 다시 강조한다)이 같은 문제에 대한 다른 풀이 방법을 찾는 데 방해가 된다. 학생들이 또 다른 해결 방법의 가능성을 생각하지 않을 수도 있을까? 그러나 실험자는 그들에게 그 가능성이 상당히 분명함을 지적하였다. 흥미로운 사실이 가끔 관찰되었다. — 먼저 발견한 풀이 방법을 잊는 것이 새로운 풀이 방법을 찾을 가능성을 증가시킨다. — 다시 말해서 이전 조작의 방해하는 영향은 그것을 잊을 때에만 제거된다. 우리는 특히 이 사실을 확인하였고, 또 다른 방향에서는 학생이 다른 수준에서 생각할 수 있게 되자마자 이것이 이전에 발견한 풀이 방법을 잊어버렸음을 의미한다는 것을 여러 차례 관찰했다. 개별적인 경우에 이러한 전환의 가능성은 이전의 사고 훈련을 잊었는지 결정하는 데 어느 정도 정확한 기준이 되는데, 즉 이것은 직접적으로 이러한 상황을 보여 준다(그리고 이것은 특별한 검사를 통해 확실해진다). 그러나 이 경우에는 전환에 대해 말할 수 없게 되는데 왜냐하면 실제 전환 같은 것들은 일어나지 않기 때문이다(전환은 새로운 사고 훈련으로의 전이 또는 낡은 풀이 방법이 있는 데서 새로운 풀이 방법으로 가는 것을 전제로 한다).

우리의 실험 중 하나에서 흥미로운 사례가 관찰되었다. 능력 부족 6학년 학생이 더 어려운, 그러나 습관적인 방법으로 문제를 해결하였다. 어렵게, 실험자의 도움으로 그녀는 또 다른, 더 쉬운 방법을 알게 되었으나 그 후에 그녀는 습관적인 방법을 곧바로 재생할 수 없었다. 30분 후에야 이전 방법을 떠올렸지만 … 새로운 방법을 잊어버렸다. I. V.

Dubrovina의 실험에서도 정확히 같은 성질을 보여주는 몇 사례들이 있었다.

앞서 인용한 표 15에서 전환과 관련해서 문자 그대로 나타나는 차이점은 분명하다. 시리즈 XIII의 13개 문제에서 유능한 학생들은 평균 43분 동안 전체 48개의 해결 방법을 찾았다. 보통 학생들은 60분 동안 29개의 풀이 방법을 찾았고 능력 부족 학생들은 62분 동안 15개의 풀이 방법을 찾았다. 그리고 대체로 각각에서 연속해서 풀이 방법을 찾는 것은 여전히 어려웠다. 몇 가지 예를 들겠다.

유능한 7학년 학생인 G. Kh는 XIII-A-7을 해결했다. "15°C의 물 4L와 36°C의 물 3L를 더하면 몇 도의 물이 되겠는가?" 그는 즉시, 생각도 안 하고 풀이를 찾았다.

"3L의 물을 '더하면' 108°C가 돼요."

"4L의 물을 '더하면' 60°C가 돼요."

"7L에 대해 총합은 168°C이고, 24°C예요."

멈추지 않고 G. Kh는 다음과 같은 "시각적" 풀이 방법을 또한 제시했다.

여기 그의 설명이 있다. "평균온도는 중간에 있지 않고, 15°C 쪽으로 갈 거에요(왜냐하면 15°C에 있는 물이 더 많기 때문이에요). 비가 4 : 3이에요. 온도 차 21°C를 7로 나누고($21 \div 7 = 3$), 그런 다음 15에 9를 더하거나 36에서 12를 빼요.

G. Kh는 10초 정도 생각한 후에 알고 있는 가중산술평균 공식을 적용하여 다음과 같이 식을 썼다. $t_{av} = (36 \cdot 3 + 15 \cdot 4)/(3+4) = 24°C$.

그는 모든 변형 문제를 해결하는 데 1분 8초 걸렸다.

능력 부족 학생들은 어느 누구도 이 문제에서 두 가지 풀이 방법을 찾지 못했다. 그들 대부분은 실험자의 도움을 받아서야 한 개의 풀이 방법을 찾을 수 있었다.

여기에 실험 대수 문제 중 하나(XIII-B-4)를 해결한 10살인 Sonya. L의 스킴이 있다.

$$113^2 - 112^2 \;\left|\; \begin{array}{l} \to a^2 - b^2 = \\ \to (a+1)^2 - a^2 = \\ \to a^2 - (a-1)^2 = \end{array}\right.$$

마지막 (덜 "우아한") 두 변용은 그녀 자신이 발견한 것이지만 실험자가 다른 풀이 방법을 생각해보라는 제안 후에 만들어졌다.

그리고 마지막으로 또 다른 예는 10살인 두 영재 학생 – Sonya. L.과 Volodya. L – 이 XIII-A-6 문제를 해결하는 3가지 방법으로서 유사한 스킴을 제시했다는 점에서 흥미롭다. "조류와 함께 운항할 때 기선은 시간당 20km로 나아간다. 조류를 거슬러 운항할 때에는 시간당 15km의 속도로 간다. A에서 B까지 갈 때, 반대 방향으로 갈 때보다 5시간 덜 걸렸다. A와 B 사이의 거리는 얼마인가?"

풀이

1. 조류와 함께 가면 3분에 1km. 조류와 마주하면 4분에 1km. 1km마다 1분을 얻게 되어요. 전부 5시간 – 300분 – 이고, 거리는 300km이에요.
2. 시간당 5km씩 차이가 생기고 모두 75km를 얻게 되어요. (15km씩 5시간을 더 가야 해요.) 따라서 시간당 20km로 15시간이니까 – 300km이에요.
3. 5시간에 75km이고, 이것은 전체 거리의 1/4이에요. (왜냐하면 조류를 거슬러 가는 속도는 조류와 함께 가는 속도의 3/4이기 때문이에요).

Sonya는 25초 안에 변형 (2)를 찾았고 또 다른 30초 안에 (3)을 찾고 또 다른 1분 안에 (1)을 찾았다. Volodya는 30초 안에 (1)을 찾고 또 다른 40초 안에 변형 (3)을 찾고 그 다음 20초 안에 변형 (2)를 찾았다. 능력 부족 학생들은 말한 것도 없고 보통 학생들은 우리의 실제 경험에서 이러한 사고의 유동성을 절대 나타내지 못했다.

시리즈 XIV에서 첫째 문제에서 둘째 문제로의 전이는 조작의 예리한 재구성을 요했는데, 이러한 조작은 겉으로 보기에 매우 유사한 문제 상황에 의해 감추어져 있었다. 심지어 둘째 문제가 첫째 문제보다 어렵지 않고 그냥 풀리는 경우에도 문제 해결에 소모되는 시간은 보통의 학생들의 경우 대략 3분의 1 증가했고, 능력 부족 학생들의 경우 배 이상 증가했다. 매번 둘째 문제는 첫째 문제 바로 다음에 제시되었는데, 그것은 상당히 형편없이 풀렸고 피험자는 둘째 문제가 첫째 문제와 분리되어 별도로 제시되었을 때보다 더 큰 어려움을 경험했다. 또 다른 문제 해결로의 전이는 항상 어려움을 일으켰다.

능력 부족 학생인 V. S는 실험자의 도움으로 기하 문제의 첫 번째 부분을 해결하기 전에 많은 실수를 하고 있었다. "공간에 한 직선과 이 직선 위에 한 점이 주어져 있다. 주어진 점에서 시작하여 주어진 직선에 수직인 직선은 몇 개 그릴 수 있는가? 그리고 만약 점이 직선 밖에 놓여 있다면 그 점으로부터 주어진 직선과 같은 평면에 놓여있으면서 주어진 직선에 수직인 직선은 몇 개 그릴 수 있는가?" (문제는 머릿속에서 풀린다.) 답: "무한히 많은 수직선을 그릴 수 있어요." "글쎄, 그렇다면 두 번째 경우는?" 객관적으로 이 문제는 첫 번째 문제보다 어렵지 않았지만 학생들은 그것을 해결하지 못했다. 그의 답: "그것도 또한 무한해요", "무한의 절반" ― 그의 생각이 "무한"에 집중되어있다고 할 수도 있다. 그는 두 번째 경우에서 그다지 무한히 많은 수직선이 있다는 것을 증명하려고 시도하면서 문제를 해결하려고 하지 않았다. 그 대신 그 문제는 중단하였다. 그는 그것에 대해서 더 이상 생각하려 하지 않았다. 2주 안에 그에게 그 문제가 다시 주어졌다. 즉시는 아니지만 그는 그것을 풀었다. 그런 다음 우리는 그 문제의 첫 부분을 다시 제시했다(후에 알고 보니, 그는 그것을 잊어버린 것이었다). 이때 그는 그 문제의 첫 부분을 해결하지 못했다. 이 학생의 사고는 다시 이전의 풀이 패턴에 묶인 것이었다. ("하나의 수직인 … 아니, 두 개. 아니, 그래도 하나이고, 다른 쪽으로 계속 이어질 뿐이에요.") 즉, 첫 번째 해결한 문제는 두 번째 해결할 문제를 가로막는 형태로 영향을 미친다. 능력 부족 학생들에게 사고의 확실한 훈련은 새로운 사고의 훈련을 찾는 것을 방해하는 영향을 미친다.

XV 시리즈의 문제들은 원래 조작의 방법들이 특히 강화되고 정형화되었기 때문에 정신 활동 전환의 특징에 대한 우리 연구에서 매우 흥미로웠다. 많은 단일 형태의 문제들을 연속해서 푸는 조건에서 정신 조작을 위한 패턴이 형성되었고, 마지막 문제가 제시되며 예리하게 깨어졌다. 본질적으로, 정형화된 조작은 마지막 문제의 해결을 방해한다. 정신 활동의 예리한 재구성, 방금 확립된 추론 스킴의 "깨짐", 그리고 또 다른 것으로 대체는 (비록 객관적으로 이것이 그 이전 것보다 어렵지 않다고 하더라도) 마지막 문제를 푸는 데 걸리는 시간을 주목할 만큼 증가시킨다. 그러나 여기서 큰 차이점이 밝혀졌다. 유능한 학생들은 흔하고 관습적인 해결 방법에 묶여있는 사고로부터 아주 자유롭다는 것이 증명되었다. ― 마지막 문제에서 그들의 풀이 시간은 평균 10분의 1정도 증가했다. 반면에 보통 학생들은 거의 두 배, 능력 부족 학생들은 거의 4배 증가했다(표 16을 보라).

시리즈 XVI-의 문제("자기-제한"을 유발하는 문제)들은 능력 부족 학생들뿐만 아니라 거의 모든 보통 학생들이 할 수 있는 범위를 벗어났다. 24명의 보통 학생들 중 단지 3명이 XVI-A-2 문제를 풀었고 2명만이 XVI-A-4 문제를 풀었는데, 그것도 많은 노력 후에야 풀었다. 이와 같이 보통 학생들은 문제에 접근하는 정형화된 방법에서부터 자유로울 수 없었다. (능력 부족 학생들은 말할 것도 없다.)

유능한 학생들은 XVI 시리즈의 문제에서 주목할 만큼 더 많은 성공을 거두었다. 이 시리즈를 요약한 데이터가 표 19에 있다(기본 그룹에 있는 17명의 유능한 피험자와 매우 유능한 그룹의 3명의 학생이 모든 문제를 해결했다. 9명의 유능한 학생들은 이 시리즈에서 오로지 개별적인 문제만을 해결했다). 어떤 문제의 해결에서도 15분 이상 걸리지 않았다.

표 19. 유능한 학생들의 테스트 XVI-A에서의 문제 해결

문제	문제를 시도한 수	문제를 푼 수	평균 해결 시간
1	23	17	6′ 46″
2	26	25	3′ 26″
3	25	21	7′ 13″
4	23	20	5′ 5″
5	24	16	6′ 11″
6	21	9	10′ 18″

가장 어려운 문제로 증명된 것 중 하나의 해를 인용하고자 한다. 이것은 유능한 학생들이 자기-제한으로부터 어떻게 자유로운지를 명백하게 보여 준다.

G. Kh(7학년)은 문제 XVI-A-5를 풀고 있었다. “직각삼각형의 한 변의 길이가 7cm이다. 다른 두 변의 길이가 정수일 때, 이 두 변의 길이를 구하여라.”

“한 변을 사용해서 삼각형을 만들어라? 뭔가 재미있는데요. … 사실, 한 각-직각이 주어졌네요. 그래도 여전히 불가능해요. … [그린다] 음, 여기서 이건 분명하네요.-변과 각이 일정해요. 그러면 많은 다른 삼각형들이 있죠. 아마도 문제에 빠진 정보가 있지요? [*실험자*: 아니. 이 문제는 풀 수 있어.] 이상하다. … [그린다] 음, 여기 무한히 많은 해가 있다는 명백한 증거가 있어요. [다시 그린다] 전 이 문제를 풀기 보다는 차라리 풀 수 없음을 증명하려 해요. 아마 많은 변형이 있겠지만 그것들은 모두 분수로 표현되어요. [용어를 다시 읽는다] 아마 정수로 표현되는 경우는 한 가지뿐일 거예요. [7초 침묵] 아마 그렇겠군요.-문제에선 말하지 않았지만, 이해할 수 있겠어요. … 그렇다면 이것이 어떤 식으로든 증명되겠군요. … 빗변을 a라 하고 알려지지 않은 다른 한 변을 b라고 하면 피타고라스의 정리에 의해 $a^2=49+b^2$ 이고 $49=a^2-b^2$ 이에요. … 음, 다음은? $a+b=49/(a-b)$이네요. 여기에 뭔가 있는 것 같아요. … a, b가 정수라면 그 합도 정수죠. 이제 모든 것이 분명해요. 이것은 49가 $a-b$에 의해 나누어떨어진다는 것을 의미해요. 그리고 49는 오직 7로만 나누어지죠. … 하지만 $a-b$는 7이 될 수 없어요. 그렇게 되면 삼각형이 될 수 없기 때문이에요. (빗변이 정확히 두 변의 합과 같아져요—두 변의 길이

의 합이 세 번째 변과 같아져요.) … 여기 어딘가에 해결방안이 있을 거예요. 제가 놓쳤죠. … 하지만 49는 7뿐만 아니라 1과 49로도 나누어떨어져요. 이제 해결방안을 알았어요. 49 역시 될 수 없어요. 빗변이 두 변의 길이의 합보다 커져요. 하나가 남았네요. $a-b=1$, $a+b=49$. 빗변의 길이가 25cm이고, 다른 한 변의 길이가 24cm예요.” 전체를 해결하는 데에 2분 35초 걸렸다.

지금까지 말한 것을 요약하면 우리는 선택한 일반 요인을 정신 과정의 융통성으로 해석할 수 있다. 수학적으로 유능한 학생들은 수학 문제를 해결하는 데 있어서 큰 융통성과 정신 과정의 기동성으로 구분되어진다. 그것은 하나의 정신 조작에서 또 다른 질적으로 다른 조작으로 자유롭고 쉽게 이동한다는 것, 문제 해결을 다양한 측면에서 접근한다는 것, 정형화되고 관습적인 해결방안에 묶여 있지 않고 자유로울 수 있다는 것, 그리고 확립된 사고 패턴과 조작 체계를 쉽게 재구성하는 것으로 표현된다.

능력 부족 학생들은 수학적 관계와 조작 영역에서 그들의 생각이 비활성적이고, 느리며, 제한된다는 것, 조작의 고착되고 정형화된 특성, 그리고 이전의 해결 원칙 또는 어떤 조작이 재구성될 필요가 있을 때 방해하는 영향을 주는 조작 방법이 그들의 마음속에서 끈질기게 유지된다는 것으로 특징짓는다. 이 모든 것들은 하나의 정신 조작으로부터 질적으로 다른 정신 조작으로 전환하는 데 그들이 갖는 뚜렷한 어려움을 결정한다.

정신 활동의 범주에서 간섭과 관련된 사실은 오랫동안 알려져 있다. 문제 해결에서 과거 경험(한 종류의 문제 해결을 오래 끈 결과로 형성되는 한쪽으로 치우치는 편향성의 형성을 통한)의 부정적 영향이 예를 들어, K. Duncker(참고문헌 487), N. R. F. Maier(참고문헌 489, 643), A. S. Luchins(참고문헌 641)의 연구에서 밝혀졌다. “한 사람이 문제를 풀지 못한 것은 그가 해결 방법을 찾기 못해서가 아니라 그의 습관적 조작 방법이 적당한 답을 찾는 것을 방해하기 때문이다.”(Maier, 참고문헌 643)

소비에트 심리학에서 “사고의 융통성”이라는 용어는 실은 Menchinskaya의 연구에서 소개되었다. 1946년 그녀의 연구(참고문헌 289)에서 그녀는 피험자가 알고 있는 적당한 해결 방책을 활성화하는 과정을 가로막는 몇몇 경우를 설명하고 있다. “더 강하고, 더 강요하는 경향성의 압력 하에서 … 가장 최근의 경험을 향해 나아간다.”(참고문헌 289, p. 124) Bogoyavlenskii와 Menchinskaya는 융통적 사고의 세 가지 기본 징후를 추출했다. (1) 편리한 대로 조작 방법을 변화시키기, (2) 지식과 기술 및 그것들의 시스템을 변화된 조건에 적합하도록 재구성시키는 용이성 (3) 하나의 조작 방법을 또 다른 것으로의 쉽게 전환하는 것(참고문헌 44, p. 187).

T. V. Kudryavtsev(참고문헌 226)는 초등학생들의 학교 공부에서의 하나의 정신 조작으

로부터 또 다른 정신 조작으로의 전환에 대해 연구하면서 전환의 신속성 관점이 아닌 전환에서의 오류의 존재나 부재 관점에서 이 과정을 조사하였다. 학생들의 학교 공부에서 발생하는 용이함과 어려움에 대해서는 Kabanova-Meller(참고문헌 148), A. A. Lyublinskaya(참고문헌 266), V. I. Zykova(참고문헌 132, 133), Kalmykova(참고문헌 154, 155, 159, 160), A. V. Skripchenko(참고문헌 374), R. O. Serebryakova(참고문헌 370), B. K. Dobronravov(참고문헌 116), 그리고 G. P. Antonova(참고문헌 30, 30a)의 연구에서 언급되었다. L. N. Landa는 기하 문제 해결에서 전환의 개별적인 어려움을 연구해 왔다(참고문헌 238).

풀이의 명료함, 간결함, 그리고 경제성("우아함")을 위한 노력

수학적으로 유능한 학생들의 이러한 특성은 앞의 것과 밀접하게 관련된다. 유능한 학생들의 매우 전형적인 특성은 어떤 문제에 대한 가장 합리적인 풀이를 추구하며, 목표에 이르는 가장 명료하고, 간단하고, 짧고, 따라서 가장 "우아한" 경로를 탐색한다는 것이다. 이는 문제를 해결하는 가장 경제적인 방법을 탐색하는 것으로 표현되는, 사고의 경제성을 지향하는 한 가지 뚜렷한 경향인 듯하다. 이러한 특성은 수학자인 V. Glushkov가 자신의 논문 "전기 컴퓨터와 수학의 미래"에서 다음과 같이 진술했던 "수학의 목적"에 가장 잘 대응한다. "수학의 목적은 항상 가장 우아하고 가장 단순한 해결 방법을 찾는 것이다."(참고문헌 91, p. 5) 방법에서 간결성과 우아함을 추구하는 것은 과거와 현재의 모든 뛰어난 수학자들의 수학적 사고를 특징짓는다.(예를 들어, 참고문헌 349, p. 16을 보라.) 소비에트의 뛰어난 수학자 A. Ya. Khinchin(참고문헌 426)과 B. V. Gnedenko(참고문헌 92, 93, 94)는 이러한 특질에 대하여 특별한 언급을 하였다.

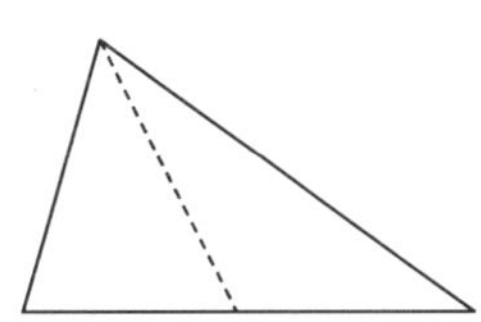

그림 65

수학적으로 유능한 학생들일수록 사고에서 이러한 특성은 더욱 분명하게 나타난다. 매우 재능 있는 학생들에게 가장 간단하고 가장 합리적인 풀이를 추구하는 것은 비교적 일찍 나타난다. 9살인 Sonya L.은 이 점에서 특히 눈에 띈다. 다음은 이 아동이 다음 문제를 해결한 것이다. “이등변삼각형에서 중선이 이 삼각형의 둘레를 12cm와 9cm인 두 부분으로 나눈다. 이 삼각형 변의 길이를 구하여라.” 이 아동은 처음에는 그림을 그렸다(그림 65를 보라). “분명 밑변의 중선은 아니에요. 긴 변과 잘린 변은 더 작은 변과 똑같은 잘린 조각보다 3cm 더 길어요. 그런데 전체 둘레는 21cm죠. 그래서 두 개의 옆의 변은 6cm 더 길어요. – 이 말의 의미는 8, 8, 5라는 것이다.” 그런데 전 이것을 더 간단히 풀려고 해요. 어떤 변의 절반만큼 많은 부분이 12cm이에요. 따라서 8, 8, 5에요. (이 풀이는 우리가 볼 수 있듯이 매우 단축된 것이다. 그런 다음 Sonya는 이를 명료히 했다. “한 옆변과 한 옆변의 길이의 반이 12cm죠.”) 그런 다음 이 학생은 말했다. “그런데 이 문제는 두 가지 답이 있네요. 한 변과 다른 변의 절반은 9cm죠. 두 번째 삼각형은 6, 6, 9cm네요.” (실험자의 요청에 의하여 이 학생은 더 분명해 설명했다. “옆변은 밑변보다 더 길 수 있고 아니면 밑변이 옆변 각각보다 더 길 수 있어요. 두 가지 경우 모두 생각해야 해요.”)

9세 아동인 Sonya L.이 발견한 “우아한” 풀이의 몇 가지 예를 보통의 6학년 및 7학년 학생들의 전형적인 풀이와 비교하면서 살펴보자.

1. *문제*

아버지와 아들이 일을 하고 부자는 집에서 공장까지 걸어서 간다. 아버지는 40분이 걸리고 아들은 30분 걸린다. 아버지가 아들보다 집에서 5분 일찍 나선다면 아들이 아버지를 추월하는 것은 몇 분 후인가?

평범한 풀이 방법

아버지는 1분에 전체 거리의 $\frac{1}{40}$을 걷고 아들은 $\frac{1}{30}$을 걷는다. 두 사람의 속도 차이는 $\frac{1}{120}$이다. 5분이면 아버지는 전체의 $\frac{1}{8}$을 간다. 아들은 $\frac{1}{8} \div \frac{1}{120} = 15$분이면 아버지를 추월한다.

Sonya의 풀이

아버지는 아들보다 5분 일찍 떠났다. 그래서 아버지는 5분 더 늦게 도착할 것이다. 따라서 아들은 아버지를 정확히 중간 지점에서 추월한다. 즉 15분이다.

2. *문제*

3개의 창고에 상품이 배달되었다. 790톤은 첫 번째와 두 번째 창고에, 970톤은 두 번째와 세 번째 창고에, 920톤은 세 번째와 첫 번째 창고에 배달되었다. 각각의 창고에 배달된 상품은 얼마씩인가?

평범한 풀이 방법

첫 번째와 세 번째의 합을 비교하여 그 차를 구한다. 이를 두 번째 합과 연립한다. 이런 식으로 계속한다.

Sonya의 풀이

식을 모두 더하면 모든 합의 두 배가 된다. $\frac{2,680}{2} = 1,340$이다. 이것은 세 개의 창고에 있는 상품의 합이다. 첫째+둘째=790이므로 셋째=550이다. 나머지는 쉽게 구할 수 있다.

정확하게 같은 모습이 6~8학년의 유능한 학생들에 대한 실험에서 관찰되었다. 기본 시리즈 XIII에 있는 문제에서 유능한 학생들은(29) 당시에 84%가 가장 합리적인 답을 찾았고 그들이 어떤 풀이의 변형이 왜 최선이라고 믿는지를 잘 인식하고 있음을 보여 주었다. 이들 중 61%는 이 풀이가 처음에 찾은 풀이였고 39%는 두 번째 풀이였다. 유능한 학생들은 모두 어떤 문제의 답을 구하면서 요구하지 않더라도 최선의 변형을 지속적으로 추구하였다. 유능한 학생들이 찾은 "우아한" 풀이 중 몇 가지는 상당히 흥미롭다.

다음은 8학년 학생인 S. G.가 문제 XIX-A-11을 해결한 방법이다. 이 학생은 처음에 네 개의 미지수로 이루어진 복잡한 연립방정식을 세웠다(거의 모든 학생이 시작한 방식이다). 자신이 세운 연립방정식을 해결하려 하지 않고 학생은 이렇게 말했다. "이 식을 풀 수는 있겠지만 너무 귀찮아요. 어딘가 더 간단한 해법이 분명히 있을 거예요. 그런데 여기서 방정식은 필요 없네요. 40은 두 수의 곱 5·8이 될 수 있어요. 그런데 천의 자리 숫자가 일의 자리 숫자보다 작아요. 그래서 이 수는 이렇게 쓸 수 있어요. 5 - - 8. 아 모든 것이 명확해졌어요. 이 수는 5478이에요." (명확히 하라고 했을 때 그녀는 말했다. "28은 두 수만의 곱4·7이에요. 백의 자리 숫자는 십의 자리 숫자보다 작아요. 이 숫자들만 정렬하면 돼요." *실험자*: "어떻게 말하자면 40이 오직 5와 8의 곱이 될 수 있다고 결정한 거니?" *학생*: "이런 식으로 했어요. 인수를 보면 40=2·2·2·5. 숫자 중 하나는 10이 될 수 없으니까 5가 되어야 해요. 그러면 다른 숫자는 2·2·2=8이지요.")

7학년인 Valya Kh.는 문제 XIX-A-10을 풀고 있었다. 이 학생은 먼저 주어진 수의 최소공배수를 구하고(60) 말했다. "60−2=58. 그 수는 58이에요." 실험자의 요청에 따라 아동은 답했다. "저는 모든 수와 나머지를 한 줄로 나타내었고 모든 경우에 몫과 나머지의 차가 2라는 것을 한 번에 알았어요. 그런 다음 미지수에 2를 더하면 이 수는 나머지 없이 모든 수로 나누어떨어져요. 이 수 중 가장 작은 수가 60이죠. 그런데 이제 2를 빼요. 그게 58이에요."

보통 학생들은 (능력 부족 학생들은 말할 것도 없이) 실험에서 (점수에 대한 실험자의 특별한 지시가 없으면) 자신들의 풀이의 질에는 특별한 주의를 기울이지 않았지만, 유능한 학생들은 대부분 자신이 찾은 최초의 해법에 만족하지 않았다. 이들은 문제를 해결하기를 중단하지 않았고 풀이를 개선하거나 문제를 더 간단하게 할 수 있는지를 확인하려 하였다. 명백히 이들은 자신들이 찾은 풀이가 경제적이고, 합리적이고 "우아할" 때에만 만족을 표시했다. 이 학생들의 정서적인 반응을 볼 때 이들이 그때 독특한 심미적인 느낌을 경험했음은 너무나도 분명했다. 그들은 (스스로 찾을 수 없다 해도) 친구나 실험자가 보여 준 어떤 문제의 "우아한" 풀이를 학습하였을 때 동일한 느낌을 가졌다. 또한 다른 한편으로 많은 아동들은 자신이 찾은 해법이 "원시적"이고 다루기 불편하고 복잡하지만 더 나은 해법을 찾을 수 없을 때 불만과 분노를 느낀다고 직접적으로 말하였다.

전형적인 경우를 말해보자. 7학년인 R. S.는 문제 X-A-12를 해결하고 있었다. 처음에 그녀는 "나"의 나이를 x로, "형"의 나이를 y로 나타내었고 표를 만들었다(아래의 첫째 표이다). 표를 만든 후에 그녀는 표를 비판적으로 보았고 그리 유쾌해 하지 않는 것 같았다. 그러나 그녀는 계속 풀어나갔다. 표 만들기에 약 3분을 소비하였다. 그러나 연립방정식은 몇 초 만에 세워졌다.

$$y+2y-x=96$$
$$x=3(2x-y)$$

	과거	현재	미래
나	$x-(y-x)$	x	y
형	x	y	$y+(y-x)$

이 문제를 푼 다음 R. S.는 다시 표를 그리기 시작했다.

실험자: "자 문제가 풀렸네 — 다른 문제로 넘어가자."

아동: "제 느낌에 이 문제가 더 간단히 풀릴 수 있을 것 같아요. 여기서 모든 것은 미지수를 어떻게 두는지에 달려 있어요. 분명히 저는 미지수를 그리 성공적으로 두지 못했어요. 다른 방식으로 시도해 볼래요."

실험자: "그런데 왜? 문제는 풀렸잖아."

아동: "저는 이 문제를 다르게 풀고 싶어요. 잠시만 기다려 주세요. 나이의 차를 y로 놓아보고 싶어요. 좀 더 쉽게 되네요." (표를 바꾼다.)

그 표는 다음과 같은 형식이다.

	과거	현재	미래
나	$x-y$	x	$x+y$
형	x	$x+y$	$x+2y$

아동: "이제 되었어요. 이제 저는 머릿속에서도 이 문제를 풀 수 있을 것 같아요."

우리의 결론은 매우 최근에 간행된 다른 자료에서도 확인할 수 있다. A. V. Zosimovskii는 자신의 수업에서 유능한 학생들을 관찰한 후에, "그들은 자신이 찾은 풀이가 우아하고 미적이고 독창적일 때 특별한 만족을 느꼈다"고 서술하였다(131, p. 51). E. P. Ivanitsyna는 증명에 관한 기하 문제를 해결할 때 어떤 학생들은 가장 빠르고 가장 경제적인 경로를 택하려는 노력을 보여 주는 반면, 다른 학생들은 합리적인 해결 과정에서 동떨어지게 하는 수많은 조작이 있는 길고, 비경제적인 경로를 택한다고 지적한다.

수학적 추론에서 정신 과정의 가역성(일련의 사고에서 한 방향에서 반대 방향으로 신속하고 자유로운 전환 능력)

여기서 정신 과정의 가역성은 일련의 사고에서 한 방향을 반대로 전환한다는 의미에서 그 방향의 재구성을 의미한다. 본 연구에서 이 개념은 두 가지의 서로 다른, 그러나 상호 관련된 과정을 결합한다.

처음에 이것은 A↔B와 같은 유형의 양방향(또는 가역적인) 연합(본드)을 설정하는 것으로 이는 한쪽 방향으로만 기능하는 A→B 유형의 단일 방향 본드와는 반대되는 것이다.

두 번째에서 이것은 추론에서의 정신 과정의 가역성으로, 결과나 산물에서 최초 데이터로 가는 역방향의 사고이다. 이것은 예를 들어 어떤 정리에서 역으로 전환할 때 일어나는 것이다. 역방향의 사고에서 사고가 언제나 동일한 경로를 거치는 것은 아니지만 역의 순서로 이동한다. 중요한 것은 초기의 사고 방향이 A에서 F일 때, 그것에 이제 다른 방향인 F에서 A로 이동한다는 것이다. 그러나 동일한 모든 연결 고리, 즉 동일한 모든 연합의 고리가 엄격하게 역의 순서로 발생할 필요는 없다. 중간 단계의 연결 고리는 다를 수 있다. 어떤 정리의 역이 그 정리를 단순히 역으로 "읽으면" 되는 것인가? 여기서 사고는 앞에서 증명되어야 했던 것으로부터 방향을 바꾸고 앞에서 출발점이었던 것을 목표로 한다. 그러나 사고가 진행되는 그 경로는 많이 다를 수 있다. 따라서 가역적인 사고 경로가 *언제나* 가역적인 연합으로 환원될 수 있는 것은 아니다.

하지만 이러한 구분이 한 과정을 다른 것과 예리하게 구분하는 기초를 제공하지는 않는다. 두 예에서 (그리고 이것이 우리에게는 가장 중요하다) 사고에서 한 방향에서 역으로 이동하는 "예리한 전환"이 일어났고 이러한 전환은 많은 학생들에게 어떤 어려움을 주었다. 목표를 향한 노력이 의식 속에 여전히 남아 있지만 나중에 즉각적으로 갑작스런 전환을 해야 한다 - 목표로부터 멀어지기 시작하는 것. 일반적으로 (예를 들어 Menchinskaya와 Kabanova-Meller가 발견하였듯이) 어떤 방향에서 역방향으로의 사고 전환을 유연한 사고의 특징 중 하나로 보는 근거가 있다. 우리가 가역성의 개념에 Piaget가 했던 중요성(제2장의 두 번째 절 참조)을 부여하지 않는다는 것은 위에서 언급했던 것으로부터 명백하다.

그래서 우리는 직접 본드와 간접 본드를 말할 것이다.[18] 말하자면, A에서 E로의 사고의 계열은 하나의 직접적인 본드로 간주할 것이다. 반대 방향(E에서 A로)으로 진행하는 사고의 계열은 하나의 역 본드로 간주할 것이다.

국내외의 수많은 심리학 연구들은 역 본드가 직접 본드의 형성과 함께 형성됨을 보여주고 있다.

소비에트의 심리학자들은 모든 다른 조건이 같다면 양방향("직접"과 "역") 본드의 형성이 학교 수업 내용을 철저히 숙달하기 위한 한 가지 중요 조건임을 알아내었다. 특히 Kabanova-Meller(참고문헌 147, 148, pp. 64~76)는 지리학의 소재를 이용하여 모든 아동이 직접 본드에서 대응하는 역 본드로 독자적으로 나아가는 것은 아니라는 것을 보였다. 이것은 학습력이 떨어지는 학생들에게는 어려워 적절한 연습을 통하여 특별하게 이러한 역 본드를 발달시켜야 한다.

V. N. Kulikov는 함수의 종속에 대한 기초적인 개념을 초등학생들이 숙련하게 하는 자료를 이용하여(참고문헌 231), 그리고 Z. I. Kalmykova는 물리 개념을 숙달하기 위한 자료를 이용하여 동일한 것을 보여 주었다(참고문헌 158, pp. 38~39). 최근에(1963~65년) 기하 자료에 관한 E. I. Mashbits(참고문헌 284, 285)의 연구에서 가역성의 조작의 형성에 따른 수학적 조작의 형성 단계를 추적하려는 시도가 이루어졌다.

---

18) 여기서 그리고 전체적으로 "가역 본드"라는 용어는 전통적인 심리학적 의미에서 사용되었고, 사이버네틱스나 정보 이론에서 사용하는 용어를 의미하지 않는다.

수학자이자 방법론자인 P. M. Erdniev(참고문헌 462, 463)와 Ya. I. Grudenov(참고문헌 99, 100, 101)는 또한 수학을 학습하면서 형성되는 역 본드에 주목하였다.

지금까지 지적해 온 것처럼 우리의 목표는 정신 과정의 방향을 예리하게 재구성하는 능력, 일련의 사고에서 한 방향에서 역 방향으로 전환하는 능력, 이러한 (양방향) 가역 본드와 본드 체계를 형성하는 능력에서 수학적으로 유능한 학생, 보통 학생, 능력 부족 학생 사이의 차이를 드러내는 것이었다. 시리즈 XVII의 문제는 이 문제를 명료히 하도록 의도되었다.

유능한 학생들은 제시된 역 문제[19]를 특별한 어려움 없이, 특별한 교육을 받을 필요 없이 다루었다. 이 학생들은 역 문제를 방금 해결한 것과 반대되는 것으로서 빠르게 확인하였다. 기본(직접) 문제를 해결한 직후에 역 문제를 푸는 것은 이 학생들에게 어려움을 주지 않았다. 이 학생들의 기능에 방해되는 어떤 것도 나타나지 않았다. 첫 번째 문제가 두 번째 문제의 풀이를 제한하는 영향은 드러나지 않았다. 더욱이 대략 절반 정도의 경우에서 직접 문제 직후에 주어진 역 문제를 원래 문제로서의 직접 문제와 독립적으로 역 문제를 줄 때보다 더 빠르고, 더 쉽게 해결하는 것으로 판명되었다. 이 모든 것이 의미하는 것은 특히 직접 방향으로 형성된 본드와 본드 체계가 즉각적으로("그 즉시") 가역적 특성을 가진다는 점이다. 직접 연합을 구성하거나 형성하는 것은 동시에 (또는 거의 그렇게) 역 연합의 형성이나 구성을 뜻한다.

보통 학생들 절대 다수는 특별한 연습 없이 역 문제를 그럭저럭 해결하였다. 이들은 대부분(약 60%)은 자신에게 주어진 역 문제가 그렇다는 것을 확인했지만 그다지 자신감 없이 그렇게 했다. 직접 문제 해결 직후에 역 문제를 푸는 것은 명백하게 피험자의 사고와 조작을 제한하였다 - 첫 번째 문제가 방해 영향으로 작용했다. 다른 한 편으로, 직접 문제와 독립적으로 제시되는 역 문제를 훨씬 더 자신감 있게 해결하였다. 적절한 연습과 교육을 받은 후에 보통 학생들은 비교적 빠르게 이 문제의 본질을 숙달하였다. 그래서 보통 학생들에게 역 본드 형성은 특별한 연습을 필요로 하며 직접 본드의 형성과는 시간상 분리된다. 먼저 직접 본드가 형성되고 그런 다음 적절한 연습의 결과로서 역 본드가 형성된다.

능력 부족 학생들은 기초적인 경우에만 자신에게 주어진 두 번째 문제를 역 문제로 보았으며, 특히 *똑같은* 문제인데 직접적인 것에서 역으로 바뀌는 문제를 역 문제로 보았고,

19) 우리는 심리학적 의미에서 (그것들의 수학적 특성과 상관없이) 직접적인 문제를 해결한 후 사고의 열을 직접 방향에서 역 방향으로 전환하는 정신 과정의 방향의 예리한 재구성을 필요로 하는 모든 문제를 역 문제로 간주한다.

이러한 판단은 순전히 외부 신호에만 의존하였다("여기서는 이걸 묻고 있었는데, 여기엔 주어져 있어요."). 역 문제가 직접적인 것과 독립적으로 제시되면 바로 뒤에 제시되었을 때에 비하여 언제나 더 잘, 더 자신감을 가지고 풀어내었다. 위에서 지적했던 원칙은 정리와 그 역의 증명에서 매우 분명하게 드러났다. 어떤 정리를 증명하고서 곧바로 이 정리의 역을 증명하는 것은 항상 중대한 어려움을 야기했다. 그러한 경우, 주목할 만큼 일관되게 학생들은 직접 정리를 증명하면서 학습했던 추론의 경로를 던져버렸다. 동일한 역 정리를 직접적인 것과 독립적으로 조사해보게 하면 비교적 어려움은 덜 했다. 검사지 XVII-C에서 가장 쉬운 문제를 해결할 때에만 개인적 예외가 관찰되었는데, 명백히 이는 이 문제의 특별한 성격 때문이었다. 공식을 이용하여 어떤 다항식을 간단한 곱셈으로 인수분해 하는 것이 몇몇 능력 부족 학생들에게 더 쉽다는 것이 입증되었는데, 이는 학생들이 앞에서와 동일한 공식에 따라 이항식의 완전제곱을 구한 경우이다. 명백히 여기서 직접적인 "제안"이 일어난다. 첫 번째 문제를 해결하는 과정은 두 번째 경우에서 정확히 무엇을 구해야 하는지를 분명하게 보여준다. 이런 식으로 학생들은 어려움과 반복된 연습 후에 직접 본드와 역 본드를 형성하였다. 이 학생들이 역 본드를 하나의 규칙으로서 완전히 특수한, 독립적 과제이며 상응하는 직접 본드의 존재와 무관한 것이었다. 직접 본드는 그들에게 안전하게 정착될 수 있지만 역 본드는 특별한 연습 없이는 만들어지지 않는다. 여기서 우리는 올바른 역 본드를 말한다. 능력 부족 학생들은 예를 들어("직각은 같다" - "같은 각은 직각이다"와 같이) 단순히 전제와 결론을 바꿈으로 잘못된 본드를 형성하곤 한다. 이 학생들은 주어진 상황에 그 역(정리, 추론 과정)이 옳은지 아닌지는 문제조차 되지 않는다.

유능한 학생인 K. R.은 "두 수의 합과 차의 곱은 두 수의 제곱의 차와 같다"는 공식에 따라 문제를 해결하는 유형을 "그 즉시" 숙달하였다.

실험자: "이제 식 $(x-y)^2-25y^8$을 인수분해 해 봐."
아동: "그런데 이 문제는 반대네요. 여기 있는 것은 제곱의 차에요. 이 문제는 이미 풀렸어요."
실험자: "이 식은 무엇과 같은데?"
아동: "$(x-y+5y^4)(x-y-5y^4)$이죠. 제곱이 어떻게 나온 건지 생각해서 이 수의 합을 구하고 차와 곱해야 해요. 이건 분명해요."

능력 부족 학생인 B. A.는 다소 어려워하면서 많은 연습 후에 같은 공식으로 문제를 해결하는 방법을 숙달하였다. 이 학생은 주어진 역 문제 어느 것도 풀려고 시도조차 하지 않았다.

실험자: "문제 $5 \cdot 5 =$ 　　를 풀어봐. [학생은 정답을 말한다.] 이제 이 문제를 풀어봐. 어떤 수를 곱하면 25가 될까? [학생은 정답을 말한다.] 잘 봐. $5 \cdot 5 = 25$, $25 = 5 \cdot 5$. 두 번째 문제는 첫 번째 문제의 역이야. $(2x+y)(2x-y) =$ 　　를 풀어봐. [학생은 정답을 말한다.] 맞았어. 그런데 $(2x+y)(2x-y) = 4x^2 - y^2$이면 $4x^2 - y^2 = (2x+y)(2x-y)$라고 말할 수 있지? [아동은 긍정을 한다.] 자 $9x^2 - 4y^2$은 무엇과 같을까?"

아동: "잘 모르겠어요. 이상한 문제에요. 이 문제를 풀어본 적이 없어요."

실험자: "아냐. 넌 이 문제는 풀지 않았지만 푸는 방법을 배웠어. 자 생각해봐. 두 수의 합에 차를 곱하면 뭐와 같지? 넌 이걸 알고 있어."

아동: "두 수의 합에 차를 곱한 것은 첫째 수의 제곱 빼기 둘째 수의 제곱이에요."

실험자: "좋아. 거꾸로 말할 수 있지? 제곱의 차는 무엇과 같지? $a^2 - b^2$은 무엇과 같지?"

아동: "$a^2 - b^2 = (a+b)(a-b)$요."

실험자: "그러면 $9x^2 - 4y^2$은 무엇과 같지?"

아동: "$(9x+4y)(9x-4y)$요."

뒤에 이어진 대화 과정은 생략하기로 한다. 반복된 설명과 연습 후에 아동은 이러한 유형의 문제를 푸는 방법을 학습하였고 그것은 기초적인 문제에만 그러하였다.

우리의 지도하에 수행된 S. I. Shapiro의 연구로부터 몇 가지 전형적인 예를 인용하고자 한다.

9학년은 다음 공식을 직접적인 순서로 ("왼쪽에서 오른쪽으로") 학습하였다.

$$\sin(\alpha+\beta) = \sin\alpha \cdot \cos\beta + \cos\alpha \cdot \sin\beta$$

실험자는 학생들에게 $\cos 30° \cdot \sin 15° + \cos 15° \cdot \sin 30° =$ 　　를 계산하게 하였다. 아무도 이 문제를 풀어본 적은 없었다. 이 문제를 해결하기 위해서는 익숙한 공식을 "오른쪽에서 왼쪽으로" 이용하는 것이 필요하다. 학생들 사이에서 예리하고 명료한 구분이 일어났다. 모든 유능한 학생들은 모두 앞의 공식을 이용하여 몇 초 안에 이 문제를 해결하였다($\sin 45° = \frac{\sqrt{2}}{2}$). 보통 학생들은 절반 이상이 이 과제를 처리할 수 없었고 15°에 대한 sin 값과 cos 값을 구하기 위한 짜증나는 변환을 헛되게 시도였다. (그들은 30°에 대한 이 함숫값은 알고 있었다.) 보통 학생 중 3명만이 옳은 방식으로 답을 구했는데 이는 오랫동안의 소용없는 방법으로 답을 구하려는 시도가 실패로 돌아간 이후였다.

10학년에서 복소수 개념을 도입할 때 학생들에게 곱셈 $(a+bi)(a-bi)$를 하게 하였다. 유능한 학생 중 한 명인 D는 a^2+b^2을 답으로 구하였고 "음, 제곱의 합이 인수분해되어 있네요! 전에는 이것이 불가능했는데 이제는 가능해요. 왜냐하면 허수를 학습했기 때문이죠."라고 하면서 한 번에 알아차렸다(역 연합이 "활성화"되었다). 그리고 거기서 이 학생은 그 다음에 즉시 임의의 짝수 제곱의 합을 인수분해 하는($a^4+b^4=(a^2+b^2i)(a^2-b^2i)$와 같은) 문제를 제기하였다. 보통 학생인 P는 곱셈은 바르게 하였지만 아무 것도 알아차리지 못했다. 이 학생에게 10분 후에 식 x^2+y^2을 인수분해 하라고 했을 때 매우 놀라면서 못한다고 말하였다.

요약하면 수학적으로 유능한 학생들은 정신 과정의 방향을 신속하고 예리하게 재구성하는 능력을 가진 것으로 특징지어진다. 이것은 사고의 한 방향에서 역 방향으로의 사고이며, 추론 과정의 자유로운 가역성이다. 그들이 형성한 본드는 즉각적으로 가역성을 갖는다. 능력 부족 학생들에게 이 과정은 매우 어렵다.

수학적 조작의 수용자(Acceptor)에 관한 가설

잘 알려진 것처럼 많은 복잡한 문제의 해는 한 번에 찾기 어렵다. 학생들은 대개 다양한 가능성을 조사하며 서로 다른 방법을 시도하고 해에 이르기까지 다양한 시도를 해 본다. 많은 저자들은 문제 해결 과정에서 나타나는 시도의 이러한 다양한 본성을 지적하였다. 여기서 우리는 소비에트와 미국의 심리학자들이 이 문제를 다루는 방식에서 원칙상의 한 가지 차이를 지적해야 한다. 미국 심리학에서는 학습을 시행착오에 근거하여 추측 작업에 의하여 우연적으로 조작을 산출하며 (확인되고 그래서 강화되는) 알맞은 조작을 선택하고 점진적으로 알맞지 않은 조작에서 벗어나면서 진행하는 활동으로서 보는 경향이 여전히 널리 퍼져 있다. 이러한 접근은 최근 연구에서도 전형적이다. 예를 들어 H. J. Klausmeier와 L. J. Loughlin(참고문헌 625)은 서로 다른 IQ를 가진 학생들이 "학생의 현재 성취 수준에 비추어 어렵다고 평가되는" 문제를 해결할 때 나타내는 행동을 분석하면서 그러한 입장을 채택하고 있다(참고문헌 625, p. 151). 1963년에 간행된 Newell과 Shaw, Simon의 논문인 "창의적 사고의 과정"에서는 다음과 같이 말하고 있다. "시행착오 과정이 원시적인 특성이 있기는 하지만 이는 고도의 창의적 문제해결에서 매우 중요한 역할을 한다"(참고문헌 493, pp. 72-73).

소비에트의 심리학자들은 개인의 시도는 원칙상 다른 것이며, 의식적인 목표를 지향하고, 종종 분명한 가설에 의해 진행되고, 의식적으로 조직화되고, 분명한 체계를 구성하며, 종종 사고 실험의 형식으로 나타나곤 한다고 지적한다(L. N. Landa, 참고문헌 242; A. N. Zakharov, 참고문헌 130, p. 4). 따라서 시도는 분석-종합 활동의 다양한 수준에 영향을 미칠 수 있다. 가장 낮은 수준에서만 이러한 시도가 맹목적인 추측작업이며, 이때 학생은 이러한 시도를 왜 하는지, 결과로 무엇을 얻어야 하는지를 정확히 파악하지 못한다.

우리가 했던 실험에서 유능한 학생과 능력 부족 학생의 시도가 본질적으로 중요한 질적 차이가 있음이 관찰되었다. 수학적으로 서투른 학생들의 시도는 언제나 맹목적인 성격을 지녔고, 동기가 없는 조작이었으며, 해를 찾기 위한 혼란스럽고 비체계적인 시도였다. (더 정확히 말하면 이 학생들은 추측 및 무작위로 해에 다가가려는 시도를 하였다.)

그러나 유능한 학생들은 분명한 프로그램이나 계획을 따르는 조직화된 탐색 체계를 보여 주었다. 유능한 학생들의 시도는 항상 목적 지향적이고 체계화된 시도였으며, 자신이 만든 가정을 입증하는 방향을 지향하였다. 유능한 학생들은 시도를 할 때 대개 그렇게 하는 이유, 기대하는 것, 다음에 올 것이 무엇인지를 알았다.

다음은 주목할 만한 가치가 있다. 유능한 학생들이 어려운 문제를 풀 때의 시도는 *종종 어떤 문제를 직접적으로 해결하려는 시도라기보다는 각 시도에서 추출되는 보조적인 정보를 가지고 문제를 철저히 탐구하는 수단의 역할을 하였다.* 결과적으로 학생들에게서는 문제에 직접적으로 주어지지 않고 숨어 있는 (그러나 문제에 주어진 관계의 본질에서 따라 나오는) 수학적 관계의 본질에 대한 개념이 나타나고, 이를 기초로 장래의 조작 계획이 수립된다. 이 경우에 우리의 피험자는 이렇게 말할 것이다. "전 아직 이 문제를 해결하지 못했어요. 이 문제를 더 잘 알고 싶어요." "이 문제를 풀기 전에 좀 살펴볼 수 있을까요?"

이러한 탐구의 방향은 어떻게 결정되는가? 탐구 과정 전체를 보면 이 문제에 대한 단서를 얻을 수 있다. 자연스럽게 탐구자들은 어떤 문제를 해결하는 과정에서 처음에는 그 문제의 분석을 통해 특별한 특징을 기술하려고 노력한다. S. L. Rubinstein과 그 동료들의 연구는 특히 이러한 관점에서 유익하다. 이 연구자들이 확인한 분석의 두 가지 형식 – 침투(filtration) 분석과 종합을 통한 지향적(directed) 분석 – 및 예측적(anticipatory) 분석(N. A. Menchinskaya)의 관련 개념은 풀이 과정을 예측하고 계획하는 과정을 설명하는 데 많은 도움을 준다. O. P. Terekhova(참고문헌 416)는 또한 어떤 문제의 분석의 형식은 그 문제를 해결하기 위한 계획(프로그램)으로 귀결된다고 생각한다. 매우 최근에 A. V. Brushlinskii(참고문헌 59, 60, 61, 62)는 문제 해결에서 정신적 과정의 방향에 대한 문제에 상당한 관심을 두었다.

우리가 실험하는 동안 다음 문제가 제기되었다. 어떤 시도를 아직 끝내지 않은 유능한 학생들이 올바른 방향으로 진행하고 있다고 느끼는 것은 (또는 그러한 방향으로 가면 그들의 목표에 도달하지 못할 것이라고 느끼는 것은) 어떠한 근거에서인가? 어떤 근거로 아직 풀이를 시작하지 않고서도 유능한 학생들은 모르는 것을 "예견하면서" 해에 이르는 가능한 경로를 느낄 수 있는가? 문제를 풀면서 주어진 풀이 방법의 합리성을 평가하는 것은 유능한 학생들의 본성으로, 자신이 선택한 풀이 방법을 끝까지 수행해 보아야만 평가할 수 있는 보통 학생들과는 대비된다. 기능적이고 심리학적인 제어-평가 메커니즘의 존재성에 대한 한 가지 가정이 제기된다. 이 메커니즘의 도움으로 각각의 시도에서 "부정적인 정보"가 비교되고 "계속 시도하며," 진행된다. L. L. Gurova는 우크라이나 심리학회(1964)에서 자신이 수행한 연구를 토대로 "바람직한 결과에 대한 일반화된 관념"이라는 밀접히 관련된 개념을 언급하였다.

이것은 어떤 종류의 메커니즘인가? P. K. Anokhin이 고안한 대뇌 피질의 어떤 특별한 기능 통제 장치인 그가 조작 수용자라고 불렀던 개념으로 돌아가 보자(*수용자*는 라틴어에서 온 것으로, "승인하는 사람", "수용하는 사람"을 의미한다). 수용자는 대뇌 피질에 의하여 어떤 조작의 결과를 평가하는 기능을 수행하고, 어떤 사람이 수행하는 모든 것의 바람직함을 평가한다. 수용자의 본질과 그 기능의 특별한 메커니즘은 아직 분명하지 않다. 분명한 것은 그것이 과거 경험의 결과가 정착되는 어떤 특별한 체계라는 점이다. 수행된 조작의 부정적인 구심성이 수용자에 전달된다. "부정적 구심성은 수행된 조작의 결과에 대한 정보를 제공하며 유기체에게 어떤 기회를 제공한다. … 그럼으로써 수행하는 조작의 성공 수준을 평가한다."(참고문헌 29, p. 288) Anokin은 "의사소통 선상에 있는" 부정적 구심성과 "궁극적인" 부정적 구심성(negative afference)을 구분하는데, 이는 그것이 중가 단계의 조작의 결과를 지칭하는지 아니면 최초 의도의 최종적인 수행을 지칭하는지에 달려있다(참고문헌 29, pp. 289~90). 수용자에서는 한 것과 해야 하는 것 사이의 비교가 이루어지며 수행된 조작의 정합성이 평가된다. 다시 말해서 수용자는 일련의 시도를 이끌고 조정한다(참고문헌 28). 수용자가 받는 구심성 자극이 적절하지 않다면 이 유기체는 새로운 분석을 수행하며 상황을 새로이 조사한다.

수용자 개념이 학습 과정이나 문제 해결 과정의 분석에 어떻게 적용될 수 있는가?

Anokin은 다음과 같이 쓰고 있다. "최근에 우리는 중심 신경계가 어떤 조작의 수용자의 원리를 광범위하게 이용함을 보여주는 점점 더 많은 자료를 수집해 왔다"(참고문헌 28, p. 86). 그는 이와 관련하여 이론 역시 어떤 정신 현상을 설명할 수 있음을 강조한다. 특히 "모든 교육 문제는 부정적 구심성의 강제적인 수정 역할과 더불어 나아간다. ―그것의 유일한 근거는 자기-교육의 가능성이다. 실수에 대한 모든 수정은 어떤 조작의 수용자의 자극과 바르지 않은 조작으로부터 오는 부정적 구심성이 수렴하지 않을 때 필연적으로 발생한다. 이러한 메커니즘이 없다면 오류를 찾고 수정하는 것이 불가능하다"(참고문헌 27, p. 28).

연구 자료로부터 우리는 독특한 심리학적 제어-평가 메커니즘으로서 수학적 조작의 수용자의 존재성을 가정할 수 있는데, 이는 문제를 해결할 때 각각의 수학적 시도나 각각의 수학적 조작에서 "의사소통 선상에 있는" 그리고 "궁극적인" 부정적 정보를 받는 기능을 한다. 이 메커니즘의 기저에는 과거의 "수학적" 경험의 집중과 같은 분명한 본드의 일반화된 체계가 있고, 이것은 수학적으로 유능한 학생들에게서 형성되고, 수용자의 기능을 수행한다.

어떤 수학적 조작이나 탐구, 시도가 효력을 발휘하기 이전에 이러한 조작이나 탐구, 시도의 과정과 결과에 대한 뚜렷한 일반적 관념이 나타난다. 수학적 조작을 완결하는 과정에서 부정적인 정보는 이러한 일반적 관념과 서로 연관되어 그 조작이 수행되었을 때의 효과—그것이 충분한지 불충분한지, 그것이 옳은지 옳지 않은지—를 판단할 수 있게 해 주고, 그것이 만들어지는 동안의 탐색 노력을 수정하고 앞으로의 조작을 계획할 수 있는 기회를 열어준다. 수행되는 시도와 이러한 일반적 개념(수학적 조작의 수용자) 사이의 대응은 특별한 형식의 승인으로서 작용하며 학생들은 자신이 선택한 방법이 옳다는(또는 반대의) 느낌을 경험하게 된다. 이 모든 것은 자기-통제를 뜻하는 독특한 표현이다. (또한 잘 알려진 것처럼 자기-통제는 모든 목적지향적인 활동에서 필수 요소이다.)

문제 해결에서 유능한 학생들과 능력 부족 학생들이 하는 시도의 서로 다른 성질은 전자에는 수학적 조작의 수용자가 존재하고 후자에는 부재한다는 것으로 또한 설명할 수 있다. (우리의 가정을 따르면 수용자는 일반화된 수학적 사고의 산물로서 유능한 학생들에게는 잘 발달되고 능력 부족 학생들에게는 매우 미약하게 표현된다).

수학적 조작의 수용자에 대하여 지금까지 말한 모든 것은 후속 연구를 위한 연구 문제를 진술한 것에 지나지 않는다. 우리의 향후 과제는 이러한 가설을 입증하고, 수학적 조작의 수용자의 본질과 중요성 및 이를 형성하기 위한 조건, 그리고 그 작동 메커니즘을 탐구하는 일이 될 것이다.

제14장

수학적으로 재능 있는 아동들의 **정보**(수학적 자료) **파지의 특성**

아동들의 수학적 정보 파지[20](기억, 회상)의 특성은 한편으로는 매우 재능 있는 아동들과 재능 있는 아동들, 다른 쪽으로는 부족한 아동들의 기억 기능을 적합하게 명시적으로 비교함으로써 드러날 수 있다. 이러한 측면에서 평균적인 아동들은 연구에 그리 상세한 도움이 되지 않는다. 38명의 재능 있는 또는 매우 재능 있는 아동들과 9명의 평균적인 아동들, 18명의 부족한 아동들이 적절한 검사에 참여하였다.

수학적으로 재능 있는 아동들에게서 기억 기능은 수학적 체계(문제)의 상이한 요소에 상이한 방식으로 나타난다. 문제의 유형과 이를 해결하는 일반화된 방법, 추론의 구조, 기본적인 증명 개요, 논리적 패턴에 대한 신호는 단번에("즉각적으로") 기억되고 오랫동안 유지된다. 구체적인 자료와 수치 자료는 잘 기억하지만 기본적으로 주어진 문제를 해결하는 동안만 기억되며 그 후에는 빠르게 잊어버린다.

이러한 문제와 관련하여 L. P. Doblaev(참고문헌 114)는 소위 주기적인 연합의 존재를 확인하였음을 지적하고 있는데 이 연합은 주어진 구체적인 문제가 해결되는 동안에 제한적이고 완전히 정의된 주기를 초월하여 작동하다가 과제가 완결된 후에 이 연합은 무용지물이 되며 급속하게 붕괴된다. 명백하게 수학적 기억의 어떤 표시는 유추적인 특징에 의하여 구분된다. 불필요한 자료는(이것이 문제에 소개되어 있더라도) 대개는 재능 있는 아동들에게 기억되지 않는다. 이 아동들은 대부분 문제를 해결한 후에 그 문제의 내용은 빠르게 잊어버리며 어떤 유형의 문제를 해결하는 방법, 이는 이 조작의 포괄적인(generic) 구조이다.

26명의 재능 있는 아동들을 대상으로 시리즈 VI의 몇 개의 문제 — A-1, A-3, B-1,

20) (역자 주) 심리학에서 파지(retention)란 새로운 내용을 기억 속에 이미 저장된 정보와 관련짓는 활동을 뜻한다.

표 20. 시리즈 VI에서 재능 있는 아동들의 문제의 요소에 대한 재생(8문제, 26명)

문제의 요소	한 번 읽은 후		수업 후		1주 후		3개월 후	
	도수	%	도수	%	도수	%	도수	%
일반화된 필수적 관계	207	99.5	199	95.7	192	92.8	178	85.6
구체적 자료	182	87.5	148	71.2	20	9.6	4	2.0
불필요한 자료	156	75.0	64	30.8	2	1.0	0	0

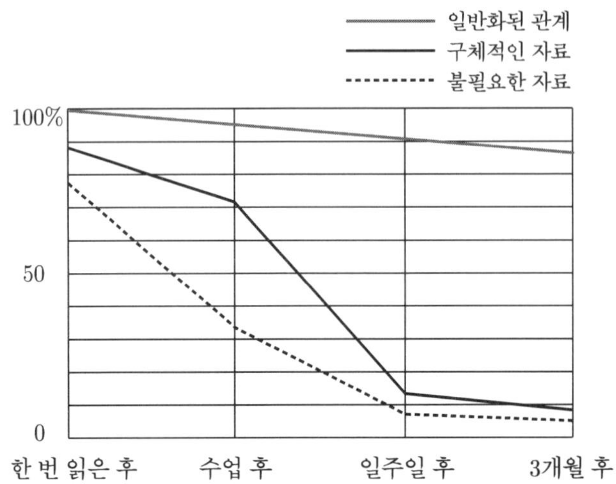

그림 66. 수학적으로 재능 있는 학생들이 문제 요소들을 잊는 것을 보여주는 곡선 (총 재생 수에 대한 26명의 피험자가 재생한 요소들의 총수의 백분율)

B-2, C-2, E-1, E-3, E-4 — 에 대한 기억과 파지를 연구하였다. 이로부터 208개의 재생된 문제를 수집하였다. (한 문제에 한 가지씩) 불필요한 정보를 도입하였다. 아동들은 이 문제를 한 번 읽은 후에, 실험 시간(수업)이 끝날 때, 1주 후에, 3개월 후에 기억을 재생하였다. 이 시간 동안 아동들은 주어진 문제를 다시 볼 수 없었다. 매번 우리는 필수적인 관계와 풀이의 일반적인 방법, 구체적 자료, 불필요한 자료가 어떻게 재생되는지를 기록하였다. 요약 자료는 〈표 20〉에 제시되어 있다. 우리는 자료를 그림으로 나타내었다(그림 66 참조).

우리는 다음과 같은 간단한 실험을 반복적으로 수행하였다. 재능 있는 아동은 정형화된 유형의 문제를 풀고 2~3개월 후에 아동에게 동일한 유형의 문제를 주었는데(앞에서 풀었던 것은 아니다) 이 문제는 수업에서나 가정에서 다룬 것은 아니었다. 아동에게 "친숙감"이 느껴질 때가 있었다. 아동은 이 문제를 — 같은 유형의 것이 아니라 동일한 문제를 — 이미 풀어본 적이 있다고 믿었을 것이다. 아동은 어떤 실험 시간에 그 문제를 다루었는지를 지적하기도 했다. 이는 한 가지 방식으로만 설명될 수 있다. 아동은 문제의 유형과 그것을 해결하는 일반적인 구조를 파지하고 있다. 따라서 아동은 유형이 동일하고 풀이 패턴이 같은 다른 문제를 익숙한 것으로 지각하였다.

매우 재능 있는 아동들의 기억 기능에 대한 명시적 특성 연구에서도 유사한 결과가 얻어졌다.

(시리즈 VI과 XXII에서 뽑은) 10개의 실험 문제가 Sonya(당시에 9세)에 대한 실험을 위해 선택되었다. Sonya에게 문제를 한번 읽게 한 다음, 수업이 끝날 때, 3개월 후에, 9개월 후에 기억해보라고 하였다(그 당시에 우리는 Sonya에게 규칙적으로 실험 수업을 진행하고 있었으며, 이 연구에서 Sonya의 활동은 엄격하게 통제할 수 있었다). 우리의 자료는 매우 의미 있다.

a. Sonya는 사례 중 90%(10가지 중 9가지)를 9개월이 지난 후까지도 어떤 문제 유형의 필수적인 기호의 복합체를 기억하였다.
b. 구체적인 자료는 수업 후부터(즉 45분 후부터) 잊어지기 시작하였다. 3개월 후에 사례의 10%만(10가지 중 1가지) 기억하였고 이는 특별한 "중요성" 때문이었다(문제 VI-E-4).
c. 불필요한 자료는 수업 종료 후에 10%(10가지 중 1가지)만 기억하였고, 3개월 후에는 완전히 잊어버렸다.

우리는 평균적인 아동들에게서는 비슷한 특징을 찾지 못했다. 아동들은 구체적인 자료와 숫자는 상대적으로 잘 기억하였지만, 어떤 문제 유형의 특징에 대해서는 기억이 떨어지거나 전혀 기억하지 못했다. 우리는 평균적인 아동들이 일반적인 것과 특별한 것, 추상적인 것과 구체적인 것, 본질적인 것과 비본질적인 것을 기억하기 위해 똑같이 열심히 노력하였음을 알았다. 이 학생들의 기억은 "과잉 정보로 인하여 과로한" 상태였다고 말할 수 있다.

부족한 아동들의 연구 결과는 어떠할까? 실험 결과를 이용하여 우리는 실험 교수 집단에서 피험자들을 세 개의 이질 집단으로 구성하였다(지적한 것처럼 부족한 아동들과 평균 이하의 능력을 가진 아동으로 구성된다).

가장 다수인 집단(17명 중 10명)은 수학적 영역의 (수학적 일반화와 구체적인 수치 자료 모두에 대하여) 기억 관련 기능에서 매우 두드러진 약점을 드러내었다. 그리고 많은 아동들은 다른 교과목에서는 우수한 기억력을 보여 주었다.

이 아동들은 특히 특정한 유형의 문제를 해결하는 추론의 구조와 정리의 증명, 공식의 연역에 관련된 기억력이 약하였다. 이러한 자료는 아동들에게 부단한 반복을 요구하는 것과 관련하여 많은 노력을 요구하는 것이다. 많은 아동들은 그러한 자료를 기계적으로 기억하고 비체계적으로 재생하였다. 실험자의 도움을 받아서 아동들이 문제 유형과 이 문제를 해결하는 것과 관련된 조작의 일반적인 본질을 이해하였을 때까지도, 적절한 자료를 규칙적으로 복습하게 하지 않으면 이해한 것은 급속하게 사라졌다. 아동들은 구체적인 기하학적 자료를 비롯하여 수와 사실 등의 구체적인 수학적 자료에 대해서도 기억력이 약하였다.

이 집단의 아동들 중 어느 누구도 어떤 실험 문제를 해결하고 1주 후에 그 문제를 기억할 수 없었으며 3개월 후는 말할 것도 없다. 많은 아동들은 수업 종료 시점에서 어떤 문제의 본질적인 요소를 잊어버렸다. 예를 들어 V. T.는 실험자의 도움을 받아서 삼각형의 외각에 대한 정리를 증명하는 두 가지 방법을 학습하였다. 이 아동은 이 내용을 철저하게 숙달하였다. 그러나 수업이 끝날 무렵 이 아동은 이미 한 가지 방법을 잊어버렸고 다른 한 가지는 부정확하게 기억하고 있었다. 다른 예를 들어보자. 부족한 아동들은 모두 물고기에 대한 문제(VI-A-1)를 독창적이어서 좋아하였다. 아동들은 이 문제를 해결하고자 했다. 대부분 아동들은 이 문제를 어려워하여 실험자의 도움을 받았다. 그러나 한 시간 후에 10명 중 네 명의 아동들은 이 문제에 주어진 기본적인 관계와 문제를 해결하는 원리를 잊었다. 7일 후에는 3명만이 문제 유형을 기억하고 있음을 확인하였다("우리는 머리와 꼬리의 무게, 꼬리와 몸통의 무게, 몸통과 머리의 무게를 안다. 전체 물고기의 무게를 발견해야 한다"). 여자 어린이 한 명만이 해결 원리를 재생해 내었다(처음부터 다시 찾은 것이 아니라 기억하고 있었다).

두 번째 집단(3명)은 기억 기능이 수학적 체계의 다른 요소(문제)에 대하여 다르게 드러나는 것으로 우선 구분되었다. 이 아동들은 첫째 집단의 아동들만큼 일반적인 요소를 잘 기억하지 못했다. 그러나 구체적인 수, 숫자, 값, 특별한 문제, 도형, 기하학적 증명의 구성에서 보조선의 위치 등을 잘 기억해 내었다.

예를 들어 우리는 아동들에게 삼각형의 개념을 학습시켰다. 칠판에 매우 특별한 종류의 삼각형을 포함하여 모든 종류의 삼각형을 그려두었다(이는 미리 선택되어 준비된 것이다). 그런 다음 도형을 지웠다. 17명의 아동들은 주의 깊게 경청하였고, 자신의 공책에는 아무 그림도 그리지 못하게 하였다. 2주 후에 우리는 이 아동들에게 어떤 삼각형의 개념을 설명하면서 그렸던 삼각형을 재생해보게 하였다. 17명 아동 중에서 방금 언급한 두 번째 집단 중 2명의 아동을 제외하고는 아무도 기억하지 못했다(세 번째 학생 1명은 이 수업에 출석하지 않았다). 당시에 주어진 6개의 삼각형 중 V. D.는 3개를 완벽하게 재생하였고, V. U.는 4개를 재생하였다. 이 두 명의 아동은 복잡한 정의, 공식, 꽤 어려운 추론과 증명의 일반적인 패턴을 기억하였다. 그런 경우 아동들은 대개 열심히 기계적으로 이것을 학습하고자 했고 글자 그대로 기억하고 있었다. 아동 I. G.는 예를 들어 113^2-112^2을 재생할 때 전형적인 오류를 범하였다. 이 문제에 대한 대수적인 풀이의 요지는 제곱의 차(a^2-b^2)로 보면 곧바로 암산으로 해결할 수 있다는 점이다. I. G.는 이 문제를 실험자의 도움을 받아 해결하였다. 그러나 1주 후에 이 아동은 이 문제의 일부인 113과 112 같은 수는 기억하고 있었지만 수학적인 관계("두 수는 제곱의 차다")는 잊어버렸다. 처음에 이 아동은 이 문제를 113・112, 그런 다음 113+112로 기억하였고 마지막에 좀 생각한 후에 세 번째 답으로 113^2+112^2이라고 하였고 이러한 문제를 어떻게 하면 암산으로 쉽게 해결할 수 있는지 회상하려고 노력하였지만 소용없었다. 1주 후에 이 아동은 자신이 해결할 수 있는 한 문제를 재생하였다(VI-A-3). "어머니와 딸, 아들이 돈을 썼다. 한 명은 15루블, 다른 한 명은 20루블, 세 번째 사람은 25루블을 썼다." 우리가 알 수 있는 것처럼 주요한 요소 — 이러한 유형의 문제의 전형적인 일반적인 관계 체계 — 는 잊혀졌다.

세 번째 집단은 4명의 아동을 포함하며, 특징은 수학적 일반화를 기억하는 능력이 많이 발달되어 있다는 점이다. 지적할만한 뚜렷한 특징은 없지만 이러한 특성의 발달 수준이 앞의 두 집단보다는 높았다.

그래서 수학적으로 부족한 아동들은 일반화된 수학적 자료, 추상적인 관계와 기호, 특별한 문제 유형, 추론과 증명의 패턴, 문제 해결의 일반화된 방법에 대한 기억력이 부족하다는 점으로 구분된다.

대부분의 재능 있는 아동들은 해결한 어떤 문제의 조작의 유형과 일반적인 특성을 기억하였지만 문제의 특별한 자료의 수는 기억하지 못한다. 한편 부족한 아동들은 대개 어떤 문제에 대한 특별한 수치 자료나 특정한 사실만을 기억한다. 부족한 아동들은 자신이 "토끼와 닭에 대한 몇 개 문제"나 "2푸드[21] 무게인 물고기에 대한 어떤 것"을 해결하였다고 기억하는 반면 재능 있는 아동들은 문제의 유형을 (또는 특별한 자료와 유형 모두를) 훨씬 더 많이 기억하는 것 같다. "나는 전체 중 일부의 다른 조합에 관한 문제를 풀었어요 — 꼬리와 머리의 무게, 머리와 몸통의 무게, 꼬리와 몸통의 무게가 얼마인지 주어진 물고기 문제." "예, 공장의 어떤 물건 — 탁자 — 을 생산하는 것에 대한 문제가 있었어

21) (역자 주) pood는 구 소비에트의 무게 단위로서 1pood는 약 16.38kg이다.

요. 일일 생산량이 늘어난다면 주문량을 맞추기 위해 마감 시한을 어떻게 바꾸어야 하는지였던 것 같아요."

시리즈 XI에서 비현실적인 문제를 재생하는 것에 대하여 매우 중요한 자료가 있다. 문제 XI-A-3을 1주 후에 재생할 때 부족한 아동들은 이 문제를 전혀 기억하지 못하거나 "나는 그 문제가 수 5와 7에 대한 어떤 거였다고 기억해요"라고 말했다. 그러나 재능 있는 아동들은 대개 "나는 그 문제가 주어진 수로 나눌 때 특별한 나머지를 갖는 수의 수학적 표현에 대한 것이었다고 기억해요. 어떤 수였는지는 기억나지 않아요. 나는 어떤 계략 — 나머지가 제수보다 더 컸어요 — 이 있었던 것만 기억하고 있어요"와 같은 식으로 반응하였다.

이러한 사실로부터 알 수 있듯이 수학적 기억의 본질은 추론과 조작의 전형적인 구조에 대해서 일반화된 기억으로 이루어진다. 특별한 자료나 수치 매개 변수를 기억하는 것은 수학적 능력과는 "중립적"이다. 그것이 강하든 약하든 그 자체로 수학에서의 재능이나 무능을 결정하지는 않는다. 이는 수학에서의 성공은 적어도 여러 가지 사실, 숫자, 수, 공식 등과 같은 수많은 것에 대한 기계적인 기억에 근거한다는 Kolmogorov의 지적(참고문헌 180)과 완전히 일치한다. Kolmogorov가 서술한 것처럼 그러한 기억을 갖는 것은 물론 유용하지만 대부분의 수학자들은 특별히 두드러진 기억력을 갖고 있지는 않다.

또한 프랑스의 수학자인 Poincaré는 비범한 기억은 절대로 수학자의 의무가 될 수 없음을 지적하였다(참고문헌 498). 러시아 수학자인 Mordukhai-Boltovskii는 이렇게 말한다. "수학자가 어떤 정리의 증명 전체를 기억 속에 보존해야 할 필요는 없다. 그는 단지 증명의 출발점과 종착점, 그리고 아이디어만 기억하면 된다"(참고문헌 300, p. 525).

그리 많은 것은 아니지만 심리학 문헌에서 아동들이 수학적 자료를 기억으로 수용하는 방법에 관한 몇몇 연구가 있다. (Koval의 연구에서) 몇 가지 흥미 있는 자료가 A. A. Sminov(참고문헌 384)의 논문에 인용되어 있다. 난이도가 다른 산술 문제를 해결하게 한 후에 몇몇 3학년 학생들에게 어떤 문제에 이용된 수를 재생하도록 했다. 뛰어난 아동들은 발전이 느린 아동들에 비하여 수를 잘 재생하지 못했고, 문제가 어려워질수록 수를 잘 기억하지 못했다. 저자(Koval)는 수는 해결 방법을 찾는 데에 그리 중요하지 않으며 이로 인하여 희미하게 기억된다는 사실로 이를 설명하고 있다. 유감스럽게도 그는 일반적인 풀이 방법이나 문제에서 "추상되는" 일반화된 관계가 어떻게 기억되는지를 명료히 하려는 시도는 하지 않았다. R. O. Serebryakova(참고문헌 370)는 6학년과 7학년에서 부족한 아동들은 개별적이고 조화되지 않은 자료나 상세한 것을 상대적으로 더 잘 기억하고 유지한다는 것을 보여 주었다. I. M. Solov'ev는 아동의 발달에서 생겨나는 새로운 종류의 인지적 활동 지표는 "문제의 구조와 직접적으로 관련이 없는 모든 것을 빠뜨리는 것"과 더불어, 어떤 문제의 "틀", "있는 그대로의 구조"를 기억하고 재생할 가능성임을 지적한다(참고문헌 391, pp. 124~28).

지금까지의 모든 논의로부터 우리는 명확한 한 가지 결론을 말할 수 있다. 재능 있는 아동들의 수학적 기억은 일반화되어 있고 조작적이며, 일반화된 정신 패턴, 일반화된 관계, 수와 문자기호 영역의 파지 및 가능한 신속한 수행과 관련된다. 다시 말하면 수학적으로 재능 있는 아동의 기억은 뚜렷하게 선택적이다. 두뇌는 들어오는 모든 수학적 정보를 파지하기보다는 기본적으로 구체적 자료를 "정제"하고 일반적이고 단축된 구조로 표현한다. 이는 수학적 정보를 파지하는 가장 편리하고 경제적인 방법이다. 일반화되고 축약된 형식(Bruner의 용어로는 "응축된" 형식(참고문헌 480, p. 25))으로 정보를 파지하는 것은 두뇌에 과잉 정보의 짐을 지우지 않으며 그럼으로써 더 오래 파지하고 더 쉽게 사용할 수 있게 해 준다.

결론적으로 우리는 수학적인 일반화를 위한 기억의 장점과 약점을 말하고 있음을 지적하고자 한다. 우리가 강조하는 것은 일반적으로 기억력이 떨어지는 부족한 아동들의 문제가 아니며 이 아동들이 일반화를 위한 기억력이 떨어지는 것에 대한 문제는 더욱 아니다. 지금까지 언급해 왔듯이 이 아동들 중 다른 교과에서는 만족스럽고 때로는 뛰어난 진전을 이루기도 한다. 우리가 관찰한 것과 교사들의 언급으로부터 이 아동들은 비수학적인 영역(문학, 지리, 생물, 역사)에서는 우수한 기억력을 보여주며 사실적이고 구체적인 자료뿐만 아니라 아이디어, 추론 패턴, 일반화, 결론까지도 잘 기억한다. 그래서 어떤 아동의 기억은 일반적으로 좋을 수 있고 단지 수학적 소재의 조작에서만 부족함이 드러날 수도 있다—수학적 관계와 기호의 영역에서만 드러날 수도 있다.

제15장

학생들의 수학적 능력의 구조에 대한 몇 가지 **특별한 쟁점**

사고의 수학적 경향

우리가 관찰한 사실에서 드러나는 점은 수학적으로 매우 재능 있는 아동들에게는 수학적 정신 자세라고 부를 만한 어떤 독특한 정신 조직이 뚜렷한 발달을 이룬다는 것이다. 이러한 성격적 특성은 7세 또는 8세까지 초보적인 형식으로 드러나기 시작하여 나중에는 매우 광범위한 성격을 지닌다. 이는 어디서든지 공간적이거나 양적인 관계, 결합, 기능적인 종속성을 인식하기 위하여 ― 간단히 말하면 세상을 "수학적 안목"을 통하여 보기 위하여 ― 주변 현상을 수학적으로 보려고 노력할 때 현상의 수학적 측면에 주목하려는 부단한 노력으로 나타난다.

앞에서 인용했던 재능 있는 아동들의 개요는 이러한 측면에서 풍부한 자료를 제공한다. 이러한 아동들 대부분에게 전형적인 것은 (정도의 차이는 있지만) 주변의 현상을 논리적이고 수학적인 범주의 수준에서 해석하려는 경향성이며 그럼으로써 논리적이고 수학적인 관계의 프리즘을 통하여 많은 현상을 지각하며, 어떤 활동에서 많은 현상을 지각할 때 수학적 측면을 구분한다. 물론 지금 우리는 하나의 경향성만을 말하는 것이며 9세나 10세에 이러한 현상은 그리 잘 나타나지 않는다. 예를 들어 어떤 아동들은 단어의 논리적 순서를 파악하려고 노력하지만 운율의 리듬이나 "음악"을 파악하는 데 느려서 상대적으로 시의 운율을 잘 기억하지 못한다. 이 아동들은 시의 내용에 대한 기억력은 좋지만 시를 재생할 때는 논리적으로 시를 재구성하여 단어의 순서를 자주 바꾸곤 한다. 유사한 일이 음악 교육에서도 일어나곤 한다. 이 아동들은 대부분 음악을 읽는 것과 음악 이론에 매력을 느낀다. 우리가 관찰했던 한 가지 경향은 실제로 음악적인 작업이나 악기를 연주할 때 손가락을 쓰는 방법에서 소리나 현의 계열을 수학적으로 해석하고 마음으로 배우는 것이다. 이 아동들이 스케치를 하면 또한 수학적으로 차원과 관계, 비례를 해석하려고 노력한다.

수학적으로 재능 있는 아동은 천문학에 매력을 느끼는데 이는 천문학적인 표를 만들고 달의 주기적인 모양이나 지구와 별의 거리의 표를 계산하는 것 등과 관련된다. 그런 아동은 지리에 매력을 느끼는데 이 역시 주로 인구밀도 표를 계산하여 만드는 것, 지도 제작을 위한 다양한 투영법, 다른 종류의 그래프와 그림(산의 높이, 강의 길이 등과 같은 것)이다. 아동은 화학에 매력을 느끼는데 이는 공식과 방정식의 화학이다. 아동은 매우 복잡한 반응 공식을 만들거나 멘델레예프주기율표를 그린다. 우리는 또한 역사나 언어에 대한 매력은 독특하다는 점을 발견하였다. 역사의 매력은 말하자면 동양의 쐐기 문자의 원리를 해석하고 고대 마야 인디언 부족의 언어를 해독하는 수학적 방법에 익숙해지려고 시도하는 것 등으로 나타난다.

또한 우리가 관찰한 바로는 주변 환경에 수학적 해석을 부여하려는 부단한 경향은 수학적으로 재능 있는 아동들이 수업이나 가정에서 걷고, 독서하고, 영화를 보는 동안 스스로에게 계속 문제를 제기한다는 사실로도 표현된다 – 어떤 거대한 건물의 부피를 "어림"하는 것, 운동장의 넓이를 ("그리고 거기에 몇 명이 앉을 수 있는지"를) 계산하는 것, 아동이 타고 있는 버스의 속도를 계산하여 모스크바 강물을 따라 흐르는 속도를 계산하는 것 등. 그러한 문제는 다음과 같이 아동들에게 발생한다. "크렘린의 스파스카야 탑(또는 공사 중인 Ostankinskaya TV 송신탑의 꼭대기)에서 볼 수 있는 넓이는 얼마나 될까?" "한 사람의 일생은 몇 초나 될까?" 어떤 아동들은 영화 *Bogdan Khmel' nitskii*를 보면서 영화에 나오는 것처럼 실제로 얼마나 많은 사람이 몇 줌의 흙을 이용하여 한 봉분을 매울 수 있는지를 계산하기 시작한다.

S. I. Shapiro는 수학 학교의 상급 학년의 수학적 재능이 있는 아동 집단을 연구하면서 많은 아동들의 수학적 정신 자세에 대한 매우 두드러진 징후를 관찰하였다. 그래서 아동 D는 자신을 둘러싼 모든 것, 스스로 관심 있는 모든 것을 논리적이고 수학적인 관계라는 관점에서 해석하였다. 몇몇 일꾼들이 타일을 마루에 놓고 있는 것을 보면서 D는 주어진 모양의 타일을 마루에 깔 수 있는지, 주어진 모양의 타일을 어떤 모양의 마루에 깔 수 있는지, 일반적으로 어떤 타일을 주어진 마루에 깔 수 있는지 등을 추정하였다. 당구 게임을 관찰하면서 아동은 타격된 공의 운동에 대한 수학 이론을 생각하는 데 빠져 들었다. 복권 판매 광고를 보면서 아동은 즉각적으로 서로 다른 종류의 당첨상금이 나올 확률을 계산하기 시작하였다.

아동 B는 수학적이지 않은 논리적 관계까지도 수학적으로 해석하려는 필요성을 끊임

없이 느꼈다. 언젠가 수업 시간에 다룬 문제 중 하나는 A기차의 속도가 B기차의 속도의 2배일 때 두 기차가 달리다가 서로 만나는 것과 관련된 것이었다. B는 곧바로 소리쳤다. “중선을 따라 가는 것 같아요!” 그리고 설명하였다. “만약 한 삼각형의 꼭짓점과 대변이 중선을 따라서 그런 속도로 서로 만나도록 이동한다면 중선의 교점에서 만날 것 같아요.”

Shapiro가 지적한 것처럼 아동 M은 모든 학교 활동이 “수학적인 목소리로 물들어” 있었다. 아동 스스로 인정하였듯이 이 아동은 화학을 좋아하지 않았는데 그 이유는 “화학은 비례로 설명되지 않기 때문이다.” 물리는 이 아동에게 흥미를 주었는데 “우리는 열의 균형에 관한 방정식 문제와 역학에 관한 문제를 다루기 시작했다.” 이 아동은 생물학에 특별한 관심을 보이기도 하였는데 이 아동은 유전 이론에 대한 수학적 접근을 읽을 때는 “(좋아서)견딜 수 없었다”. 언어 이론에 대한 수학적 접근을 학습한 후에 M은 문법에 매력을 느꼈다. (이전에는 언어에 흥미를 보여주지 않았다.) 언젠가 M은 어떤 구분에서 글자의 규칙적인 주기성을 논의하는 특별한 글을 읽었다. 이것이 이 아동에게 흥미를 주었고 이 명제를 검토하기로 결정하였다. 이 아동은 지리책의 문장에 나타나는 철자에서 각 글자가 몇 번씩 나오는지를 계산하면서 엄청난 양의 작업을 하였고 이 원리의 타당성을 납득하게 되었다. (또한 M은 지속성이 부족하고 한 문제에 오랫동안 집중하지 못했지만 수학만큼은 예외였다.)

어려운 문제는 재능 있는 아동들을 사로잡고 활동을 증진시키며 지혜를 다듬는다. 어떤 문제를 해결하는 데 몰입하면 재능 있는 아동들은 외부의 문제로 할 일이 많을 때조차도 자신을 둘러싼 모든 것을 “묵살”하며 지속적으로 그 문제에 대하여 생각한다. 이 아동들 중 한 명은 이렇게 말했다. “해결하지 못한 문제는 나의 뇌리에서 떠나지 않는다!”

심리학자인 N. I. Sudakov(참고문헌 397)는 언젠가 아동 Yurii Kh.를 관찰하였다. 수학에 몰입하고 다른 것을 멀리하는 것이 너무 습관화되어 있어서 교사는 어떤 이상한 점도 알지 못했으며 대개는 특별히 주목할 만한 점이 없었다. 언젠가 Yurii의 친구들이 Yurii와 함께 한 음악학교의 연주홀에 가서 차이코프스키의 피아노 협주곡을 듣고 있었을 때 친구들은 Yurii가 공책에 무언가를 급하게 써 내려가고 있음을 알게 되었다. 친구들은 Yurii가 연주되고 있는 부분의 이름이나 들으면서 느낀 점 등을 쓴 것이 분명하다고 생각했지만 연주가 끝난 후에 친구들은 Yurii가 쓴 것이 지난 며칠 동안 공부했던 어떤 문제의 풀이를 위한 아이디어라는 것을 알고서 놀랐다. 그리고 이런 일은 여러번 있었다. 친구들은 다른 사례로 연주회나 학교 행사 때 Yurii가 자신을 둘러싼 모든 것에서 자신을 고립시키고 수학적 계산에 몰입했던 경험을 말해 주었다. 매우 많은 뛰어난 수학자들에 대한 전기적, 자전적 자료 역시 이러한 특성을 지적하고 있다 — 실제를 수학적으로 해석하려는 경향성. 많은 창의적인 연구에서 전형적으로 수학자는 "환경을 자신들만의 세계관으로 특별하고 독특하게 지각한다. 이들은 일반적으로 '그들 자신의 방식으로' 친숙한 사물을 보곤 한다."(M. S. Bernstein, 참고문헌 40)

수학적인 정신 자세는 하나의 복합적인 개인의 심리학적 구성물이며 어떤 인지적인 과정 — 지각, 사고 — 의 특성으로 환원할 수 없고 Georgian 심리학자들이 말한 "집합"의 개념에 가깝다는 점은 분명하다. 이것은 분명히 수학적인 재능의 특별한 종합적 표현으로서 형성되며 인지적, 정서적, 의지적인 측면(수학적 활동에 대한 적절한 태도, 경향, 흥미, 요구)을 포함한다.

물론 심리학과 생리학의 현재 연구 수준에서 우리는 기술된 특별한 성질에 대한 심리학적 해석을 단지 추측할 수 있을 뿐이다. 우리는 기술된 여러 사례에서, 주위 상황의 관계와 기호와 같은 유형의 여러 자극으로부터 선택하려는 경향성처럼, 두뇌의 독특한 "조율"이 일어난다고 가정하려는 경향이 있다. 우리는 명백히 "수학 지향적인" 두뇌를 가진 사람들이 있다는 가정을 세울 수 있다. 우리는 또한 이런 특성은 사람의 일생을 통해서, 그러나 특별한 경향성 — 두뇌의 몇 가지 타고난 해부 생리학적 특성 — 의 토대 위에서 형성된다고 추측해볼 수 있다.

수학적 능력의 구성에 대한 분석의 측면에 있어서 갑작스런 해결("통찰", 영감)의 문제

매우 다양한 종류의 (수학 문제를 포함한) 문제 과제를 해결하는 것이 언제나 명확하고 정확한 계열적인 사고 절차의 결과로 이루어지는 것은 아니라는 점은 잘 알려져 있다. 전체적인 경우에서 성공하지 못한 무익한 해결 노력 후에 갑작스러운 "영감"에 의해, 새롭고 유익한 아이디어의 근원이 되는 모든 환경을 자각하지 못하기 때문에 해법의 급작성을 만족스럽게 설명할 수는 없는 추측이 떠오른다 – 겉보기에는 한 가지 해결을 위한 우연적이고 설명할 수 없는 아이디어가 마음에 생겨난다. 해결의 급작성에 대한 이러한 현상(영어로는 insight이며, 독일어로는 Einsicht이다)에 대하여 관념론적인 심리학에서는 과거의 경험과는 무관하게 환경에서 직접적으로 본질적인 (양적이거나 공간적인) 관계를 "파악"하는 특별한 정신 능력의 표명으로 본다.

진리에 대한 이러한 직접적인 이해인 "정신 판단"에 대하여 몇몇 수학자들(Poincaré, Mordukhai-Boltovskii)뿐만 아니라 많은 외국 심리학자들은 상세한 추론 과정에 근거하여 어떤 논리적 조작에서 다른 것으로 계열적인 이행을 하는 추론적 인지와 비교하고 있다(R. Woodworth, 참고문헌 483; Newell, Shaw, and Simon, 참고문헌 493). 구 소비에트의 연구자들(S. L. Rubinstein, 참고문헌 354, 355; A. N. Leont'ev, 참고문헌 256; G. S. Kostyuk, 참고문헌 191; V. N. Pushkin, 참고문헌 341, 342; Ya. A. Ponomarev, 참고문헌 335; V. Shevchuk, 참고문헌 448; 그 외 다수)의 연구에서 분명히 사전 경험과의 연결성이 없는데도 갑작스러운 영감으로 사람이 경험하는 현상은 과거에서 연장된 사고와 과거에 획득한 경험, 기능, 지식의 결과라는 점을 보여주고 있다. 이는 그 사람이 과거에 모은 정보의 처리와 활용을 수반한다.

우리의 실제적인 실험 연구와 5~8학년 아동들이 학교에서 하는 일을 관찰하면서 우리는 "영감"이나 추측(겉보기에는 설명할 수 없는, 독창적이고 올바른 해결 아이디어의 갑작스러운 발견)의 여러 사례를 접하곤 했다. 9학년에서 10학년의 수학적 재능이 있는 아동들을 연구했던 S. I. Shapiro는 이러한 종류의 현상을 훨씬 더 자주 접했다.

우리는 어떤 식으로든 통찰의 본질을 분석하려고 하기보다 재능 있는 아동들에게서 적절히 나타나는 것의 근간을 이루는 것이 무엇인지를 드러내고자 하였다. 우리의 기본적인 가정은, 이러한 표명의 근간을 이루는 것은 우리가 드러내었던 수학적 재능의 구성요소를 초월하는 것은 아무 것도 없다는 점이며, 그러한 사실은 수학적 능력의 구조에 대하여 우리가 개념화한 관점에서 설명할 수 있다. 그리고 실제로 대다수의 사례에서 우리는 없는 경우에 갑작스럽고 기초 없는 "영감"의 느낌을 유발하는 연결 요소를 찾는 데 궁극적으로 성공하였다.

1. 갑작스러운 추측이나 "영감"의 근간을 이루는 사건은 일반화일 때가 자주 있다. 이는 다양한 수학적 대상, 인지 도식, 문제의 공통된 (그러나 때때로 매우 동떨어진) 속성에 근거하는 조작(또는 개별적인 고안물)의 일반적인 방법의 무의식적인 적용이나 어떤 해법에 접근하는 일반화된 원리이다. 여기서 우리가 한번 더 강조하고자 하는 것은 피험자는 "영감"의 순간이나 그 이후에 이를 자각하지 못한다는 점이다. 주어진 문제 상황은 피험자의 경험과 일치하지 않지만 유사한 (많이 동떨어져서 유사하기도 한) 어떤 특징이 있다.

   P. A. Shevarev가 지적한 것처럼 복잡한 문제를 해결할 때 피험자는 대개 그가 이미 알고 있는 어떤 유형으로 문제를 포섭하려고 하지만 이러한 계획이 실행된다는 것을 알지 못하며 자신이 조작하고 있는 일반 원리를 의식하지 못한다. 이것이 바로 피험자들의 풀이가 어떤 영감과 같이, 이를테면 충분한 원인 없이 갑자기 나타난다는 점을 Shevarev가 강조했던 이유이다(참고문헌 446, p. 102).

그래서 우리의 피험자들은 어떤 문제를 익숙한 유형으로 포섭하려고 할 뿐 아니라, 문제의 조건을 분석하고 답을 찾으려고 시도하면서 자신의 경험으로부터 일반적이거나 특별한 방법 또는 고안물을 풀이에 적용할 수 있는 문제의 요소를 "낚아챈다." 피험자는 자신의 "영감"의 객관적인 근원을 대개는 자각하지 못한다(또는 아련하게 자각한다. 매우 재능 있는 아동 D는 새로운 문제를 해결하면서 "전에 본 적이 있었다"는 느낌이 떠오르곤 했다고 말한 적이 있다).

2. 겉으로는 예상하지 못한, 갑작스러운 "영감"이나 추측(통찰)에서 많은 경우는 생략된 구조로 사고하는 경향성으로 설명할 수 있는데, 이는 수학적으로 매우 재능 있는 아동들에게는 자연스러운 것으로 극대로 축약된 연합의 존재에 기인한다. 추론이 상세해지면 어떤 아이디어에서 다른 것으로 전이한 과정을 추적하기 쉽다 — 어떠한 연속적인 "운동"으로 사고가 어떤 적절한 풀이에 도달했는지가 명료하게 드러난다. 추론이 생략적이고, 전반적으로 중간 연결 고리가 "숨어" 있으면 이 경로를 따르는 것은 어려울 때가 많으며, 한 가지 사고에서 다른 사고로의 전이는 실증할 수 없으며, 예상 외로 설명할 수 없는 듯이 보인다.

이러한 생각이 특별히 새로운 것은 아니다. 위의 문헌에서 찾아 볼 수 있는 여러 지적은, 누구에게나 완벽히 명백한 추론 과정에서 모든 중간 연결 고리가 단축되고, 첫 번째와 마지막의 연결 고리만 남겨진다면, 이는 충격적인 느낌을 주곤 한다는 것이다. "결론에 이르는 모든 연결 고리를 실제로 자각하지 못하면서 심지어 자각시킬 수도 없는 사람들에게, 결론은 그에 이르는 전체 고리가 파괴된 '직관'의 사례로 간주되곤 한다." (Shevarev, 참고문헌 446, p. 96) 여기서 Shevarev는 논리적으로 완전한 논의에 필요한 모든 연결 고리를 자각할 수 없는 사람을 언급한다. 그러나 우리는 재능 있는 아동들이 실제적인 추론 과정에서 (해결 과정이나 이후에) 중간의 모든 연결 고리를 자주 자각하지 못하는 것에 대하여 언급한다. 결과의 즉각적 발견인 "자명함"은 그렇듯 드러나지 않게 깨닫는 (또는 완전히 깨닫지 못하는) 추론 과정의 결과일 때가 많으며, 이 아동은 때때로 자신을 결론으로 인도한 중간 단계의 연역 체계를 자각하게 될 수 없고, 그렇게 하고 싶어도 못한다. Bruner는 통찰 현상을 설명하기 위하여 "과정에 대한 자각이 거의 없더라도 사고하는 사람은 어떤 답에 도달한다"고 말하고 있다(참고문헌 480, p. 58). Kovalev와 Myasishchev는 과학적인, 특히 수학적인 능력을 분석하면서, 과학자들에게서 "추측과 발견은 의식 속에서 기존의 명제와 같은 것에 유약을 입히는 것이며, 그 전개 과정은 때로는 명료하지 않다"고 말하고 있다(참고문헌 174, p. 132). 많은 연결 고리를 생략하는 것에 따른 정신 과정의 단축은 이러한 연결 고리를 의식의 영역에서 버리는 것과 관련되며, 따라서 "우리는 문제를 해결하는 경우에 상세한 계열을 갖는 풀이 과정을 어렵게 또는 불완전하게 재생하는 사례를 발견한다(참고문헌 174, p. 148).

우리가 "영감"의 근원이 되는 것으로 분리한 두 가지 사실(일반화하는 능력과 단축된 구조로 사고하는 능력)은 밀접히 관련되어 있으며 연속적인 것으로서 생각할 수 있다.

실험 설명으로 다시 돌아오자. 재능 있는 7학년인 G. R.은 모스크바 주립대학 기계 수학과 입학시험에 나온 문제를 풀고 있었다(참고문헌 180, p. 23). "네 개의 파이프가 수영장으로 유입되어 있다. 파이프 1, 2, 3번을 열면 수영장에 물을 채우는 데 12분 걸린다. 파이프 2, 3, 4번을 열면 15분이 걸린다. 파이프 1, 4번을 열면 20분이 걸린다. 네 개의 파이프를 모두 열면 수영장에 물을 채우는 데 얼마나 걸리는가?" G. R.은 처음에 이 문제를 연립방정식으로 풀려고 하였고 복잡한 식으로 혼란스럽게 되었다. 이 아동은 다른 방식으로 식을 세우려고 하였다. — 그러나 진전은 없었다. 그러던 중 갑작스럽게 아동에게 아이디어가 떠올랐다. 아동은 신속하게 말하고 쓰기 시작했다. "아, 이건 쉽게 풀 수 있어요. 파이프 수를 2배 — 1번 파이프 2개, 2번 파이프 2개 등 — 로 하면 1분에 $\frac{1}{12}+\frac{1}{15}+\frac{1}{20}=\frac{1}{5}$을 채울 수 있어요. 파이프 4개로는 1분에 $\frac{1}{10}$을 채울 수 있어요. 즉 수영장 전체는 10분이면 채울 수 있어요."

풀이 후에 실험자는 G. R.에게 풀이의 아이디어가 어떻게 머리에 떠올랐는지, 비슷한 문제를 풀어본 적이 있는지 물었다. 아동은 아니라고 답했다. 아동은 그런 문제를 풀어본 적이 없었고 아이디어가 머리에 어떻게 떠올랐는지 알지 못했다. 아동과 나는 오랜 시간 풀이를 위한 아이디어를 얻은 근원을 찾고자 노력했다. 심지어 이 아동의 5, 6, 7학년 공책을 조사하기도 했다. 그 중 한 권에서 우리는 2년 전에 이 아동이 합과 차가 다음과 같이 주어진 두 수를 찾는 문제를 풀었음을 알게 되었다.

$$\begin{array}{r} A+2=40 \\ +\quad A-2=10 \\ \hline 2A=50 \end{array}$$

그리고 조금 뒤에 이 아동은 동일한 방법으로 배가 조류를 따라 움직일 때와 반대로 움직일 때의 속도가 주어졌을 때 조류의 속도를 구하는 문제를 해결하였다.

우리는 다른 것은 찾을 수 없었다. 이 아동이 풀이의 가장 일반적인 아이디어를 파지하고 있었고 그것이 무의식적으로 새로운 상황에 전이되었다는 것은 매우 개연성이 높다. G. R.은 두 번째 문제에서 이 패턴을 복사했고 문제에 주어진 관계를 다음과 같은 식으로 나타내었다고 우리에게 확인해 주었다.

$$1+2+3\cdots\ =$$
$$\cdots 2+3+4=$$
$$1\cdots\cdots\cdots+4=$$

이제 과거의 아이디어가 이 문제에 적용되었을 가능성을 알기 더 쉽다.

이러한 전체 과정은 아동에게는 의식하지 못한 것이었으며 표면적으로는 전형적인 통찰로 보인다. 여기서 두 가지 사실이 흥미롭다(물론 우리가 전제하는 것이 옳다면). (1) 전이는 매우 오랜 시간 후에 일어난다. (2) 문제 해결에 접근하는 가장 일반적인 원리만이 전이된다.

재능 있는 10학년 아동인 Sonya L.은 다음 문제를 해결하고 있었다. "276276, 591591, 112112와 같은 유형의 모든 수는 13으로 나누어 떨어짐을 증명하여라"(Duncker의 문제). 이 아동은 주어진 모든 수를 13으로 나누면서 결실 없이 10분 동안 풀려고 노력하였고 마침내 예기치 않게 일괄하여 이렇게 말했다. "아! 풀었어요. 어느 수든 $xyz\,000+xyz$처럼 쓸 수 있어요. 여기서 공통 인수를 괄호 밖으로 묶으면 $=xyx\times(1000+1)$이에요. 두 인수 중에서 하나가 13으로 나누어떨어져요. $1001\div13=77$." 여기서 알 수 있듯이 문제의 결정적인 특징은 이 수를 구성하는 공통 법칙을 찾는 것이다 ($abc=abc\cdot1001$). Sonya의 과거 경험에서 이 수의 이러한 일반적인 표현의 가능성을 제시할 수 있는 무엇이 있었을까? Sonya 자신은 갑작스럽게 설명할 수 없는 추측을 발견한 풀이를 경험한 적이 있는지 알지 못했다. 오랜 생각 후에 이 이동은 3개월 전에 특정한 유형의 모든 수를 대수적으로 표현한 적이 있었다고 말했고, 여기에 덧붙여 이렇게 말했다. "예, 한 수로 나누어지거나 다른 수로 나눌 때 특정한 나머지가 되는 수의 일반적인 형식을 나타낸 적이 있어요." 이 아동의 공책을 살펴보던 중(이 아동은 실험 수업 공책을 잘 보관하고 있었다) 실제로 이 아동과 나는 4개월 전에 문제 XI-A-3을 풀었음을 알게 되었다. 여기서 또한 일반화와 일반적인 고안물의 전이는 통찰을 뒷받침한다는 것을 전제할 수 있다.

이제 Shapiro의 연구에서 두 가지 예를 인용해 보자.

피험자 B는 다음 문제를 풀고 있었다. "두 자리 이상인 두 수의 비와 각 자리 숫자의 곱은 $\frac{11}{9}$보다 작지 않음을 증명하여라." 여기서는 풀이를 언급하지는 않을 것이다. 다만 우리는 분자를 분모로 항끼리 나누는 장치가 결정적인 과정임이 밝혀졌고, 풀이의 전환점이 되었다는 것을 지적하고 싶다. 피험자는 이러한 결정적인 과정을 어떻게 발견하였는지 설명할 수 없었다. 피험자가 과거에 풀었던 문제를 분석하면서 실험자는 오래전에 피험자가 다음 문제를 푼 적이 있음을 알게 되었다. "$\frac{a}{b}+\frac{b}{a}\geq 2$임을 증명하여라 $\left(\frac{a}{b}>0\right)$." 이 문제를 해결할 때 피험자는 분자를 분모로 항끼리 나누는 동일한 장치를 이용한 적이 있었고 이 문제에서 이 장치는 꽤 "명료"하다(435).

아동 D는 다음 문제를 풀고 있었다(그림 67 참조). "반지름 $r=1$이고 빗금 친 부분의 넓이가 같을 때, OO_1을 구하여라."

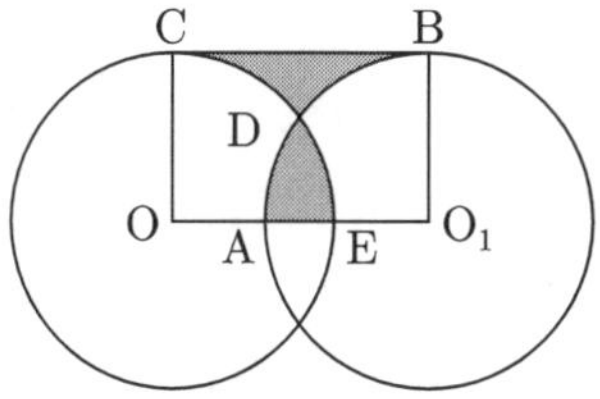

그림 67

그림을 보면서 이 아동은 이렇게 말했다. "직사각형은 반원과 같아요. $OO_1=\frac{\pi}{2}$."

피험자는 이 결과를 즉각적으로 "본" 것 같다. 사실 이는 최대한 축약된 추론 과정이며 D는 이런 식을 "전개"했다. "사분원 O_1AB에서 우리는 빗금 친 부분을 같은 부분인 CDB로 바꾸어요." 우리는 계속해서 이유를 듣고자 했지만 더 이상은 들을 수 없었다. D는 축약된 구조로 생각하며 후속적인 설명은 D에게 불필요한 듯 했다. 어떻든 실제로 자세히 추론하면 이렇다. "사분원 중 하나에서(예를 들면 O_1AB) 우리는 빗금 친 부분 ADE를 같은 부분인 CDB로 바꾼다(문제의 조건에 따라). 그러면 직사각형은 사분원 OCE와 사분원과 넓이가 같은 도형 O_1BCE로 이루어진다. 그러면 직사각형은 반원과 넓이가 같다. 반원의 넓이는 $\frac{\pi r^2}{2}=\frac{\pi\cdot 1^2}{2}=\frac{\pi}{2}$이다. 직사각형의 넓이도 같다. 직사각형의 넓이가 $\frac{\pi}{2}$이므로 다른 변(OO_1)도 $\frac{\pi}{2}$가 되어야 한다.

앞에서 언급한 것처럼 통찰의 본질을 드러내는 것은 우리 과제의 역할이 아니었다. 우리는 단지 재능 있는 아동들의 문제 해결에서 갑작스럽고 겉보기에는 설명할 수 없는 "영감"에 대한 여러 사례는 과거 경험의 무의식적인 영향임을 보여주고 싶었을 뿐이며 이러한 사례의 근간을 이루는 것은 수학적 대상, 관계, 조작 등의 영역을 일반화하는 능력이며 축약된 구조로 생각하는 능력이다.

장시간의 집중적인 수학적 활동에 대한 재능 있는 아동들의 과제집착력

수학적으로 재능 있는 아동들의 수학적 활동을 연구하면서 이 아동들의 전형적인 특징 한 가지에 주목했다. 그것은 다른 유형의 수업이나 이 아동들을 매우 흥미롭게 하는 수업에서 이 아동들의 피로도와 비교하여 수학 수업 동안에는 피로감이 덜 하다는 점이다. (아동들의 연령에 비하여) 장시간의 수업에서 조차도 주목할 만한 피로를 보여준다. 이 시간이 끝날 무렵에야 일부 학생들에게 피로하다는 신호(실수, 기억의 부주의함)가 관찰되었다.

이 아동들은 수학이 쉬운 활동이므로 쉽게 다가오기 때문에 거의 지치지 않는다고 가정할 수도 있다. 그러나 이는 사실이 아니다. 아동들은 열성적으로 공부하지만 다른 교과목 시간에 유사한 긴장이 있을 때와 비교하여 훨씬 덜 지친다. 이러한 특성은 매우 재능 있는 아동들의 활동에서 특히 두드러진다. 위에서 인용했던 사례에서 명백히 알 수 있듯이, 장시간의 계산에 몰입하면 이 아동들은 예상할 수 있는 것보다 훨씬 느리게 지친다.

이와 연관하여 수학적으로 부족한 아동들이 수학을 학습할 때 (아마도 이 아동들에게 흥미가 없거나 어려운) 다른 교과목을 학습할 때의 피로에 비하여 눈에 띄게 피로도가 증가한다는 것에 주목해 보자. 아동들과 교사들은 이렇게 말한다. 우리들의 관찰은 이를 입증한다. 부족한 아동들은 수학 수업 시간 동안에 공부하지 않을 때 또는 수업에서 소외될 때(종종 발생한다) 지치지 않는다. 만약 이 아동들이 공부를 한다면 다른 아동들보다 훨씬 더 쉽게 지치는데 이는 수학적인 대상의 세계에서 결합을 형성하는 것이 이들에게는 언제나 노력을 요하는 것이기 때문이다.

Shapiro는 또한 재능 있는 아동들이 피로가 덜 한 것은 수학적 정보를 갖고 있기 때문이라고 지적하였다. 그의 재능 있는 아동들은 엄청난 정신적 노력을 요구하는 복잡한 수학 문제를 3~4시간 동안 탐구할 수 있었고 지치지 않았다. (어떤 아동들은 이 수업이 끝날 때 전보다 훨씬 더 잘 문제를 해결하였다.) "최선의 휴식은 열심히 수학 공부를 하는 것이다"라고 그의 아동 중 한 명은 말했다. 또한 피로감이 덜하다는 것은 재능 있는 아동들이 수학 수업을 마친 후에도 다른 과목을 성공적으로 학습한다는 사실로 나타난다. 반면 평균적인 아동들은 수학 수업이 끝난 후에는 새로운 자료에 대하여 보통보다 덜 효과적으로 반응하고 학습한다.

유사한 관찰은 A. V. Ponomareva(참고문헌 336)에 의해서도 이루어졌는데 재능 있는 아동들은 "전혀 지치지 않고 무한히 많은 물리 문제와 수학 문제를 해결"할 수 있다고 지적하며 R. O. Serebryakova(참고문헌 370)와 많은 다른 학자들도 유사하게 주장한다.

우리가 지적했던 사실은 N. S. Leites(참고문헌 252, 254)가 상세히 기술하였지만, 이 연구에서 관찰한 재능 있는 아동들의 열정적인 정신 활동에 대한 요구와 적은 피로감은 좀 더 광범위한 영역에서 드러났다.

Shapiro는 수학적 능력 수준이 다양한 아동들에게 장시간의 많은 노력을 요구하는 조건에서 피로의 축적을 양적으로 평가하면서, 재능 있는 아동들의 피로감이 덜 한 것을 (피험자로부터 주관적인 증거 없이) 실험적으로 입증하려는 흥미로운 시도를 하였다(433, 435). 그는 계산자로 풀면서 계산 기능의 속도를 피로도의 지표로 삼았다. (9～10학년의) 모든 아동은 계산자로 계산하는 기능을 사전에 숙달하였다.

Shapiro는 각 피험자마다 계산자로 정확히 계산하는 개인 속도를 미리 계산하였다. (각 피험자는 주어진 계산 방법의 틀 속에서 계산자로 계산하는 자신의 최대 속도를 갖고 있음이 드러났다.) 결과는 각 아동들에게 안정적이었고, 이는 통제 요인(피로)의 조작에 기인하는 것으로서 안정된 개인 속도로부터 의미 있는 편차를 고려하는 기초를 제공하였다. 각각의 피험자는 2～3시간 동안 수학을 학습하였다. (문제의 상대적인 난이도의 영향을 배제하기 위하여 각 피험자는 자신의 잠재력에 따라 선택된 자신만의 과제를 해결하였다. 모두에게 동일한 과제는 어떤 아동에게는 너무 어렵고 다른 아동에게는 너무 쉽다.) 피험자의 수학 시간 이전과 이후의 계산 속도를 측정하고 비교한 후에 Shapiro는 다음과 같은 결론을 도출하였다. (1) 집중적인 수학 수업 후에 재능 있는 아동들은 계산 속도에서 유의미한 감소는 없다. (그리 길지 않은 — 1시간 정도의 — 수업 후에는 속도가 오히려 빨라지기도 하였다.) 이는 다른 종류의 활동에서는 관찰되지 않았다 — 계산 속도는 역사나 문학의 집중 수업 후에는 동일한 아동들에게서 현저히 떨어진다. (2) 평균적인 아동들의 경우, 계산 속도는 동일한 수업 후에 절반으로 떨어지며 계산에서 엄청난 오류가 관찰되었다.

이 자료는 교사들의 검증을 받았다. 이 실험 다음 수업에서 재능 있는 아동들은 피로하다는 신호가 전혀 없었지만, 평균적인 아동들은 다음 수업에서 두드러지게 지치기 시작했다.

수학 수업 동안에 (흥미 있는 다른 형식의 활동에 비하여) 재능 있는 아동들의 피로감이 덜한 사실로부터 우리는 개인이 자신의 활동의 어떤 본성에 적합한 신경 과정(특히 그러한 힘)의 속성에서 일종의 "편파성"으로 말할 수 있는지 궁금해진다. (우리가 알고 있는 것처럼 Teplov는 신경계의 서로 다른 부분에 적합한 개인의 신경적 속성의 편파성에 대하여 논의하였다.)

신경계의 강도에 대하여 여러 번 기술하면서 Teplov는 장기간 자극을 조작할 때 일에 대한 신경계의 내구성과 능력, 피로에 대한 강한 저항을 지적한다(참고문헌 408, p. 515). “얼마나 빠르게 피로가 나타나는지가 그 신경계의 강함이나 약함을 나타낸다”(참고문헌 414, p. 495). N. S. Leites는 또한 아동이 피로감 없이 장시간 집중할 때 늘어나는 스트레스에 대한 인내심과 같은, 자극의 과정에 대한 힘의 신호를 지적한다(참고문헌 252). 명백히 신경 과정의 강도에 대한 이러한 신호는 개인의 활동(현재는 수학적 활동)의 한 가지 유형만을 특징지으며, 다른 형식의 활동까지 이어지지는 않는다는 여러 가지 예가 있다. 이는 신경 과정의 강도의 “편파적”인, 특별한 표명이다(V. S. Merlin이 활동에 대한 긍정적 동기의 유무와 관련하여 신경 과정의 가동성이 “편파적”으로 드러남을 지적한 것과 유사하다).

제16장

수학적 능력의 요소에서 **유형**, **나이**, 그리고 **성(性)의 차이**

(수학적 기질에서) 구조의 유형

어떠한 과학 분야(예술도 마찬가지로)에서든 능력의 질적 조합인 재능은 개개인마다 다양하고 독특한 특성을 보인다는 점이 이미 알려져 있다. 그러나 재능이 질적으로 다양함에도 불구하고 몇 가지 기본적인 재능의 유형은 항상 발견된다. 명확히 구별되면서 어떤 분야에서 다른 방식으로 똑같이 높은 성과를 거두는 유형이 존재한다.

물론 이러한 사실을 수학에 적용할 수 있다. 수학적 능력을 구성하는 요소들의 조합은 구조의 유형, 수학적 기질의 유형이 다르듯이 개인마다 다를 수 있다. 높은 수준의 수학적 성취도는 다른 능력들의 조합에 영향을 받으며 이 조합들을 구성하는 능력 중 일부는 다른 능력을 보완하는 일을 한다. Kolmogorov가 지적한 것과 같이 "다른 측면의 수학적 능력들은 다른 능력의 조합에서 발생된다."(참고문헌 180, p. 11). 사람들 사이에 개인적이고 전형적인 심리적 차이가 있을 뿐만 아니라 수학의 분야마다 개인에게 요구하는 것이 다르기 때문에 그 결과로 수학적 기질에 여러 유형이 존재한다. "어떤 분야에서는 계산에 필요한 최선의 알고리즘을 찾아내는 능력이 가장 유용한 반면 다른 분야에서는 조합 능력이 가장 중요하다."(S. I. Shvartsburd, 참고문헌 430, p. 43)

고금을 막론하고 저명한 수학자들 사이에서 매우 놀랄 만한 다양한 유형의 사례들을 찾을 수 있다. 예를 들면 타고난 기하학자 B. K. Mlodzeevskii의 말에 따르면 수 이론을 아무런 의욕없이 간신히 공부했다고 한다. 그리고 이것은 그가 전 생애를 걸쳐 관심을 갖지 않았던 유일한 수학 분야인 것처럼 보인다(참고문헌 349, p. 7). 또 파리 아카데미의 회원이자 파리 대학의 교수였던 Charles Hermite은 Stieltjes에게 보낸 편지에서 자신에 대해 다음과 같이 썼다. "나는 내가 혐오하는 도형 기하학의 일부나마 이해하기 위해 얼마나 많은 노력을 기울였는지 말로 다 표현할 수 없을 지경이네...해석학 분야에만 몰두할 수 있는 사람은 얼마나 행복하겠는가!"(letters to Stieltjes, 8 May. 1890[참고문헌 419, p. 94]) 또 다른 프랑스 수학자 Poincaré는 놀라운 수학적 능력을 가졌음에도 불구하고, 그림에는 전혀 소질이 없었다. 이와 유사한 사례는 쉽게 찾을 수 있다.

학령기 학생들을 두고 다양한 수학적 능력을 논하는 것은 성급한 일이다. 하지만, 경력 있는 교사들이 학생들 사이에서 이와 같은 다양한 유형들이 학생들에게서 나타난다고 언급 한 바 있다. 한 예로 56명의 교사들에게 지필 설문을 하였을 때, 52명의 교사가 대부분의 학생들은 유형을 분류하기 힘들지만 유난히 대수학에만(대수적 유형) 또는 기하학에만(기하적 유형) 유능한 학생들이 있다고 응답하였다.

한 과목에서의 능력이 그 과목에서 높은 성취도를 나타내는 것은 아니지만 분명히 높은 관련이 있음이 나타난다. 그러므로 많은 학생에 대하여 대수와 기하의 점수를 비교하기로 결심했다. 1964~65년 동안 모스크바의 6학년에서 10학년 학생 1,512명을 대상으로 대수와 기하 점수 사이에 눈에 띄는 차이가 있는지 비교하였다. 우리는 2점 차이를 눈에 띄는 차이로 보았다. (이 경우 점수는 5와 3일 때 또는 4와 2일 때) 그리고 평점이 1점 차이 나는 경우는 (많은 수, 약 30%가 여기에 해당) 고려하지 않았다. 이는 첫째로 유형이 다르다고 하기에는 차이가 너무 적고 둘째로는 우연히 발생할 수 있는 정도의 차이이기 때문에 제외시키기로 했다. 자료들은 교사들과의 토론을 거쳐 검증하였다. (똑같은 과제를 제시 했을 때 두 교과 평점 사이에 안정적이고 일정하게 차이를 나타내는 경우에만 초점을 맞추기로 하였다.) 사례 선택을 위한 기준이 매우 엄격했기 때문에, 눈에 띄는 차이는 전체 1,500명 중에 23명(1.52%) 또는 평균적으로 두 반 중 한 반 꼴에 불과했다. 이 중 10명은 "대수적" 유형으로 13명은 "기하적" 유형으로 잠정적으로 분류되었다. 교사들이 인정한대로 이 두 경우는 서로 확실히 구별되는 유형이라고 할 수 있다.

"학교" 수학의 각기 다른 유형이 학생들의 두뇌 활동 중 언어적-논리적 요소와 시각적-회화적 요소가 상대적으로 관계가 있다고 믿고 다음과 같은 실험연구를 설계했다. 수학적 능력의 모습이 아동의 정신적 활동의 문장적-논리적 요소와 시각적-도식적 요소의 역할과 관련이 있다고 보고 우리는 연구를 다음과 같이 진행하였다. 능력 있는 학생 34명의 개인적인 차이를 다음과 같은 목차에 따라 연구하였다. (1) 문제를 풀 때 피험자들이 얼마나 시각적 이미지에 의존하는지, 수학적 관계를 시각화 하려고 하는지, 아주 추상적인 수학적 체계조차도 시각적인 해석을 사용하는지 (2) 공간적 기하적 개념을 얼마나 잘 발달되어 있는지, 공간 속에 놓인 입체의 위치 및 입체의 부분들이 차지하는 위치를 시각화 하는 (정신적으로 "보는") 능력과 입체, 도형, 평면 그리고 직선들의 관계를 시각화

(기하학적 심상) 시키는 능력이 얼마나 잘 발달되어 있는지를 기준으로 하여 개인차를 파악하였다. 시리즈 XXIII, XXIV 그리고 XXV에 있는 문제들로 구성되어 있다.

우선 이 시리즈들을 이용한 연구로 두 개의 명제를 확립하였다. (1) 추상적인 수학적 관계를 시각화하는 능력과 공간 기하학 개념의 발달 능력이라는 두 가지 요소가 수학적 능력을 위한 필수 요소는 아니다. 이 두 요소를 갖추고 있는가의 여부(정확히 표현하자면 많이 갖추고 있는지 부족한지의 여부)는 수학적 재능의 범위를 결정 한다기보다 어떠한 수학적 유형인가를 결정한다. 어떤 학생이 수학적으로 능력이 있을 때 시각적-회화적 요소와 언어적-논리적 요소가 결합되어 있는 방식은 각자 다르고, 그 결합되어 있는 방식이 학생의 수학적 유형을 결정한다는 것이다. (2) 추상적인 수학적 관계를 시각화하는 능력과 공간기하학 개념의 발달은 우리의 실험에서 매우 긴밀한 상관관계를 보여주었다. 우리는 모든 예에서 이 두 가지 능력이 서로 대응됨을 관찰할 수 있다.[22)]

이 연구의 결과로 지적된 기준을 기초로 하여 모든 피험자들은 세 그룹으로 나누었고 마지막 두 그룹은 다시 하나로 나눌 수 있다. 선행연구는 언어적-논리적 그리고 시각적-회화적 요소가 결합되어 있는 방식에 따라 수학적 능력이 다르게 구성되고, 같은 수학적 활동이라도 다른 방식으로 성공을 거두게 하는 각기 다른 수학적 기질이 형성됨을 보여주었다.

이것은 분석적 유형(분석적이거나 수학적으로 추상적인 기질), 기하적 유형(기하학적이거나 수학적으로 회화적 기질), 그리고 조화적 유형의 두 가지 변형(추상적인 기질의 조화형과 회화적인 기질의 조화형)으로 분리할 수 있게 한다. 앞의 두 그룹은 다소 한계가 있다는 것을 인정할 수밖에 없는데 이들이 수학의 일정 분야에서만 유리하기 때문이다. 이러한 유형들은 학교에서 매우 성공적인 성취도를 보이지만 특정한 부분에서는 어려움을 겪는다. 이는 아래에서 논의된다.

물론 심리학 유형분류가 그렇듯이, 몇 몇 극단적인 경우를 제외하고 두 그룹이 경계를 분명히 나눌 수 없다. 혼합된 유형도 있을 수 있다.

분석형이나 기하형은 Poincaré(참고문헌 670), Hadamard(참고문헌 595), Révész(참고문헌 677) 그리고 Mordukhai- Boltovskii(참고문헌 300)의 저서에서 언급된 바 있다. 그러나 그들은 이 용어들을 수학적 창조성의 논리적인 유형과 직관적인 유형에 연결시켰다. Z. P. Dienes(참고문헌 558)는 분석적인 유형과 구조적인 유형을, Werdelin(참고문헌

22) 물론 이것이 두 가지 능력이 동일한 특성(예를 들면, 잘 발달된 제 1 신호계처럼)에서 각기 다르게 발현된 것임을 증명하는 것은 아니다. 이를 명확히 하는 것은 우리 연구 범위가 아니었다. 이에 관해서는 전면적인 연구가 필요하다.

727, p. 69)은 수학적 사고의 시각적인 측면과 추상적인 측면을 언급한 바 있다. J. Wrigley(참고문헌 747)는 계산적인 요인(N) 또는 공간적 요인(S)의 역할을 연관 지어 적절한 학교 수학의 유형을 선정하였다. K. Strunz(참고문헌 702)는 영재성의 유형을 독특하게 분류하였다. 예를 들어 경험적인 유형과 개념적인 유형 등이 있다. 수학에 적용하면 전자는 개념적인 구성보다는 즉각적으로 시공간 관계를 식별할 수 있는 성향을 가진 쪽이고 후자는 연역적인 성향으로 이론가에 가까운 유형이라고 할 수 있다. V. Haecker와 T. Ziehen(참고문헌 596)은 3가지 유형들을 언급했다. 이 세 가지 요소는 시각적 요소의 우세, 추상적 요소의 우세, 그리고 두 가지 요소의 평형 상태이다.

소비에트 연구자들 가운데 Menchinskaya는 사고 과정에서 추상적인 요소와 회화적인 요소가 서로 연관되는 양상에 관심을 갖고 학생들이 문제를 각기 다른 방식으로 해결하는 것에 관한 연구에 몰두하였다. 그녀는 (1) 추상적 사고보다 시각적 사고에 (2) 시각적 사고보다 추상적 사고에 그리고 (3) 두 가지 방식의 사고에 모두 상대적으로 우세한 경향을 보이는 학생을 선발하였다(참고문헌 44, pp. 227~33). G. P. Antonova는 최근에 이와 비슷한 분류체계를 이용한 바 있다(참고문헌 30a).

많은 저자들은 대수학과 기하학 사이의 근본적인 차이가 두 과목의 성취도가 서로 낮은 연관성을 보이는 원인이라고 보고 있다. A. A. Bodalev는 대수학과 기하학을 익히는데 겪는 어려움이 각각 다르다는 점을 지적했다(참고문헌 46, pp. 99~100; 참고문헌 48, p. 107). P. M. Symonds(참고문헌 704)는 대수학을 잘하거나 못하는 것이 기하학의 성취도로 이어지지 않으며, 그 반대의 경우도 마찬가지라고 언급한 바 있다. Betz(478)는 대수학과 기하학의 성공 사이에 상관 계수를 계산하였는데 0.18로 매우 작았고, 반면 대수학과 연산 사이의 상관 계수는 0.76으로 밝혀졌다. Werdelin에 따르면 계산적인 요인(N)과 공간적인 요인(S) 사이의 상관계수는 0이다(참고문헌 727, p. 157).

그러나 우리의 연구에 따르면 분석형과 대수학에서 높은 성취도를 보이는 것 사이에 그리고 기하형과 기하학에서 높은 성취도를 보이는 것 사이에 연관이 있음에도 불구하고 제시한 분류는 학교 교과(대수학과 기하학)와 사고 유형의 관계로 단정 지어서 안된다. 분석형이 오직 대수학에서, 기하형이 기하학에서 두각을 나타낸다고 믿기는 불가능하다. 분석적 기질은 기하학에서도 나타날 수 있고 기하적 기질은 대수학에서도 나타날 수 있다. Hadamard에 따르면 기하 영역을 연구하는 사람들 중 일부는 분석형의 성향을 띄고 순수 분석학을 연구하는 사람들 중 일부는 기하형을 띤다(참고문헌 595).

34명의 유능한 학생들을 대상으로 한 우리의 연구에서 6명은 분석형, 5명은 기하형, 13명은 조화형의 첫 번째 변형, 10명은 조화형의 두 번째에 속한다. 이러한 분류는 매우 유능한 그룹을 대상으로 하였으나 피험자들이 너무나 어린 탓에 유형간의 전형적인 차이점이 명백히 드러나지 않아 매우 조심스럽게 실험이 이루어졌다. 그러므로 16명의 VC그룹 학생 중에서 7명만이(첫 번째 유형 4명, 나머지 세 유형 각각 1명씩) 분류되었다.

각각의 유형을 개별적으로 설명하기 앞서 모든 유형의 비교 평가를 매우 간결하게 해보도록 하겠다. 엄밀히 말하면 수학적으로 능력 있는 학생들 모두가 잘 발달된 언어적-논리적 요소를 갖추고 있었으며 시각적-회화적 요소가 얼마나 잘 발달되어 있느냐가 문제였다. 이러한 까닭에 언어적-논리적 요소보다 시각적-회화적 요소가 우위에 있다는 말은 매우 상대적인 의미에서만 가능한 것이다(정상적이고 건강한 사람이라면 소위 예술가 유형이라 불리는 사람의 경우에도 상위 신경계가 하위 신경계에 종속될 수 없기 때문에 제1신경계가 제2신경계보다 우선할 수 없다. M. M. Kol'tsova, 참고문헌 183 참고). 〈표 21〉은 각 유형의 일반적인 성향을 보여주고 있다.

우리는 각각의 유형을 더욱 자세하게 기술하고자 한다.

표 21. 수학적인 유형의 요약

종류	유형			
	Ⅰ 분석형	Ⅱ 기하형	Ⅲa 조화형	Ⅲb 조화형
학생수	10	6	14	11
언어적-논리적 요소의 발달정도	매우 강함	평균 이상	강함	강함
시각적-회화적 요소의 발달정도	약함	매우 강함	강함	강함
요소 간 관계성(잠정적)	언어적-논리적 요소우세	시각적-회화적 요소 우세	균형 상태	균형 상태
문제 해결 시 시각화 도구 사용	사용불가능하나 필요를 느끼지 않음	사용 가능하며 필요성을 느낌	사용 가능하나 도움이 되지 않음	사용 가능하며 도움이 됨
시리즈 XXIII의 문제를 어떻게 해결하는가[23]				
M_1과 M_2그룹	M	V	M	M
V그룹	M	V	V	V
A_1과 A_2그룹	M	V	M	V
공간적 개념	약함	매우 좋음	좋음	좋음

23) 기호에 대한 설명은 본문 참조(pp. 174~179).

분석형

우리는 기본 그룹의 피험자들 중에서 여섯 명을 분석형으로 분류하였다. 여기에는 매우 우수한 Ira S., Volodya Kh., Gilya Kh., Dima L.가 속해 있다. S. I. Shapiro의 피험자인 M과 P는 이 유형의 전형적인 사례이다.

이 유형에 속하는 전형적인 사람들의 미약한 시각적-회화적 요소의 발달에 비해 언어적-논리적 요소가 매우 잘 발달되어 있는 것이 그 특징이다. 이들은 추상적인 계획도 쉽게 다루며, 문제에서 주어진 수학적 관계들이 시각적 개념을 "제시"할 때조차도 대상이나 패턴을 시각화 하는 방법을 필요로 하지 않는다.

전형적인 이 유형은 시각적-회화적인 개념화 능력이 뛰어나지 않다. 그래서 이미지에 의지하는 것이 훨씬 쉬운 풀이 방법을 제공할 때에도, 더 어렵고 복잡한 논리적-분석적 풀이 방법을 사용한다. 추상적인 문제를 다루는 능력이 우수하지만 그들은 시각적인 형태로 표현된 문제들도 가능한 한 추상적인 수준의 것으로 바꾸려고 한다. 기하학적인 도식이나 그림과 관련된 조작보다는 개념의 분석과 관련된 조작을 더 쉽게 수행한다.

유능한 학생들이 시리즈 XXIII의 문제들을 푼 결과를 기초로 한 결과는 매우 시사적이다. 자세한 설명은 8장에서 논하기로 하고 여기에서는 간단하게 설명하려고 한다. 이 시리즈의 문제들은 시각화의 정도 및 문제해결 시 사고의 시각적-회화적 요소와 언어적-논리적 요소가 하는 역할을 기준으로 몇 개의 그룹(테스트)으로 나누어진다. V("Visual") 그룹에 속한 문제들은 시각적-회화적 방법을 사용하여 풀기에는 비교적 간단하지만, 그러한 방법을 사용하지 않으면 비교적 까다롭다. M_1과 M_2("Mental") 그룹에 속한 문제들은 완전히 머릿속에서 푼다. 이 문제들은 시각화된 이미지로 바꾸는 것은 상대적으로 어렵다. A_1과 A_2("Average") 그룹은 중간 위치에 있다. 각각의 그룹에는 여섯 문항씩 구성되어 있고 복잡한 정도에 따라 1번부터 6번까지 순서대로 배열되어 있다. 각각의 피험자의 성과를 기호들을 사용하여 격자의 형태로 제시하였다. (풀었을 경우: +, 풀지 못할 경우: − 시각적인 방법을 이용하여 풀 경우: V, 시각적인 방법을 이용하지 않고 풀었을 경우: M, 두 가지 방법으로 풀었을 경우: VM,) S. K.라는 학생의 격자인 〈표 22〉를 보자.

도표에서 분명히 알 수 있듯이 A_1과 A_2 그룹의 문제뿐만 아니라 V그룹에 속하는 문제들도 그림이나 다이어그램 등의 시각화 도구에 의존하지 않고 풀었다. 30개의 문제들 중에서 단지 3개에서만 시각화 도구들을 사용했고 그 중에서도 두 문제는 단순히 시각화된 이미지를 이용하여 푼 것이 아니라 양쪽 방법을 다 사용하였다는 것을 알 수 있다. 심지어 분석적인 풀이 방법이 시각적-회화적 방법보다 덜 합리적인 경우에도 분석적인 방법을 사용하였다.

표 22. 분석형의 전형적인 인물(S. K.라는 학생)의 개인 격자

문제	테스트				
	V	A_1	A_2	M_1	M_2
1	+ M	+ M	+ M	+ M	+ M
2	+ M	+ M	+ M	+ M	+ M
3	+ VM	+ M	+ M	+ M	+ M
4	+ VM	+ M	+ M	+ M	+ M
5	+ M	+ M	+ M	+ M	+ M
6	+ V	+ M	+ M	+ M	+ M

분석형에게서 공간개념(특히, 삼차원에서의 공간개념)이 덜 발달되어 있다. 이것은 시리즈 XXV에 문제들을 보면 확연히 드러난다. 분석적인 방법으로 인식할 수 있는 XXV-A-7번 문제는 모두들 상대적으로 쉽게 머릿속에서 해결했다. 그러나 9명 중 4명은 관련된 문제인 XXV-A-6번 문제를 풀지 못하였다. 이 문제는 완전히 공간개념에 기초하여 만들어졌다. 그 문제를 푼 다섯 명중 네 명은 여전히 분석적인 방법으로 해결하였다. 이러한 양상은 XXV-B 테스트(공간에서의 기하) 문제를 머릿속으로 푸는 과정에서도 관찰되었다. 예를 들어 모두들 XXV-B-3번과 XXV-B-15번 문제를 쉽게 풀었지만 XXV-B-16번 문제는 아무도 풀지 못하였다. 앞의 두 문제에서는 주어진 관계를 분석적으로 파악할 수 있지만 뒤의 문제에서는 그것이 완전히 불가능하다.

주어진 도형을 회전축과 회전을 이용하여 회전체로 만드는 문제를(회전체의 모양을 쉽게 시각화할 수 있음에도 불구하고) 이들은 그림을 그리지 않고 복잡한 식의 추론으로 해결하였다. S라는 학생의 추론과정은 다음과 같다. “직각 삼각형을 밑변에 수직인 변을 중심으로 회전 시킨다구? 생각해 보자… 꼭짓점은 회전하지 않지. 그리고 밑변에 수직인 변위에 있어. 밑 변 위에 있는 점들은 회전축에서 각기 떨어져 회전하겠지만, 계속해서 같은 거리를 유지할거야. 같은 거리니까 각각은 원주를 그리게 될 거고 전체적으로 보면 원이 될거야. 그러니까 아래는 원이고 맨 꼭대기는 점이라는 거지 그리고 회전시켰을 때는 빗변이 원과 꼭짓점을 연결할거야. 그러면 원뿔이네, 맞아요?” (전형적인 기하형인 사람들은 이런 문제를 “유치하다”고 한다. 그들은 단번에 회전체를 “보았다”. “여기에다 회전시킨 대로 그려요. 그러면 원뿔이 틀림없어요.”)

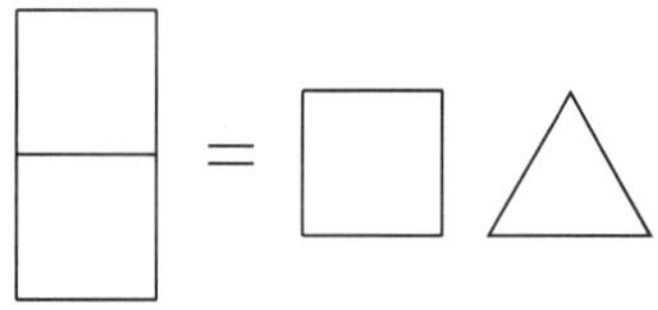

그림 68

분석형에 속하는 모든 피험자들은 시리즈 XXIV의 문제들을 예외 없이 그림보다는 말로 형식화하여 문제를 파악하였으며 문제들의 "언어로 된" 변형을 더 선호하였다.

분석형의 기질을 가진 피험자가 풀이한 문제 해결의 몇 가지 예를 살펴보자. "벽돌의 무게는 벽돌 반 개의 무게에 1kg을 더한 것과 같다면 벽돌의 무게는 얼마인가?" 라는 문제를 풀 때, 분석형에 속하는 어느 누구도 주어진 관계를 시각적으로 그려보려는 시도조차 하지 않았다. 그들은 추론으로 이 문제를 풀었다. 하지만 기하형의 전형들은 모두 그림을 그리거나(그림 68 참조), 또는 그림을 머릿속으로 구상하여 비누의 무게가 2kg이라는 것을 "보았다". XXIII-V-6번 문제의 풀이는 전형적인 예이다. 학생들은 일반적으로 이 문제를 분석적으로 풀기 시작하였고, 대개는 복잡한 문제와 추론에 빠져들게 되었다. 분석적인 방법으로 문제를 계속 풀다가 실험자의 제안에 따라 시각적인 풀이 방법으로 바꾸어 시계를 개략적으로 그렸으며 시각적인 방법에 의거한 추론을 하였다("그는 17:00시와 18:00시 사이에 일을 끝마쳤다. 그리고 처음 분침은 5와 6 사이에 있었다. 따라서 약 12시 28분"). 이것은 (고리의 다양한 단면의 모양을 찾는) XXV-B-10번 문제의 풀이에서도 똑같은 방법이 적용된다. "기하형"은 머릿속으로 단면을 자르고 그것의 모양을 이해하는 반면에, "분석형"은 복잡한 계산에 실패한 다음에야 비로소 그림을 그렸다.

Dima L.에게 이상한 일이 일어났다. 그는 다음의 문제를 머릿속으로 정확하게 풀었다. "삼각형 ABC에서 각 B의 크기는 46°이고 각 C의 크기는 66°이다. 꼭짓점 A를 지나고, 변 AB와 24°를 이루는 선분 MN을 그리자. 이때 선분 MN이 변 AC와 이루는 각의 크기를 구하여라." 나중에 실험자는 그에게 이 문제 상황을 그림으로 나타내도록 요구하였다. Dima는 문제의 조건과 풀이를 전혀 시각적으로 나타내지 않고 이미 이 문제를 풀었지만, 즉시 실험자의 요구에 응할 수가 없다는 것이 밝혀졌다.

S. I. Shapiro는 "극단"적인 분석형과 기하형의 전형적 사고 특징에 관한 흥미있는 자료를 모았다. 예컨대 "단일한 각의 사인과 코사인이 0이 될 수 있을까?" 라는 질문에 대해서 두 가지 상이한 대답이 거의 동시에 나왔다. "아니오. 제곱의 합이 1이 될 수가 없으니까요."(분석형 D), "아니오. 사인은 x축 위에 있을 때 0이 되고, 코사인은 y축 위에 있을 때 0이 되니까요."(기하형 Sh) Shapiro가 모은 자료를 보면 능력 있는 학생들 중

몇 명은 우함수, 단조함수, 각각의 역함수를 그래프로 표현할 때의 특징에 대해서 잘 알고 있었지만 이러한 성질을 이용하여 함수를 구할 수는 없었다. 반면 다른 학생들은 이런 종류의 함수에 대한 분석적인 정의는 암기하고 있지만, 함수들의 그래프 상의 성질을 이용하게 될 때에는 아무런 소용이 없었다. 그들은 로그 함수의 성질에 대한 상당한 지식과 그 성질을 적용하는 방법을 알고 있었음에도 불구하고, 이러한 성질들을 그래프에서 기하학적으로 해석하는 데에는 어려움이 있었다.

Kolmogorov는 다음과 같이 썼다. “가능하면 어디에서든지, 수학자들은 그들이 연구하고 있는 문제를 기하학적으로 눈에 보이는 것으로 만들고자 노력한다.”(참고문헌 180, p. 10). 분석형 학생들의 수학적 발달에 있어서 외관상 한 분야만의 발달로 귀결된다.

기하형

피험자들의 기본 그룹 중 5명이 기하형으로 유형으로 분류된다. Borya G.(VC 그룹)와 Shapiro의 학급의 몇몇 학생들(B, Sh, 그리고 또 다른 학생들)이 또한 여기에 속한다.

기하형의 대표적인 사고 특성은 시각적-회화적 성향이 잘 발달되었다는데 있고 그러한 사실이 잘 발달된 언어-논리적 성분을 지배한다고 가설을 세울 수 있다. 이러한 학생들은 추상적인 수학적 관계의 표현을 시각적으로 해석할 필요를 느끼고, 이 점에 있어 뛰어난 천재성을 보인다. 이 말은 그들이 종종 회화적 표현이 논리를 대신한다는 것이다. 그러나 만일 그들이 시각적 토대를 만드는 데 성공하지 못한다면 그들은 추상적 구조를 가지고 조작하는 데 어려움을 겪는다. 문제가 논리에 의해 쉽게 풀리고, 시각적 고안물의 사용이 불필요하고 어려울 때조차도 그들은 시각적 구조, 상, 개념들을 가지고 조작하고자 고집했다.

문제를 살펴보자. “정사각형의 각 변을 3cm 늘렸다. 그랬더니 그 면적은 39cm^2 늘어났다. 늘어난 정사각형의 변의 길이를 구하여라.” 이 문제는 능력 있는 6학년 학생들에게는 쉽다. 그리고 그들은 등식 $(x+3)^2-x^2=39$에 의해 몇 초 만에 문제를 푼다. 그러나 기하형 학생들은 대부분 더 복잡한 방식으로 문제를 풀었다. 처음에 그림을 그렸다. (그림 69 참조) 그 다음 그들은 그림을 사용하여 (그들의 설명은 선으로 표현) 다음과 같이 추론했다. “이것 x는 정사각형이어야 한다. 두 직사각형들 y는 30cm^{2}이어야만 하고, 각각은 15cm^{2}이어야 한다. 한 변은 3cm 따라서 또 다른 변은 5cm이다. 그러면 그것은 5이고, 그것은 8이 된다.”

이 학생들은 상(象, image)과 자료들의 관계를 쉽게 파악한다. 또한 분석, 정의와 관련된 조작들 보다 도형, 그림, 그래프의 분석과 관련된 조작을 더 쉽게 여긴다.

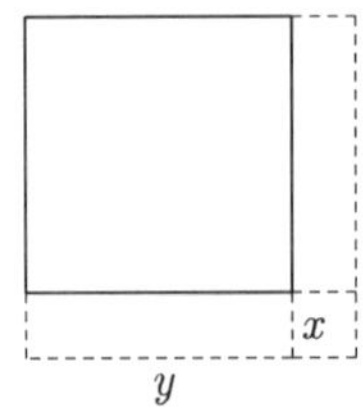

그림 69

표 23. 전형적인 기하형(S. Ruk.라는 학생)의 개인 격자

문제	테스트				
	V	A_1	A_2	M_1	M_2
1	+ V	+ M	+ V	+ V	+ V
2	+ V	+ V	+ V	+ V	+ V
3	+ V	+ V	+ V	+ V	– M
4	+ V	+ V	+ V	+ MV	+ MV
5	+ V	+ V	+ V	+ MV	+ M
6	+ V	+ V	+ V	해결못함	해결못함

기하형에 속하는 능력 있는 학생들이 푼 시리즈 XXIII의 문제들의 결과에 기초한 개별적인 결과들이 매우 중요하다(표 23 참조).

표 22에서의 분석적인 유형의 대표자들의 개별적인 결과들과 비교된다고 가정한다. 명백하게 A_1과 A_2에서의 문제들을 (A_1-1을 제외하고) 시각적, 회화적 수단에 의지하여 풀었을 뿐 아니라, M_1과 M_2의 문제들 대부분도 그렇게 풀었다. 시각적-회화적 수단의 적용이 어렵고 비실용적인 경우에도 시각적-회화적 수단이 사용되었다.

기하형의 대표자들은 공간 개념에서 매우 높은 발달을 나타내고 있다. 시리즈 XXV에서 (XXV-B-10과 XXV-B-11과 같은) 가장 복잡한 문제들조차도 머릿속에서 빠르고 정확하게 풀었다. 여기에서 학생들은 그들이 그 문제를 푼 것이 아니라 그들이 받은 질문이 시각화 되었다는 것을 강조하려고 애썼다.

시리즈 XXIV에서의 문제해결 결과는 흥미롭다. 언어 형식화와 그림을 대응시키는 것 사이가 불일치하는 상황에서(테스트 XXIV-B) 거의 모든 학생들이 그림으로부터 실마리를 찾았고, 그 결과 그들은 엄청난 실수를 했다. 실험자가 그들이 경솔하게 푼 문제들이 모두 틀렸음을 증명했을 때 그들이 겪는 혼란을 보아야 했다. "나는 그것을 알았다. 그러나 그 그림이 나를 속였다!"라고 그들은 한탄했다. 테스트 XXIV-C의 문제들에서 기하형의 모든 피험자들은 주저 없이 문제의 시각적 변형을 다루기를 더 좋아했다. 언어적 변형이 주어지면 재빨리 자료를 그림의 언어로 바꾸었을 것이다.

앞에서 언급한 것처럼 "기하학자" 학생들은 문제를 시각-회화적 수준으로 전이하려는 시도에서 뛰어난 발견의 천재성을 보였고, 시각적-회화적 방법으로 관계와 함수적 종속관계를 나타낼 수단을 찾는데 무궁무진함을 보였다. 이 점에 있어 그들의 잠재력이 무한히 많다는 것이 입증되었다.

여기에 기하형이 문제 XXIII-M_1-4를 어떻게 풀었는지(6학년인 D. D.의 풀이) 살펴보자. 먼저 그림을 그렸다(그림 70 참조). 그 뒤 짧은 추론을 했다. "2 = 미지수의 7/12. 캐프탄(터키인의 옷)의 가격은 4루블 80코펙이다."

그리고 여기에 그들이 문제 XXIII-M_2-2를 어떻게 풀었는지(9살인 Borya G.의 풀이. 그림 71 참조) 살펴보자. "우리는 길이 5인 작은 부분이 아래에 생기도록 두 번째 선을 아래로 움직인다. 그러면 위에도 길이 5인 부분이 있을 것이다. 그는 5분 늦게 떠났다. 그는 5분 일찍 도착할 것이다. 그리고 그는 그의 동생을 절반에서 따라잡을 것이다."

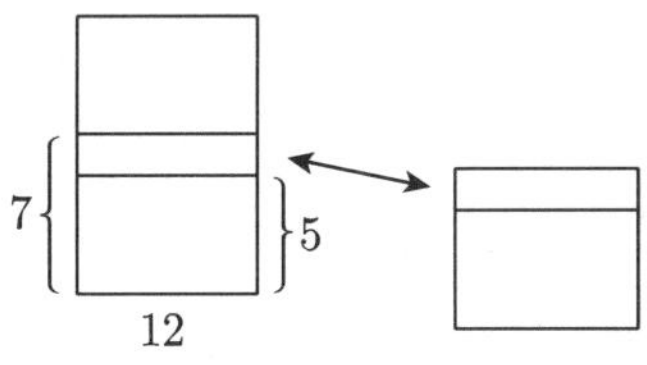

그림 70

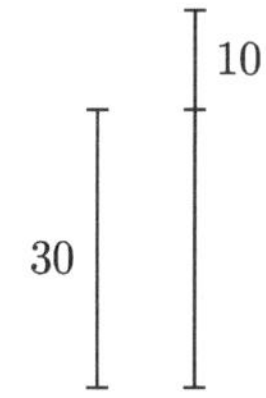

그림 71

마지막으로 (6학년인) D. L.이 다소 복잡한 문제를 보통 연립 방정식을 만들어 푸는 것을 살펴보자(그림 72 참조).

"현재 내 나이는 과거의 동생 나이의 두 배이다. 그때 내 나이는 현재 동생의 나이와 같다. 우리 나이의 합은 63이다. 우리 각각은 몇 살인가?"

"Bx는 우리 나이 차이이다. 내가 Ax이고 동생은 Cz이다. $Cz = AB/2$(조건에 의해), 그리고 $Ay = AB/2$. 그런데 $Bx = Dz$. 그것은 $By = 2Bx$임을 뜻한다. $AB = 4Bx$; 그리고 $CD = 3Bx$. 63세 = 7부분. $Bx = 9$살. 답은 36세와 27세."

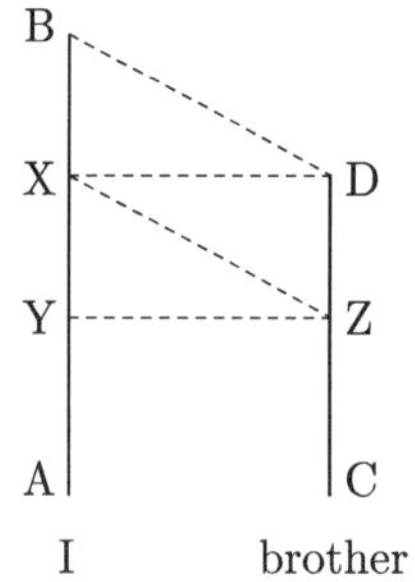

그림 72

추상적인 수학적 문제에 대해서조차도 생생한 시각화를 하고자 노력하는 중에 능력 있는 학생들(특히 능력 있는 상급 학년 학생들)은 때때로 독특한 "발견들"에 도달했다. 페르마의 대정리($n > 2$이면, 임의의 양의 정수 a, b, c에 대하여 등식 $a^n + b^n = c^n$은 불가능하다.)에 대해 읽은 후에, D는 "즉석에서" 기하적인 해석을 했다:

$a^1 + b^1 = c^1$은 가능하다: c는 두 선분의 합이다.

$a^2 + b^2 = c^2$는 가능하다; c는 직각 삼각형의 빗변이다.

등식 $a^3 + b^3 = c^3$이 불가능함은 기하학적으로 무엇을 의미할까? D는 다음과 같은 해석을 고안했다: 한 정육면체의 체적이 다른 두 정육면체의 체적의 합과 같은, 각 변의 길이가 정수인 세 정육면체는 존재하지 않는다(Shapiro, 참고문헌 434).

학생들에게 문제를 주었다. "임의의 복소수 x, y에 대하여 다음을 증명하여라: $|x+y|^2 + |x-y|^2 = 2[|x|^2 + |y|^2]$"

기하형의 능력 있는 학생들은 즉시 이 등식에서 평행사변형 대각선들의 제곱의 합에 대한 정리를 보았다. 기본적으로 사용된 모델은 두 복소수의 합과 차의 절댓값들의, 벡터들로 구성된 평행사변형의 대각선들로서의, 기하학적인 개념이었다. "복소수는 벡터로 간주될 수 있다. 그러면 벡터의 합의 절댓값으로서의 $|x+y|$는 벡터들로 구성된 평행사변형의 대각선이다."(학생 S; Shapiro, 참고문헌 435, pp. 229~30 참조)

수열의 극한을 수업에서 배웠다. 극한 "이상을 지나는(pass beyond)" 수열의 부류에서 한 예가 주어졌다. 많은 학생들이 깜짝 놀랐다. 그들은 무한소의 개념과 수열의 극한의 개념을 지금 막 배웠다. 그러나 학생 Sh는 시각적 해석을 발견했다. "그것은 분명하다…. 그것은 극한 이상을 지난다. 매우 많은 경우에. 운동이 멈추지 않는 진자(振子, pendulum)처럼 … 아니, 진자와 꼭같지는 않다. 진자는 결국에는 멈춘다. 그러나 여기에서 그것은 0 이상을 지나고 동시에 무한히 0에 계속 접근한다."

문제 "주어진 두 수 a와 b의 최대공약수(GCD)와 최소공배수(LCM) 사이의 관계를 발견하여라"를 푸는 데 있어서, 학생 B는 "시각화하기 위하여" 수들의 곱셈과 나눗셈을 선분들의 길이의 덧셈과 뺄셈으로 대치하는 독창적인 고안물을 사용하였다. 그녀의 추론은 다음과 같다. "우리가 한 튜브를 직경이 다른 또 다른 튜브 안에 넣는다면(각 튜브는 수를 표현한다) 그들의 길이를 나타내는 수들의 GCD는 이 튜브들의 공통 부분으로 생각될 수 있고, LCM은 결과적인 튜브의 전체 길이로 생각될 수 있다(그림 73을 보라). $x+y=a+b$, 그리고 곱셈이 덧셈에 의해 대치되었기 때문에, 우리는 다음을 얻을 수 있다. $\text{GCD}(a,\ b).\ \text{LCM}(a,\ b)=ab$."

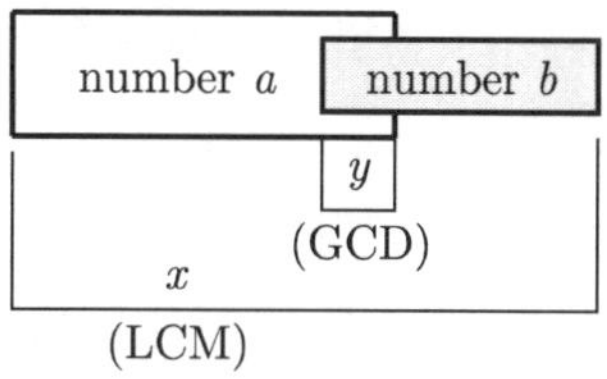

그림 73

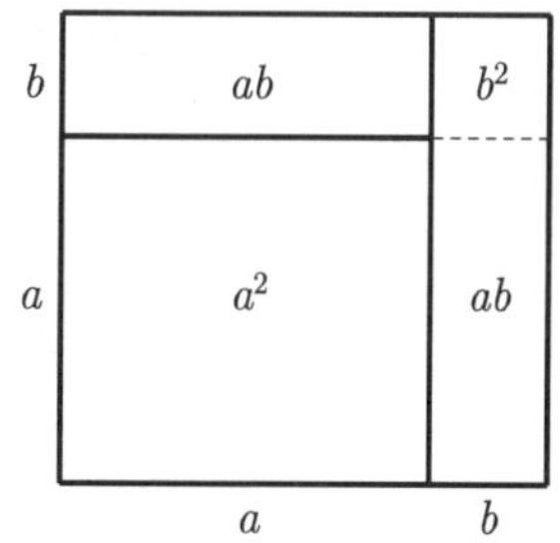

그림 74

다음과 같은 경우를 많이 발견하였다. 명확한 함수적 종속관계나 공식은, 그가 그것에 기하학적 해석을 줄 수 있었을 때에만, 피험자에게 진정으로 분명하고 확실한 것이 되었다. 6학년 학생인 S. R.은 간단한 곱셈 공식 인 "두 수의 합의 제곱"에 익숙하게 되었을 때 그녀는 그것을 기하학적으로 해석하려고 노력했고 아래의 그림을 그렸다(그림 74 참조). "이제 나는 여기서 그 공식을 정말로 보고 이해했다!"라고 그녀는 만족해하며 말했다.

나중에 그녀는 비록 그것이 복잡한 방법이라 하더라도 다른 공식들을 모두 (예를 들어 두 수의 합의 세제곱과 두 수의 차의 세제곱의 경우에 그녀는 복잡한 입체 기하의 그림을 그려야만 했다.) 기하학적으로 해석했다.

다음과 같은 질문이 이어진다. 만일 수학적 자료를 일반화하는 능력과 요구, 일반화된 기억이 수학적으로 능력 있는 학생들의 기질 안에 들어있다면 기하형인 학생들이 시각적-회화적 구조에 "고정되고" 시각적-회화적 패턴을 사용하여 생각하는 것은 장애(obstacle)인가?

물론 어느 정도 그것은 장애라고 할 수 있다(그러므로 우리는 이 유형의 학생들의 수학적 사고에서의 어떤 한정된 성질에 대해 말한다). 그러나 단지 어느 정도로만! 이 학생들에게 사용된 그래픽 구조는 구체와 추상의 독특한 종합이다. M. E. Botsmanova가 지적한 것처럼(54) 그래픽 구조는 시각화의 지극히 추상적인 형태이다. 수학적 관계들의 그래픽 표현은 추상화되고 일반화된다. 비록 그것은 시각화의 명확한 유형을 구성하지만 그것의 시각화와 구상(具象)은 여전히 특별하고 상대적이다. Botsmanova는 그래픽 구조 같은 그림에서 시각적 상으로의 구조화와 일반화가 일어난다는 것을 설득력 있게 보였다. 그러한 시각적 상으로 생각을 뒷받침하는 것은 심지어 그러한 시각적 상에 생각을 "매는 (binding)" 것조차도 일반화된 사고를 방해하지 않는다. 그러한 경우에 이 상은 어떤 의미에서 추상적인 개념의 의미와 개념의 "사자(使者)"이다. "기하학자" 학생들은 일반 평면의 문제를 해석할 요구를 느낀다. 그러나 그들에게는 이 일반 평면은 그러한 상들에 의해 뒷받침된다. 이것에서 능력 없는 학생들에게 시각적 이미지는 실제로 사고를 속박하고 그것을 구체적인 평면으로 밀어 넣고 일반적인 형태로 문제를 해석하는 것을 방해한다는 점에서 다르다.

물론 능력 있는 "기하학자" 학생들에 의해 사용된 모든 시각적-회화적 구조가 비교적 일반화되는 것은 아니다. 매우 특별한 구체적인 시각적 상들도 있다. 물론 이 경우에 그것들은 사고의 일반화에 부정적인 영향을 미칠 수 있다.

이제까지 말한 모든 것은 "기하학자" 학생들의 기억과도 관계된다. 그들은 회화적인 자료를 훨씬 더 빨리, 쉽게, 영구히 기억한다. 언어적-논리적인 자료를 기억할 때 그들은 시각적인 상에 일반적인 것을 "붙이려고" 노력하고, 일반적인 것을 그들의 기억 속에서 이런 형태로 기억해 둔다. 가장 능력 있는 기하학자들에게 있어서 기하학적 자료의 기억은 "시각적으로 일반화된" 특징을 가졌다. 예를 들어 그들은 전체 기하학적 그림뿐만 아니라 그것의 일반화된 구조도 기억했다. 예를 들어 Mordukhai-Boltovskii는 많은 수학자 "기하학자들"의 일치하는 능력은"기하학자의 공간 기억력은 시각 기억력이 아니다. 그는 그림의 시각적 상을 기억하지 않는다. 단지 선과 면, 또는 그 부분들의 상호 위치만을 기억한다."(참고문헌 300, p. 528)라고 썼다.

조화형

우리가 연구한 능력 있는 학생들의 의미 있는 다수(기초 그룹의 34명 중 23명)가 이 유형에 속하였다. 언어적-논리적 요소가 주도적인 역할을 하는 가운데, 잘 발달된 언어적-논리적 요소와 시각적-회화적 요소가 상대적인 균형을 이루는 것은 그들에게 전형적이다. 이 유형의 전형들은 공간개념이 잘 발달하였다. 그들 모두는 시리즈 XXV에 나오는 문제들을 훌륭하게 잘 처리하였다. 그들은 추상적인 관계를 시각적으로 해석하는 데 매우 재능이 있었지만 시각적인 이미지와 도식을 언어적-논리적 분석에 종속시켰다. 시각적인 이미지를 가지고 조작을 할 때, 이 학생들은 특별한 경우들이 일반화의 내용을 다 꺼내 보이지는 않는다는 것을 보여준다. 그들은 많은 문제를 풀 때 분석적인 접근과 기하적 접근 모두를 훌륭하게 수행한다.

예를 들면 Shapiro는 학생들에게 다음의 문제를 제시하였다.

"$a^2+b^2=c^2$; a, b, $c>0$. a, b, c의 관계에 대해서 무엇을 말할 수 있는가?" 조화형에 속하는 많은 능력 있는 학생들은 해답에 대한 분석적인 접근과 기하적인 접근을 하였다.

1. $a^2+b^2=c^2$, $a^2+b^2+2ab=c^2+2ab$, $(a+b)^2=c^2+2ab$, $(a+b)^2>c^2$, $a+b>c$.
2. a, b, c는 직각 삼각형의 세 변이다. 따라서 $c<a+b$.

분석형 학생들은 첫 번째 가능성만을 주목하였고, 기하형 학생들은 두 번째 가능성에만 주목하였다.

우리는 조화형을 두 가지 변형의 관점에서 관찰하였다. 근본적으로 둘 사이의 차이점은 다음과 같다. 잘 발달된 언어적-논리적 요소와 시각적-회화적 요소가 균형을 이룬 상태에서 시각적-회화적 방법을 사용하지 않고 사고 조작을 하려는 경향을 변형 A로 구분하였고 반면에 시각적-회화적 도식을 사용하여 사고 조작을 하려는 경향을 변형 B로 구분하였다. 따라서 우리는 추상적-조화(abstract-harmonic)특수형과 회화적-조화(pictorial-harmonic)특수형에 대해서 이야기하기로 하겠다. 두 특수형의 전형들은 수학적인 관계를 시각적-회화적 방법으로 똑같이 잘 나타낼 수 있긴 하지만 전자는 그렇게 할 필요성을 느끼지 못하고 또 그렇게 하려고 노력하지도 않는 반면에 후자는 풀이 과정에서 시각적-회화적 방법의 필요를 느끼고 종종 그래프 도해에 의존한다. 이런 종류의 도움은 전자에게는 거의 소용이 없지만 후자에게는 풀이 과정을 간단하게 해준다. 필요에 따라 전자도 시각적인 이미지의 도움에 의지할 수 있으며, 후자도 시각-회화적 모델의 도움을 받지 않고 문제를 풀 수 있다. 수학적인 자료를 분석할 때 전자는 언어-논리적 형식화에서 시작하기를 좋아하고 후자는 시각-회화적 특징에서 시작하기를 더 좋아한다. 예컨대 우리가 철저히 연구했던 매우 재능있는 학생들 중 Sonya L.는 첫 번째 특수형에 속하고 Volodya L.는 두 번째 특수형에 속한다(둘 다 9세에서 11세 때).

이 두 변형들 사이의 차이점은 시리즈 XXIII에 있는 문제들의 격자를 보면 쉽게 눈에 띈다. 우리는 소냐와 볼로댜의 개인 격자(표 24와 표 25)가 의미하는 것이 무엇인지를 설명하고자 한다(실험은 1959~60년에 행해졌고 시리즈 XXIII의 단순화된 변형을 사용하였다).

추상적-조화 특수형(subtype)의 어떤 특징을 이해하기 위해 Sonya L.의 문제 풀이의 특징을 묘사해 보겠다. Sonya는 공간 개념의 발달이 두드러지게 탁월하다. 그러나 공간 개념이 요구되는 문제를 충분히 성공적으로 풀 수 있음에도, 공간개념이 요구되는 문제를 좋아하지 않는다. 예를 들어, 그녀는 다음과 같은 더 복잡한 문제를 포함하여 적당한 시리즈(XXV)의 가장 다양한 문제를 정확하고 빠르게 풀었다. 연필의 한 끝을 고정시키고, 다른 한 끝으로는 공간에서 가능한 모든 위치를 움직인다. 이 연필 끝이 그리는 표면

표 24. 추상적-조화 특수형의 개인 격자(Sonya L., 시리즈 XXIII의 과업)

문제	테스트				
	V	A_1	A_2	M_1	M_2
1	+ MV	+ M	+ M	+ MV	+ M
2	+ M	+ M	+ M	+ M	+ M
3	+ V	풀지 못함	+ M	+ MV	+ M
4	+ VM	+ M	+ VM	+ M	풀지 못함

표 25. 회화적-조화 특수형의 개인 격자(Volodya L., 시리즈 XXIII의 과업)

문제	테스트				
	V	A_1	A_2	M_1	M_2
1	+ V	+ MV	+	+ V	+ MV
2	+ VM	+ V	+ V	+ VM	+ V
3	+ V	풀지 못함	+ V	+ V	+ MV
4	+ V	+ V	+ VM	+ VM	풀지 못함

은 무엇인가? (정답은 구면, 소요시간 3초) 공간에 두 개의 직선이 주어져 있다. 두 직선이 다음과 같이 사영될 때, 두 직선의 공간에서의 위치는 어떠한가? (a) 직선과 직선 밖의 한 점; (b) 두 평행한 직선 (소요시간은 각각 6초, 9초)

여기서 Sonya L.의 또 하나의 특성에도 주목해야한다. 문제에서 "암시"를 하더라도, 그녀는 문제 전체를 해결하는 데에 시각적 이미지에 의존할 필요가 거의 없었다. 그녀가 단순히 문제 해결에서 시각적 이미지에 의존할 수 없어서라고 밝혀질지도 모르지만, 그렇지 않다고 확인되었다. 우리가 그녀에게 특별히 문제를 시각화하고, 이미지에 의존하여 해결해야하는 대상을 제시했을 때, 그녀는 압도적인 대부분의 경우에서 과제를 성공적으로 다루었고, 심지어는 이것과 관련하여 큰 재능을 자주 보여주었다.

그런 후 우리는 아마도 Sonya가 연필과 종이의 도움에 의지하지 않고 항상 사용하는 생생한 시각적 개념(직관적 본성)을 가지고 있을지도 모른다는 가정을 했다. 하지만 이어지는 관찰은 이것을 반박하였다. Sonya는 자신에게 해결 과정을 "유도"하며 어떻게 문제를 그래프로 "해석"하는지 관찰하는 것에 주목하는 것을 마지못해 보았다. 그녀는 명백히 "예의상" 바라보았고, 때때로 살짝 고개를 돌리고 허공을 응시하며 문제를 계속 풀었다. 우리가 그녀에게 왜, 그리고 언제 문제를 그래프로 "해석"하는 법을 알았는지 묻자, 그녀는 여전히 이 방법을 사용하는 것을 선호하지 않았다. 그녀는 그것이 그녀에겐 "훨씬 더 쉬워서" "이 방법에 이골이 난다"고 대답하였다. 이것은 그녀의 실험 문제 풀이를 분석하는 것으로 확실해졌다. 때때로, 그녀는 시각적인 도움 없이 다음과 같은 문제도 해결하였다. "직각 삼각형의 두 예각의 이등분선이 이루는 각의 크기는 얼마인가?" 문제 상황을 그려보지도 않고, 옆을 보고 잠깐 생각한 뒤에 이렇게 말했다. "더해서 90°가 되는 두 각의 절반은 45°이고 2d에서 45°를 빼면 135°가 된다." 명백히, 그녀에게 논리나 추론은 시각적인 이미지의 도움을 대신한다. 그녀는 추상적인 도식의 조작을 어려워하지 않았고, 그래서 그것들을 시각적 이미지와 "연결할" 필요성을 느끼지 않는다.

보통 아동들이나 특히 수학에 능력 없는 많은 아동들도 문제 해결에서 시각적 도식에 의존하지 않지만, 그것은 그들이 어떻게 하는지 몰라서이기 때문이다. Sonya는 그럴 필요를 못 느끼는 것이다.

나이가 들수록, (모든 유형에 대하여) 이러한 유형학적 차이들은 더 뚜렷해지고, 더 선명해지며 더 확연해진다. 우리는 우리가 뽑았던 이 유형들이 학령기에서 나타나는 유형임을 강조한다. 물론, 이것들은 성인 수학자들에게서 관찰될 수 있는 수학적 능력의 가능한 개인차와 유형학적 차이의 다양성을 규명하지 않는다.

우리가 다른 요인에 기초한 유형을 만들려고 하지 않았다는 것도 언급되어야 한다. 예를 들어, 능력 있는 아동들은 수학 자료를 파악하는 속도가 다르다고 알려져 있었다. (이런 구분은 심지어 인정받는 수학자들과 저명한 전문가들 사이에서도 관찰된다. 우리는 Hilbert가 새로운 아이디어를 숙달하는 데에 매우 느렸다는 것을 알고 있다.)

우리는 계산 능력의 발달에 근거한 유형은 만들려고 시도하지 않았다. 비록 이 분야에서의 굉장한 개인차가 학생들 사이에서 뿐만 아니라 저명한 학자들 사이에서도 마찬가지로 관찰되었음에도 불구하고 말이다.: Gauss와 Euler는 일류의 계산가였고, Andre Ampere는 어린 나이에 계산 능력을 나타냈지만, 후에 잃어버렸다. Poincare는 자신에 대해 이렇게 썼다. "나는 내가 덧셈을 할 때마다 분명히 실수를 한다는 것을 부득이하게 고백한다."(498)

우리가 정했던 유형들은 명백히 일반적인 의의를 갖는다. 이러한 유형들의 존재는 다른 많은 연구에서도 확인되고 있다. Kalmykova는 수량사이의 관계를 시각적으로 개념화하는 능력에서의 개인차에 주목하였고(참고문헌 154), Yakimanskaya는 기하를 배울 때 몇몇 아동들은 언어적 자료를 분석하는 것이 쉽다 하고, 다른 아동들은 시각적 자료가 더 쉽다고 하는 것을 알아냈다. "몇몇 아동들은 다이어그램을 분석하는 것을 어려워하였지만 문제 상황을 분석하는 것은 쉽게 하였다. 다른 아동들은 그 반대였다. … 하지만 다른 아동들은 문제 상황과 다이어그램 모두를 쉽고 빠르게 분석할 수 있다."(참고문헌 470) E. Sh. Basyrova(37)는 어떤 아동들은 그림을 그릴 때 말로 지정된 기호를 지향하고, 다른 학생들은 시각적인 기호를 지향하는 것에 대해 썼다. L. N. Landa(참고문헌 238)는 개념 분석과 관련된 조작으로 각각 다른 학생들에게 야기되는 어려움을 알아냈다.

수학적 능력의 구조에서 나이의 기능

Piaget의 초기 연구에 기원을 둔 아동의 수학적 발달에 있어 나이에 대한 견해는 현재까지 외국의 심리학에 널리 퍼져오고 있다. 우리가 아는 대로, 당시에 Piaget는 12세의 아동만이 추상적인 사고를 할 수 있게 된다고 믿었다(493a). 청소년기의 수학적 추론 발달 단계를 분석한 L. Johannot은 12~13세 아동들까지는 시각적으로 추상적인 수준의 생각을 하고, (연산과 기호의 숙달과 관련된) 형식적인 대수 수준의 생각은 17세가 되어야 형성된다고 결론지었다.

F. Hotyat도 1956년의 연구에서 11~12세의 아동만이 수학에서의 추상 능력을 보여주기 시작하고, 추상적인 형태로 추론하기 시작한다고 주장했다.

소비에트 심리학자들에 의해 행해진 연구는 이미 언급된 것처럼 완전히 다른 결과를 산출하였다. P. P. Blonskii는 청소년기(11~14세)의 일반화와 추상화의 점진적인 발달과 증명을 이해하고 만들어 내는 능력에 대해 썼다.

최근에 A. V. Skripchenko(참고문헌 375)와 O. Ya. Likhacheva(참고문헌 206), A. A. Bodalev(참고문헌 46, 48), L. N. Prokolienko(참고문헌 372)의 연구들을 포함하여 아동의 수학에 대한 나이의 특성을 조사한 수많은 연구는 기하 문제를 해결하는 데에 청소년과 상위 학년의 아동들의 추론에 어떤 특징이 있다는 것을 알아냈다. Prokolienko는 개인차를 무시하고 나이의 한계가 '엄격'하다고 명백하게 정의하였다. 6학년은 문제해결에 있어 재생적 접근을 보여주고, 7학년은 창조적인 접근을 보여준다. 9학년은 귀납적인 방법으로 추론하고, 추론할 때 어떤 연결고리도 제외하지 않으려고 노력하는 등 구체적으로 사고 한다. 반면에 10학년은 종종 연역적인 방법을 사용하고, 간략화 된 형태로 추론하려고 노력한다. 그러나 이러한 날카로운 구분에 동의하는 사람은 거의 없다.

수학적 능력에 대한 우리 연구의 범위는 전체 학교 교육 기간 동안 최저학년에서 최고학년 나이의 수학적 능력 구성요소의 발달에 있어 나이 차에 대한 조사를 포함한다. 우리는 수학적 능력 구조에 있어 나이차, 즉 학교 수업의 영향 아래에 있을 때, 저학년, 중학년, 고학년의 다른 나이 범주에서 구성요소 발달의 특별한 징후에 대해 연구하였다.

어린 학생들, 특히 1, 2, 3학년 학생들에 대해 수학적인 능력이란 어디까지 확장시킬 수 있을까? 하는 의문이 생긴다.

우리의 감독과 I. V. Dubrovina에 의해 실시 된 연구는 이 질문에 대하여 다음과 같은 입장을 제시한다. 물론 특별한 재능이 있는 경우를 제외하고, 정확히 말하면, 이 나이에서는 발달된 수학적 능력의 구조에 대해 어떤 것도 말할 수 없다. 그러므로 "수학적 능력"의 개념은 8~10세의 어린 아동들에게 적용할 때에는 다소 잠정적이다. 그리고 이 나이에 대해 수학적 능력의 구성요소를 조사하는 것은 단지 그러한 구성요소의 기초적인 형태의 문제뿐일 것이다. 그러나 개인의 수학적 능력의 구성요소들은 심지어 아주 저학년에도 형성된다. 우리가 구분한 "기본적인(rudimentary)"나 "미발달의(embryonic)" 형태의 구성요소는 2학년 학생에게서도 2학년에서 4학년까지 학교 수업을 하면서 그동안 놀랄만한 발전을 통해 개인적으로 관찰될 수 있다.

그리고 이러한 기본적인, 미발달의 징후는 완전하게 자연적이다. 6~8학년에 다소 형성 된 "학교" 수학적 능력의 구조가 더 어린 학령에로 "투영"된다고 확신하기는 어려울 것이다. 게다가, 여기에서는 아동들 전체의 문제가 아니라, 우리는 수학적 활동을 다른 아동들보다 더 성공적으로 수행하는 가장 능력 있는 아동의 수학적 능력을 연구하고 있다. 하지만, 나이차에 관한 우리의 연구에서(Sonya L., Volodya L. 등과 같이), 그들 나이의 일반적인 설명에서 “제외되어” 특별히 배재된, 특히 재능 있는 아동들에 의해 이끌어질 수는 없다. 물론, 수학적 능력의 발달에서 나이차는 평균적이고 능력 있는 아동들을 기본으로 연구되었다. 여기서 우리는 (특히 가장 강하고 가장 약한 아동들이 비교된다면) 나이 범주 안에서 개인차가 매우 중요함이 드러났다는 것을 언급해야 한다.

우리는 수학적 능력의 발달 특성을 나이와 “엄격하게” 맞추려고 애쓰지 않았다. D. B. El’konin, V. V. Davydov, L. V. Zankov, 그리고 A. V. Skripchenkod 등의 연구가 보여주듯이, 교수 내용과 방법이 달라지면, 어린 아동에게 이러한 특징의 현저한 변화가 더 넓은 한계에서 가능하다.

심리학 연구소에서 (El’konin과 Davydov) 우리 동료들에 의해 수많은 학교에서 행해진 실험적 교수는 특별한 교수 방법을 통해 어린 아동들은 보통의 사고보다 훨씬 더 큰 추상과 추론의 능력을 받아들인다고 보여준다. 그러나 아동의 나이 잠재력이 교수 상황에 크게 의존하고 있음에도 불구하고, 교수에 의해 완전히 “창조 된다”고 믿는 것은 잘못된 것이다. 그러므로 이 사안의 극단적인 관점은 자연적 정신 발달은 예측 가능한 것이 없다고 믿었던 G. P. Shchedroviskii(참고문헌 459)가 표현한 것처럼 옳지 않다.

현존하는 교육 체제보다 더 효과적인 체제는 전 과정을 “압축할 수 있다.” 그러나 발달 과정을 어느 정도 바꿀 수 있지만, 발달선상에서 완벽히 다른 특성을 줄 수 없다는 어느 정도의 제한점을 갖는다. 그 과정은 임의적으로 될 수는 없다. 예를 들어, 복잡한 수학적 관계를 일반화하는 능력은 쉬운 수학적 관계를 일반화시키는 능력보다 먼저 형성될 수 없다.

그러므로 우리가 이야기하는 수학적 능력의 발달에서 나이 차는 어느 정도 불확실한 개념이다. 사실, 우리의 과제는 일반적인 경향, 즉 교수 영향 하에서 수학적 능력 구조의 기본적인 구성의 발달의 일반적인 방향을 조사하는 것으로 이루어져있다. 단지, 마음 속에 현대의 교수 수준을 규정하는 것으로 아동의 나이에 따른 발달 수준 또는 개인적 단계를 임시로 관련시킬 것이다.

수학적 능력의 발달에서 나이차에 대한 우리의 분석은 다음의 변인들에 따라 행해졌다. (1) 수학 자료의 형식화된 인지, (2) 수학 자료의 일반화, (3) 단축된 수학적 질적인 사고-수학적 활동 중에 간략화 된 구조로 생각하려는 경향 (4) 정신적 과정의 유연성 (5) 문제 해결에서 경제성을 위한 정신적 노력 즉 “우아함”을 추구하려는 노력 (6) 수학적 기억. 일반적으로 이 설계는 우리의 수학적 능력의 구조에 대한 개념과 일치한다. 각 구성요소의 발달에서 나이차에 대한 조사는 단지 가장 명백하고, 가장 명확한 형태에서 발달 과정을 나타내기 위해 수행되었다. 물론 실제 사실에서는 분리할 수 없게 서로 관련된 구성요소의 완전한 복합체로 발달된다.

위에서 언급된 것에 부합하는 수학적 능력의 구성 요소의 나이 발달에 대한 분석은 다음과 같다.

저자는 그 자신의 연구에 추가하여, 그의 감독 하에 I. V. Dubrovina(참고문헌 122)와 S. I. Sapiro(참고문헌 435)에 의해 행해진 연구에서 가져온 자료도 이용하였다.

수학적 자료의 형식화된 인지

"미발달된" 형태에서 이 구성요소는 2, 3학년부터 나타나기 시작한다. 교수 영향 하에서 매우 우수한 아동들은 문제의 조건에 대한 이해를 구하려는 경향과 그 정보를 비교하려는 경향이 발달한다. 각각의 수량뿐만 아니라 그 수량들 사이의 관계에도 관심을 갖기 시작한다. 반면에 능력이 부족한 아동들은 문제의 개별적이고 구체적인 요소가 서로 관련이 없다고 인지하고, 문제를 읽은 직후에 문제의 의미를 곰곰이 생각해보거나 기본적인 관계를 분할해보려 하지 않고, 주어진 모든 숫자로 여러 연산을 시작한다. 능력 있는 아동들은 문제의 조건을 인지할 때에 조건들 사이의 관계를 발견하고, 개별적인 지표와 수량을 연관 지으려는 뚜렷한 욕구를 가진다. 이 과정은 다소 어느 정도 시간이 "지연"되기 때문에 "즉시" 관계를 완전히 이해하는 것은 관찰되지 않는다. (혹은 가장 간단한 문제에서나 가장 능력 있는 아동들에게서만 관찰된다.)

우수한 아동들은 점차 문제에서 특정한 수량 사이의 관계를 파악하기 시작한다. 그러므로 그들은 종종 연관된 구체적인 대상들에게 큰 중요성을 두지 않는다. 때때로 그들은 언급된 대상의 이름을 혼동하기도 한다. 능력이 부족한 아동들은 특정 대상의 정확한 이름을 계속해서 알고 있다. 그들은 문제에서 수학적인 관계를 보는 것이 아니라 단지 무언가 해야 될 것 같은 구체적인 대상을 본다. 2학년인 Vera Ya는 포플러나무에 대한 문제를 풀고 있었다. 연구자가 의도적으로 몇 차례 포플러를 "나무"라고 부르자, Vera는 미심쩍게 그를 쳐다보고, 여러 번 고쳐주고, 혼잣말로 포플러에 대해 말했다. 이와 같은 일이 문제를 만드는 데에서도 관찰 된다. 능력이 부족한 아동들은 대상 내용을 먼저 설정한다. ("나는 사과에 대한 문제를 만들 거야.") 그런 뒤에 수학적 관계를 채택하는 데에 어려움을 겪는다. 수학적으로 능력 있는 아동들은 관계를 먼저 설정한다. ("나는 '대소 관계'에 대한 문제를 만들 거야.") 그런 뒤에 그것들을 "대상화"한다.

관계 계산에서 능력 있는 아동들과 평균 아동들의 다수는 2, 3학년 때부터 해결에 무엇이 필요한지 구별하고, 어떠한 수량이 빠져 있고, 어느 것이 필요 없는 지 알아내는 등

자료를 구별 짓기 시작한다. 문제의 조건 사이에 초기 방향 설정 과정이 점차 단축되기 시작한다. 문제를 파악하는데 "단축된" 특성은 더 쉬운 문제의 해결에서 더 명백하게 보인다. 더 쉬운 문제는 조건이 적어 전체의 관계를 즉시 파악하기 쉽다는 것을 의미한다. 문제를 인지하는데 "단축"하려는 경향은 2~4학년에서 강화된다.

Dubrovina는 4학년의 매우 우수한 아동들이 문제의 조건들을 뚜렷이 분석-종합적으로 인지하려는 명백한 경향을 관찰하였다. 그들은 개개의 요소뿐만 아니라 특유의 "의미 있는 수학적 구조, 즉 상관된 수학적 양과 카테고리의 복합체"를 인지한다. 물론, 제시된 특성은 비교적 단순한 산수 자료에서 보여지고, 다소 기초적인 수준에서 나타난다.

능력 있는 초등학생과 능력이 부족한 초등학생들의 문제의 조건을 인지하는 차이는 Dubrovina의 연구로부터 나온 예로 설명될 수 있다. 시리즈 중 하나에서 그녀는 아동들에게 비교적 기억하기 어려운 조건을 가진 문제를 제시하였다. 그녀는 문제를 한 번 읽어 주고(한 번만 읽어주겠다고 미리 경고한 뒤) 기억하는 모든 것들을 관계 지으라고 지시하였다. 그녀는 아동이 한번 읽은 뒤에 문제의 어느 부분을 인지하는지, 무엇이 처음 아동의 주의를 끄는 지에 관심이 있었다. 능력이 부족한 아동들은 그 정보로 문제가 해결될 지 안 될 지 생각하지 않고 문제를 다시 읽었다. 종종 그들은 한 자리 숫자와 구체적 사실들은 정확하게 기억했지만, 보통 그것들이 어떻게 관계되었는지 기억해내지 않았다.

우수한 아동들은 문제가 해결될 수 있는 정보를 재생산한다. (특히 중요하고, 종종 일반적인 형태에서만) 숫자들과 이름들을 때때로 잊었지만, 그 본질은 이해하고 파악하였다.

문제 조건의 분석-종합적 인지는 이어서 이 과정의 단축으로 발전한다. 매우 능력 있는 아동들은 중학생 수준의 별로 복잡하지 않은 문제 조건에서 최초의 분석-종합적 과정을 극히 짧은 시간 안에 최대로 "단축"한다. 그것은 실질적으로 인식의 순간에 "서로 엮어지는 것"이다. 어떤 분석적인 작업도 없고 추론의 요소가 발견되지도 않는다.

중간 학년에서의 인지의 형식화와 형식 구조의 분리 경향은 더 능력 있는 학생에게 폭넓게 나타난다.

능력 있는 아동들에게 수학 자료 인지의 다른 특성은 중간 학년에서부터 보이기 시작한다. 그리고 상위 학년으로 갈수록 놀라운 발전을 이룬다(Shapiro의 연구에 따르면). 이것은, 하나의 문제나 수학적 표현이 다양한 관점에서 인지되고 평가될 때, 자료를 인지하는 많은 측면과 다양한 수준을 의미한다. 실험 시리즈 중 하나에서 10학년의 아동들은 $\sin^2\alpha + \cos^2\alpha = 1$을 분석하고 있었다. 능력이 부족한 아동들은 이것이 주어진 코사인(혹은 사인)에 근거하여 사인(혹은 코사인)의 각을 계산할 수 있게 해준다는 것만을 지적했다. 그러나 능력 있는 아동들은 이 등식을 해석하면서 다른 특성의 숫자를 지적했다. (1)

"이것은 $\sin\alpha$와 $\cos\alpha$는 절대 1보다 클 수 없다는 것을 의미한다." (2) "만약 두 숫자의 제곱의 합이 1과 같다면, 둘 중 하나는 어떤 각의 사인 값이고, 두 번째는 같은 각의 코사인 값이다."

더 높은 학령기의 아동 S. I.에 대해 Shapiro는 교수 영향 하에서, 충분성(완전성), 통일성(일관성)을 위해 문제를 살피려는 경향의 기원과 발전, 결론에서 가정을 분리하려는 경향과 같은 다른 특성을 언급했다. Shapiro는 이러한 수학적 생각의 특성과 소위 공리를 따르는 생각의 형성을 연관 지었다.

위에서 언급된 모든 것은 학교 교육의 영향에서 수학 자료를 인지된 대로 형성하려는 경향의 출발점과 구체적인 수학적 표현이나 문제에서 형식적인 구조를 인지하는 능력을 나타낸다. 아동은 처음에 구체적인 사실로부터 벗어나서 오직 수량 사이의 순수한 관계만을 인지한다. 이러한 경향은 능력 있는 학생에게는 초등학교 말에 나타나고, 나이가 들수록 눈에 띄게 강화된다.

아동은 한 유형의 형식화 된 구조를 인지하기 위해 한 유형의 표현을 점점 적게 분석할 필요가 있다. 결과적으로, 수많은 유사한 현상과 비교함 없이 단 하나의 현상을 분석한 결과로 그 유형의 형식화 된 구조를 "파악"하는 능력이 형성된다.

수학 자료의 일반화

다른 문제와 예제들에서 공통점을 파악하고, 공통 문제에서 차이점을 찾는 능력과 같이 수학 자료를 일반화하는 능력은 다른 구성 요소들에 비해 더 일찍 형성되기 시작한다. 1학년에서도 이 징후는 초보적인 형태로 관찰될 수 있다. 이 단계에서 이러한 능력을 수학 자료를 일반화하는 특정 능력으로 말하기는 어렵다. 대신 학습 능력 특징의 징후 중의 하나인 일반화하는 보통의 능력에 대해 이야기하겠다. 우리가 말하는 것은 매우 재능 있는 아동들에게만 적용되는 것이 아니다. 능력 있는 아동에겐 1학년이나 심지어 취학 전에도 일반화 능력이 명확한 능력으로 나타난다. Dubrovina가 수학적 자료와 비수학적 자료에 대해 한 실험인 재능이 뛰어난 집단의 발달에 대한 연구와 많은 저명한 과학자들에 대한 전기문 연구는 우리가 이 결론을 끌어내도록 해준다.

학교 교육의 초기 단계에서 수학적 일반화는 대개 점차 "성숙해지고", 비교적 제한된 범주의 현상에서 조성된다. 나이가 들어감에 따라 일반화의 영역은 점차 넓어지고 수학적 현상은 넓은 범주로 퍼진다. 초등학교에서는 특별한 것에서 알았던 것의 일반적인 것으로 이동, 특별한 예에서 이미 알고 있던 것과 일반적인 것을 보는 능력 즉, 일반적인 규칙 하에서 특별한 예를 두는 것과 같이 비교적 단순한 형태의 일반화가 관찰된다. 일반화는 중학년에서 크게 발달한다. 능력이 뛰어난 아동일수록 적절한 일반화의 문제를 더 잘 다룬다. 일반적으로 중학년 초기에는 특별한 것에서 아직 모르는 것이고 일반적인 것을 끌어내는 귀납적인 일반화를 하는 것이 관찰된다.

일반화 능력은 일반화의 필수 조건인 한 유형에 대한 연습의 횟수가 점차 줄어드는 것으로 발달한다. 중학년에서 능력 있는 아동들에게 이러한 일반화는 한 현상의 분석을 통해 비슷한 현상의 시리즈까지 즉시 일어난다. 이는 특정한 예에서 아직 모르는 것과 일반적인 것을 인지하는 능력과 같다. "다수의 특정한 것 중에서 아직 모르는 것이나 일반적인 것"으로 넘어가는 것처럼 질적으로 다른 방법으로 점차 변해간다.

이 능력은 수학 자료를 형식화하여 인지하는 능력과 밀접한 연관이 있고, "형식화 된 인지"의 분석을 통해 우리는 "형식화 된 풀이"를 이야기해야 한다. 이제까지 얘기한 것을 한 예로 설명하겠다. 수학적으로 능력 있으나 짧은 곱셈에서 공식에 아직 익숙하지 않은 청소년 U는 실험 수업 중 하나에서 $(2a+7b)^2$ 예제를 풀고 있었다. 풀이와 설명의 기록은 다음과 같다. "제곱은 그 자신을 곱한다는 의미야. 과학적으로 이야기하면, 인수를 두 번 곱하는 것이지 … $4a^2+14ab+14ab+49b^2$가 되겠다 … 가운데 두 숫자는 언제나 똑같을 것이다. 가운데의 수들은 언제나 주어진 두 항의 곱일 거야. 그러면 나는 이러한 예제를 풀 때 두 항을 곱하고 그 결과를 2배하는 짧은 형태로 다 풀 수 있겠다. 그리고 처음과 마지막 항은 첫 번째와 두 번째의 제곱이야. 첫 번째의 제곱과 두 번째의 제곱 그리고 그 곱의 두 배를 더하면 더 간단하네. 이것은 아주 약간이지만 분명히 단순해진 것이지. 만약, 괄호에 음수가 있으면 어떨까? … 그러면 음수 곱하기 음수는 언제나 양수가 되니까 제곱은 언제나 양수이고, 음수와 양수가 곱해지면 항상 그렇듯 두 항의 곱은 음수가 될 것이다. 그러면, 두 항으로 된 괄호를 제곱할 때 우리는 첫 항과 둘 째 항의 제곱을 더한 뒤, 그들의 곱을 두 배하여 더하기를 쓰고(괄호 안에 덧셈만 있으면), 빼기를 쓰면 되겠다(괄호 안에 뺄셈이 있으면). 그게 다야. 나는 이제 이러한 방법으로 풀거야."

문제 해결의 일반화는(각각의 특정한 문제를 일반적인 형태로 풀려는 경향) 대개 능력 있는 청소년기에 전형적으로 나타난다. 이러한 경향은 능력 있는 초등학생에게 초보적인 형태로 나타난다. 능력 있는 아동들은 문자로 주어진 문제 해결하는데 어려움이 없다. 2학년인 Serezha T.는 다음 문제를 처음 풀 때도 꽤 거리낌 없이 해결하였다. "어떤 가게는 1포에 $a$kg하는 밀가루를 8포 받았다. 하루에 3포가 팔렸다. 남은 밀가루는 몇 kg인가?"

Shapiro의 연구에 의하면 특정 자료의 일반화뿐만 아니라 이미 일반화된 문제를 좀 더 일반화된 수준으로 변형하는 것은 수학적으로 능력 있는 고학년 학생들에게는 보통의 일이다. 일반화된 형태의 문제를 해결한 청소년이 그것으로 인하여 주어진 모든 문제를 푼다면 고학년 학생은 주어진 문제뿐만 아니라 좀 더 일반적인 문제(그가 푼 문제 중 하나는 특별한 예)를 풀려고 노력한다. 이것이 바로 능력 있는 고학년 학생들이 기하학 문제를 좀 더 일반적인 방법의 삼각해법으로 풀려 노력하는 이유이다. 예를 들면 그들은 코싸인의 법칙을 매우 좋아한다. 이는 기하학의 완전한 세 이론을 합한 것이다.

Shapiro의 연구에 흥미로운 관찰이 있다. 수학적인 능력이 있는 10학년 A와 Sh는 다음 문제를 풀었다. "만약 $a_1/b_1 = a_2/b_2$이면 $(a_1^2 + a_2^2)(b_1^2 + b_2^2) = (a_1b_1 + a_2b_2)^2$, if $a_1/b_1 = a_2/b_2$임을 증명 하여라" 조건을 보고서 A는 문제에 대해 예상 밖의 해석을 내놓았다. 만약 두 벡터가 평행하다면 두 벡터의 스칼라 곱이 그들의 계수 곱과 같다는 것을 증명할 필요가 있으며 벡터의 해석은 문제를 일반화하도록 하였다.

$$(a_1^2 + a_2^2)(b_1^2 + b_2^2) \geq (a_1b_1 + a_2b_2)^2$$

이전의 문제들은 이제 좀 더 일반적인 문제들의 특별한 경우이다. Sh학생은 같은 문제를 풀면서 즉시 다음과 같은 질문을 제기했다. "이 문제가 좀 더 일반적인 문제들의 특별한 케이스가 될 수 있을까?" 이 질문에 답하기 위해 그는 수학적으로 잘 알려진 Cauchy-Bunyakovskii공식에서 특정 케이스를 추출해냈다. 이러한 이유로 Shapiro는 수학적으로 능력 있는 학생에게 일반화가 형성될 수 있고, 여러 수준이 한 번에 일어날 수 있다는 것을 언급했다. (이것의 좀 더 자세한 설명은 수학적 기억에 관한 문단의 아래쪽에 주어진다.)

마침내 수학적으로 능력 있는 높은 학년의 학생들이 다른 유형의 문제들을 분석하고 해결하기 위해서 접근하는 방법과 원리는 일반화의 수준으로 올라간다는 것이 밝혀졌다. 이러한 방법들은 일반화의 정도가 구별된다는 것을 알려준다.

이 장을 결론지으면서 우리는 일반화 활동의 동기부여적인 측면을 살펴보겠다. 무엇이 일반화를 유도하는가(하도록 하는가). 외부의 필요와 내부의 필요로 발달의 과정은 가시적이다. 처음에는 (저학년과 중학년의)일반화는 교사의 가르침, 실험자의 요청, 문제의 논리와 같은 약간의 외부 자극에 의해 일어나게 된다. 여기에 항상 일반화가 필요한 것이 아니다. 발전에 따라 일반화는 점점 더 외부의 자극과 독립되어간다. 일반화의 필요는 중학년에게서 눈에 띄게 나타난다. (심지어 외부의 필요가 없을 때에도) 고학년에서는 특별한 발전을 이루게 된다. Shapiro의 연구에서 우아하나 독특한 해결방법과 좀 더 복잡하나 일반적인 해결방법사이에서의 선택에서 많은 능력 있는 학생들이 후자 쪽으로 기운다는 것을 말하였듯이, 그들은 일반화 요인을 높게 평가한다.

사고의 단축

수학적 활동이 진행되는 과정에서의 추리의 단축과 활동과 상응하는 조작의 단축은 수학적 능력이 있는 학생(주로 고학년: 비록 중간 학년에게서 감지될 수 있기도 하지만)에게 분명하다. Dubrovina가 증명한 조사에 의하면 수학적 능력의 이 요소는 초기학년에서 매우 기본적인 형태로 나타났다. 간단한 문제들에서 그녀는 능력 있는 2학년 학생들의 해결에서 사고 과정의 축약이 있다는 것을 간신히 알아냈다. 문제가 복잡해지자마자 상세히 추론하고 사고하였고 단계적으로 해결하였다. 단축은 능력 있는 3, 4학년에게서 더욱 확실했다. 특별히 그들이 한 유형의 많은 문제 예들을 해결하고 난 이후에. 여기에 계속적인 추론의 개별적인 연결은 자주 생략되었다. 하지만 조작들은 대체로 유지되었고 종이위에 연쇄적으로 재현되었다.

능력 있는 3학년 Galya K.는 다음 문제를 풀었다. "몇 명의 학생들이 학교 전시회를 위해 32점의 도면을 만들었다. 5명의 3학년 학생이 각각 4장을 그렸고 6명의 2학년 학생이 남겨진 도면을 같은 수만큼 만들었다. 전시회를 위해 2학년 학생 한명이 그린 도면은 몇 개인가?" Galya K.는 문제를 한번 읽어본 후 즉시 말했다.: "12 나누기 6 – 각각 6장의 그림" 실험자가 요구하자 Galya K.는 자세한 풀이와 연산의 전체 과정을 입증하였다. ($4\times5=20$, $32-20=12$, $12/6=2$)

이 요소 발전의 두 라인은 중학년에서 고학년으로의 과정에서 찾아낼 수 있다. 하나는 한 가지 종류의 추론과 해당 연산들 체계의 계속적인 반복인데. 시작 단계에서 단축의 과정이 시작되기 위한 필요조건이며, 그 필요성은 서서히 줄어든다. 심지어 새로운 타입의 문제를 해결하는 과정에서도 추론과 해당연산체계는 즉시 축소되기 시작한다. 더 고학년인 수학적으로 능력 있는 6~8학년학생들의 단축의 과정을 알아내는 것은 종종 불가능하다. 사실상 수학에서 그들은 단축된 구조로 사고를 한다. 그리고 그것은 그들에게 문제를 푸는 과정에서의 독특한 선경지명과 문제를 해결하고 수학적 정보를 처리하는 데 더 빠른 속도를 제공한다.

발전의 두 번째 라인은 추론에서 빠트린 연결에 대한 학생들의 자각과 관련되어 있다. 어떻게 그들이 체계에서 빠져버린 활동과 연결된 생각을 알아낼 수 있을까? 처음에 학생들은 빠트린 연결을 알아챈다. 학생들은 그것들을 말이나 글과 같이 표면적으로 알게 만들지 않는다. 그러나 그들이 생각을 말하면서 종이에 활동을 재생산 할 때 확실히 맹렬히 시작되다가 그들이 누락한 연결(고리)들이 생략된 순간 멈춤이 관찰된다. 나중에는 축소된 연결이 주어진 순간에 깨달아지지 않는다. 학생들은 이것을 필요로 하지 않고 멈춤이 적절한 장소에서 관찰되지 않으며 추론과정은 계속된다. 만일 멈춤이 관찰된다면 처음에는 이상하게 보이겠지만 그것은 추론과정이 상세한 곳에서 더 자주 일어난다. 그러나 추론과정은 쉽게 전개될 수 있으며, 학생들에게 어려움이 생기거나 실험자가 요구할 때와 같은 때 언제든지 일어날 수 있다. 마지막으로 발달의 마지막 단계에서는 우리가 지적한 것처럼 학생들은 그의 추론을 축소시키는 것이 아니라 이미 축소된 구조로 생각을 한다. 만일 그가 추론과정을 가능한 완벽하게 만들기를 요구받는다면 그는 어떤 어려움을 겪는다. 개별적인 경우에 학생들은 분명히 그들 사고의 연결을 입증하는데 문제를 갖는다. 그것은 너무나 명백해서 그들은 전혀 곰곰이 생각해보지 않았다고 선언한다. "완벽히 명백한 것을 어떻게 설명할 수 있을까?" 예를 들어 10학년인 D학생이 문제를 풀고 있었다. "두수의 최대공약수와 최소공배수 사이의 관계를 찾아라." 그는 즉시 말한다. "GCD와 LCM의 곱은 두 수 의 곱과 같다." 그의 추론의 자세한 과정은 이렇게 보인다. "두 수의 GCD는 그들의 공통 인수, 모든 숫자는 단지 한번만 포함하고 있다고 가정했을 때 LCM은 그들의 곱," 추론은 그에게는 명백하지만 그의 친구들에게는 명백하지 않다.

정신과정의 유연성

가장 기초적인 형태의 이 요소는 단지 수학적으로 능력 있는 어린 학생들에게서만 발견된다. 2학년 학생들에게서는 명백한 성향을 거의 발견하지 못하였다. 예를 들어, 어떤 문제의 여러 풀이방법을 찾고 하나의 사고과정에서 다른 과정으로 바꾸는 것을 입증하는 것은 그들에게 어렵다. 실험자의 요구는 그들을 혼란스럽게 하였다. 그들 중의 많은 이가 문제에 많은 풀이가 있고 모두 맞는다는 그 생각을 받아들일 수 없었다. 그러나 3, 4학년의 수학적으로 능력 있는 학생들은 다른 풀이를 탐색하기 위한 과정에서 정신작용의 어느 정도 유연성을 보여주었다. (사실 이것은 자발적으로 이루어지지 않고 항상 실험자의 요구에 이끌렸다.) 심지어 더 고학년이더라도 수학적인 능력이 부족한 학생은 정신과정을 다른 것으로(질적으로 다른) 바꾸는 것에 어려움을 겪었다. 그들은 대체적으로 그들이 처음에 발견한 해결방법에 묶여 있거나 진부하고 관습적인 생각으로 연결하려는 경향이 있다. 이러한 경우에서 단순한 것에서 복잡한 해결방법으로 바꾸는 것에 어려움을 느끼는 것이 아니라는 점은 흥미롭다. 만약 처음이 습관적이고 친숙하며 두 번째의 것이 새롭고 친숙하지 않다면 심지어는 어려운 것에서 쉬운 방법으로 바꾸는 것이 어렵다. 한 가지의 방법은 다른 해결방법을 찾는데 장애가 된다.

유연한 사고의 발달은 이전에 묶여있던 사고의 연결 영향에서 점진적이고 완벽하게 해방하는 길로의 여행이라고 생각한다. 수학적으로 더욱 능력 있는 청소년과 고학년 학생들에게 사고의 방법을 발달시키는 분해와 재구성은 빠르고 부드럽게 숙련된다. 그들의 진취성에서 그들은 문제를 해결하는 다른 방법을 찾는다.

정신적 노력의 경제성, 풀이의 합리성, 우아함의 추구

가능한 풀이방법들을 평가하고 그들 중 가장 명백하고 간단하고 경제적이며 이성적인 풀이를 선택하려는 성향은 저학년에서는 분명하게 나타나지 않는다. 단지 가장 능력 있는 학생만이 단지 연산의 수로부터 시작하여 '좀 더 간단한 것', '좀 더 복잡한 것', '더 낫거나 더 나쁜 것'으로 풀이들을 평가했다. Dubrovina에 의해 연구에서는 단지 31%의 2, 3학년의 더 능력 있는 학생들만이 다른 방법들을 보고 그들의 상대적인 합리성을 평가하여 가장 쉽고 가장 경제적인 방법으로 즉시 문제를 해결하였다.

이러한 성향은 중학년이 되어서야 두드러지게 나타나기 시작한다. 만약 평균능력을 가진 학생들의 목표는 문제를 해결하는 것이라면 수학적으로 능력 있는 학생에게는 최고로, 가장 경제적인 방법으로 문제를 해결하는 것이 목표이다. 비록 학생들에게 문제에서 가장 합리적인 방법을 찾아내는 것이 항상 성공하는 것은 아니지만 많은 경우에 그들은 비교적 빠르고 쉽게 목표로 이끄는 길을 선택한다.

이 요소는 고학년에서 특별한 발전을 이룬다. Shapiro는 이러한 성향이 그가 연구한 고학년의 수학적으로 능력 있는 모든 학생들에게 매우 선명하고 확실한 형태로 드러난다고 강조하였다. 처음의 풀이 이후에 창조적인 탐색이 시작되고 가장 경제적이고 합리적인 방법을 찾기 위해 조사하고 방법을 개선하는 쪽으로 나아간다.

수학적 기억

저학년에서 우리는 발달된 형태(단지 일반화와 사고 패턴만이 기억되는)의 적절한 수학적 기억의 징후를 관찰하지 못하였다. Dubrovina의 연구에 따르면 이 나이의 능력 있는 학생들은 대부분 구체적인 데이터와 관계들은 모두 잘 기억한다. 일반적이고 특별한, 적절한 것과 관련이 없는 것, 필요한 것과 필요하지 않은 것은 그들의 기억 안에 나란히 남겨진다. 그러나 문제에서 데이터 사이의 관련성은 서서히 그들에게 기본적인 것으로 된다. 만약 그들이 무엇인가를 잊는다면 그것은 수학적인 관계가 아니라 수와 구체적인 데이터이다.

이 시기에 관계를 기억하는 것의 중요성이 커지고 구체적인 데이터를 기억하는 것은 그보다 더 작은 중요성을 갖는다. 기억은 가지고 있는 특정하고, 구체적인, 이후의 발견에서 불필요한 것부터 서서히 사라진다.

수학적으로 능력 있는 학생들의 기억은 수학적 시스템의 다른 요소들을 존중하며 다르게 드러났다. 일반화 되고 '주기적인' 문제의 유형, 일반적인 해결 방법, 추론의 패턴, 그리고 증거는 빨리 기억되고 확실히 보유된다.

수학적 기억은 능력 있는 고학년 학생들에게 질적으로 새로운 특성을 띤다. 여기 Sapiro에 의해 연구된 두 가지의 특질이 있다. 처음의 것은 다음과 같이 되어있다. 고학년의 능력 있는 학생들에게 일반화가 다른 단계에서 대부분 형성되고 작용한다는 것은 위에서 나타내었다. 같은 수학적 자료가 서로 일반화의 다른 단계에서 동시에 기억 속에 파지된다는 것을 덧붙여야 한다. 예를 들어 공식의 가장 넓은 함수의 이미지는 기억 속에 함수적 의존성의 가장 일반적 본성이 없이 파지된다. 더 구체적인 이미지의 형태로 보존되고 결국에는 적절한 공식으로 보존된다. 이것은 첫째로 함수 의존성의 일반적 본성에서 진행되어 (만일 잊었다고 하더라도) 공식을 쉽게 연역해 낼 수 있도록 허가하고, 둘째로 어떤 구체적인 상황에서 주어진 공식을 적용하는 가능성을 미리 '추정'하는 것을 허가한다.

예를 들어 조사에서는 삼각형의 넓이에 대한 공식이 한 번에 세 가지 단계로 파지된다는 것을 보여준다. (1) 공식의 넓은 함수 이미지(삼각형의 면적은 두 면과 끼인각의 함수이다.) (2) 덜 일반화 된 상 그러나 여전히 공식 그 자체는 포함하고 있지 않은(삼각형의 넓이는 두 변과 끼인각의 sine 값의 함수이다) (3) 넓이의 공식 그 자체 ($S = 1/2ab \times \sin C$). 가장 능력 있는 10학년들은 2배각 공식을 두 단계에서 상기하였다.

$$(1)\ \tan 2\ (1)\ \tan 2\alpha = \int (\tan\alpha) \text{ and } (2)\ \tan 2\alpha = \frac{2\tan\alpha}{1-\tan^2\alpha}$$

능력 있는 10학년 학생들의 수학적 기억의 또 다른 특징은 그들이 때로 가장 일반적인 암시의 형태로 세세하지 않게 문제에 접근하는 일반적인 방법들을 잘 기억한다는 것이다. 예를 들어 위에서 기술된 기하학 문제의 기본 해결 아이디어는 동등한 넓이를 바꾸는 아이디어이다. 무엇이 학생을 이 아이디어로 이끌고 있는가? 과거에 학생은 유사한 아이디어를 가진 문제를 풀어본 적이 있다는 것이 드러났다. (“Rybkin의 책에서 이러한 문제들이 있어요. 나는 그것을 풀어보았어요.”) 그러나 그는 기억하려고 했을 때 기억하지 못하였다. 단지 바로 그 방법과 아이디어만을 기억하고 있었다.

이것은 학생들의 수학적인 능력의 구조에 연령 발달의 필수적인 성분들에 대한 일반적이고 잠정적인 묘사이다. 다른 연령에서 이러한 요소들은 질적으로 뚜렷하고 특별한 형태로 나타난다.

그의 조사연구는 연령에 따라서 이들 성분의 징후(나타남)가 일정한 양적이고 질적 변화가 있음을 보여준다. 각각의 새로운 단계는 발전의 이전 단계에 의해 준비되고 그것으로부터 발생하며 새롭고 더 높은 단계로 나아가기 위한 전제조건이다. 이 발달의 라인은 학교 교수의 결정적인 영향 아래에서 형성된다. 비록 오직 그것으로만 결정되는 것이 아니더라도.

수학적 능력의 모든 요소들이 동시에 형성되는 것은 아니다. 우리가 연구한 모든 경우에서 수학적 능력의 발달은 처음의 요소에서부터 형성되었다. 수학적 대상과 관계, 그리고 연산을 일반화하는 능력. 추론을 단축하는 능력, 기억을 일반화하는 능력, 그리고 해결을 경제적이고 합리적으로 하려는 능력은 나중 단계에서 형성된다. 수학적 능력의 이러한 요소들이 처음의 수학적 대상을 일반화하는 능력에 기초한다고 믿는 이유는 여기에 있다. 그러나 물론 이 문제는 여전히 특별한 연구를 필요로 한다.

우리의 다음 과제는 의도적인 지도와 관리를 목적으로 하는 학교 지도의 과정에서 연령에 따른 발전과정, 수학적 능력의 발달과정을 통해서 숙달을 이루게 하는 조건들이 될 것이다.

수학적 능력에서 성차

성차는 수학적 능력 발달의 특성과 성취수준에 어떤 영향을 미치는가? 저학년과 고학년 남학생과 여학생들의 수학적 사고에는 어떠한 질적인 차이가 있을까?

소비에트 심리학에서는 적절한 조사가 부족하다. 이 영역에서의 원리적 차이는 없음이 말할 나위도 없는 것으로 여기고, 본질적인 차이들은 전통에 의해 양육과 교육의 상태에 의한 것으로 설명하고 있다.

외국의 심리학에서 남학생과 여학생들의 수학적 사고의 개별적이고 질적인 특질에 대한 연구가 (비교적 적은 수의) 시도되었다. 몇몇의 연구에서 여학생들보다 남학생의 수학적 사고 면에 있어서의 우월성이 명백함을 말한다. 다른 연구들은 비록 남학생과 여학생의 사고의 어떤 특성들은 나타나지만 그것을(남학생들의 우월성을) 부정한다.

Stern은 영재성을 가진 아이들과 청소년의 분석을 한 그의 유명한 저서에서(506) 남자와 여자가 훈육과 가르침의 불평등에 의한 결과로서 지적인 차이점이 있다는 것에 대한 그의 반대생각을 언급하고 있다. 그의 의견으로는 그 이유(지적차이의 이유)는 내부의 성향 차이에 있다고 한다. 여자들은 추상적으로 하려하고, 논리적으로 사고하는 측면에 덜 유능한 면이 있다고 Stern은 말한다(참고문헌 506, p. 33).

1963년에 한 E. P. Torrance의 연구가 출판되었다(참고문헌 721). 저자는 간단한 창조적이고 과학적 사고를 요구하는 문제들을 다양한 학령의 남학생과 여학생들에게 주었다. 저자의 데이터에 따르면 남학생들은 아이디어를 찾고 창의적 문제해결의 원리들을 발견하는데 있어서 여학생들을 능가했다(그들은 더 많은 가능성들을 지적하였고 그들의 아이디어는 더 높게 평가되었다. 기타 등등).

적절한 수학적 사고에 대해서 Spearman과 Thorndike의 글에서 관찰과 경험에 근거한 어떤 견해가 있다. Spearman은 수학에서 성의 차이가 존재한다면 첫째는 사소한 것이며, 둘째는 내부적 요인보다는 환경적인 면에 달려있다는 견해를 말하였다(참고문헌 691, pp. 229~30). 그의 책 대수의 심리학(Psychology of Algebra)(참고문헌 715)에서 Thorndike는 일상의 경험을 알아보고, 특별한 연구들을 하고서 남학생과 여학생의 대수학적 능력에 주목할 만한 차이는 없다고 쓰고 있다. 이와 함께 Thorndike는 남학생들이 관심을 가지고 있는 자연과학과 기술 직종에의 관심과 관련지어 남학생들이 대수학에 더 많은 과심을 가지고 있다고 말한다. 그는 ‘심리학에 기초를 둔 교수 원리들(Principles of Teaching, Based on Psychology)’에서 “남성과 여성 사이에 능력의 큰 차이가 없다는 것이 입증되었다”라고 썼다(참고문헌 502, p. 96). 그러나 여기에서 그는 여성들이 데이터를 정밀하게 복제하고 더 상세히 기억하는 성향이 있다고 말한다.

1925년 Annie E. Cameron(참고문헌 545) 역시 남학생과 여학생에게 수학적 능력의 본질적 차이가 없음을 믿지만 그럼에도 불구하고 공간개념에 대한 재능에 대해서는 남학생이 더 발달되어 차이가 있다고 말하고 있다. 그녀는 이 차이는 교수와 연습의 결과이기 때문에 남학생과 여학생이 함께 가르침을 받는다면 이러한 남학생의 우월성은 덜 뚜렷하게 될 것이라고 말한다. 그러나 이 경우에 Cameron은 “더 복잡한 형태의 형상화에서 남학생들의 우월성은 계속된다.”라고 말하였다(참고문헌 545, p. 43).

1940년 A. M. Blackwell(참고문헌 529)은 100명의 남학생과 100명의 여학생들에 의한 다양한 시험 풀이의 결과들을 연구하기 위하여 요인분석연구를 사용하였고 같은 조건 아래에서 남학생들에게서 3개의 구체적 요인과, 여학생들에게서는 4개의 특별한 요인을 추출하였다. 여학생들에게서 추출된 특별한 요인은 x요인이라고 부르며 남학생들에게는 부족하였다. – 정밀함 요인과 정확도, 비교적 정밀한 형태로 데이터를 파지하는 능력. 게다가 언어적 요인의 표현에 있어서의 차이가 나타났다. 이것은 여학생들에게 있어 순전히 언어적 요인이지만 남학생들에게는 언어 논리적 요인 대신에 불려졌다('언어적 형태로 아이디어를 다루는 능력'과 비슷한). 그러므로 저자는 남학생은 여학생들보다 언어-논리적 일이 더 쉽다는 것을 지적하였다. 1951년부터 10년간 이루어진 다른 요인 연구에서(B. MCAllister, 참고문헌 651) 남학생과 여학생 사이의 몇몇 차이들을 발견하였다. 산술 연산의 형식적인 측면에서 남학생과 여학생의 성취는 거의 비슷하다. 하지만 일반적 지능 테스트와 산술적 추론 테스트의 두 시험에서 남학생은 여학생보다 더 나은 우월성을 드러냈다.

A. Anastasi(1958)에 의한 차별 심리학(differential psychology)의 중요한 일반적 연구에서 남학생들이 계산하기 좋아하는 활동에 대한 테스트와 산술적 추론에 관한 테스트에서 여학생을 뛰어넘으며 이러한 차이는 초등학교에서는 관찰되지 않으며 중등학교와 특히 대학에서는 매우 뚜렷하게 관찰된다는 것을 보여주기 위하여 데이터는 인용되었다(참고문헌 514, pp. 476~77). 마지막으로 우리는 간단한 주어진 수학적 추론에 관한 실험의 결과들이 있는 1956년에 출판된 F. Hotyat의 논문(참고문헌 614)을 언급한다. 남학생들은 여학생들보다 문제풀이의 비율이 더 높고, 더 일반적인 수준으로 해결단계에서 뛰어났다.

만약 이러한 모든 연구 결과들을 일반화한다면 자료에 따라 남학생들은 논리적인 추론능력이 뛰어나며, 여학생들은 정확성, 엄밀함과 사고의 꼼꼼함에서 더 뛰어나다 라고 말할 수 있다. 조사관들 스스로가 지적한 것처럼 이러한 데이터가 얼마나 믿을 수 있고 이 특성들이 얼마나 "타고난"것인지에 대한 것은 의문이 남는다.

우리는 Dubrovina와 Shapiro의 연구에 더하여 우리의 조사에서도 남학생과 여학생의 수학적 사고의 어떠한 질적인 독특한 성질을 드러내지 않았다고 확실히 말해야 한다. 우리에게 질문을 받은 교사들은 이 차이들을 주목하지 않았다.

물론 남학생들은 사실상 종종 더 수학적인 능력을(기계적인 것뿐만 아니라) 보인다. 이것은 저학년에서는 거의 눈에 띄지 않는다. 더 상급학년으로 갈수록 그것은 꽤 뚜렷해진다. 남학생들이 여학생들보다 더 자주 수학 올림피아드의 수상자이다. 더 많은 남학생들이 특별한 수학학교와 학급에서 공부를 한다. Shapiro가 가르치고 실험한 Kurst라는 도시의 6학교에서 물리-수학학급에는 21명의 남학생과 9명의 여학생이 있었다. 모스크바 주립대학에 있는 물리-수학 기숙학교의 357명의 학생들 중 총 38명의 여학생이 있었다. (A. V. Zosimovskii의 자료[131], 1966년에는 이 학교에서 91명의 남학생들과 10명의 여학생들이 그들의 학업을 마쳤다.) 모스크바의 2번 학교(수학적인 경향을 가진)에는 637명이 남학생과 260명의 여학생이 다니고 있었다. 우리가 실험적으로 연구한 영재들 중에는 14명의 남학생과 2명의 여학생이 있었다.

그러나 이러한 실제적인 차이는 전통과 남자와 여자의 양육의 차이와 남성적이고 여성적이라고 넓게 퍼진 직업의 견해 때문이라고 간주해야 한다고 우리는 믿는다. 그 결과 수학은 종종 여학생들의 흥미영역 밖에 있다. 최종적으로 우리는 우리를 다른 결론으로 이끄는데 유용한 자료를 현재 가지고 있지 않다.

제17장

수학적 능력과 **인성**

지금까지 살펴본 바와 같이, 수학적 활동 수행에 성공하는 것은 인성적인 특성의 결합을 필요로 한다. 인성이나 감정-의지 영역의 적절한 방향성과의 결합 없이는 아무리 높은 수준의 것이라도 높은 성취 결과를 보일 수 없는 능력들이 있다.

국외의 연구들은 주로 일반적인 "평균적"인 아이들과 비교해서 영재 아동들의 인성적 특성들을 밝힐 목적으로 영재 아동들을 연구하는 경향을 띠고 있다. 19세기 말부터 1920년까지, 미국의 심리학 문헌에는 지능을 제외한 모든 면에서 영재 아동이 일반 아동보다 뒤떨어진다는 관념이 지배적이었다. 정신적인 영재성을 감정-의지 영역과 사회적 영역의 많은 결함과 유기적으로 연결하려는 의도를 가지고 있었다(W. B. Bray, 참고문헌 52; H. D. Carter, 참고문헌 548a; P. A. Witty, 참고문헌 738 참조). 영재 아동들은 신체적으로 약하고, 병약하며, 매력적이지 않고, 정서적으로 안정되지 않고, 신경과민의 경향이 있고, 기이한 버릇이 있으며, 무정부주의자이고 개인주의적인 특성을 보인다는 증거 없는 주장들이 있었다.

후속 연구들은 이를 확인하는 데 실패하였으며, 거의 모든 면에서 반대의 상황을 확인하게 되었다. 1930년대에 시작된 이런 연구들은 덜 묘사적이고 좀더 적극적으로 과학적인, 인성의 확실한 측면들을 연구하는 방향으로 나아갔다. 예를 들면 Bray(참고문헌 531)는 두드러진 성취를 결정하는 세 가지 요인, 즉 능력, 인성 요인, 환경의 유리한 작용을 구분하였다. Abraham(참고문헌 508)은 창의성의 근원으로 아동의 활동에 대한 태도와 흥미에 대한 특별한 연구를 시행하였다. Jamuar(참고문헌 617, 618)는 영재 아동의 인성의 사회적 특성뿐만 아니라 정서적 측면에 대해서도 연구하였다. Holland(참고문헌 609)는 영재 어른들의 특성을 연구하였다.

많은 연구들, 그중에서도 우선적으로 Hollingworth(참고문헌 611, 612), Terman(참고문헌 710), Witty(참고문헌 733)의 연구에 주목해야 하는데, 그 연구들은 우선 영재 아동의 신체 발달, 건강, "신체 표준"이 평균 수준보다 높다는 것을 보여왔다. Bentley(참고문헌 527, pp. 15~16)는 한편으로는 신체의 건강과 신체 요인, 다른 한편으로는 지능 수준 사이에는 정적 상관관계가 있음을 주장하였다. Martens(참고문헌 648)는 영재 아동의 사회적 적합성을, Hollingworth는 그들의 "자발적인 협동"을 지적하였다. 많은 연구자들은 영재 아동의 정서적이고 정신적인 안정감, 활발함, 유머 감각, 독창성, 호기심, 탐구심을 관찰해 왔고, 또한 매력적인 인성 특성, 매우 "올바른 행동 성향"에 주목해 왔다. 영재 아동은 예의, 규율, 자기 비판, 독립성, 반응에 있어서 일반 아동보다 월등하며, 훨씬 정직하다. 영재 아동은 같은 연령층의 아동들을 능가하기 때문에, 때때로 그들의 동료들로부터 멀어져서, 더 나이 많은 아동들을 모방하거나 외로운 경향이 있음도 관찰되었다.

소비에트에서는 인성의 여러 가지 측면이 특히 레닌그라드 심리학자들, 즉 Anan'ev, Kovalev, Myasishchev등에 의해 풍부한 결실을 맺으며 연구되어 왔다. 인성의 이런 여러 측면은 높은 성취를 촉진하는 일단의 성질들의 "총체적 집단"을 형성하는 능력들과 관련된다.

수학적 능력을 연구하는데, 앞에서 언급한 바와 같이 인성 특성을 탐구하는 것을 포함하여 다양한 연령의 영재 아동 집단을 연구하는 데 오랜 기간이 걸린다. 이런 아동들 중 일부의 프로필은 이미 언급하였다. 이런 프로필, 많은 저명한 수학자들의 전기에서 비롯된 자료, 교사들과 수학자들에게 배부된 양식에 있는 질문에 대한 답변뿐만 아니라 출판된 연구 자료는 수학에서의 성공을 위한 인성 특성을 분리하여 정확하게 기술하는 것을 가능하게 한다. 이런 특성은 아래에 기술되어 있다.

Rubinstein은 "어떤 중요한 능력이 형성되기 위해서는 우선 일정한 유형의 활동을 위한 절대적인 필요성을 인식해야 한다(참고문헌 351, p. 294)."는 것을 강조하였다. 이런 말은 전적으로 수학적 능력에 적용할 수 있다.

첫째 우리는 "어떤 직업에서의 성향과 능력의 일치(Myasishchev, 참고문헌 304, pp. 17~18)"에 주목해야 하는데, 이는 우수한 아동들의 특징이고 수학에서의 성공적인 활동을 위해 완전히 필수적인 것이다. 이는 수학에 대한 현저한 긍정적 태도, 적절한 영역에 대한 깊고 명백한 흥미의 존재, 수학을 공부하려는 노력과 필요, 수학에 대한 열정으로 표현된다. 수학적 활동에 필요한 것으로 생각되는 이런 유형의 성향은 능력 발달에 가장 강력한 동기를 부여하는 힘이다(Myasishchev, 참고문헌 303, p. 13). 연구에 대한 열정 없이는 수학에서 창조적인 학자가 될 수 없으며, 이는 탐구에 노력을 기울이게 하고 연구 능력을 발휘하게 한다. 수학에 대한 성향 없이는 수학에 대한 실제적인 능력이 존재할 수 없다.

수학적 성향이 없는 아동이라면 우수한 능력을 소유하고 있더라도 수학에 대한 뛰어난 성공을 보이는 일은 거의 없을 것이다. 여기서 성향 또는 흥미가 하는 역할은 수학에 관심을 가진 아동이 수학에 열정적으로 몰두하여 자신의 능력을 열심히 훈련하고 계발하는 것으로 귀착된다. 수학자들 자신은 계속 "그들의 전 생애와 창조성은 이를 입증한다"는 점을 지적하고 있다. 능력은 항상 성향과 관련되며, 수학자 Mordukhai-Boltovskii(참고문헌 300, p. 507)는 "능력의 월등함은 명백하게 드러나기 마련이다."라고 기술하였다.

Dobrynin(참고문헌 117, 118, 119, 120)이 유익하게 만든, 사람의 어떤 활동의 의미 개념은 논의중인 문제에 대해 상당한 가치가 있다. 사람이 인식하고 경험하는 활동의 지극히 중요한 사회적 의미가 개인적 의미가 된다. Vorob'ev(참고문헌 73)와 Stepanov(참고문헌 394)는 의미가 수업 과정, 즉 수학(기하) 내용을 배우는 것에 필요한 능력을 형성하는 데 미치는 영향을 증명해 왔다.

아동들의 학교 수업에서의 활동에 대한 정서적으로 긍정적인 태도의 역할을 연구하면서 Samarin(참고문헌 360, 361)은 "무관심의 상태보다 더 나쁜 것은 없다(참고문헌 361, p. 82)."는 점을 지적하고 있다. 어떤 활동에 능력은 있으나 흥미가 없는 아동은 그 활동에 두드러진 능력은 없으나 대단한 흥미를 가진 아동보다 좋은 결과를 맺지 못할 것이다(Lyublinskaya, 참고문헌 266).

Bodalev(참고문헌 46, 47, 49)의 연구는 교과에 대한 아동의 태도는 그의 지각, 사고, 기억, 상상력의 특성에 명백한 흔적을 남긴다는 것으로 구체적 자료를 통해 입증해 왔다. 아동의 내면에 긍정적 태도의 부재가 그 활동에 대한 능력의 개발을 방해한다.

수학에 대한 긍정적 태도와 부정적 태도가 수학적 활동에 미치는 영향에 대한 특별한 연구가 외국에서도 행해져 왔다. 1961년에 진행된 Aiken과 Dreger(참고문헌 512)의 연구가 매우 흥미로운데, 여기서는 "수학에 대한 태도"가 이 분야에서의 성공에 미치는 영향이 연구되었다. 학교에서의 수학적 발달과 수학적 태도에 대한 설문자료(수학을 좋아하는지 싫어하는지, 문제 해결이 만족스러운지 또는 무관심한 태도가 지배적인지 등)에 대한 검사 결과가 비교되었다. 상관관계 분석은 이 세 가지 모두의 상호 관계를 보여주었다. Brown과 Johnson(참고문헌 535)은 수학적 활동에 대한 긍정적 태도가 그 성공에 미치는 영향을 연구하였고 일반적으로 유사한 자료를 얻었다.

영재 아동에 대한 우리의 프로필은 능력은 수학적 활동에 대한 성향이 존재할 때만 또는 분명한 필요성을 인식할 때만 효과적으로 발전한다는 것에 대한 생생한 증거가 된다. 우리가 관찰한 모든 아동들은 프로필에서 알 수 있는 바와 같이, 예외 없이 수학에 대한 대단한 흥미를 보여주고, 수학에 몰두하는 성향이 있으며, 수학에 대한 정보를 얻고 문제를 해결하려는 끊임없는 노력을 보여주고 있다.

일반적으로 능력은 성향과 관련되어 있음에도 불구하고 보편적인 법칙은 아니다. 활동에 적합한 유형의 성향이 있는지 없는지에 따라, 또 그것이 얼마나 현저한지에 따라 능력의 존재와 부재를 진단하는 것은 잘못된 일일 것이다. 개별적인 경우를 보면 많은 차이가 나타날 수도 있다. Lazurskii도 이것에 관해 기술하였고 Levitov(245), Myasishchev(참고문헌 301, 305)와 Bodalev(참고문헌 47)도 이 점을 지적하였다.

학교에서도 수학에서 우수한 아동이 수학에 전혀 흥미를 보이지 않고 수학 교과 학습에서 특별한 성공을 보이지 않는 경우를 종종 접하게 된다. 그러나 교사가 수학에 대한 흥미와 수학을 공부하려는 성향을 일깨울 수 있다면, 그 아동은 수학에 도취되어 빠르게 대단한 성공을 성취할 수 있다. 이러한 사례는 Lobachevskii, Ostrogradskii, Luzin 등의 저명한 수학자들의 삶 속에서도 찾아볼 수 있다.

그러나 반복하건대, 실제로 셀 수 없을 정도로 자주 우리는 능력과 흥미 또는 성향의 일치를 알 수 있는 경우를 보게 된다. 중요한 활동을 배우려는 성향은 연습으로 이끌며, 이에 대응되는 능력을 갖게 하며, 능력의 발달은 그 활동의 성공에 긍정적인 효과를 가져오며, 성공은 차례로 성향과 흥미를 "강화"한다.

Lenin은 "인간의 감정이 없이는 진리를 향한 인간의 탐구가 결코 과거에도 없었고, 현재도 없으며, 미래에도 있을 수 없을 것이다(참고문헌 7, p. 112)."라고 말한다. 인간이 느끼는 감정은 어떤 활동을 위한 능력 개발에서도 중요한 요소이다. 창조의 기쁨, 집중적인 정신적 활동에서 오는 만족감, 이런 과정에서 오는 감정적 즐거움은 인간의 정신적인 상태를 고양시키고, 힘을 발휘하게 하며, 어려움을 극복하게 한다. 무관심한 사람은 창조자가 될 수 없다. 우리가 연구하는 영재 아동은 수학적 활동에 대한 깊은 관심을 갖는 특징을 보이며, 각각의 새로운 성취에 진정한 기쁨을 느낀다. Bogoyavlenskii와 Menchinskaya(참고문헌 44, pp. 267~68)가 주장하고 있는 바와 같이 작은 발견에 대한 기쁨은 단지 성공적인 결과를 경험하는 것에 그치지 않고, 어려움을 이겨내고 자신의 노력을 통해 목표에 도달했다는 의식에서 오는 만족감을 포함한다.

다양한 심미적 감각은 수학적 창조성에 귀중한 가치가 있다. Poincaré는 수학자들이 경험하는 진정한 심미적 감각, 즉 수학적 아름다움, 수와 도형의 조화, 기하학적 우아함에 대한 감각을 기술하였다(참고문헌 498, p. 18). Révész(참고문헌 676)는 "수학자는 정신적 구성의 아름다움이 그에게 기쁨을 주기 때문에 창조한다."라고 기술하였다. 이러한 풀이의 우아함에 대한 경험이 우리가 관찰한 우수한 아동들의 매우 특징적인 면이다. "아름다운 풀이", "이 방법은 훌륭한 체스의 조합처럼 나에게 기쁨을 준다."고 아동들은 말하였다. 그리고 그들의 전반적인 태도는 그들이 경험하는 심미적 감각을 증명하였는데, 그들의 눈은 번쩍이고, 두 손을 잡고 만족감을 표시하면서 미소를 지으며, 그들은 예리한 사고의 맥락 또는 특별히 "우아한" 풀이를 서로 칭찬한다.

수학적 능력의 완전하고 집중적인 발달의 가능성은 일반적 능력과 마찬가지로 전반적으로 특성, 특별히 의지적인 특성의 발달 수준에 달려 있다. Anan'ev(참고문헌 19)가 입증한 바와 같이 여러 가지 능력과 특성의 발달상의 상호 교통에 있다. 수학적 활동을 하는 과정에서 수학적 능력이 형성되고 발달하며, 동일한 과정에서 특성 또한 형성된다. 특성이 능력에 미치는 영향은 Syrkina(참고문헌 398)에 의해 연구되었다. 목적의 명확함, 인내심과 집착력이 처음으로 여기에서 언급되었다.

Bernstein은 그의 소논문 〈과학적 창조성의 심리학〉(참고문헌 40)에서 "창조적인 과학자는 쉬운 문제나 쉬운 풀이 방법을 좋아하지 않는다. 어려움과 장애물이 창조성에 특별한 자극이 된다."고 기술하였다. 인간의 능력이 아무리 훌륭하다고 해도 근면하고 의지적으로 연구하는 습관을 갖지 못한다면 어떤 활동에서 대단한 성공을 이루기는 거의 어려울 것이다. 기껏해야 잠재적인 우수아로 남아 있을 뿐이다. 가장 저명한 소비에트의 수학자 중 한 사람이 지적하듯이 "창조적 활동에서 중요한 것은 계속적으로 연구하는 능력, 즉 계획한 목표를 성취하기 위해 몇 달, 몇 년, 수십 년의 시간을 보내고 지치지 않고 문제 해결 방법을 탐색하는 능력이다. 이는 수학자에게도 사실인데 그가 옳은 방법을 찾기 위해 천 가지의 방법을 고안하고 시도할 때에 그렇다." 인내심, 연구 능력, 근면성이 우리가 관찰한 영재 아동들의 수학적 활동에서 끊임없이 확인되었다. 이는 우리가 인용한 프로필을 보면 명백하다. Zosimovskii(참고문헌 131)는 모스크바의 수학 기숙사 학교의 아동들을 관찰하면서 그들이 끊임없이 단 하나의 목적을 향해 연구하는 모습에 주목했는데 이것이 그들에게 기쁨과 만족감을 주었다. Leites(참고문헌 254)는 영재 수학자 Erik을 포함한 영재 아동에게서 비상한 연구 성향과 노력이 필요한 연구를 유별나게 좋아하는 것을 관찰하였다. 그러나 예외도 있다. 수학적 능력을 가진 아동들 중에는 그 영역에서는 특별히 열심히 할 필요 없이 그들을 "구해 줄" 그들의 능력에 의지하면 된다고 잘못 생각하는 아동들도 있다. 교사와 부모들은 수학에 정통하기 위해서는 능력이 있을지라도 노력, 인내심, 근면성이 필요함을 설득해야 하고, 수학 문제를 해결하는 데 어려움이 있을 때 뒤로 물러서지 않고 끝까지 해내는 것을 포함하여 이러한 자질들을 가르쳐야 한다. 독창성, 새로운 것에 대한 감각 또한 수학자들의 특성이다. 과학에서 새로운 것은 오래된 것, 진부한 것과의 싸움에서 탄생된다. 과학에서 혁신자는 "어떤 새로운 것을 구성하는 것뿐만 아니라 오래된 것을 파기한다(Bernstein, 참고문헌 40)."

물론 수학자의 특성에 대해 앞에서 말한 모든 것은 그의 삶과 활동의 다른 측면에서는 나타나지 않고 그의 수학적 활동에서만 선택적으로 나타날 수 있음을 의미하는 것으로 생각해야 한다. Kovalev와 Myasishchev는 어떤 학자가 의지가 약하고 연구 능력이 빈약하며 쉽게 피곤해질 수 있지만 그의 수학적 활동에서는 전혀 다른 특성, 즉 상당한 정도의 조직력, 인내심과 연구 능력을 보일 수도 있음을 아주 정확하게 지적하였다(참고문헌 174, p. 147).

다른 특성 하나는 진정한 학자에게 적절한데 자신, 자신의 잠재력, 자신의 성취에 대한 비판적 접근, 겸손함, 자신의 능력에 대한 균형 있는 태도이다. 영재 아동에 대한 부적당한 태도가 있을 때 예를 들면 영재 아동을 지나치게 칭찬하거나 그의 성취가 과장되거나 그의 능력을 돋보이게 하거나 다른 아동들에 대한 우월성을 강조하거나 할 때 그에게 자신의 탁월함, 그의 비범한 특성에 대한 신념을 주입시켜서 “자만심이라는 영속적인 바이러스”로 해를 끼치기 쉽다. 한때 신문에 “미래의 Lomonovos를 위한 학교”, “Lomonovos에 대한 탐색 계속”이라는 문구를 속보의 표제로 잘못 사용한 적이 있다. 어린 수학자를 위한 학교가 모스크바에 개교했는데 그 학교가 신문 논설에 “미래의 Lomonovos를 위한 학교”라고 불려진 것이었다. 따라서 모든 아동들이 “나는 미래의 Lomonovos다!”라고 믿게 되었을 것이다. 한 수학 학교 아동들에 대한 출판물은 표제로 “120명의 뉴턴(참고문헌 438, p. 59)”이라는 표현을 사용하였다. 그 어떤 사람도 이런 표현이 인성이 집중적으로 형성되고 자신과 다른 사람들에 대한 형성되는 시기를 겪는 14세 또는 15세의 아이들에게 어떤 영향을 미칠 것인지를 생각하지 않았다.

한 가지 마지막 의견을 이야기하면 인간은 자신의 일반적인 문화 수준이 상승되지 않는 한 수학적으로 발달할 수 없다는 것이다. 사람들은 다방면에서 조화로운 인성의 발달을 위해 노력해야 한다. 수학 외의 모든 것에 대한 “허무주의”, 지나치게 한쪽으로만 치우친 능력의 발달은 수학적 활동에서의 성공을 촉진할 수 없다.

제18장

수학적 능력의 구조에 관련된 **일반적인 의문들**

구조의 윤곽: 구성요소들의 상호관계

우리가 수집한 실험 자료와 비실험 자료, 그리고 특별한 문헌 연구는 우리로 하여금 수학적 영재성과 같은 두뇌의 통합적 성질의 구조에서 특별한 위치를 점유하고 있는 구성요소들에 대해 말할 수 있게 하였다.

우리는 학령기 동안의 수학적 능력 구조에 대한 일반적인 윤곽을 아래와 같이 제시한다. (우리는 그것을 앞에서처럼 문제해결의 기초적 단계에서부터 발생한 것으로 간주하겠다.)

1. 수학적 정보의 습득
   A. 문제의 형식적 구조를 간파하기 위한 수학적 자료의 형식화된 인지 능력

2. 수학적 정보의 처리
   A. 양적이고 공간적인 관계들, 수와 문자기호 영역에서의 논리적 사고능력 – 수학적 기호로 생각하는 능력
   B. 수학적 대상, 관계, 조작을 빠르고 광범하게 일반화하는 능력
   C. 수학적 추론과 해당하는 조작의 체계를 단축하는 능력 – 단축된 구조로 사고하는 능력
   D. 수학적 활동에서 사고 과정의 유연성
   E. 해답의 명확성, 간결성, 경제성, 합리성을 얻기 위한 노력
   F. 순행에서 역행의 사고 고리로 전환하면서 사고 과정의 방향을 빠르고 자유롭게 재구성하는 능력(수학적 추론에서의 사고 과정의 가역성)

3. 수학적 정보의 파지

   A. 수학적 기억력(수학적 관계, 유형특성, 논증과 증명의 개요, 문제해결 방법, 접근 원리에 대한 일반화된 기억력)

4. 일반적인 종합 구성 요소

   A. 정신의 수학적 경향

이들 구성요소들은 서로 영향을 미치고 단일한 통합 체계, 수학적 영재성의 뚜렷한 증상, 수학적 정신의 경향을 결집시키면서 서로 밀접하게 상호 관련되어 있다. 수학적 영재성의 구조에 포함되지 않는 것은 (그것이 유용함에도 불구하고) 그 존재가 이 구조에 반드시 포함되지 않아도 되는 것이다. 이런 점에서 그것들은 수학적 영재성에 관한한 중립적이다. 그러나 이 구조에서의 존재유무(보다 정확하게는 그들의 발달 정도)는 정신의 수학적 경향을 결정한다. 그것은 다음과 같다.

1. 일시적 특성으로서의 사고 과정의 신속함. 일 처리의 개인적인 속도는 결정적인 가치를 가지는 것이 아니다. 수학자들은 신중히, 심지어는 느리게, 그러나 매우 완전하고 심오하게 사고할 수 있다.
2. 계산 능력(빠르고 정확하게 계산하는 암산 능력). 우리는 복잡한 수학 계산(세 자리 수의 제곱과 세제곱, 여섯 자리 수의 세제곱근의 계산 등을 거의 즉석에서)을 암산으로 처리하지만 복잡한 어떤 문제는 풀 수 없는 사람들을 알고 있다. 우리는 또 수학에 어떤 공헌도 하지 못한 놀랄만한 "계산가"가 있고 또 있어 왔다는 것을 알지만 반면에 저명한 프랑스 수학자 Poincaré는 자신이 실수 없이는 덧셈조차 할 수 없다고 스스로 기록한 일이 있다.
3. 기호, 수, 공식에 대한 기억력. Kolmogorov가 지적한 대로 많은 저명한 수학자들이 이런 종류의 기억력을 현저하게 갖지 않았다.
4. 공간 개념에 대한 능력.
5. 추상적인 수학적 관계와 의존성을 시각화하는 능력.

강조되어야 할 것은 우리의 수학적 능력 구조에 대한 윤곽은 학령기 아동의 수학적 능력에 관련된 것이라는 점이다. 우리는 특별한 연구를 하기 전에는 이것이 어느 정도까지 수학적 능력 구조의 일반적 윤곽으로 간주될 수 있는지, 어느 정도까지 충분히 발달되고 영재성이 있는 수학자의 성질로 여겨질 수 있는지 미리 말할 수 없다.

물론 능력 구조의 특정 내용은 교육 방법에 크게 의존하는데 그것이 수업 중에 형성되기 때문이다. 그러나 우리가 설정해 온 구성요소들은 어떤 조건 하에서도 이 구조에 들어가야 한다. 이를테면 일반화하는 능력이나 수학적 기억력이 수학적 능력 구조에 포함되지 않는 수업 체계를 상상하는 것은 불가능하다.

수학적 영재성의 구조에 대한 윤곽을 분석함으로써 우리는 수학적 활동의 지각적, 지적, 그리고 기억술에 대해 묘사하는 측면에서 어떤 특색들은 일반적인 중요성을 갖고 있다고 말할 수 있다. 예를 들어 문제의 형식화된 지각은 무엇이 일반화되고, 단축되고, 유연성을 가지는지에 대한 인지이다. 수학적 기억력은 일반화되고, 단축되고, 유연성을 가지는 체계에 대한 기억력이다. 우리가 문제의 조건에 대한 형식화된(일반화된) 지각을 언급할 때, 우리는 또한 형식화된(일반화된) 풀이와 형식화된(일반화된) 기억력에 대해서도 말할 수 있다. 이리하여 구조의 상세한 윤곽은 여러 가지 극도로 간결한 공식으로 표현될 수 있다. 수학적인 영재성은 수학적 관계와 수와 문자기호 등의 영역에서 일반화되고 단축되고 유연성을 가지는 사고와 정신의 수학적 경향으로 특징지어 진다. 수학적 사고의 이러한 특성은 수학적 정보를 처리하는 속도를 증가시키며(일반화와 단축에 의해 용량이 큰 정보를 용량이 작은 것으로 대치하는 것에 관련됨) 결과적으로 신경과 정신력의 경제성을 가져온다(C. W. Taylor & F. Barron, 참고문헌 707). 결합 이론의 용어로, 그것 다음과 같이 들릴 수 있다. 수학적 능력은 일반화되고 단축되고 유연성을 가지며 가역적인 연상들과 체계들을 형성하는 수학적 자료를 사용하는 능력이다. 이 능력들은 능력 있는 아동, 평균적인 아동, 능력 없는 아동에게서 서로 다른 정도로 나타난다. 어떤 조건에서는 이런 연상들은 능력 있는 아동에게는 최소한의 연습으로 "즉석에서" 형성된다. 그러나 능력 없는 아동에게는 그것이 형성되기란 매우 힘들다. 평균적인 아동의 경우, 이런 연상들의 점진적인 형성을 위한 필요조건은 특별히 조직된 연습과 훈련의 체계이다.

수학적 능력의 초기 분석으로 그 구조의 개념을 얻은 후에도, 우리는 수학적 능력의 구성요소에 관한 연구가 여기서 끝날 수 있으리라고는 믿지 않는다. 그것의 본질을 꿰뚫고 그것의 생리학적 기초를 드러내기 위해서는 개별적인 구성 요소에 대한 철저한 연구가 필수적이다.

지적되어온 대로, 구조적인 요소들은 서로 밀접하게 상호 관련되어 있으며 단일한 체계, 통합적 형태(정신의 수학적 경향)를 형성한다. 문제해결 과정에서 이들의 밀접한 관련성은 여러 가지 예를 통해 앞에서 보였다. 어떤 요소들은 너무 밀접하게 관련되어 있어서 많은 연구자들로 하여금 그것들은 한 가지 성질의 서로 다른 표현일 뿐이라고 가정할 근거를 갖고 있다고 믿도록 하였다. 예를 들자면 Rubinstein은 일반화와 단축 같은 요소에 관한 그런 아이디어를 표현하였다(참고문헌 355, pp. 130~31). 그의 논문들 중 하나에서 그는 사고 과정의 단축 정도는 일반화와 분석의 상호 관련성의 파생된 표현이라고 쓰고 있다. 사고 과정은 그것이 이미 발달된 또는 빠르게 발달하는 일반화를 사용할수록 훨씬 더 단축된다(참고문헌 356). P. A. Shevarev도 단축은 일반화의 결과이며 일반화된 연상들은 또한 단축된 연상이기도 하다고 믿는다. A. M. Matyushkin도 같은 관점(참고문헌 280)을 취했는데 일반화 과정이 더욱 철저해짐에 따라 자세한 조작은 새로운 형태(단축된 조작의 형태)를 얻게 된다고 믿었다. P. Ya. Gal'perin의 관점도 이것과 비슷하다.

이 모든 것이 옳다. 그러나 하나가 다른 것을 따르고, 다른 것에 의해 결정된다고 해서 그들 사이에 등호를 놓을 수 있다는 것을 의미하지 않는다. 파생물은 단지 그것이 파생물이기 때문에 그것이 원래의 것과 동일시될 수는 없다. 이리하여 결과적으로는 "두 번째 지표는 첫 번째 지표의 한계를 넘을 수 없다."(참고문헌 356, p. 9)는 Rubinstein의 주장에 동의하기는 어렵다. 우리는 하나의 요소(단축)가 다른 하나(일반화)의 파생물이라면 그들은 완전히 서로 다른 심리학적 표현이기 때문에 그들은 여전히 서로 다른 두 개의 구성 요소로서 간주되어야만 한다고 느낀다. 모든 다른 요소들이 원래 발달된 요소들(일반화하는 능력과 정신의 수학적 경향)의 토대 위에서 형성된다는 것은 충분히 가능하다. 그러나 그 경우에 우리는 그 모든 것들을 일반화하는 능력과 정신의 수학적 경향으로 축소하지 않고도 정신의 수학적 경향의 다른 요소들을 말할 수 있어야 한다.

수학적 능력의 특수성

다음의 의문점이 제기된다. 우리가 특별히 선택한 요소들은 어느 정도까지의 수학적 능력인가? 이들은 일반적인 능력일 수도 있으며, 단지 정신의 수학적 경향만이 특별한가? 그렇다면 수학적 능력은 일반적인 정신 능력에 불과하며 수학은 단지 그것이 드러나는 하나의 좋은 "분야"인가? Kovalev와 Myasishchev는 이 문제를 특별한 과학적 능력과 관련하여 정확하게 다음과 같이 다루었다. "아마도 이런 경우(과학적 능력을 말함 – V. K.)에 이것은 한편으로 활동에 대한 욕구에 의해, 또 다른 한편으로는 상황의 일치에 의해 활동이 안내되는, 충분한 유연성을 가진 건전한 두뇌의 문제인가?"(참고문헌 174, p. 130) 우리는 수학적 대상, 관계, 조작을 일반화하는 능력과 같은 수학적 영재성의 구조에서 우리가 뽑은 기본적인 능력들 중 하나를 살펴보는 데 이런 관점을 취할 것이다.

물론 일반화하는 능력은 본질적으로 일반적 능력이며 보통 교육가능성의 일반적 특성으로 구분된다. N. A. Menchinskaya는 이 점을 반복하여 지적해 왔다. Rubinstein이 말한 대로 일반화하는 능력은 모든 능력에의 필수적인 요소라는 추론을 뒷받침 하는데 인성 특징으로서의 능력은 어떤 조건에서 다른 조건으로, 어떤 자료에서 다른 자료로 전이하도록 허용하는 작동에 나타나야만 하기 때문이다. 그러나 여기서 문제는 일반화하는 능력이 아니라 수와 문자기호로 표현된 수량적, 공간적 관계를 일반화하는 능력이다.

수학 자료를 일반화하는 능력이 특수한 능력이라는 우리의 관점을 어떻게 주장할 수 있겠는가? 우선 우리는 이 능력이 특수한 분야에 나타나며 다른 영역들에 해당하는 능력의 발현과는 상관관계가 없다는 것에 주목한다. 많은 특출한 인재들(수학자이던 수학자가 아니던)의 전기적 자료와 전문가들(특히 우리가 문의한 연구 수학자들)의 견해가 이를 입증한다. 아카데미 회원인 M. A. Lavrent'ev는 강조하였다. "나는 일생 동안 여러 번에 걸쳐, 한 분야에는 매우 능력이 있으나 또 다른 방면에는 영재성이 없는 사람들을 만날 기회가 있었다. 아마도 그러한 대비는 과학에서, 즉 내게 매우 유사하게는 수학에서 가장 잘 드러난다는 것을 보여주고 있다."(참고문헌 232, p. 40) 바꾸어 말하면, 뛰어난 수학자라도 다른 분야에는 영재성이 없을 수 있다는 것이다. 수학자 Poincaré와 Mordukhai-Boltovskii는 수학적 능력의 특별한 본성을 갖는 것이 모든 사람에게 쉬운 것은 아니라고 주장해 왔다(참고문헌 670; 참고문헌 300, p. 533). 또 바꾸어 말하면 일반적으로 영재성이 있는 사람들이 수학에서는 영재성이 없을 수도 있다는 것이다. D. I. Mendeleev는 학교에서 수학과 물리학에는 훌륭한 성취도를 보였지만 언어 과목에서는 빵점을 받았다고 보고되고 있다(참고문헌 174, p. 136). A. S. Pushkin은 전기 자료를 보면 왕립 학원에 다닐 때 수학 때문에 눈물도 많이 흘리고 숱한 노력을 했으나 끝내 "성공을 보장할 수 없음"이라고 보고되었다.

사실 수학적 영재성과 문학적 영재성을 겸비하는 예도 적지는 않다. 수학자인 S. Kovalevskaya는 훌륭한 작가이기도 했다. 그녀의 문학 작품들은 높이 평가되었다. 19세기의 뛰어난 수학자였던 V. Ya. Bunyakovskii는 시인이었다. 영국의 수학 교수였던 Charles L. Dodgson(19세기)은 재능 있는 아동문학 작가였으며 Lewis Carroll이라는 필명으로서 유명한 이상한 나라의 앨리스를 썼다. 그리고 반대로 시인인 V. G. Benediktov는 산수에 관한 대중적인 책을 썼고 A. S. Griboedov는 대학의 수학과에서 성공적으로 공부하였으며 저명한 극작가 A. V. Sukhovo-Kobylin은 모스크바 대학에서 수학을 공부하면서 수학에 훌륭한 능력을 보여주었는데 그의 논문 *Catenary의 이론*으로 금메달을 수상했다. Gogol과 Lermontov는 수학 문제 푸는 것을 매우 좋아했으며 Tolstoy는 산수 교수법에 대한 진지한 연구를 했다(Andronov, 참고문헌 23).

둘째, (비록 단지 시험 방법과 상관관계와 요인 분석에 의해 구체화된 것일지라도) 지능지수(일반화하는 능력이 일반적인 지능의 가장 중요한 특성들 중 하나라는 것은 잘 알려짐)와 수학에서의 성취도 사이에 상관관계가 적다는 것을 보여주는 많은 외국 연구들을 지적할 수 있다(P. M. Symons, 참고문헌 704 그리고 E. R. Duncun, 참고문헌 560). J. W. Getzel과 P. W. Jackson(참고문헌 579), I. Flescher(참고문헌 566)도 일반적인 영재성과 개별적인 영역에서의 창의력 간에 일치하는 부분이 거의 없음을 보여주었다. B. R. Buckingham(참고문헌 537, p. 213)의 자료에 따르면 지능 검사는 역사(0.54)나 영어(0.52)와 가장 높고, 수학(0.21)과 가장 낮은 상관계수를 보여주었다. 같은 종류의 지능이 다른 연구에서는 학교의 다른 유형과는 0.25, 대수 점수와는 0.38, 기하 점수와는 0.40을 나타내었다. 또 하나의 논문에서 Getzel과 Jackson(578)은 높은 IQ의 학생들이 보다 판에 박힌 방법으로 사고하며 표준적인 조작을 수행하고, 이에 반해 창의력이 뛰어난 학생들은 창작을 위하여 정형화된 사고에서 벗어나는 경향이 있다는 것을 보여주었다.[24)]

셋째로, 우리의 견해를 입증하기 위해 우리는 학교에서 아동들의 성장 보고(점수)를 인용할 수 있다. 빠르고 완전한 일반화를 하기 위한 능력은 다른 과목에서의 학생의 성취와 무관하게 한 과목에서 나타난다고 많은 교사들이 지적한다. 우리의 피험자 일부는 예를 들자면, 수학에서는 "즉석에서" 일반화하는 능력을 보였으나 문학, 역사, 또는 지리학에는 그렇지 못했다. 반대의 경우도 발생한다. 문학, 역사, 생물학에서 자료를 일반화하고 체계화하는 데 훌륭하고 빠른 학생들이 수학에서는 비슷한 능력을 나타내지 못하였다.

A. A. Bodalv는 많은 논문(참고문헌 46, 48)에서 학생의 일반화 능력의 수준은 종종 지식의 다른 영역에서는 같은 방식으로 표현되지 않는다고 하였다. "즉석에서" 일반화하는 능력이 비교적 좁은 영역에 나타나는 학생들의 범주가 있다고 그는 결론을 지었다. 이 점에 대한 명백한 자료는 Yu. A. Samarin(참고문헌 366)이 쓴 상급 학년 학생들의 정신활동의 유형을 묘사해 놓은 부분에도 나타나 있다.

학교 성적은 어느 정도 대략적인 학생들의 능력을 나타낼 수 있다. 서로 다른 교과목에 대한 학생들의 성취도를 비교해 보는 것은 여기서 매우 흥미롭다. 이를 위해 1964~ 1965년에 많은 수의 모스크바 학교에서 6학년부터 11학년 학생 1,086명(32학급)의 성적이 매년 연구되었다. 수학 수업의 수준이 다양한 학교들이 참여했다. 우리는 수학과 다른 과목들의 점수들 간에 심한 차이(수학과 타 교과목의 상대적인 평균 점수 간에 2점 이상의 차이)가 있는 경우에 관심이 있었다. 수학을 잘하고 다른 과목들을 심하게 못하는 학생들 중에는 이와 같은 점수를 가진 학생들이 있었다(앞의 둘은 수학 과목들이고 뒷부분은 수

---

20) 물론 이는 일반적인 지능과 창의성을 연구하기 위해 이들 연구자들이 사용한 시험들의 본질에 의해 크게 좌우된다.

표 26. 수학과 다른 과목들 간의 점수 차에 관한 학생들의 분포

학년	학생들의 총수	수학에는 뛰어나고 타 과목들에는 많이 부진	수학에는 부진하고 타 과목들에는 우수
6	64	0	2
7	168	10	8
8	336	12	19
9	270	9	11
10	186	3	16
11	62	3	4
계	1,086	37 (3.4%)	60 (5.5%)

학 이외의 과목들임). 예를 들어 (5, 4; 3, 3, 3, 2), (3, 3; 2, 2, 2, 2), (4, 4; 3, 2, 3, 2). 수학은 못하고 다른 과목을 특별히 잘하는 학생들 중에는 다음의 점수를 가진 학생들이 있었다. (2, 3; 4, 4, 4, 4), (3, 3; 4, 5, 4, 5), (3, 3; 5, 5, 5, 5). 우리는 요약 자료를 〈표 26〉에 제시하였다.

Shapiro는 그의 9학년 학생들에 대한 연구에서 타 과목 교사들의 도움을 받아 수학, 물리학, 문학(그는 수학으로부터 "가장 가까운", 그리고 "가장 먼" 과목들을 취하였다)의 능력에 의거하여 학생들을 그룹 지었다. 30명 중에서 16명만이 수학과 문학 양쪽에서 같은 그룹에 속했으며, 23명이 수학과 물리학에서 같은 그룹에 속했다. 12명이 세 과목 모두에서 같은 그룹에 속했다. 서로 다른 교과목에서의 학생들의 능력들 간의 상관계수는 다음과 같다. 수학과 물리는 0.75, 수학과 문학은 0.49, 물리와 문학은 0.21.

넷째로 우리 실험에서 수학과 비수학의 검사 결과를 비교하려는 시도는 우리의 관점을 논의하는 데 있어 흥미롭다.

이런 첫 번째 비교는 시리즈 XV의 검사에서 행해졌다. 강요되고 틀에 박힌 연산 체계에 대한 예리한 재구성과 한 가지 연산에서 다른 연산으로의 변경에 바탕을 둔 수학 검사와 함께 이 시리즈에는 (교정을 보면서 책상에서 일하는 것 같은) 비수학적 활동의 조건에서 틀에 박힌 연산을 급진적으로 재구성하는 것과 같은 특별한 검사도 있다. 수학과 비수학 검사에서 학생들의 검사 결과는 상관관계가 없었다. 외양적으로 두 활동은 서로 아무런 관련을 갖고 있지 않았다. 많은 경우에서 부정적인 상관관계가 나타났다. 수학 검사에서 성공적인 점수를 받고 수학활동에서 훌륭한 사고의 형성을 보인 학생들이 특수한 검사에서는 현저하게 더 나쁜 결과를 보였고 그와 반대인 경우도 있었다. 우리는 다음과 같은 두 가지 추리에 대해 자세한 분석은 덧붙이지 않을 것이다. 첫째로, (전체 15명 중) 극히 적은

학생만 특수한 검사에서 어떤 명확한 목표에 이르렀으며, 둘째로 흥미를 가지고 특수한 검사에 임한 학생을 발견하지 못했다. 몇몇은 계산이 지루하고 단조로움을 지적하면서 특별한 흥미를 갖지 않고 무관심하게 그것을 수행했다. 흥미 요인을 동일하게 하지 못한 이런 환경에서 얻어낸 자료에 많은 가치를 두는 것은 불가능하다. 그러므로 시리즈 XV에 있는 문제들이 정신과정의 유연성을 특별히 나타낸다고 우리는 결론짓지 않는다. 그리고 매우 근사적이고 보완적인 검증이 요구되는 것으로 우리의 결과를 평가하고자 한다.

보다 의미있는 자료를 시리즈 XII에서 얻었는데 여기에 속한 비수학적 일반화에 대한 검사는 인위적인 개념 형성과 관련이 있다. 이 시리즈에 속한 문제들은 학생들의 흥미를 유발한다. 24명의 능력 있는 학생들에게 이 시리즈의 문제를 투입했다. 이 시리즈의 평균 점수로 그들의 순위가 매겨졌다. 그런 다음 우리는 아래와 같은 장치를 사용하였다. 수학적 일반화에 관한 시리즈의 상관관계 표를 만들었고(13장의 첫 번째 부분 〈표 10〉을 보아라) 두 쌍의 시리즈를 선택했다. 한 쌍은 서로의 관련성이 가장 적은 두 시리즈를 선택하였고 다른 한 쌍은 서로의 관련성이 가장 큰 두 시리즈를 골랐다. 그런 다음 시리즈 XII를 그들의 시리즈 각각과 "접목시켰다." 우리는 이 시리즈들(시리즈 XII와 선택된 시리즈 각각; 인용된 공식들은 생략함. 12장에 모든 요인 분석과정이 설명되어 있음.)의 결과에 대한 24명 피험자들의 순위에 대한 상관관계를 계산하였다. 그리하여 두 개의 상관관계 표를 만들었다. 하나는 시리즈 XII(비수학적인 것의 일반화에 대한)와 상관관계가 가장 낮은 수학적 일반화에 대한 두 시리즈(VII과 X)를 포함하고 다른 하나는 XII와 상관관계가 가장 높은 두 시리즈(X과 IX)를 포함한다. 이것은 서로 "가장 멀리 떨어져 있는" 두 수학 시리즈와 서로 "가장 가까이에 있는" 두 수학 시리즈와의 순위에서 XII의 자리를 평가하기 위해 행해진 것이다.

가장 적은 상관관계(〈표 10〉을 보아라.)는 시리즈 VII과 시리즈 X 사이의 0.37이다. 상관관계 행렬은 〈표 27〉에서 보여주고 있다. 그리하여 이 시리즈들의 문제를 푸는 성공은 긍정적 상관관계를 나타낸다. 우리의 상관 계수는 0.05 유의수준에서 통계적으로 중요하다.

이 자료는 요인분석에 따른다. 이 요인은 Spearman의 단일-요인 모델을 기본으로 추출되었다. 단일-요인 해법에 따른 분석 결과는 요인표의 형태로 표현된다(〈표 28〉을 보라.) 다시 만들어진 상관관계표는 본래의 표와 일치한다. 잉여 상관계수는 0이다.

통계적으로 중요하지만 매우 높지는 않은 적재치가 나왔다. 세 시리즈 모두 일반요인에서 중요한 의존도를 갖는다(물론 여기서 일반요인은 일반화하는 능력이다). 이는 아주 명백히 나타나지는 않지만 일반(공통)요인이 이 세 가지 시리즈에 있음을 의미한다.

표 27. 시리즈 VII, X 그리고 XII에 대한 상관관계($N = 24$)

	VII	X	XII
VII	–	.37	.34
X	.37	–	.41
XII	.34	.41	–

표 28. 시리즈 VII, X 그리고 XII에 대한 요소표.

시리즈	g에 의한 요인적재량
VII	.55
X	.67
XII	.61

표 29. 시리즈 IX, X 그리고 XII에 대한 상관관계($N = 24$)

	IX	X	XII
IX	–	.38	.46
X	.68	–	.41
XII	.46	.41	–

표 30. 시리즈 VII, X 그리고 XII에 대한 요소

시리즈	g에 의한 요인적재량
VII	.87
X	.78
XII	.53

이젠 다른 쌍의 시리즈에 똑같이 해보자. 가장 높은 상관관계는 시리즈 IX와 X에서 0.68이 나타났다(〈표 10〉을 보아라). 〈표 29〉에서 보여지는 상관관계가 얻어진다. 명백하게 이 시리즈에서 문제를 푸는 데 성공여부 또한 긍정적 상관관계를 보인다. 이 상관관계는 시리즈 IX와 X는 유의수준 0.01이고 다른 시리즈에서는 유의수준 0.05로 얻어졌다. 이 자료는 요인분석에 따른다(〈표 30〉을 보아라). 다시 나온 상관관계는 원래의 것과 일치하며 잉여 상관계수는 0이다.

통계적으로도 의미있는 적재치가 나왔다. 시리즈 IX와 X는 일반요인에서 매우 높은 의존도를 갖는다. 의미있는 적재치를 가짐에도 불구하고 시리즈 XII는 명백히 부족한 부분이 있다. 이 요인표는 정확하게 다음과 같은 방법으로 해석될 수 있다. 일반요인(일반화하는 보통 능력)은 물론 세 시리즈 모두 해답에 영향을 미친다. 그러나 시리즈 IX와 X

는 확실히 결합되어 있다. 그들에게서 (Spearman의 모델에서는 나타나지 않았던) 그룹요인이 작용하고 있다. 모든 자료에 따르면 이 그룹요인은 수학적인 것을 일반화하는 능력이다.

그리하여 시리즈 XII은 이 시리즈들 간의 최소 상관계수 수준에서 수학적 일반화에 시리즈 그룹과 "합쳐진다." 보편적 결론이 서술된다. 일반능력으로서 일반화하는 능력은 일반화에 관한 모든 검사에 (수학적, 비수학적) 영향을 끼친다. 그러나 그룹요인 같은 것은 수학검사를 하나로 묶는다. 우리로 하여금 이것을 믿게 만드는 것은 능력 있는 학생에게서 수학적인 것을 일반화하는 검사점수와 시리즈 XII의 검사점수 사이에는 상관관계가 거의 없다는 사실이다. 우리의 다음 과제는 대규모의 피험자에게 일반화 능력에 관한 여덟 개의 모든 시리즈를 주고 Holzinger의 양요인 모델(bifactor model)에 기초하여 요인분석(Teplov, 참고문헌 410을 보라.)을 함으로써 이 가정을 검증하는 것이 될 것이다.

다섯째, Dubrovina의 실험들(참고문헌 122, 123)은 수학적 능력, 특히 수학적인 것의 일반화에 대한 능력의 특이성에 대한 우리의 가정을 대표하는 중요한 논의이다. Dubrovina는 특히 초등학교 학생들을 위한 비수학적인 것(러시아어, 문학, 비문학적인 것)의 일반화에 대해 많은 문제를 고안하였다. 수학적인 그리고 비수학적 자료를 일반화하는 시리즈는 학생들에게 동일한 어려움을 제공한다고 믿게 하는 적절한 근거가 없기 때문에 기본적 분석은 교육 가능성의 계열을 취하였다. 학생들이 수학적인 자료와 비수학적인 자료를 일반화하는 능력을 발달시키는 데 얼마나 진전을 이루었는지가 확인되었다.

Dubrovina의 표(참고문헌 122)에서 요약 결과는 수학적인 자료와 비수학적인 자료들을 일반화하는 것에 대한 문제의 수행을 보여준다. 〈표 31〉은 각 능력별 집단의 수행 정도가 퍼센트로 주어졌다.

극단적인 두 그룹(VC와 I)에서 수학적인 자료와 비수학적인 자료의 일반화에 대한 결과를 비교하면 매우 능력이 뛰어난 학생들 모두는 수준 5에서 수학적인 것을 일반화하고 비수학적인 것을 일반화하는 데 있어서는 종종 수준 3으로 떨어진다. 능력이 없는 학생은 가장 낮은 수준1에서 수학적 일반화를 했으나 비수학적인 일반화에서는 수준 4까지 올라갔다.

일반화하는 능력이 초등학교 학생들의 기본적인 인구집단에서의 일반적인 능력처럼 나타난다면(평균 능력을 가진 학생은 표에 보이지 않는다.) 수학에서 매우 능력 있는 학생들은 이 나이(3학년, 4학년) 쯤에는 이미 다른 분야의 일반화를 넘는 수학 영역에서 특별히 우세한 일반화 능력을 보인다(다른 분야의 능력이 잘 발달하였을지라도). 이러한 모습들은 3학년 초부터 4학년 말까지 현저하게 증가된다. 수학적으로 능력 있는 초등학생은 비수학적인 것을 일반화하는 것보다 수학적인 것을 일반화할 때 현저하게 진보하고 더 쉽게 배운다.

이 사실은 Dubrovina가 일반화하는 능력이 보통 우리가 사고의 일반화 현상을 다르게 보는데도 불구하고 초등학교에서도 수학적인 자료, 관계, 조작을 일반화하는 특별한 능력으로 나타날 수 있다고 결론을 내릴 수 있도록 해 주었다.

표 31. 수학적 그리고 비수학적인 것의 일반화 수준(그룹에서 수의 퍼센트로)

시리즈	문제타입	일반화 수준				
		1(낮음)	2	3	4	5(높음)
수학에 매우 능력 있는 학생들(VC)						
수학적인	A					100.0
	B					100.0
	C					100.0
	D					100.0
비수학적인	a				37.5	62.5
	b			25.0	62.5	12.5
	c			25.0	62.5	12.5
	d				75.0	25.0
수학에 능력 있는 학생들(C)						
수학적인	A				38.0	62.0
	B				42.0	58.0
	C				46.0	54.0
	D				39.0	61.0
비수학적인	a				23.0	77.0
	b				46.0	54.0
	c				46.0	54.0
	d				38.0	62.0
수학에 능력 없는 학생들(I)						
수학적인	A	83.0	17.0			
	B	83.0	17.0			
	C	100.0				
	D	100.0				
비수학적인	a	58.3	17.0	25.0		
	b	42.0	8.0	42.0	8.0	
	c	42.0	12.5	33.0	12.5	
	d	50.0	17.0	33.0		

앞에서 말한 모든 것으로부터 수학적 능력의 특이성에 대해 우리는 다음과 같은 입장에 설 수 있게 된다. 학생의 정신활동의 어떤 특징은 (그의 다른 종류의 활동을 특징짓지 않고 다른 분야에서 대응하며 나타나는 관계 없이) 그의 수학적 활동으로 특징지을 수 있으며 숫자와 문자기호로 표현되는 공간적, 수적 관계의 세계에서만 나타날 수 있는, 그리하여 많은 경우에서 일반적인 정신 능력(일반화하는 능력처럼)은 특별한 능력(수학적인 대상, 관계, 연산을 일반화하는 능력)으로 나타날 수 있다. 수학활동에서 하나의 방법에서 굴절되는 일반 능력이 아닌 특이한, 특별한 능력에 대해 말하는 관점이다. 궁극적으로 일반 특성으로써 기억력의 배경 위에서 특이한 음악적 기억력이 있음을 아무도 부인하지 않을 것이다.

숫자와 문자로 표현되는 수량적, 공간적 관계의 세계인 수학의 세계는 매우 특별하고 독특하다. 수학자들은 수량적이고 공간적인 관계에 대한 기호표현을 다루고 그것들로 생각하고 그것들을 결합하고 그것을 가지고 조작한다. 이러한 매우 독특한 세계에서 특별한 활동 과정에서 나타나는 일반적인 능력은 자연스럽게 일반적으로 머물러 있는 동안 특이한 능력처럼 행동하면서 변형되었다. 이러한 의미에서 그것은 **일반적이면서도 동시에 특이하다.** 이 같은 변증법적 합일은 심리학 문헌에도 나타나는데 예를 들어 N. S. Leites(참고문헌 253, pp. 6-7)에 의하면 서술된 일반적이면서 특이한 능력이 과도하게 병치되는 간극을 연결하고 보상할 수 있게 해 준다. 물론 일반적 능력의 특별한 표현의 존재는 그와 동일한 일반적 능력의 출현 가능성을 배제하지 못한다(한 개인의 수학적 능력의 출현은 다른 영역에서 드러나는 능력의 출현을 배제하지 못한다.).

수학적 능력의 본성에 대한 몇 가지 고찰

수학적 능력이 천부적인 것인지 획득되는 것인지에 대한 문제와 기질의 역할에 대한 우리의 고찰은 이 책의 1부의 해당 장에서 설명했다. 이 문제에 대한 우리의 입장은 수학적 능력은 천부적인 것은 아니며, 생활에서 획득되는 것이고 어떤 기질을 기초로 형성되어 진다는 것임을 독자들에게 상기시키려고 한다. 기질의 역할은 능력이 포함되는 것에 따라 다양하다. 그것은 수학적으로 평균 능력을 발전시키는 데는 중요하지 않다. 그리고 특출한 영재성이 있는 학생이 수학공부를 할 때는 매우 중요하다.

여러 가지 문헌 분석과 학령기에서 수학적 영재성이 매우 높은 사례와 어른의 경우에 대한 분석(뒷부분은 전기 자료를 기초로 한)은 우리의 연구 자료들이 수학적 영재성의 본질에 대한 질문에 답하는 데 몇 가지 흥미로운 사실을 제공해 준다. (1) 자주 (그러나 반드시는 아닌), 나쁜 환경(말하자면 매우 이르고 현저한 능력의 표출을 두려워하는 부모들의 반대가 있는 상태)에서, 체계적이고 목적 지향적 가르침이 없는 상태에서, 수학적 능력이 매우 이른 시기에 형성됨 (2) 이른 나이에 자주 나타나는 수학적 연구에 대한 경향과 예민한 관심 (3) 수학학습에 집중하는 동안 비교적 낮은 피로감으로 수학적인 작업에서 보여주는 높은(때때로 선택적인) 역량 (4) 수학적인 범주의 수준에서 수학적 관련성의 프리즘으로 많은 현상을 꿰뚫어 보려는 독특한 경향으로서 수학적으로 능력 있는 사람의 특징인 정신의 수학적 경향.

앞의 설명들은 우리를 특별한(이것을 강조함) 수학적 영재성이 있는 경우에 두뇌의 타고난 기능적 특성의 역할에 대한 가설로 이끌어 간다. 어떤 사람에게 그 사람의 두뇌는 공간적이고 수량적인 관계와 기호 형태의 환경적인 자극으로 고립시키면서 정확히 이런 종류에 최적의 작업을 수행하는 쪽으로 독특하게 안내해 나간다. 수학적 성격을 갖는 자극들에 대하여 결합은 상대적으로 빠르고 쉽게(자신 힘의 덜한 노력과 소모로) 형성된다. 마찬가지로 (사고의 극단적인 경우로) 수학의 무능력은 수학적 일반화된 관계들, 함수적 종속, 그리고 수의 추상과 기호들의 유형에 대한 자극에 두뇌가 집중하는 데 겪는 상당한 어려움과 그것들을 다루는 어려움에 본질적으로 기인한다. 다시 말해 사람들은 수학적 능력을 개발하는 데 극단적으로 우호적인(또는 비우호적인) 사고 구조와 기능 면에서 천부적인 특성을 갖는다.

"누구나 수학자가 될 수 있는가 아니면 각자 타고나야만 하는가?"라는 신성한 질문에 대해 우리는 다음과 같은 답을 가정 할 수 있다. "어떤 이는 평범한 수학자가 될 수 있다. 어떤 사람은 특출나고 재능있는 수학자로 태어난다." 그러나 여기서 이런 말을 하는 것은 새롭지 않다. 많은 뛰어난 학자들도 같은 것을 지적했다. 우리는 이미 Kolmogorov의 말을 인용했다. "수학분야에서의 재능과 영재성이 모든 이에게 선천적으로 주어지지는 않는다." 형식주의자 I. E. Tamm도 같은 것을 언급했다. "새로운 것을 창조하는 것은 특별히 영재성을 부여받은 사람의 능력 안에 있다."(과학적 독창력의 높은 수준에서 – V.K.)

위의 모든 것은 이제 단지 하나의 가설이다. 우리는 이 문제를 명확히 하기 위해 보다 생리학적 사실들을 축적하면서 이 가설에 대한 검증은 다음과 같은 기본적인 3가지 방향으로 착수할 수 있을 것이라고 제안해 본다.

1. Teplov가 대체로 신경계를 특징짓는 일반적인 유형적 성질들을 다루면서 그 효과에서 많은 진전을 보여준 것들 외에도 두뇌 피질의 개별적인 분야의 작업을 특징짓

는 특별히 유형적인 성질들, 두뇌의 다른 체계, 다른 분해자가 있고, 이것들은 특별한 능력을 결정짓는 기질에 기여할 수 있을 것이다(참고문헌 250, p. 87; 참고문헌 407, pp. 74~75). 우리가 가정했듯이, 어떤 사람은 한 개인의 활동 중에 하나 또는 다른 것의 본성에 맞춘 신경처리과정(특히 강점)의 여러 성질들 중 일부에 대해서만 말할 수 있을 것이다. 앞에서, 우리도 수학에서 특별히 영재성을 타고나서 개발해 온 학생들과 (여타의 다른 활동들과 결부시키는 일 없이 단지 수학적인 활동에만 관련시켜 살펴본) 성인 수학자들에게서 나타나는 신경처리과정의 강점(즉, 기억력, 작업 용량, 피로에 대한 높은 저항력, 오랜 기간 동안 긴장을 유지하는 능력, 집중력 등)에 대한 기본적인 특징들을 보여 주려고 시도했다. 이는 신경처리과정의 강점이 수학 활동을 하는 동안은 한 방법으로(다른 종류의 활동은 다른 방법으로) 특징지워 진다는 것을 의미한다. 또는 일반적으로 말해 그 활동의 본질에 의존하는 서로 다른 특징이 가정된다는 것을 의미한다.

2. 대뇌 피질의 다양한 부분들의 특별한 기능에 대한 연구 전개. A. R. Luriya는 "대뇌 피질의 다른 부분은 … 엄밀하게 특별한 기능을 갖고 있다."(참고문헌 263, p. 116)고 한다. 1963년에 출간된 Luriya의 책 *인간 두뇌와 심리적 과정*과 다양한 최근의 출판물(참고문헌 263, 264)에서 흥미로운 자료들이 인용되었는데, 우리가 고려 중인 질문들을 포함하고 있다. 예를 들어 논문 중의 하나(*두뇌와 정신, The Brain and the Mind*)에서 Luriya는 다음과 같이 썼다. "대뇌 피질의 좌반구에 위치한 두정엽과 후두엽의 경계인 후두두정구(parieto-occipital region)가 상처를 입었을 때 기하학적 관계와 계산을 다루는 일이 방해를 받는다."(263, p. 116) 다른 연구에서 그는 후두두정구에는 시각-공간적 분석과 종합에 대한 대뇌 피질의 장치가 있다고 설명했다(참고문헌 265, p. 51).

이 스키마에 관한 가장 흥미로운 것은 A. A. Genkin의 연구인데, 그는 1960년 여름 Leningrad에서 열린 능력의 문제에 관한 회의 중 "수학에서의 무능력에 대한 정신신경적 접근"(참고문헌 85)이라는 강연을 했다. "신경이론 개념에 의하면, 하급 정수리(inferior parietal) 부분의 반응은 기호 조작에 해당한다."(참고문헌 85. pp. 43~44)고 알려지고 있는데, Genkin의 전기생리학적 연구는, 동일한 조건에서, 보통 수준으로 수학을 배우는 학생들은 하급 정수리 부분의 반응이 정상적으로 관찰되었지만, 수학적으로 능력이 없는 학생들이 수학 기호를 다룰 때는 이 하급 정수리 부분과 비교해 볼 때, 대뇌 피질의 외피에서만 비교적 강한 반응이 일어났다고 보고하고 있다. 이것은 그에게 다음과 같은 가정을 진전시킬 수 있는 기회를 제공해 주었다. 수학에서 현저한 무능력이 있을 때, 대뇌 피질의 하급 정수리 부분과 두뇌의 다른 부분과의 결합에서 기능적 성장 수준이 낮은 것으로 전망된다.

3. 막연히 공들인 것이지만 이 세 번째 방향은 흥미로울 수 있다. S. I. Shapiro 와 L. I. Umanskii는 *On Applying Information Theory to the Study of a Person's Abilities*에서 다음의 형태로 문제를 서술했다. "같은 나이에 그리고 대체로 동일한 훈련을 받은 사람들에게는 정보의 어떤 유형을 추상화하고, 구성하고, 기억하기 위한 그들의 연결 역량을 결정짓는 어떤 평균적인 양이 있다. 이런 관점에서 유의미한 개인차(곧 능력)가 있다."(참고문헌 436, p. 76)

수학적 능력의 생리학적 본성을 밝히는 것은 앞으로의 연구를 위해 중요한 일이다. 심리학과 생리학의 현시대의 수준은 사람의 독특한 능력의 심리학적 본질과 생리학적 메커니즘에 대한 질문을 제기하는 데 전적으로 준비되어 가고 있다.

참고문헌

The following abbreviations are used in the list:

APN	Academyof Pedagogical Sciences of the RSFSR
LGU	Leningrad State University
LGPI	Leningrad State Pedagogical Institute
MGU	Moscow State University
MGPI	Moscow State Pedagogical Institute
GNIIP	State Scientific-Research Institute of Pedagogy
GIP	State Institute of Psychology

Communist Party Literature

1. Marx, K. *Capital* (Vol. I). Moscow: Gospolitizdat, 1955.
2. Marx, K.t & Engels, F. *From the early works*. Moscow: Gospolitizdat, 1956.
3. ____. *Works* (Vol. 3). The German ideology.
4. Engels, F. *Anti-Dühring*. Moscow: Gospolitizdat. 1953.
5. Lenin, V. 1. One more annihilation of socialism. In *Complete collected works* (Vol. 25).
6. ____. The liberal professor on equality. In *Complete collected works* (Vol. 24).
7. ____. Review. In *Complete collected works* (Vol. 25).
8. ____. The state and revolution. In *Complete collected works* (Vol. 33).
9. ____. How is competition to be organized? In *Complete collected works* (Vol. 35).
10. ____. The next tasks of Soviet power. In *Complete collected works* (Vol. 36).
11. ____. Speech at a meeting of representatives. In *Complete collected works* (Vol. 37).
12. ____. The results of the party's week in Moscow and our goals. In *Complete collected works* (Vol. 39).
13. *Program of the Communist Parry of the Soviet Union*. Moscow : Gospolitizdat, 1962.

Soviet Works on Abilities

14. Agaev, Sh. S. The development of geometric concepts in schoolchildren. In *Fourth Joint*

Scientific Conference of Physiologists of the Transcaucasian Pedagogical Institutes: Theses of reports. Erevan, 1957.
15. Agranovskii, A. Letters from the University of Kazan. *Izvestiya*, May-June 1960.
16. Aidarova, L. On the capable and the "incapable." *Sem'ya i shkola*, 1964, No. 1.
17. Aleksandrov, A. Educators of talent. *Izvestiya*, 16 May 1963, No. 116.
18. Aleksandrov, V. A. Teaching the elements of algebra in the six grades of middle school and the development of mathematical thought in algebra lessons. Candidate's dissertation, Moscow, 1956.
19. Anan'ev, B. G. On interrelationships in the development of abilities and character. In *Reports at the Conference on Questions in the Psychology of Personality*. Moscow: APN Press, 1956.
20. _______. On the correlation between abilities and giftedness. In V. N. Myasishchev (Ed.). *Problems of abilities*. Moscow: APN Press. 1962.
21. _______. The formation of giftedness. In V. N. Myasishchev (Ed.), *Inclinations and abilities*. Leningrad: LGU Press, 1962.
22. Andreevskii, N. V. Methods, forms, and content of the work of mathematics circles in elementary mathematics. Candidate's dissertation, Moscow. 1950.
23. Andronov, I. K. L. N. Tolstoi's activity in the area of mathematics education. *Matematika v Shkole*, 1960, No. 6.
24. Andronov, I. K., & Bradis, V. M Arithmetic (2d ed.). Moscow: Uchpedgiz, 1962.
25. Anokhin, P. K. The acceptor of an operation as the afferent apparatus for the rapid spread of excitations in the conditioned reflex. In *Theses of reports at the First Congress of the Society of Psychologists* (Vol. 3). Moscow. 1959.
26. _______. New data on the characteristics of the afferent apparatus of the conditioned reflex. In *Materials of thc Conference on Psychology*. Moscow : APN Press, 1957.
27. _______. Characteristics of the afferent apparatus of the conditioned reflex and their value for psychology. *Voprosy Psikhologii*, 1955, No. 6. (English translation in *Recent Soviet psychology*, pp. 75-103).
28. _______. Theory of a functional system as a precondition for the construction of physiological cybernetics. In *Biological aspects of cybernetics*. Moscow : APN Press, 1962.
29. _______. Physiology and cybernetics. In *Philosophical questions of cybernetics*. Moscow: Socioeconomic Literature Press, 1961.
30. Antonova, G. P. Individual characteristics of the mental activity of primary schoolchildren. *Voprosy Psikhologii*, 1955, No. 6.
30*a*. ________. On the correlation between individual differences in pupils' mental activity and characteristics of their higher nervous activity. *Voprosy Psikhologii*, 1966, No. 1.
31. Aristova, N. P. Pupils' independent work in arithmetic lessons in the fifth grade. In *To prepare for life and work*. Moscow: APN Press, 1963.
32. Artemov, V. A. A course of lectures in psychology. Chapter 34 of *Abilities and giftedness* (2d ed.). Khar'kov: Khar'kov University Press, 1958.
33. Asmus, V. F. *The problem of intuition in philosophy and mathematics*. Moscow: Sotsekgiz, 1963.
34. Afonina, S. I. Out-of-class work in mathematics in the upper grades of middle school.

Candidate's dissertation, Tashkent, 1952. (Synopsis)
35. Balk, M. B. *The organization and content of out-of-class lessons in mathematics*. Moscow: Uchpedgiz, 1956.
36. Basyrova, E. Sh. Individual psychological characteristics of the mastery of geometric concepts. *Sovetskaya Pedagogika*, 1962, No. 12.
37. _______. Individual differences in the formation of mental operations depending on the correlation of the signal systems. *Voprosy Psikhologii*, 1965, No. 4.
38. Belyi, B. I. Towards the question of heuristic and lecture methods of teaching mathematics. *Matematika v Shkole*, 1959, No. 6.
39. Bernstein, M. S. The instruction and upbringing of children in the USA. *Sovetskaya Peclagogika*, 1961, No. 6.
40. _______. The psychology of scientific creativity. *Voprosy Psikhologii*, 1965, No. 3.
41. Bitov, O From search — to discovery. *Uchitel'skaya Gazeta*, 21 July 1962.
42. Blonskii, P. P. *Selected pedagogical works*. Moscow: APN Press, 1961.
43. Bogoyavlenskii, D. N. Psychological preconditions of developing instruction. In *Theses of reports at the Second Congress of the Society of Psychologists* (Vol. 5). Moscow: APN Press, 1963.
44. Bogoyavlenskii, D. N., & Menchinskaya, N. A. *Psychology of the mastery of knowledge in school*. Moscow: APN Press, 1959. (English translation of Chapter 4 in *Educational psychology in the USSR*, pp. 50–67).
45. Bogoyavlenskii, D. N. The formation of modes of mental work for pupils as a way to develop thinking and to activate learning. *Voprosy Psikhologii*, 1962, No. 4.
46. Bodalev, A. A. On the adolescent's school abilities and their manifestations. In V. N. Myasishchev (Ed.), *Problems of abilities*. Moscow, APN Press, 1962.
47. ______. On the correlation between the adolescent's need for activity and his ability in it. In *Theses of reports at the First Congress of the Society of Psychologists* (Vol. 3). Moscow, 1959.
48. ______. On the adolescent's abilities for generalization and their manifestations. In V. N. Myasishchev (Ed.), *Inclinations and abilities*. Leningrad: LGU Press, 1962.
49. ______. An attempt to study the adolescent's "school abilities" in relation to his interests. *Abilities and needs*. Uchenye Zapiski LGU, 1960, No. 287.
50. Boiko, E. I. Towards a statement of the problem of skills and habits in modem psychology. *Sovetskaya Pedagogika*, 1955, No. 1.
51. Bongard, M. Shaping the learning process. *Nauka i Zhizn'*, 1965, No. 6.
52. Borisova, M. N. An investigation of the phenomenon of relative predominance of the first and second signal systems in conditions of visual recall. In B. M. Teplov (Ed.), *Typological characteristics of man's higher nervous activity* (Vol. 1). Moscow: APN Press, 1956.
53. _______. Methods of determining the interrelation of the first and second signal systems in conditions of visual recall. In B. M. Teplov (Ed.), *Typological characteristics of man's higher nervous activity* (Vol. 1). Moscow: APN Press, 1956.
54. Botsmanova, M. E. On the role of graphic analysis in solving arithmetic problems. *Doklady APN*, 1960, No. 6. (English translation in *Soviet studies*, *6*, 119–23.)
55. _________. Psychological questions in the use of graphic schemes by pupils in primary

grades while solving arithmetic problems. In *The application of knowledge in pupils' school practice*. Moscow: APN Press, 1961.

56. Bochkovskaya, O. T. On mistakes in pupils' independent solution of arithmetic problems and the reasons they arose. *Doklady APN*, 1959, No. 2.
57. Bradis, V. M., Minkovskii, V. L., & Kharcheva, A. K. *Mistakes in mathematical reasoning*. Moscow: Uchpedgiz, 1959.
58. Breiterman, M. D. The development of pupils' thinking in problem-solving. *Matematika v Shkole*, 1952, No. 3.
59. ________. An investigation of the direction of the mental process. Candidate's dissertation, Moscow, 1964.
60. ________. The generalized intention in problem-solving. Communication 1. The mental process as a realization of a generalized intention. *Doklady APN*, 1960, No. 5.
61. ________. The generalized intention in problem-solving. Communication 2. *Doklady APN*, 196l, No. 2.
62. ________. On the determination of the mental process. *Sovetskaya Pedagogika*, 1965, No. 10.
63. Budarnyi, A. A. Overcoming poor progress. *Narodnoe Obrazovanie*, 1963, No. 10 (Supplement).
64. _______. Ways and methods of foreseeing and overcoming poor progress and the repetition of grades. Candidate's dissertation, Moscow, 1965. (Synopsis)
65. Bykova, N. I. A psychological-pedagogical description of a third grader in the process of arithmetic instruction. In N. A. Menchinskaya & V. I. Zykova (Eds.), *Ways of increasing success in mathematics*. Moscow: APN Press, 1955.
66. Vaganov, Sh. I. In close cooperation. In *For lasting knowledge in mathcmatics*. Kazan': Tatizdat, 1965.
67. Vedenov, A. V. On the formation of pupils' abilities for learning. *Nachal'naya Shkola*, 1953, No. 6.
68. Vilenkin, N. Ya. On thc scientific content of out-of-class work in mathematics. *Matematika v Shkole*, 1965. No. 6.
69. Vinogradova, A. D. The understanding and mastery of functional dependencies in mathematics by pupils in the fourth to sixth grades. *Uchenye Zapiski LGU imeni Gertsena*, 1954, *96*.
70. Vladimirskii, G. A. An experimental verification of a method and system of exercises for developing spatial imagination. *Izvestiya APN*, 1949, 21. (English translain in *Soviet studies*, 5, 57-117.)
71. Vlasova, T. N. Towards the question of the psychological-pedagogical precondi- tions for implementing an individual approach as a means of activating thinking. In *Questions in the activation of pupils' thinking and creativity: Theses of reports from the Lenin MGPI*. Moscow: Lenin MGPI Press, 1964.
72. Questions in the formation and development of pupils' spatial concepts and spatial imagination. *Works of the Institute of Teaching Methods. Izvestiya APN*, 1949, *21*.
73. Vorob'ev, G. V. The formation of geometric concepts on the basis of perceptions and concepts. Candidate's dissertation, Moscow, 1954. (Synopsis)
74. Voronets, A. M., & Polov, G. N. *Child and youth mathematicians*. Moscow, Leningrad: Gosizdat, 1928.

75. The All-Siberian Physics-Mathematics Olympiad. *Nauka i Zhizn'*, 1962, No. 3.
76. Vygotskii, L. S. *Selected psychological research*. Moscow: APN Press, 1956.
77. _______. The problem of instruction and mental development at school age. In *Selected psychological research*. Moscow: APN Press, 1956. (English translation in *Educational psychology in the USSR*, pp. 21–34.)
78. Gal'perin, P. Ya. Some interpretations of the hypothesis of mental operations. *Voprosy Psikhologii*, 1960, No. 4.
79. _______. An experimental study of the formation of mental operations. In *Reports at the Conference on Questions in Psychology*. Moscow: APN Press, 1954. (English translation in *Psychology in the Soviet Union*, pp. 213–25.)
80. _______. The development of research on the formation of mental operations. In B. G. Anan'ev & others (Eds.) *Psychological science in the USSR* (Vol. 1). Moscow: APN Press, 1959. (English translation: Washington, D.C.: U.S. Joint Publications Research Service, 1961.)
81. _______. Supervising the processes of learning. In *New research in the pedagogical sciences*. Collection 4. Moscow: Prosveshchenie, 1965.
82. Gal'perin, P. Ya., & Talyzina, N. F. The formation of elementary geometric concepts on the basis of a pupil's organized action. *Voprosy Psikhologii*, 1957, No. 1. (English translation in *Recent Soviet psychology*, pp. 247–72.)
83. Gatkevich, D. I. Characteristics of seventh graders' disclosure of essential relationships in the solution of mathematics problems. In *Questions in the activation of pupils' thinking and creativity: Theses of reports from the Lenin MGPI*. Moscow: Lenin MGPI Press, 1964.
84. Gel'fand, M. B., & Pavlovich, V. S. *Out-of-class work in mathematics in the eight-year school*. Moscow: Prosveshchenie, 1965.
85. Genkin, A. A. A psychoneurological approach to the study of incapacity in mathematics. In *Conference on the Problem of Abilities: Theses of reports*. Leningrad: LGU Press, I960.
86. Germanovich, P. Yu. *A collection of mathematics problems on keenness of wit*. Moscow: Uchpedgiz, 1960.
87. Gibsh, I. A. Pupil activity as a necessary condition for the teacher's work on raising the quality of instruction. *Matematika v Shkole*, 1959, No. 6.
88. _____. Principles, forms, and methods of teaching mathematics. *Izvestiya APN*, 1958, *92*.
89. Gibsh, I. A., Semushin, A. D., & Fetisov, A. I. *The development of pupils' logical thinking in the process of teaching mathematics in the middle school* (2d ed.). Moscow: Uchpedgiz, 1958.
90. Ginzburg, R. L. Towards a typology of pupil mastery of school material. *Voprosy Psikhologii*, 1956, No. 6.
91. Glushkov, V. Electronic computers and the future of mathematics. *Nauka i Zhizn'*, 1956, No. 6.
92. Gnedenko, B. V. On the cultivation of a mathematics teacher. *Matematika v Shkole*, 1964, No. 6.
93. ________. On perspectives in mathematics education. *Matematika v Shkole*, 1965, No. 6.
94. ________. The role of mathematics in the development of technology and industry. *Matematika v Shkole*, 1962, No. 1.

95. Govorkova, A. F. Experimental instruction in some intellectual skills. *Voprosy Psilchologii*, 1962, No. 2.
96. Gonobolin, F. N. On pupils' understanding of geometric proofs. *Izvestiya APN*, 1954, *54*.
97. ________. On the creative work of a Moscow teacher. Moscow Municipal Advanced Teacher Training Institute, 1957.
98. Goncharov, V. L. Mathematics as an academic subject, *Izvestiya APN*, 1958, *92*.
99. Grudenov, Ya. I. One of the main causes of sixth graders' poor progress in geometry. *Doklady APN*, 1962, No. 5.
100. ________. On the psychological bases for constructing a system of exercises in mathematics and methods of teaching geometry. Candidate's dissertation, Moscow, 1965.
101. ________. Pupils' independent work with a textbook in executing mathematical exercises, In *New research in the pedagogical sciences*. Collection 4. Moscow: Prosveshchenie, 1965.
102. Gruzenberg, S. O. *Genius and creativity: Foundations of the theory and psychology of creativity*. Leningrad: P. P. Soikina Press, 1924.
103. Guznyaev, V. F. Ways of increasing the effectiveness of teaching the solution of textual algebra problems. In *Questions in the reconstruction of mathematics instruction in school*. Moscow: APN Press, 1963.
104. Gurova, L. L. Characteristics of the solution of arithmetic problems by unsuccessful pupils in the fifth and sixth grades. Candidate's dissertation, Moscow, 1953. (Synopsis)
105. ______. Pupils' awareness of their own mental operations in solving an arithmetic problem. *Doklady APN*, 1959, No. 1. (English translation in Soviet studies, *3*, 97–102.)
106. ______. A creative approach to the solution of textbook problems and the problem of algorithmization. In *Questions in the activation of pupils' thinking and creativity: Theses of reports from the Lenin MGPI*. Moscow, 1964.
107. Gur'yanov, E. V., Menchinskaya, N. A., & Shevarev, P. A. The Eighteenth International Congress of Applied Psychology. *Voprosy Psikhologii*, 1958, No. 4.
108. Gusarskaya, G. Developing the abilities of every pupil. *Narodnoe Obrazovanie*, 1962. No. 2.
109. Guseva, V. A. The development of pupils' independent thinking in mathematics lessons. In B. P. Esipov (Ed.), *Pupils' mental activity in instruction*. Moscow: APN Press, 1960.
110. Davydov, V. V. An experimental introduction of elements of algebra in elementary school. *Sovetskaya Pedagogika*, 1962, No. 8.
111. Long live mathematics! *Nedelya*, 12–18 January 1964, No. 3.
112. Danilova, E. F. *How to help pupils find a way to solve geometric problems* (2d ed.). Moscow : Uchpedgiz, 1961.
113. Depman, I. Ya. *Tales about mathematics*. Leningrad, 1954.
114. Doblaev, L. P. Mental processes in the composition of equations. *Izvestiya APN*, 1957, *80*. (English translation in Soviet studies, *3*, 103–83.)
115. Dobrolyubov, N. A. Pupils with slow comprehension. In N. G. Chernyshevskii & N. A. Dobrolyubov (Eds.), *Selected pedagogical views*. Moscow, Leningrad: APN Press, 1949.
116. Dobronravov, B. K. Developing thinking in mathematics lessons. In *Works of the First Scientific-Pedagogical Conference of Teachers in the City of Leningrad*. Leningrad: Lengorono, 1940.

117. Dobrynin, N. F. Activating thinking and creativity in the light of the principle of significance. In *Questions in the activation of pupils' thinking and creativity: Theses of reports from the Lenin MGPI*. Moscow: Lenin MGPI Press, 1964.
118. _______. The problem of activity of the personality and the principle of social significance in psychology. In *Reports at the Conference on Questions in the Psychology of Personality*. Moscow: APN Press, 1956.
119. _______. The problem of significance in psychology. In *Materials of the Conference on Psychology*. Moscow: APN Press, 1957.
120. _______. The problem of pupils' mastery of the significance of school material. *Uchenye Zapiski MGPl imeni Potemkina*, 1958, *19* (4).
121. Dobrynina, M. F. Mental processes in the composition of equations. In *Problem- solving in the middle school*. Moscow: APN Press, 1952.
122. Dubrovina, I. V. An analysis of the components of mathematical abilities at primary school age. Candidate's dissertation, Institute of Psychology, APN. (Manuscript)
123. ________. Individual differences in the capacity to generalize mathematical and nonmathematical material in primary school age. *Voprosy Psikhologii*, 1966, No. 5.
124. Dyrchenko, I. I. The development of pupils' mathematical abilities in extracurricular assignments. Candidate's dissertation, Moscow, 1963.
125. Esenin-Vol'pin, A. S. On the axiomatic method. *Voprosy Filosofii*, 1959, No. 7.
126. Zhorikova, M. A. Individual differences shown by pupils from five grades in solving arithmetic problems. *Second Republican Scientific Conference on Pedagogy and Psychology: Theses of reports*. Tashkent, 1959.
127. Zhuikov, S. F. The problem of activating pupils in investigations in the psychology of education. *Sovetskaya Pedagogika*, 1966, No. 8.
128. Zhuravlev, B. B. On mathematical vision. *Matematika v Shkole*, 1940, No. 5.
129. Zankov, L. V. (Ed.) *The development of pupils in the process of instruction*. Moscow: APN Press, 1963.
130. Zakharov, A. N. On the use of information in problems solved with the aid of trials. In *Thought and speech*. Moscow: APN Press, 1963.
131. Zosimovskii, A. V. An interesting experiment. *Sovetskaya Pedagogika*, 1965, No. 6.
132. Zykova, V. I. *Essays in the psychology of mastering elementary geometric knowledge*. Moscow: Uchpedgiz, 1955.
133. ______. The psychology of sixth-grade pupils' mastery of geometric concepts. *Izvestiya APN*, 1954, *61*. (English translation in Soviet studies, *1*, 149–88.)
134. Zyatlovskii, V. V. The school for young mathematicians. *Matematika v Shkole*, 1963, No. 1.
135. Ibragimov, R. V. instilling pupils' interest in mathematics and developing their mathematical abilities. In *For lasting knowledge in mathematics*. Kazan': Tatizdat, 1965.
136. ________. Think, find, and be persuaded! Uchitel' skaya Gazeta, 8 June 1965.
137. Ivanitsyna, E. P. On the actualization of knowledge in solving geometry problems. *Doklady APN*, 1962, No. 2 (English translation in Soviet studies, *4*, 149–53).
138. ________. Rational and nonrational methods of thinking (on material for solving geometric problems on proof). *Voprosy Psikhologii*, 1965, No. 3.
139. Ivanov, P. I. *General psychology*. (Chapter 15. Abilities.) Tashkent: Gosizdat, Middle and Upper School, 1964.

140. lvanov-Smolenskii, A. G. *Essays in the pathophysiology of higher nervous activity*. Moscow: Medgiz, 1949.
141. lgnat'ev, E. I. An analysis of the reasons for failure in mathematics in middle school. *Matematika i Fizika v Shkole*, 1963, No. 3.
142. ______. Questions in the psychological analysis of the process of drawing. *Izvestiya APN*, 1950, *25*.
143. ______. *In the realm of mother-wit* (2d ed.). Moscow, Leningrad: 1924-25. 3 vols.
144. Ignat'ev, E. 1., Gromov, M. D., & Lukin, N. S. *Psychology*. (Chapter 18. Abilities.) Moscow: Prosveshchenie, 1965.
145. Indik, N. K. Mental processes in the formation of a new operation. Candidate's dissertation, Moscow, 1951.
146. Itel'son, L. B. Mathematical methods in pedagogy and pedagogical psychology. Doctoral dissertation, Akhundov Azerbaijan Pedagogical Institute, 1965.
147. Kabanova-Meller, E. N. A psychological analysis of the application of geographic concepts and principles. *Izvestiya APN*, 1950, *28*.
148. ________. *The psychology of the formation of knowledge and skills in pupils: The problem of modes of mental activity*. Moscow: APN Press, 1962.
149. ________. The role of the diagram in the application of geometric theorems. *Izvestiya APN*, 1950, *28*. (English translation in *Soviet studies*, *4*, 7-49.)
150. Kalmykova, Z. I. The activization of search methods of problem-solving as one of the leading principles of developing instruction. In *On the psychological features of pupils' creative activity: Theses of reports from the Lenin MGPI*. Moscow: Lenin MGPI Press, 1962.
151. _________. The dependence of the level of mastery on pupils' activity in instruction. *Sovetskaya Pedagogika*, 1959, No. 7.
152. _________. Towards criteria of mental development. In *Theses of reports at the Second Congress of the Society of Psychologists* (Vol. 5). Moscow: APN Press, 1963.
153. _________. Some methods of diagnosing mental development in the process of instruction. In *Questions in the activation of pupils' thinking and creativity: Theses of reports from the Lenin MGPI*. Moscow: Lenin MGPI Press, 1964.
154. _________. The processes of analysis and synthesis in the solution of arithmetic problems. *Izvestiya APN*, 1954, *61*.
155. _________. The processes of analysis and synthesis in the solution of arithmetic problems. *Izvestiya APN*, 1955, *71*.
156. _________. A psychological analysis of the formation of a concept of problem type. *Izvestiya APN*, 1947, *12*. (English translation in Soviet studies, *6*, 7-29.)
157. _________. Psychological peculiarities of the application of knowledge to the solution of physics problems. *Doklady APN*, 1957, No. 4.
158. _________. Progress tempo as one of the indexes of individual differences in pupils. *Doklady APN*, 1959, No. 6.
159. _________. Progress tempo as one of the indexes of individual differences in pupils. *Voprosy Psikhologii*, 1961, No. 2.
160. _________. Levels of applying knowledge to the solution of physics problems. In *The psychology of applying knowledge to the solution of school problems*. Moscow: APN

Press, 1958.
161. _________. The effectiveness of the application of knowledge in physics under various conditions of learning. In *The application of knowledge in pupils' school practice*. Moscow: APN Press, 1961.
162. Kanin, E. S. Exercises as a means of conscious mastery of algebra by pupils in grades five to seven. *Matematika v Shkole*, 1965, No. 3.
163. Kachurin, M. The comprehensive development of the pupil's personality — the task of the present day. *Narodnoe Obrazovanie*, 1964, No. 10 (Supplement).
164. Kedrov, B. A logical-psychological analysis of discovery. *Nauka i Zhizn'*, 1965, No. 12.
165. Kireenko, V. I. An investigation of basic abilities for drawing. *Izvestiya APN*, 1948, 13.
166. _______. Towards the question of experimental studies of artistic abilities. In *Reports from the Conference on Issues in the Psychology of the Personality*. Moscow: APN Press, 1956.
167. _______. On capable and incapable pupils. *Sovetskaya pedagogika*, 1964, No. 9.
168. _______. *The psychology of abilities for pictorial activity*. Moscow: APN Press, 1959.
169. Kirshgol'd, L. A. A psychological-pedagogical description of a first grader in the process of arithmetic instruction. In N. A. Menchinskaya & V. I. Zykova (Eds.). *Ways of increasing success in mathematics*. Moscow: APN Press, 1955.
170. Kovalev, A. G. Diagnosing abilities in the teacher's actual work. In V. N. Myasishchev (Ed.), *Inclinations and abilities*. Leningrad: LGU Press, 1962.
171. _________. Towards the question of the structure of ability for pictorial activity. In V. N. Myasishchev (Ed.). *Problems of abilities*. Moscow: APN Press, 1962.
172. _________. Towards a theory of literary abilities. *Abilities and needs*. Uchenye Zapiski LGU, 1960, No. 287.
173. _________. *The psychology of personality*. (Chapier 9. Abilities.) Leningrad: Herzen LGPI Press, 1963.
174. Kovalev, A. G., & Myasishchev, V. N. *Man's mental characteristics* (Vol. 2). Abilities. Leningrad: LGU Press, 1960.
175. Kovantsov, N. I. Are mathematical abilities innate? *Voprosy Psikhologii*, 1965, No. 3.
176. Kozlov, S. F. Ability and giftedness. *Sovetskaya Pedagogika*, 1940, No. 6.
176*a*. Kolbanovskii, V. N. The role of spatial imagination in the development of technological abilities. In N. D. Levitov & V. A. Krutetskii (Eds.), *Abilities and interests*. Moscow: APN Press, 1962.
177. Kolmogorov, A. N. Axiom (The axiomatic method in mathematics). In *Great Soviet encyclopedia* (Vol. 1). (2d ed.)
178. __________. Mathematics. In *Great Soviet encyclopedia* (Vol. 26). (2d ed.)
179. __________. Science demands enthusiasm. *Izvestiya*, 1962, No. 44.
180. __________. On the mathematician's profession. (3d ed.) Moscow: MGU Press, 1959.
181. __________. The search for talent, *Izvestiya*, 1963, No. 83.
182. Kolpachev, V. P. The role of the establishment of two-way bonds in the mastery of geography material. *Voprosy Psikhologii*, 1957, No. 4.
183. Kol'tsova, M. M. *I. P. Pavlov's doctrine of the signal systems of reality*. Moscow: Znanie, 1955.
184. Kompaniits, P. A. Experience, intuition, and logic in mathematics instruction. In

Activating pupils' activity in mathematics instruction. Moscow: APN Press, 1961.
185. Konstantinov, B. The talents around us. *Izvestiya*, 13 April 1963, No. 89.
186. Kordemskii, B. A. *Mathematical ingenuity*. Moscow: Technical-Theoretical Literature Press, 1956.
187. _________. *Essays on mathematical problems on ingenuity*. Moscow: Uchpedgiz, 1958.
188. Kosareva, N. V. A psychological-pedagogical description of a sixth grader in the process of mastering geometric knowledge. In N. A. Menchinskaya & V. I. Zykova (Eds.), *Ways of increasing success in mathematics*. Moscow: APN Press, 1955.
189. Kossov, B. B. Some principles of the formation of generalized associations. In *Questions in the activation of pupils' thinking and creativity: Theses of reports from the Lenin MGPI*. Moscow: Lenin MGPI Press, 1964.
190. ______. Characteristics of the mastery of elementary algebraic knowledge by pupils with different typological interrelations of the first and second signal systems. *Voprosy Psikhologii*, 1956, No. 4.
191. Kostyuk, G. S. Questions in the psychology of thinking. In B. G. Anan'ev & others (Eds.), *Psychological science in the USSR* (Vol. 1). Moscow: APN Press, 1959. (English translation: Washington, D.C.: U.S. Joint Publications Research Service, 1961.)
192. _______. Preface. In E. I. Mashbits & V. M. Bondarovskaya, *Foreign conceptions of programmed instruction*. Kiev: Kvirtu Press, 1964.
193. _______. (Ed.). *Psychology*. Kiev, 1957. (In Ukrainian)
194. _______. Psychological questions of the supervision of the development of abilities. In *Theses of reports at the First Congress of the Society of Psychologists* (Vol. 3). Moscow: 1959.
195. Kostyuk, G. S., Prokölienko, L. N., & Sinitsa, I. E. On ways of directing pupils' mental development in the process of instruction. In *Theses of reports at the Second Conference of the Society of Psychologists* (Vol. 5). Moscow: APN Press, 1963.
196. Kraizman, M. L. On the development of pupils' creative thinking in geometry teaching. *Matematika v Shkole*, 1955, No. 6.
197. Kruglyak, M. I. On the problematic exposition of school material. In *Questions in the activation of pupils' thinking and creativity: Theses of reports from the Lenin MGPI*. Moscow: Lenin MGPI Press, 1964.
198. Krutetskii, V. A. An analysis of the individual structure of mathematical abilities in schoolchildren. In N. D. Levitov & V. A. Krutetskii (Eds.), *Abilities and interests*. Moscow: APN Press, 1962. (English translation in *Soviet studies*, *2*, 59–104.)
199. ________. Age distinctions in the development of mathematical abilities in schoolchildren. *Sovetskaya Pedagogika*, 1965, No. 11.
200. ________. Questions of the diagnosis of mathematical abilities in schoolchildren. *Radyans'ka Shkola*, 1963, No. 1. (In Ukrainian)
201. ________. Child mathematicians. *Sem'ya I Shkola*, 1961, No. 9.
202. ________. The study and development of children's abilities in the USSR. *Pedagogika* (Prague), 1962, No. 6 (In Czech)
203. ________. Towards the question of mathematical abilities in schoolchildren. In N. D. Levitov & V. A. Krutetskii (Eds.), *Abilities and interests*. Moscow: APN Press, 1962. (English translation in *Soviet studies*, 2, 5–57.)

204. _______. Towards a typology of pupils with little ability in mathematics. In *Questions in the psychology of pupils' abilities*. Moscow: Prosveshchenie, 1964.
205. _______. Mathematical abilities. *Sem'ya i Shkola*, 1961, No. 6.
206. _______. Mathematical abilities. In *On the cultivation of abilities in the family*. Moscow: Znanie, 1962.
207. _______. Mathematical abilities. In *How to develop and cultivate abilities in children*. Moscow: APN Press, 1962. (English translation in *Soviet studies*, 2, 113–28.)
208. _______. Mathematical abilities and their development in schoolchildren. *Sovetskaya Pedagogika*, 1962, No. 9.
209. _______. Some characteristics of the thinking of pupils with little ability in mathematics. *Rumyno-Sovetskie Zapiski*, 1962, No. 2. (In Rumanian)
210. _______. On the mathematical abilities of schoolchildren. In E. I. Ignat'ev (Ed.) *Questions in the psychology of personality*. Moscow: Uchpedgiz, 1960.
211. _______. On some characteristics of the thinking of pupils with little ability in mathematics. *Voprosy Psikhologii*, 1961, No. 5.
212. _______. On the nature of pupils' relative incapacity for mathematics and some ways of overcoming it. In *Questions in the psychology of pupils' abilities*. Moscow: Prosveshchenie, 1964.
213. _______. On the psychological nature of pupils' relative incapacity for mathematics. In *Theses of reports at the Second Congress of the Society of Psychologists* (Vol. 2). Moscow: APN Press, 1963.
214. _______. An experimental analysis of the structure of mathematical abilities. In *Conference on the Problem of Abilities: Theses of reports*. Leningrad: LGU Press, 1960.
215. _______. An experimental study of schoolchildren's mathematical abilities. *Voprosy Psikhologii*, 1959, No. 1. (In Rumanian)
216. _______. An experimental study of schoolchildren's abilities to master mathematics. *Voprosy Psikhologii*, 1959, No. 1.
217. _______. An experimental psychological analysis of schoolchildren's mathematical abilities. In V. N. Myasishchev (Ed.), *Problems of abilities*. Moscow: APN Press, 1962. (English translation in *Soviet studies*, *2*, 105-11)
218. Krutetskii, V. A., & Lukin, N. S. Essays in the psychology of the older pupil. In *Some characteristics of the school activity of older pupils*. Moscow: Uchpedgiz, 1963.
219. _______. Abilities of the adolescent. In *The psychology of the adolescent*. (2d ed.) Moscow: Prosveshchenie, 1965.
220. Krutetsky, V. A. A study of mathematical abilities. Seventeenth International Congress of Psychology. Washington, D. C., 20–26 August 1963.
221. _______. A study of structure, ways of development and diagnosis of mathematical abilities. Proceedings of the Seventeenth International Congress of Psychology. *Acta Psychologica*, 1964, *23*. (In English)
222. Krutetski, V. A. Some characteristics of the thinking of pupils with little capacity for mathematics. In B. Simon & J. Simon (Eds.), *Educational psychology in the USSR*. Stanford, Calif.: Stanford University Press, 1963. (In English)
223. Krutetskii, V. A. Studies and abilities of schoolchildren in the USSR. *Annual Report of Educational Psychology in Japan*, 1963, *2*.

224. Krutetsky, V. A. Study and development of schoolboys' and schoolgirls' abilities in the USSR. *Tohoku Journal of Educational Psychology*, 1963, *1* (1). (In English)
225. Krylov, N. I. The dependence of the automatization process on the structure of practiced operations. In *Questions in the study of higher neurodynamics in connection with the problems of psychology*. Moscow: APN Press, 1957.
226. Kudryavtsev, T. V. Switching from one mental operation to another (in the schoolwork of primary pupils). In *The psychology of applying knowledge to the solution of school problems*. Moscow: APN Press, 1958.
227. Kuz'min, A. M. Ways of increasing pupils' activation in geometry lessons in the seventh grade. *Matematika v Shkole*, 1962, No. 5.
228. Kuz'mina, N. V. Pedagogical abilities. (Chapter 9. The psychological structure of a teacher's activity and the formation of his personality.) Doctoral dissertation, Leningrad, 1964.
229. Kuz'mitskaya, M. I. Basic difficulties in the solution of arithmetic problems by pupils in auxiliary schools. Candidate's dissertation, Moscow, 1954. (Synopsis)
230. Kulikov, V. N. Primary pupils' comprehension of mathematical dependency. *Voprosy Psikhologii*, 1957, No. 2.
231. ______. The understanding of functional dependencies (in material for the solution of examples and problems by fourth graders). Candidate's dissertation, Moscow, 1952. (Synopsis)
232. Lavrent'en, M. A. Searching for talents. Narodnoe Obrazovanie, 1962, No. 1.
233. ______. On some mysteries of nature. *Nauka I Zhizn'*, 1965, No. 7.
234. ______. The torch of talent. *Izvestiya*, 23 March 1963, No. 71.
235. Lazurskii, A. F. (Ed.) *The natural experiment and its school application*. Petrograd, 1918.
236. ______. *The classification of personalities*. Petrograd: Gosizdat, 1921.
237. Landa, L. N. Towards a psychology of forming methods of reasoning (using material in the solution of geometry problems on proof by pupils in grades seven and eight). Candidate's dissertation, Moscow, 1955. (synopsis)
238. _____. Some data on the development of mental abilities. *Doklady APN*, 1957. No. 3.
239. _____. Teaching pupils methods of rational thinking and the problem of algorithms. *Voprosy Psikhologii*, 1961, No. 1.
240. On some deficiencies in the study of pupils' thinking. *Sovetskaya Pedagogika*, 1956, No. 11.
241. ______. On some inadequacies in the mental activity of pupils, complicating the independent solution of problems, *Izvestiya APN*, 1961, *115*.
242. ______. On the role of trials in the process of thinking. In *Theses of reports at the Conference on Questions in the Psychology of Cognition (20-22 May 1957)*. Moscow, 1957.
243. ______. On the formation in pupils of a general method of mental activity in problem-solving. *Voprosy Psikhologii*, 1959, No. 3.
244. ______. On the formation in seventh and eighth graders of a general method of independent proof. In *Materials of the APN Session on Questions of the School's Educative Work at Various Levels of Instruction*. Moscow: APN Press, 1958.
245. Levitov, N. D. On psychological components of technological activity. *Voprosy*

Psikhologii, 1958, No. 6.
246. ______. *On the mental states of man*. Moscow: Prosveshchenie, 1964.
247. ______. The problem of compensation in psychology. In N. D. Levitov & V. A. Krutetskii (Eds.), *Abilities and interests*. Moscow: APN Press, 1962.
248. ______. The problem of the experimental study of abilities. in V. N. Myasishchev (Ed.), *Problems of abilities*. Moscow: APN Press, 1962.
249. ______. *The psychology of labor*. (Section on capacities for labor.) Moscow: Uchpedgiz, 1963.
250. Leites, N. S. Individual differences in abilities. In B. G. Anan'ev & others (Eds.), *Psychological science in the USSR*. Vol. 2. Moscow: APN Press, 1960. (English translation: Washington, D.C.: U.S. Joint Publications Research Service, 1962.)
251. _____. On age characteristics of schoolchildren. In *Typological characteristics of man's higher nervous activity*. Vol. 5. Moscow: Prosveshchenie, 1967.
252. _____. *On mental giftedness*. Moscow: APN Press, 1960.
253. _____. Giftedness and age distinctions. *Voprosy Psikhologii*, 1962, No. 5.
254. _____. An inclination for effort as a factor in giftedness. *Izvestiya APN*, 1950, *25*.
255. _____. Abilities. In A. A. Smirnov, A. N. Leont'ev, S. L. Rubinstein, & B. M. Teplov (Eds.), *Psychology*. (2d ed.) Moscow: Uchpedgiz, 1962.
256. Leont'ev, A. N. An experimental study of thinking. In *Reports at the Conference on Questions in Psychology*. Moscow: APN Press, 1954.
257. _____. On the social nature of man's mind. *Voprosy Filosofii*, 1961, No. 1.
258. _____. On the formation of abilities. *Voprosy Psikhologii*, 1960, No. 1.
259. _____. *Problems in the development of the mind*. Moscow: APN Press, 1959.
260. Leont'ev, A. N., Gal'perin, P. Ya., & El'konin, D. B. The reform of the school and the goals of psychology. *Voprosy Psikhologii*, 1959, No. 1.
261. Lin'kova, N. P. Towards the question of spatial thinking. In *Questions in the psychology of pupils' abilities*. Moscow: Prosveshchenie, 1964.
262. Likhacheva, O. Ya. The formation of basic algebraic concepts in sixth-grade pupils. In *Materials of the APN Session on Questions of the School's Educative Work at Various Levels of Instruction*. Moscow: APN Press, 1958.
263. Luriya, A. R. The brain and the mind. *Kommunist*, 1964, No. 6.
264. _____. The human brain and mental processes. In *Materials of the Conference on Philosophical Questions in the Physiology of Higher Nervous Activity and Psychology*. Moscow: APN Press, 1962.
265. _____. *Human brain and psychological processes*. Vol. 1. Moscow: APN Press, 1963. (English translation: New York: Harper & Row, 1966.)
266. Lyublinskaya, A. A. On the method of diagnosing children's mental development. In *Questions in psychology: Materials of the Second Transcaucasian Conference of Psychologists*. Erevan, 1960.
267. Lyudmilov, D. S. An important means of developing logical thinking. *Matematika v Shkole*, 1963, No. 1.
268. Lysenko, N. F. Charles Darwin on the qualities of a scientist's mind. *Voprosy Psikhologii*, 1961, No. 1.
269. Lyapunov, A. A. On the foundation and style of modern mathematics. *Matematicheskoe*

Prosveshchenie, 1960, 5.
270. Maergoiz, D. M. On literature in the psychology of mathematics instruction. *Voprosy Psikhologii*, 1957, No. 3.
271. Maiburova, D. Towards the question of the role of intuition in the school geometry course. In *Materials of the Third Uzbek Republican Scientific Conference on Questions in Psychology* (Vol. 2). Tashkent, 1964.
272. Malkov, N. E. Individual typological characteristics of mobility of the nerve processes in the mental activity of older pupils. In *Theses of reports at the Second Congress of the Society of Psychologists* (Vol. 5). Moscow: APN Press, 1963.
272*a*. ______. The manifestation of individual typological differences in nerve processes in mental abilities. *Voprosy Psikhologii*, 1966, No. 1.
273. Mal'kova, Z. Questions on the instruction of gifted children in the educational press of the USA. *Narodnoe Obrazovanie*, 1958, No. 8.
274. Manzon, B. A. The activation of pupils in mathematics lessons. *Matematika v Shkole*, 1960, No. 3.
275. ______. On increasing the effectiveness of the mathematics lesson. *Matematika v Shkole*, 1959, No. 2.
276. Markov, A. A. Mathematical logic. In *Great Soviet encyclopedia* (Vol. 25). (2d ed.)
277. Markushevich, A. I. Towards the question of the reform of the mathematics course. *Matematika v Shkole*, 1964, No. 6.
278. ___________. Mathematical science and school education. *Sovetskaya Pedagogika*, 1965, No. 1.
279. Maslova, G. G. The development of spatial concepts in pupils in the eight-year school during problem-solving in geometry. *Matematika v Shkole*, 1964, No. 3.
280. Matyushkin, A. M. The analysis and generalization of relationships. In S. L. Rubinstein (Ed.), *The thought process and principles of analysis, synthesis, and generalization*. Moscow: APN Press, 1960.
281. _________. Some problems in the psychology of thinking. In A. M. Matyushkin (Ed.). *The psychology of thinking*. Moscow: Progress, 1965.
282. _________. An investigation of psychological principles of the process of analysis. *Voprosy Psikhologii*, 1960, No. 3.
283. _________. On two ways of generalizing relationships. *Doklady APN*, 1959, No. 3.
284. Mashbits, E. I. How pupils' mastery of the method of solving mathematics problems depends on the method of instruction. Candidate's dissertation, Kiev, 1965. (Synopsis)
285. _______. The formation of generalized operations as a way to prepare pupils for independent solution of geometry problems. *Izvestiya APN*, 1963, *129*.
286. Mashbits, E. 1., & Bondarovskaya, V. M. *Foreign conceptions of programmed instruction*. Kiev: Kvirtu Press, 1964.
287. Medelyan, G. A. A psychological analysis of mistakes in the solution of arithmetic problems by pupils in the fifth and sixth grades. *Izvestiya APN*, 1955, *71*.
288. Mel'nikov, M. A. An experiment in differentiated instruction in the Soviet middle school. *Sovetskaya Pedagogika*, 1962, No. 9.
289. Menchinskaya, N. A. Intellectual activity in solving arithmetic problems. *Izvestiya APN*, 1946, No. 3. (English translation in Soviet studies, *3*, 7–51.)

290. __________. *Essays in the psychology of teaching arithmetic*. (2d ed.) Moscow: Uchpedgiz, 1950.
291. __________. *The psychology of teaching arithmetic*. Moscow: Uchpedgiz, 1955.
292. Menchinskaya, N. A., & Moro, M. I. *Questions in the methods and psychology of teaching arithmetic in the elementary grades*. Moscow: Prosveshchenie, 1965.
293. Merlin, V. S. The effect of an interesting assignment on the manifestation of mobility of the nervous processes. *Voprosy Psikhologii*, 1963, No. 3.
294. _____. *An essay in the psychology of personality*. Perm Book Publishers, 1959.
295. Mitkevich, G. G. A psychological-pedagogical description of a fourth and fifth grader in the process of arithmetic instruction. In N. A. Menchinskaya & V. I. Zykova (Eds.), *Ways of increasing success in mathematics*. Moscow: APN Press, 1955.
296. Mikhailova, K. K. Methods of activating pupils' activity in the study of mathematics. In *Questions in the reconstruction of mathematics instruction in school*. Moscow: APN Press, 1963.
297. Mikhal'kov, G. From the practice of an individual approach to mathematics instruction. *Narodnoe Obrazovanie*, 1963, No. 11.
298. Mikhal'skii, K. A. Solving complex arithmetic problems in the auxiliary school. *Izvestiya APN*, 1952, 41.
299. Molodshii, V. N. The axiomatic method. In P. V. Stratilatov (Ed.), *Questions of mathematics teaching in the middle school*. Moscow: Uchpedgiz, 1961.
300. Mordukhai-Boltovskii, D. The psychology of mathematical thinking. *Voprosy Filosofii i Psikhologii*, 1908, *4* (94).
301. Myasishchev, V. N. On the connection between inclinations and abilities. In V. N. Myasishchev (Ed.), *Inclinations and abilities*. Leningrad: LGU Press, 1962.
302. __________. The problem of abilities in Soviet psychology and the immediate goals of working it out. In *Theses of reports at the First Congress of ihe Society of Psychologists* (Vol. 3). Moscow, 1959.
303. __________. The problem of abilities in Soviet psychology and its immediate tasks. In V. N. Myasishchev (Ed.), *Problems of abilities*. Moscow: APN Press, 1962.
304. __________. *Abilities and needs*. Uchenye Zapiski LGU, 1960, No. 287.
305. Myasishchev, V. N., & Rybalko, E. F. A child's abilities in relation to his attitudes. In *Questions in the psychology of education and upbringing: Theses of reports*. Kiev: Press of the Ukrainian Section of the Society of Psychologists, 1961. (In Ukrainian)
306. Nagibin, F. F. *Mathematical treasure chest*. Moscow: Uchpedgiz, 1958
307. Nasyrov, A. Using the developing influence of mathematics. *Narodnoe Obrazovaie*, 1965, No. 3.
308. Nasyrov, A. Z. Pupils' independent work on mathematics lessons in grades five to ten. Candidate's dissertation, Moscow, 1955. (Synopsis)
309. Nebylitsyn, V. D. The modem state of factor analysis. *Voprosy Psikhologii*, 1960, No. 4.
310. ________. The factorial structure of intelligence. *Voprosy Psikhologii*, 1961, No. 2.
311. Neelova, A. P. Features of analytic-synthetic activity in the independent performance of school assignments in geometry. In *On the psychological features of pupils' creative activity: Theses of reports from the Lenin MGPI*. Moscow: Lenin MGPI Press, 1962.
312. Nefed'ev, A. A. Towards the question of the organization of pupils' independent work in

mathematics. *Uchenye Zapiski Irkutskogo Pedinstituta*, 1957, No. 13.
313. Nikitin, B. P. An experimental objective evaluation of the level of development of pupils' technological abilities. In *Questions in the psychology of pupils' abilities*. Moscow: Prosveshchenie, 1964.
314. Nikitin, N. I. On various methods of proving theorems. *Mathematika v Shkole*, 1962, No. 6.
315. Nuikin, A. Science — Shape up! *Komsomol'skaya Pravda*, 21 October 1965.
316. Ovchinnikova, I. Abilities must be developed. *Nauka i Zhizn'*, 1964, No. 12.
317. Ol'shannikova, A. E. Indexes of tiring activity and the strength of the nervous system with respect to the process of stimulation. In *Typological characteristics of man's higher nervous activity* (Vol. 5). Moscow: Prosveshchenie, 1967.
318. Menchinskaya, N. A., & Moro, M. I. (Eds.). *Experimental work by teachers of the elementary grades of a school in memory of V. I. Lenin*. Moscow: Prosveshchenie, 1964.
319. On the condition and measures for improving mathematics teaching in the schools of the RSFSR: Order No. 57 of the Minister of Education of the RSFSR, 21 February 1962. *Matematika v Shkole*, 1962, No. 3.
320. Ostrovskii, A. 1., & Kordemskii, B. A. *Geometry helps arithmetic*. Moscow: Fizmatgiz, 1960.
321. Pavlov, I. P. *Complete collected works* (Vol. 3, Book 2). (2d ed.) Moscow, Leningrad: USSR Academy of Sciences Press, 1951.
322. *Pavlov's Wednesday Clinics* (Vols. 2, 3). Moscow, Leningrad: USSR Academy of Sciences Press, 1954.
323. Pereverzeva, A. Searching for new methods in mathematics teaching. *Narodnoe Obrazovanie*, 1962, No. 1.
324. __________. The new in the mathematics lesson. In *The organization of a lesson in the foremost schools of Lipetsk province*. Lipetski, 1962.
325. Perel'man, Ya. I. *Living mathematics*. (4th ed.) Moscow: Technical-Theoretical Literature Press, 1955.
326. ____. *Algebra for fun*. Moscow, Leningrad: Gosizdat, 1959.
327. ____. *Arithmetic for fun*. Moscow, Leningrad: Gosizdat, 1959.
328. ____. *Geometry for fun*. (7th ed.) Moscow, Leningrad: Technical-Theoretical Literature Press, 1950.
329. Peskov, T. The spatial concepts of pupils in the middle school. *Matematika v Shkole*, 1940, No. 1.
330. ______. *Independent work in mathematics by pupils in grades five to eight*. Moscow: Uchpedgiz, 1962.
331. Petrakov, I. S. The Second All-Russian Mathematical Olympiad. *Matematika v Shkole*, 1962, No. 4.
332. Pinskii, B. I. *Psychological features of the activity of mentally retarded pupils*. Moscow: APN Press, 1962.
333. Platonov, K. K. Address to the Conference on Philosophical Questions of the Physiology of Higher Nervous Activity and Psychology. In *Philosophical questions of the physiology of higher nervous activity and psychology: Materials of the all-union conference*. Moscow: USSR Academy of Sciences Press, 1963.
334. Polyak, B. G. *Entertaining problems*. Moscow: Uchpedgiz, 1953.

335. Ponomarev, Ya. A. *The psychology of creative thinking*. Moscow: APN Press, 1960.
336. Ponomareva, A. V. Developing pupils' abilities in the middle school. *Sovetskaya Pedagogika*, 1963, No. 12.
336*a*. *Curricula for the middle school*. Moscow: Prosveshchenie, 1966.
337. Prokolienko, L. N. Some characteristics of the development of thinking in adolescents. In *Theses of reports at the Second Congress of the Society of Psychologists* (Vol. 2). Moscow: APN Press, 1963.
338. _________. Characteristics of the reasoning of pupils in the eighth to tenth grades when substantiating a method of problem-solving. In *Questions in psychology: Materials of the Second Transcaucasian Conference of Psychologists*. Erevan, 1960.
339. Protopopova, L., & Gertsik, A. The cognition of mathematics. *Uchitel'skaya Gazeta*, 16 September 1965.
340. Menchinskaya, N. A., & Zykova, V. I. (Eds.). *Ways of increasing success in mathematics*. Moscow: APN Press, 1955.
341. Pushkin, V. N. Man's heuristic activity. *Nauka i Zhizn'*, 1964, No. 10.
342. ______. *Heuristics and cybernetics*. Moscow: Znanie, 1965.
343. Rabinovich, S. Ya., & Shubert, A. M. Two cases of mathematical giftedness in children. *Psikhologiya i Deti*, 1917, Nos. 3-4.
344. Ramul', K. A. *An introduction to the methods of experimental psychology*. Tartu: University of Tartu Press, 1963.
345. Rebus, B. M. Spatial imagination as an important ability for technological activity. Candidate's dissertation, Stavropol', 1965.
346. Rep'ev, V. V. Towards the question of pupils' independent work in mathematics lessons. *Matematika v Shkole*. 1962, No. 4.
347. Rovenskii, Z., Uemov, A., & Uemova, E. *The machine and thought*. Moscow: Gospolitizdat, 1960.
348. Roitman, P. B. The connection between instruction and upbringing in mathematics lessons. *Matematica v Shkole*, 1964, No. 6.
349. Rossinskii, S. D. *Boleslav Kornelievich Mlodzeevskii* (1858-1923). Moscow: MGU Press, 1950.
350. Rostovetskaya, L. A. On individual features of the development of pupils' independent thought in algebraic instruction. Rostov, 1965. (Manuscript)
351. Rubinstein, S. L. *Being and consciousness*. Moscow: USSR Academy of Sciences Press, 1957.
352. ________. Questions in psychological theory. *Voprosy Psikhologii*, 1955, No. 1. (English translation in Psychology in the Soviet Union, pp. 264-78.)
353. ________. *On thought and ways of investigating it*. Moscow: USSR Academy of Sciences Press, 1958.
354. ________. *Foundations of general psychology*. Moscow: Uchpedgiz, 1940.
355. ________. *The principles and direction of psychology*. Moscow: USSR Academy of Sciences Press, 1959.
356. ________. The problem of abilities and questions in psychological theory. *Voprosy Psikhologii*, 1960, No. 3.
357. ________. I. M. Sechenov's psychological views and Soviet psychological science.

Voprosy Psikhologii, 1955, No. 5.
358. ________. Theoretical questions in psychology and the problem of personality. *Voprosy Psikhologii*, 1957, No. 3.
359. Rudik, P. A. *Psychology*, (Chapter 18. Abilities.) (2d ed.) Moscow: Physical Culture and Sport. 1964.
360. Samarin, Yu. A. Knowledge, needs, and skills as a dynamic basis for mental abilities. In V. N. Myasishchev (Ed.), *Problems of abilities*. Moscow: APN Press, 1962.
361. ______. Towards the question of the manifestation and correlation of abilities and interests at school age. In V. N. Myasishchev (Ed.), *Inclinations and abilities*. Leningrad: LGU Press, 1962.
362. ______. On the associative nature of mental activity. *Voprosy Psikhologii*, 1957, No. 2.
363. ______. *Essays in the psychology of mind: Characteristics of the pupil's mental activity*. Moscow: APN Press, 1962.
364. ______. Problems of the development of general and special abilities for instruction. *Abilities and needs. Uchenye Zapiski LGU*, 1960, No. 287.
365. ______. The systematic, dynamic nature of mental activity as a basis for creativity. In *Questions in the activation of pupils' thinking and creativity: Theses of reports from the Lenin MGPI*. Moscow: Lenin MGPI Press, 1964.
366. ______. The style of older pupils' mental work. *Izvestiya APN*, 1948, *17*.
367. Samodurova, Z. S. From experience teaching algebra in the sixth and seventh grades. *Matematika v Shkole*, 1957, No. 2.
368. Esipov, B. P. (Ed.). *Pupils' independent work during lessons*. Moscow: APN Press, 1961.
368*a*. Samokhvalova, V. I. On individual differences in remembering different types of material. *Voprosy Psikhologii*, 1962, No. 4.
369. Serebrovskaya, E. K. *An experiment in out-of-class work in mathematics in the sixth and seventh grades*. Moscow: Uchpedgiz, 1954.
370. Serebryakova, R. O. An experiment in the psychological analysis of pupils' so- called "incapacity for learning." In *Conference on the Problem of Abilities: Theses of reports*. Leningrad: LGU Press, 1960.
371. Sechenov, I. M. *Elements of thought*. Moscow, Leningrad: USSR Academy of Sciences Press, 1943.
372. Skripchenko, A. V. Characteristics of the thought of seventh- and eighth-grade pupils in composing equations. In *Questions in psychology: Materials of the Second Transcaucasian Conference of Psychologists*. Erevan, 1960.
373. __________. Psychological features of pupils' mastery of negative numbers. In *Theses of reports at the First Congress of the Society of Psychologists* (Vol. 1). Moscow: APN Press, 1959.
374. __________. Psychological characteristics of pupils' mastery of negative numbers. In *Scientific notes: Scientific Research Institute of Psychology* (Vol. 10). Kiev: Radyans'ka Shkola Press, 1959.
375. __________. The formation of generalized methods of solving arithmetic problems in younger pupils. *Voprosy Psikhologii*, 1963, No. 3.
376. __________. The formation in younger pupils of skill in solving arithmetic problems by composing equations. *Izvestiya APN*, 1963, *129*.

377. Slavina, L. S. On some characteristics of the mental work of unsuccessful pupils. Reports at the Conference on Questions in Psychology. *Sovetskaya Pedagogika*, 1954, No. 1 (English translation in *Psychology in the Soviet Union*, pp. 205–212.)
378. ______. The psychological conditions for increasing pupils' intellectual activity in schoolwork. *Izvestiya APN*, 1955, *73*.
379. Slavskaya, K. A. On the problem of "transfer." *Doklady APN*, 1957, No. 2.
380. ________. On the "transfer" of a problem-solving principle. *Doklady APN*, 1959, No. 4.
381. ________. The thought process and the use of knowledge. In S. L. Rubinstein (Ed.), *The thought process and principles of analysis, synthesis, and generalization*. Moscow: APN Press, 1960.
382. Smirnov, A. A. *The psychology of memory*. Moscow, Leningrad: APN Press, 1948.
383. _______. Thorndike's work in the psychology of mathematics and pedological distortions in the school. *Matematika i Fizika v Shkole*, 1936, No. 6.
384. _______. The development of memory. In B. G. Anan'ev & others (Eds.), *Psychological science in the USSR* (Vol. 1). Moscow: APN Press, 1959. (English translation: Washington, D.C.: U.S. Joint Publications Research Service, 1961.)
385. Sobolev, S. L. The poetry of mathematics. *Literaturnaya Gazeta*, 14 December 1961.
386. Shorokhov, E. V. (Ed.). *Contemporary psychology in capitalist countries*. Moscow: USSR Academy of Sciences Press, 1963.
387. Sokolov, A. N. The graphic contrast between a logically posited and an actual solution of a problem. *Voprosy Psikhologii*, 1961, No. 6.
388. ______. Thought processes in pupils' solutions of physics problems. *Izvestiya APN*, 1954, *54*.
389. Solov'ev, I. M. The thinking of mentally retarded pupils in solving arithmetic problems. In I. M. Solov'ev (Ed.), *Characteristics of the cognitive activity of pupils in the auxiliary school*. Moscow: APN Press, 1953.
390. _______. The thinking of pupils in the auxiliary school in solving arithmetic problems. In D. I. Azbukin (Ed.), *Educational work in special schools* (Vols. 3–4). Moscow: Uchpedgiz, 1952.
391. _______. Cognitive activity in the solution of arithmetic problems by deaf pupils and by those who can hear. In *On the mental development of deaf and normal-hearing children*. Moscow: APN Press, 1962.
392. Solov'ev, Z. A. Developing cognitive activity and independence in pupils during mathematics lessons. In *For lasting knowledge in mathematics*. Kazan': Tatizdat, 1965.
393. Stepanov, A. V. Towards the question of the psychological nature of pupils' mathematical development. Candidate's dissertation, Moscow, 1952. (Synopsis)
394. _______. Towards the question of the stimuli of creative initiative and activity in connection with the problem of pupils' mathematical development. In *Questions in the activation of pupils' thinking and creativity: Theses of reports from the Lenin MGPI*. Moscow: Lenin MGPI Press, 1964.
395. Stolyar, A. A. The cultivation of pupils' logical thought in geometry lessons. Candidate's dissertation. Moscow, 1951. (Synopsis)
396. Strezikozin. V. Is differentiation necessary? *Uchitel'skaya Gazeta*, 15 January 1966.
397. Sudakov, N. I. The psychological trait of persistence in pupils in the upper grades.

Candidate's dissertation, Moscow, 1950.
398. Syrkina, V. E. The development of abilities and character. *Sovetskaya Pedagogika*, 1947, No. 2.
399. Talyzina, N. F. Towards the question of the mastery of elementary geometric concepts. In *Materials for the Conference on Psychology*. Moscow: APN Press, 1957.
400. _______. An experiment in the supervised instruction of elementary geometry in school on the basis of the theory of formation of mental operations. In *Theses of reports at ths Second Congress of the Society of Psychologists* (Vol. 5). Moscow: APN Press, 1963.
401. _______. Properties of deductions in solving geometry problems. *Izvestiya APN*, 1957, *80*. (English translation in *Soviet studies*, *4*, 51-101.)
402. Talyzina, N. F., & Butkin, G. A. Towards the problem of proof in the elementary geometry course. *Doklady APN*, 1960, No. 3.
403. _______. An experiment in teaching geometric proof. *Izvestiya APN*, 1964, *133*.
404. Tendryakov, V. Your son and the legacy of Komenskii. *Moskva*, 1965, No. 11.
405. Teplov, B. M. An investigation of the properties of the nervous system as a way to study individual psychological differences. In B. G. Anan'ev & others (Eds.), *Psychological science in the USSR* (Vol. 2). Moscow: APN Press, 1960. (English translation: Washington, D.C.: U.S. Joint Publications Research Service, 1962.)
406. ______. Results and perspectives of an investigation of the typological properties of man's nervous system. In *Problems of individual differences*. Moscow: APN Press, 1961.
407. Teplov, B. M., & Leites, N. S. Towards the problem of individual psychological differences. In *Reports at the Conference on Questions in the Psychology of Personality*. Moscow: APN Press, 1956.
408. Teplov, B. M. *Problems of individual differences*. Moscow: APN Press, 1961.
409. ______. The problem of giftedness. Sovetskaya Pedagogika, 1940, Nos. 4-5.
410. ______. Elementary methods of factor analysis. In *Typological characteristics of man's higher nervous activity* (Vol. 5). Moscow: Prosveshchenie, 1967.
411. ______. The psychology of musical abilities. In *Problems of individual differences*. Moscow: APN Press, 1961.
412. ______. Abilities and giftedness. *Uchenye Zapiski GNIIP*, 1941, *2*.
413. ______. Abilities and giftedness. In K. N. Kornilov, A. A. Smirnov, & B. M. Teplov (Eds.). *Psychology* (3rd ed.) Moscow: Uchpedgiz, 1948.
414. ______. Typological properties of the nervous system and their value for psychology. In *Philosophical questions in the physiology of higher nervous activity and psychology: Materials of the all-union conference*. Moscow: USSR. Academy of Sciences Press, 1963.
414*a*. Teplov, B. M., & Nebylitsyn, V. D. A study of the basic properties of the nervous system. *Voprosy Psikhologii*, 1963, No. 5.
415. Terekhova, O. P. On the activation of pupils in the process of their mental upbringing. In *Questions in the activation of pupils' thinking and creativity: Theses of reports from the Lenin MGPI*. Moscow: Lenin MGPI Press, 1964.
416. ________. On the generalization of one of the forms of analysis. *Voprosy Psikhologii*, 1960, No. 4.
417. ________. A psychological analysis of one of the methods of activating pupils' mental

activity. In *On the psychological features of pupils' creative activity: Theses of reports from the Lenin MGPI*. Moscow: Lenin MGPI Press, 1962.
418. Tokareva, V. A. An experimental investigation of the interrelation between the need for activity and ability in it. In *Materials of the Third Uzbek Republican Scientific Conference on Questions in Psychology* (Vol. 2). Tashkent, 1964.
419. *Works of the First All-Russian Conference of Mathematics Teachers* (Vol. 1). St. Petersburg, 1913.
420. Umanskii, L. I. Towards the problem of abilities in connection with types of higher nervous activity. In *Theses of reports at the Second Congress of the Society of Psychologists* (Vol. 5). Moscow: APN Press, 1963.
421. Umetskii, V. A. On the development of mathematical thinking in arithmetic lessons. *Matematika v Shkole*, 1954, No. 5.
422. Uspenskii, V. Linguistics, mathematics, and the new tradition. *Nauka i Zhizn'*, 1965, No. 10.
423. Fetisov, A. I. Out-of-class assignments in mathematics. *Izvestiya APN*, 1958, *92*.
424. ______. The formation of mathematical concepts (in pupils). *Izvestiya APN*, 1958, *92*.
425. ______. Elements of logic in mathematics teaching. *Izvestiya APN*, 1958, *92*.
426. Khinchin, A. Ya. On the educational effect of mathematics lessons. *Matematicheskoe Prosveshchenie*, 1961, *6*. (Reprinted in *Matematika v Shkole*, 1962, No. 3.)
427. _______. On so-called "problems to be done in the head" in the arithmetic course. *Matematicheskoe Prosveshchenie*, 1961, *6*.
428. _______. On formalism in school mathematics teaching. *Izvestiya APN*, 1946, *4*.
429. Khornushid, M. S. Basic features of methods of teaching algebra in the eight-year school. In *Questions in the reconstruction of mathematics instruction in school*. Moscow: APN Press, 1963.
430. Tsesyulevich, A. S. Our wishes. *Matematika v Shkole*, 1948, No. 2.
431. Chernov, A. P. Some results of a study of the mental experimentation of pupils in the middle school. In *Theses of reports at the First Conference of the Society of Psychologists* (Vol. 3). Moscow, 1959.
432. Chetverukhin, N. F. An experimental study of pupils' spatial concepts and spatial imagination. *Izvestiya APN*, 1949, *21*. (English translation in *Soviet studies*, *5*, 5–56.)
433. Shapiro, S. I. A study of pupils' individual characteristics in processing mathematical information. *Voprosy Psikhologii*, 1965. No. 2.
434. ______. Pupils' generalized mathematical thinking and visual supports. In *Reports at "Pedagogical Readings."* Moscow: Institute of Psychology, APN. 1965. (Manuscript)
435. ______. A psychological analysis of the structure of mathematical abilities in older school-age children. Candidate's dissertation, Kursk, 1966.
436. Shapiro, S. I., & Umanskii, L. I. On applying information theory to the study of a person's abilities. *Voprosy Psikhologii*, 1963, No. 2.
437. Shardakov, M. N. Towards the question of the development of a pupil's causal thinking. *Izvestiya APN*, 1948, *17*.
438. Shvartsburd, S. I. A scientific-practical conference on out-of-class work with pupils in mathematics (Survey). *Matematika v Shkole*, 1965, No. 6.
439. _________. On the development of pupils' interests, inclinations, and abilities in mathematics. *Matematika v Shkole*, 1964, No. 6.

440. Shevarev, P. A. Towards the question of basic types of associations. In *Theses of reports at the Second Congress of the Society of Psychologists* (Vol. 5). Moscow: APN Press, 1963.
441. _______. Towards the question of the nature of algebraic skills. *Uchenye Zapiski GIP*, 1941, *2*.
442. _______. Some remarks on the problem of associations. *Izvestiya APN*, 1957, No. 80.
443. _______. Generalized associations. *Voprosy Psikhologii*, 1958, No. I.
444. _______. *Generalized associations in pupils' school work*. Moscow: APN Press, 1959.
445. _______. An experimental psychological analysis of algebraic mistakes. *Izvestiya APN*, 1946. *3*.
446. _______. Thought processes in a pupil's school work. *Sovetskaya Pedagogika*, 1946, No. 3.
447. Shevchenko, K. Questions in elementary mathematics promoting the development of mathematically generalized thought. *Matematika v Shkole*, 1937, No. 1.
448. Shevchuk, V. The explanation of phenomena and the problem of insight. *Voprosy Psikhologii*, 1964, No. 2.
449. Shemyakin, F. N. Some problems in the contemporary psychology of thought and of speech. In *Thought and speech*. Moscow: APN Press, 1963.
450. Shenshev, L. V. General features of thought in the processes of learning mathematics and foreign languages. *Voprosy Psikhologii*, 1960, No. 4.
451. Shekhter, M. S. The problem of simultaneous learning. Candidate's dissertation, Moscow. 1964. (Synopsis)
452. Shirokov, V. F. A *collection of arithmetic problems on understanding*. Moscow: Uchpedgiz, 1949.
453. Shor, Ya. A. On some methods in the struggle against formalism. *Matematika v Shkole*, 1948, No. 1.
454. ____. *On the solution of arithmetic problems*. Moscow: APN Press, 1951.
455. ____. The development of functional thinking on the generalization of type problems. *Matematika v Shkole*, 1950, No. 4.
456. Shokhor-Trotskii, S. I. *Methods of arithmetic: A handbook for teachers in elementary school*, 1916.
457. Shurko, M. Is a vital problem solved? *Narodnoe Obrazovanie*, 1963, No. 2.
458. Shchedrovitskii, G. P. A study of children's thought using material in solving arithmetic problems. In *The development of cognitive and volitional processes in preschool children*. Moscow: Prosveshchcnie, 1965.
459. ____________. On the necessity of typological investigations in psychology and education. In *Questions in the activation of pupils' thinking and creativity: Theses of reports from the Lenin MGPI*. Moscow: Lenin MGPI Press, 1964.
460. El'konin, D. B. A psychological research study in an experimental class. *Voprosy Psikhologii*, 1960, No. 5.
461. El'konin, D. B., & Davydov, V. V. *Questions in the psychology of the school activity of younger pupils*. Moscow: APN Press, 1962.
462. Erdniev, P. M. Towards the question of activating the teaching of subjects in the physics-mathematics cycle. *Sovetskaya Pedagogika*, 1957, No. 8.
463. ______. On the role of direct and reverse bonds in mathematics instruction. *Voprosy*

Psikhologii, 1962, No. 6.
464. ______. *The development of habits of self-control in mathematics instruction*. Moscow: Uchpedgiz, 1960.
465. ______. *Comparison and generalization in mathematics instruction*. Moscow: Uchpedgiz, 1960.
466. Em, F. A. *Essays on methods in arithmetic*. Riga, 1915.
467. Efroimson, V. Man and genetics. *Literaturnaya Gazeta*, 7 August 1965, No. 93.
468. Yagunkova, V. P. Individual psychological traits of pupils capable of literary creativity. In *Questions in the psychology of pupils' abilities*. Moscow: Prosveshchenie, 1964.
469. Yakimanskaya, I. S. Pupils' perception and comprehension of a drawing and the condition of a problem while solving it. In *The application of knowledge in pupils' school practice*. Moscow: APN Press, 1961.
470. ___________. Individual differences among pupils, manifested in the solution of geometric problems on proof. *Doklady APN*, 1959, No. 1. (English translation in *Soviet studies*, *4*, 119–25.)
471. ___________. Levels of analysis, synthesis, and abstraction in reading a drawing among fourth- to eighth-grade pupils. *Voprosy Psikhologii*, 1959, No. 1.
472. Yakobson, P. M. Technological abilities and their study by pupils. In *Questions in the psychology of pupils' abilities*. Moscow: Prosveshchenie, 1964.
473. Yarmolenko, A. V. On one attempt at constructing a theory of ability. *Uchenye Zapiski LGU*, 1959, No. 265.
474. _________. On mistakes in determining abilities. In V. N. Myasishchev (Ed.), *Inclinations and abilities*. Leningrad: LGU Press, 1962.
475. Yaroshchuk, V. L. A psychological analysis of the processes involved in solving model arithmetic problems. *Izvestiya APN*, 1957, *80*. (English translation in *Soviet studies*, *3*, 53–96.)
476. _________. The role of the awareness of type signs in solving arithmetic problems of a definite type. *Voprosy Psikhologii*, 1959, No. 1.

Translations of Foreign Works

477. Hadamard, J. *Elementary geometry*. Translated from French. Moscow: Uchpedgiz, 1957.
478. Betz, W. The problem of correlation in psychology: On the correlation of mental abilities. Chapter 5 of *Ability in mathematics*. Translated from German. Moscow: Russkaya Knizhka Press, 1923.
479. Binet, A. *Modern ideas of children*. Translated from French. Moscow, 1910.
480. Bruner, J. S. *The process of education*. Translated from English. Moscow: APN Press, 1962. (Originally published Cambridge, Mass.: Harvard University Press, 1960.)
481. Bourbaki, N. [pseud.]. The architecture of mathematics. Translated from French. *Matematicheskoe Prosveshchenie*, 1960, *5*.
482. Wiener, N. *I am a mathematician*. Translated from English. Moscow: Nauka, 1964.
483. Woodworth, R. S. *Experimental psychology*. Translated from English. Moscow: Foreign Literature Press, 1950.

484. Gattegno, C. The pedagogy of mathematics. Translated from French. In *Teaching mathematics*. Moscow: Uchpedgiz, 1960.
485. Golacz, E. A study of the conditions of generalization. Translated from Czech. *Voprosy Psikhologii*, 1962, No. 3.
486. Descartes, R. *Rules for the direction of the mind*. Translated from French. Moscow, Leningrad: Sotsckgiz, 1936.
487. Dunckcr, K. *The psychology of productive (creative) thinking*. (Chapter on the processes of solving mathematics problems.) Translated from German. In A. M. Matyushkin (Ed.), *The psychology of thinking*. Moscow: Progress, 1965.
488. Dewey, J. *The psychology and pedagogy of thinking*. Translated from English. Moscow: Mir, 1919.
489. Maier, N. R. F. Reasoning in humans. Translated from English. In A. M. Matyushkin (Ed.), *The psychology of thinking*. Moscow: Progress, 1965.
490. Mathematics tests (used in the schools in the USA). From the pamphlet *A Description of the College Board Achievement Tests*, published in the USA. Translated from English. *Matematika v Shkole*, 1961, No. 3.
491. Moede, W., & Piorkowski, H. *Childhood giftedness*. Translated from German. Moscow: Rabotnik Prosvcschcheniya, 1925.
492. Meumann, E. Lectures in experimental pedagogy. Part 2. In Children's individual traits. Translated from German. Moscow: Mir, 1914-17.
493. Newell, A., Shaw, J. C., & Simon, H. A. The processes of creative thinking. Translated from English. In A. M. Matyushkin (Ed.), *The psychology of thinking*. Moscow: Progress, 1965. (Originally published in H. E. Gruber, G. Terrell, & M. Wertheimer (Eds.), *Contemporary approaches to creative thinking: A symposium held at the University of Colorado*. New York: Atherton Press, 1962; pp. 63-119.)
493*a*. Piaget, J. *The language and thought of the child*. Translated from French. Moscow, Leningrad: Uchpcdgiz, 1932.
494. _____. Mathematical structures and operative structures of thought. Translated from French. In *Teaching mathematics*. Moscow: Uchpedgiz, 1960.
495. Polya, G. *How to solve it: A new aspect of mathematical method*. (2d ed.) Translated from English. Moscow: Uchpedgiz, 1961.
496. ____. *Mathematics and plausible reasoning*. Translated from English. Moscow: Foreign Literature Press, 1957.
497. ____. *Mathematical discovery: On understanding, learning, and teaching problem solving*. Translated from English. *Matematika v Shkole*, 1964, No. 6.
498. Poincaré, A. *Mathematical discovery*. Translated from French. Yur'ev, 1909.
499. Simon, B. *The English school and intelligence testing*. Translated from English. Moscow: APN Press, 1958.
500. Thorndike, E. L. *Questions in the teaching of algebra*. Translated from English. Moscow: Uchpedgiz, 1934.
501. ________. *The new methods in arithmetic*. Translated from English. Moscow, Leningrad: Uchpedgiz, 1932. (Originally published Chicago and New York: Rand-McNally, 1921.)
502. ________. *Principles of teaching, based on psychology*. Translated from English. Moscow: Rabotnik Prosveshcheniya, 1929. (Originally published New York: A. G. Seiler,

1906.)
503. ________. *The psychology of arithmetic*. Translated from English. Moscow, Leningrad: Uchpedgiz, 1932. (Originally published New York: Macmillan, 1922.)
504. Huarte, J. *A study of abilities in science*. Translated from Spanish. Moscow: USSR Academy of Sciences Press, 1960.
505. Haeussermann, E. *Potential opportunities for the mental development of the normal and the anomalous child*. Translated from English. Moscow: Prosveshchenie, 1964.
506. Stern, W. *Children's and adolescents', intelligence and methods of investigating it*. Translated from German. Knigospilka Press, 1926.
507. ____. *The psychological methods of testing intelligence*. Translated from German. Petrograd: Zemlya Press, 1915.

Foreign Works

508. Abraham, W. A hundred gifted children. *Understanding the Child*, 1957, *26*.
509. Adkins, D. C., & Lyerly, S. B. *Factor analysis of reasoning tests*. Chapel Hill: University of North Carolina Press, 1952.
510. Adler, A. Was kann die Individualpsychologie zuer mathematishchen "begabung" sagen? *Internationale Zeitschrifi für Individualpsychologie*, 1933, *11*.
511. Ahmavaara, Y. On the unified factor theory of mind. *Annales Academiae Scien- tiarum Fennicae*, 1957, Ser. B., *106*.
512. Aiken, L. R., Jr., & Dreger, R. M. The effect of attitudes on performance in mathematics. *Journal of Educational Psychology*, 1961, *52*.
513. Alexander, W. P. Intelligence, concrete and abstract. *British Journal of Psychol- ogy, Monograph Supplement*, 1935, No. 19.
514. Anastasi, A. *Differential psychology*. (3d ed.) New York: Macmillan, 1958.
515. Anderson, H. H. (Ed.). *Creativity and its cultivation*. New York: Harper, 1959.
516. Ayers, G. H. Predicting success in algebra. *School and Society*, 1934, *39*.
517. Baker, H. J. Characteristics of superior learners and the relative merits of programs of enrichment and acceleration for them. In W. S. Gray (Ed.), Classroom techniques in improving reading. *Supplementary Educational Monographs*, 1949, No. 69.
518. Baldwin, A. L. The role of an "ability" construct in a theory of behavior. In D. C. McClelland & others, *Talent and society*. Princeton, N. J.: Van Nostrand, 1958.
519. Barakat, M. K. A factorial study of mathematical abilities. *British Journal of Psychology, Statistical Section*, 1951, *4*.
520. ______. Factors underlying the mathematical abilities of grammar school pupils at the age of 14. Thesis, University of London, 1950.
521. Barbe, W. B. Charactcristics of gifted children. *Educational Administration and Supervision*, 1955, *41*.
522. Barbe, W. B., & Frierson, E. C. Teaching the gifted: A new frame of reference. *Education*, 1962, *82*.
523. Bauer, R. A. (Ed.). *Some views on Soviet psychology*. Washington, D.C.: American Psychological Association, 1962.

524. Baumgarten, F. Die Begabung und ihre Probleme. *Mensch und Arbeit*, Suppl. 15, 1963.
525. Beke, E. Über mathematische Begabung. *Internationale Zeitschrift für Individualpsychologie*, 1933, *11*.
526. Bennett, G. K., Seashore, H. G., & Wesman, A. G. *Differential aptitude tests*. New York: Psychological Corporation, 1947.
527. Bentley, J. E. *Superior children*. New York: Norton, 1937.
528. Birch, J. W., & Reynolds, M. C. The gifted. *Review of Educational Research*, 1963, *33* (1).
529. Blackwell, A. M. A comparative investigation into the factors involved in mathematical ability in boys and girls. *British Journal of Educational Psychology*, 1940, *10*.
530. Bloom, S. W. The early identification of potential scientists. *School Science and Mathematics*, 1955, *55*.
531. Bray, D. W. *Issues in the study of talent*. New York: King's Crown Press, Columbia University, 1954.
532. Bristow, W. H., & others. Identifying gifted children. In P. A. Witty (Ed.), *The gifted child*. Boston: Heath, 1951.
533. Brown, W. An objective study of mathematical intelligence. *Biometrika*, 1910, *7*.
534. Brown, W.; & Thomson, G. H. The *essentials of mental measurement*. (4th ed.) Cambridge: Cambridge University Press, 1940.
535. Brown, K. E., & Johnson, P. G. *Education for the talented in mathematics and science*. U.S. Office of Education Bulletin 1952, No. 15. Washington, D.C.: Government Printing Office, 1953.
536. Bryan, J. N. Education of the gifted. *School Life*, 1962, *44*.
537. Buckingham, B. R. Mathematical ability as related to general intelligence. *School Science and Mathematics*, 1921, *21*.
538. Burks, B. S. The relative influence of nature and nurture upon mental development. *Yearbook of the National Society for the Study of Education*, 1928, *27* (Pt. 1).
539. Burnett, R. W. How good teachers teach science. *School Science and Mathematics*, 1955, *55*.
540. Burt, C. General ability and special aptitudes. *Educational Research*, 1959, *1* (2).
541. ___. *The distribution and relations of educational abilities*. London: Darling & Son, 1917.
542. ___. The inheritance of mental ability. *American Psychologist*, 1958, *13*.
543. Buswell, G. T., & John, L. Diagnostic studies in arithmetic. *Supplementary Edu- carional Monographs*, 1926. No. 30.
544. Cairns, G. C. An analytical study of mathematical abilities. *Catholic University of America Educational Research Monographs*, 1931, *6* (3).
545. Cameron, A. E. A comparative study of the mathematical ability of boys and girls in secondary schools. *British Journal of Psychology*, 1925, *16*.
546. Canisia, M. Mathematical ability as related to reasoning and use of symbols. *Educational and Psychological Measurement*, 1962, *22*.
547. Carpenter, R. Creativity: Its nature and nurture. *Education*, 1962, *82*.
548. Carroll, H. A. *Genius in the making*. New York: McGraw-Hill, 1940.
548*a*. Carter, H. D. Gifted children. In C. W. Harris (Ed.), Encyclopedia of educational research. (3d ed.) New York: Macmillan, 1960.
549. Cartwright, M. L. *The mathematical mind*. London: Oxford University Press, 1955.

550. Coleman, R. H. *An analysis of certain components of mathematical ability, and an attempt to predict mathematical achievement in a specific situation.* (Doctoral dissertation, Indiana University.) Ann Arbor, Mich.: University Microfilms, 1956, No. 17, 945.
551. Collar, D. J. A statistical survey of arithmetical ability. *British Journal of Psychology*, 1920, *11*.
552. Conant, J. B. Education of the academically talented. *School and Society*, 1958, *86*.
553. Courtis, S. A. Measurement of growth and efficiency in arithmetic. *Elementary School teacher*, 1909, *10*; 1911, *11*.
554. Davies, G. R. Elements of arithmetical ability. *Journal of Educational Psychology*, 1914, *5*.
555. Davis, N. Creative activities for gifted pupils. *School Review*, 1955, *63*.
556. Deschamps, C., & Mihaud, E. Figures geometriques vues par de jeunes techni- ciens. *Enfance*, 1951, No. 4.
557. Dickter, M. R. Predicting algebraic ability. *School Review*, 1933, *41*.
558. Dienes, Z. P. The growth of mathematical concepts in children through experience. *Educational Research*, 1959, *2*.
559. Dodd, J. Our retarded children. *University of Kansas, Bureau of Child Research, Public Information Series*, 1959, No. 2.
560. Duncan, E. R. The identification and education of the gifted in mathematics. In G. Z. F. Bereday & J. A. Lauwerys (Eds.), *The year book of education, 1961: Concepts of excellence in education*. London: Evans Brothers, 1961.
561. Duncker, K. A qualitative (experimental and theoretical) study of productive thinking (solving of comprehensible problems). *Journal of Genetic Psychology*, 1926, *33*.
562. Ebel, R. L. Must all tests be valid? *American Psychologist*, 1961, *16*.
563. Ebert, R. S. Generalization abilities in mathematics. *Journal of Educational Reserch*, 1946, *39*.
563*a*. Harriman, P. L. (Ed.). *Encyclopedia of psychology*. New York: Philosophical Library, 1946.
564. Fehr, H. F. Mathematics for the gifted. *Bulletin of the National Association of Secondary-School Principals*, 1954, *38*.
565. Flack, W. S. Investigation of mathematical ability in the classroom. *Forum of Education*, 1926, *4*.
566. Flescher, I. Anxiety and achievement of intellectually gifted and creatively gifted children. *Journal of Psychology*, 1963, *2*.
567. Fliegler, L. A., & Bish, C. E. The gifted and talented. *Review of Educational Research*, 1959, *29*.
568. Fouché, A. *La pédagogie des mathématiques*. Paris: Presses Universitaires de France, 1952.
569. Fouracre, L. Psychological tests of mathematical ability. *Forum of Education*, 1926, *4*.
570. Freehill, M. F. *Gifted children: Their psychology and education*. New York: Macmillan, 1961.
571. Fruchter, B. The nature of verbal fluency. *Educational and Psychological Measurement*, 1948, 5.
572. Gagné, R. M., & Paradise, N. E. Abilities and learning sets in knowledge acquisition.

Psychological Monographs, 1961, *75* (14, Whole No. 518).
573. Gagné, R. M., Mayor, J. R., Garstens, H. L., & Paradise, N. E. Factors in acquiring knowledge of a mathematical task. *Psychological Monographs*, 1962, *76* (7, Whole No. 526).
574. Gallagher, J. J. *Analysis and research on the education of gifted children*. Springfield, III.: Office of the Superintendent of Public Instruction, 1960.
575. Garrett, H. E. *Statistics in psychology and education*. (5th ed.) New York: Longmans, Green, 1958.
576. Gattegno, C. La pédagogie des mathématiques. Chapter 6 in J. Piaget & others, *L'enseignement des mathématiques*. Paris: Delachaux et Niestlé, 1955.
577. Getzels, J. W., & Jackson, P. W. *Creativity and intelligence*. New York: Wiley, 1962.
578. ______. The highly intelligent and the highly creative adolescent. In C. W. Taylor (Ed.), *The third (1959) University of Utah research conference on the identification of creative scientific talent*. Salt Lake City: University of Utah Press, 1959.
579. ______. The meaning of "giftedness." *Education*, 1962, *82*.
580. Godfrey, M. Vitalizing problem solving. *Education*, 1962, *82*.
581. Goldberg, M. L. Recent research on the talented. *Teachers College Record*, 1958, *60*.
582. Goldberg, M. L., & Passow, A. H. The effects of ability grouping. *Education*, 1962, *82*.
583. Goodenough, F. L. *Mental testing, its history, principles, and applications*. New York: Rinehart, 1949.
584. Goodhart, B. F., & Schmidt, S. D. Educational characteristics of superior children. *Baltimore Bulletin of Education*, 1940, *18*.
585. Goslin, D. A. *The search for ability: Standardized testing in social perspective*. New York: Russell Sage Foundation, 1963.
586. Gottschaldt, K. Der aufbau der Begabung. *Bericlu über den Kongress der deutschen Gesellschaft für Psychologie, Göttingen*, 1953, *17–18*.
587. Graesser, R. F. Note on teaching. *School Science and Mathematics*, 1955, *55*.
588. Green, R. F., Guilford, J. P., Christensen, P. R., & Comrey, A. L. A factor-analytic study of reasoning abilities. *Psychometrika*, 1953, *18*.
589. Greenberg, L. A critique of classic methods of identifying gifted children. *School Review*, 1955, *63*.
590. Grotberg, E. H. Adjustment problems of the gifted. *Education*, 1962, *82*.
591. Guiler, W. S. Forecasting achievement in elementary algebra. *Journal of Education Research*, 1944, *38*.
592. Guilford, J. P. The structure of intellect. *Psychological Bulletin*, 1956, *53*.
593. _______. Three faces of intellect. *American Psychologist*, 1959, *14*.
594. Michael, W. B. Zimmerman, W. S., & Guilford, J. P. An investigation of two hypotheses regarding the nature of spatial-relations and visualization factors. *Educational and Psychological Measurement*, 1950, *10*.
595. Hadamard, J. *An essay on the psychology of invention in the mathematical field*. Princeton, N.J.: Princeton University Press, 1945.
596. Haecker, V., & Ziehen, T. Beitrag zur Lehre von der Vererbung und Analyse der zeichnerischen und mathematischen Begabung, insbesondere mit Bezug auf die Korrelation zur musikalischen Begabung. *Zeitschrifi für Psychologie*, 1931, 120–21.

597. Haeussermann, E. *Developmental potential of preschool children*. New York: Grune & Stratton, 1958.
598. Halperin, S. L. A clinico-genetical study of mental defect. *American Journal of Mental Deficiency*, 1945, *50*.
599. Hamley, H. R. *Relational and functional thinking in mathematics*. Ninth Yearbook of the National Council of Teachers of Mathematics. New York: Teachers College, Columbia University, 1934.
600. ______. (Ed.). *The testing of intelligence*. London: Evans Brothers, 1935.
601. Hamza, M. A study of certain aspects of retardation in mathematics amongst secondary grammar school pupils by factorial and individual methods. Doctoral dissertation, Leeds University, 1951.
602. _____. Retardation in mathematics amongst grammar school pupils. *British Journal of Educational Psychology*, 1952, *22*.
603. Harlow, H., Miller, J. G., & Newcomb, T. M. Identifying creative talent in psychology. *American Psychologist*, 1962, *17*.
604. Harman, H. H. *Modern factor analysis*. Chicago: University of Chicago Press, 1960.
605. Havighurst, R. J. Community factors in the education of gifted children. *School Review,* 1955, *63*.
606. Hendrix, G. Learning by discovery. *Mathematics Teacher,* 1961,*54*.
607. Hildreth, G. School-wide planning for the gifted. *Educational Administration and Supervision*, 1955, *41*.
608. Himpsel, J. Zur Frage der mathematischen Sonderbegebung in der höheren Schule. *Archiv für die gesamte Psychologie*, 1937, *99*.
609. Holland, J. L. Creative and academic performance among talented adolescents. *Journal of Educational Psychology*, 1961, *52*.
610. Holland, J. L., & Astin, A. W. The need for redefining "talent" and "talent loss." *Journal of Higher Education*, 1962, *33*.
611. Hollingworth, L. S. *Children above 180 IQ Stanford-Binet*. Yonkers-on-Hudson: World Book, 1942.
612. __________. *Gifted children: Their naiure and nurture*. New York: Macmillar, 1926.
613. Holzinger, K. J., & Harman, H. H. Comparison of two factorial analyses. *Psychometrika*, 1938, *3*.
614. Hotyat, F. Les difficultes psychologiques des débutants dans le raisonnement mathématique. *Mathématiques et Pédagogie*, 1955-56, No. 9.
615. Humphreys, L. G. The organization of human abilities. *American Psychologist*, 1962, *17*.
616. Hunt, J. McV. *Intelligence and experience*. New York: Ronald Press, 1961.
617. Jamuar, K. K. Achievement and some background factors. *Psychological Studies*, 1963, *8*. (*Psychological Abstracts*, 1964, *38*, No. 3202)
618. _____. Personality and achievement. *Psychological Studies*, 1961, *6*. (*Psychological Abstracts*, 1964, *38*, No. 3203)
619. Jenkins, J. W. An analysis of the factors entering into the results of tests based on the logical principles of mathematics. Doctoral dissertation. University of London, 1939.
620. Johannot, L. *Le raisonnement mathématique de l'adolescent*. Paris: Delachaux et Niestlé, 1947.

621. Karnes, M. B., McCoy, G., & others. The efficacy of two organizational plans for underachieving intellectually gifted children. *Exceptional Children*, 1963, *29*.
622. Kelley, T. L. *Crossroads in the mind of man*. Stanford, Calif.: Stanford University Press, 1928.
623. Kennedy, W. A., Willcutt, H., & Smith, A. Wechsler profiles of mathematically gifted adolescents. *Psychological Reports*, 1963, *12*.
624. Keppers, G. L. Is algebra a "tool subject"? *School Science and Mathematics*, 1955, *55*.
625. Klausmeier, H. J., & Loughlin, L. J. Behaviors during problem solving among children of low, average and high intelligence. *Journal of Educational Psychology*, 1961, *52*.
626. Klausmeier, H. J., & Feldhusen, J. F. Retention in arithmetic among children of low, average, and high intelligence at 117 months of age. *Journal of Educational Psychology*, 1959, *50*.
627. Kolstoe, O. P. A comparison of mental abilities of bright and dull children of comparable mental ages. *Journal of Educational Psychology*, 1954, *45*.
628. Kommerell, V. Über mathematische Begabung. *Zeitschrifi für pädagogische Psychologie und experimentelle Pädagogik*, 1928, *29*.
629. Kough, J. *Practical programs for the gifted*. Chicago: Science Research Associates, 1960.
630. Kundu, R., & Chakraborty, A. A study of relationship between speed and score in mental work. *Psychological Studies*, 1963, *8*. (Psychological Abstracts, 1964, *38*, No. 3206)
631. Kupisiewicz, C. *O efektywnoci nauczania problemovego*. Warsaw: Naukowe, 1962. (In Polish)
632. Langer, S. K. Algebra and the development of reason. *Mathematics Teacher*, 1931, *24*.
633. Leahy, A. M. Nature-nurture and intelligence. *Genetic Psychology Monographs*, 1935, *17*.
634. Lee, D. M. A study of specific ability and attainment in mathematics. *British Journal of Educational Psychology*, 1955, *25*.
635. Lee, J. M., & Hughes, W. H. Predicting success in algebra and geometry. *School Review*, 1934, *42*.
636. Lehman, H. C. *Age and achievement*. Princeton. N. J.: Princeton University Press, 1953.
637. Le Ny, J. F. Tests on indicateurs psychologiques? *Raison*, 1957, No. 19.
638. Lietzmann, W. *Mathematik in Erziehung und Unterricht*. Leipzig: Quelle & Meyer, 1941.
639. Lobdell, L. O., & Nan Ness, W. J. Grouping and enrichment. *Education*, 1962, *82*.
640. Locke, E. A. Some correlates of classroom and out-of-class achievement in gifted science students. *Journal of Educational Psychology*, 1963, *54*.
641. Luchins, A. S. Mechanization in problem solving. *Psychological Monographs*, 1942, *54* (6, Whole No. 248.)
642. MacKinnon, D. W. The nature and nurture of creative talent. *American Psychologist*, 1962, *17*.
643. Maier, N. R. F. An aspect of human reasoning. *British Journal of Psychology*, 1933, *24*.
644. _____. The behavior mechanisms concerned with problem solving. *Psychological Review*, 1940, *47*.
645. Mann, M. What does ability grouping do to the self-concept? *Childgood Education*, 1960, *36*.
646. Marshall, M. S. In reply to Dr. Wilson. *Educational Administration and Supervision*, 1955, *41*.

647. ______. The case of the "gifted" child. *Educational Administration and Supervision*, 1954, *40*.
648. Martens, E. H. Gifted children: What do we know about them? What shall we do about them? *Nation's Schools*, 1951, *47*.
649. Martinson, R. A. Guidance of the gifted. *Education*, 1962, *82*.
650. Martinson, W. D., & Stamatakos, L. C. An attempt to motivate potentially superior students. *School and Society*, 1959, *87*.
651. McAllister, B. Arithmetical concepts and the ability to do arithmetic. *British Journal of Educational Psychology*, 1951, *21*.
652. McClelland, D. C., & others. *Talent and society*. Princeton, N.J.: Van Nostrand, 1958.
653. McCuen, T. L. Predicting success in algebra. *Journal of Educational Research*, 1930, *21*.
654. McCuen, J., & Mroczkowski, M. Ein Fall mathematischer Frühbergabung. *Zeitschrift für Psychologie*, 1964, *169*.
655. Mensenkamp, L. E. Tests of mathematical ability and their prognostic values. *School Science and Mathematics*, 1921, *21*.
656. Merrifield, P. R., Guilford, J. P., Christensen, P. R., & Frick, J. W. The role of intellectual factors in problem solving. *Psychological Monographs*, 1962, *76* (10, Whole No. 529)
657. Michaud, E. L'enfant et les figures géométriques. *Journal de Psychologie Normal et Pathologique*, 1947, *40*.
658. Mitchell, F. W. The nature of mathematical thinking. *Australian Council for Educational Research, Educational Research Series*, 1938, No. 53.
659. Murray, J. E. An analysis of geometric ability. *Journal of Educational Psychology*, 1949, *40*.
660. Neel, J. V., & Schull, W. J. Human heredity. *Journal of Educational Psychology*, 1949, *40*.
661. Newland, T. E. A critique of research on the gifted. *Exceptional Children*, 1963, *29*.
662. Ohles, J. G. Differential learning. *Education*, 1962, *82*.
663. Oldham, H. W. A psychological study of mathematical ability, with special reference to school mathematics. Ⅰ. *British Journal of Educational Psychology*, 1937, *7*.
664. ______. A psychological study of mathematical ability, with special reference to school mathematics. Ⅱ. *British Journal of Educational Psychology*, 1938, *8*.
665. Olson, W. C., & Hughes, B. P. Growth patterns of exceptional children. In N. B. Henry (Ed.), The education of exceptional children. *Yearbook of the National Society for the Study of Education*, 1950, *49* (Pt. 2).
666. Parnes, S. J. Can creativity be increased? *Personnel Administration*, 1962, *25*.
667. Passow, A. H., & others. *Planning for talented youth*. New York: Bureau of Publications, Teachers College, Columbia University, 1955.
668. Penrose, L. S. A clinical and genetic study of 1280 cases of mental defect. *Special Research Series, Medical Research Council, London*, 1938, *229*.
669. Plumlee, L. B. The verbal component in mathematics items. *Educational and Psychological Measurement*, 1949, *9*.
670. Poincaré, H. L'invention mathématique. *Revue du Mois*, 1908, *6*.
671. Possecker, R. Schülerübungen: Ein Mittel zur Steigerung der Lernintesität im Mathematikunterricht. *Pädagogik*, 1960, No. 1.
672. Pressey, S. L. Concerning the nature and nurture of genius. *Scintific Monthly, New York*,

1955, *81*.
673. Pritchard, M. C. The contributions of Leta S. Hollingworth to the study of gifted children. In P. A. Witty (Ed.), *The gifted child*. Boston: Heath, 1951.
674. Proceedings of the Seventeenth International Congress of Psychology. *Acta Psychologica*, 1964, *23*.
675. Reese, H. W. Manifest anxiety and achievement test performance. *Journal of Educational Psychology*, 1961, *52*.
676. Révész, G. *Talent und Genie*. Berne: A. Francke, 1952.
677. _____. The indivisibility of mathematical talent. *Acta Psychologica*, 1940, *5* (2-3).
678. Rimoldi, H. J. A. Study of some factors related to intelligence. *Psychometrika*, 1948, *13*.
679. ______. The central intellective factor. *Psychometrika*, 1951, *16*.
680. Rogers, A. L. Experimental tests of mathematical ability and their prognostic value. *Teachers College Contributions to Education*, 1918, No. 89.
681. Rose, G. Die Bedeutung des Gedächtnisses fürden Mathematik und Rechenunterricht. *Zeitschrift für pädagogische Psychologie und experimentelle Pädagogik*, 1922, *23*.
682. Rosenfeld, G. Zu einigen Grundfragen der Begabungstheorie. *Pädagogik*, 1960. No. 1.
683. Ruthe, P. Über mathematische Begabung, ihre Analyse und ihre Prüfung bei 13 jährigen begabten Volksschülern. *Praktische Psychologie*, 1920, *1*.
684. *The gifted: Educational resources*. Boston: Porter Sargent, 1961.
685. Schiefelbusch, R. L. Our gifted children. *University of Kansas Bureau of Child Research, Public Information Series*, 1958, No. 1.
686. Schiller, B. Verbal, numerical and spatial abilities of young children. *Archives of Psychology*, 1934, No. 161.
687. Schneck, M. R. The measurement of verbal and numerical abilities. *Archives of Psychology*, 1929, No. 107.
688. Science Aptitude Test: Mathematics section. Science Talent Search Examination. New Delhi: National Council of Educational Research and Training, 1965.
689. Shertzer, B. (Ed.). *Working with superior students: Theories and practices*. Chicago: Science Research Associates, 1960.
690. Spearman, C. "General intelligence," objectively determined and measured. *American Journal of Psychology*, 1904, *15*.
691. ________. *The abilities of man*. London: Macmillan, 1927.
692. ________. *The nature of "intelligence" and the principles of cognition*. London: Macmillan, 1923.
693. Spearman, C., & Wynn Jones, L. L. *Human ability*. London: Macmillan, 1950.
694. Stalnaker, J. M. Recognizing and encouraging talent. *American Psychologist*, 1961, *16*.
695. Stanley, J. C. Enriching high-school subjects for intellectually gifted students. *School and Society*, 1959, *87*.
696. ______. Test biases of prospective teachers for identifying gifted children. *School and Society*, 1959, *87*.
697. Stern, W. *Die Intellegenz der Kinder und Jugendlichen und die Methoden ihrer Utersuchung*. (4th ed.) Leipzig: Barth, 1928.
698. Stevanović, B. P. Testovn. Tsentar za profesionaliu orijentatsisu. Belgrade, 1964.
699. Stolurow, L. M. Implications of current research and future trends. *Journal of Educational*

Research, 1962, *55*.
700. Stone, C. W. Arithmetical abilities and some factors determining them. *Teachers College Contributions to Education*, 1908, No. 19.
701. Strang, R. Mental hygiene of gifted children. In P. A. Witty (Ed.), *The gifted child*. Boston: Heath, 1951.
702. Strunz, K. *Pädagogische Psychologie des mathematischen Denkens*. Heidelberg: Quelle & Meyer, 1962.
703. Sutherland, J. An investigation into some aspects of problem solving in arithmetic. *British Journal of Educational Psychology*, 1941, *11*; 1942, *12*.
704. Symonds, P. M. Special disability in algebra. *Teachers College Contributions to Education*, 1923, No. 132.
705. Székely, L. Knowledge and thinking. *Acta Psychologica*, 1950, *7*.
706. ______. Productive processes in learning and thinking. *Acta Psychologica*, 1950, *7*.
707. Taylor, C. W., & Barron, F. (Eds.). *Scientific creativuy: Its recognition and development*. New York: Wiley, 1963.
708. Terman, L. M. A new approach to the study of genius. *Psychological Review*, 1922, *29*.
709. ______. (Ed.). *Genetic studies of genius*. Stanford, Calif.: Stanford University Press, 1925, 1926, 1930, 1947, 1958. 5 vols.
710. Terman, L. M., & Oden, M. H. *Genetic studies of genius* (Vol. 4). *The gifted child grows up*. Stanford, Calif: Stanford University Press, 1947.
711. Thomas, H. Die mathematische Begabung und ihre Prüfung. *Industrielle Psychotecknik*, 1929, *6*.
712. Thomson, G. *The factorial analysis of human ability*. (4th ed.) Boston: Houghton Mifflin, 1950.
713. Thorndike, E. L. On the organization of intellect. *Psychological Review*, 1921, *28*.
714. ________. The abilities involved in algebraic computation and in problem solving. *School and Society*, 1922, *15*.
715. Thorndike, E. L., & others. *The psychology of algebra*. New York: Macmillan, 1923.
716. Thurstone, L. L., & Thurstone, T. G. Factorial studies of intelligence. *Psychometric Monographs*, 1941, No. 2.
717. Thurstone, L. L. *Multiple-factor analysis*. Chicago: University of Chicago Press, 1947.
718. ________. *The vectors of mind*. Chicago: University of Chicago Press, 1935.
719. ________. Primary mental abilities. *Psychometric Monographs*, 1938, No. 1.
720. Thurstone, T. G., & Byrne, K. M. *Mental abilities of children*. Chicago: Science Research Associates, 1951.
721. Torrance, E. P. Changing reactions of preadolescent girls to tasks requiring creative scientific thinking. *Journal of Genetic Psychology*, 1963, *102*.
722. Tyerman, M. J. England's special schools for the gifted. *School and Society*, 1959, *87*.
723. Vernon, P. E. *The structure of human abilities*. (2d ed.) London: Methuen, 1961.
724. Vogt, W. Zur Frage der mathematischen Begabung. *Internationale Zeitschrift für Individualpsychologie*, 1933, *11*.
725. Wadia, K. A. Identification of the gifted. *Guidance Review*, 1963, *1*.
726. Wenzl, A. *Theorie der Begabung*. Leipzig: Meiner, 1934.
727. Werdelin, I. *The mathematical ability: Experimental and factorial studies*. Lund: Gleerups,

1958.
728. Wilson, R. C., Guilford, J. P., & others. A factor-analytic study of creative- thinking abilities. *Psychometrika*, 1954, *19*.
729. Wilson, F. T. Comment on the case of the "gifted child." *Educational Administration and Supervision*, 1955, *41*.
730. ______. Salvaging gifted students in regular classrooms. *Educational Administration and Supervision*, 1955, *41*.
731. Wilson, J. H. Group factors among abilities involved in a school certificate examination. *British Journal of Educational Psychology*, 1933, *3*.
732. Winch, W. H. Accuracy in school children: Does improvement in numerical accuracy "transfer"? *Journal of Educational Psychology*, 1910, *1*.
733. Witty, P. A. A study of one hundred gifted children. *University of Kansas Bulletin of Education*, 1930, *2* (7).
734. _____. Contributions to the "IQ" controversy from the study of superior deviates. *School and Society*, 1940, *51*.
735. _____. Educational programs for the gifted. *School and Society*, 1959, *87*.
736. _____. Educational provision for gifted children. *School and Society*, 1952, *76*; 1953, *78*.
737. _____. Some considerations in the education of gifted children. *Educational Administration and Supervision*, 1940, *26*.
738. _____. The gifted child: Facts and fallacies. *National Parent-Teacher*, 1948, *42*.
739. _____. (Ed.) *The gifted child*. Boston: Heath, 1951.
740. _____. The gifted and the creative pupil. *Education*, 1962, *82*.
741. Witty, P. A., & Lehman, H. C. Ability versus effective ability. *Psychological Review*. 1928. *35*.
742. _____. Drive: A neglected trait in the study of the gifted. *Psychological Review*, 1927. *34*.
743. Wolfle, D. Diversity of talent. *American Psychologist*, 1960, *15*.
744. Woodring, P. Ability grouping, segregation and the intellectual elite. *School and Society*, 1959, *87*.
745. Woodrow, H. The ability to learn. *Psychological Review*, 1946, *53*.
746. Worcester, D. A. *The education of children of above-average mentality*. Lincoln: University of Nebraska Press, 1955.
747. Wrigley, J. The factorial nature of ability in elementary mathematics. *British Journal of Educational Psychology*, 1958, *28*.

찾아보기

ㅈ

ㅊ

ㅌ

저자와의
합의하에
인지를
생략합니다

수학적 능력의 심리학

The Psychology of Mathematical Abilities in Schoolchildren

원저자 V. A. 크루테츠키
편저자 제러미 킬패트릭 · 아이작 위르즙
편역자 송상헌 · 임재훈 · 권석일 · 남진영
정영옥 · 서동엽 · 김성준 · 김지원
펴낸이 조경희
펴낸곳 경문사
펴낸날 2014년 7월 15일 1판 1쇄
2022년 2월 28일 1판 3쇄
등 록 1979년 11월 9일 제1979–000023호
주 소 04057, 서울특별시 마포구 와우산로 174
전 화 (02)332–2004 팩스 (02)336–5193
이메일 kyungmoon@kyungmoon.com

값 29,000원

ISBN 978–89–6105–523–9